碳酸盐岩缝洞型油藏开发理论与方法

李阳　等著

中国石化出版社

内 容 提 要

碳酸盐岩缝洞型油藏是以大型溶洞和裂缝为主要储集空间的特殊类型油藏，储集体分布复杂，主体缝洞介质内流体流动不符合达西渗流规律，使得该类油田无法直接借鉴碎屑岩油藏成熟的开发理论和技术。本书是缝洞型油藏开发领域的理论著作，既有缝洞型油藏储集体形成机制和流体动力学机理2个理论认识上的创新，也探讨了超深层缝洞储集体地球物理描述、多尺度岩溶相控缝洞储集体建模、油藏数值模拟和缝洞单元注水4项开发关键技术。本书适合硕士、博士研究生以及从事专业理论研究和类似油田矿场实践的学者阅读和参考。

图书在版编目(CIP)数据

碳酸盐岩缝洞型油藏开发理论与方法/李阳等著.
—北京：中国石化出版社，2014.8
ISBN 978-7-5114-2910-0

Ⅰ.①碳… Ⅱ.①李… Ⅲ.①碳酸岩油气田-油田开发-研究 Ⅳ.①TE344

中国版本图书馆CIP数据核字(2014)第180197号

中国石化出版社出版发行

地址：北京市东城区安定门外大街58号
邮编：100011 电话：(010)84271850
读者服务部电话：(010)84289974
http://www.sinopec-press.com
E-mail：press@sinopec.com
北京富泰印刷有限责任公司印刷
全国各地新华书店经销

*

787×1092mm 毫米 16 开本 22.75 印张 529 千字
2014年12月第1版 2014年12月第1次印刷
定价：138.00元

序一 Preface

李阳等所著的《碳酸盐岩缝洞型油藏开发理论与方法》是作者将973项目“碳酸盐岩缝洞型油藏开发基础研究”的创新性成果凝练而成的，涉及碳酸盐岩的地质、地球物理、油藏建模、数值模拟、提高采收率的最新理论成果，是目前该领域的代表著作，集中体现了该领域理论研究的现状、前沿和发展趋势。同时本书又非常注重理论的基础性、系统性和完整性，全面系统地介绍了我国碳酸盐岩缝洞型油藏开发的理论与方法的发展状况。

本书的特点可以归纳为以下几个方面：

(1)首次完整地将现代岩溶地貌特征和缝洞发育的层次结构运用到缝洞型碳酸盐岩储层地质研究中来，揭示了缝洞型油藏储集体形成机制，建立了岩溶缝洞发育模式，有力地指导了缝洞型碳酸盐岩储层地质描述和地质建模研究。

(2)基于岩溶储集体的地质描述，本书探讨了超深层缝洞型碳酸盐岩高精度地震勘探的方法，特别是介绍了小面元地震采集与处理、不同成因类型缝洞的地震响应特征，大大提高了缝洞储集体地震成像精度，为塔河油田高效开发提供了翔实的地球物理依据。

(3)建立了两步法缝洞型储层地质建模方法，解决了缝洞型不连续储层地质建模难题。在此模型的基础上，以物理模拟和数学模拟的手段揭示了缝洞型介质流体流动机理，建立了数值模拟方法，为缝洞型油藏高效开发提供了流体力学依据。其中一些成果在国内外高水平期刊发表，反映了缝洞储层流动机理研究的前瞻性和创新性。

(4)针对以塔河油田为代表的缝洞型碳酸盐岩储层储量动用程度低、产量下降快和采收率低等油藏开发难题，在上述系统理论和实验分析的基础上，对不同类型缝洞储集体进行了注水等改善开发效果的措施，取得了好的提高采收率效果，为缝洞型油藏高效开发提供了范例。

随着国内外海相碳酸盐岩油藏勘探的深入，越来越多的缝洞型碳酸盐岩油气藏被发现并投入开发，本书的出版将会在这些油气的勘探开发中发挥重要的指导作用。

韩大匡

Preface

序二

碳酸盐岩缝洞型油藏是一种新型的油藏，是世界重要的油气勘探开发领域，也是我国近期增储上产的重要领域。塔河油田是我国发现的特大型碳酸盐岩缝洞型油藏，具有超埋深、超高温高压、原油性质复杂的特点，其储集空间主要是大型溶洞和裂缝。针对如此特殊的油藏，目前国内外还没有形成成熟的开发理论和方法。以李阳为首席科学家的项目组完成了 973 重大基础研究项目“碳酸盐岩缝洞型油藏开发基础研究”，形成了代表性的理论成果和方法技术。

本书由两部分核心内容组成，第一部分解决了缝洞型油藏储集体形成机制和流体流动机理两个科学认识问题，阐明了岩溶作用与缝洞系统的成因联系，建立了缝洞系统发育模式，发展了缝洞型介质物理模拟流动实验方法，揭示了缝洞型介质的单相流动、两相流动及介质间流体交换规律，建立了流体流动的复合流动模型。第二部分阐述了超深层缝洞储集体地球物理形体描述、多尺度非连续缝洞储集体建模、缝洞型油藏数值模拟和缝洞型油藏高效开发 4 项关键技术，以及相应的物理模拟和数学模拟技术和软件。以上成果大幅度提高了缝洞储集体识别、描述精度，建立了独具特色的离散缝洞分布三维模型，有效预测了剩余油分布，推动了塔河油田高效开发，填补了缝洞型油藏开发相关领域的空白，为保障国家能源安全、拓展海外资源领域提供了重要技术支撑。

该书既有缝洞型油藏认识机理上的创新，也有研究方法和研究技术方面的进展，是一部缝洞型油藏开发较为系统的理论专著。它对从事专业理论研究的学者具有一定的参考价值，对油田开发工作者的矿场实践具有重要指导意义。希望通过该书的出版引起更多的学者对这一领域关注，以促进我国碳酸盐岩油田开发技术的进一步发展。

罗平亚

前　言

陆相碎屑岩储层和海相碳酸盐岩储层是石油两大储层类型。中国石油工业起源于陆相碎屑岩油藏，陆相生油理论和注水开发技术在半个多世纪的石油工业快速稳定发展中发挥了重要的作用。随着“稳定东部、发展西部”能源战略的实施，勘探开发重点转向海相碳酸盐岩新领域。我国西部和南方海相地层主要为多期改造的叠合盆地的碳酸盐岩，具有埋藏深、高温高压等特点。一般的海相碳酸盐岩储层可以分为孔隙型、裂缝—孔隙型、缝洞型3种类型，而我国西部碳酸盐岩缝洞型油藏占有重要的比重，其复杂程度更高、勘探开发难度非常大。从全球来看，已探明的石油储量中碳酸盐岩约占50%，产量占60%以上。据全国最新资源普查结果，我国海相碳酸盐岩油气总资源量大于300×10^8t油当量，石油资源量约150×10^8t，主要分布在塔里木和华北地区，缝洞型油藏占探明储量的三分之二，是石油工业增储上产的主要领域之一。塔河油田是我国已经发现的特大型碳酸盐岩缝洞型油藏，属于超深层、超高温高压复杂储层油藏。

碳酸盐岩孔隙型油藏开发主要采用碎屑岩油藏的开发理论与方法，裂缝—孔隙型油藏主要采用基于双重介质的开发理论与方法，但是像塔河油田这样的以大型溶洞和裂缝为主要储集空间的特殊类型油藏，投产初期，由于国内外还没有形成成熟的开发理论和方法，面临着钻井成功率低、储量动用程度低、产量递减快以及采收率低等开发难题。

缝洞型油藏开发中存在两大难点：一是缝洞发育和分布规律的认识难度大。由于经历了多期构造运动、多期岩溶叠加改造、多期成藏等过程，埋藏深，储集空间尺度差异大，储集体纵横向变化大。二是对缝洞型油藏流体流动规律的认识难度大。缝洞型油藏一般以缝洞单元为相对独立的流体储存体，单元内多种流动形式共存，介质间流体交换机理不清，流动规律复杂。

为高效开发这类油藏，迫切需要从基础研究入手，在碳酸盐岩缝洞型储集体形成机制、缝洞储集体定量描述、缝洞型油藏流体流动机理等方面进行科研攻关，建立碳酸盐岩缝洞型油藏开发理论与关键技术。

在上述背景下，2006立项开展了国家973重大基础研究项目“碳酸盐岩缝洞型油藏开发基础研究”，采用野外露头与油田井下类比、室内模拟与现场试验结合、宏观与微观结合等方法，开展了碳酸盐岩缝洞系统模式及成因、缝洞型储集体地球物理描述、缝洞型油藏数学表征、缝洞型油藏流体流动机理、缝洞型油藏数值模拟和缝洞型油藏高效开发等方面研究，解决了碳酸盐岩缝洞型油藏储集体形成机制和油藏流体动力学机理两个理论问题，形成了超深层缝洞储集体地球物理描述、多尺度岩溶相控缝洞储集体建模、缝洞型油藏数值模拟和缝洞型油藏高效开发4项关键技术。

本书是国家973重大基础研究项目成果的总结。全书共分6章，第一章碳酸盐岩缝洞储集体特征及形成机制。通过典型岩溶露头区与井下缝洞系统的精细描述和类比研究，阐述了碳酸盐岩缝洞系统发育规律、演化机理和控制机制。第二章碳酸盐岩缝洞型储集体地球物理描述。阐述了缝洞体地震正演模拟技术、超深层缝洞体地震精确成像方法和缝洞体地震识别与流体检测技术。第三章碳酸盐岩缝洞型油藏三维地质建模。论述了碳酸盐岩缝洞型油藏储集特征、缝洞单元的划分与评价和碳酸盐岩缝洞型油藏三维地质建模方法。第四章碳酸盐岩缝洞型油藏流体流动规律。根据物理模拟和理论推导，阐述了缝洞型介质单相流体流动规律、两相流体流动规律和介质间流体交换规律。第五章碳酸盐岩缝洞型油藏数值模拟。阐述了缝洞型油藏离散型模型的数值模拟方法和等效多重介质模型的数值模拟方法。第六章碳酸盐岩缝洞型油藏高效开发。阐述了缝洞型油藏的油藏工程分析方法、注水开发方法和提高采收率工艺技术。

在本书撰写过程中，感谢中国科学院郭尚平院士，中国工程院韩大匡院士、罗平亚院士、康玉柱院士、彭苏萍院士、罗治斌教授、黄素逸教授以及闫金定博士等给予的多次指导，感谢国家973重大基础研究项目组（“碳酸盐岩缝洞型油藏开发基础研究”）袁向春、窦之林、曲寿利、夏日元、姚军、李江龙等所有研究人员。本书成文过程中侯加根教授、金强教授、张烈辉教授、刘慧卿教授、吕爱民副教授、吴锋副教授等多次提出宝贵意见，在此对他们的大力支持和帮助一并表示感谢！

目 录 CONTENTS

第一章 碳酸盐岩缝洞储集体特征及形成机制

第一节 缝洞型油藏储集体发育特征 …… 1
一、岩溶储集空间类型划分标准 …… 1
二、碳酸盐岩缝洞型油藏储集体主要类型及特征 …… 3
三、塔河油田奥陶系储集体发育条件 …… 12
第二节 古岩溶发育演化机制 …… 18
一、岩溶动力学原理 …… 19
二、岩溶形成条件与控制因素 …… 20
三、塔河地区古岩溶发育演化机制 …… 27
第三节 塔河油田缝洞系统平面分布特征 …… 43
一、古岩溶地貌成因组合识别方法 …… 43
二、塔河油田主体区古岩溶地貌类型与缝洞系统分布特征 …… 47
三、不同古岩溶地貌单元储集性能 …… 54
第四节 塔河油田缝洞系统垂向分布特征 …… 55
一、塔河油田主体区垂向分带类型 …… 55
二、缝洞系统垂向分布特征 …… 56
第五节 古岩溶缝洞系统充填物类型与充填特征 …… 60
一、古岩溶缝洞系统充填物类型 …… 60
二、充填空间形式与充填方式 …… 63
三、充填程度划分 …… 64
四、充填特征 …… 64
第六节 典型碳酸盐岩缝洞系统发育模式 …… 66
一、单支管道型地下河系统 …… 68
二、管道网络型地下河系统 …… 69
三、构造廊道型地下河系统 …… 71
四、厅堂型洞穴系统 …… 71
五、溶洞型洞穴系统 …… 72
六、竖井型洞穴系统 …… 72
七、溶蚀孔洞系统 …… 73
八、溶蚀缝系统 …… 74
九、礁滩溶孔型缝洞系统 …… 75
十、白云岩孔洞型缝洞系统 …… 76
参考文献 …… 76

第二章　碳酸盐岩缝洞型储集体地球物理描述

第一节　缝洞体地震正演模拟 …… 78
一、缝洞体地震物理模拟 …… 78
二、缝洞体地震数值模拟 …… 82
第二节　缝洞体地震响应特征 …… 87
一、单洞模型的地震响应特征 …… 87
二、复杂洞群的地震响应特征 …… 96
三、裂缝模型的地震响应特征 …… 101
四、三维综合缝洞物理模型实验 …… 108
第三节　缝洞体地震精确成像方法 …… 109
一、偏移距平面波有限差分叠前时间偏移 …… 110
二、角度域时移深度聚焦偏移与速度分析 …… 113
三、提高绕射波成像分辨率的方法 …… 118
第四节　缝洞体地震识别与流体检测 …… 122
一、面向缝洞储集体地震预测方法 …… 122
二、裂缝叠前方位各向异性检测理论与方法 …… 126
三、缝洞储集体形体的综合刻画技术 …… 130
四、缝洞储集体充填流体检测 …… 135
第五节　缝洞体地球物理描述技术综合应用 …… 143
一、缝洞体地球物理描述的资料适用性分析与资料采集方法 …… 143
二、塔河油田试验区缝洞体预测 …… 148
参考文献 …… 158

第三章　碳酸盐岩缝洞型油藏三维地质建模

第一节　碳酸盐岩缝洞储集体识别 …… 161
一、碳酸盐岩缝洞型油藏储集空间类型 …… 161
二、碳酸盐岩缝洞型油藏井点缝洞储集体识别 …… 165
三、碳酸盐岩缝洞型油藏井间缝洞储集体识别 …… 170
四、塔河 4 区缝洞储集体分布规律 …… 180
第二节　缝洞单元表征 …… 181
一、缝洞单元划分 …… 182
二、典型缝洞单元描述 …… 182
第三节　缝洞储集体三维建模 …… 184
一、三维构造建模及模型网格设计 …… 184
二、三维离散大型溶洞模型的建立 …… 185
三、三维溶蚀孔洞模型的建立 …… 187
四、大尺度离散裂缝模型的建立 …… 191
五、小尺度离散裂缝网络模型的建立 …… 193
六、碳酸盐岩缝洞型油藏三维缝洞体模型 …… 198

第四节　碳酸盐岩缝洞型油藏属性参数建模 …… 199
一、碳酸盐岩缝洞型油藏属性表征参数 …… 199
二、碳酸盐岩缝洞型油藏属性参数建模方法 …… 202
第五节　碳酸盐岩缝洞型油藏地质模型验证与应用 …… 206
一、碳酸盐岩缝洞型油藏三维地质模型验证 …… 206
二、碳酸盐岩缝洞型油藏地质模型应用 …… 209
参考文献 …… 210

■ 第四章　碳酸盐岩缝洞型油藏流体流动规律
第一节　缝洞型介质物理模拟实验设计 …… 211
一、缝洞型油藏物理模拟基本原理及相似准则 …… 211
二、缝洞型油藏物理模拟实验设计 …… 214
第二节　缝洞型介质单相流体流动规律 …… 217
一、单相流体流动实验 …… 217
二、单相流体流动模式及转换 …… 220
第三节　缝洞型介质两相流体流动规律 …… 223
一、缝洞型油藏两相流体流动模式 …… 224
二、油水两相流体流动实验 …… 224
三、油水两相流动特征 …… 227
第四节　缝洞型介质系统间流体流动规律 …… 232
一、裂缝与基质间流动规律 …… 232
二、基质与溶洞间流体流动规律 …… 236
三、不同缝洞模式流体流动规律 …… 239
第五节　缝洞型介质流体流动规律应用及数值实验研究 …… 246
一、缝洞型介质流体流动机理应用 …… 246
二、缝洞型介质流体流动规律的数值实验研究 …… 250
参考文献 …… 257

■ 第五章　碳酸盐岩缝洞型油藏数值模拟
第一节　缝洞型油藏数学模型 …… 258
一、等效多重介质油藏数学模型 …… 258
二、耦合型油藏数学模型 …… 266
第二节　缝洞型油藏模型数值解法 …… 268
一、等效多重介质模型数值解法 …… 269
二、耦合型数值求解方法 …… 276
第三节　数值模拟方法验证 …… 286
一、等效多重介质数值计算方法验证 …… 286
二、耦合型数值模拟方法验证 …… 296
三、S48 缝洞单元数值模拟 …… 299
参考文献 …… 303

第六章　碳酸盐岩缝洞型油藏高效开发

第一节　缝洞型油藏单井生产特征及变化规律 …… 305
一、单井产量变化特征及预测模型 …… 305
二、缝洞型油藏油水分布模式及含水变化规律 …… 309
第二节　缝洞单元能量及储量动用评价 …… 312
一、缝洞单元天然能量评价方法 …… 312
二、缝洞单元内井间连通性评价方法 …… 318
三、缝洞单元储量动用评价 …… 322
第三节　缝洞型油藏数值试井模型及解释方法 …… 325
一、三重介质数值试井 …… 325
二、渗流—自由流耦合流动特征试井理论模型及试井分析方法 …… 332
三、塔河油田缝洞型碳酸盐岩油藏测试资料的解释 …… 334
第四节　缝洞型油藏注水开发技术 …… 336
一、注水潜油 …… 336
二、缝洞单元注水开发 …… 338
三、注水开发技术的应用 …… 339
第五节　缝洞型油藏侧钻水平井及储层改造技术 …… 343
一、缝洞型油藏侧钻短半径水平井技术 …… 343
二、缝洞型油藏储层改造技术 …… 345
三、侧钻和酸压改造技术的应用效果 …… 351

后　记

碳酸盐岩缝洞储集体特征及形成机制

碳酸盐岩缝洞系统作为一种良好的油藏储集空间，在油气勘探开发中具有重要的地位。碳酸盐岩储层介质受原生沉积和后期改造的综合作用，尤其是后期的岩溶作用和构造作用，使储集空间的形态复杂化、组合类型多样化。古岩溶演化对油气储集空间具有控制作用，由内外动力综合作用形成类型复杂多样的缝洞系统，直接影响碳酸盐岩储层物性。构造作用不仅会改造原有储集空间，而且形成新的储集空间和连通网络，改造储层的原有孔渗特征。

我国碳酸盐岩储层介质地层年代老，经历了多期构造运动、多期岩溶叠加改造、多期成藏等过程，导致储集介质具有多重性和各向异性，储集空间类型则由孔、缝、洞等组合构成，储集空间连通性差，阐明其形成机理和分布规律十分必要。

通过典型岩溶露头区和井下缝洞系统精细地质描述和类比研究，在古构造、古地形、古气候和古水文地质条件综合分析的基础上，运用地球化学分析、古地貌恢复和地球物理探测等综合方法识别古岩溶，对宏观—微观、裸露—埋藏、溶蚀—充填的古岩溶形态进行成因组合分析，揭示了塔河油田奥陶系储集体古岩溶形成条件和发育演化特征。

第一节　缝洞型油藏储集体发育特征

由于成因、岩性、成岩后生作用、构造断裂作用、溶蚀作用等对储集空间的影响不同，碳酸盐岩储层与其它类型储层在储集空间形态、分布产状和稳定性等方面存在差异。

一、岩溶储集空间类型划分标准

碳酸盐岩中普遍发育有孔、洞、缝，由于其形成机理、形态特征、发育规模的差异较大，对油气富集与运移的贡献大小不一。但长期来，不同研究人员对岩溶储集空间的定义不同，依据岩溶学词典(袁道先，1988)，结合油气藏特征，对缝洞型油藏各种储集空间类型采用如下界定标准。

1. 原生孔隙

原生孔隙指亮晶颗粒灰岩中颗粒之间的粒间孔和生物化石的体腔粒内孔，直径数微米至数十微米，对油气储集的意义不大。

2. 次生孔隙

次生孔隙包括晶间孔、晶间溶孔、晶内溶孔等 7 种类型。

①晶间孔：为晶粒之间的孔隙，形态呈多边形，直径数十微米至数百微米。

②晶间溶孔：为晶间孔溶蚀扩大而形成，直径数十微米至数百微米。

③晶内溶孔：晶粒内部溶蚀形成，直径十几至数十微米。

以上原生孔隙(粒间孔和粒内孔)和次生孔隙(晶间孔、晶间溶孔、晶内溶孔)共同构成碳酸盐岩的“基质孔隙”。我国古生代碳酸盐岩多经历了加里东期—喜山期多期强烈的成岩改造作用，基质孔隙被压实或充填较为严重，致使基质孔隙度偏低。在塔里木盆地内，奥陶系碳酸盐岩基质平均孔隙度 1.049%，孔隙度 <1% 的概率为 62%，<2% 的概率为 90%，而渗透率一般也 $<1\times10^{-4}\mu m^2$。

④铸模孔：为矿物晶屑或生物晶屑经选择性溶蚀形成的孔隙，主要有膏模孔、盐模孔等，长数百微米，宽数十微米，大者达数毫米。一般形成于埋藏岩溶作用期，充填程度差，发育密度较低，可成为较好的油气储集空间。

⑤粒模孔：由选择性溶蚀作用形成，砂屑颗粒被溶蚀后留下的砂屑外壳，直径数百微米。

⑥溶蚀孔：由溶蚀作用形成的较小规模的不规则孔隙，直径 0.01 ~ 2mm，肉眼能够观测到。

⑦溶蚀洞(小溶洞)：为溶蚀作用形成的较大规模的不规则孔洞，直径 2mm ~ 20cm。

3. 溶洞

参照现代岩溶划分标准，将直径大于 20cm 的洞体统称为溶洞。

塔河地区古岩溶缝洞系统钻遇率为 86.67%(古溶洞系统钻遇率为 62.22%)，古岩溶缝洞系统发育较强烈。

4. 裂缝

依据不同的分类原则和标准，裂缝可划分为不同类型，宜根据研究工作的需要合理选择，避免混淆。

(1)按成因分类

①构造缝：指直接由构造作用形成的裂缝，包括张裂缝、剪裂缝等。工作区构造缝的形成主要有两期，早期构造缝形成于加里东—早海西期，有效性较差；晚期构造缝形成于海西—喜山期，充填程度弱，是主要的有效缝。

②溶蚀构造缝：指经历了溶蚀作用改造(扩溶和充填)的构造缝。其特点为缝面有明显的后期扩溶现象，且张开宽度大，具有方解石、钙泥质等充填或半充填现象；半充填溶缝是油气良好的渗流通道。

③成岩缝：包括干缩缝、垮塌缝、压溶缝等，均可成为油气渗流通道和储集空间。

(2)按充填程度分类

①未充填缝：缝内充填物极少，主要为晚期构造缝和溶蚀缝。

②半充填缝：裂缝未被完全充填，尚残存有效空间。

③全充填缝：裂缝被完全充填，充填物包括钙泥质、方解石、黄铁矿等。

(3)按产出状态与组构关系分类

①垂向缝：裂缝近垂直发育。一些是构造成因，其特点是延伸长，有时延伸长度超过 2m；一些是风化溶蚀成因，一般位于风化壳的顶部，由风化壳期岩溶作用引起的垂向劈裂及机械风化作用形成，其特点是缝面不平直，呈微波状，有时数条缝组合成一束破裂。

②斜交缝：裂缝成组交叉分布。与层面有一定交角，倾角一般 40° ~ 50°。以早期及晚期构造成因的“X”形剪破裂为主，缝面平直，断面有时可见擦痕和阶步。

③顺层缝：指平行层（理）面发育的裂缝。其成因一是由风化剥蚀卸载，引起地应力减小，造成地层回弹，沿地层中的原生力学薄弱带形成破裂；二是由构造应力作用，在层理、纹层面产生滑脱而形成。至于取心卸载形成的“饼裂”，大多属于非天然破裂或仅代表一定的应力环境，当其在地下天然状态下时一般不存在破裂，故不应作为裂缝看待。

④网状缝：裂缝不规则分布，无组系，发育程度较高。一类由表生期风化作用形成，如岩溶坍塌、岩溶角砾化、机械物理风化作用等；另一类为构造作用成因，发育于应力集中破碎带。由于网状缝密集发育，相互连通，且与孔洞的连通性好，对油气储集、运移的意义较大。

⑤碎裂缝：常见于岩溶角砾岩中，比网状缝更为杂乱，为构造或岩溶强烈发育的标志。

⑥枝状缝：指不规则分布的微裂缝，延伸较短，延伸长度一般1～5cm，相互不交叉。有时一端较宽，另一端较细，呈尖灭状。由埋藏期的压裂作用或溶蚀、充填作用引起的胀裂作用形成。

⑦枝状交叉缝：比枝状缝延伸稍长，延伸长度1～10cm，相互之间有一定交叉。其成因除岩溶作用与风化作用外，还有构造作用成因。

（4）按发育规模分类

依据裂缝的隙宽、延伸长度、隙间距（发育密度）进行缝隙分级。较大级别的缝隙以渗透通道功能为主，较小级别的缝隙则以储集功能为主。

①微裂缝：隙宽数微米至0.01μm，延伸长度一般小于10cm，隙间距10cm左右。

②中等裂缝：隙宽0.01～0.10mm，延伸长度一般10～30cm，隙间距20～30cm。

③大裂缝：隙宽0.10mm至数毫米，延伸长度一般大于30cm，隙间距大于30cm。

二、碳酸盐岩缝洞型油藏储集体主要类型及特征

碳酸盐岩缝洞型油藏储集体发育具有极强的非均质性，且受后期构造运动影响。储集空间类型以构造缝和溶蚀孔、洞、缝等次生缝洞为主，储渗空间几何形态多样，大小悬殊，分布不均；孔隙空间从几微米到几十米（康志宏等，2006），空间上具有强烈的非均质性（表1－1），在纵、横向上的沟通程度差异大。储集空间按不同的方式及规模可组合成4种主要的储集体类型：裂缝型、裂缝—孔洞型、孔洞型及裂缝—溶洞型。不同的储集体类型具有不同的储集性能。储集体发育分布规律主要受控于地质构造和岩溶作用。

表1－1　缝洞型油藏储层与砂岩油藏储层特征对比

	缝洞型油藏	砂岩油藏
储集空间类型	孔、隙、缝、管、洞	粒间孔隙
孔隙大小	大到数百米、小到几微米	数十微米到几微米
孔隙度	变化大，多小于3%	15%～20%，较均一
孔隙形态	规则和不规则	近等轴状
分布	顺缝、顺层、溶蚀带，不均一	层状分布
成因	构造、岩溶作用、地下热液等	原生孔隙

塔河油田奥陶系油藏是典型的缝洞型油藏，主要经历了4次构造运动、3期古岩溶作用叠加改造；具有埋深大(5300m以下)、储集体非均质性强、储集空间复杂多样、油水关系复杂的特点。油藏开发实践证实，缝洞型油藏呈现出多缝洞系统、多压力系统、多个流动单元的特征。这主要是由于不同区块岩溶和构造发育程度有较大差异，以及多期岩溶作用、构造作用的叠加所致。

塔河油田奥陶系碳酸盐岩油藏主要发育在以泥微晶灰岩、颗粒灰岩为主的中下奥陶统一间房组，呈巨厚块状；沿着高角度风化裂缝和构造裂缝溶蚀形成的溶洞是塔河油田奥陶系碳酸盐岩缝洞型油藏主要的储集空间，缝洞储集体分布不连续，尺度变化大。不同类型的储集空间以不同的组合方式形成了塔河油田奥陶系3类主要储集体——裂缝型储集体、裂缝—孔洞型储集体和裂缝—溶洞型储集体。单独的孔洞型储层在塔河油田极为少见，仅分布在礁灰岩地区。

1. 裂缝发育特征及成因机制

对塔河油田裂缝的研究，以塔河油田4区为例。塔河4区发育多期次、多种类型的裂缝，包括钻井诱导缝、成岩收缩缝、同沉积裂缝、构造裂缝。岩心观察发现构造裂缝是最重要、分布最广泛的一类裂缝。通过对17口井岩心的观察描述，以及对井下测井成像资料直接观测，研究区奥陶系裂缝及微裂缝密集发育，多组系交错切割，且以高角度裂缝为主，多受后期溶蚀改造而大部分充填原油，是主要的油气有效储集空间和渗流通道。

(1)裂缝的倾角

通过岩心观察，将裂缝倾角划分为3个区间，0°~30°为低角度裂缝，30°~70°为中角度裂缝，70°~90°为高角度裂缝，塔河油田裂缝主要以高角度裂缝为主。

按照各井不同角度区间裂缝的含量(图1-1、表1-2)将塔河油田4区裂缝发育井划分为两类：

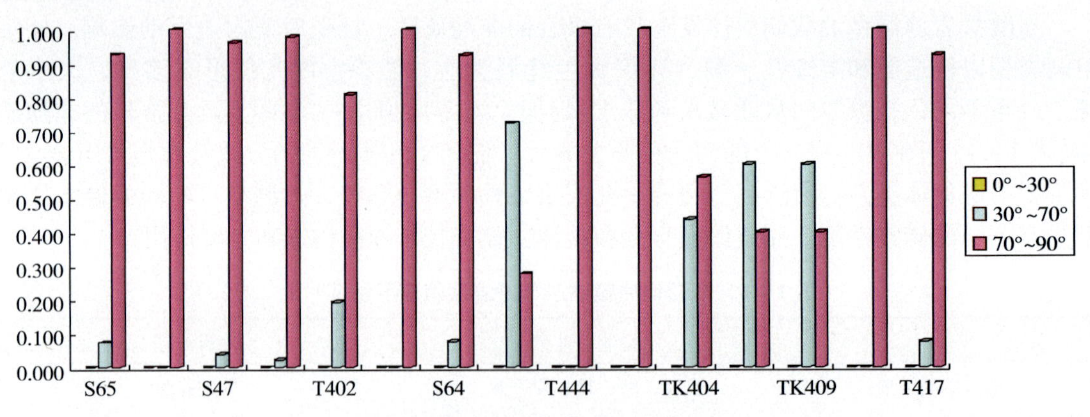

图1-1 裂缝倾角变化频率柱状图

①高角度井型：主要以高角度裂缝为主，高角度裂缝的含量在60%以上，有的甚至达到100%，代表井有：T401、T402、T415、TK406等13口井。

②中高角度井型：以中高角度裂缝为主，中角度裂缝和高角度裂缝含量相当，有的中角度裂缝含量稍多，代表井有TK407、TK409、S88井，有的高角度裂缝稍多如TK404。

表 1－2　裂缝倾角频率表

井号	0°～30°	30°～70°	70°～90°	井号	0°～30°	30°～70°	70°～90°
S65	0.000	0.074	0.926	T444	0.000	0.000	1.000
T415	0.000	0.000	1.000	TK406	0.000	0.000	1.000
S47	0.000	0.038	0.962	TK404	0.000	0.438	0.563
T401	0.000	0.024	0.976	TK407	0.000	0.600	0.400
T402	0.000	0.192	0.808	TK409	0.000	0.600	0.400
T403	0.000	0.000	1.000	S80	0.000	0.000	1.000
S64	0.000	0.077	0.923	T417	0.000	0.077	0.923
S88	0.000	0.722	0.278	TK427	0.056	0.333	0.611

(2)裂缝的长度

裂缝的纵向延伸长度也是表征裂缝的一个重要参数，对油气的纵向运移具有重要的影响作用，在岩心观察过程中所观测到的裂缝长度具有一定的局限性，但是由于我们观察的裂缝大都以高角度裂缝甚至直立缝为主，所以裂缝的长度也具有比较高的可靠性，根据岩心的观察结果，依据裂缝的纵向延伸长度将裂缝划分为以下几类(见表 1－3)：

①小垂缝，长度小于 1cm，往往平行出现，直立，间距 0.8cm 左右，完全闭合，不含油，此类裂缝的研究意义不大，不具备疏导及储油能力。

表 1－3　裂缝长度变化率

井号	裂缝长度变化率/%				裂缝长度最大值/cm
	$L \leq 8$cm	8cm $< L <$ 13cm	13cm $\leq L \leq$ 30cm	$L >$ 30cm	
S65	0.2037	0.3333	0.3704	0.0926	110
T415	0.0000	0.0000	0.3333	0.6667	120
S47	0.1154	0.3462	0.5385	0.0000	22
T401	0.0238	0.2143	0.6667	0.0952	57
T402	0.0000	0.3077	0.3077	0.3846	58
T403	0.0152	0.2424	0.6515	0.0909	162
S64	0.0000	0.2308	0.6923	0.0769	50
S88	0.1111	0.1667	0.6667	0.0556	50
T444	0.0000	0.0000	1.0000	0.0000	13
TK406	0.0000	0.0000	1.0000	0.0000	15
TK404	0.4375	0.1875	0.3750	0.0000	15
TK407	0.2000	0.0000	0.8000	0.0000	15
TK409	0.2000	0.2000	0.6000	0.0000	13
S80	0.0000	0.5556	0.3333	0.1111	70
T417	0.1923	0.3462	0.3077	0.1538	99
TK427	0.2778	0.2778	0.4444	0.0000	15

②小裂缝，1cm < $L \leq$ 8cm，此类裂缝所占比例较小，一般不超 20%（图 1-2），只有 TK404 井，含量多一些，以此类裂缝为主。

③中裂缝，8cm < L < 13cm，此类裂缝所占比例稍大，大部分井此类裂缝的含量一般在 20% ~40%，应该属于次主要裂缝，不占主导地位。

④大裂缝，13cm $\leq L \leq$ 30cm，此类裂缝所占比例最大，加之大都是高角度裂缝，因此此类裂缝是最重要的油气疏导通道。他们往往将缝合线等水平构造连接起来，构成一种网状疏导体系，后文将做重点介绍。

⑤超大裂缝，L > 30cm，此类裂缝的比例较少，往往不足 10%，只有 T415 井超大裂缝的含量占主要地位。超大裂缝的区间较广，从 30cm 开始，最长可达 165cm。

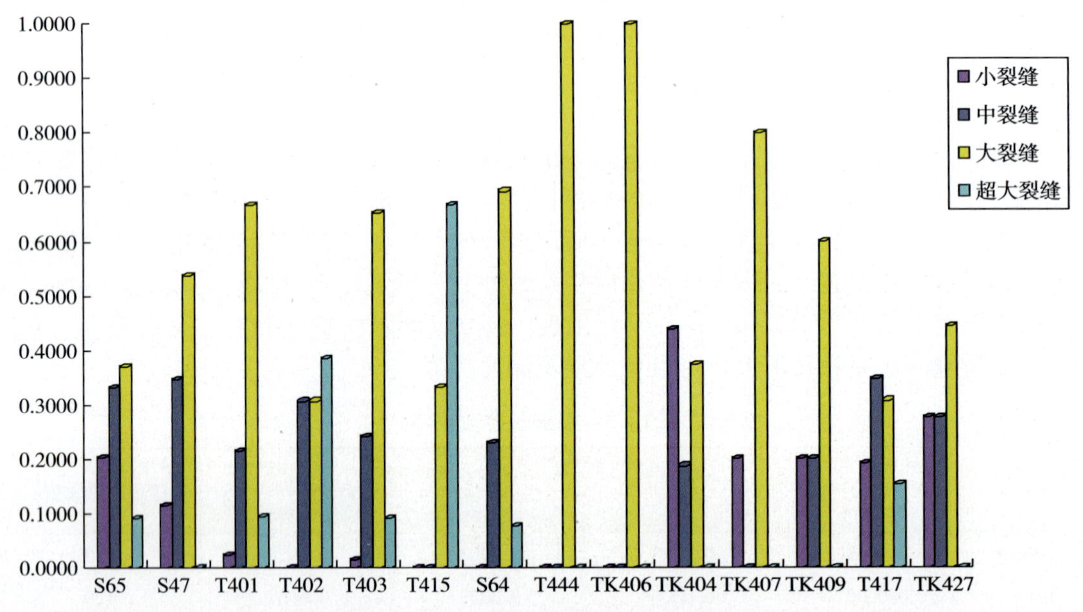

图 1-2　裂缝长度频率变化直方图

(3)裂缝的走向

裂缝的走向在确定裂缝的发育机制及发育期次方面具有非常重要的意义，目前在没有定向取心井的情况下，声波电视裂缝倾向及 FMI 资料成为确定裂缝走向的主要手段。

利用在工区分布比较均匀的 20 余口井的声波电视裂缝倾向及 FMI 资料，做出其裂缝走向玫瑰花图，其裂缝走向基本上突出了工区内主要裂缝的发育方向(图 1-3)。

尤其需要说明的是，TK457 井和 TK458 井，这两口井 FMI 测量井段是水平井段，其裂缝走向说明了横向上一个范围内裂缝发育的方向，而不仅仅是一孔之见，具有非常强的代表性。

由图可知裂缝的走向主要集中在北东、北东东、北西西向 3 组，南北向有发育，但是在各井中都不占主导地位。不同井主导裂缝的走向也不相同，TK458 井以北东东向为主，TK457 井以北东向为主。岩心观测结果与塔北地区的野外观测结果相符，根据野外实测与地下观察的可对比性(图 1-4)、选取井的局限性以及每口井主导裂缝的不相似性，认为本区裂缝应该发育 3 组，即走向为：北东—南西、北东东—南西西、北西西—南东东向的 3 组，次发育南北向一组。与本区断裂特征基本相符，走向组系基本相同。

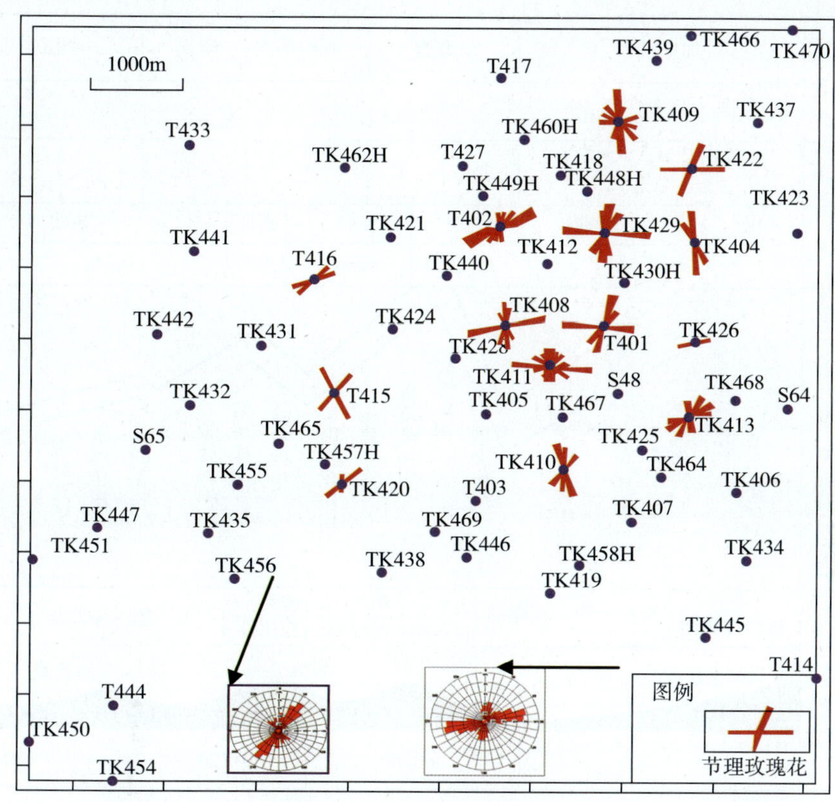

图 1－3　裂缝走向玫瑰花图

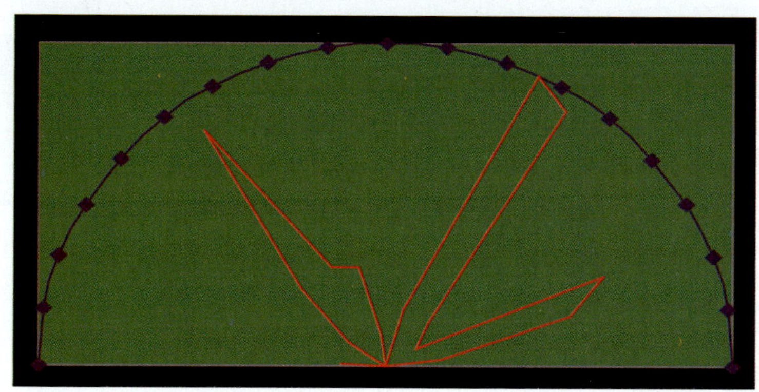

图 1－4　野外裂缝走向玫瑰花图

(4)裂缝的分期

研究区的裂缝均表现出多期成因、多期改造和多期充填的特点。在对普通薄片、铸体薄片和岩心观察基础上，根据裂缝的产状、裂缝充填物、不同矿物充填的裂缝之间的切割关系、充填成分、充填序次，并结合测井资料、区域构造应力场，研究区及周边构造演化史资料，参照塔河油田埋藏曲线及成岩演化图(图 1－5)，将该区的裂缝划分为具有不同特征的 4 个期次(表 1－4)。

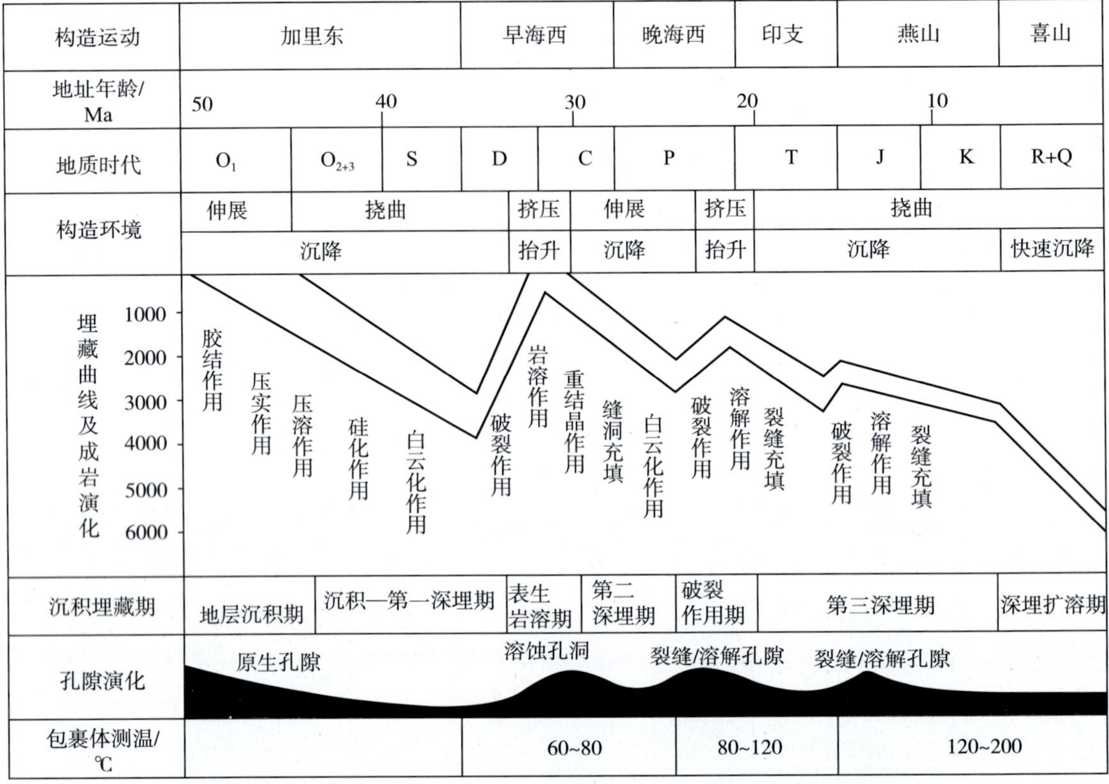

图 1－5　塔河油田奥陶系埋藏曲线及成岩演化示意图(据鲁新便，2006)

表 1－4　塔河 4 区各期次裂缝特征

特征参数	Ⅰ期裂缝	Ⅱ期裂缝	Ⅲ期裂缝	Ⅳ期裂缝
充填物	方解石	方解石	方解石或泥质	无
充填程度	全充填	全充填	全、半或无充填	无
延伸长度	小于 5cm	大于 10cm	大多 13 ~ 20cm	小于 10cm
裂缝形态	不规则、细小	平直，规模较大	弯曲、平直皆有，规模大	以平直为主规模一般
裂缝产状	不确定	变化多	北东为主，兼有北西西	似网状或单一
力学性质	收缩缝	剪裂缝	张剪缝	剪裂缝
形成时期	前加里东期	加里东期	海西期早—海西晚期	海西晚期后期—喜山期
有效性	无	无	有	有

第Ⅰ期裂缝是被方解石完全充填的微小裂缝，弯曲不规则延伸，走向和倾向也无规律可循，有时直立有时水平，裂缝延伸长度不一，约 80% 小于 5cm，最长的可达 10cm，充填方解石呈乳白色，普遍见后期裂缝穿插切割现象(图 1－6a 和图 1－6b)，可能是在前加里东时期的成岩收缩缝。

第Ⅱ期裂缝是被方解石充填的构造裂缝，包括垂直缝、高角度缝和水平缝，其中以高角度缝为主，具张剪性特征，充填方解石呈透明—半透明状，颗粒粗大，有时可见 X 形相交(图 1－6d)，裂缝延伸长度一般大于 10cm，有的甚至可达 1m 长，有后期持续改造的特征，充填方解石中偶有后期改造的弯曲溶蚀缝，主要是加里东期受构造压力形成的早期平面共轭剪节理，受后期构造运动的影响宽度持续增大，充填后又有溶蚀改造的现象(图1-6c)。

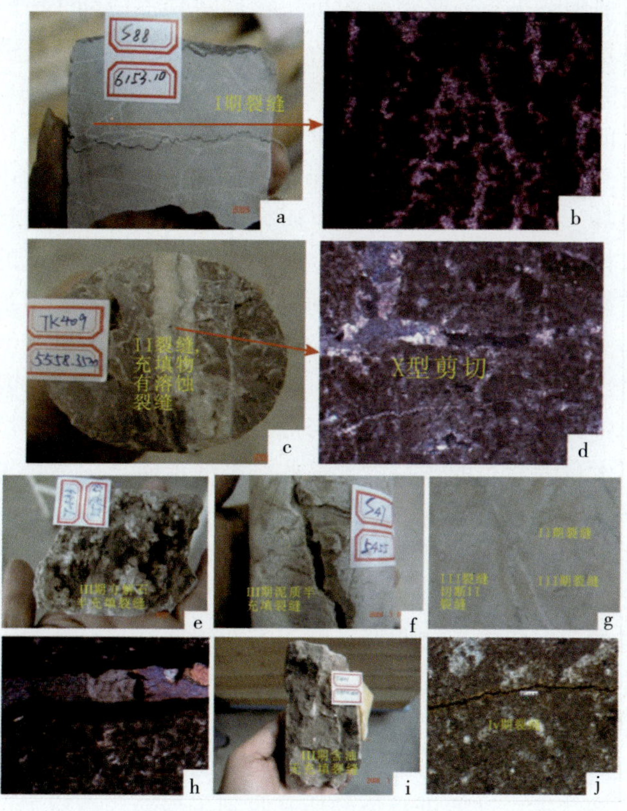

图1-6 不同期次裂缝特征

第Ⅲ期裂缝是被方解石半充填(图1-6e)、绿色泥质充填(图1-6f)或半充填、无充填的构造裂缝，以高角度裂缝为主，具张剪性，延伸长度长，大部分是大裂缝或者超大裂缝。兼有化学充填和物理充填的特征，物理充填主要以绿色泥质为主，后期改造现象明显，时有半充填缝出现，无充填裂缝以剪裂缝为主，大多裂开，含油性及疏导性能好。该期裂缝错断了第Ⅱ期裂缝(图1-6g)，结合图1-5，确定其为海西早期—海西晚期初期裂缝，是加里东运动后，在海西期构造应力持续作用下，隆起前期形成的平面共轭剪节理和隆起形成过程中形成的张节理，在桑塔木绿色泥岩沉积后在应力作用下挤入该期裂缝形成物理半充填的泥质缝(图1-6f)。该期裂缝总体上裂缝的数量大，有效缝多，基本都赋存原油(图1-6h和图1-6i)，或被原油浸染，是本区最重要的一期裂缝。

第Ⅳ期裂缝为未被固体矿物充填的构造微裂缝。该期裂缝数量不多，规模小，延伸短，具剪性特征，剪切或错断了被方解石充填的前两期裂缝，推测为海西晚期后期—喜山期构造作用的结果。该期裂缝部分赋存原油，或被原油浸染(图1-6j)。

(5)裂缝的成因机制

塔河油田所在的阿克库勒凸起，经历了从加里东至喜山等多期构造运动，各期构造运动区域应力场方向均有所不同，在各期应力场的作用下将形成不同方向的断裂和裂缝，由于多期构造应力变形的叠加，形成奥陶系碳酸盐岩较发育的裂缝系统。其断裂、裂缝在平面上发育情况表现为以北东向、近东西向及近南北向3组优势方向成排成带发育，形成由断裂、裂缝及微细裂隙密集发育的复杂裂缝网系。

本区裂缝主要以剪裂缝为主，张裂缝较少，在构造高部位的T402井、T401井中张裂缝相对较多一些，高角度的大裂缝多是本区的主要特点。大量的研究资料证明加里东期以前本区处于相对稳定时期(李昌全，2000；李国蓉，1997；周永昌，2000)，还未隆起，沉积成岩后会形成大量的成岩收缩缝，直到加里东期本区在北西—南东作用力下，在原本平静的地块上形成大量平面共轭剪节理，这些节理在后期的作用力下不断的被改造、充填，这就是本区的Ⅱ期裂缝。直到本期运动结束，研究区地块仍然没有隆起。

海西早期是本区构造运动非常重要的一个时期，是本区主要构造的形成期。这个时期研究区所处的阿克库勒凸起经过了加里东运动以后逐渐形成，继承了加里东期北西—南东方向的挤压，进一步开裂并隆起，这个过程中形成了大量与地面垂直的近东西向和近南北向的早期共轭剪裂缝，由于隆起的幅度不大，这些原本倾角达90°的剪裂缝虽然倾角有所变化但是仍然以高角度为主。伴随着隆起的形成，在构造高部位在岩层拱弯产生的局部张应力的作用下产生了大量的北东的张裂缝，这些张裂缝走向与构造长轴方向一致，倾角也多是高角度的。这些基本构成了本区的Ⅲ期裂缝。这些裂缝也受到后期作用力的不断改造、充填，特别的本期构造应力造成了桑塔木组的风化剥蚀，使得桑塔木组的绿色泥岩灌入裂缝形成了绿色泥质半充填的裂缝。

前文已述，裂缝的走向集中有北北西、北东东两组，这与海西早期形成的主要裂缝的方向近南北向和近东西向存在一定的偏差，既然海西早期形成的裂缝是本区的主要裂缝那这二者怎么会存在偏差呢？研究推断可能存在以下两个原因。

第一，局部构造的影响。裂缝的走向受构造应力的控制，同时也受先期构造断裂的影响，它们常与构造断裂伴生，这不可避免的使其收到了局部构造应力的影响，导致其发育方向与局部构造更接近而与区域构造应力的方向存在一定的偏差，虽然文中所述裂缝走向都是统计量，但这只是这在一定程度上减弱了这个影响，而非去除。

第二，后期的改造作用。裂缝形成以后必然受到后期构造应力的改造，特别是海西晚期构造作用，这次构造运动，南天山洋关闭，塔里木板块与伊犁地块对接碰撞，塔里木板块北部研究区受到了强烈的北向挤压，受其影响整个塔北地区的先期构造都会产生一定的变形，从构造形迹上看，塔北山前断裂均存在一个弧形的转度(弧形端点切线的夹角)，而且从山前往盆地方向这个转度逐渐变小，这说明了挤压应力由北部发育而来。研究区边界断裂也是一个弧形断裂其弧度与塔北断裂对应，裂缝走向的统计量显示，北东东与北北西相对北东和北西的角度在15°~20°恰好与山前断裂及本区边界断裂的转度相吻合。因此，可以推断，裂缝走向上的偏差可能与海西晚期的北西挤压造成塔北地区一定程度上的旋转有关。

印支期、燕山期、喜山期多期构造作用使得凸起上下古生界顶面由早期的鼻凸转变为大型宽缓的背斜，地层倾角相对平缓，而塔河油田四区位于此背斜的核心部位，地层倾角变化不大，受其限制相应的裂缝倾角也不会发生大的变化，只是在原有已经存在薄弱点的地方形成新的裂缝或者先期形成的裂缝进一步的扩大、溶蚀。

岩心观察的结果充分验证了这一点，高角度裂缝广泛发育；缓坡地区由于幅度变化小高角度井型发育，而陡坡地区随着隆起幅度的增大，中角度裂缝增多，中高角度井型发育；溶蚀裂缝较发育。

2. 裂缝型储集体

裂缝型储集体包括裂缝型、孔洞—裂缝型两种，其特征是基质(岩块)孔隙度及渗透率均极低，而裂缝发育，裂缝既是主要的渗滤通道，又是主要储集空间，后者则同时发育溶蚀孔洞。宏观上裂缝系统既是主要的渗流通道，又是主要储集空间，储层的储渗性能主要受裂缝发育程度的控制。裂缝大小和分布变化大，微裂缝密度可到达100条/m，而宽大的溶蚀裂缝间距则可达十几米。统计表明，裂缝发育具有分级性，同级裂缝具有等间距发育特征。

塔河地区裂缝型储层主要分布于中下奥陶统碳酸盐岩中，其次为上奥陶统良里塔格组。在平面上主要分布于风化壳型岩溶不发育的地区，如塔河地区东部及南部岩溶谷地，或中下奥陶统灰岩被下石炭统覆盖地区，有岩溶发育，但溶蚀缝洞多被砂泥质充填；或中下奥陶统灰岩被上奥陶统覆盖，岩溶不发育，但它们处于有利于裂缝发育的构造部位。在垂向上，裂缝型储层主要发育于垂向渗滤溶蚀带。

根据塔河地区中下奥陶统灰岩产层岩心常规物性分析资料统计，构成裂缝型灰岩储层的孔隙度一般均小于2%；渗透率大多小于$0.01\times10^{-3}\mu m^2$。

该类储层钻井时一般没有钻具放空、泥浆漏失或溢流等现象。

3. 裂缝—孔洞型储集体

裂缝—孔洞型储集体储集空间是各类孔洞和裂缝，吼道多以微小裂缝为主。小型溶蚀孔洞和裂缝均较发育，两者对油气的储集和渗流都有相当贡献，表现为典型的双重介质特征。此类储层储集性能较好，产能较高且较稳定。此类储层起主要作用的是溶蚀孔洞，因此其分布与古岩溶发育带密切有关。

在塔河油田，裂缝—孔洞型储层平均裂缝孔隙度为3.69%，平均孔洞孔隙度2.67%，其中基质孔隙度2.17%；岩心上见十分发育的网状裂缝和溶蚀小孔洞，两者均充满原油。

4. 裂缝—溶洞型储集体

裂缝—溶洞型储集体主要发育于厚层、质纯的灰岩储层中，储集空间主要为次生的溶蚀洞，以大型洞穴为特征，是油气储集的良好空间，裂缝在这类储层中主要起渗流通道和连通孔洞的作用；不存在孤立的溶洞储集体。该类储层在钻井时常伴随着钻具放空、泥浆漏失或溢流。该类储层油气产出的特点是初产量高、且产量稳定或较稳定，稳产期长。

裂缝—溶洞型储集体是塔河油田重要的储层类型之一。T402井较为典型，该井揭示下奥陶统242m，岩性主要为砂屑灰岩及泥微晶灰岩，基质孔隙度低(平均小于1%)，主要储渗空间为孔洞和裂缝。该井在5370.0~5394.0m及5549.0~5587.0m井段严重漏失，分别漏失泥浆997.19m^3和940.6m^3；且在5373.0~5375.5m、5559.0~5560.5m及5566.0~5568.5m井段钻时明显加快并严重扩径，表明可能有大型溶洞存在(洞径分别为2.5m、1.5m和2.5m)。同时，该井中一小型孔洞也较发育，孔洞密度达8~23个/m。此外，该井裂缝亦发育，据岩心上的显裂缝统计，裂缝密度达5~16条/m，且均为未充填的有效缝。由此可见，该井主要储集空间为大型溶洞及中小型孔洞，它们对储集空间的贡献率达68%。

三、塔河油田奥陶系储集体发育条件

储集体发育条件与控制因素包括构造、地层岩性、古岩溶作用等。

1. 构造与断裂

塔河油田构造位置位于沙雅隆起阿克库勒凸起西南部，构造演化主要分为两个阶段（图1－7、图1－8），古生代克拉通盆地发展阶段，主要发育大型、宽缓的隆起；中—新生代前陆盆地演化时期，由于周缘山系剧烈隆升，并向盆内推覆，盆地边缘形成了挤压、推覆、牵引等多种构造类型。

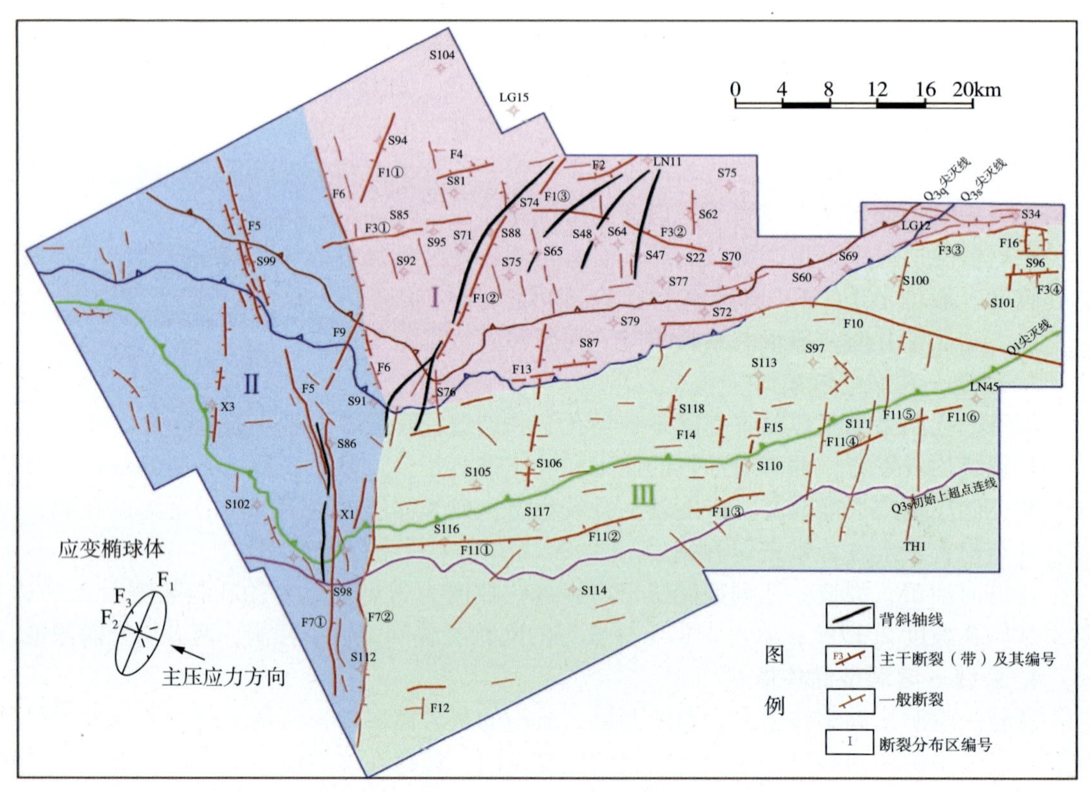

图1－7　塔河油田加里东中期构造纲要图

古应力场研究表明(邓起东，2000)，加里东中晚期、海西早期区域主应力为NW－SE向(海西早期向南偏转)，阿克库勒凸起形成向南西倾伏的NE－SW向的大型鼻凸；海西晚期区域主应力为N－S向挤压作用，主要形成近E－W向的逆冲断层和局部褶皱构造(表1－5)。阿克库勒凸起为下古生界奥陶系碳酸盐岩大型褶皱—侵蚀型潜山，潜山四周倾伏呈背斜形态，顶部受断层复杂化，据近东西向的断裂组合分布特征，凸起可划分为北部斜坡、阿克库木断垒、中部平台、阿克库勒断垒和南部斜坡5个区，塔河油田位于南部斜坡区西部。自早奥陶世末期阿克库勒形成北东向南西倾伏的鼻状凸起后，海西早期在NW－SE向的压扭应力作用下，鼻凸进一步发育，并发育了阿克库木、阿克库勒等近东西走向的背冲断裂及与之相配套的北东和北西向剪切断裂，海西晚期运动使该凸起进一步抬升出露水面，断裂进一步活动。

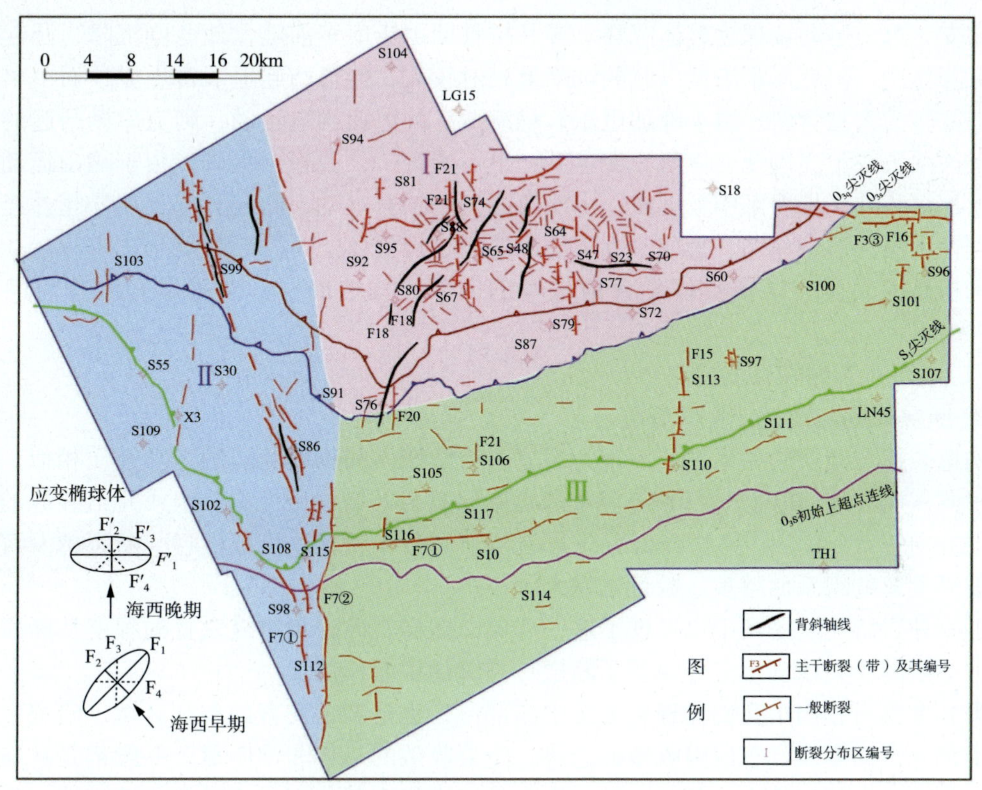

图 1－8　塔河油田海西期构造纲要图

表 1－5　塔里木盆地构造应力场演化特征（据王喜双，1997）

时代			盆地应力场及构造形变特征			盆地演化
代	纪	时间/Ma	构造应立场背景	构造变形特征	应立场性质	
Kz	Q	2.0	压、压扭	构造轴向 45°～135°	主应力轴向 0	复合前陆盆地
	N	24.6				
	E	65	松弛调整	构造轴向 E：64°～137° K：80°～150° L：75°～150°	主应力轴向 E：11°， K：15°， L：17°	断陷盆地
Mz	K	144				
	J	213				
	T	248	南北双向挤压	构造轴面 65°～110°	主应力轴向 $T_1$365°，$T_2$32°	前陆盆地
Pz_2	P	286	压、压扭	构造轴向 25°～145°	主应力轴向 $P_1$39°，$P_2$35°	克拉通边缘坳陷和克拉通内裂谷
	C	360	伸张	构造轴向 40°～150°	主应力轴向 5	
	D	403	南压北张	构造轴向 60°～155°	主应力轴向 S：7°，D：352°， D末：348°	克拉通边缘前陆盆地
Pz_1	S	433				
	O	505	O_2～O_3 挤压、压扭	构造轴向 45°～135°	主应力轴向 2°～12°	克拉通边缘坳拉槽
	∈	590	晚 Z～早 O 拉张	构造轴向 20°～150°	主应力轴向 NNE7°～21°	
An	Z					

印支—燕山运动表现为整体沉降。喜马拉雅期由于库车前陆盆地急剧沉降，凸起由于差异沉降作用，阿克库木断裂以北的沉降量相对较大，使得凸起上下古生界顶面由早期的鼻状凸起转为大型背斜。由于晚加里东、早海西、晚海西构造运动，阿克库勒凸起的较高部位剥蚀缺失中上奥陶统、志留—泥盆系、上石炭统—二叠系，另外，由于燕山运动，凸起的南部沉积缺失侏罗系中、上统。由于海西期的抬升运动，凸起大部长期暴露并经受了风化剥蚀和淋滤溶蚀作用，形成了大量岩溶缝洞型储集体。

构造是控制研究区储集体发育最根本的因素，构造断层、裂缝及岩溶之间的关系如下：

(1)断层对裂缝发育的控制

① 断层控制与断裂伴生的裂缝。

构造裂缝与断层的关系主要表现为裂缝的力学性质和相邻断层的力学性质相似，它们形成于同一应力场(Brita R，2006)。在邻近断层发育的裂缝中总有一组或几组裂缝的走向与断层方向一致(图1－9a)。分析裂缝方向与断裂分布特征，可以发现，断裂越发育的区域，裂缝发育的组系便越多、数量也越大。

在野外岩溶缝洞考察中也发现了这一现象，即岩石破碎和裂缝发育的程度从断裂向两侧地区不断减小，该现象充分说明了断层对裂缝的控制作用。

野外考察过程当中我们发现应力集中的部位，也是裂缝发育的有利区域。研究区内西部和南部北东向断裂具有向南收敛的趋势，断裂收敛的趋势非常明显，一般都是从应力小的方向向着应力相对集中的部位收敛，也就是应力集中部位，易于产生构造裂缝。在考察区发现发育的近东西向和近南北向两组共扼剪切断裂较为发育(图1－9b)，它们在一定程度上控制了与加里东期有关的岩溶作用。

② 断裂控制了残丘、残丘斜坡的裂缝发育。

多条断裂控制的残丘高点，也是裂缝发育区，因为断裂控制的残丘高点是构造应力集中部位，形成与断裂属于同一应力场的构造裂缝(图1－9c)。奥陶系上早期构造裂缝发育，但是后期充填严重。并且古地貌影响岩溶的发育程度，如阿克库勒凸起在早海西期为向西南倾没的鼻状背斜，研究区为向南东、北西方下倾的两翼斜坡。在同一岩溶斜坡内，岩溶强弱程度受次一级古地貌控制。地貌高部位，即被埋藏后的岩溶残丘，往往风化剥蚀作用强烈，容易形成缝洞发育的岩溶地貌。因此，斜坡上的岩溶残丘群一般比岩溶洼地的储集性能好。

③ 地层褶曲部位的断层与裂缝紧密相关。

裂缝的发育与构造运动所形成的断裂及褶皱密切相关。裂缝发育程度在宏观上表现为轴部强翼部弱、高部位强低部位弱的特征。即在断裂发育地区及构造曲率大的地区，构造裂缝最为发育，而在断裂不发育及构造曲率小的地区，则构造裂缝不发育。地层褶曲部位发育断层，由于断层上盘是应力集中部位，裂缝带常常在这些部位发育。

④ 花状构造分枝断裂可以改善储层。

海西晚期的逆冲—走滑构造作用产生了背冲断块、雁行式断裂和正花状构造等，花状构造位于多条断裂的交汇处，易于产生构造裂缝。正花状构造产生的小型分枝断裂改善了储层的储集条件。这表明花状构造的分枝断裂部位裂缝发育，也是油气富集的位置。

(2)断裂与岩溶之间的关系

① 早期断裂带控制了后期沿断裂带发育的岩溶作用。

断裂增加了地表水和地下水与碳酸盐岩的接触面积和溶蚀范围，有利于碳酸盐岩的溶蚀作用。野外可以清楚地观察溶蚀水系与深部大断裂交汇，并且在交汇处终止，表明地表水沿断裂形成的裂缝下渗，断裂控制了断裂带发育的岩溶(图1－9d)。

② 断裂带是裂缝与岩溶发育的地带。

通过前人研究，在断裂带或断裂附近的钻井多出现放空、漏失，岩心上溶蚀缝也发育。野外发现具断层泥和滑动擦痕的大裂缝存在，缝内充填物为方解石、碳质和泥质，裂缝充填物疏松。在钻井过程中就会发生泥浆漏失，钻时加快等现象。

③古背斜构造是岩溶发育的有利区带。

在古背斜构造的轴部，由于受强烈挤压应力的作用，在形成背斜的同时，平行背斜走向产生一系列断裂和张性节理，为岩溶发育提供了地下水必要的导流通道，特别是在两组断裂的交汇处，缝洞更发育(图1－9e)。岩溶缝洞的分布一般由古构造的轴部分别向两翼变差，古构造的轴部以溶洞为主的缝洞储集体，向两翼逐渐变为以缝为主的洞缝储集体和仅以少量裂缝为主的孔缝储集体，储集性能相应由好变差。

④ 溶蚀作用与断裂走向的一致性。

例如在大的溶蚀缝或不整合面在地震剖面上主要表现为串珠状反射特征。或者沿着断裂带也会发育一系列串珠状的溶蚀孔洞。表明受控于断裂带的构造裂缝沿断裂走向发育，且岩溶作用沿早期裂缝发育(图1－9f)，从而改善了碳酸盐岩储集物性。

⑤ 断裂走向与洞穴发育走向具有一致性。

沿断裂带发育的洞穴具明显的方向性，常与断裂走向一致(图1－9g)。在多组断裂的交汇部位，也容易形成大型洞穴(图1－9h)。早期断裂构造控制深部洞穴的发育，构造轴部或沿断裂的地方最有利于形成洞穴。多组断裂的交汇处应是多组裂缝交切的位置，易发育大型洞穴。

(3) 裂缝与溶蚀孔洞之间的关系

①裂缝形态控制溶蚀孔洞的发育。

有两条或者两条以上的裂缝相交，在相交处出现溶孔，特别是多条裂缝相交与一点，这样会加速碳酸盐岩的溶蚀作用(图1－9i)。

②裂缝的连通性控制溶蚀孔洞的发育。

裂缝的连通性可以促进溶蚀孔洞发育。当几条裂缝同时发育，特别是当裂缝与断层或不整合面距离较近或者相联通时，这种现象显的尤为明显。

③顺层裂缝与溶蚀作用关系密切。

碳酸盐岩中裂缝是非常发育的。岩石裂缝减少的顺序为：泥灰岩—泥质白云岩—白云岩—白云质灰岩—灰岩—砂岩—硬石膏—石膏(郭璇，钟建华等，2004)。分析研究认为，研究区下奥陶统储集带地层岩性比较单一，以质纯灰岩为主，且横向分布稳定，岩性及其结构均有利于裂缝的发育。沉积间断面以上溶蚀相对较弱，一般分布少量孤立的溶蚀孔洞。但是，在沉积间断面以下溶蚀较强，可见密集发育、顺层分布的溶蚀孔洞(图1－9j)；部分孔洞垂直于层面，大小从2～150cm。

图 1-9　裂缝与岩溶作用关系图版

2. 地层岩性

阿克库勒凸起是在前震旦系变质岩基底上长期发育的一个古凸起，钻井揭示的地层有：寒武系、奥陶系、下志留统、上泥盆统、下石炭统、上二叠系（火山岩）、三叠系、下侏罗统、白垩系、第三系和第四系（表 1-6）。最老地层为上寒武统下丘里塔格群，钻达深度 8408m（塔深 1 井）。受加里东晚期、海西期以及燕山期等多期构造运动地壳抬升的影响，在塔里木盆地阿克库勒凸起主体部位及南部斜坡的大部分地区，缺失志留系、中下泥盆统、上石炭统、二叠系、上侏罗统地层，并且上奥陶统与中、下奥陶统分别遭受不同程度的剥蚀，以至局部地带缺失，仅在凸起南部边缘部位保留了中—上奥陶统、下志留统、在凸起的西部边缘保留了上泥盆统东河塘组地层。

塔河地区奥陶系共划分为 6 个岩石地层单元（组），即奥陶系下统蓬莱坝组、下—中统鹰山组、中统一间房组、上统恰尔巴克组、良里塔格组、桑塔木组，19 个牙形刺带。年代跨度 69Ma。

表 1-6　塔河油田钻井揭示地层简表

地层系统						厚度/m	岩性简述
界	系	统	组(群)	代号	波组		
新生界	第四系			Q	T_1^0	16~63	土黄色表土层、灰黄色细砂层夹土黄色黏性土层
	上第三系	上新统	库车组	N_2k	T_2^0	1522~2009	棕黄色、棕灰色泥岩及粉砂质泥岩与灰白、灰黄色细粒岩屑长石砂岩互层
		中新统	康村组	N_1k	T_2^1	732~1052	灰白、浅黄色粉砂岩、细粒岩屑长石砂岩、膏质长石石英砂岩与黄灰、棕色泥岩、粉砂质泥岩略等厚互层
			吉迪克组	N_1j	T_2^2	349~694	黄灰、棕褐及灰、浅绿灰色泥岩，浅灰色泥质粉砂岩、粉砂质泥岩夹灰白、浅黄色细粒岩屑长石砂岩
	下第三系	渐新统	苏维依组	E_3s		38~306	黄褐、浅棕色细粒长石砂岩、细粒长石石英砂岩，浅棕、棕色细至中粒长石岩屑砂岩、泥质粉砂岩夹棕色粉砂质泥岩
		始新统 古新统	库姆格列木群	$E_{1-2}km$	T_3^0	614~745	棕红、棕色细粒长石岩屑砂岩、岩屑长石砂岩、长石石英砂岩，棕、浅棕色含砾中砂岩夹棕色粉砂质泥岩、粉砂岩、泥岩
中生界	白垩系	下统	卡普沙良群	K_1kp	T_4^0	298~436	棕褐色粉砂质泥岩、泥岩与灰绿色含灰质粉砂岩互层夹细粒岩；底部为浅灰、灰绿色细粒长石砂岩、灰白色含砾砂岩夹灰色粉砂质泥岩
	侏罗统	下统		J_1	T_4^6	42~76	灰色细粒岩屑长石砂岩、长石石英砂岩与灰色泥岩、粉砂质泥岩、粉砂岩不等厚互层，普遍夹有1~2层薄煤层
	三叠系	上统	哈拉哈塘组	T_3h		98~174	上部为深灰、灰色泥岩、碳质泥岩与灰色细粒长石砂岩不等互层，下部为灰色细粒岩屑石英砂岩、长石砂岩夹深灰色泥岩、泥质粉砂岩
		中统	阿克库勒组	T_2a		176~298	自下而上为2个由粗到细的旋回组成，旋回下部为砂砾岩、含砾砂岩、细—中砂岩夹薄层深灰色泥岩，旋回上部为深灰、灰黑色泥岩夹泥质粉砂岩、粉砂岩及薄层细砂岩
		下统	柯吐尔组	T_1k	T_5^0	40~120	灰、深灰色泥岩为主，局部为棕、棕褐色泥岩夹灰色粉砂质泥岩、泥质粉砂岩及少量薄层细砂岩
古生界	二叠系	中统		P_2	T_5^4	0~163	灰黑、绿黑色玄武岩、英安岩，西南部夹火山碎屑岩、凝灰岩
	石炭系	下统	卡拉沙依组	C_1kl	T_5^6	370~537	上部灰、棕褐色泥岩与灰白色砂岩、粉砂岩呈薄互层，下部为深灰、灰色泥岩、粉砂质泥岩夹灰色泥岩、泥灰岩薄层
			巴楚组	C_1b	T_5^7	76~235	顶部为灰色泥晶灰岩夹泥岩（“双峰灰岩”），中上部为杂色泥岩夹泥灰岩薄层，南部发育厚层膏盐岩层，下部为砾岩、粉砂岩夹泥岩，西南部为灰白色细砂岩夹泥岩

续表

地层系统						厚度/m	岩 性 简 述
界	系	统	组(群)	代号	波组		
古生界	泥盆系	上统	东河塘组	D_3d	T_6^0	0~80	灰色、灰白色细粒石英砂岩与绿灰、棕褐、深灰色泥岩、泥质粉砂岩、粉砂质泥岩、灰质泥岩不等厚互层。向南砂岩增多
	志留系	下统	柯坪塔格组	S_1k	T_7^0	0~222.5	灰绿色泥岩、棕、灰色泥岩及粉砂质泥岩夹浅绿灰色岩屑石英砂岩
	奥陶系	上统	桑塔木组	O_3s		0~600	上段灰绿色、暗棕色粉砂质泥岩夹白云质泥岩或白云岩，局部生物屑灰岩及鲕粒灰岩。下段灰色泥晶灰岩与粉砂质泥岩互层
			良里塔格组	O_3l		0~120	灰、深灰、褐灰色泥微晶灰岩、上段、砾屑灰岩、鲕粒灰岩，局部发育小型生物礁
			恰尔巴克组	O_3q	T_7^4	0~25	灰红、紫红、浅灰色泥灰岩、生屑灰岩，夹棕红色泥岩
		中统	一间房组	O_2yj		0~80	灰、褐灰色砂屑灰岩、生物灰岩、含生物屑或鲕粒灰岩、泥微晶灰岩及细—粉晶灰岩，发育小型生物礁
		下统	鹰山组	$O_{1-2}y$		600~900	上段浅灰色泥微晶灰岩、生屑泥微晶灰岩、泥微晶砂屑灰岩互层；下段泥微晶灰岩、泥微晶砂屑灰岩夹浅灰色白云质灰岩、灰质白云岩、白云岩
			蓬莱坝组	O_1p	T_8^0	250~400	浅灰色白云岩、灰质白云岩夹白云质灰岩

3. 岩溶作用

受构造作用影响，塔河油田奥陶系碳酸盐岩中的古岩溶主要经历了加里东中期表生岩溶、海西早期裸露风化岩溶和埋藏期层状岩溶 3 期岩溶作用过程。

加里东中期岩溶作用发育主要受控于以下两个方面：一是加里东中期阿克库勒凸起轴部裂缝发育，在被扩溶后，增大了储集空间和渗透能力。该期裂缝是大气水向下渗透的主要通道，促进了岩溶作用的发育。二是受加里东中期断裂的影响。加里东中期运动第一幕，在区域性 NWW－SEE 向主应力作用下，形成共轭剪切的应力环境，使奥陶系中下统内产生了大量裂缝，形成近南北向的压扭断裂带，对控制本区加里东中期岩溶的发育具有重要作用，使该区中下奥陶统储层得以改善。

海西期是阿克库勒凸起成型期，由于构造动力来自塔里木板块东北部及西北部的构造碰撞，晚泥盆世末、二叠纪末，区内构造活动强烈，以形成大型褶断构造、整体大幅升降、角度不整合为特征，是造成阿克库勒凸起大规模、强烈岩溶作用的构造期。印支期及期后的构造运动，对阿克库勒凸起的构造发展起到加强或定型作用，岩溶系统的改造处于埋藏条件之下。

第二节　古岩溶发育演化机制

古岩溶(palaekarst)泛指地质历史阶段形成的岩溶(夏日元，2011)。但这个历史阶段如何划分，目前还没有一个统一的标准。参照地质学及其它学科的做法，可将更新世以前形成的岩溶称为古岩溶，全新世以后至今仍在发育的岩溶称为现代岩溶（全新世与更新世之间存在太行（云南）运动）。值得注意的是，岩溶发育一般经历了长期的演化过程，特别对暴露于地表的可溶岩层，岩溶作用往往经历了较长的时间跨度，也就是经历了后期直至现代的不断改造。所以，判断是否是古岩溶，应该以有否地质历史时期形成且被保存下来的岩溶迹象为标志。如果过去的岩溶迹象完全被后期改造而未留下任何迹象，尽管可能有过地质历史时期的岩溶作用，也应该归入现代岩溶的范畴。

古岩溶成因与海平面的相对升降及构造运动密切相关。由于海平面的相对下降及区域构造运动的抬升，造成下伏碳酸盐岩地层隆升暴露，遭受风化剥蚀和淋滤岩溶作用，发育大量溶蚀孔洞缝，形成古风化壳岩溶储层，为油气藏形成提供了条件；后期埋藏生烃阶段的有机酸溶蚀、热溶解、复合溶蚀、地层压释水和热水溶蚀等岩溶作用进行叠加、改造，产生次生孔隙，并使前期缝洞系统重组。古风化壳岩溶作用和埋藏溶蚀作用的多期次叠加和改造，是古岩溶储层及油气藏形成的最佳组合模式，也是碳酸盐岩油气藏的主要影响因素之一。

塔河油田中下奥陶统碳酸盐岩发育有大量的形成于裸露期、后被埋藏保存下来的古岩溶，形态类型包括岩溶洞穴、溶蚀孔洞和溶蚀缝等，成为良好的油气储集体。

一、岩溶动力学原理

岩溶地球化学系统是一个开放的系统，大致可以用岩溶动力学的概念模型来阐明（图1-10）。

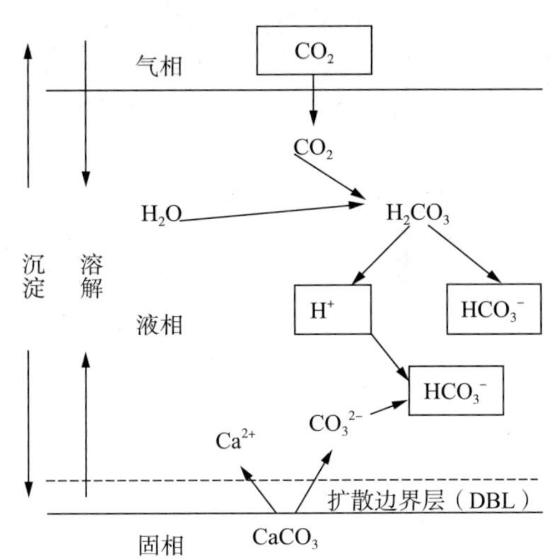

图1-10　岩溶动力学概念模型（袁道先，2002）

它由固相、液相、气相三部分构成，固相部分为各种以碳酸盐岩为主的岩石及其中的裂隙网络构成；液相部分为含有 Ca^{2+}（Mg^{2+}）、HCO_3^-、CO_3^{2-}、H^+ 等离子以及溶解 CO_2 主要成分的水流；气相则为以 CO_2 为主参与岩溶作用的气体。其运行的机理为：空气中的 CO_2 溶解于水，其中一部分与水结合成 H_2CO_3，并电离为 H^+ 和 HCO_3^- 离子，或液相 CO_2 转化成气体逸出，化学反应式为：

$$CO_2(g) + H_2O \longleftrightarrow H^+ + HCO_3^- \tag{1}$$

碳酸盐岩在水中发生溶解为 Me^{2+}（Ca^{2+} 或 Mg^{2+}）和 CO_3^{2-}，可逆过程即碳酸盐岩的沉积，化学反应式为：

$$MeCO_3(s) = Me^{2+} + CO_3^{2-} \tag{2}$$

而后水溶液中反应（1）产生的 H^+ 与反应（2）产生的 CO_3^{2-} 结合成 HCO_3^-，使得溶解反应（2）能继续进行，或沉积，这也是一个可逆的过程，化学反应式为：

$$CO_3^{2-} + H^+ \longleftrightarrow HCO_3^- \tag{3}$$

在此过程中，气、液、固三相都参与进来，在一个开放的系统下，于不同界面上进行着物质和能量的交换、转化和平衡。

二、岩溶形成条件与控制因素

岩石与水是岩溶发育基本的物质条件。具体而言，岩溶发育有4个基本条件：即岩石的可溶性、岩石的透水性、水的侵蚀性和水的流动性。然而，岩溶发育是内、外营力共同作用的结果，区域自然环境如气候、植被、土壤、地貌等对岩溶发育也有明显影响。在上述诸因子中，岩石、构造、水动力及地貌条件是非地带性的，而气候、植被和土壤则存在地带性。同时，自然界中，内、外营力各因素在岩溶发育中所起的作用因时也因地而异。因此，在分析区域岩溶形成与发育的影响与控制因素时应作具体分析，不可笼统、孤立和绝对化。可见，岩溶作用和岩溶发育过程及其所表现的岩溶现象，作为一个整体，是一个系统工程。

1. 碳酸盐岩岩石性质与岩溶作用关系

可溶岩是岩溶作用的物质基础，在控制与影响岩溶发育的各种因素中，岩石的矿物成分和结构是首要因素。野外调查表明，碳酸盐岩不同的岩性特征对岩溶的发育强度具有较明显的影响。一般地，岩溶发育的规模、岩溶化程度具有纯碳酸盐岩高于不纯的碳酸盐岩、灰岩高于白云岩的规律。

研究表明(翁金桃，1987)：灰岩比溶解度在碳酸盐岩中最高，其次为白云岩，再其次为灰(云)质硅质岩，纯硅质岩比溶解度最低；在相同的物理化学条件下，白云岩的溶解度在任何水介质中均大于灰岩，泥质碳酸盐岩因不溶物增多，溶解度降低，仍以硅质岩溶解度最低。这一差异是由碳酸盐岩岩石的矿物成分和晶体结构决定的。

(1)岩石的矿物成分与岩溶作用关系

根据方解石和白云石相对含量大小也可以判断碳酸盐岩溶解能力，岩石相对溶解速度值随CaO/MgO比值的大小而变化(表1-7)，白云岩类CaO/MgO比值为1.44~3.74，灰岩类则为10.94~150.75。几种白云岩类的相对溶解速度均小于1(标准大理岩为1)，而几种灰岩类的相对溶解速度均大于1。

表1-7 不同岩石成分溶蚀能力试验结果

岩石名称	层位	化学成分/%				矿物成分/%		孔隙率/%	相对溶解速度(平均)
		CaO	MgO	CaO/MgO	酸不溶物	方解石	白云石		
泥晶灰岩	O_2	53.18	0.87	61.12	2.99	93.0	4.0	1.9	1.03
斑状白云质灰岩	O_2	49.49	4.52	10.94	2.08	77.2	20.7	0.5	1.03
生物碎屑灰岩	O_2	54.1	0.54	100.2	2.03	95.5	2.5	0.4	1.03
白云质泥质灰岩	O_1	50.17	2.36	21.26	5.19	84.1	10.7	—	1.09
灰质白云岩	O_2	36.92	15.12	2.44	3.48	27.4	69.1	4.6	0.82
泥晶白云岩	O_2	3.07	18.18	1.66	5.36	10.1	84.5	7.9	0.80
细晶白云岩	O_1	28.83	19.36	1.48	7.33	4.2	88.5	3.1	0.77
泥晶灰岩	O_2	54.27	0.36	150.75	2.25	95.0	—	—	1.09
泥亮晶生物灰岩	O_2	53.70	1.19	45.13	1.99	98.0	1.0	—	1.11
膏溶灰质白云岩	O_2	34.63	15.41	2.24	6.06	75.0	68.0	—	0.93
泥晶灰质云岩	O_2	41.00	10.93	3.74	3.09	38.0	60.0	—	0.93
微晶白云岩	O_2	32.19	15.87	2.03	9.17	5.0	85.0	—	0.96
细晶白云岩	O_1	28.96	20.15	1.44	5.62	2.5	95.0	—	0.51

可见，岩溶作用有明显的选择性。在裸露环境下，灰岩岩溶化强度一般高于白云岩（表1-8）；这样，在灰岩与白云岩互层发育岩层中，由于灰岩溶解速度快，地下水流及溶蚀作用越来越集中于灰岩层中，差异性溶蚀越来越明显，在灰岩层中常形成一系列层状溶洞，而在白云岩层中则难以形成大型层状溶洞。

不纯碳酸盐岩中难溶组分含量越高，岩溶也越不发育。泥质含量对溶蚀能力的影响规律表现为：当泥质含量小于10%时，对岩溶作用没有明显影响。据室内溶蚀试验结果，其相对溶解速度比纯灰岩略高；但当泥质含量大于10%以后，岩溶作用将逐渐减弱。

表1-8　不同类型碳酸盐岩化学溶解与机械破坏能力比较

岩石名称	比溶解度(K_{cv})	比溶蚀度(K_v)	机械破坏量/%
泥晶灰岩	0.93	0.91	0.004
含泥云质灰岩	0.83	1.15	24.93
中细晶白云岩	0.46	0.62	27.95
云质灰岩	0.99	1.14	14.65
白云岩	0.39	0.49	20.11
泥晶灰岩	1.12	1.10	1.19
角砾云岩	0.80	1.73	54.86

（2）岩石结构与岩溶作用关系

岩石的结构对岩溶发育的影响主要取决于岩石矿物晶体的粗细及其结构类型。一般而言，矿物结晶颗粒愈粗，岩溶愈发育。这是因为不同结构的碳酸盐岩具有不同的孔隙度和粒间结合力，矿物的晶体越粗，相间组合的孔隙度就大，粒间的结合力就愈弱，有利于水岩作用的空间形成，岩溶化程度也就愈高。因此，生物屑结构、球粒结构及成分复杂的不均一结构的碳酸盐岩比泥晶结构、晶粒结构及单成分均匀结构的碳酸盐岩具有更高的岩溶化程度。

不同结构类型的岩石，溶蚀能力具有一定差异。理论上，矿物颗粒愈细，其总的孔隙度和溶蚀表面愈大，溶蚀能力越强。但矿物颗粒越细，总的孔隙度和岩石总溶蚀量虽大，却分散于大量微孔隙中，不利于岩溶集中发育；而粗粒的岩石总孔隙度虽小，却有利于岩溶集中发育。当岩石中白云石呈斑状分布时，会造成不均匀溶蚀。当方解石基质溶解时，斑块会产生机械破坏，加快岩体的整体溶蚀破坏。如表2-2所示，白云岩的相对溶蚀速度小，但机械破坏量较大；相反，灰岩的相对溶蚀速度大，机械破坏量却较小。在相同的水溶液性质和温度条件下，影响化学溶解量的主要因素是岩石成分，影响物理破坏量的主要因素是岩石结构。

（3）差异溶蚀机理

在岩溶作用过程中，各种不同矿物成分和结构的碳酸盐岩，因溶蚀速度不同而形成差异溶蚀。根据理论化学研究，在不CO_2分压的纯水中，天然白云石的溶解度为320mg/L（18℃），而天然方解石的溶解度为14mg/L(25℃)；说明在常温下纯水中的白云石的溶解度大于方解石。但在自然界，不含CO_2的纯水几乎是没有的。CO_2分压对碳酸盐的溶解—沉淀速度影响很大，当温度为25℃、CO_2分压为0.101MPa时，方解石的溶解度达800mg/L，而白云石的溶解度为599mg/L。可见，随着水中CO_2分压的升高，方解石溶解度的增大比白云石快得多；即在常温状态和高的CO_2分压下，方解石的溶解度大于白云石。

水溶液中少量Mg^{2+}、Na^+等离子的加入会使碳酸盐岩的溶解加快，当方解石和白云石同时被溶解过程中，因水溶液中存在有少量Mg^{2+}，将促使方解石的溶解度增高。这也是方解石和白云石共存时差异溶蚀的原因之一。

因方解石和白云石的差异溶蚀作用，风化壳表面常形成特殊的岩溶微地貌形态。如在白云岩露头表面形成纵横交错的“刀砍状”沟纹，就是因白云岩裂缝中的次生方解石的溶蚀速度比白云石快、水沿裂缝首先发生溶蚀而成；差异溶蚀导致岩石风化表面常呈“麻坑状”和“糖粒状”，前者为麻点状小凹坑，后者岩石表面呈砂糖状凸出。

当岩石为结构均匀的泥晶灰岩时，产生均匀白云岩化。由于白云石粒度相等、分布均匀，其溶蚀形态主要取决于方解石和白云石的相对含量。如果岩石中白云石含量大于方解石，经差异溶蚀后，方解石便会在白云石间形成麻点状小凹坑；如果岩石中白云石含量少于方解石，经差异溶蚀后，白云石便在方解石间呈凸出的砂糖粒状。

另外，在碳酸盐岩发生白云岩化作用时，晶间空隙因交代作用而增加，因此，白云岩地层中常常发育较均匀的岩溶作用。

2. 碳酸盐岩层组结构类型与缝洞系统关系

由于沉积环境的变迁和成岩后生变化的差异，一个地区的碳酸盐岩在横向上和纵向上的岩性变化都较复杂，形成了不同的岩层组合。不同的岩层组合类型具有不同的溶蚀特征，如连续性较好的灰岩，其溶蚀作用主要沿节理裂隙进行，形成不均一的岩溶管道，规模较大；厚层块状白云岩主要通过孔隙渗透溶滤，形成比较均一的孔隙—裂隙网络，规模较小；灰岩夹白云岩型和灰岩—白云岩交互型则介于两者之间，构成小型管道—裂隙—孔隙交互型岩溶系统。表1－9为岩性和岩溶层组类型对岩溶地貌形态控制作用特征。

表1－9　典型岩溶区岩溶层组类型与岩溶地貌形态关系

岩溶层组类型			岩溶地貌形态	
类	型	亚型	个体形态	岩溶地貌
均匀状纯碳酸盐岩类	灰岩连续型	亮晶颗粒灰岩亚型	桶状、塔状、屏风状石峰和廊道式、厅堂式大型洞穴	峰丛洼地
		亮泥晶颗粒灰岩亚型		峰丛谷地
	灰岩夹白云岩型	泥晶颗粒灰岩夹白云岩亚型	单面山、螺丝山和顺层面发育的洞穴	峰林谷地
	灰岩—白云岩交互型	斑块状云灰岩或灰云岩亚型		
	灰岩—白云岩间隔型	微晶化灰岩间白云岩亚型	圆锥状、螺丝状石峰和迷宫型溶洞	峰林平原
间层状不纯碳酸盐岩类	断续状不纯碳酸盐岩	扁豆状泥质灰岩亚型	圆丘状馒头山和小型泉水	丛丘谷地
		含硅质团块泥质灰岩亚型		缓丘谷地

3. 地质构造与岩溶作用关系

地球的表面受天体和地球自身运动的影响，也在时刻的活动着。不同地质历史时期，力源不尽相同，各区域的地质构造特征也不相同。区域地壳结构和受力状态，控制该区地壳形变特征。所以在某个地史时期，某一定地域，构造应力的场态变化造就该区域的构造形迹。然而，不同地质时期，应力场作用在地质体的构造面上，使地质体的形变态势、规模，出现在同一结构面上不同时期的力学性质的迭加反映。结构面力学性质的改变，对地下水循环条件和岩溶系统发育影响很大。

在构造应力的作用下，地壳隆升、岩层褶皱、断裂，为岩溶的发育、演化奠定基础条件。地壳隆升一方面使碳酸盐岩地块裸露地表或者碳酸盐岩地层上覆盖层剥蚀后，碳酸盐岩地层处于开放的大气圈—水圈—岩石圈密切作用的岩溶系统；沉积的碳酸盐岩形成强烈的岩溶化；另一方面，地壳的升降控制水流循环运移和排泄基准面及岩溶发育的深度。地质构造对表层岩溶带发育亦有一定的影响，构造作用发育地段，岩石的构造裂隙一般均较发育，为降水向表层岩体中提供了入渗通道，因此构造发育地段，表层岩溶带化程度较高。

在岩溶系统中，褶断构造造成岩层张裂，利于水流循环和运移。当具有溶蚀能力的入渗水，通过水岩作用，溶质迁移，构造缝隙转变成溶蚀缝洞。

4. 地形地貌条件对岩溶作用的影响

地形、地貌主要通过控制水动力条件和局部地下水流场的分布格局来制约岩溶的发育。地形较缓的山坡或洼地中，容易在表层岩溶带形成局部水循环(图 1－11)；而在河间地块、河谷岸坡、峰丛谷地、峰丛洼地、岩溶盆地边缘，表层岩溶带最发育。

在补给区，碳酸盐岩出露在地形较高的位置，由于其表面遭受长期的风化剥蚀，岩石表面的风化裂隙较发育，水动力条件优越，降水入渗地下表层带形成具有较高侵蚀和溶蚀能力，对原存的风化裂隙进行溶蚀改造，形成表层岩溶带；随着表层岩溶带地下水径流路径增长，水力坡度减小，水的侵蚀能力相应减小和碳酸盐饱和程度的增加，溶蚀能力也相应减慢，因此，低洼地带的表层岩溶带发育强度相应减弱。

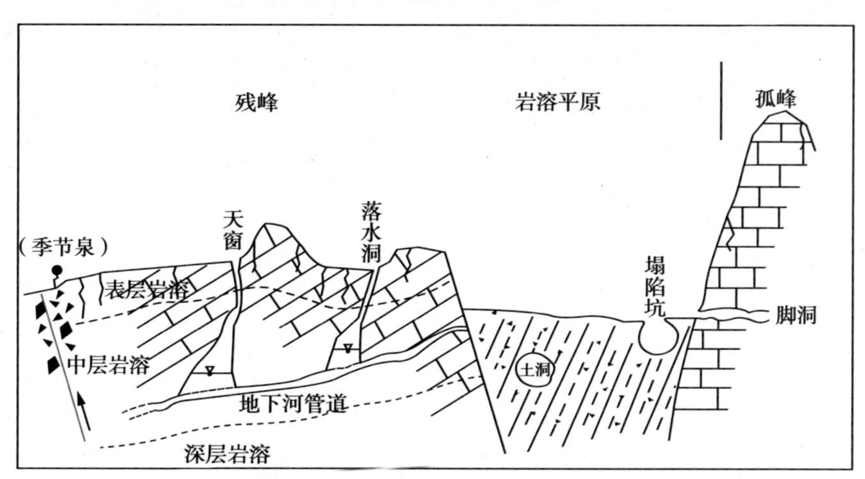

图 1－11　不同地形地貌区岩溶发育形态(夏日元等，2011)

在不同地貌部位，岩溶发育强度存在明显的差异，主要表现为：

①在山体顶部、山脊及山体斜坡等地形较为陡峻的地带，雨水入渗条件差，多形成坡面流从地面流失，减少了水—岩接触的机会，岩溶作用时间相对减小，此类地段岩溶发育程度相对较低。

②在山峰顶部、岩溶台面、洼地周边斜坡及沟谷两岸斜坡上部、山体斜坡地带凸起等为地下水接受补给的部位，水力坡度较大，且其碳酸盐岩表面风化裂隙相对发育，水动力条件优越，刚入渗地下的雨水形成具有较高的侵蚀和溶蚀能力的地下径流，岩溶作用强烈，故表层岩溶带发育较为强烈。

③在山底坡脚、洼地周边斜坡下部及洼地底部、坡间沟谷的底部等部位，常为地下水排泄区。随着地下水径流途径的增长，水中碳酸盐饱和程度不断增加以及水力坡度的减缓，地下径流的溶蚀和侵蚀能力减弱，岩溶作用弱化，表层岩溶带发育程度较低。

④在地势较高的地下水分水岭附近的补给区，地形高差大、岩溶发育深度大，岩溶主要表现为垂向溶蚀裂缝和小型溶蚀洞；在地下水径流带，岩溶发育深度随地势高度的降低逐渐减小，地表多发育落水洞、地下则发育管道型地下河；在排泄区，地势较低、地形较平缓，岩溶发育程度相对较弱，很难见到大规模的岩溶，但经常会出现成片的岩溶塌陷等。

5. 地下水动力循环与岩溶发育关系

水是岩溶发育基本的物质条件之一，只有在水循环体系内，岩溶才会发育。图1－12为具有次生孔隙可溶岩体沿节理和层面不断扩溶而形成岩溶缝洞系统的过程。图1－12a显示出土壤层底部因扩溶作用导致岩体上部垂向节理的渗透率增加，此时上部土壤层水与下部水平通道水基本上没有直接的水力联系；随着溶蚀过程的发展，不但垂向节理继续扩溶，沿层面也开始出现溶蚀现象(图1－12b)，但垂向节理间还没有出现水平方向的水力联系，土壤层水与下部水平通道水仍没有直接的水力联系，水位也基本保持不变；当个别垂向节理与下部水平通道连通时(图1－12c)，当连接部位的水流速增加，土壤层水与下部水平通道水之间就有了直接的水力联系，并在该处形成水位降落漏斗；同时，沿层面的溶蚀也在不断扩展，但各垂向节理间仍没有水力联系；最后，当呈网状发育的垂向节理与下部水平通道连通且沿层面也有水力联系时(图1－12d)，土壤水位整体下降，在垂向节理溶开较窄的部位，常常形成瓶颈效应而截留部分下渗水，形成了表层岩溶带水；而在下部随着管道的逐渐扩溶，就形成了地下河管道系统。

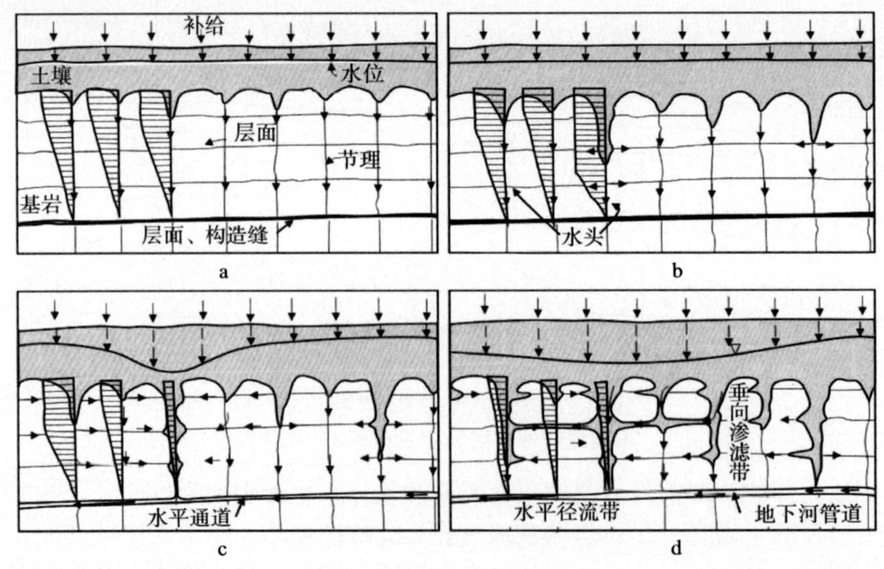

图1－12　岩溶地下水溶蚀过程(据T. Cooley，2002改编)

地下水的运动是岩溶发育的重要条件之一，从地表向地下深处，地下水的运动逐渐减缓；相应地，岩溶发育强度也逐渐减弱。尽管岩溶缝洞个体的发育规模差异巨大、空间结构十分复杂，但在层状岩性、水动力条件、构造等因素控制下，岩溶发育强度在垂向上具有一定规律性，表现为带状分布特征(何宇彬，1991；ЕЖОВ，1992)。不同的岩溶发育带，其水文、工程特性和储集体结构类型均不相同，所采取的油气勘探、开发技术也不尽相同。

中科院地质研究所岩溶组编写出版的《中国岩溶研究》一书中，将均匀厚层灰岩地层水动力剖面在垂向上划分为 4 个带：垂直渗入带、季节变动带、水平径流带和深部缓流带(图 1－13)，此分带法在 20 世纪 90 年代以前得到国内水文界、岩溶界的公认。但该分带方法和定名仅仅考虑了岩溶水动力一个方面，在多学科交叉上没有普适性；且季节变动带与其上下相连的垂直渗入带和水平径流带的划分有重合现象。

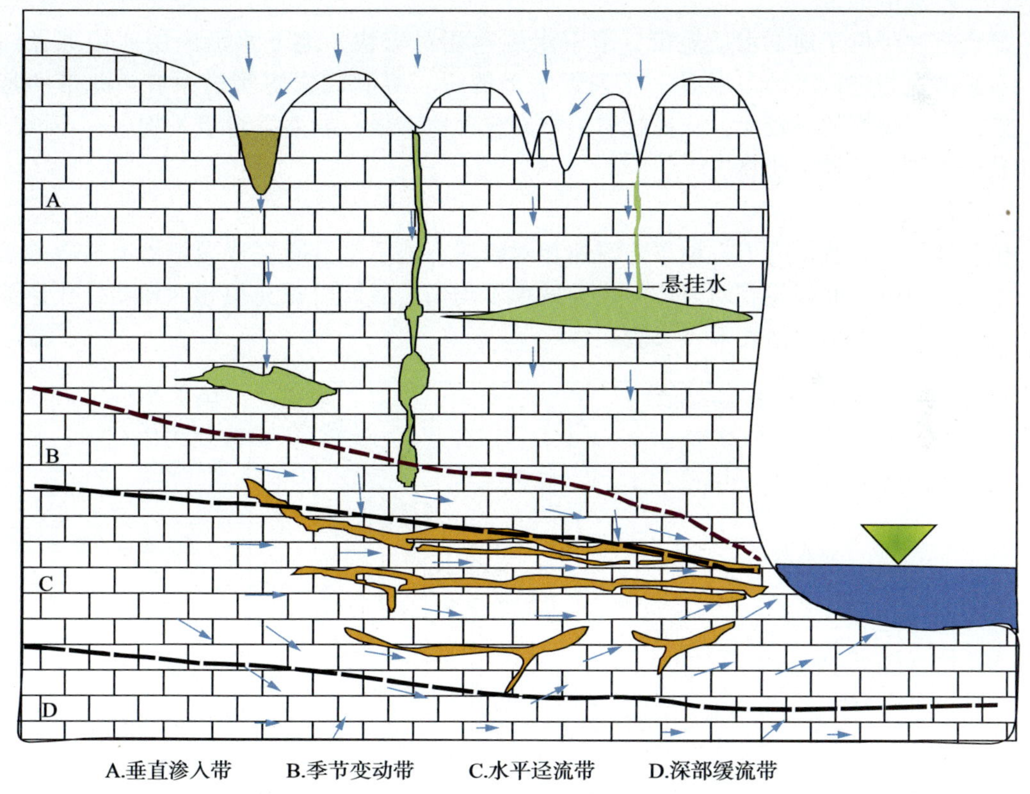

A.垂直渗入带　　B.季节变动带　　C.水平径流带　　D.深部缓流带

图 1－13　均匀厚层灰岩地层岩溶水垂直水动力分带

根据岩溶缝洞系统发育强弱及地下水运动方式、岩溶作用方式，夏日元等将岩溶剖面纵向上划分为表层岩溶带、垂向渗滤溶蚀带、径流溶蚀带、潜流溶蚀带 4 个带(图 1－14)。

(1)表层岩溶带

表层岩溶带(Epikarst zone)的概念，首先是由法国学者在 20 世纪 70 年代初期通过建立岩溶水文地质野外试验场而在薄层泥质灰岩中发现并提出的。1974 年，Mangin A. 应用于岩溶水文学方面，区分出岩溶水水动力分带中包气带上部含水相对较丰富的部分，使岩溶水水动力分带更加完善。

表层岩溶带是可溶岩体地表岩溶作用相对强烈、岩溶化程度较高，并常以相对完整的可溶岩部分为其下界面的岩溶发育带；通常表现为在可溶岩体地表以下附近的一定深度范围内，存在着一个以溶沟、溶槽、溶缝、溶隙、溶痕、溶穴、溶管、溶孔等岩溶个体形态组合而成的强岩溶化层(带)，其下界面是地表向下各种岩溶化强度指标由大向小发生突变的面(夏日元等，2003)。

(2) 垂向渗滤溶蚀带

在垂向渗滤溶蚀带，地下水沿断层或裂隙向下渗滤(或渗流)，对碳酸盐岩进行淋滤、溶蚀，以形成一系列垂直或高角度的溶缝或溶洞、溶蚀空间连通相对较弱为特点。不同地貌单元，其分带厚度具有明显的差异，一般条件下：地下水补给区 > 径流补给区 > 径流区 > 排泄区。其上界为表层岩溶带相对隔水的底板，下以大型近水平状溶蚀缝洞(尤其是岩溶管道)顶板为界。

(3) 径流溶蚀带

径流溶蚀带位于地下水径流带，地下水流速相对较快，地下水沿断层或裂隙径向径流，对碳酸盐岩进行溶蚀，形成一系列近水平溶缝、溶洞或岩溶管道系统。此带的特点是：溶蚀空间规模相对较大，同系统岩溶空间连通性较强；岩溶发育极不均一；不同地貌单元其分带厚度差异不明显。

(4) 潜流溶蚀带

位于地下水径流带之下，地下水流速相对较慢，地下水沿断层或裂隙潜流对碳酸盐岩进行溶蚀，溶蚀空间规模相对较小，岩溶发育不均匀，后期机械充填相对较弱，化学淀积作用相对较强，整体岩溶相对不发育。

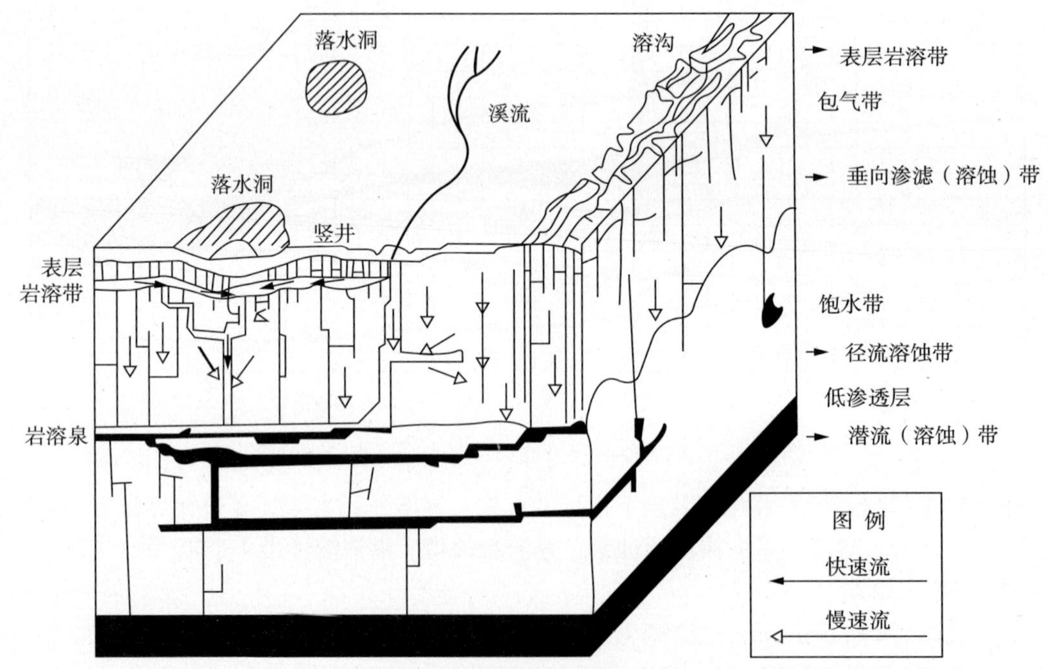

图 1－14　岩溶垂向带发育模型(据 Doerfliger 改编)

三、塔河地区古岩溶发育演化机制

1. 古岩溶发育的地质背景

塔河地区碳酸盐岩主要为中、下奥陶统灰岩与白云岩，其古岩溶最早形成于中志留世以后，受加里东运动和海西运动影响，下志留统与奥陶系遭受强烈剥蚀，并且具有剥蚀厚度大、剥蚀面积广的特点(童晓光，1996)。当时以温暖—潮湿的亚热带气候为主(何登发，2001)，岩溶发育强烈，规模较大，现残留有直径数百米的古溶洞厅堂和长度数百米的古地下河管道；石炭系晚期开始，区内出现海侵，早期古岩溶被埋藏和充填改造。在喜山运动作用下，天山地块边缘持续抬升，奥陶系碳酸盐岩部分出露地表，盆地内部则继续被埋藏(中国科学院新疆地理所，1986；汤良杰，1996；蔡春芳，1997；邓起东，2000)。

(1)古气候

据前人研究，泥盆纪、志留纪塔里木古陆处于南纬5°—北纬30°，属于热带、亚热带海洋性气候，降水量充足；晚泥盆世到石炭纪中世，温暖—潮湿和干旱—半干旱的热带—亚热带气候交替出现；晚二叠世末开始，以干旱氧化环境为主。

(2) 区域构造

塔里木盆地是一个多旋回大型叠合盆地(叶德胜，1995)，阿克库勒凸起处于塔北隆起区沙雅隆起中部，于加里东末期初步形成，在海西早期定型，呈北东向展布、向南西倾伏的鼻凸。区内志留—泥盆系和中上奥陶统由于遭受剥蚀，大部分缺失志留—泥盆系、中上奥陶统及部分下奥陶统，在此基础上超覆沉积了下石炭统海相泥岩盖层。在剖面上形成自北向南缺失—减薄的楔状体分布特征。

(3) 碳酸盐岩层序及岩性

在塔河地区钻井揭示的地层包括寒武系、奥陶系、下志留统、上泥盆统、下石炭统、上二叠统(火山岩)、三叠系、下侏罗统、白垩系、第三系和第四系。个地层岩性详见表1-3。

2. 古岩溶形成条件与控制因素

与现代岩溶一样，古岩溶发育受岩石的可溶性、透水性、流体的侵蚀性和流动性控制，是内、外营力共同作用的结果。岩石、构造、水动力及地貌条件是内在形成条件，气候、植被和土壤等为外在影响因素。

(1)岩性特征

塔河地区奥陶系碳酸盐岩包括泥晶灰岩、泥晶颗粒灰岩、亮晶灰岩、微晶灰岩、生物碎屑灰岩、残余结构云灰岩或灰云岩、晶粒结构白云岩和含硅质团块泥质灰岩8种岩石类型，以泥晶灰岩为主，局部地区为灰云岩，还有生物礁灰岩。中下奥陶统中厚层块状碳酸盐岩的化学成分为CaO 50%~54.27%、MgO 0.96%、$SiO_2$1.18%、Al_2O_3 0.09%、Fe_2O_3 0.015%，白云岩的化学成分为CaO 29.55%~36.57%、MgO 15.01%~20.92%、酸不溶物0.91%~4.0%。古岩溶缝洞系统主要发育于灰岩中，局部礁灰岩中古岩溶发育程度最高，白云岩中则以溶蚀孔洞为主。

(2) 层组结构类型

塔河地区奥陶系碳酸盐岩岩层组结构具有4种类型：① 碳酸盐岩与非碳酸盐岩的组合，主要为奥陶系中下统碳酸盐岩与奥陶系上统非碳酸盐岩泥岩层组合；② 纯碳酸盐岩与不纯碳酸盐岩组合，区内不纯碳酸盐岩主要分布在一间房组上部，其它各碳酸盐岩层组中，不纯碳酸盐岩所占的厚度比例均小于10%；③ 灰岩与白云岩组合，部分地段灰色泥粉晶灰岩与粉细晶白云质灰岩、灰质白云岩、白云岩互层；④ 不同岩石结构类型组合，区内具有泥晶灰岩、微晶灰岩、残余结构白云质灰岩或灰质白云岩、晶粒结构白云岩以及含硅质团块泥质灰岩组合。其中，鹰山组岩溶层组类型可划分为1类3型5个亚型（表1－10）。

鹰山组中不同岩组类型交替出现，岩溶发育程度也呈现交替变化形式，从而形成多层岩溶化层位。该组共发育3个主要的岩溶化层位：O_1^2y、O_1^4y以及O_1^5y。其中O_1^5y下部和O_1^2y为厚层泥微晶灰岩、藻凝块球粒泥晶灰岩夹含藻砂屑灰岩，其岩溶发育最强，大型缝洞系统多出现在这些层位中；O_1^4y古岩溶发育相对较弱，发育一些中小型缝隙型溶洞或孔洞；而O_1^1y和O_1^3y岩溶欠发育，很难见到有一定规模的岩溶现象。

表1－10　奥陶系碳酸盐岩岩溶层组类型划分表

类	型	亚　型	岩　层
Ⅰ均匀状纯碳酸盐岩类	Ⅰ－1 灰岩连续型	Ⅰ－1－A亮晶砂屑灰岩、微晶灰岩亚型	O_1^5y段
		Ⅰ－1－B微—亮晶砂屑灰岩互层亚型	O_1^4y段
		Ⅰ－1－C泥—微晶灰岩互层亚型	O_1^2y段
	Ⅰ－2 灰岩夹白云岩型	泥—微晶灰岩夹灰质云岩亚型	O_1^1y段
	Ⅰ－3 灰岩—白云岩交互型	泥微晶灰岩—云质灰岩互层亚型	O_1^3y段

（3）地质构造

塔河地区构造应力场的演化具有多期次特征，随主应力方向的改变形成形式多样的构造变形。塔北隆起及其阿克库勒凸起地区的构造演化，突出表现在加里东中期形成隆起雏形，期间产生了中奥陶世末、晚奥陶世、晚奥陶世末、志留纪末等多个活动阶段，构造运动主要以小幅度的升降为特征，沉积间断的上下地层形成平行不整合接触关系。海西期是阿克库勒凸起成型期，由于构造动力来自塔里木板块东北部及西北部的构造碰撞，晚泥盆世末、二叠纪末，区内构造活动强烈，以形成大型褶断构造、整体大幅升降、角度不整合为特征，是造成阿克库勒凸起大规模、强烈岩溶作用的构造期。印支期及期后的构造运动，对阿克库勒凸起的构造发展起到加强或定型作用，岩溶系统的改造处于埋藏条件之下。

（4）古地形地貌条件

根据故地貌研究成果，塔河油田前石炭纪古地貌二级地貌类型可分为岩溶台地、岩溶缓坡和岩溶山间盆地3种(图1－15)，三级地貌类型包括峰丛洼地、岩溶槽谷、丘峰洼地、丘丛垄脊沟谷、丘丛垄脊槽谷、丘丛谷地、溶丘洼地、峰丛垄脊槽谷、峰丛谷地等11种(图1－16)。详见本章第三节相关内容。

（5）古水动力条件

塔河油田主体区中部地表水系不发育，外围地区地表水系比较发育，前石炭纪古岩溶流域地表水系主要可划分为南部水系、北部水系、西部水系及东部水系(图1－17)，总体流场为由中部向四周呈放射状流动，控制了地表和地下古岩溶发育格局。

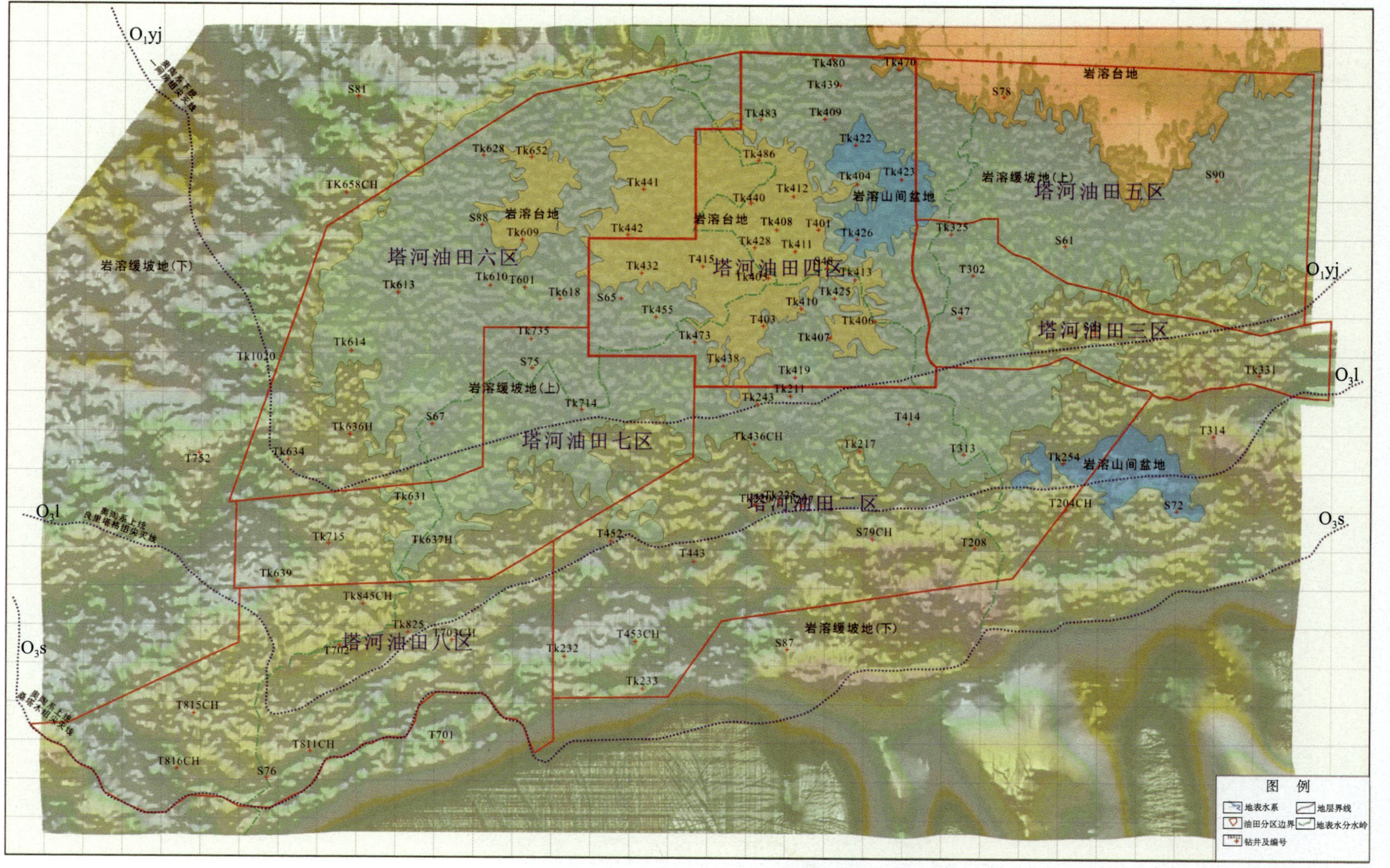

图1-15　塔河油田地区前石炭纪古岩溶地貌特征图（二级地貌分区）

图1-16　塔河油田地区前石炭纪古岩溶地貌特征图（三级地貌分区）

图 1－17　塔河油田主体区前石炭纪古水系分布特征图

3. 古岩溶演化地球化学特征

岩溶洞穴和溶缝充填物既是岩溶综合作用的产物，又是岩溶作用与环境信息的载体，对其进行地球化学分析（包括岩石化学、电子探针、能谱分析、包裹体测试、同位素分析等），有助于认识古岩溶的改造、演化与形成环境及其与油气储层发育、储层物性的关系。

（1）碳、氧同位素变化原因及环境意义

碳、氧同位素识别古岩溶，是利用不同地质作用下地球物质迁移过程中碳、氧稳定同位素的丰度变化来反映古岩溶作用各阶段的环境特征。在不同气候条件下，碳、氧同位素有不同的丰度特征，且具有后期蚀变小和良好的区域可对比性，因而成为研究古气候、恢复古环境的良好材料（孔兴功，2009）。

碳酸盐的 $\delta^{13}C$ 值和 $\delta^{18}O$ 值可作为沉积环境的标志（黎廷宇，2004），根据经验公式可区分海相和淡水相灰岩：

$$Z = a(\delta^{13}C + 50) + b(\delta^{18}O + 50)$$

式中，$\delta^{13}C$ 值和 $\delta^{18}O$ 值均以 PDB 为标准，$a = 2.048$，$b = 0.498$。

在同位素平衡分馏（Hendy，1986），$\delta^{18}O$ 主要受控于环境温度的变化，温度控制的水岩反应同位素使得 $\delta^{18}O$ 有约 $-0.24‰/℃$ 的温度梯度。在同位素平衡条件下，参与水岩反应的 $\delta^{18}O$ 反映了大气降水的年均值；大气降水的 $\delta^{18}O$ 变化又同时受水汽源、水汽运移路径，水汽凝结温度和降雨量等因素控制（Gascoyne1992）。因此，岩溶缝洞充填物 $\delta^{18}O$ 主要反映了其形成期的环境温度和大气降水信息。

与 $\delta^{18}O$ 相比，$\delta^{13}C$ 更易受到蒸发作用、动力分馏、碳酸盐岩的先期沉积等影响而使得其数值偏正。因此，利用碳同位素重建古气候时，应该检验其是否受到扰动。还有一些岩溶过程也可以引起 $\delta^{13}C$ 偏离平衡值，相关研究表明，由于高降水导致渗滤水快速流过土壤带，使得土壤粒间 CO_2 未被平衡溶解，从而导致洞穴钙华沉积物 $\delta^{13}C$ 值从 -12‰升至 -2‰(Bar - Matthews，1999，2000)；来自基岩和地表土壤带的碳加入等也可引起 $\delta^{13}C$ 偏离其平衡值(Gent2001)。

① 塔北露头区奥陶系古岩溶充填物碳、氧同位素特征。

塔北露头区奥陶系岩溶充填矿物的碳—氧稳定同位素明显反映出次生矿物的同位素丰度特点(表1-11)。与海相碳酸盐岩的同位素丰度相比[$\delta^{13}C$(PDB)一般在 -1‰~2‰、变幅3‰~5‰]，缝洞充填物 $\delta^{13}C$ 多数小于 -1.0‰，变幅达7.28‰，较低的 $\delta^{13}C$ 值表明充填矿物形成于地下浅部，矿物形成时受地表水渗流带入的有机质氧化影响。一般情况下，海相碳酸盐的 $\delta^{18}O$ 值为 -1.5‰~ -10‰、淡水碳酸盐为 -5‰~ -10‰。岩溶充填物的 $\delta^{18}O$ 值为 -6.46‰~ -14.54‰，显著低于基岩，显示了其形成环境更为复杂，部分受热液或同位素交代作用使 ^{18}O 含量减少。

从 $\delta^{13}C$ - $\delta^{18}O$ 关系图(图1-18)分析得出，塔里木盆地奥陶系岩溶充填矿物的形成于5种不同的环境条件：第1类为富含泥质的钙泥沉积充填，是流水作用下伴随机械充填形成的碳酸盐沉积，为相对较干热条件下形成，$\delta^{18}O$ 为 -8.99‰~ -6.63‰、$\delta^{13}C$ 为 -0.19‰~1.29‰；第2类为较早期的充填方解石，野外观察见有岩浆岩脉侵入的烘烤边，$\delta^{18}O$ 为 -13.32‰~ -11.46‰、$\delta^{13}C$ 为 -1.24‰~ -0.49‰；第3类为较晚期形成的化学淀积物，主要充填于岩溶裂隙或溶蚀构造缝中，充填过程缓慢，呈多层状；第4类亦为较晚期形成的化学淀积充填，主要见于溶洞洞壁，与石膏共生；第5类为早期古岩溶充填物后又经过了重结晶作用，$\delta^{18}O$ 为 -15.86‰~ -15.05‰，$\delta^{13}C$ 为 -4.33‰~ -3.23‰，明显比其它类型低。

表1-11 塔北露头区古岩溶充填矿物碳—氧稳定同位素测试结果

位　置	样号	矿物名称	$\delta^{13}C$(PDB)/‰	$\delta^{18}O$(PDB)/‰
硫黄矿1沟	2	充填泥质	-2.64	-12.47
314国道1133km硫黄矿	Kb001	钙泥质充填物	-3.23	-15.05
硫黄矿4沟7洞	KT004	石膏夹方解石	-1.19	-13.32
硫黄矿4沟9洞	KT005	石膏共生方解石	-2.7	-14.86
硫黄矿4沟9洞	KT006-2	方解石脉	-2.55	-14.96
一间房2号沟洞	KT011	方解石	-0.19	-6.63
一间房2号沟洞	KT012	洞积物	-0.49	-11.64
一间房2号沟洞	KT013	方解石	-2.21	-10.79
三岔口1232.5km	KT017	方解石脉	0.94	-8.94
三岔口1234km	KT019	早期方解石	-1.24	-12.26
三岔口1257.5km	KT019-2	方解石	-1.9	-10.26
三岔口1276km^{3}沟	KT022-1	方解石	-2.1	-12.16
三岔口1276km^{3}沟	KT022-2	洞积物泥质	1.29	-8.99
西克尔1282km	KT023-1	缝积泥	0.18	-8.28
硫黄1号沟	KT038	结晶钙华	-4.33	-15.86

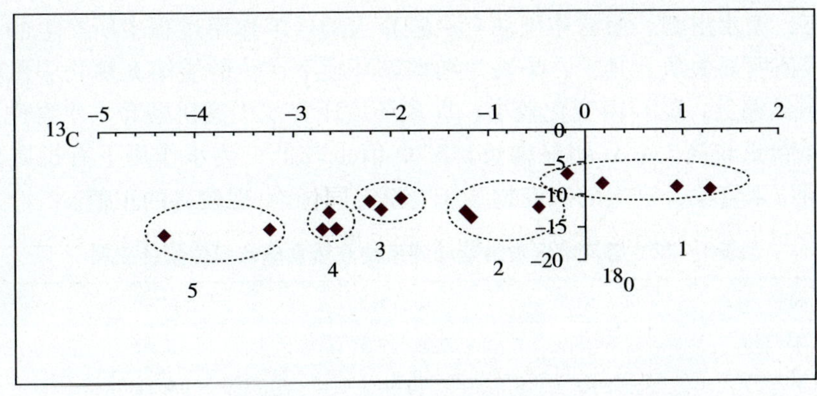

图 1－18　塔里木盆地古岩溶充填矿物 $\delta^{13}C-\delta^{18}O$ 关系图

② 塔河油田地区奥陶系古岩溶充填物碳氧同位素特征。

根据 $\delta^{13}C-\delta^{18}O$ 关系(图 1－19)，岩溶充填物中碳酸盐矿物的形成主要有 2 种不同的环境条件，第Ⅰ类为风化壳岩溶期机械充填过程形成，充填物为富含泥质的钙泥质沉积充填，是流水作用下伴随机械充填形成的碳酸盐沉积，处于相对较干热条件 $\delta^{18}O$、$\delta^{13}C$ 较高，$\delta^{18}O$ 为 －9.88‰ ~ －6.60‰、$\delta^{13}C$ 为 －0.74‰ ~ －2.05‰；第Ⅱ类为较晚期形成的化学淀积充填，方解石 $\delta^{18}O$ 值明显偏负，反映方解石充填物的形成与热液作用具有明显的关系；钙泥质物 $\delta^{18}O$ 值亦偏负，反映早期充填的泥质后期受热液作用而钙质胶结，$\delta^{18}O$ 为 －12.27‰ ~ －10.17‰，主要充填于溶洞、岩溶裂隙或溶蚀构造缝中，充填过程缓慢，持续较长，可见多层状，表现为同期多次性。

Ⅰ类、Ⅱ类岩溶充填物中碳酸盐矿物的形成环境在塔河地区较为普遍，分别属古岩溶缝洞系统充填、改造过程的主要时期。

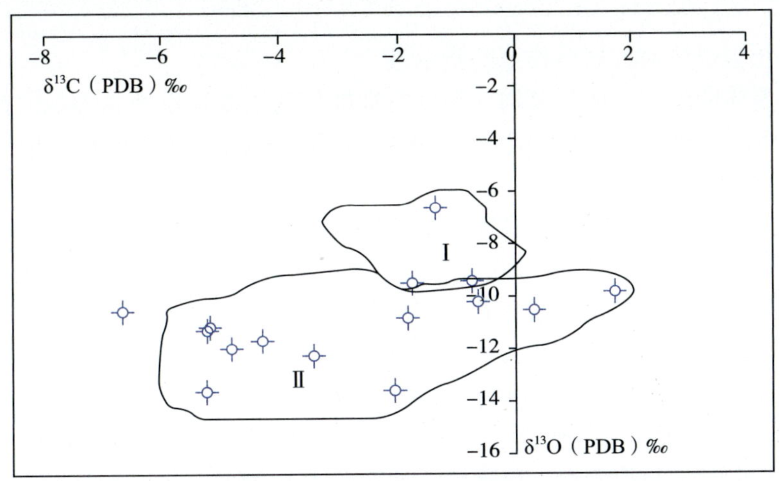

图 1－19　塔河地区古岩溶缝洞系统充填物碳氧同位素关系图

塔河地区奥陶系碳酸盐岩古岩溶缝洞系统充填物的 $\delta^{13}C$ 和 $\delta^{18}O$ 值的变化范围较大(表 1－12)，$\delta^{13}C$ 值为 1.70‰ ~ －6.67‰；$\delta^{18}O$ 值为 －6.60‰ ~ －12.27‰。古岩溶缝洞系统的充填物的 $\delta^{18}O$ 值均具有明显偏负特征，表明古岩溶缝洞系统充填物形成过程中受到大气成因的淡水影响，反映了当时的风化壳岩溶沉积环境。

总体而言，淡水淋滤、溶滤作用和有机酸介入的岩溶作用过程中所产生的淀积充填物的碳氧同位素值明显偏负。其中，旱表生和裸露环境下产生的岩溶充填物中氧同位素较富集，$\delta^{18}O$ 值明显偏负，$\delta^{13}C$ 值变化较小；埋藏环境压释水中有机酸介入水岩作用后产生的沉淀物中 CO_2 含量较高，$\delta^{13}C$ 明显偏负，$\delta^{18}O$ 值也较低；热水作用下有机质分解及甲烷化，水中重同位素富集，产生的沉淀物 $\delta^{13}C$ 较高，部分出现较高的正值。

表 1-12 塔河地区古岩溶缝洞系统充填物碳氧同位素特征表

样品编号	样品深度/m	样品名称	$\delta^{13}C$(PDB)/‰	$\delta^{18}O$(PDB)/‰
S161 8(23/35)	5523.1	方解石+岩石	-3.42	-12.27
S165 7(49/56)	5468.3	方解石	-4.82	-11.98
S165 17(5/7)	5723.3	灰色方解石	-1.84	-10.78
S170 12(71/71)	5434.0	方解石	-0.65	-10.17
S174 15(1/49)	5720.1	方解石	-2.05	-13.58
S180 12(10/39)	5711.8	灰色砂泥+方解石	-5.25	-13.67
S190 8(29/58)	5655.8	方解石	0.33	-10.57
S191 7(20/27)	—	方解石	1.70	-9.88
T403 6(26/26)	5488.9	杂色方解石	-1.36	-6.60
T417 4(4-8/29)	5506.5	方解石	-5.21	-11.22
T417 6(25/55)	5663.0	方解石	-5.12	-11.10
T501 11(37/43)	5628.1	方解石	-4.29	-11.70
T601 4(26/39)	5576.4	方解石+灰钙泥	-6.67	-10.55
S147 11(2-3/51)	5442.8	方解石	-0.74	-9.43
S147 14(9/14)	5467.8	方解石	-1.79	-9.49

（2）充填物包裹体对古岩溶作用的指示性

充填物包裹体的形态、成分及均一温度特征能较为直观地反映其形成时的流体特征与环境条件(柳少波，1997)，包裹体特征对古岩溶环境和期次也有较好的指示性(卢焕章，1990；夏日元，2004，2006)。

① 塔北露头区奥陶系古岩溶充填物包裹体特征。

对塔北露头区奥陶系古岩溶充填矿物中方解石和萤石包裹体的测试分析表明(表1-13~表1-15，图1-20~图1-23)，充填矿物包裹体的各项特征值所反映的流体特征与环境条件如下：

物理特征。区内古岩溶充填矿物中包裹体个体一般较小，0.1~150μm，一般3~35μm。形状以米粒状、长方形、多角形、菱形和不规则状为主，呈成群串珠状以及自由状分布，少量沿显微裂隙分布。包裹体一般有盐水单液相(L_{H_2O})和气液相($L_{H_2O}+V_{H_2O}$)两种类型，萤石包体还存在富含 CO_2 的气液相类型($L_{CO_2}+V_{CO_2}$或 $L_{H_2O}+L_{CO_2}+V_{CO_2}$)。

化学相。方解石包裹体的化学相平衡体系具有 $NaCl-H_2O$、$NaCl-H_2O-MgCl_2$、$NaCl-H_2O-CaCl_2$ 3 种类型；萤石包裹体除上述 3 种类型外，还有 $CO_2-NaCl-H_2O$ 体系，反映了萤石的形成具有热液和热液交代成因。早期充填的方解石或受热液作用产生重结晶，或受热液交代变为萤石。

盐度。方解石包裹体的盐度可为 3 个区段：低盐度，1.0% NaCl ~ 3.0% NaCl；中盐度，5.0 % NaCl ~ 8.0% NaCl；高盐度，22.0% NaCl ~ 23.0% NaCl。萤石包裹体盐度表现为较宽的值域，以 1.0% NaCl ~ 8.0% NaCl 为主，少量高盐度达 22.0% NaCl ~ 24.0% NaCl。

均一温度。方解石包裹体的气液相包体均一温度变化范围为 40 ~ 180℃，以 105 ~ 135℃为主；萤石包裹体均一温度变幅大，90 ~ 285℃，可分为 4 个区段，即 90 ~ 110℃、110 ~ 130℃、130 ~ 170℃和 250 ~ 285℃。高温包裹体属于 CO_2 – NaCl – H_2O 体系，为较深部热液作用与改造的结果。

化学成分。从包裹体的化学成分看，气体成分主要是 H_2O 和 CO_2，与鄂尔多斯盆地深部古岩溶充填物包裹体成分相比，CH_4 和 CO 明显较低；液体成分以 HCO_3^-、Ca^{2+} 为主，与鄂尔多斯盆地相比 Cl^- 和 K^+ 较低，反映了区内古岩溶充填物形成于贫有机质的相对淡水岩溶作用环境。

组合类型。由于形成环境的差异，区内方解石和萤石包裹体的综合化学特性可划分为 4 种类型：低温、低盐度、NaCl – H_2O 型；低温、高盐度、NaCl – H_2O – $CaCl_2$ 型；中温、中盐度 NaCl – H_2O – $MgCl_2$ 型；高温、中盐度、CO_2 – NaCl – H_2O 型。

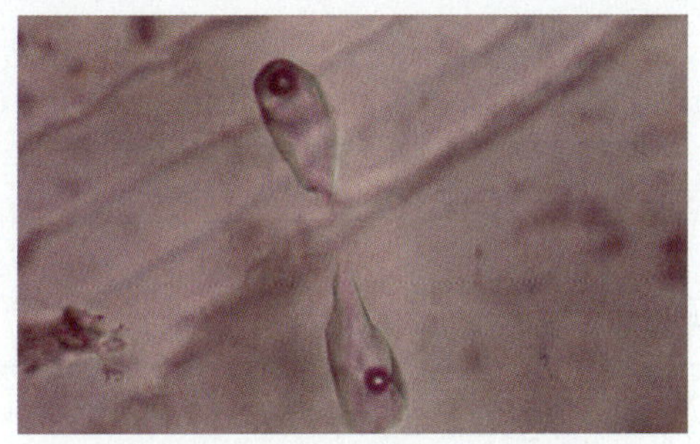

图 1 – 20　KT009 包裹体显微照片
（紫晶中的两相盐水溶液包裹体呈椭圆形，包裹体大小 20 ~ 30μm）

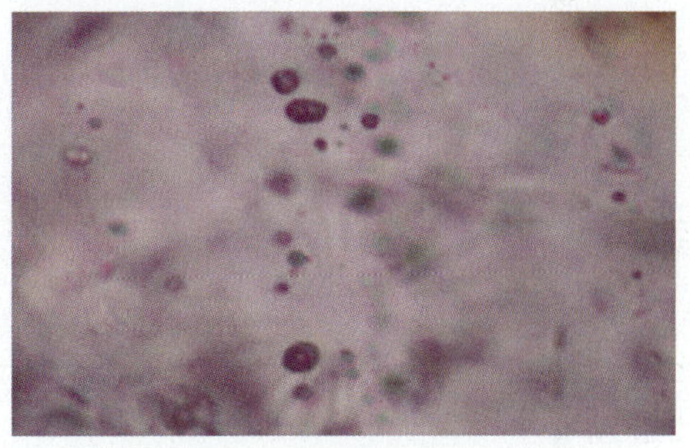

图 1 – 21　KT018 包裹体显微照片
[紫晶中富 CO_2 两相包裹体（L_{CO_2} + V_{CO_2}），呈小群分布，包裹体大小 20μm]

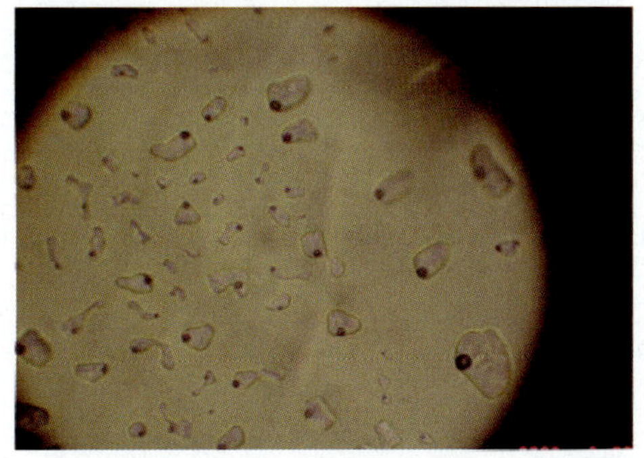

图 1 – 22　KT041 包裹体显微照片
（浅紫色萤石两相包裹体，呈群状分布，包裹体大小 3 ~ 30μm）

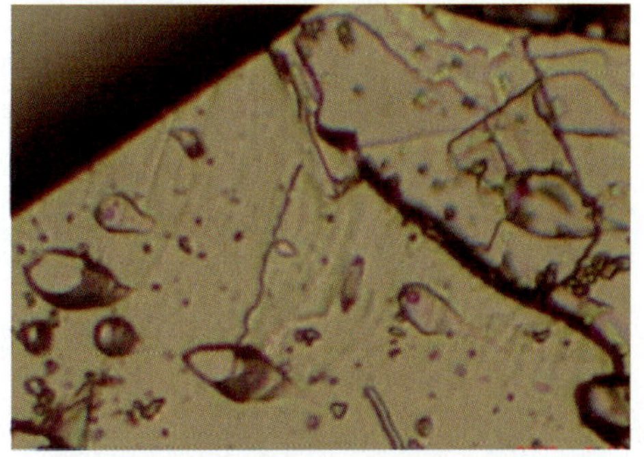

图 1 – 23　KT022 包裹体显微照片
（方解石中的盐水溶液包裹体，呈小群分布包裹体大小 4 ~ 14μm）

表1-13 塔里木盆地北缘奥陶系古岩溶充填矿物方解石包裹体特征

样号	包体类型	均一温度/℃	形成压力/10^5Pa	密度/(g/cm^3)	盐度/%NaCl	冰点温度/℃	化学相平衡体系
KT011-1	单液相				6.2~6.6	-3.8~-4.1	
	气液相	118~146	320~395	0.971~0.979	6.2~7.0	-3.8~-4.4	$NaCl-H_2O$
KT013	单液相				6.2~6.7	-3.8~-4.2	
	气液相	105~125	285~340	0.975~0.988	6.4~6.7	-4.0~-4.2	$NaCl-H_2O$
	气液相	95~115	267~325	1.11~1.114	21.9~22.67	-19~-20	$NaCl-H_2O-CaCl_2$
KT014	单液相				6.2~7.2	-3.5~-4.5	
	气液相	160~180	433~492	0.932~0.954	6.2~7.6	-3.8~-4.8	$NaCl-H_2O$
KT018-1	单液相				1.4~2.6	-0.8~-1.5	
	气液相	40~60	86~148	0.968~0.978	0.9~2.0	-0.5~-1.2	$NaCl-H_2O$
	气液相	105~135	280~360	0.971~0.995	4.6~5.5	-2.8~-3.4	$NaCl-H_2O$
KT022-1	单液相				22.3~23.0	-19.5~20.2	
	气液相	110~130	310~365	1.112~1.115	22.67~	-20~-21	$NaCl-H_2O-CaCl_2$
	气液相	120~140	335~385	1.029~1.035	13~13.5	-9.9~-11	

表1-14 塔里木盆地北缘奥陶系古岩溶充填矿物萤石包裹体特征

样号	包体类型	均一温度/℃	形成压力/10^5Pa	密度/(g/cm^3)	盐度/%NaCl	冰点温度/℃	化学相平衡体系
KT009	气液相1	120~140	322~380	0.963~0.979	5.2~6.4	-3.2~-4.0	$NaCl-H_2O$
	气液相2	90~110	245~301	0.997~1.007	6.7~7.6	-4.2~-4.8	$NaCl-H_2O$
	气液相3	115~135	308~364	0.968~0.979	4.9~5.7	-3.0~-3.5	$NaCl-H_2O$
KT011-2-1	单液相				7.2~7.9	-4.5~-5.0	
	气液相1	125~155	340~425	0.968~0.975	7.3~8.0	-4.6~-5.1	$NaCl-H_2O-MgCl_2$
	气液相2	110~120	305~430	1.014~1.022	10.2~12	-6.8~-8.2	$NaCl-H_2O-MgCl_2$
KT011-2-4	单液相				21.2~23.02	-18.0~-20.5	
	气液相	120~146	335~410	1.098~1.101	22~24.04	-19~-21	$NaCl-H_2O-CaCl_2$
KT041-1	单液相				6.4~6.7	-4.0~-4.2	
	气液相	130~170	350~465	0.962~0.978	6.4~7.6	-4.0~-4.8	$NaCl-H_2O$
KT041-2	单液相				5.0~5.2	-3.0~-3.2	
	气液相	105~135	280~360	0.981~0.987	5.1~5.7	-3.1~-3.5	$NaCl-H_2O-MgCl_2$

②塔河油田地区奥陶系古岩溶充填物包裹体特征。

根据塔河钻井古岩溶缝洞系统（古溶洞、溶蚀缝洞系统、溶孔）淀积方解石矿物的包裹体测试分析结果（表1-16），塔和油田地区以水质包裹体为主，含有少量烃质包裹体（局部含量较多），局部含液态烃三相包裹体（主要位于埋藏型岩溶区）。水质包裹体有单相盐水溶液包裹体、两相盐水溶液包裹体两种类型；烃质包裹体有单相气态烃包裹体、单相烃质包裹体、两相烃质包裹体。包体的个体一般较小，1～30μm，以2～15μm为主，包体形状与分布特点主要以米粒状、长方形、多角形、菱形和不规则状为多见，呈小群或自由分布，少量沿显微愈合裂隙分布。

表1－15　溶蚀孔、缝充填矿物包裹体化学成分特征

项目 / 样品号	气相部分/ppm				
	H_2O	CO_2	CO	CH_4	H_2
KT019（方解石）	417.20	187.85	0.10	0.15	0.16
KT036（萤石）	431.47	2.15	0.05	0.02	0.17
KT038（结晶钙华）	305.76	81.60	0.06	0.05	0.12

项目 / 样品号	液相部分/ppm									
	K^+	Na^+	Ca^{2+}	Mg^{2+}	Li^+	F^-	Cl^-	SO_4^{2-}	HCO_3^-	pH
KT019（方解石）	0.96	12.41	319.47	8.282	0.005	0.21	15.51	5.00	187.50	7.20
KT036（萤石）	0.94	8.22	55.06	1.059	0.010	44.22	12.35	0.00	0.00	5.80
KT038（结晶钙华）	4.28	2.09	51.85	1.901	0.005	0.33	5.11	0.00	41.50	6.90

方解石包裹体的化学相平衡体系具有 $NaCl-H_2O$、$NaCl-H_2O-MgCl_2$、$NaCl-H_2O-CaCl_2$3种类型，以 $NaCl-H_2O-CaCl_2$ 为主，反映早期充填的方解石或受热液作用产生重结晶，与轮古地区类似。

方解石烃质包裹体均一温度为102～105℃、65～75℃、75～95℃。

方解石水质包裹体的两相盐水溶液包裹体，同一样品中不同包体群的盐度和冰点温度及化学平衡相体系则全然不同，表征了不同生成环境的差异和矿物淀积过程的化学演化；同一样品中包裹体化学平衡相体系相同，但盐度和冰点温度、均一温度具有一定的差异，也表征了其生成环境和矿物淀积过程的化学演化存在一定的差异。

方解石水质包裹体综合可分为：低温、低盐度、$NaCl-H_2O$ 或 $NaCl-MgCl_2-H_2O$ 型；低温、高盐度、$NaCl-CaCl_2-H_2O$ 型；中温、中盐度 $H_2O-MgCl_2$ 或 $NaCl-MgCl_2-H_2O$ 型；中温、高盐度 $NaCl-CaCl_2-H_2O$ 或 $NaCl-H_2O-CaCl_2$ 型；高温、中高盐度 $NaCl-H_2O$ 或 $H_2O-NaCl-CaCl_2$ 型。

包裹体特征反映了塔河油田主体区充填物形成于3～4种不同的环境，代表了不同期次的岩溶作用，对应于不同的岩溶演化阶段：低温、低盐度的淡水岩溶环境；低温、高盐度的滨海岩溶环境；中温、中盐度的浅埋藏岩溶环境；中温、高盐度浅埋藏卤水岩溶环境；高温、中高盐度深埋藏热液岩溶环境。包体均一温度、盐度和有机质组分等特征显示了大部分碳酸盐充填物形成于低有机质环境。

由上可见，水质包裹体均一温度一般存在2～3量值段，各量值段稍有差别，但可归纳划分为3个区段，即60～90℃、90～130℃、120～155℃，无高温包裹体。与塔里木盆地北缘古岩溶缝洞充填物不同（如萤石包裹体具有多相和多种形态的特征，均一温度变幅大，98～285℃，一般具有3～4个区段，即98～115℃、110～140℃、130～170℃和248～285℃，高温包裹体为 $CO_2-NaCl-H_2O$ 体系，显示了来自地壳较深部热液对岩溶充填物及岩溶空间的改造，显示了来自地壳较深部热液对岩溶充填物及岩溶空间的改造作用相对较弱。

表 1-16 塔河油田主体区典型井古岩溶缝洞系统充填物包裹体特征表

样品编号	测定矿物	类型及其比例	包裹体大小/μm	形态	分布特点	初熔温度及体系	冰点温度/℃	盐度/%NaCl	均一温度/℃(包裹体个数)	均一温度范围/℃	密度/(g/cm^3)
BT403	方解石	单相气态烃包裹体和少量烃质包裹体	5~25	椭圆形，多边形，少量为不规则状	多数分布在方解石解晶体中呈自由状分布或少量沿方解石微裂隙呈线状分布						
		单相盐水溶液包裹体	1~25	米粒状，小菱形，多边形，椭圆形	多数分布在方解石晶体中呈自由状分布或少量沿方解石微裂隙呈线状分布						
		两相盐水溶液包裹体	3~35为主	长方形和多边形为主	多数分布在方解石晶体小群状或自由状分布，少数沿方解石微裂隙呈线状分布	-49~-52℃ ($NaCl-H_2O-CaCl_2$ 体系)	-17.5~-16.8	18.6~19.2	101.25(12)	95~110	1.101~1.08
						-20.8~-21℃ ($NaCl-H_2O-CaCl_2$ 体系)	-5.8~-6.2	9.0~9.5	136.25(12)	130~145	1.003~0.987
						-52~-53℃ ($NaCl-H_2O-CaCl_2$ 体系)	-18.5~-17.9	20.0~19.5	149.25(12)	145~155	1.071~1.059
BT417	方解石	单相气态烃包裹体	3~30	椭圆形，多边形，少量为不规则状	多数分布在方解石解晶体中呈自由状分布或少量沿方解石微裂隙呈线状分布						
		单相盐水溶液包裹体	1~15	米粒状，小菱形，多边形，椭圆形，少量为不规则状	多数分布在方解石晶体中呈自由状分布或少量沿方解石微裂隙呈线状分布						

续表

样品编号	测定矿物	类型及其比例	包裹体大小/μm	形态	分布特点	初熔温度及体系	冰点温度/℃	盐度/% NaCl	均一温度/℃(包裹体个数)	均一温度范围/℃	密度/(g/cm^3)
BT417	方解石	两相盐水溶液包裹体	5~20为主	长方形和多边形为主,其次是菱形,椭圆形,少量不规则状	多数分布在方解石晶体呈自由状分布,少数沿方解石微裂隙呈线状分布	-20.5~-20.6℃($NaCl-H_2O$ 体系)	-0.1~-2.1	0.2~3.5	102(10)	85~98	0.970~0.969
						-20.8~-21℃($NaCl-H_2O$ 体系)	-5.1~-4.8	8.0~7.6	119.87(8)	120~125	1.00~0.993
						-52~-53℃($NaCl-H_2O-CaCl_2$ 体系)	-19.0~-18.0	20.3~19.6	115.55(18)	145~155	1.094~1.090
BT417	方解石	单相气态烃包裹体	1~20	椭圆形,多边形,少量为不规则状	多数分布在方解石解晶体中呈小群状分布或少量沿方解石微裂隙呈线状分布						
		单相盐水溶液包裹体	5~25	米粒状,小菱形,多边形,椭圆形,长方形,少量为不规则状	多数分布在方解石晶体中呈自由状、群状分布或部分沿方解石微裂隙呈线状分布						
		两相盐水溶液包裹体	5~15为主	长方形和多边形为主,其次是菱形,椭圆形,少量不规则状	多数分布在方解石晶体呈自由状或小群状分布,少数沿方解石微裂隙呈线状分布	-20.5~-20.6℃($NaCl-H_2O$ 体系)	-1.0~-1.2	1.7~2.0	91.11(17)	89~95	0.98~0.975
						-20.8~-21℃($NaCl-H_2O$ 体系)	-2.8~-3.3	4.6~5.4	89.46(15)	85~92	1.006~0.996

4. 塔河油田古岩溶发育演化特征

塔河油田奥陶系碳酸盐岩中的古岩溶发育演化主要经历了加里东中期表生岩溶、海西早期裸露风化岩溶和埋藏期层状岩溶等多期次岩溶作用过程。加里东中期表生岩溶发育于奥陶系中统一间房组，构造运动使沉积台地振荡抬升，地形高差较小，水循环深度较浅，在浅地表形成了小溶洞和溶蚀缝洞为主的顺层岩溶。海西早期裸露风化岩溶主要发育于中下奥陶统鹰山组，并对一间房组表生岩溶进行了改造。构造运动使沉积台地大幅抬升，褶皱和断裂构造十分发育，碳酸盐岩长时间广泛暴露地表，经受强烈剥蚀，发生了强烈岩溶作用，形成了规模较大的以岩溶洞穴和宽大溶缝为主的裸露风化岩溶；埋藏岩溶为奥陶系碳酸盐岩被不断埋藏后所产生的溶蚀和充填改造作用，石炭世后期构造运动使盆地不断沉降，早期岩溶以沉积充填为主。同时，深部热液作用形成了以层状分布为特征的溶蚀孔洞。

(1)一间房末期表生岩溶发育与演化

一间房末期，研究区处于半局限潟湖或台内湖和开阔海沉积环境(图 1－24a)。受加里东中期构造运动的影响，海平面升降使北部半局限台地和台地边缘处于平均低潮面附近，降雨在碳酸盐岩层上部产生的淡水或微咸水，通过碳酸盐沉积层固结、脱水产生的收缩微缝和颗粒灰岩粒间、粒内微孔对方解石溶蚀(图 1－24b)。其主要标志是在一间房组岩层的表面和浅部发育灰质渗流砂充填的向上开启微溶缝，粒间溶孔充填微咸水方解石。一间房组溶缝和晶洞中充填方解石的 Sr/Ba 值与原岩的 Sr/Ba 值相当接近，在充填方解石中为 4.19～23.71，而母岩为 2.08～43；部分充填方解石的锶同位素特征($^{87}Sr/^{86}Sr$ 为 0.7093～0.7088)与母岩的(0.7088～0.7076)也接近，反映充填方解石形成于有海水参与的水岩作用过程。

随着碳酸盐岩台地的抬升并完全裸露地表，大气降水的淋溶和渗滤作用增强。塔北西克尔露头区一间房组中溶洞、溶缝发育带距顶面的距离可达 60～80m。在空间分布上，呈现明显顺层发育特征，反映早表生期岩溶的继承性影响(图 1－24c)。在经历表生岩溶阶段(＜6Ma)之后，上奥陶统开始沉积，一间房组岩溶系统被上覆不纯碳酸盐岩、碳酸盐岩和碎屑岩地层所埋藏(图 1－24d)。

(2) 泥盆纪—早石炭纪裸露风化岩溶发育与演化

泥盆纪—早石炭纪的海西早期构造运动使该区大幅抬升，褶皱和断裂构造发育，塔河主体区奥陶系碳酸盐岩广泛暴露地表，发生强烈的岩溶作用。

地震勘探和钻井表明，阿克库勒凸起的奥陶系与石炭系为不整合接触(T_7^0 界面)。从构造演化分析，碳酸盐岩地层暴露地表前，上覆志留系、泥盆系在抬升过程中被大量剥蚀。塔河主体区鹰山组之上的碳酸盐岩全部被剥蚀，鹰山组被剥蚀厚度在阿克库勒凸起轴部和北部台地较大，可达 250m；而凸起的周边及南部，有一间房组、良里塔格组呈环带状出露。

① 泥盆纪末，阿克库勒地区中下奥陶统碳酸盐岩被埋藏于上奥陶统桑塔木组、志留系、泥盆系以碎屑岩为主体的岩层之下，受加里东期构造运动影响，形成了鼻状凸起雏形(图 1－25a)。

② 海西早期，阿克库勒地区剧烈抬升，伴有断裂构造产生。除了中下奥陶系碳酸盐岩上覆的碎屑岩地层被剥蚀外，中奥陶统一间房组也大量剥蚀，该地层的尖灭线出现在凸起主体的东、南、西部边缘带，呈环带状出露在与桑塔木尖灭线之间。一间房组的早期岩

溶受到强烈改造或再造，岩溶发育深度及岩溶缝洞规模增大，连通性增强。在地下水流场内，埋藏岩溶区段，在断裂构造导水的影响下，在临近裸露区的部位发育深度较大的断层溶蚀带(图 1－25b)。

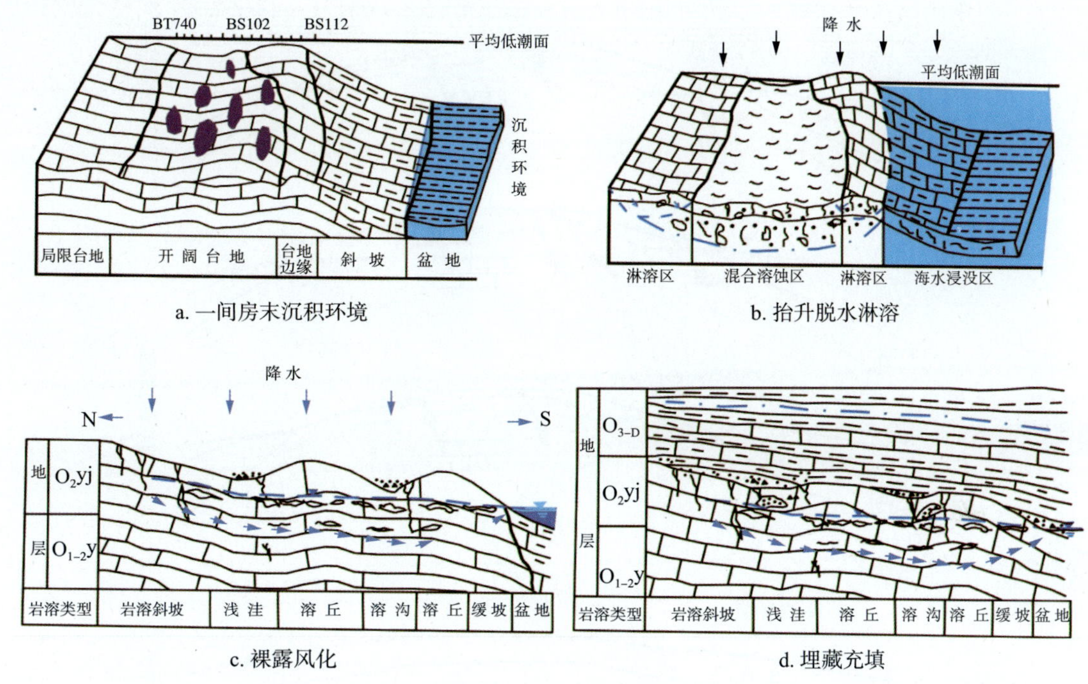

a. 一间房末沉积环境　　b. 抬升脱水淋溶

c. 裸露风化　　d. 埋藏充填

图 1－24　一间房末期表生岩溶发育与演化特征(据中国石化西北局，2005，改编)

③ 随着进一步的抬升，凸起高部位一间房组完全被剥蚀，鹰山组上段部分被剥蚀。地表水流循环深度增大，溶蚀作用加强。受地下水基准面控制，形成了分布于不同高程的较强岩溶发育带，在地下水位季节变动带形成了地下河溶洞发育带。在溶蚀缝洞发育过程中，溶洞顶部垮塌、溶余角砾及水流带入碎屑、泥砂的沉积充填产生于流速减缓或流通不畅的部位(图 1－25c)。

④ 早石炭世，塔里木地块开始沉降，古岩溶面逐渐被淹没，地下水流场的水头差减小，水势减弱，缝洞系统局部受到化学淀积充填，海进盆地边缘和地表水系沿岸的缝洞则易于受到后期沉积物的充填，早期的虹吸管道发育带、地形高差较大的岩溶陡坡带及地下水位转换带下游的分支洞穴沉积充填程度相对较低(图 1－25d)。

(3) 海西早期覆盖区岩溶发育与演化

海西早期覆盖区是指阿克库勒凸起中北部中下奥陶统暴露区的外围被上奥陶统不纯碳酸盐岩和碎屑岩地层覆盖的地区，以及凸起东部志留系、泥盆系超覆地区。在岩溶水系统下游方向的浅覆盖埋藏区，受水流深循环的影响，尤其在断裂构造带附近，其深部岩溶仍较发育。

受古地貌条件的控制，阿克库勒凸起岩溶水系统的展布以凸起中部高地为补给边界，向东南、西南和南部发育。地下水的一级排泄基准面是满加尔湖，二级排泄基准面处于上奥陶统尖灭线附近，局部受构造和地形切割在一、二级基准面间产生地下水排泄。由此可见，在水流循环过程中，尽管碳酸盐岩地层出露条件不同，自补给区到排泄区存在着岩溶水储运空间。在覆盖区，加里东期古岩溶成为海西早期岩溶发育的基础，成为承压地下水的储运空间，同时进一步扩容和改造（图 1－26）。

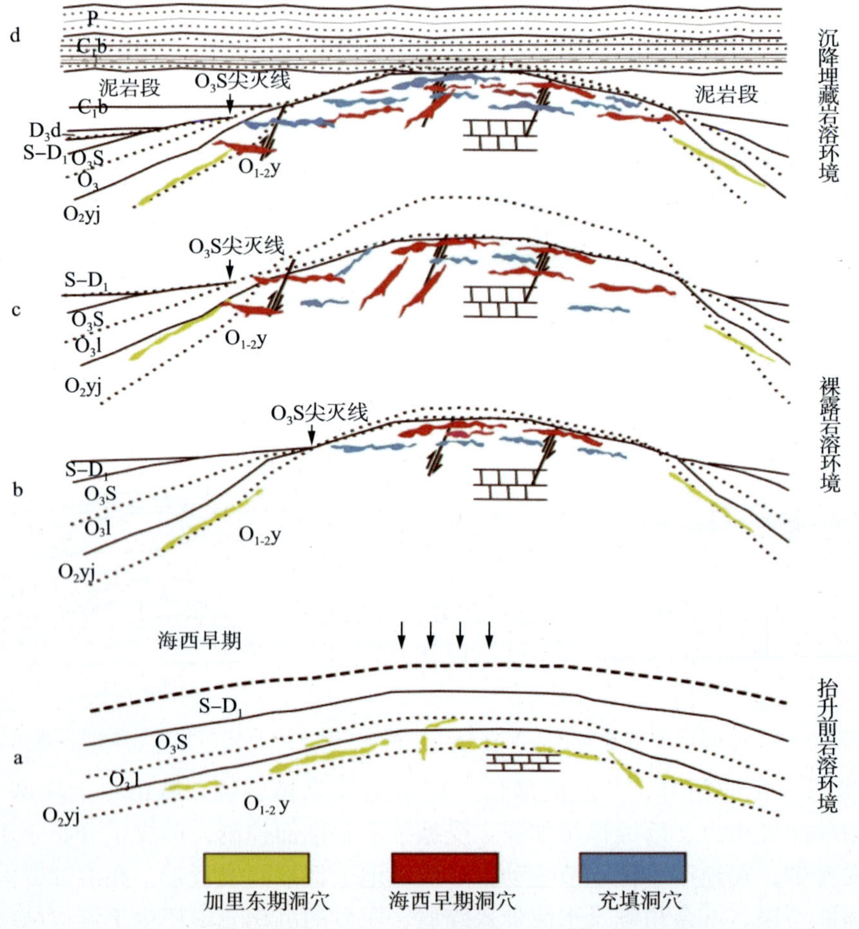

图 1－25　泥盆纪末—早石炭纪裸露风化岩溶发育演化特征

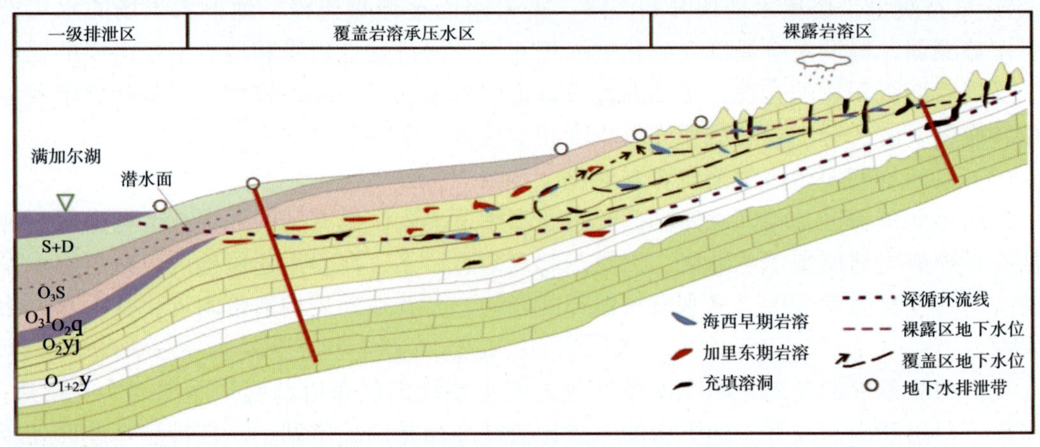

图 1－26　海西早期覆盖区岩溶发育演化特征

埋藏期岩溶的发育对于岩溶储层空间的形成具有建设性意义。埋藏条件下，前期岩溶缝洞可以发生扩容、增强连通性，同时远离机械充填物源，承压水动力较强的特点，因此，已形成的岩溶空间保存几率远大于裸露岩溶区，在地下水径流带可形成良好的岩溶储集体。

（4）埋藏期层状岩溶作用

埋藏岩溶是指奥陶系古岩溶又经历的溶蚀和充填改造作用。石炭纪后期构造运动使盆地不断沉降，早期岩溶以沉积充填为主，同时深部热液作用形成了以层状分布为特征的溶蚀孔洞。

热水岩溶为呈承压状态的朝上或朝低处运移的具有溶蚀和侵蚀能力的深循环热水对可溶岩所产生的溶蚀作用(图1－27)，溶蚀产物以形成中低温热水矿物充填的溶蚀孔、溶缝和热水交代成因的白云岩为主。

① 缓慢上升的富 Ca^{2+} 热卤水在相对稳定环境中沿孔、缝渗透，对可溶岩作持久的、穿透力弱的溶蚀作用，形成以溶蚀孔、溶缝为主，顺层分布的岩溶发育带。溶孔多呈球粒状，大小2～5mm，溶扩后多呈穹状和不规则状。充填物以白云石、方解石、石英及黏土矿物为主，可见闪锌矿、方铅矿晶体。

② 随溶蚀作用进行，富 Ca^{2+} 热水逐渐转化为富 Mg^{2+} 热水，同时与上部下渗的富 Mg^{2+} 地下水汇合，于斜坡上方产生白云岩化作用。

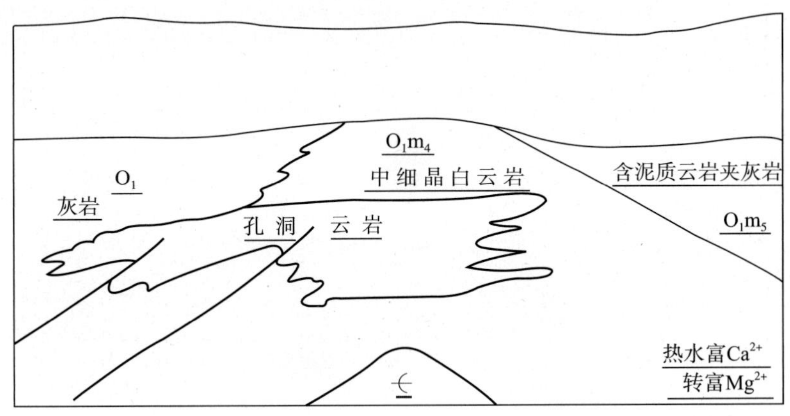

图1－27　热水的溶蚀与白云岩化作用示意图

第三节　塔河油田缝洞系统平面分布特征

塔河油田奥陶系碳酸盐岩在加里东晚期至海西早期经历了长达数千万年的风化剥蚀，形成了形态多样的古岩溶地貌形态，并导致古岩溶缝洞系统空间分布上的差异性。本节通过对塔河油田主体区奥陶系古风化壳上下地层对应关系的分析，以石炭系区域标志层—双峰灰岩为基准面，采用古岩溶地貌成因组合识别方法，对奥陶系古岩溶地貌进行了恢复，划分了二级和三级地貌单元，总结出不同地貌单元缝洞系统平面分布特征。

一、古岩溶地貌成因组合识别方法

以印模法和残厚法为基础，通过在碳酸盐岩古风化壳表面寻找古地貌蚀余形迹，如古风化壳顶部侵蚀形态和残积物(角砾岩、铁铝层等)类型、厚度与分布特征以及溶沟、漏斗等溶蚀形态特征等，恢复古地貌。

1. 印模法恢复古岩溶地貌

风化壳在持续下沉接受沉积过程中，当构造运动为垂直升降运动或以垂直升降运动为主(无侧向挤压)时，虽然风化壳被海水淹没，并被上覆沉积物下埋，但其相对的起伏高差可得以保存。此时可采用印模法恢复古地貌：在古风化壳上覆地层中寻找一个代表古海平面的地层界面，然后通过该沉积界面与风化壳间的地层厚度来求取风化壳上地形的相对高低，从而恢复古地貌(图1-28)。代表基准面的沉积界面必须满足以下条件：

① 为全区范围内分布的等时界面，能够代表当时的海平面；

② 距离风化壳面较近，因为越接近风化壳，风化壳受后期构造活动影响及古地貌的相对起伏的变化越小；

③ 该界面为强波阻抗界面，地震反射波特征明显，反射波同相轴与地质界面的对应性稳定，在地震剖面上才容易识别和对比。

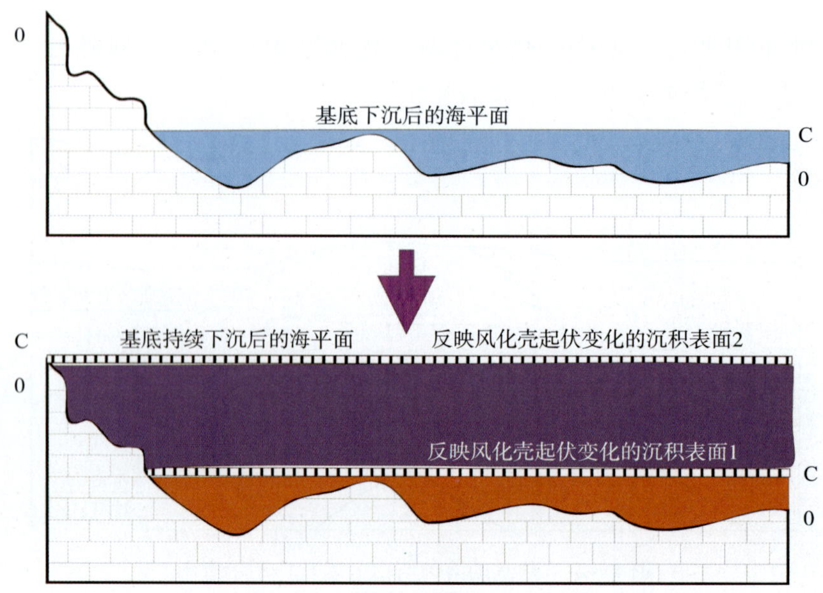

图1-28 印模法恢复古地貌原理示意图(据黄孝特，2006)

沉积界面与风化壳间的沉积物在沉积时是松散沉积，孔隙度高、含水量大，在成岩过程中会出现明显的地层水释放和地层压实现象，导致地层厚度在成岩前后变化很大。因此，在应用印模法恢复古地貌过程中，还要考虑可压缩沉积地层的压实量变化，进行压实量计算。校正步骤如下：

(1)求解地层古厚度

$$\int_{0}^{S}[1-\varphi(Z)]\mathrm{d}Z=\int_{Z}^{Z+h}[1-\varphi(Z)]\mathrm{d}Z \tag{1-1}$$

式中：Z 为现今地层顶板埋深，m；h 为现今地层厚度，m；S 为沉积层古厚度，m；$\varphi(Z)$ 为孔隙度与深度关系函数。

假设地层骨架体积不变，利用上式，通过迭代法解方程(1-1)，即可求出地层的古厚度 S。

(2)压实量计算

压实量($H_{压}$)是指某地史时期沉积层的古厚度(S)与现今地层厚度(h)之差，即：$H_{压}=S-h$。

2. 残厚法恢复古岩溶地貌

采用覆盖在风化壳之下标志层，利用残厚法恢复古地貌：在古风化壳下伏地层中寻找一个代表古海平面的地层界面，然后通过地震资料获取该沉积界面到风化壳顶部间的残余地层厚度，求取风化壳上地形的相对高低，从而恢复古地貌。

代表基准面的沉积界面所需满足的条件同印模法。利用残厚法恢复其古地貌时也需要对可压缩的地层进行压实校正。

3. 古地貌成因组合识别法恢复古岩溶地貌

古地貌成因组合识别法是以印模法和残厚法为基础，通过在碳酸盐岩古风化壳表面寻找古地貌蚀余形迹，如古风化壳顶部侵蚀形态和残积物(角砾岩、铁铝层等)类型、厚度与分布特征，溶沟、漏斗等溶蚀形态特征，恢复古地貌。

利用古地貌成因组合识别法恢复古岩溶地貌的主要依据有：① 风化壳上覆(或下伏)标志层的厚度及分布趋势；② 风化壳残余厚度及风化性质；③ 风化壳表面侵蚀、溶蚀特征及沉积物性质；④ 古水动力场特征；⑤ 地形起伏地震响应特征。

依据野外调查、岩心观察和测试鉴定结果，结合古岩溶环境条件分析和裸露风化环境条件下的岩溶形态组合与发育特征，建立了古地貌成因组合识别法恢复古岩溶地貌的指标体系(表1－17～表1－19)。

根据区域地貌特征，塔里木盆地奥陶系风化壳二级地貌类型可划分为岩溶台地、岩溶高地、岩溶缓坡、岩溶陡坡、岩溶峰丛谷地和岩溶山间盆地6种；具体的划分指标包括地形地貌特征、上覆石炭系标志层总恢复厚度和奥陶系风化壳相对于石炭系标志层(双峰灰岩)尖灭面的相对残厚。根据岩溶地貌个体形态及其组合特征，将三级地貌类型划分为溶丘、溶峰、洼地等11种类型；划分指标包括地形坡度、山体高差等。

表1－17　塔里木盆地奥陶系风化壳二级地貌类型划分指标体系

二级地貌类型	主要指标
岩溶台地	地形相对平坦，地势无明显降坡，$Hc<60$m，$He\geqslant150$m
岩溶高地	整体地势相对较高，$Hc<20$m，$He\geqslant200$m
岩溶缓坡地	地形、地势展布平缓，地势具有缓慢降坡趋势，$60\text{m}\leqslant Hc<150$m、$He\geqslant150$m；地势坡降小于20%
岩溶陡坡地	地形起伏相对较大，$100\text{m}\leqslant Hc<250$m、$He\geqslant100$m；地势坡降大于20%
岩溶峰丛谷地	地形、地势展布平缓，地形坡度相对较小，山体相对较小，岩溶洼地、岩溶谷地、溶峰相间分布；$100\text{m}\leqslant Hc<200$m、$He\geqslant100$m
岩溶山间盆地	四周地形封闭，面积相对较大，具地表径流汇流特点，$100\text{m}\leqslant Hc<200$m、$He\geqslant100$m

注：Hc为上覆石炭系标志层总恢复厚度(石炭系双峰灰岩底至奥陶系顶部的厚度)；
He为奥陶系风化壳相对于石炭系标志层(双峰灰岩)尖灭面的相对残厚。

表1-18 塔里木盆地奥陶系风化壳三级地貌类型划分指标体系

类别	主要指标	描述
溶丘	山体高<25m，高/基座直径<0.5，山体一般呈浑圆状(山体边坡一般<30°)	
溶峰	山体高>25m，高/基座直径>0.5，山体多呈圆锥状，山体边坡相对较陡(一般>30°)	
岩溶槽谷	谷底坡度<15°，宽度>5m，长>50m。若两岸地形坡度较陡(一般>60°)，且两岸地形变坡处高度与谷底宽比>2倍，则称为溶峰峡谷；若岩溶槽谷长度>100m、宽>10m，称为岩溶谷地	属长条形溶蚀谷地，底部地势相对平坦，并向一端倾斜，断面多呈“U”字形，两岸地形坡度相对平缓，上部较开阔
岩溶沟谷	沟谷底部坡度>15°，宽度<5m，长>50m；沟谷两岸斜坡坡度>30°	属长条形溶蚀沟谷，底部地势相对平坦，并向一端倾斜，断面多呈“V”字形，沟谷上一般无覆盖层
洼地	底部直径<200m；溶峰与洼地底部相对高差<25m，称为浅洼地(或“碟状”洼地)；相对高差>25m，称为深洼地(或“漏斗状”洼地)	属负地形，形状不规则，一般为近圆形、椭圆形，平面上多属“倒圆锥”形，洼地底部多分布有落水洞，洼地底部一般具有覆盖层
山间岩溶盆地	底部直径>200m	多属岩溶洼地演变而成，其底部地势平坦，地形起伏较小，其上部一般有覆盖层，周边多为峰丛洼地或溶丘洼地
峰丛	山体基座底部直径>200m	溶峰山体基座相连，由3个或3个以上溶峰组成，为无规则排列
峰丛垄脊	山体基座底部直径>200m，延伸长度一般>250m	溶峰山体基座相连，由3个或3个以上溶峰组成，并按一定方向排列，垄脊走向波状平缓、丘峦起伏不大或向一端倾斜降低
丘丛垄脊	山体基座底部直径>200m，延伸长度>250m	溶丘、溶峰山体基座相连，由3个溶峰或溶丘以上组成，并按一定方向排列，垄脊走向波状平缓、丘峦起伏不大或向一端倾斜降低
溶丘洼地	溶丘顶至洼地底相对高差<25m	由溶丘、洼地组成
峰丛洼地	溶峰顶至洼地底相对高差一般>25m	由溶峰、洼地组成，溶峰山体基座相连，峰之间多为洼地

表1-19 塔里木盆地奥陶系风化壳古地貌恢复识别指标

类型	类别	识别指标	备注
地表岩溶形态	岩溶沟槽	切割深度一般20~30m，宽度数十至数百米	树枝状分布，充填大小杂乱的角砾岩
	溶缝	Ⅰ级缝缝宽10~50cm，间距8~15m，延伸长度50米至数百米；Ⅱ级缝缝宽2~10cm，间距1~5m，延伸长度几米至几十米；Ⅲ级缝缝宽1~5cm，间距0.1~0.3m，延伸长度1~10m	裂缝具有分级性，同级裂缝分布具有近等间距性，化学或机械充填
	漏斗、落水洞、竖井	直径0.2~10m，延伸长度<50m	充填大小杂乱的角砾岩

续表

类　型	类　别	识别指标	备　注
地下岩溶形态	厅堂型溶洞	直径 50m 至数百米，高 10～50m	化学或机械沉积物充填，洞底有崩塌堆积、河道内有角砾等流水沉积物
	中小型溶洞	直径 0.2～50m，高 0.2～10m	
	溶　孔	孔径 0.5～10cm	呈层状、带状分布，化学或机械充填
残积物	溶积角砾岩	厚 < 10m	层状、带状分布
	铁铝层	厚 3～5m	层状、带状、团块状分布
充填物	充填物类型	机械充填物	具有流水沉积特征的砂泥岩、崩塌角砾岩
		化学淀积物	具有淡水岩溶作用特征的方解石、白云山、高岭石、石英等
	充填程度	未充填、半充填、全充填	
	地球化学特征	同位素、包裹体、孢粉、化学成分	

二、塔河油田主体区古岩溶地貌类型与缝洞系统分布特征

根据塔河油田前石炭纪古地势、地形展布特征，结合奥陶系顶面至石炭纪双峰灰岩的厚度及沙雅隆起阿克库勒凸起区域地势特征，划分了岩溶台地、岩溶缓坡和岩溶山间盆地三种二级地貌类型(图 1－15)。在二级地貌单元划分的基础上，结合塔河油田地区前石炭纪微地貌组合形态，划分了峰丛洼地、岩溶槽谷、丘峰洼地、丘丛垄脊沟谷、丘丛垄脊槽谷、丘丛谷地、溶丘洼地、峰丛垄脊槽谷、峰丛谷地等 11 种三级地貌类型(图 1－16、表 1－20)。

不同的地貌单元具有不同的岩溶发育特征(表 1－21)。在塔河油田 4 区 6 种三级地貌单元中，以峰丛洼地和丘峰洼地单元钻遇的缝洞数目最多，分别为 60 个和 46 个；钻孔揭示溶洞规模最大为 TK409 井，洞高 75m，位于垄脊槽谷区，但被角砾岩全充填(井深 5584～5659m，距奥陶系顶面 165m)。其次为 T403 井，洞高达 70m，位于峰丛洼地区，亦被角砾岩充填(井深 5488.0～5558.0m，距奥陶系顶面 83.0m)。

峰丛洼地区古溶洞总体上洞高较大；岩溶槽谷和山间盆地区古岩溶缝洞充填程度比峰丛洼地和垄脊槽谷等其它地区高；古岩溶发育深度在峰丛洼地和丘峰洼地区最大，分别达到了 338.5m 和 273.7m。各类型区山峰和溶丘的边坡，是古岩溶最为发育的部位。

1. 岩溶台地古岩溶地貌特征与岩溶发育条件

岩溶台地(Ⅰ)：位于塔河油田 4 区中西部及塔河油田 6 区 TK609－TK652 与 TK442－TK441 一带。塔河 6 区与 4 区一带，呈近圆形展布，径长约 5～6km，轮廓面积约 30～35km^2；塔河油田 6 区 TK609－TK652 与 TK442－TK441 一带呈南北向展布，面积约 3～4km^2。该区奥陶系顶面至石炭系双峰灰岩古厚度约为 60～100m，奥陶系顶面起伏相对较小，一般为 10～20m，局部 30～50m，属塔河油田一级岩溶台地，台地内地势相对比较平坦，地表岩溶发育，岩溶现象主要为溶峰(局部缓丘)、洼地(浅洼地)及落水洞、岩溶槽谷等。该地区地势相对较高，属古岩溶流域区域分水岭及地下水主要补给区。

根据微地貌组合形态，岩溶台地位于塔河 6 区、4 区一带，划分为峰丛洼地、溶丘洼地、岩溶槽谷 3 种三级古岩溶地貌类型。

(1)峰丛洼地(Ⅰ1)

峰丛洼地主要分布于塔河油田 4 区中部(塔河油田 4 区中西部 TK432－TK428－TK440－TK486

一带及TK406－TK413一带），属塔河油田4区最为主要的地貌类型，面积约占塔河4区的40%。该地貌类型区，地势平缓，地形波状起伏，相对高差30～50m，山体呈缓锥状，溶峰间叠置洼地及小槽谷。洼地及小槽谷上普遍发育小型漏斗及落水洞。该类地貌区处于3大水系的分水岭地带，由于地表水系不发育，大气降水主要通过垂向渗滤或以片流形式向洼地、漏斗、落水洞汇流径流至地下，地下水以垂向运动为主，最后以分散状向四周低级台面或沟谷排泄。因而该类地区浅部岩溶比较发育，岩溶发育深度相对较大，但由于汇流、径流条件有限，浅部岩溶发育规模相对较小。岩溶主要也以垂向溶蚀裂缝、溶洞为主，由于降水一般以片流形式汇入洼地和谷地内的漏斗和落水洞，因而洼地和谷地区的溶蚀裂缝、溶洞比溶峰易受后期充填。如TK424井，处于溶峰微地貌，井深5536.0～5537.16m的溶洞系统为无充填的缝洞系统；而TK440井，处于洼地微地貌，井深5575.98～5596.85m的溶洞系统为全充填的缝洞系统。

表1－20　塔河油田地区前石炭纪古岩溶地貌类型划分表

地貌类型				分布位置	地貌成因类型
一级地貌单元	二级地貌单元	三级地貌单元	主要个体形态		
南部斜坡带	岩溶台地（Ⅰ）	溶丘洼地（Ⅰ1）	溶丘、洼地	主要分布于塔河油田5区南部	以溶蚀作用为主
		残丘平原（Ⅰ2）	溶丘、岩溶平原	主要分布于塔河油田5区北部	以溶蚀—侵蚀作用为主
	上岩溶缓坡（Ⅱ）	丘峰洼地（Ⅱ1）	溶峰、溶丘、洼地	主要位于塔河油田6区、5区、2区及4区、7区的部分，属塔河油田地区前石炭纪最主要的古岩溶地貌单元	以溶蚀作用为主
		峰丛洼地（Ⅱ2）	溶峰、溶丘、洼地	塔河油田4区中西部及塔河油田6区	以溶蚀作用为主
		丘丛垄脊沟谷（Ⅱ3）	溶丘、洼地、垄脊、岩溶沟谷	主要位于塔河油田5区、3区及4区部分，地表水系、沟谷比较发育	以溶蚀—侵蚀作用为主
		丘丛垄脊槽谷（Ⅱ4）	溶丘、垄脊、槽谷	塔河油田4区、6区北部	以溶蚀作用—侵蚀为主
		岩溶槽谷（Ⅱ5）	溶丘、槽谷、洼地	塔河油田4区、6区北侧	以溶蚀作用—侵蚀为主
	下岩溶缓坡（Ⅲ）	丘峰洼地（Ⅲ1）	溶峰、溶丘、洼地	主要分布于塔河油田3区、2区	以溶蚀作用为主
		丘丛谷地（Ⅲ2）	溶丘、洼地、岩溶谷地	主要分布于塔河油田3区	以溶蚀—侵蚀作用为主
		溶丘洼地（Ⅲ3）	溶丘、洼地	主要分布于塔河油田2区、8区	以溶蚀作用为主
		峰丛垄脊槽谷（Ⅲ4）	溶峰、洼地、岩溶槽谷	主要分布于塔河油田2区西部、8区及6区西侧	以溶蚀—侵蚀作用为主
		丘丛垄脊沟谷（Ⅲ5）	溶丘、洼地、岩溶沟谷	塔河油田6区西侧	以溶蚀—侵蚀作用为主
		峰丛谷地（Ⅲ6）	溶峰、洼地、岩溶谷地	塔河油田8区西侧及塔河油田6区西侧	以溶蚀—侵蚀作用为主
	岩溶山间盆地（Ⅳ）	峰丛谷地（Ⅳ1）	溶峰、洼地、岩溶谷地	塔河油田4区、2区	以溶蚀—侵蚀作用为主
		岩溶湖（Ⅳ2）	漏斗、落水洞	塔河油田4区、2区	以溶蚀—侵蚀作用为主

表 1－21　塔河 4 区不同地貌单元缝洞系统发育特征

地貌单元	钻遇缝洞数目	古溶洞/个		古溶洞规模/m		溶蚀裂缝段厚度/m		缝洞距 O 顶深度/m		发育部位	充填特征
		半充填	全充填	最小	最大	最小	最大	最小	最大		
峰丛洼地	60	14	14	0.3	70.0	0.6	50.0	0.0	338.5	溶峰（丘）边坡部位以发育大型溶洞为主;溶峰（丘）主体发育各种类型的溶蚀孔洞缝系统;洼地内岩溶不发育	总体充填程度较低,溶洞充填物以灰绿色泥质为主,少量方解石;溶缝充填物二者成分相当;溶孔方解石为主
丘峰洼地	46	3	24	0.37	36.5	6.5	99.0	4.0	273.7	溶蚀缝洞系统均发育在溶丘（峰）的边坡部位	整体充填程度较高,充填物为灰绿色泥岩和方解石
垄脊沟谷	12	4	1	0.3	25.5	1.0	34.50	0.0	61.7	溶丘、沟谷边坡部位以发育溶洞为主;垄脊边缘发育缝洞	总体充填程度较低,充填物以灰绿色泥岩为主
垄脊槽谷	22	8	2	1.0	75.0	1.44	72.0	0.0	167.0	垄脊的边坡部位发育溶洞;洼地边坡发育溶洞和溶缝;溶峰发育溶缝	总体充填程度较高,充填物为灰绿色泥岩和方解石
岩溶槽谷	20	0	3	2.0	29.0	2.0	29.0	0.0	142.0	溶丘及其边坡部位均发育溶蚀缝,溶洞发育少	总体充填程度较高,充填物主要为粉砂和灰绿色泥质
岩溶湖	14	0	10	1.0	19.5	1.0	19.0	0.0	92.5	溶洞发育在溶丘边坡和洼地边坡	岩溶缝洞系统基本全充填,充填物为灰绿色泥岩

(2)溶丘洼地(Ⅰ2)

溶丘洼地主要分布于塔河油田6区TK609－TK652与TK641－TK441一带及4区TK469－TK405一带。该地貌类型区，地形波状起伏，相对高差15～20m，山体多呈缓丘状，溶丘间叠置洼地及小槽谷。洼地及小槽谷上普遍发育小型漏斗及落水洞。该类地貌区处于近区域分水岭两侧，地表水系不发育，大气降水主要通过垂向渗滤或以片流形式向洼地、漏斗、落水洞汇流径流至地下，地下水以垂向运动为主，最后以分散状向四周低级台面或沟谷排泄。岩溶主要也以垂向溶蚀裂缝、溶洞为主，由于降水一般以片流形式汇入洼地和谷地内的漏斗和落水洞，因而洼地和谷地区的溶蚀裂缝、溶洞比溶峰易受后期充填。

(3)岩溶槽谷(Ⅰ3)

位于岩溶台地的岩溶槽谷主要分布于塔河油田4区TK408－TK411井一带。该地貌类型区，地形波状起伏，溶丘与槽谷相对高差一般10～20m；槽谷底部地形平坦，并向一方向倾斜，槽谷内普遍发育小型漏斗及落水洞，局部洼地呈串珠状。该类地貌区属岩溶台地降水汇流、径流区，浅部岩溶比较发育，但后期也比较易受充填；下部属岩溶台地地下水向塔河油田4区东侧岩溶山间盆地径流排泄区段，沿岩溶槽谷可能发育有岩溶管道系统，但后期易于被充填，如分布于此地貌单元的TK411井，井深5466.0～5470.0m的溶洞系统为砂泥质全充填。

2. 岩溶缓坡地(上)古岩溶地貌特征与岩溶发育条件

岩溶缓坡地(上)(Ⅱ)：位于塔河油田4区、6区周边，及主要分布于塔河油田6区、7区、3区及5区，奥陶系顶面至石炭系双峰灰岩古厚度为60～110m。该类型区地形、地势具有一定起伏，地形、地势展布平缓，具有明显的缓慢地势坡降，坡降一般小于2%～3%，山体不处于同一高程，地势相对高差一般小于50～60m，地势整体以塔河油田4区为中心向四周倾斜，地表沟谷、水系不发育；该类型区属古水系补给、径流区，岩溶极为发育，以错综复杂的峰丛、丘丛、岩溶洼地(或落水洞)、岩溶沟(谷)及局部岩溶山间盆地盆(溶丘洼地)为特点，特别是近岩溶槽谷的区带，岩溶沟谷最为发育，且深度大、延伸远，洼(底)峰(峰丛顶)相对高程约20～80m，沟的走向多平行斜坡的倾向，地貌形态极不规则，多属丘峰洼地、丘丛垄脊沟谷(槽谷)谷地貌。

根据微地貌组合形态可进一步划分为：丘峰洼地(Ⅱ1)、溶丘洼地(Ⅱ2)、丘丛垄脊沟谷(Ⅱ3)、丘丛垄脊槽谷(Ⅱ4)、岩溶槽谷(Ⅱ5)、岩溶湖(Ⅱ6)6种三级古岩溶地貌类型。

(1)丘峰洼地(Ⅱ1)

主要位于塔河油田4区南部与2区北部，即TK425－K419井一带与TK210－TK213井一带；塔河油田6区中部与7区北部，即TK628－K610井一带与TK735－TK714井一带；塔河5区中、北部S78－S90一带。属塔河油田地区前石炭纪最主要的古岩溶地貌单元。该类型属岩溶台地、岩溶缓坡地(上)接壤部位，奥陶系顶面至石炭系双峰灰岩古厚度为60～110m(相对高差约50～60m)；该地貌类型区，地形波状起伏，地势相对平坦，具有缓慢地势坡降趋势，相对高差小，山体呈锥状或缓丘状；丘峰间叠置浅切洼地及小槽谷，洼地及小槽谷上普遍发育小型漏斗及落水洞。该区属塔河油田四区向周边降低过渡部位，也属大气降水汇流、径流区，地下径流向四周径流排泄，因而岩溶作用较强，水岩作用周期相对较长，因而地下岩溶洞穴、岩溶管道一般比较发育，但此区近古岩溶流域分水岭地带，汇流条件有限，因而岩溶空间发育规模相对较小；局部属区域分水岭地带，因而洼地和谷地区浅部的溶蚀裂缝、溶洞不易受后期充填，如分布于此地貌单元的 TK447、TK480、TK434 等井，钻探过程中均匀放空或钻井液漏失现象，反映了存在无充填的古缝洞系统。

(2)丘丛垄脊沟谷(Ⅱ4)

主要位于塔河油田 5 区、3 区及 4 区部分，塔河油田四区东侧属岩溶台地与岩溶山间盆地盆过渡地带，地势向岩溶山间盆地方向倾斜，地表沟谷发育；塔河油田 5 区、3 区，地势向南西方向倾斜，地表水系、沟谷比较发育。此类地貌类型区，奥陶系顶面至石炭系双峰灰岩古厚度为 60～90m(相对高差约 30～50m)；山体基部相连构成垄脊，多以锥状山体，局部为缓丘状山体，垄脊走向波状，向岩溶山间盆地盆方向倾斜降低或向南西方向倾斜，地形坡度相对较大。垄脊间发育与垄脊走向一致的岩溶沟谷或槽谷，并伴有碗状洼地、落水洞，沟谷或槽谷一端向下游开口；丘丛之间多发育规模不等的溶蚀洼地和漏斗，但洼地一般规模相对较小。这些岩溶沟谷或槽谷、洼地与整个地形一样向岩溶山间盆地盆或南西方向倾斜下降。该类岩溶地貌类型区大气降水以垂向渗滤入渗或以片流向沟谷汇流，径流至岩溶山间盆地盆排泄；由于径流坡降大，且汇水面积有限，地表沟谷虽发育，但其规模相对较小，浅部以垂向溶蚀裂缝为主，一般难发育形成具规模的溶洞系统；下部属岩溶台地地下水向岩溶山间盆地盆或西南方向排泄径流区段，可能发育有小型岩溶管道系统。

(3)丘丛垄脊槽谷(Ⅱ4)

主要位于塔河油田 4 区、6 区北侧，地势向北方向倾斜，地表水系、沟谷与槽谷比较发育。此类地貌类型区，奥陶系顶面至石炭系双峰灰岩古厚度为 60～90m(相对高差约 30～50m)；山体基部相连构成垄脊，多以丘状山体，局部为缓锥状山体，垄脊走向波状，地形坡度相对较大。垄脊间发育与垄脊走向一致的岩溶沟谷或槽谷，并伴有碗状洼地、落水洞；丘丛之间多发育规模不等的溶蚀洼地和漏斗，但洼地一般规模相对较小。该类岩溶地貌类型区大气降水以垂向渗滤入渗或以片流向槽谷汇流，地表槽谷发育，浅部以垂向溶蚀裂缝、小型溶洞为主，一般难发育形成具规模的溶洞系统；下部属岩溶台地地下水向北方向排泄径流区段，可能发育有具规模的岩溶管道系统，如 TK481、TK483 等井，近岩溶槽谷部位，TK481 井深 5513～5536m、TK483 井深 5677～5691m 发育的古岩溶缝洞系统，充填物为具有地下河沉积特征的砂泥质岩，反映了此区域存在岩溶管道系统。

(4)岩溶槽谷(Ⅱ5)

分布于塔河油田 4 区 S65－TK453 井一带、塔河油田 6 区 T601 井一带及塔河油田四区南部 TK419 北侧。该地貌类型区，地形波状起伏，溶丘与槽谷相对高差一般 10～20m；槽谷底部地形平坦，槽谷内普遍发育小型漏斗及落水洞，局部洼地呈串珠状。该类地貌区属岩溶台地降水汇流、径流区，浅部岩溶比较发育，沿岩溶槽谷下部可能发育有岩溶管道系统，但后期易于被充填。如 S65 井，井深 5480～5488m(距奥陶系顶面 29～34m)缝洞系统比较发育，但为钙泥质充填；井深 5724.67～5727.77m(距奥陶系顶面 273m)的缝洞系统为具地下河沉积特征的泥质粉砂岩全充填。

3. 岩溶缓坡地(下)古岩溶地貌特征与岩溶发育条件

岩溶缓坡地(下)(Ⅲ)：位于塔河油田主体区的南部及西部，即塔河油田 2 区、7 区、8 区及 6 区西部。奥陶系顶面至石炭系双峰灰岩古厚度为 110～300m。该类型区地形、地势起伏相对较大，具有明显的缓慢地势坡降，坡降一般为3% ~5%，山体不处于同一高程，地势相对高差一般小于50m，地势整体塔河油田2区、7区与8区向南部倾斜，塔河油田6区西部向西部倾斜，地表沟谷、水系比较发育。该类型区属古水系径流、排泄区，岩溶极为发育，以错综复杂的峰丛、丘丛、岩溶洼地（或落水洞）、岩溶沟（谷）及岩溶谷地为特点，岩溶槽谷、岩溶谷地较为发育，且深度大、延伸远，洼（底）峰（峰丛顶）相对高程约20~80m，地貌形态极不规则，多属丘峰洼地、溶丘洼地、丘丛谷地或峰丛谷地地貌。

根据微地貌组合形态可进一步划分为：丘峰洼地（Ⅲ1）、丘丛谷地（Ⅲ2）、峰丛洼地（Ⅲ3）、峰丛垄脊槽谷（Ⅲ4）、丘丛垄脊沟谷（Ⅲ5）、岩溶槽谷（Ⅲ6）、峰丛谷地（Ⅲ7）、岩溶湖（Ⅲ8）8种三级古岩溶地貌类型。

（1）丘峰洼地（Ⅲ1）

分布于塔河油田3区T314、TK331井一带及塔河油田2区T208西南部，该地貌类型位于径流排泄区属局部分水岭地带，奥陶系顶面至石炭系双峰灰岩古厚度为60~110m（相对高差约50~60m）；地形波状起伏较大，地势具有向四周缓慢坡降趋势（呈孤岛状态），山体呈锥状或缓丘状；溶丘、溶峰间叠置浅切洼地及小槽谷，洼地及小槽谷上普遍发育小型漏斗及落水洞。此区属局部分水岭地带，补给、汇流条件有限，同时主要属奥陶系良里塔格组地层分布区，岩性岩溶作用条件相对较差，因而岩溶空间发育规模相对较小，浅部岩溶以溶蚀裂缝、小溶洞为主。

（2）峰丛洼地（Ⅲ3）

主要分布于塔河油田2区T204CH－T208－T209CH井一带及8区TK845CH－T815CH井一带，奥陶系顶面至石炭系双峰灰岩古厚度为150~120m（相对高差约20~30m）。该地貌类型区，地形波状起伏，相对高差小，地势向东南部、南部倾斜降低，山体呈缓丘状，缓丘间叠置浅切洼地及小槽谷，规模较大的岩溶沟谷有：沿TK258－TK221井发育的岩溶沟谷。洼地及小槽谷上普遍发育小型漏斗及落水洞。该类地貌区处于古岩溶流域径流、汇流区或局部分水岭地带，地表水系不发育（局部地表水系比较发育），大气降水主要通过垂向渗滤或以片流形式向洼地、谷地内的漏斗、落水洞汇流径流至地下，地下水以垂向运动为主，最后以分散状向岩溶沟谷、谷地排泄，具有较好的岩溶作用的水动力条件，但此类型区地层岩性主要属奥陶系良里塔格组地层分布区，岩性岩溶作用条件相对较差，因而该类地区浅部岩溶比较发育，岩溶主要以垂向溶蚀裂缝、小型溶洞为主，缝洞系统连通性较弱。同时由于降水一般以片流形式汇入洼地和谷地内的漏斗和落水洞，因而洼地和谷地区的溶蚀裂缝、溶洞比溶丘易受后期充填。

（3）峰丛垄脊槽谷（Ⅲ4）

主要分布于塔河油田2区西部TK226CH－TK232井一带及8区T703CH－T811CH井一带及塔河油田6区西侧，属塔河油田古岩溶流域径流排泄区带。奥陶系顶面至石炭系双峰灰岩底古厚度为110~250m，地势相对高差100~150m，奥陶系顶面起伏相对较大，具有明显地势坡降，坡降一般小于5% ~10%，塔河油田2区西部TK226CH－TK232井一带及8区T703CH－T811CH井一带地势向南倾斜，地形起伏大；塔河油田6区西侧向西倾斜。此地貌类型区主要由溶峰、洼地、谷地或槽谷组成，溶峰山体基部相连构成垄脊，多以锥状山体，局部为缓丘状山体，垄脊走向波状，垄脊间发育与垄脊走向一致的岩溶沟谷或槽谷，并伴有碗状洼地、落水洞，沟谷或槽谷一端向下游开口；峰丛之间多发育规模不等的溶蚀洼地和漏斗，但洼地一般规模相对较小。总体而言，岩溶槽谷、谷地比较发育，地表径流现象明显。

该地貌类型区位于古岩溶流域径流、汇流及排泄区，岩溶作用较强，水岩作用周期相对较长，因而浅部岩溶缝洞系统比较发育，同时此区域是地下径流集中径流、排泄区域，地下岩溶洞穴、岩溶管道可能比较发育。

(4)丘丛垄脊沟谷(Ⅲ5)

分布于塔河油田6区西侧，即T752－TK0145－TK658CH－S81井一带，奥陶系顶面至石炭系双峰灰岩古厚度为110～180m，地势整体向西部倾斜，地表沟谷比较发育。山体多为浑圆状溶丘，溶丘基部相连，构成垄脊，垄脊走向波状起伏，向西部部倾斜降低，地形坡度相对平缓。垄脊间发育与垄脊走向一致的岩溶沟谷或槽谷，并伴有碗状洼地。沟谷或槽谷一端向下游方向开口。这些岩溶沟谷或槽谷、洼地与整个地形一样向西部部倾斜下降。

该类岩溶地貌类型位于塔河6区西侧斜坡地带，水系发育以岩溶沟谷为单元，由于汇水面积有限，地下水以垂直渗流为主，径流坡降大，因此有利于丘丛、岩溶沟谷或槽谷、洼地的形成，因而浅部岩溶发育，且岩溶空间不易被后期充填，但因降水滞留时间短，岩溶作用周期短，因而溶洞发育规模相对其它地带要小；下部属古岩溶流域径流区，沿岩溶沟谷比较发育区带可能存在岩溶管道系统外，其余区域无统一径流或汇流，岩溶发育条件相对较差，因而岩溶洞穴系统(或岩溶缝洞系统)发育一般较弱。

(5)丘丛谷地(Ⅲ2)、峰丛谷地(Ⅲ7)

丘丛谷地主要分布于塔河油田3区TK333－TK331井一带；峰丛谷地位于塔河油田6区西侧(S92井西侧)。塔河油田3区TK333－TK331井一带奥陶系顶面至石炭系双峰灰岩古厚度为150～200m；塔河油田6区西侧(S92井西侧)奥陶系顶面至石炭系双峰灰岩古厚度为270～300m。这种地貌类型区，地形起伏较大，地形相对高差大，主要由溶峰、深洼地、谷地组成，峰丛之间多发育规模不等的溶蚀洼地、谷地。岩溶谷地比较发育，谷地长3～8km，宽100～300m，谷地深30～60m，断面呈“U”形。

该类型区属古岩溶流域汇流、排泄区，岩溶作用较强，水岩作用周期相对较长，因而浅部岩溶缝洞系统比较发育，同时此区域是地下径流集中径流排泄区域，地下岩溶洞穴、岩溶管道可能比较发育，具有发育地下河条件。

4. 岩溶山间盆地古岩溶地貌特征与岩溶发育条件

岩溶山间盆地(Ⅳ)位于塔河油田4区TK423－TK422井一带及2区S72－TK254井一带，这类地貌四周地形封闭，面积相对较大，具地表径流汇流特点。根据微地貌组合形态可进一步划分为峰丛谷地(Ⅳ1)和岩溶湖(Ⅳ2)2种三级古岩溶地貌类型。

塔河油田4区东侧，奥陶系顶面至石炭系双峰灰岩古厚度为90～150m，地形封闭面积约6km^2；塔河油田2区S72－TK254井一带，奥陶系顶面至石炭系双峰灰岩古厚度为180～220m，地形封闭面积约3～5km^2。该地貌类型区属峰丛洼地进一步演化而成，地形波状起伏，地势相对平坦，相对高差小，山体呈缓丘状；缓丘间叠置浅切洼地及小槽谷，洼地及小槽谷上普遍发育小型漏斗及落水洞。该区属塔河油田局部低部位，属大气降水汇流区，然后通过地下径流向外径流排泄，因而该类地区岩溶比较发育，下部可能存在地下河岩溶管道；且由于水源充足，溶岩作用周期相对较长，因而岩溶空间发育规模相对较大。因属区域相对低部位，洼地和谷地区浅部的溶蚀裂缝、溶洞易受后期充填。

三、不同古岩溶地貌单元储集性能

古地貌形态对油气富集具有明显的控制作用(表1－22)。在塔河油田，峰丛洼地为产能最好的区块，油气产量占总量的69.8%；岩溶山间盆地区岩溶缝洞系统虽比较发育，但由于处于塔河油田区低部位，油水界面相对较高，油藏条件相对较差。因而，岩溶空间保留较好的溶丘和残峰边坡部位为今后的有利勘探目标区。

1. 峰丛洼地区

该区有生产井28口，占全区总量的35.4%。累计产油量407.596×10^4t(至2008年底，下同)，占总量的69.8%，为产能最好的区块，其中T401井单井累计产油45.09×10^4t，TS48井单井累计产油71.69×10^4t，TK427、TK412、TK410、TK407等特高产井均位于该区。开采井段主要位于表层岩溶带和垂向渗滤溶蚀带，在溶丘、溶峰或溶丘边坡、溶峰边坡部位的井累计产能较高，包括S48、T401等井，反映岩溶缝洞系统具有一定的连通性，储层条件较好；而处于洼地边坡、沟谷边坡或洼地的井累计产能较低，包括T415、TK405等井，即使初期具有一定产能，但含水率上升明显。

表1－22 塔河油田试验区不同古地貌单元油气产能特征

地貌类型	生产井		单井累计产油量/10^4t				总产油	
	井数/口	百分比/%	>10	10~5	5~1	<1	产油量/10^4t	百分比/%
峰丛洼地	28	35.4	9	4	12	13	407.596	69.8
丘峰洼地	28	35.4	7	1	8	12	145.113	21.5
垄脊沟谷	6	7.6	3	0	3	0	48.497	7.2
垄脊槽谷	9	11.4	2	0	4	3	43.933	6.5
岩溶槽谷	3	3.8	1	2	0	0	27.687	4.1
山间盆地	5	6.3	0	0	1	4	1.501	0.2
合　计	79	100	22	7	28	32	674.327	100

2. 丘峰洼地区

该区分布面积较大，包括TK470－TK439等3个井区，有生产井28口，占全区总量的35.4%。产能仅次于峰丛洼地区，累计产油量145.113×10^4 t，占总量的21.5%。累计产量高于10×10^4 t的高产井有7口，其中TK439井单井累计产油21.97×10^4 t，TK474井单井累计产油20.288×10^4 t。除TK480开采井部分开采段位于包含径流溶蚀带外，其它井段基本位于表层岩溶带、垂向渗滤溶蚀带。处于溶丘、溶峰边坡的井，其表层岩溶带、垂向渗滤溶蚀带初期日产能条件均较好，无水期较长，单井累计产能较大。

3. 丘丛垄脊沟谷区

该区有生产井6口，累计产油量48.497×10^4 t，占总量的7.2%。该区产能分布具有明显不均一性，6口井有3口累计产量大于10×10^4t，位于垄脊或垄脊边坡部位的井累计产能较高，如TK429、TK404井，TK429井单井累计产油14.441×10^4 t，TK404井单井累

计产油 13.224×10^4t；而处于沟谷边坡部位的井，其累计产能较低，如 TK477 井。

4. 丘丛垄脊槽谷区

该区有生产井 9 口，累计产油量 43.933×10^4 t，占总量的 6.5%。位于溶丘、垄脊边坡部位的井产能较高，如 TK409 等井；而处于洼地、沟谷或槽谷边坡部位的井，其产能较低，如 TK483 等井。TK409 井单井累计产油 18.206×10^4 t，TK471 井单井累计产油 15.102×10^4 t。

5. 岩溶槽谷区

该区仅有 3 口，累计产油量 27.687×10^4t，占总量的 4.1%。3 口井(TK455 等)均位于槽谷中的溶丘边坡，产能较好，无水期长，TK455 井单井累计产油 8.103×10^4t，TK411 井单井累计产油 11.279×10^4t，其它地区产能条件较差。

6. 岩溶山间盆地区

该区有 5 口井，累计产油量 1.501×10^4t。除位于溶丘的 TK426 井具有一定的产能外，其余井产能低。初期日产能虽然较高，但无水期较短，含水率较高，反映此地貌单元油水界面相对较高，因而油藏条件相对较差。

第四节　塔河油田缝洞系统垂向分布特征

岩溶发育具有垂向分带性，并由此决定了缝洞系统的垂向分布特征。以古岩溶系统发育的强弱及古地下水运动方式为基础，根据古地下水运动方式与古岩溶发育强度，将古岩溶系统发育强度相近、古地下水运动方式类似而且在空间上互相连接的部分划分为同一个岩溶发育带，否则划分为不同的岩溶发育带。

古岩溶垂向带的主要划分依据包括 7 个方面：①古岩溶系统在钻井的垂向分布；②古岩溶系统发育特征与现代岩溶垂向分带对比；③古溶洞系统充填物的地球化学标志等；④古岩溶地貌单元特征；⑤古水动力条件、古水文地质条件；⑥钻井与测井解释成果；⑦地震剖面解释成果。

一、塔河油田主体区垂向分带类型

根据塔河油田主体区特点，结合现代岩溶理论，将塔河油田古岩溶缝洞系统垂向分为 4 个带：①表层岩溶带；②垂向渗滤溶蚀带；③径流溶蚀带；④潜流溶蚀带。

表层岩溶带为可溶岩层地表面附近的岩溶发育带，其内溶蚀动力作用中的 CO_2 来源于土壤或大气，岩溶作用相对强烈，岩溶化程度较高，表现为在可溶岩地表以下附近的一定深度范围内，存在着一个以溶沟、溶槽、溶缝、溶隙、溶痕、溶穴、溶管和溶孔等岩溶个体形态组合而成的强岩溶化层。

垂向渗滤带为地下水沿断层或裂隙向下渗流，对碳酸盐岩进行淋滤、溶蚀，以形成一系列垂直或高角度的溶缝或溶洞为特点，溶蚀空间横向连通性相对较弱，洞内以机械垮塌半充填物为主。在地下水补给区发育厚度较大。

径流溶蚀带为地下水径流带，地下水流速相对较快，形成一系列近水平的溶缝、溶洞和岩溶管道系统，也形成相当多的机械或化学充填、半充填物质。此带的特点是：溶蚀空间规模相对较大，岩溶空间横向连通性较好，岩溶发育极不均一。

潜流溶蚀带位于地下水径流带之下，地下水流速相对较慢，地下水沿断层或裂隙潜流对碳酸盐岩进行溶蚀，溶蚀空间规模相对较小，岩溶发育极不均匀，后期机械充填相对较弱，化学沉积作用相对较强，整体岩溶相对不发育。

塔河油田主体区古岩溶垂向带在测井曲线响应特征、钻速、地下水径流方式、岩溶作用类型、充填特征和岩溶个体形态6方面存在明显差异(表1－23)。

塔河油田4区不同地貌单元古岩溶垂向分带特征如表1－24所示。不同地貌单元(三级地貌单元)其古岩溶缝洞系统垂向分带特征具有一定的差异：其中峰丛洼地和丘峰洼地区，表层岩溶带和垂向渗滤溶蚀带厚度较大；岩溶槽谷和岩溶湖区垂向渗滤溶蚀带厚度最小；各地貌单元径流溶蚀带厚度差异不大。

表1－23　塔河油田4区不同地貌单元古岩溶垂向分带特征

垂向分带 三级地貌	表层岩溶带 厚度/m	垂向渗滤溶蚀带 厚度/m	径流溶蚀带 厚度/m	潜流溶蚀带 (O顶面下)
峰丛洼地	20～30	50～150	20～35	85～180m以下
丘峰洼地	10～30	60～140	15～30	105～270m以下
垄脊沟谷	10～25	45～120	20～30	80～190m以下
垄脊槽谷	10～25	60～100	20～35	70～190m以下
岩溶槽谷	10～20	60～85	15～25	110～120m以下
岩 溶 湖	5～15	50～55	20～30	85～115m以下

二、缝洞系统垂向分布特征

不同地貌单元，其垂向带古岩溶发育特征不同，明显的体现在各个不同地貌单元的古岩溶储层垂向结构模式之中(表1－25、图1－29～图1－32)。

丘丛垄脊和峰丛地区表层岩溶带厚度较大，峰丛洼地区垂向渗滤溶蚀带厚度相对较大，而地势较低的岩溶湖、洼地等地区的各垂向带厚度都较薄。以峰丛洼地区为例，各带特征如下：

①表层岩溶带：位于奥陶系顶面下0～30m范围，带厚一般为20～30m，古岩溶形态以溶蚀裂缝、溶洞为主，普遍发育古溶洞，规模0.3～26m(无充填溶洞1～5m)，充填物主要为泥质、钙质物；溶蚀裂缝多为泥质全充填或半充填。整体岩溶发育中至强，属溶蚀裂缝—溶洞复合型强岩溶发育区。

②垂向渗滤溶蚀带：位于奥陶系顶面30～160m范围，带厚50～150m，以溶蚀裂缝为主，古溶洞发育较少。溶蚀裂缝系统为泥质、方解石全充填或半充填。整体岩溶发育中至弱，属溶蚀裂缝型中等岩溶发育区。

③径流溶蚀带：位于奥陶系顶面下80～180m范围，带厚20～35m(局部达70m，如T403井)，普遍发育古溶洞，无充填溶洞呈零星分布，溶洞规模1～70m(无充填溶洞3～13m)，溶洞充填物主要为溶洞角砾岩、钙泥质砂岩等，部分具地下河沉积特征，溶蚀裂缝多为钙泥质全充填或半充填。整体岩溶发育较强，局部岩溶发育岩溶管道，属溶蚀裂缝—岩溶管道复合型强岩溶发育区。

④潜流溶蚀带：位于奥陶系顶面下105～270m以下，以构造缝、微溶蚀缝为主，具少量溶孔，未见溶洞。整体岩溶缝洞系统不发育，属溶蚀裂缝型弱岩溶发育区。

表 1-24　塔河油田 4 区古岩溶垂向带特征指标

垂向带		测井曲线响应			钻速	地下水径流方式	岩溶作用类型	充填物类型与特征	岩溶个体形态特征
		自然伽马	井径	电阻率曲线					
表层岩溶带		曲线呈锯齿状，充填的缝洞系统一般为 20～60API；未充填的缝洞系统一般小于 10API	扩径	双侧向电阻率一般较低（比垂向渗滤溶蚀带，比上伏地层石炭系泥岩高），呈锯齿状，当溶蚀缝洞发育时 $R_D > R_S$	加快	地表径流、垂向渗滤、水平径流均有	溶蚀作用 冲蚀作用 风化作用	机械充填为主，部分为岩溶残积或化学充填，充填物以灰绿色、褐灰色钙泥质岩为主，部分溶蚀裂缝为方解石充填，充填物较混杂，分选性较差	地表落水洞、洼地、溶沟等发育较强，地下溶洞、溶蚀裂缝均比较发育，局部发育小型岩溶管道。溶洞、岩溶管道规模一般相对较小
垂向渗流溶蚀带		与致密灰岩接近，曲线近于平直或呈微齿状；充填的缝洞系统一般为 20～50API	不扩径或略扩径	双测向电阻率一般值较高，且出现正差异，一般 $R_D < R_S$；局部呈锯齿状，当溶蚀缝洞发育时双侧向电阻率一般较低	不加快或略加快	以垂向渗滤为主	溶蚀作用	机械充填为主，部分为化学充填，充填物以灰绿色钙泥质岩为主	以垂向溶蚀裂缝、溶洞为主，溶洞垂向规模一般较大、横向规模一般较小。缝洞系统连通性相对较弱。岩心溶蚀缝洞系统发育一般
径流溶蚀带	未充填的溶蚀缝洞系统（溶洞、岩溶管道）	一般较低	扩径严重	电阻率值低	钻速加快、钻具放空	水平径流为主	溶蚀作用 冲蚀作用	机械充填为主，具地下河沉积特征，局部具崩塌堆积及化学充填。充填物以灰绿色砂泥质岩、砂岩、角砾岩为主，一般具沉积层理，沉积物下部较上部粗	以岩溶管道或水平溶洞为主，岩溶管道、溶洞规模一般相对较大。同一岩溶管道系统具有一定连通性；不同岩管道系统连通性较弱。岩心可见较大的溶洞系统
	充填的溶蚀缝洞系统	自然伽马值高，一般 45～100API，起伏较大	扩径	双侧向电阻率值低，呈锯齿状，出现正差异	钻速加快				
	充填角砾岩溶蚀缝洞系统	比致密灰岩高，一般 30～60API，曲线略呈锯齿状	扩径	比致密灰岩明显降低，呈剧烈的锯齿状，并出现正差异	不加快				
潜流溶蚀带		与致密灰岩接近，曲线近于平直或呈微齿状；充填的缝洞系统一般为 20～50API	不扩径	双测向电阻率值较高，且出现正差异	不加快	潜流（层流）为主	溶蚀作用	化学充填为主，充填物以方解石为主，部分充填灰绿色钙泥质	溶孔、溶蚀裂缝为主，溶洞不发育。岩心岩溶不发育

表 1－25　塔河油田四区典型地貌单元垂向带结构特征

	峰丛洼地	丘峰洼地	丘丛垄脊沟谷	岩溶湖
表层岩溶带	以溶蚀裂缝、溶洞为主，普遍发育古溶洞，规模 0.3～26.0m（无充填溶洞 1～5m），充填物主要为泥质、钙质物；溶蚀裂缝多为泥质全充填或半充填。整体岩溶发育中至强，属溶蚀裂缝—溶洞复合型强岩溶发育区	古岩溶缝洞较发育；溶洞多为钙质胶结角砾岩、钙泥质全充填或半充填，溶蚀裂缝多为泥质全充填，少部分方解石半充填，无充填溶洞相对较少。整体岩溶发育程度较强，属溶蚀裂缝—溶洞复合型强岩溶发育区	古岩溶缝洞系统比较发育，溶洞规模 1.5～13.0m。存在半充填溶洞，主要位于丘丛垄脊部位；充填溶洞的充填物主要为泥质，位于槽谷、洼地部位；溶蚀裂缝多为泥质、方解石全充填或半充填；岩溶中等发育，属溶蚀裂缝—溶洞复合型强岩溶发育区	古溶洞系统比较发育，溶洞规模 1.0～5.0m。溶洞为钙泥质岩全充填或半充填，溶蚀裂缝多为泥质全充填。岩溶发育中等至强，属溶蚀裂缝—溶洞复合型强岩溶发育区
垂向渗滤溶蚀带	以溶蚀裂缝为主，溶洞发育较少。溶蚀裂缝系统为泥质、方解石全充填或半充填。整体岩溶发育中至弱，属溶蚀裂缝型中等岩溶发育区	局部发育溶蚀裂缝或溶洞，溶洞、溶蚀裂缝为泥质、方解石全充填或半充填，属溶蚀裂缝型中等岩溶发育区	以溶蚀裂缝、溶孔为主，局部发育小规模古溶洞，溶洞规模 0.3～2.0m。主要为泥质全充填；无充填溶洞相对较少。整体岩溶发育中等，属溶蚀裂缝型中等岩溶发育区	古溶洞系统规模相对较小。溶洞为钙泥质岩全充填或半充填，溶蚀裂缝多为泥质全充填。整体岩溶发育中等，属溶蚀裂缝—溶洞复合型中等岩溶发育区
径流溶蚀带	普遍发育古溶洞，无充填溶洞呈零星分布，溶洞规模 1.0～70.0m（无充填溶洞 3～13m），溶洞充填物主要为溶洞角砾岩、钙泥质砂岩等，部分具地下河沉积特征。属溶蚀裂缝—岩溶管道复合型强岩溶发育区	以溶蚀裂缝、溶洞为主；溶洞系统多为全充填或半充填，局部发育无充填溶洞，部分溶洞充填物具地下河沉积特征。整体岩溶发育中等，属溶蚀裂缝—岩溶管道复合型中等岩溶发育区	局部发育岩溶管道。无充填溶洞也分布较多，充填溶洞充填物主要为溶洞角砾岩或砂泥质岩，具地下河沉积特征；主要为泥质全充填。整体岩芯岩溶发育较强，属溶蚀裂缝—岩溶管道复合型强岩溶发育区	溶蚀裂缝、古岩溶管道系统均较发育。溶洞为灰绿色含黄铁矿泥质粉岩全充填，溶蚀裂缝多为泥质全充填，充填物具地下河沉积特征。整体岩溶发育中等，局部发育强烈，属溶蚀裂缝—岩溶管道复合型强岩溶发育区
潜流溶蚀带	以构造缝、微溶蚀缝为主，具少量溶孔，未见溶洞。整体岩溶缝洞系统不发育，属溶蚀裂缝型弱岩溶发育区	以构造缝、微溶蚀缝为主，具少量溶孔，未见溶洞。整体岩溶缝洞系统不发育，属溶蚀裂缝型弱岩溶发育区	局部发育溶孔，未见古溶洞发育。溶蚀裂缝以网状微缝为主，局部发育层间溶蚀裂缝，裂缝充填以方解石、泥质为主。整体岩溶发育相对较弱，属溶蚀孔洞型弱岩溶发育区	以溶蚀裂缝为主，未见古溶洞发育。整体岩溶发育相对较弱，属溶蚀裂缝型弱岩溶发育区

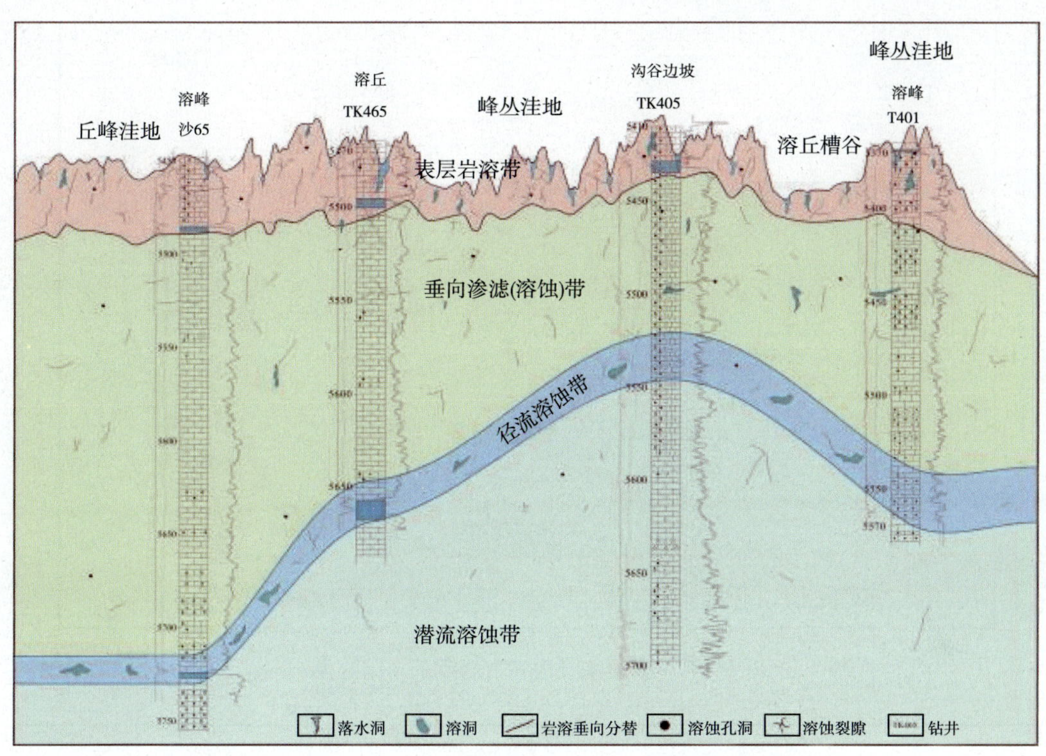

图 1－29　峰丛洼地地貌单元古岩溶垂向结构模式

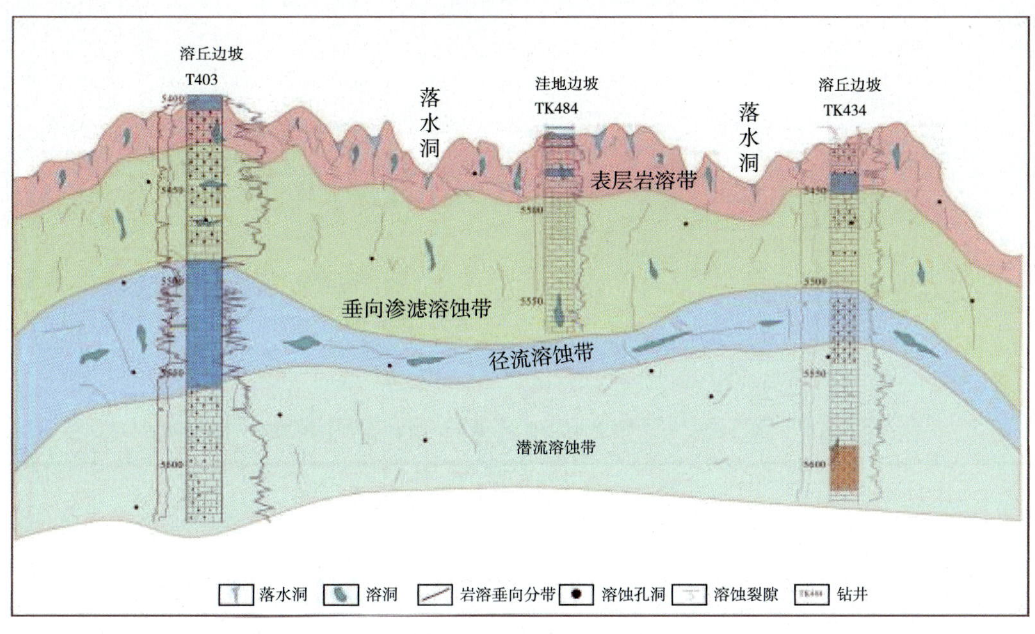

图 1－30　丘峰洼地地貌单元古岩溶垂向结构模式

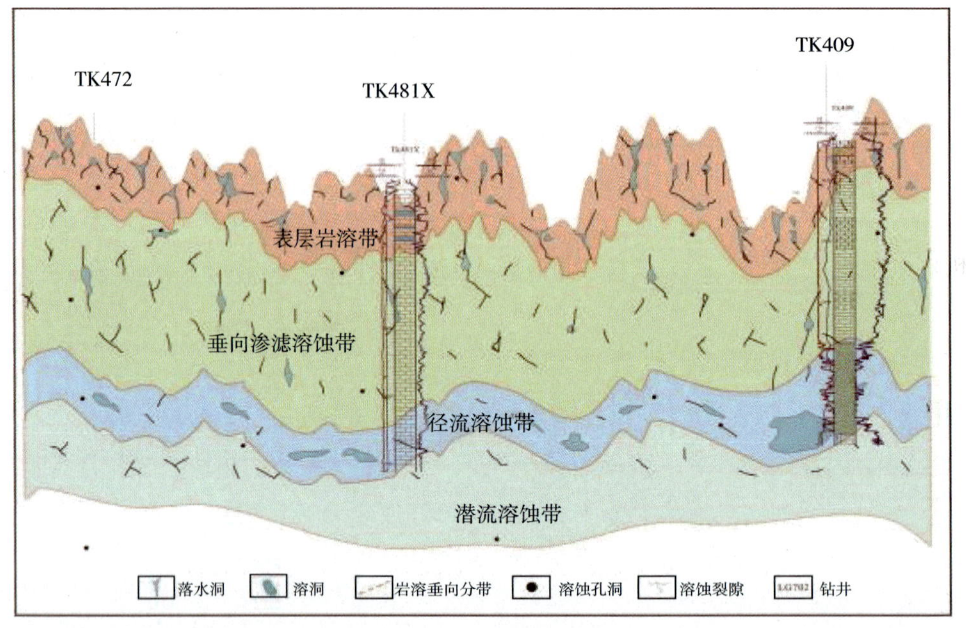

图 1-31　丘丛垄脊沟谷古岩溶垂向结构模式

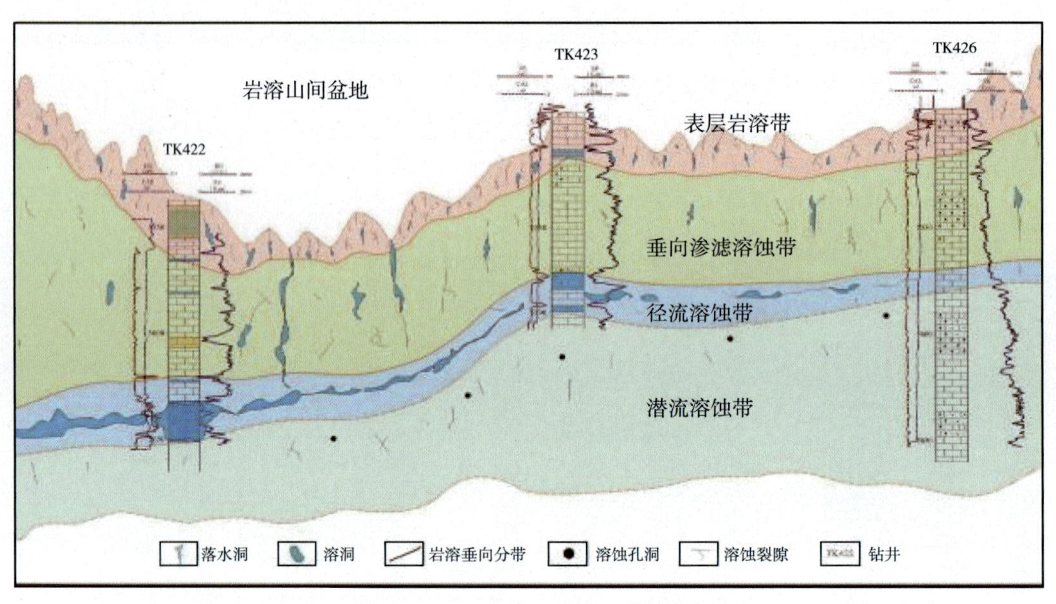

图 1-32　岩溶湖古岩溶垂向结构模式

第五节　古岩溶缝洞系统充填物类型与充填特征

一、古岩溶缝洞系统充填物类型

露头调查与井下岩心观察表明，古岩溶缝洞充填物主要有机械沉积充填物、塌积充填物、化学淀积充填物和风化残积充填物 4 大类型。在不同岩溶期，受岩溶发育和充填条件控制，充填物的类型、性质与结构具有不同的特征。

1. 机械沉积充填物

机械沉积充填物主要是流水带入岩溶空间、在重力作用下沉积形成的充填物质，具有流水冲洪积和重力分异作用产生的层理以及分选性结构特征；成分复杂，以钙泥质和碳酸盐岩角砾、岩屑为主，有的还含有外来岩石碎屑、泥砂等(图 1-33～图 1-36)。

机械充填物的化学成分复杂，明显不同于基岩。充填物除钙泥、碳酸盐岩角砾外，还有大量的泥、砂和岩屑，部分发育微层理，此类充填物常见于地下河溶洞系统以及与其相联的层间溶缝、溶蚀裂缝体系，主要发育于裸露岩溶期和埋藏岩溶早期。如塔北露头区硫黄矿西 3 号沟古地下河溶洞，充填物除钙泥、碳酸盐岩角砾外，还有大量来自于志留系砂页岩的泥、砂和岩屑，微层理发育。

图 1-33　硫黄矿西 3 号沟溶洞充填物特征

图 1-34　溶洞充填物特征(灰质粉砂)

图 1-35　缝洞钙质砂泥充填物

图 1-36　溶洞角砾岩

2. 塌积充填物

塌积充填物主要位于溶洞系统内，为洞顶破碎带岩块垮塌而成。当岩块较大时仍残余岩层层理，垮塌体的上部多充填钙泥，下部则在钙泥中夹有大量原岩角砾。如一间房南 1 号沟 1 号洞主体段，洞顶塌积充填物发育(图 1-37)。S49 井洞内充填灰绿色、褐色钙泥质胶结的灰岩角砾及灰绿色钙质胶结粉砂岩，显示明显的塌积充填特征(图 1-38)。

3. 化学淀积充填物

化学淀积充填物主要形成于水流滞缓的水动力环境，由于物源条件的不同，充填物的成分不同。在塔北露头区硫黄矿西一带，岩溶系统的物源区主要为志留纪泥砂岩系，硫酸盐较丰富，降水和渗滤水将硫酸盐带入岩溶空间，随水中溶解质饱和度的增大，形成方解石和石膏的沉淀充填，在洞壁边沿方解石与石膏共生，沉积体中部为质纯的石膏。随着气候变干、环境向还原状态转化，硫酸盐沉积物，分异出单质硫，在后期的孔洞、溶缝中充填，形成硫黄体。

在塔北露头区一间房南部一带，岩溶系统受到区域性大断裂和岩浆侵入活动的影响，溶洞系统的化学淀积充填物主要是巨晶方解石、紫色萤石和冰洲石，反映了晚期地热活动的影响，多形成致密的结晶充填体(图1－39)。

根据岩心观察，化学沉积充填主要为方解石或钙质胶结物，一般发生于溶洞充填的中后期。其充填特点为：早期钙泥质、岩屑角砾等水流强度较大条件下的机械沉积充填物，在中期再次经历溶蚀或冲蚀，后期原充填物部分或全部被化学淀积物替代。

图1－37　一间房南溶洞内的塌积充填物

图1－38　S79井亮绿色钙质砂泥充填缝洞

图1－39　一间房大型溶洞系统内充填的紫色萤石和方解石

风化壳溶蚀裂缝中，化学沉积充填主要见于次级裂缝及微裂缝，充填物主要为方解石(含少量钙泥质)；大溶蚀裂缝则以机械充填为主，部分被化学沉积充填，钙泥质充填物中含少量方解石、黄铁矿可说明这一点(图1－40、图1－41)。

4. 风化残积充填物

风化残积物一般分布于风化壳表层的溶沟、溶槽或落水洞、竖井的底部及浅部的溶蚀裂缝中，其颜色一般为褐红色(图1－42)，其主要形成于风化壳氧化环境，属基岩溶蚀、风化残留下来的物质。

图1－40 溶缝充填特征
（早期灰黄色钙泥质充填，后期方解石充填）

图1－41 溶缝充填特征
（溶蚀裂缝为灰绿色钙泥质充填，含少量方解石、黄铁矿）

A

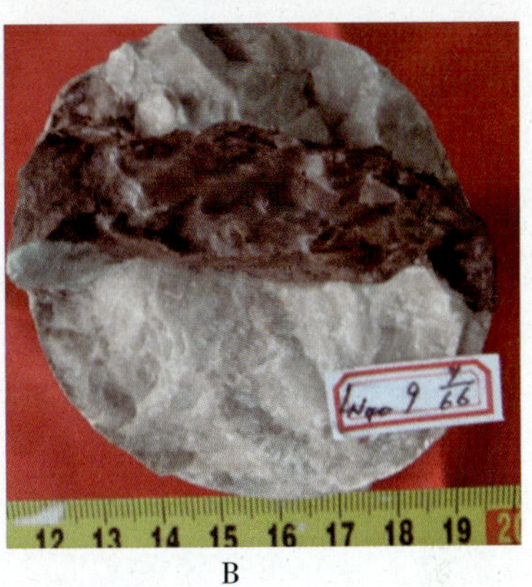

B

图1－42 风化壳缝洞内风化残积充填物特征

二、充填空间形式与充填方式

尽管古岩溶缝洞系统的形成受控因素较多，但根据古岩溶缝洞系统识别，古岩溶缝洞系统形成，主要存在如下几种形式的古岩溶缝洞系统：

1. 开放式岩溶缝洞系统（流入型、流出型）

对于流入型古岩溶缝洞系统，一般位于补给区或补给、径流区，主要分布于表层岩溶带、垂向渗滤溶蚀带；此种古岩溶缝洞系统一般与地表具有较好的连通性，因而后期多被充填。充填以机械充填为主，充填物主要为泥质或粉砂质泥岩、溶洞角砾岩，方解石充填相对较少。古岩溶缝洞系统形态：落水洞、竖井式岩溶缝洞系统，溶洞规模中等。

对于流出型古岩溶缝洞系统，一般位于径流或排泄区，主要分布于径流溶蚀带或垂向渗滤溶蚀带；后期多被充填，充填也以机械充填为主，充填物主要为泥质或粉砂质泥岩及方解石胶结的砂泥质岩，具层理。古岩溶缝洞系统形态：管道式、厅堂式缝洞系统，溶洞规模一般较大。

2. 半开放、半封闭岩溶缝洞系统(裂缝连通型)

一般属溶蚀裂缝连通型小规模的岩溶缝洞系统，位于表层岩溶带或垂向渗滤溶蚀带。溶洞通过溶蚀裂缝与地表具有弱连通性，后期不易被充填(多为半充填)，充填物主要为泥质岩或钙质胶结物(化学沉积)。缝洞系统形态：串珠状、孤立状缝洞系统，溶洞规模一般相对较小，多以小溶洞系统为主。

3. 封闭式岩溶缝洞系统(孤立型)

属相对封闭岩溶缝洞系统，一般位于垂向渗滤溶蚀带与径流溶蚀带或潜流溶蚀带地带，多属溯源侵蚀的溶蚀空间。溶洞一般与地表连通性较差，与径流带通过溶蚀裂缝具有一定的弱连通性，后期不易被机械充填，以化学沉积充填为主。孤立状岩溶缝洞系统或溶孔，古岩溶缝洞系统规模一般相对较小。

三、充填程度划分

根据统计分析，塔河油田多种充填类型共存，根据充填物体积占缝洞总体积的百分比，充填程度可划分为：充填程度较低(<30%)，充填程度中等(30%～70%)，充填程度较高(>70%)。

塔里木盆地早期形成的古地下河溶洞系统、岩溶管道和构造溶蚀裂隙充填程度高，小型缝洞系统受后期溶蚀作用充填程度中等到低。统计表明，奥陶系古风化壳溶蚀裂隙的充填率(全充填裂缝占裂缝总数的比例)较低，Ⅰ级缝充填率约70%，Ⅱ级缝约50%，Ⅲ级缝约30%。

四、充填特征

塔里木盆地野外露头调查和井下岩心观察表明，被充填的岩溶空间主要为地下河溶洞系统、岩溶管道、溶蚀构造裂隙和风化壳溶蚀节理裂隙等。在塔北露头区，较大规模的地下河溶洞系统主要分布在硫黄矿西3号沟、4号沟和一间房1号沟，充填溶洞系统具有多分支和多层结构，溶洞集中出露段平面宽度达120～200m，充填带展布宽度500～1000m，上下层高差17～35m，延伸长度推测大于2000m。硫黄矿西3号沟、4号沟溶洞充填物以大量的石膏和硫黄、非碳酸盐岩碎屑为特征，一间房1号沟则以钙泥、巨晶方解石、紫色萤石、冰洲石为特征。

塔里木盆地奥陶系古风化壳溶蚀节理的充填主要在裂隙的端部，但深度较小，多在2～50m范围内，宽2～20mm，多为钙泥质和方解石充填。

根据井下岩溶缝洞系统充填特征统计，井下溶蚀裂缝大多被钙泥质全充填或半充填，部分为方解石充填；但径流溶蚀带岩溶管道多未充填或仅半充填，溶洞充填物多为钙泥质岩，含少量方解石。

1. 不同地貌单元古岩溶缝洞系统充填特征

不同的地貌单元其水动力条件差异较大，导致岩溶作用强度和充填程度不同。总体而言，在地貌底部位如沟谷、槽谷部位机械充填程度高，而在斜坡部位机械充填程度低。在地下河管道的不同部位，其充填程度也不一致：在地下河管道的入口和出口，以及有落水洞、竖井等与地表连通的地段，其机械充填程度高；其它地方机械充填程度相对较低，以化学充填为主。

(1)溶丘洼地地貌单元缝洞充填特征

溶丘洼地地势相对较高，虽经长期剥蚀，但当表层岩溶带缝洞系统处于洼地、岩溶槽谷部位时，则与地表具有一定的连通性，后期较易充填。垂向渗滤溶蚀带残留的岩溶缝洞系统多为个体形态，缝洞系统连通性相对较弱，且与地表连通性较弱，后期不易充填。径流溶蚀带岩溶缝洞系统以岩溶管道为主，属串珠状，管道中的厅堂型溶洞相互连通性较差，属流出型岩溶缝洞系统，后期不易充填。

(2)峰丛垄脊沟谷地貌单元缝洞充填特征

垄脊部位地势坡度相对较陡，地表径流流速快，岩溶缝洞系统与地表连通性相对较弱，后期不易充填；处于洼地或沟谷部分，缝洞系统多属汇流部位，且与地表连通，后期较易充填。

垄脊部位表层岩溶带较沟谷厚，岩溶比较发育，岩溶以垂向溶蚀缝洞系统、小溶蚀孔洞为主，横向连通性相对较弱，不易被机械充填，多为化学充填；垂向渗滤溶蚀带，岩溶相对较弱，岩溶以垂向溶蚀缝洞系统为主，局部发育溶洞，溶洞多以个体形态出现，缝洞连通性较差，不易被机械充填，多为化学充填；径流溶蚀带岩溶发育部位主要位于沟谷地带，多以管道形式出现，规模相对较小，地下河管道易被机械充填。

(3)岩溶湖地貌单元缝洞充填特征

岩溶湖所处地貌部位低，常年积水，表层岩溶带不发育，岩溶以垂向溶蚀缝洞系统、小溶蚀孔洞为主，湖底多发育与地下河管道连通的落水洞等垂向溶蚀缝洞系统，后期易被机械充填；径流溶蚀带多以管道形式出现，规模相对较大，地下河管道易被机械充填。

2. 不同岩溶带充填特征

从岩溶垂向分布特征来看，塔河油田古岩溶缝洞系统在不同地貌单元充填特征具有明显的差异。

(1)表层岩溶带

充填程度在50%～95%之间，其中机械充填达40%～80%，充填物以灰绿色钙泥质岩为主，局部有钙泥质胶结的角落岩；化学充填一般10%～40%，充填物以方解石、钙质层及含少量黄铁矿等为主。化学充填程度较高的分布于岩溶缓坡地—峰丘洼地及岩溶峰丛谷地—峰丛洼地；化学充填程度较低的分布于岩溶缓坡地—丘峰洼地、溶丘洼地。充填程度较高的分布于岩溶台地—峰丛洼地、岩溶峰丛谷地、岩溶缓坡地—岩溶槽谷、岩溶垄岗地、丘丛垄脊沟谷；充填程度较低的分布于岩溶台地—溶丘洼地与岩溶缓坡地—峰丛垄脊沟谷、峰丘洼地、溶丘洼地。

(2)垂向渗滤溶蚀带

充填程度一般在60%～95%之间。机械充填一般在50%～85%之间，充填物以灰绿色钙泥质岩为主，局部也有钙泥质胶结的角落岩；化学充填一般在10%～50%之间，充填物以方解石、钙质层及含少量黄铁矿等为主。化学充填程度较高的分布于岩溶台地—峰丛洼地、岩溶缓坡地—峰丛垄脊沟谷、丘丛垄脊沟谷；化学充填程度较低的分布于岩溶台地—溶丘洼地与岩溶缓坡地—丘峰洼地、峰丘洼地、岩溶垄岗地。充填程度较高的分布于岩溶台地—峰丛洼地、岩溶峰丛谷地—峰丛谷地、岩溶缓坡地—岩溶槽谷、峰丘洼地、丘丛垄脊沟谷；充填程度较低的分布于岩溶台地—溶丘洼地与岩溶缓坡地—峰丛垄脊沟谷、丘峰洼地。

(3) 径流溶蚀带

充填程度一般在60% ~95%之间，机械充填一般在50% ~85%之间，充填物以灰绿色钙泥质岩、粉砂岩为主，局部有钙泥质胶结的角落岩，部分沉积物具地下河沉积特征；化学充填一般在10% ~50%之间，充填物以方解石、钙质层及含少量黄铁矿等为主。化学充填程度较高的分布于岩溶台地—峰丛洼地、岩溶缓坡地—溶丘洼地、丘丛垄脊沟谷及岩溶峰丛谷地；化学充填程度较低的分布于岩溶台地—溶丘洼地、岩溶缓坡地—峰丛垄脊沟谷、峰丘洼地。充填程度较高的分布于岩溶台地—峰丛洼地、岩溶峰丛谷地—峰丛谷地、岩溶缓坡地—岩溶槽谷、峰丘洼地、丘丛垄脊沟谷；总充填程度较低的分布于岩溶台地—溶丘洼地与岩溶缓坡地—溶丘洼地。

(4) 潜流溶蚀带

充填程度一般大于90%，化学充填一般大于50%，充填物以方解石、钙质层及含少量黄铁矿为主；机械充填一般在10% ~50%之间，充填物以灰绿色、灰色泥质为主。化学充填程度较低的分布于岩溶缓坡地—岩溶槽谷。总充填程度一般大于90%。整体而言，整个岩溶带机械充填程度较低，化学充填程度较高。

3. 同一地貌单元古岩溶缝洞系统充填特征

同一地貌单元，古岩溶缝洞系统充填程度垂向分布上也具有明显的差异：

① 表层岩溶带、径流溶蚀带机械充填程度相对较高、化学充填程度相对较低；垂向渗滤溶蚀带、潜流溶蚀带机械充填程度较低、化学充填程度相对较高。具有自表层岩溶带→垂向渗滤溶蚀带→径流溶蚀带→潜流溶蚀带，充填物的机械充填程度减小、化学充填程度增大的趋势。

② 充填程度也具此特点，即自表层岩溶带→垂向渗滤溶蚀带→径流溶蚀带→潜流溶蚀带，充填物程度具有明显增加的趋势。

总体而言，不同地貌单元及不同岩溶带充填程度差异与所处的水动力条件及地下水径流特征具有明显的关系。一般而言，浅部及地下水径流带的水动力作用较强，古岩溶缝洞系统连通性相对较强，携带机械物质较多，因而机械充填程度较高；而垂向渗滤溶蚀带、潜流溶蚀带的水动力条件相对较弱，岩溶缝洞系统连通性相对较弱，机械物质充填相对较弱，后期易被化学充填。

因而，岩溶台地—峰丛洼地、岩溶缓坡地—溶丘洼地、丘丛垄脊沟谷及岩溶峰丛谷地化学充填程度较高；岩溶台地—溶丘洼地、岩溶缓坡地—峰丛垄脊沟谷、丘峰洼地和峰丘洼地化学充填程度较低。

第六节　典型碳酸盐岩缝洞系统发育模式

根据缝洞系统发育特征及其与油气分布的关系，按照形态结构将其分为地下河管道网络系统、厅堂型岩溶洞穴系统、溶蚀缝系统等10种类型(表1-26)，相应地建立了10种缝洞系统模式，并建立了其中8种典型缝洞系统地质地球物理模型。有7种模式已经应用到塔河油田试验区，即单支管道型地下河系统、管道网络型地下河系统、厅堂型洞穴系统、竖井型洞穴系统、溶洞型洞穴系统、溶蚀孔洞系统和溶蚀缝系统。

表 1－26　塔里木盆地奥陶系碳酸盐岩缝洞系统分类分级表

缝洞系统类型		主要形态特征	洞穴规模	备　注
类	亚类			
地下河系统	单支管道	洞主体近圆形、地下河呈线状展布	主洞体直径 2～10m，延伸长度 1～30km	仅发育一个主进水口和一个主排泄口的地下河管道，由管道主体和洞体周边影响带构成断面结构，呈“条状二元结构”
	管道网络	洞主体近圆形、地下河呈网状分布	主洞体直径 2～10m，延伸长度 10m 至数百千米	由一条主管道和多个单支管道组成，具有 2 个或 2 个以上的主进水口或排泄口；平面分布一般呈枝状，垂向上具有多层性，除河道主体外，管网之间次级岩溶形态也十分丰富，故称具结构为“网状多元结构”
	构造廊道型	洞主体为峡谷状，呈折状分布	断面宽 1～10m，高 5～50m；延伸长度 0.5～5km	平面上一般沿断裂构造带曲折延伸，垂向空间很大；洞体两侧影响带特别是次级构造缝十分发育，故称此类缝洞系统为“折状三元结构”
岩溶洞穴型	厅堂型	洞顶呈较平的天板或穹形、离散状分布	洞底直径 50m 至数百米，高 10～50m	洞穴长度和宽度相当，或差别小于 5 倍；内部空间规模巨大，岩溶化程度高
	溶洞型	断面形态多样，以不规则椭圆形为主；离散状分布	直径 0.2～50m	溶洞是缝洞系统内第二、三级结构；岩溶发育初期大多数溶洞孤立发育，与溶蚀裂缝一起构成独立小型缝洞系统；在中后期，溶洞通过裂缝网络系统与相邻的溶蚀洞或上一级洞穴系统连通成为大型缝洞系统的组成部分
	竖井型	形态较简单，洞主体椭圆或近圆形；沿地下河走向散点状分布	直径 2～20m，深度 10～100m	洞底高程变化较大，在竖井部位往往形成十几米到几十米的近垂直陡坎；经常伴生有裂隙状的洞体；洞壁常有垂直溶蚀沟槽
溶蚀孔洞型		不规则孔、洞，呈层状或带状分布	孔径 0.2～20cm	主要由溶蚀作用形成，与周边的溶蚀缝一起构成层状或带状缝洞系统
溶蚀缝型		裂缝面较平直，以斜缝为主多呈网状分布	Ⅰ级缝缝宽 10～50cm，间距 8～15m，延伸长度大于 50m；Ⅱ级缝缝宽 2～10cm，间距 1～5m，延伸长度 10～50m；Ⅲ级缝缝宽 1～5 cm，间距 0.1～0.3m，延伸长度 1～10m	裂缝是岩溶发育的基础，是溶蚀孔（洞）间的主要通道，分为溶塌裂缝和溶蚀裂缝两类；溶蚀裂缝分布、发育规模主要受区域构造作用控制；裂缝具有分级性，同级裂缝分布具有近等间距性
礁滩溶孔型		不规则圆形，呈层状或带状分布	孔径 0.5～10cm，孔隙度 5%～30%，缝宽 1～5mm，延伸长度 10～50mm	礁滩溶蚀孔洞系统由溶蚀孔与周边的溶蚀裂缝共同构成，岩溶化作用强烈，充填程度较低，具有大的空隙度，空隙发育相对均匀，空隙间连通性也较好
白云岩孔洞型		规则圆形，呈层状或带状分布	孔径 0.01～5mm	以蜂窝状溶孔、小溶洞为主，不发育大中型地下溶洞；由相互连通的微裂隙和溶蚀孔洞组成

一、单支管道型地下河系统

为发育一个主进水口和一个主排泄口的地下河管道，由管道主体和洞体周边影响带构成断面结构，呈“条状二元结构”(图1－43、表1－27)。塔河油田4区TK424－TK476－T403－TK419分布一条单支管道型地下河系统(图1－44)。

单支管道的地震波场正演模拟表明，小型洞穴反射特征表现为串珠状反射特征，大型洞穴反射特征表现为似层状反射特征，缝洞顶界面反射较清晰，缝洞单元底部反射同相轴存在时间下拉现象。对于水平洞穴廊道缝洞单元内反射同相轴表现为连续反射特征(图1－45)。

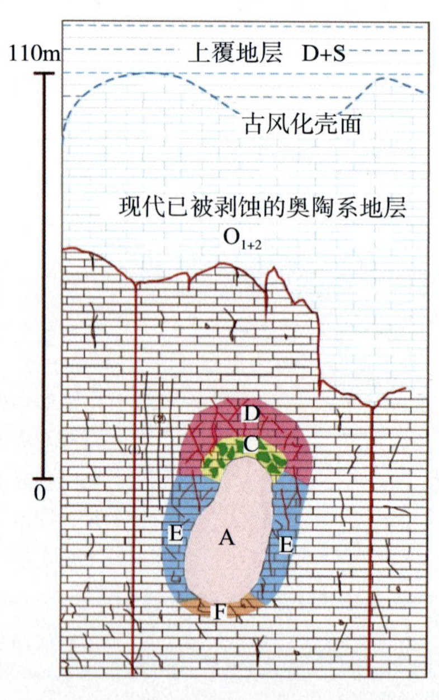

图1－43　单支管道地下河系统结构模式(横剖面)

A—洞主体高度1～3m，宽1～7.5m；C—洞顶垮塌溶蚀破碎带高0.8～2.5m，宽2.5～4.2m；D—洞顶溶蚀破裂影响带高1.0～2.5m，宽1.0～1.5m；E—洞侧溶蚀影响带高1.8～4.2m，宽4.1～10.3m；F—洞底溶蚀影响带宽度3～6.9m，高度1～2.0m

表1－27　单支管道地下河系统特征参数

	高/m	宽/m	形态与分布特征	充填特征	
				古岩溶	现代岩溶
洞主体	2～10	1～8	洞主体近圆形、地下河呈线状展布	化学或机械沉积物全充填	洞底有崩塌堆积、河道内有角砾等流水沉积物
洞顶垮塌溶蚀破碎带高	1～3	2～4	上凸弯月形	方解石全充填缝	溶蚀缝被砂、泥等碎屑半充填
洞顶溶蚀破裂影响带	1～3	1～2	近水平上凸弧形	方解石全充填缝	
洞侧溶蚀影响带	2～5	4～10	中间宽、上下窄的近直立弧形	方解石全充填缝	
洞底溶蚀影响带	3～7	1～2	近水平下凸的弧形	方解石全充填缝	
地下河长度	1～30km				

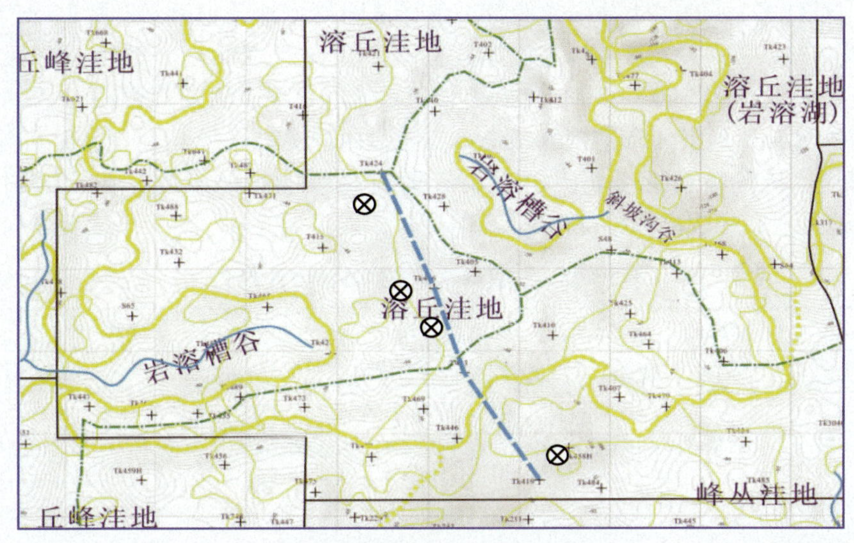

图1－44　塔河油田4区TK424－TK476－T403－TK419单支地下河管道系统

a.缝洞穴单元地震地质模型

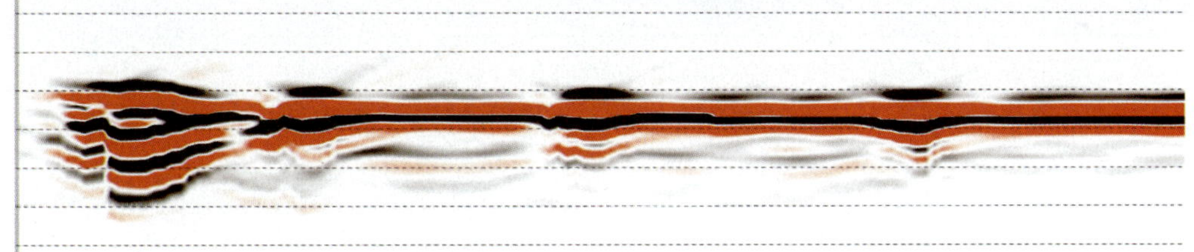

b.数值模型正演模拟记录

图1－45　“串珠状”地下河管道系统模型及地震响应特征

二、管道网络型地下河系统

管道网络地下河系统由主管道及其周边的溶蚀影响带组成(表1－28)，总体上呈枝状分布，由主管道和至少1条支管道组成，中间还发育有大量的落水洞、竖井、天窗等岩溶形态。平面分布一般呈枝状，垂向上具有多层性，除河道主体外，管网之间次级岩溶形态也十分丰富，其结构为“网状多元结构”。地下河发育在径流溶蚀带，主管道长度一般大于10km，支管道一般大于1km；在发育规模上，主管道大于支管道，且上级支管道总比下级支管道大且长(图1－46)。

塔河4区TK422－TK472井一带发育一条管道网络型地下河系统(图1－47)，主管道位于TK423－TK422－TK417－TK472等井一线，走向近NW向，管道顶部距双峰灰岩180~240m，管道规模高20~75m；支岩溶管道系统有3条，管道规模高2~20m。

正演模拟显示，地下河管道网络系统具有明显的“串珠状”反射特征，并可与井下岩溶反射特征对比。从振幅属性分析，由于洞反射对高频能量的吸收，在较低频率(30Hz、40Hz)时，能量强；在较高频率(60Hz、80Hz)时，能量弱。

表1－28　管道网络地下河系统特征参数

<table>
<tr><th rowspan="2"></th><th colspan="2">地下河主管道</th><th colspan="2">支管道</th><th rowspan="2">形态与分布特征</th><th colspan="2">充填特征</th></tr>
<tr><th>高/m</th><th>宽/m</th><th>高/m</th><th>宽/m</th><th>古岩溶</th><th>现代岩溶</th></tr>
<tr><td>溶洞主体</td><td colspan="4">直径2~10m</td><td>洞主体近圆形、地下河呈网状分布</td><td>砂泥沉积物或石膏等化学淀积物、全充填</td><td>洞底有大量崩塌堆积，河床内为河流相砂卵石机械沉积物</td></tr>
<tr><td>洞顶溶蚀垮塌破碎带</td><td>0.5~5</td><td>2~3</td><td>0.5~2</td><td>0.5~1</td><td>上凸弯月形</td><td rowspan="6">方解石、钙泥质半一全充填</td><td rowspan="6">无充填或方解石、砂屑半充填</td></tr>
<tr><td>洞顶溶蚀破裂影响带</td><td>4~6</td><td>3~6</td><td>0~0.5</td><td>1.0~2.0</td><td>近水平上凸弧形</td></tr>
<tr><td>洞间溶蚀影响带</td><td colspan="4">宽3~4m，缝隙密度5条/m²</td><td>上下近等宽的条带状</td></tr>
<tr><td>洞边溶蚀影响带</td><td>10~15</td><td>6~7</td><td>5~8</td><td>1.0~2.0</td><td>中间宽、上下窄的近直立弧形</td></tr>
<tr><td>洞底溶蚀影响带</td><td>2~4</td><td>20~25</td><td>0.5~1</td><td>3~5</td><td>近水平下凸的弧形</td></tr>
<tr><td>地下河管道发育长度</td><td colspan="2">10km至数百千米</td><td colspan="2">1~5km，总小于地下河主管道</td><td></td></tr>
</table>

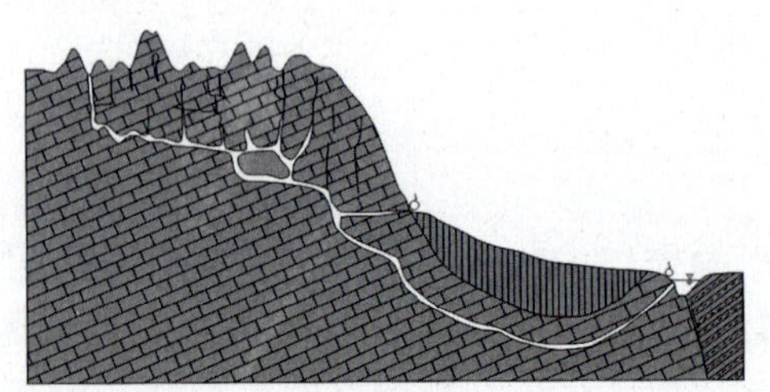

图1－46　地下河管道网络系统模式(剖面)

图1－47　塔河油田试验区古地下河管道网络系统

三、构造廊道型地下河系统

地下河管道高宽比大于5，平面上一般沿断裂构造带曲折延伸，垂向空间很大(图1－48)；洞体两侧影响带特别是次级构造缝十分发育，属于“折状三元结构”。

廊道型地下河由管道主体、洞体周边影响带和Ⅰ级构造缝构成，在Ⅰ级缝之间还发育有Ⅱ级缝；平面上延伸距离明显受构造影响，长1～5km。管道主体洞体高5～50m，宽1～10m；洞周边影响带宽度和洞底溶蚀影响带厚度小，而洞边断裂带较宽(表1－29)。

表1－29　廊道型地下河管道系统模式特征参数

	地下河主管道断面		充填特征	形态与分布特征
	高/m	宽/m		
溶洞主体	5～50	1～10	洞底多为崩塌堆积	洞主体为峡谷状，呈折状分布
洞顶溶蚀垮塌破碎带	1～3	1～10	方解石、钙泥质半—全充填	
洞顶溶蚀破裂影响带	1～4	1～3		
洞边溶蚀影响带	3～5	5～10		
洞底溶蚀影响带	0.5～1	1～3		
地下河管道发育长度	1～5km			

四、厅堂型洞穴系统

厅堂型洞穴系统包括厅堂、落水洞或溶蚀缝等(图1－49)。厅堂直径可达50m至数百米；高10～50m；洞顶为较平的天板或穹形，洞内发育大量的崩塌堆积物和次生化学沉积物。厅堂型洞穴呈离散状分布(表1－30)，在地震上具有明显的“串珠状”反射特征。

塔河油田4区T403、TK409、S48、TK471X井部位具有厅堂型洞穴系统发育特征，洞体高3～72m，位于近山顶的斜坡上或岩溶洼地内的小溶丘顶。在峰丛山区，当早期径流溶蚀带内的地下河管道与末期的表层岩溶带重叠时，易发育大型厅堂型溶洞，储集性能较好，如S48、TK471X都是高产井；而发育在末期径流溶蚀带内的厅堂型溶洞，因有大型落水洞与地表相连，大多被机械沉积物全充填或含水量高，难以成为好储层。

表1－30　厅堂型洞穴系统发育特征表

	高/m	宽/m	形态与分布特征	充填特征	
				古岩溶	现代岩溶
洞主体	直径50m至数百米；高10～50m		洞顶呈较平的天板或穹形、呈离散状分布	岩溶角砾岩全充填	崩塌堆积物、次生化学沉积物
洞间溶蚀破碎带	10～50	5～35	上下近等宽的条带状	方解石、钙泥全充填缝	溶蚀缝由砂、泥等碎屑半充填
洞顶垮塌溶蚀破碎带高	1～5	2～15	上凸弯月形		
洞顶溶蚀破裂影响带	3～10	50m至数百米	近水平上凸弧形		
洞侧溶蚀影响带	10～50	2～5	中间宽、上下窄的近直立弧形		
洞底溶蚀影响带	0.5～5	50m至数百米	近水平下凸的弧形		
落水洞	直径2～20m；深10～50m		近垂向发育、呈离散状分布	砂、泥、岩溶角砾岩全充填	崩塌堆积物
溶蚀裂缝	以贯通地表的Ⅰ级缝为主，延伸长度10m至上百米		近垂向发育、呈网状分布	方解石、钙泥全充填	方解石、钙泥半充填或无充填

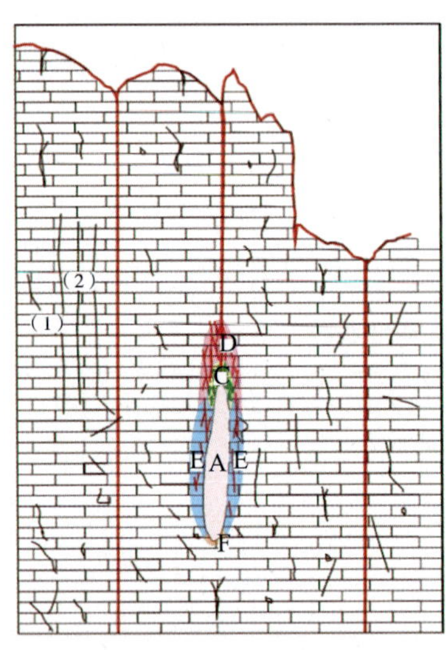

图 1－48　廊道式地下河系统发育模式

(1)—Ⅰ级构造缝；(2)—Ⅱ级构造缝

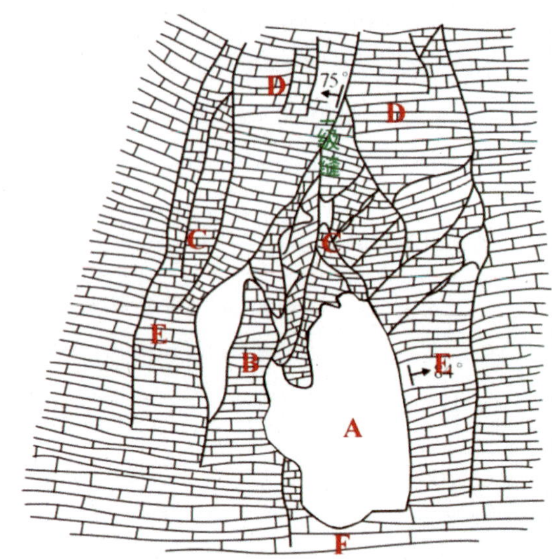

图 1－49　厅堂型洞穴系统发育模式(横断面)

A—溶洞主体；B—洞间溶蚀破碎带；

C—洞顶垮塌破碎带；D—洞顶溶蚀影响带；

E—洞侧溶蚀影响带；F—洞底溶蚀影响带

五、溶洞型洞穴系统

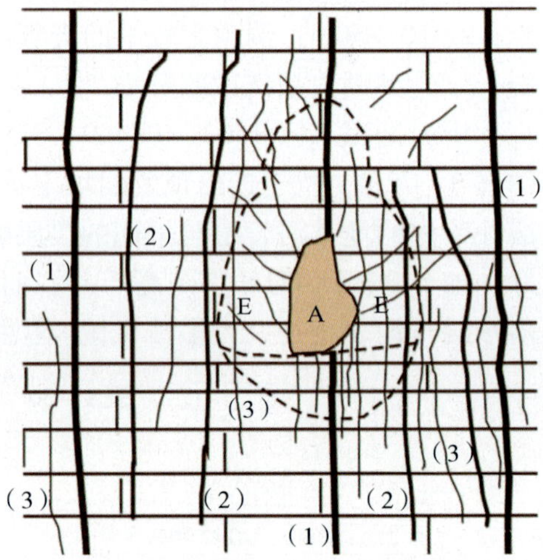

溶洞是指除厅堂等大型洞穴之外的溶蚀洞，主要为中小型溶蚀洞，溶洞直径在 0.2～50m。该系统以溶洞主体(A)为中心，两侧分布有不同级别的溶蚀缝(图 1－50)。除小型溶洞外，在相对较大的溶洞顶部发育有洞顶溶蚀跨塌破碎带(C)及洞顶溶蚀跨塌影响带(D)，两侧为洞侧溶蚀破裂带(E)，底部为洞底溶蚀带(F)。对分散溶洞而言，C 带厚度在 0～3m 之间，D 带厚度 0～5m，E 带厚度 0～5m，F 带厚度 0～2m(表 1－31)。

在塔河油田 4 区，通过测井曲线识别的溶洞大部分属于中小型溶洞，洞主体高度 2～8m；大部分被砂泥或方解石充填，部分为半充填或未充填。

图 1－50　溶洞系统发育模式图

(1)—Ⅰ级溶蚀裂缝；(2)—Ⅱ级溶蚀裂缝；

(3)—Ⅲ级小型溶蚀裂缝

A—溶蚀洞主体；E—洞周溶蚀影响带

六、竖井型洞穴系统

竖井型洞穴是以向下发育为主的岩溶形态，包括竖井、落水洞和天窗等；一般发育于表层岩溶带和垂向渗滤带等厚度较大的地区。多发育于峰丛山区，峰林平原区极少发育。直径和深度都大于 100m 的大型竖井称为“天坑”。

竖井型洞穴系统由竖井主洞体(A)和周边溶蚀影响带(E)组成。洞主体直径 2～20m，深 10m 至数百米(图 1－51、表 1－32)。

塔河4区TK422井(5539.5~5553.0m)发育有一个大的落水洞，该井位于岩溶湖边缘的峰丛洼地底部，汇水条件好，是落水洞发育的有利部位。

表1-31 溶洞型洞穴系统特征参数

	高/m	宽/m	形态与分布特征	充填特征	
				古岩溶	现代岩溶
洞主体(A)	0.2~10	0.2~10	洞主体近圆形，呈层状、带状分布	化学或机械沉积物全充填	洞底有崩塌堆积、松散泥土半—全充填
洞顶溶蚀垮塌破碎带(C)	0~3	0~10	上凸弯月形	方解石全充填缝	溶蚀缝被砂、泥等碎屑半充填
洞顶溶蚀垮塌影响带(D)	0~5	0~10	近水平上凸弧形	方解石全充填缝	
洞侧溶蚀影响带(E)	0~5	0~10	中间宽、上下窄的近直立弧形	方解石全充填缝	
洞底溶蚀影响带(F)	0~2	0~10	近水平下凸的弧形	方解石全充填缝	
延伸长度	0.5~50m				

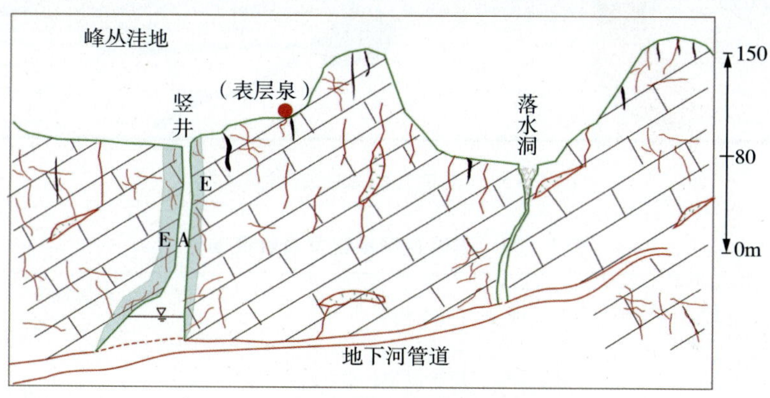

图1-51 竖井型洞穴系统发育模式图

A—溶洞主体；E—洞周溶蚀影响带

表1-32 竖井型洞穴系统模式特征参数

	地下河主管道		形态与分布特征	充填特征	
	高	宽		古岩溶	现代岩溶
溶洞主体	直径2~20m，深10m至数百米		椭圆或近圆形、沿地下河走向点状分布	砂泥、崩塌堆积等机械沉积物全充填	仅洞底有大量崩塌堆积物
洞周溶蚀影响带	与落水洞高度一致，10m至数百米	2~5m	近圆柱状围绕落水洞发育	方解石、钙泥质半—全充填	无充填或方解石、砂屑半充填

七、溶蚀孔洞系统

溶蚀孔洞系统是由溶蚀作用形成的不规则孔、洞及其周边的溶蚀缝一起构成层状或带状缝洞系统(图1-52)。孔径0.2~20cm，孔洞延伸2~10cm。溶蚀孔洞周边的缝一般具有明显的扩溶现象。

塔河油田井下发育有大量的溶蚀孔洞，多沿节理和构造裂缝扩溶发育，形态不规则，孔径 2mm ~ 20cm，以 5 ~ 10mm 数量最多，局部密集发育；多被方解石或钙泥全充填(表 1 - 33)，方解石偶见重结晶现象；部分溶蚀洞未充填，是良好的油气储集体。

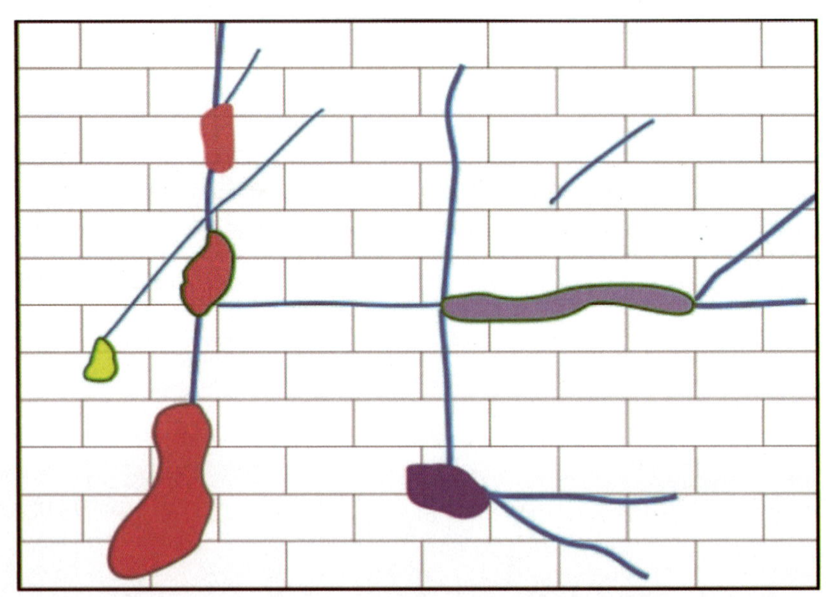

图 1 - 52 溶蚀孔洞系统结构模式图

表 1 - 33 溶蚀孔洞系统发育特征参数

	孔径/cm	延伸长度/cm	形态与分布特征	充填特征	
				古溶缝	现代溶缝
溶缝孔洞	0.2 ~ 20	2 ~ 10	不规则状，层状或带状分布	方解石半—全充填	无充填或泥土、砂屑半—全充填
溶 缝	宽 1 ~ 5mm，延伸长度 5 ~ 50cm		线状，网状发育		

八、溶蚀缝系统

溶蚀缝在宏观上可划分为 4 级(图 1 - 53)：Ⅰ级溶蚀缝宽 10 ~ 50cm，间距 8 ~ 15m，延伸距离可达数百米；在地表可发育成大的沟谷，沿Ⅰ级溶蚀缝发育也常小型洞穴；Ⅱ级裂缝缝宽 2 ~ 10cm，间距 1 ~ 5m，延伸长度可达几米至几十米。在地表发育成支沟，宽 5 ~ 20m，沟深 40 ~ 100m，多为缝隙密集带或断裂破裂带；Ⅲ级裂缝位于两条Ⅱ级裂缝之间，宽 1 ~ 5cm，间距 10 ~ 30cm，延伸距离 1 ~ 10m；在Ⅲ级裂缝间同样发育有近等间距分布的Ⅳ级构造溶蚀裂缝，在不同岩性中Ⅳ级裂缝宽 0.1 ~ 1mm、间距 1 ~ 5cm，延伸距离 10 ~ 50cm(表 1 - 34)。

塔河油田 4 区古岩溶储层裂缝较发育，是油气的主要运移通道和储集场所；溶蚀裂缝往往与溶蚀洞一起构成一个完整的缝洞系统，充填程度中等或充填程度低的缝洞系统成为缝洞型油藏的良好储集空间。

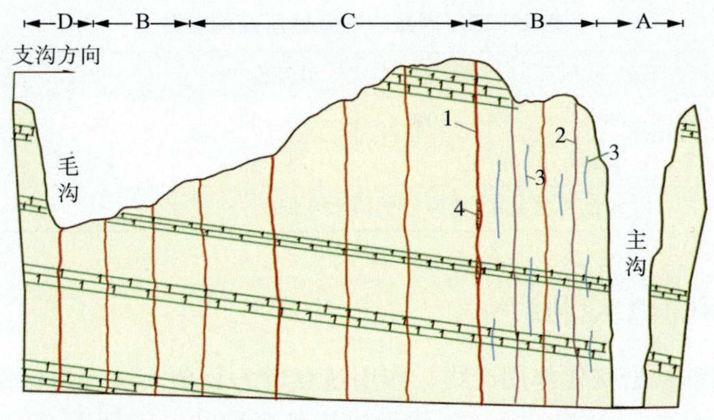

图1－53　构造溶蚀大裂缝分级发育模式

1—Ⅰ级缝；2—Ⅱ级缝；3—Ⅲ级缝；4—沿Ⅰ级缝发育的溶蚀洞

A—主沟；B—沟边溶蚀破碎带；C—沟间溶蚀破碎带；D—毛沟

表1－34　构造溶蚀大裂缝分级发育模式特征表

溶缝级别	宽/cm	间距/m	延伸长度/m	形态与分布特征	充填特征	
					古溶缝	现代溶缝
Ⅰ级	10～50	8～15	50m至数百米	斜缝或近直立缝，近等间距分布	化学或机械沉积物全充填	无充填或泥土、砂屑半—全充填
Ⅱ级	2～10	1～5	几米至几十米			
Ⅲ级	0.1～2	0.1～0.3	1～10			
Ⅳ级	0.01～0.1	0.01～0.05	0.1～0.5			

九、礁滩溶孔型缝洞系统

礁滩溶蚀孔洞系统由溶蚀孔与周边的溶蚀裂缝共同构成，岩溶化作用强烈，充填程度较低，具有大的空隙度，空隙发育相对均匀，空隙间连通性也较好。

礁滩溶蚀孔洞系统由溶蚀孔与周边的溶蚀裂缝共同构成(图1－54、表1－35)，溶蚀孔多为不规则圆形，孔径0.5～10cm，孔隙度5%～30%。一般呈层状、带状分布，局部溶蚀强烈呈“蜂窝状”，充填程度较低。溶蚀缝宽1～5mm，延伸长度10～50mm；具有一定方向性，局部呈网状发育。

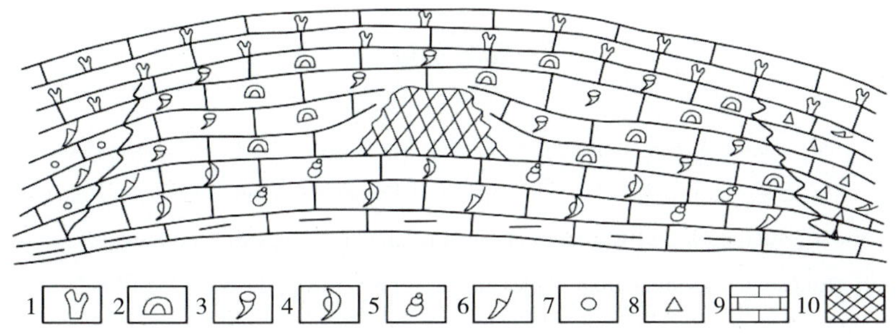

图1－54　生物礁的发育和演化模式图(剖面)

1—枝状层孔虫；2—球状半球状层孔虫；3—珊瑚；4—腕足类；5—腹足类；6—生物碎屑；7—球粒；8—角砾；9—泥质灰岩；10—斑礁

表 1－35　礁滩溶孔型缝洞结构参数

	厚度/m	宽/m	孔隙度/%	充填特征
礁滩相储集体	5～100	10～1000	5～30	无充填，或方解石半—全充填
礁滩溶孔	孔径 0.1～10 mm		5～30	
溶蚀缝	逢宽 1～5 mm，延伸长度 10～50 mm			

十、白云岩孔洞型缝洞系统

白云岩化是碳酸盐岩交代作用产物，作用过程较为复杂。白云岩化作用可发生在白云岩形成的各个阶段，有沉积成岩阶段的准同生白云岩化 、回流渗透白云岩化；溶蚀破坏阶段的混合水白云岩化；溶蚀充填胶结阶段形成的各种岩溶角砾白云岩化；溶蚀改造阶段的埋藏白云岩化等。

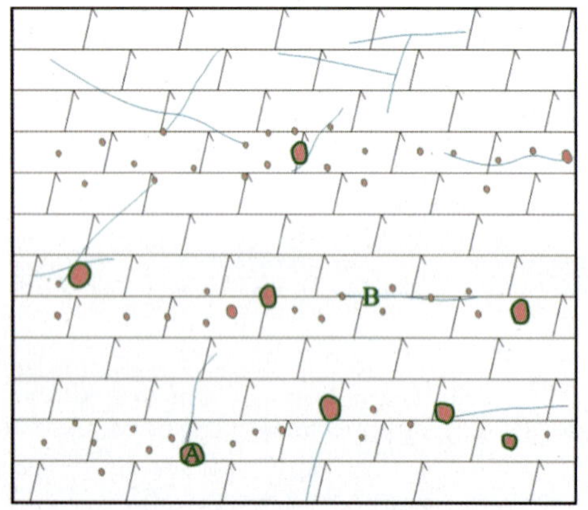

图 1－55　白云岩溶蚀孔洞系统发育模式
A—溶孔；B—微裂缝

白云岩中以蜂窝状溶孔、小溶洞为主，大中型洞穴系统比较少见。白云岩孔洞型缝洞系统由溶蚀孔与周边相互连通的微裂缝共同构成(图 1－55、表 1－36)。溶蚀孔规模较小，近圆形，孔径 0.01～5 mm，孔隙度 4%～19%。溶蚀孔一般呈层状、似层状分布，局部溶蚀强烈呈“蜂窝状”，充填程度较低。微裂缝宽 0.01～1 mm，延伸长度 10～50 mm；具有一定方向性，局部呈网状发育。

表 1－36　白云岩溶蚀孔洞系统发育模式特征表

	孔径宽/mm	延伸长度/mm	孔隙度/%	形态与分布特征	充填特征
溶缝孔洞	0.01～5	2～10	4～19	近圆状，局部蜂窝状分布	无充填或白云石、方解石半—全充填
微裂缝	0.01～1	10～50		有一定方向性，局部网状发育	无充填或方解石半—全充填

参考文献

[1] Bar－Matthews M, Avner A and Kaufman A, et al. The Eastern Mediterranean paleoclimate as a reflection of regional events: Soreq cave, Israel [J]. Earth and Planetary Science Letters, 1999(166): 86～95.

[2] Bar－Matthews M, Ayalon A and Kaufman A. Timing and hydrological conditions of Sapropel events in the Eastern Mediterranean, as evident from speleothems, Soreq Cave, Israel [J]. Chem. Geol., 2000(169): 146～156.

[3] Gascoyne M. Palaeoclimate determination from cave calcite deposits [J]. Quaternary Science Reviews, 1992(11): 609～632.

[4] Gent y D D, Baker A, Massault M, et al. Dead carbon in stalLGmites: Carbonate bedrock paleodissolution

vs. LGeing of soil organic matter: Implications for 13C variations in speleothems [J]. Geochimica et Cosmochimica Acta, 2001(20): 3443 ~ 3457.

[5] Hendy C H and Wilson A T. Palaeoclimatic data from speleothem [J]. Nature, 1986(216): 48 ~ 51.

[6] Tony Cooley. Engineering approaches to conditions created by a combination of karst and faulting at a hospital in Birmingham, Alabama (in Engineering and environmental impacts of karst). Engineering Geology, 2002, 65(2 ~ 3): 197 ~ 204.

[7] 艾合买提江·阿不都热和曼，钟建华，李阳，等．碳酸盐岩裂缝与岩溶作用研究[J]．地质论评，2008(4)：76 ~ 82.

[8] 蔡春芳．塔里木盆地流体—岩石相互作用研究[M]．北京：地质出版社，1997.

[9] 邓起东．天山活动构造[M]．北京：地震出版社，2000.

[10] 何登发．塔里木盆地构造演化与油气聚集[M]．北京：地质出版社，2001.

[11] 黎廷宇．岩溶洞穴系统稳定碳同位素演化的地球化学过程及其环境意义[D]．北京：中国科学院研究生院，2004.

[12] 卢焕章．包裹体地球化学[M]．北京：地质出版社，1990.

[13] 汤良杰．塔里木盆地演化和构造样式[M]．北京：地质出版社，1996.

[14] 童晓光 等．塔里木盆地石油地质研究新进展[M]．北京：科学出版社，1996.

[15] 王喜双，宋惠珍，刘洁．塔里木盆地构造应力场的数值模拟及其对油气聚集的意义[J]．地震地质，1999，21(3)：268 ~ 273.

[16] 翁金桃．桂林岩溶与碳酸盐岩[M]．四川：重庆出版社出版，1987.

[17] 夏日元．油气田古岩溶与深岩溶研究新进展[J]．中国岩溶，2001，20(1)：76.

[18] 夏日元，唐建生，邹胜章，等．塔里木盆地北缘古岩溶充填物包裹体特征[J]．中国岩溶，2006，25(3)：246 ~ 249.

[19] 夏日元，唐建生．矿物包裹体特征对古岩溶作用的指示性[J]．地球学报，2004，25(3)：373 ~ 377.

[20] 夏日元，邹胜章，梁彬，等．塔里木盆地奥陶系碳酸盐岩缝洞系统模式及成因研究[M]．北京：地质出版社，2011.

[21] 叶德胜．塔里木盆地阿克库勒凸起奥陶系古岩溶与塔河油田[A]．2001 年全国沉积学大会摘要论文集，2001.

[22] 中国科学院新疆地理所．天山山体演化[M]．北京：科学出版社，1986.

[23] 袁道先，刘再华，林玉石，等．中国岩溶动力系统 [M]．北京：地质出版社，2002.

[24] 何宇彬．试论均匀状厚层灰岩水动力剖面及实际意义[J]．中国岩溶，1991，10(1)：1 ~ 12.

[25] ЕЖОВ 等．岩溶发育的垂直分带性[J]．莫跃之译．水文地质工程地质译丛，1992 (6)：30 ~ 35.

[26] 夏日元，陈宏峰，邹胜章，等．表层岩溶带研究方法及其意义．中国岩溶地下水与石漠化研究[M]．南宁：广西科技出版社，2003(12)：141 ~ 147.

[27] 袁道先．岩溶学词典[M]．北京：地质出版社，1988.

碳酸盐岩缝洞型储集体地球物理描述

准确预测缝洞储集体、精细刻画缝洞储集体分布特征和检测充填流体性质是碳酸盐岩缝洞型油藏地球物理描述的任务和目标。由于碳酸盐岩缝洞储集体具有多类型、多尺度以及形状不规则等复杂特征，特别是塔河油田试验区的碳酸盐岩储层埋藏较深（一般大于5600m），精确成像困难和受分辨率限制，因此，识别缝洞储集体并检测其充填流体特性难度很大。

碳酸盐岩缝洞型储集体地球物理描述是建立在对缝洞型储集体地震响应特征认识基础之上的，需要总结不同缝洞型储集体地震响应模式，从而为缝洞储集体的高精度成像、识别和流体检测提供理论依据。实现缝洞储集体高精度成像是缝洞体地球物理描述的基础和前提，面向缝洞体目标，通过优化地震采集设计和采用适应缝洞体成像的处理技术是取得高质量成像数据体的有效途径。充分利用地震和多学科信息是储层描述，特别是碳酸盐岩缝洞型储集体这类复杂储层描述的关键，基本方法是通过叠前和叠后地震属性分析描述储层特征，并利用多属性融合技术揭示缝洞储集体空间展布和流体分布特征。

第一节　缝洞体地震正演模拟

地震正演模拟方法是地球物理基础理论研究的重要手段，正演模拟研究的主要目的是建立碳酸盐岩缝洞储集体的地震响应特征，给出缝洞储集体乃至充填流体的识别模式，为地震采集、处理和储层预测提供理论依据。

一、缝洞体地震物理模拟

用地震物理模型实验来模拟储层缝洞及地下构造是一项复杂的系统工程。相对数值模拟而言，地震物理模型是真实的物理实体的再现，在满足相似原理的条件下，更能真实地反映地质构造和储层结构的空间关系，准确模拟地震波传播特性。地震物理模型实验直观性强，它可以研究岩体地震波传播变化规律，弥补数值方法的不足，物理模型与数值计算相相结合能够比较全面地分析地震勘探问题。

1. 缝洞地震物理模型的构建

塔里木盆地岩溶主要特点为埋藏深，储集空间以溶洞与裂缝为主，与洞穴有关的地下通道的形状、规模分布及形成顺序极为复杂。单个溶洞的规模变化大，直径为几厘米到上百米。正演物理模拟首先要了解溶洞的发育情况，从中归纳总结典型的溶洞特征，构建地质—地震物理模型，并进行地震物理模型实验，研究其相应的地震响应。

（1）缝洞物理模型的地质基础

缝洞系统的存在形式大体归纳为地下河系统型（流入型洞穴、流出型穴）、岩溶洞穴型、溶蚀孔洞型、溶蚀缝型、礁滩溶孔型和白云岩孔洞型6大类型。溶洞储层按填充程度可分未充填、部分充填和充填3种类型。未充填洞中主要是流体，速度和密度都较低，充填洞的速度和密度较高，溶洞的充填程度对地震响应的影响较明显。

（2）缝洞物理模型材料和制模工艺

模型材料和模型建造是超声地震模型实验工作首先要考虑的问题。已知所要研究的问题后，就可以按照相似性的原理来设计物理模型。模型材料选择直接关系到实验的成败，选择材料时要尽量满足相似性原理，然后根据实际情况确定模型的制作方法。

地震物理模型材料的来源主要有两种，一种是可加工的均匀工业材料，另一种是研制新型复合材料，形成不同的速度、密度、衰减等弹性参数材料系列，实验表明开发研制的新型复合材料更适合用于模拟缝洞储层。

以IPN互穿网络和共聚网络聚合物为理论基础，通过适当的调配使环氧树脂与橡胶类组分合成互穿网络和共聚网络聚合物混合物，同时，通过选配不同的辅助材料，如稀释剂、固化剂、交联剂、增韧剂、偶联剂、除泡剂、增塑剂、增柔剂、填料等优化配方，把生成的混合物应用于缝洞储层的物理模拟制作试验。

原位复合技术：此技术来源于原位结晶（In - situ crystallization）和原位聚合（In - situ polymerization）的概念，它是指材料中的第二相或复合材料中的增强相生成于材料的形成过程之中，它不是在材料制备之前就有，而是在材料制备过程中原位就地产生。它省去了第二相的预合成，简化了工艺，降低了原材料成本，另外，原位复合还能够实现材料的特殊显微结构设计并获得特殊性能，同时避免传统工艺制备材料时可能遇到的第二相分散不均匀，界面结合不牢固以及因物理、化学反应使组成物相丧失了设计性能等问题。图2-1是高分子基原位合成技术形成的微孔。

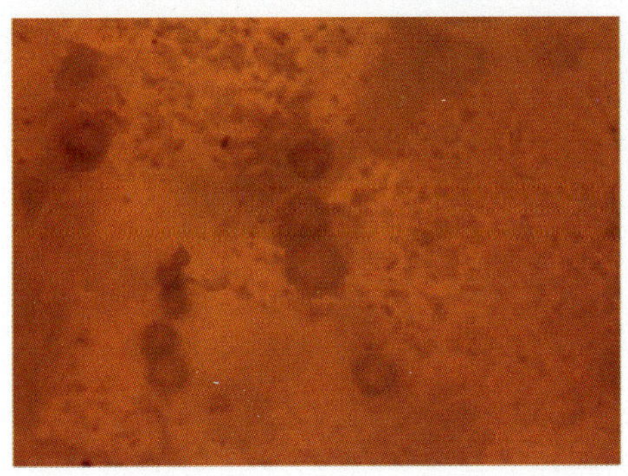

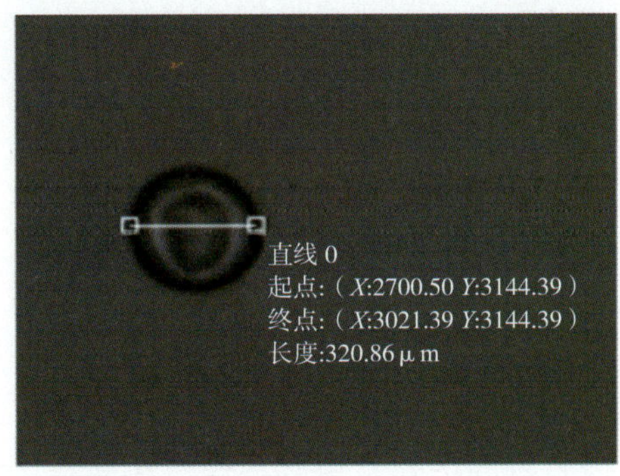

图2-1　微观缝洞模型试样显微图

聚合物共混改性技术：通过加入改性单体与之反应，或者在基体中添加一些改性剂共混所制备的材料。其改性方法有化学改性和物理改性。化学改性是两种不同单体进行聚合反应或加入第三单体进行接枝反应，以此来改善基础材料性能的改性方法。物理改性是在基础材料中添加一些改性剂与之共混，所以又称共混改性。

图2-2是非结晶聚合物共混体样本的ESEM图，其形态结构特征为单相连续结构。

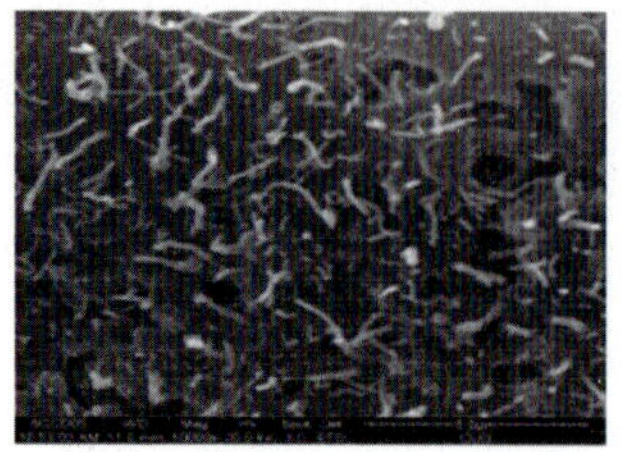
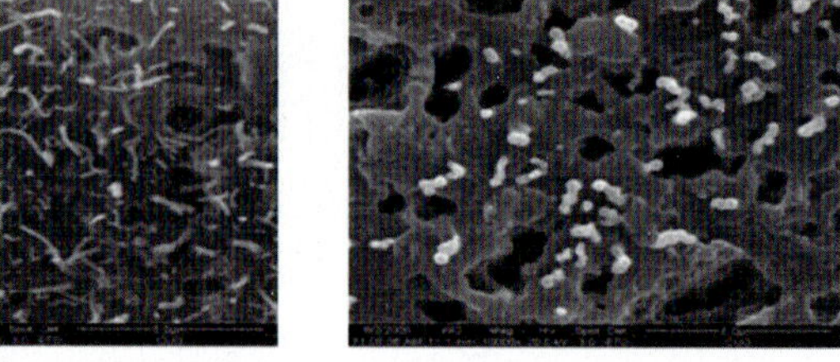

a.经分散的坡缕石原样/天然橡胶　　b.改性分散的坡缕石/天然橡胶

图 2-2　聚合物共混复合材料横截面的 ESEM 图(×10000)

图 2-3 是利用相容化技术备制样本的透射电镜(SEM)图，随增容剂用量的变化，共混物的相态变化不同。图 2-4 为弹性体增韧方法备制样本的透射电镜(SEM)图。

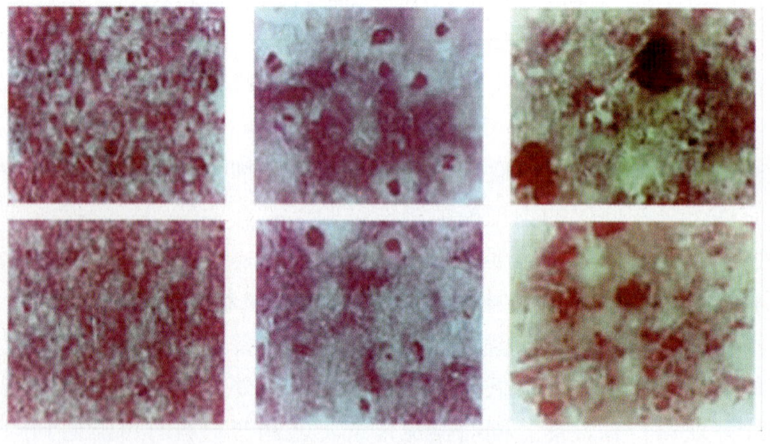

图 2-3　共混物试样截面的 SEM 照片
(上：增容剂含量 15%；下：增容剂含量为 25%)

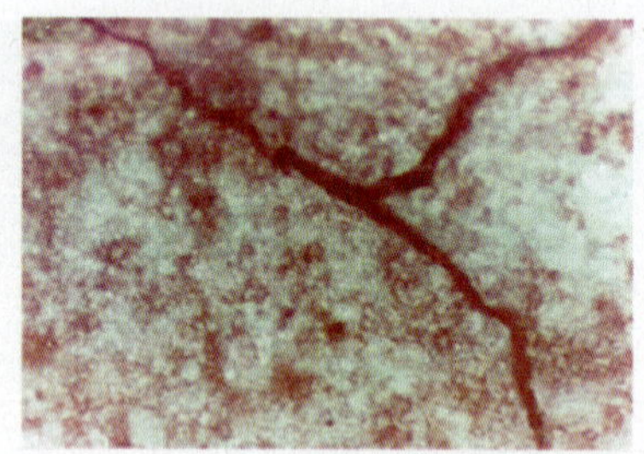
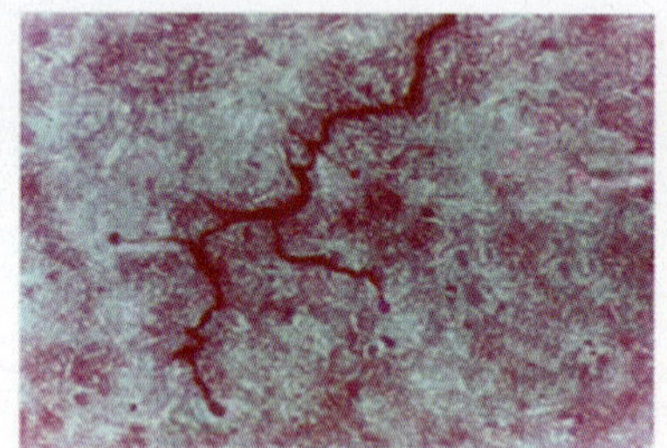

图 2-4　弹性体增韧方法备制样本的透射电镜(SEM)图

根据互穿网络和共聚网络聚合物改性方法的原理，改善了固化后共聚物的交联度，实现了不同材料的共混。可控地震物理模型模拟材料速度从 2000～2700m/s 范围提高到 1000～4500m/s。高分子聚合物既可以用于制作单一构造的模型，也可以制作复杂构造的模型，浇灌成任意形状多层复杂构造的二维、三维物理模型。

实验发现，如果综合考虑溶洞的埋深和形态等因素，模型的空间尺度因子选用 1∶10000比较合适，在这个比例下，实验室 1mm 的洞相当实际 10m。虽然 10m 以上的洞在实际地层较少，但由各种小洞形成的洞系、洞区(或带)往往可能大于 10m，或达到几百米。碳酸盐岩地层是高速体，溶洞必须埋放在高速材料的中，需使用流体固化材料，其中环氧树脂较理想。模型材料速度比较合适的比例是 1∶2。即地震物理模型材料的速度为 2000m/s 时，对应模拟的实际非均质体速度为 4000m/s。

在溶洞型地震物理模型制作时，由于尺度比例的限制，针对实际千姿百态的洞只能抽象为几种简单的几何图形，如球、线（棍）或柱等。当洞小于 3mm（30m）时很难精确顾及洞的形态，一般以近似球、片、棍或柱型这几种形态。对于棍型洞还涉及二维或三维观测的问题，由于实验室的模型是三维的，如果用线型洞进行二维观测时，往往会忽略线型洞延长方向的能量贡献。

图 2－5　不同大小溶洞物理模型图

孔洞物理模型制作时，孔洞形态和内部充填物是地震物理模拟必须认真考虑的问题。根据实际地区地质情况主要考虑洞内充填物的速度，也要兼顾洞的形态。图 2－5 为原位复合技术制不同大小三维溶洞物理模型；图 2－6 给出采用聚合物共混技术备制的速度、微结构可变的材料加工的一组不同形态和尺度的多组模型，最小尺度可加工 0.5mm。

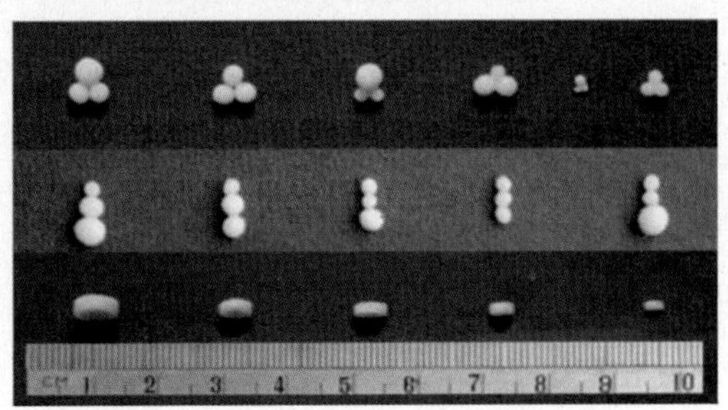

图 2－6　备制材料雕刻的溶洞模型

裂隙模型设计与制作时，垂直裂缝模型可采用叠合式，由一组平行排列的有机玻璃片叠合而成，利用有机玻璃片与片之间的缝隙来模拟平行排列的裂缝。对于不同裂隙密度的物理模型设计可采用嵌入式裂隙制作法，实验选用了环氧树脂作为裂隙介质的基质材料，此种材料在未加入固化剂时具有一定的流动性，固化后是一种弹性较好的固体介质。裂隙充填物的加工是可控裂隙模型制作中最难的一个步骤，通过把研制的大块状混合材料切割成一定厚度的薄长条，然后用这些薄条加工等直径的圆片。

从碳酸盐岩溶洞特征分析可以看到，溶洞的大小和形态是任意的，其尺度可从毫米级到数十米级，甚至百米级。要真正建立实际地区完全一样的溶洞结构模型是不可能的，只有在对这些地质情况有所了解的情况下，进行归纳简化，突出主要的研究目标来建立地质模型。

2. 缝洞物理模型实验

中国石化石油物探技术研究院地球物理实验中心自行设计制作的大型高精度三维定位系统（图 2－7），具有全自动高速数据采集系统，其中的地震模拟微型换能器能够在 200～500kHz 范围内测得尺寸可小于 10mm 的物体，实现了超声地震浮点增益的数据控制，满足了微小缝洞小信号接收需求。超声地震物理模型实验系统以计算机为核心，采用高速实时采集和存储及数字成像等技术，构成了实时实验测试体系。系统主要由下列部分组成：微机（或工控机）、超声波脉冲发射器、超声波信号接收器、高速数据采集器、数据处理和分析软件包以及传感器、探头运动双三维坐标轴自动定位控制系统和物理模型等。

溶洞物理模型的地震数据采集一般是在水中进行的，把水层作为第一层介质，含有溶洞固体模型放在模型固定架上，测线布置于洞的上方，使用纵波对模型进行不同观测系统

图 2－7　高精度三维定位仪

方式的采集。

垂直裂隙模型实验时，为了能够以直观地从地震反射记录中观察到裂缝各向异性特征，可制作一系列的裂缝物理模型，通过地震物理模拟采集不同方位测线间实验数据来观察不同性质裂缝体的方位各向异性特征。实验中采用的观测系统有 3 种：一是定偏移距观测方式，即保持炮点和接收点之间的距离不变，只改变测线与裂缝方向间的夹角。二是变偏移距观测方式，采用共中心点道集记录方式，可观测到测线方向与裂缝方向不同夹角的实验数据，进行方位角 AVO 的分析研究。三是垂直裂缝横波分裂实验的透射法，每旋转 10°采集一道数据，共采集数据 19 道为一组，以横波偏振方向位与裂缝走向平行，可研究裂缝的横波分裂。

二、缝洞体地震数值模拟

数值模拟是研究地震响应特征应用较多的方法，其最大优点是建模灵活，修改方便，模拟成本较低。对于碳酸盐岩缝洞储集体这类复杂储层，数值模拟方法需要解决复杂模型的描述方法问题和精细网格剖分带来的巨大计算量问题。

1. 缝洞储层的随机介质描述方法

受地震分辨率的限制，很难对缝洞型储层的细节做出描述，但其非均质性和不规则分布的统计特征可期望由地震信息进行重构。因此，用随机地质模型取代确定性模型，通过研究随机模型的地震响应特征，建立地震属性与随机地质模型统计特征之间的关联，进而发展适应孔洞型储层的储层地震识别与预测方法无疑是一条新的途径。通过对二维随机介质模型的统计特征做深入讨论，可给出孔洞型储层中不同孔洞尺度、分布密度与模型参数的关系，建立随机孔洞型储层模型的实用方法。

在一般随机介质模型方法的基础上，通过分布密度函数可生成随机缝洞介质模型。对于用随机模型描述储层，孔与洞只是尺度上的差异，所以采用的数学方法是一致的。孔、洞介质的特点是地球物理参数在空间上突变，如缝洞内部介质的速度及密度一般要比围岩的速度及密度要低得多。对缝洞型储层的地球物理参数进行描述，所要刻画的内容包括背景参数、缝洞尺度、缝洞分布密度、缝洞内介质参数等。

对缝洞储层的描述最重要的是能够给出反映缝洞发育程度的缝洞尺度和分布密度，随机介质模型提供了这样一种新的描述方法，即描述缝洞分布的统计特征。当采用椭圆型自相关函数时，自相关长度反映缝洞的平均尺度，可以通过自相关长度确定缝洞的尺度特征。利用随机模型取值的正态分布特性，可确定具有一定孔隙度（缝洞所占的体积比）的缝洞地层模型。

用随机模型方法建立缝洞储层模型的目的是统计描述储层模型，给出缝洞发育带，提供有利钻探部位。缝洞模型参数选取的依据是钻井、测井及地震信息。地震分辨率不足以精确刻画小尺度（如小于地震波长）的缝洞，但缝洞的尺度和分布密度的变化将引起地震反射信息的属性变化，因此，可由地震属性分析结果确定空变的缝洞统计特征参数。反过来，建立随机缝洞模型后，通过地震正演模拟计算和对正演模拟结果的属性分析，并将属性分析结果与实际地震反射的属性分析结果做比较可判断模型的合理性，必要时对模型进行修改，通过这种反复迭代修正过程最终实现反映实际缝洞分布特征的随机孔洞模型的建立。

2. 变网格有限差分弹性波方程数值模拟

数值模拟往往是针对某一特定的地质目标(或储层)，且地质目标仅占据整个模型很小的一部分，对计算网格仅要求在该地质目标处细化，于是，采用变网格计算，即在目标地质体区域采用较小的计算网格，而在该区域以外采用较大的计算网格就可以大大地减少计算网格节点的数量，从而可在很大程度上降低计算量。

为减少计算量，提高数值模拟的计算效率，Jastram 和 Tessmer 曾提出了单方向上变网格计算方法。采用变网格进行差分计算的关键是要解决好网格尺度变化处的波场过渡衔接问题，保证在过渡区不会因网格尺度变化产生明显的计算噪声。基于弹性波方程数值模拟的交错网格差分算法，是通过引入不等间距节点情况下一阶导数的高阶精度差分计算式，结合波场的高阶精度插值和粗细网格过渡区的计算节点选取技巧，给出弹性波方程变网格正演计算的实现方法，应用结果表明，该方法能够得到满意的计算精度，在过渡区不会产生明显的因网格尺度变化带来的附加计算噪声。

为了观察变网格计算的精度，选择一炮分别用变网格和不变的小网格进行计算，比较二者的差别。图 2－8a 是激发点位于含洞模型中部的一炮记录；图 2－8b 是相对应的对整个模型用 1m×1m 细网格计算的炮记录。将该两个炮记录进行对比可看到二者差别甚微，这证实采用变网格计算基本没有降低计算精度。但采用变网格计算却极大地减少了计算量，就该模型来说，如果对整个模型采用 1m×1m 的网格进行计算，其计算量约为采用上述变网格计算的计算量的 15 倍。不难看出，如果对更大尺度的模型进行正演计算，采用变网格计算对减少计算量就显得更有必要。

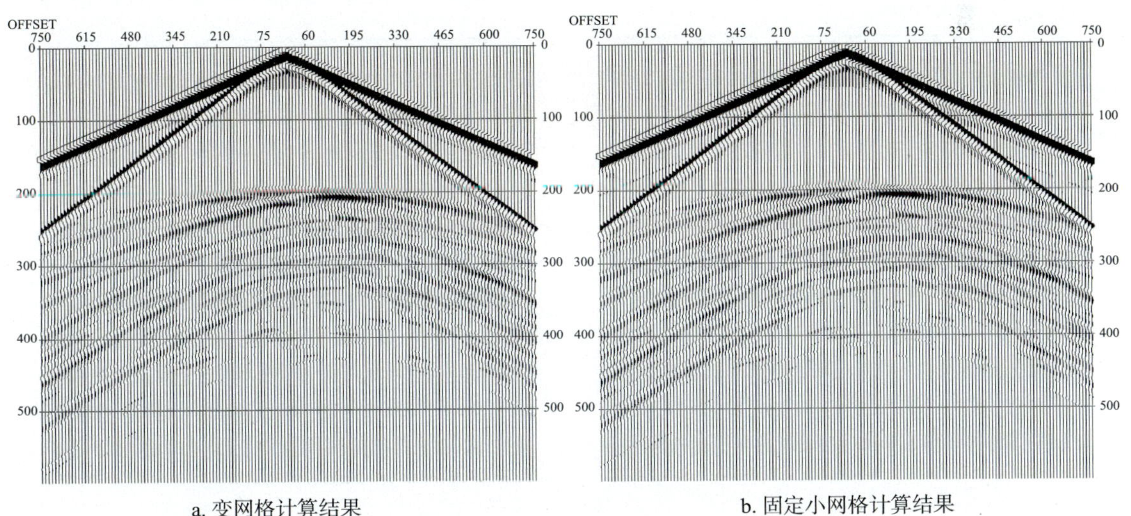

a. 变网格计算结果　　　b. 固定小网格计算结果

图 2－8　变网格与固定小网格计算的炮记录对比

3. 可变网格的声波传播数值模拟方法(VS&T)

基于声波方程的数值模拟也是采样空间可变网格技术，即在同一个介质模型中，对介质变化剧烈或介质速度很低的区域采用精细空间网格，而在介质均匀或变化缓慢的高速区域采用较大的空间网格。这样既保证了模拟的效率，又提高了模拟的精度。在模型建立过程中，首先利用精细网格剖分介质，然后给定某个阀值对剖分的介质进行扫描，对达到阀值要求的区域保留，而其它区域进行粗网格的重采样，如此完成粗细网格的介质剖分。然后在计算过程中在大网格区域使用长时间步长，而在小网格区域采用短时间步长，同时将此种方法推广至网格变化比与时间步长变化比均为任意正整数倍情况。这样，在提高计算速度的同时，增加了该模拟方法的实用范围与灵活性。

VS&T 模拟方法可以在避免网格虚反射问题的同时显著提高模拟的效率。通过模拟比较，如果传统模拟方法使用 10m × 10m 网格，时间步长 0.5ms 模拟，传统方法使用 2m × 2m 网格，时间步长 0.1ms，以及用 VS&T 模拟方法在相同条件下计算。采用传统的统一大网格与大时间步长模拟与 VS&T 相差不到 3 倍，若采用传统模拟方法，以 2m × 2m 为网格大小，时间步长为 0.1ms，计算时间将是传统大网格方法的 100 倍以上，而如果只采用可变网格，但时间步长不变，所用计算时间是 VS&T 方法的 2 倍以上，由此可见 VS&T 模拟方法在保证计算精度的同时，可以显著提高模拟效率。

为了对缝洞型储层中传播的地震波进行模拟，必须要求采用细网格(如边长小于 1m 的网格)对地质模型中微小裂缝与孔洞进行精细刻画，这样会严重影响模拟的效率，此时，采用 VS&T 模拟方法就显得非常必要。图 2 -9 所示的模型就是为了验证 VS&T 模拟方法在此类模型中的模拟优势而设计的，统一大网格的网格大小为 10m × 10m，时间步长为 0.25ms；统一细网格大小为 2m × 2m，时间步长为 0.1ms ；VS&T 模拟在虚线矩形区域网格大小为 1m × 1m，时间步长为 0.05ms，而在其它区域，网格大小 10m × 10m，时间步长为 0.25ms。

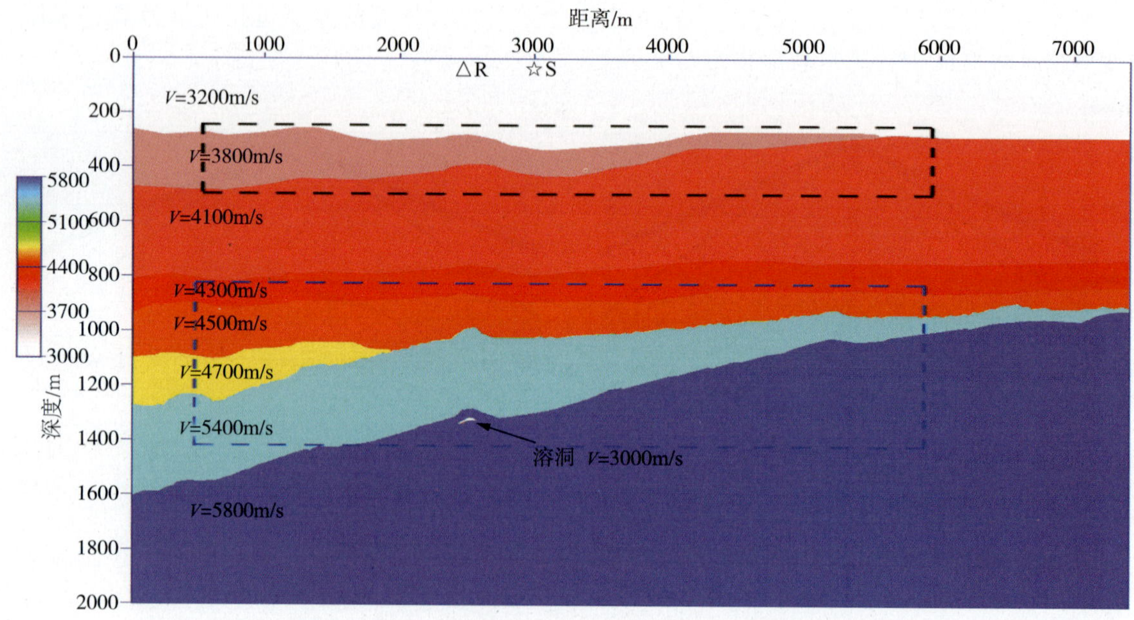

图 2 -9　含溶洞复杂构造模型(检波器 R 放置于震源 S 处)

用 VS&T 模拟方法消除了由于对浅层介质模型数值离散形成阶梯状角点而造成的网格绕射，使得反射不受网格绕射的干扰，提高了计算精度。而在深部溶洞区域，由于采用细网格对介质进行精细刻画，减少了网格绕射，使得溶洞的反射波形相对保真，微小结构的反射更加清楚。从图 2－10 也可看出，VS&T 模拟方法可以得到较高质量的单炮记录。而表 2－1 中列出的计算时间也很明确地说明了 VS&T 模拟方法的效率远远高于采用统一细网格的效率。此方法在保证模拟精度的同时大幅度提高模拟效率，在模拟一些含有细微结构的地质模型时，可以在细微结构区域使用精细网格精确刻画模型结构，减少由于大网格引起的较大数值误差，可以说是一种灵活实用的模拟方法。

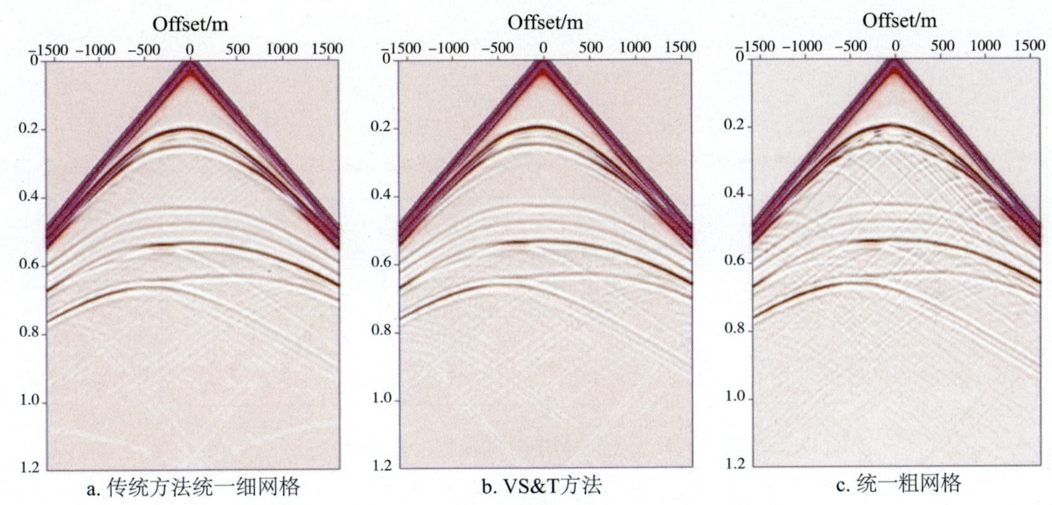

图 2－10　不同网格方法计算的单炮记录

表 2－1　3 种模拟方法的效率比较

模型 3	计算所用时间/ms
固定网格 10m×10m，时间步长 0.25ms	2213.94
固定网格 2m×2m，时间步长 0.1ms	123755.90
VS&T 方法，大网格为 10m×10m，小网格 1m×1m，大时间步长 0.25ms，小时间步长 0.05ms	16642.68

4. 可变网格与可变时间步长的交错网格高阶差分弹性波模拟方法（VGTS）

在基于弹性波正演模拟中，还可以采用可变网格与可变局部时间步长的模拟方法。该方法思路与 VS&T 方法很类似，VGTS 模拟方法在保证计算精度的同时，可以显著提高模拟效率。

图 2－11 为一具有溶洞结构的介质模型，目的是检验 VGTS 方法模拟弹性波在具有孔、缝、洞等细微局部结构介质中的传播时的优势。计算时，统一网格的网格大小为 10m×10m，时间步长为 0.25ms；VGTS 模拟在虚线矩形区域网格大小为 2m×2m，时间步长为 0.05ms，而在其它区域，网格大小 10m×10m，时间步长为 0.25ms。由于溶洞尺度较小，采用粗网格进行离散，可能导致溶洞处介质未被采样或者只有少数点被采到，这必然影响对溶洞的精确刻画。

从图2－12、图2－13的记录上可以看出，由于采用粗网格离散，半径1m的溶洞未被采样或者只采样到一个点，使得在反射记录上很难识别到半径为1m的溶洞的反射波。而采用VGTS方法，对溶洞区域进行精细采样，使得半径为1m的溶洞的信息得以保存，从而在记录上可以观察到此溶洞的反射波，同时，采用VGTS模拟方法，使得炮记录剖面上各溶洞的多次反射波现象也比较丰富，提高了模拟的精度。

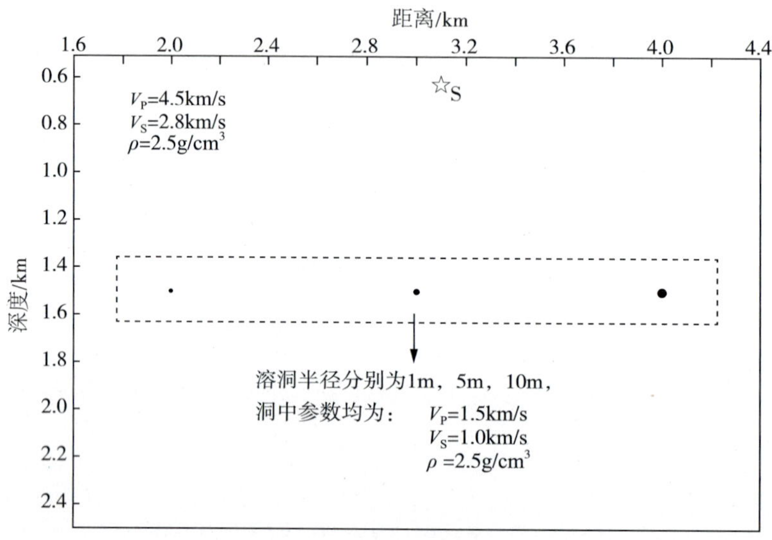

图2－11　不同大小溶洞模型（震源S）

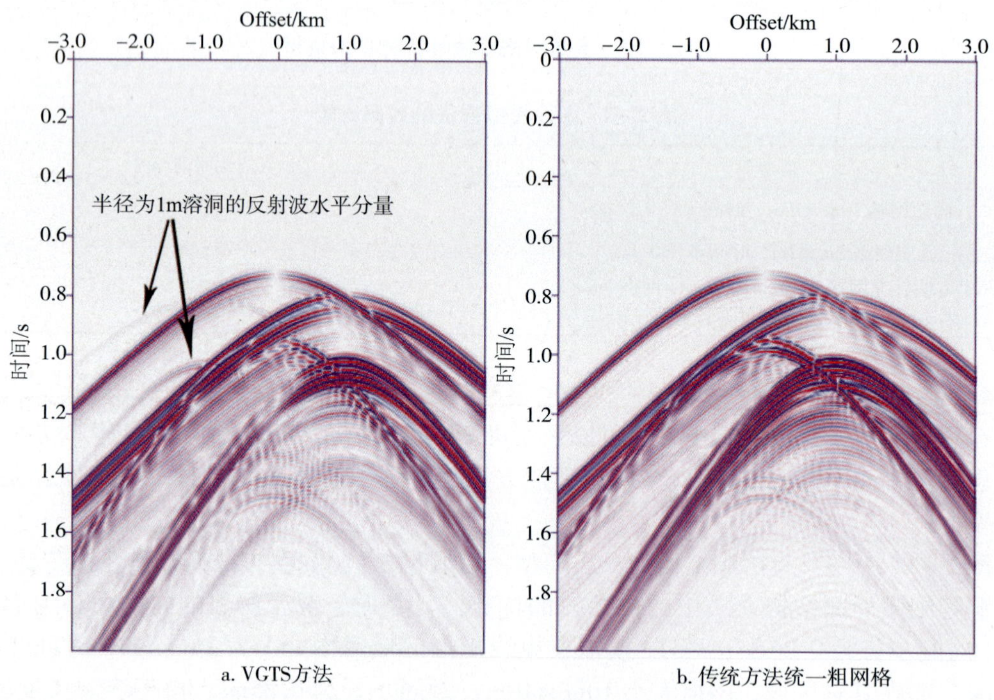

图2－12　对应模型3－11的单炮水平分量记录

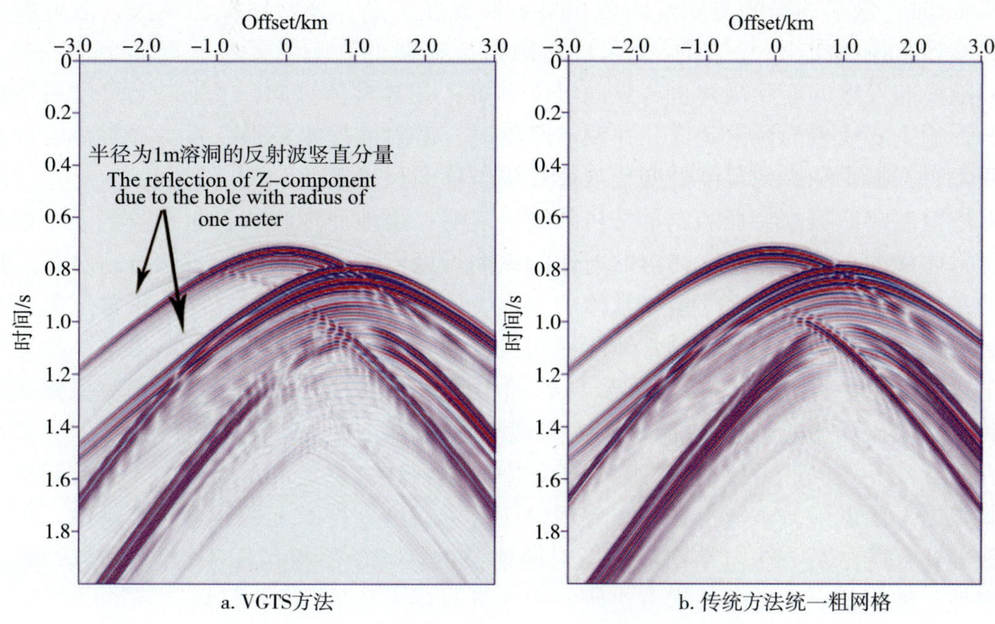

图 2－13　对应模型 3－11 的单炮垂直分量记录

第二节　缝洞体地震响应特征

在碳酸盐岩中缝洞体的形态、大小、充填、组合方式各异，地震波场响应特征复杂，利用物理、数值正演模拟手段，开展缝洞波场模拟研究，揭示缝洞的地震波场特征，有利于指导缝洞体的属性分析和识别工作。

一、单洞模型的地震响应特征

在塔河油田，单个缝洞单元既是一个相对独立的油气藏，且规模不等、伸展方向不一、形态位置多变，非均质性极强，缝洞反射特征非常复杂。为了认识缝洞的地震波场特征，利用物理、数值正演模拟手段，首先分析孤立单溶洞的地震波场响应。

1. 单洞体地震散射特征理论分析

碳酸盐岩储层的主要特点是其强烈的非均质性，地震响应具有散射特征，地震记录中的散射波包含了反映碳酸盐岩储层地质特征的丰富信息。因此，研究散射波地震属性与散射体分布特征之间的关系具有十分重要的意义。

反射波研究方法是建立在反射面概念的基础上，即以界面划分地层介质的弹性参数的变化，地震波传播至这些界面时将产生反射波，研究反射波特征的基本方法通常是从求解 Zoeppritz 方程出发，对地震反射(或透射)进行定量分析。显然，反射面的概念不适应研究地下复杂地质异常体的散射。基于声波方程，从散射波计算出发，采用 Born 近似讨论散射波特征，可以给出简单异常体散射的解析表达式，以此来认识缝洞绕射波的特征。

分析表明，异常体在深度方向的尺度(即厚度)对地面观测的散射波表现出调谐效应，可得到以下结论：自激自收剖面上异常体的散射特征表现为：①当异常体尺度较小(譬如

小于 λ/8)时，散射波振幅与异常体体积呈近似线性关系，异常体体积越大，散射波振幅越强；②异常体横向(x、y 方向)上尺度对散射波振幅的影响主要由菲涅耳半径控制，同时振幅随横向尺度的变化规律也与纵向尺度有关；③异常体纵向(z 方向)上尺度对散射波振幅的影响主要表现为调谐效应，在调谐厚度时，散射波振幅最强，且当异常体横向尺度不是很大时，振幅随纵向尺度的变化规律几乎与横向尺度无关。

对散射波响应振幅特征的定量分析的结果表明：由地面观测的自激自收记录可以估算散射异常体横向上的延伸尺度，对散射体的纵向尺度可采用振幅调谐方法进行分析。应当指出的是这些结论是建立在简单异常体的前提下，没有考虑散射体之间，正常反射与散射之间波场相互干涉的影响。就异常体的横向尺度估算而言，准确的估计结果至少要建立在满足下述的两个条件之上，即 ① 在资料处理中确保做到相对振幅保持，相对振幅关系的破坏将导致错误的分析结果；② 要能够实现散射波的分离，即在空间每一点上分离出与该点介质异常相关的散射波信息。显然实际中要做到这两点是非常困难的，因此建立在自激自收数据上的散射异常分析在实际应用中还有资料处理技术上的问题需要解决。但对异常体散射特征的分析方法与结论加深了对散射波的认识，不仅可用于指导资料解释工作，同时在针对散射信息的处理技术方法研究中亦具有参考价值。

2. 不同大小单洞的地震响应特征

(1)单洞模型地震响应特征

图 2－14 的三个模型中分布了 3 个位置不同的溶洞，溶洞包含在一均匀水平层中，层厚度为 800m，速度 V_P = 2370m/s，溶洞直径为 3m，速度为 1800m/s。在均匀层的下部还有一薄地层，厚度为 5m，速度为 2700m/s。

模型 A 中溶洞埋深 480m；模型 B 两溶洞水平位置相同埋深分别为 320m 和 480m，模型 C 两溶洞相距 200m 埋深分别为 320m、480m。分别对模型进行常规 2D 地震物理模拟数据观测，图 2－15 是物理模拟水平叠加剖面。

从图 2－15 中可以看到地震波在溶洞位置产生较强绕射。单一孔洞引起的地震绕射波在近似零偏移距剖面中呈对称双曲线形态，双曲线的顶点为溶洞所在位置，绕射能量在溶洞中心位置最强，绕射双曲线两翼绕射能量迅速衰减，并产生不同类型深层相对趋于平缓绕射双曲线。

图 2－16 是偏移剖面，从图中看到，经偏移后，溶洞在时间剖面上收缩为一串强振幅短反射，也就是俗称的“串珠状”反射，“串珠状”的顶即为溶洞的顶。这也是在地震剖面中见到的最典型的溶洞反射特征，如图 2－17 所示。

图 2－18 为单洞模型截面图参数及数值模拟单溶洞在不同时刻地震波传播波场快照，从快照进一步说明溶洞所产生的绕射多次波是地震波沿溶洞边缘往复滑行形成多次绕射波，这也是在剖面上产生“串珠状”的主要原因。

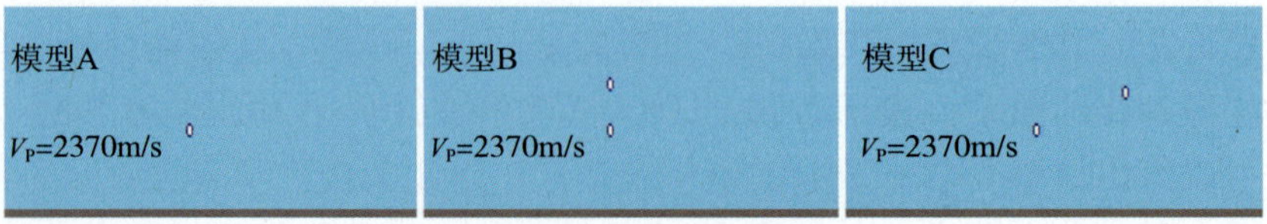

图 2－14　溶洞物理模型

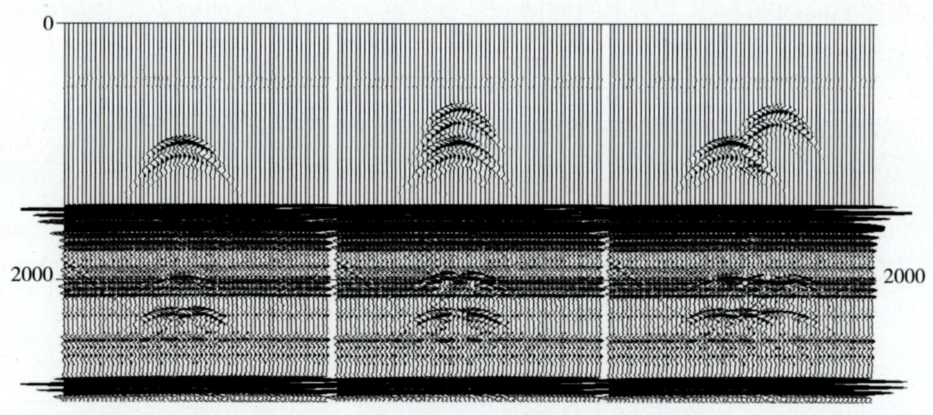

图 2－15　溶洞物理模型实验水平叠加剖面

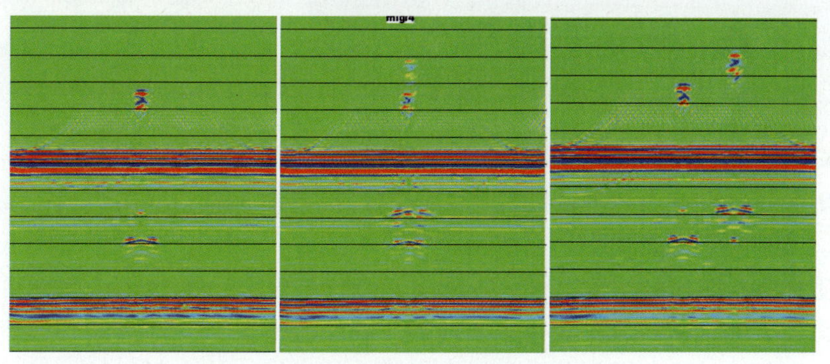

图 2－16　溶洞模型实验数据偏移剖面

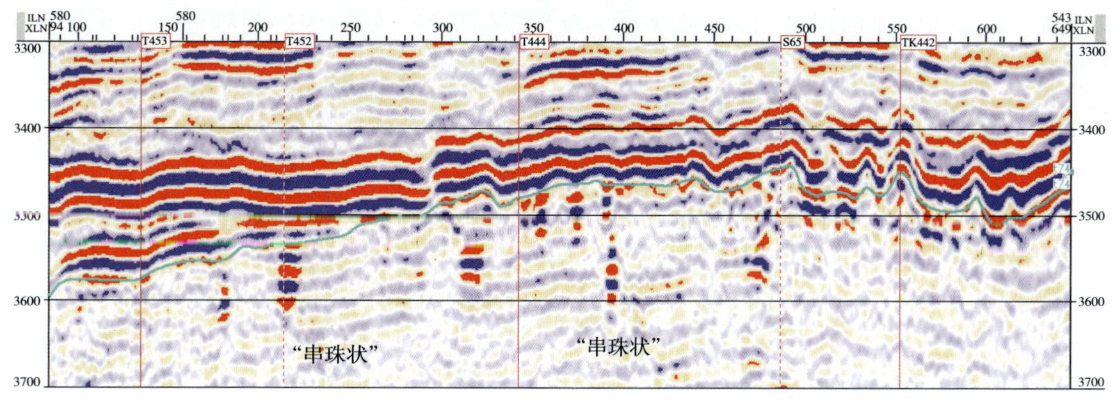

图 2－17　实际资料剖面上的“串珠状”现象示意图

（2）溶洞地震反射波振幅属性分析

研究地震波在碳酸盐岩缝洞型储集体中的传播规律，需要了解碳酸盐岩缝洞型储集体对应的地震响应特征，下面将就地震记录中最常用的地震属性参数进行提取和分析，总结其与储集体之间的联系。

通过大量数值模拟试验，提取所有洞室单元体在不同地震波主频、不同埋藏深度情况下对应的地震反射记录的最大反射振幅，其分布规律如图 2－19，从图上可以看出，溶洞直径与反射振幅的强弱存在一个类似调谐的关系。随着溶洞直径的增大，其相应的反射振幅表现出先增大后减小的规律。

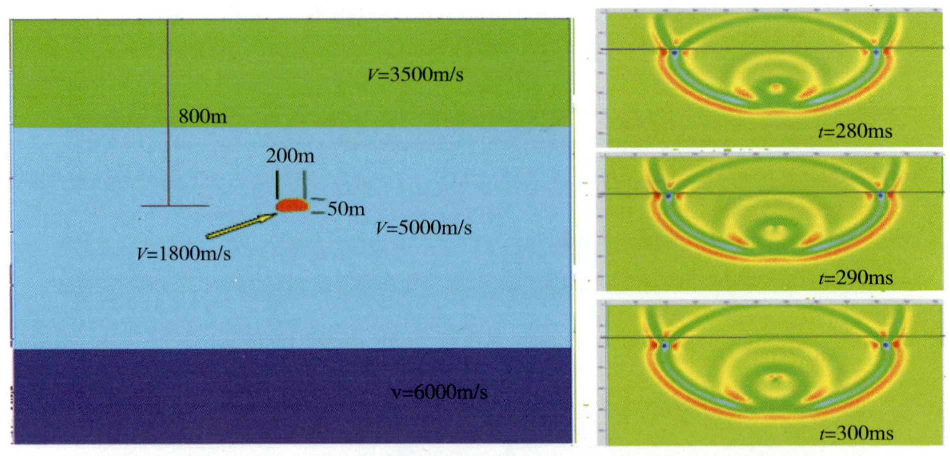

图 2－18　溶洞模型及数值模拟波场快照

由图 2－19 分析可知，不同主频情况下，随着溶洞直径变大，溶洞反射地震波最大振幅开始先逐渐增强，当直径增大到波长的 1/π 时，反射波振幅达到极大值，随后，溶洞直径继续增加，反射振幅逐渐减小。当溶洞直径等于波长大小时，反射振幅降低到一个极小值。此后，随着溶洞直径的增大，最大振幅又逐渐增强至一个稳定值。因此可以做这样的分析：当溶洞为圆形时，在溶洞直径小于地震波波长的情况下，地震波到达溶洞后，衍射现象占主导地位，反射最大振幅呈现先增大后减小的规律，其中反射最大振幅的极大值出现在地震波波长与溶洞周长之比为 1 的位置。当溶洞直径增至一个地震波长后，随着溶洞直径进一步增大，反射现象成为主导，最大反射振幅呈现不断增大的趋势直到溶洞退化为水平层而达到一个稳定值。

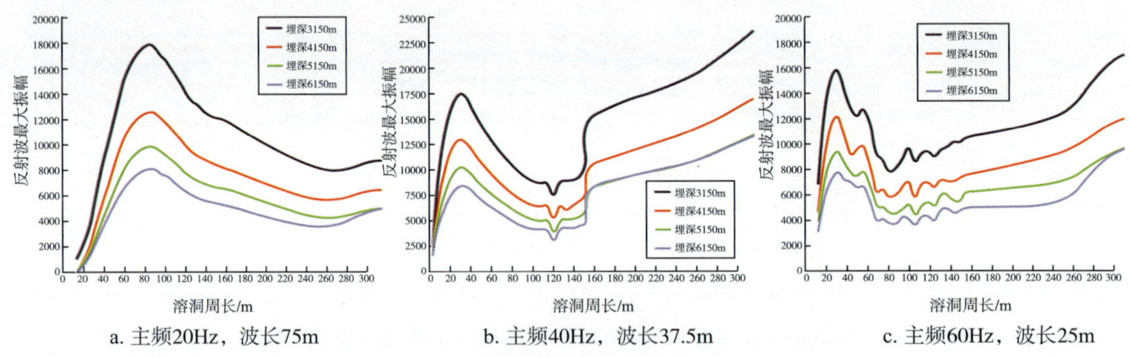

a. 主频20Hz，波长75m　　b. 主频40Hz，波长37.5m　　c. 主频60Hz，波长25m

图 2－19　溶洞反射波最大振幅随溶洞周长变化关系

对各溶洞的反射波进行 Gabor 时频变换发现，随着溶洞直径的增大，其反射波主频的分布呈由高频向低频变化的趋势。直径小的溶洞，其反射波能量多集中于高频段，频带较宽，主频高于地震子波主频；而随着溶洞直径增大，其反射波能量趋向于低频段，频带变窄，主频近于地震子波主频。图 2－20 和图 2－21 是部分溶洞反射波的时频图。

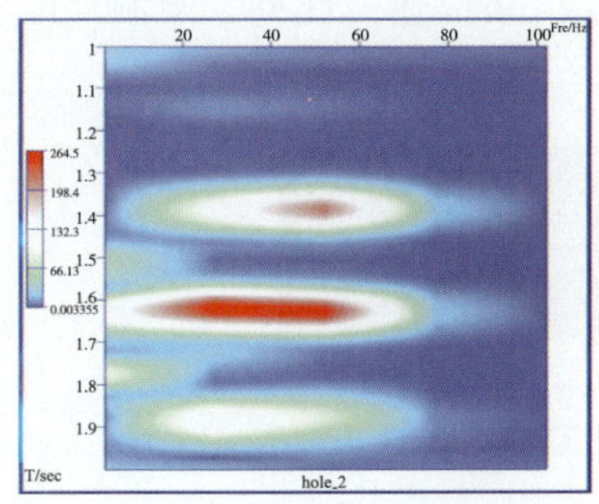

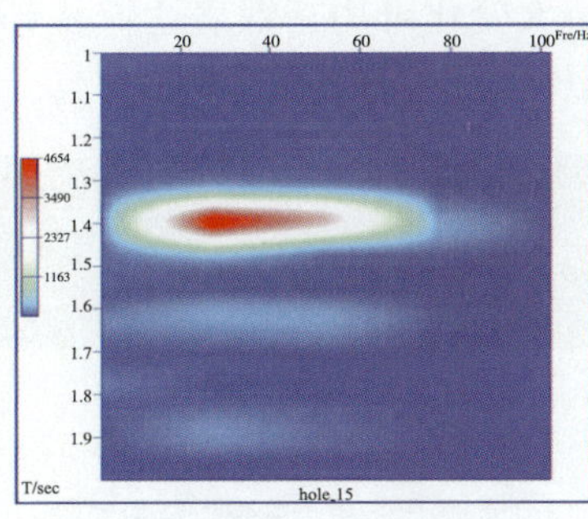

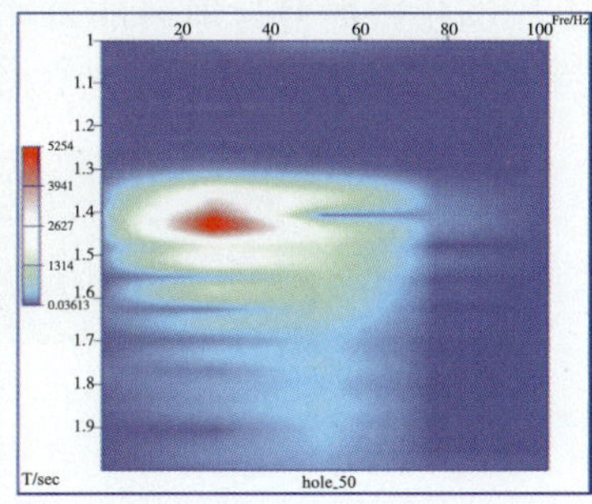

图 2－20　埋深 3150m 的溶洞反射地震波时频图(溶洞直径依次为 2m，15m，50m)

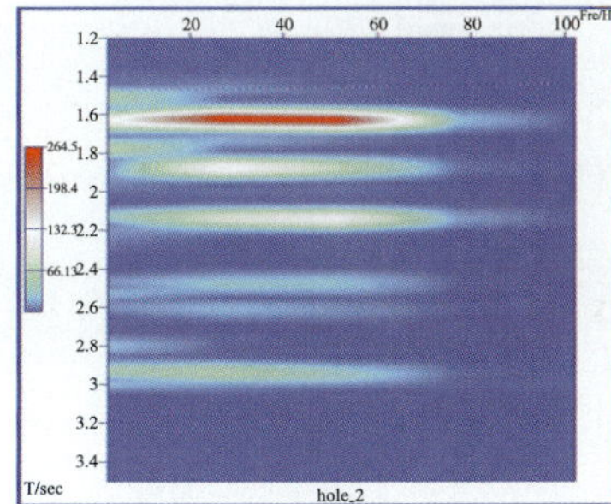

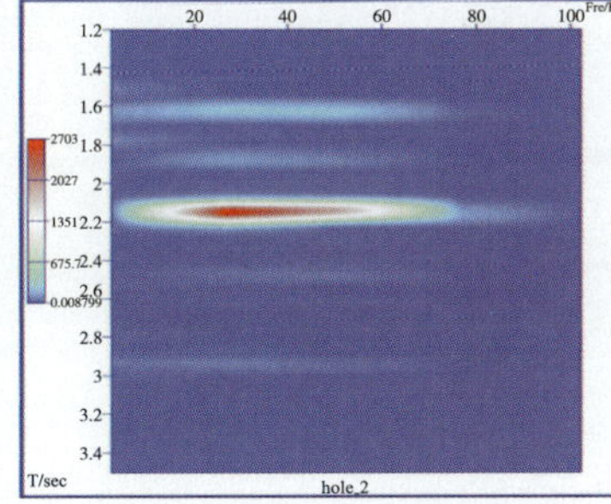

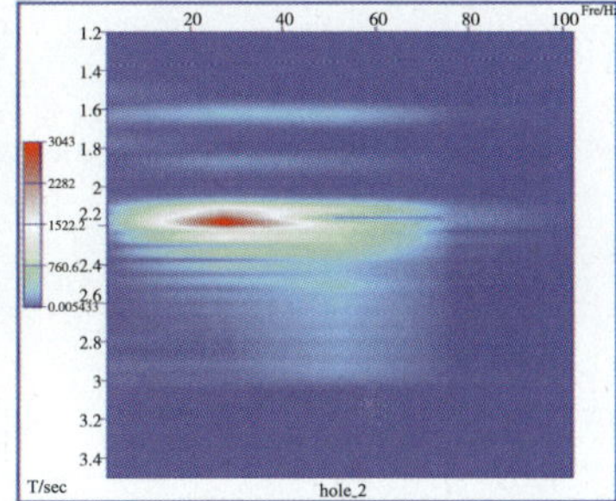

图 2－21　埋深 5150m 的溶洞反射地震波时频图(溶洞直径依次为 2m，15m，50m)

(3)不同大小溶洞物理模型实验

针对超深层不同大小的溶洞，设计了如下的物理模型来模拟 5200m 深度处 10 个不同大小单溶洞物理模型(5m、10m、20m、35m、45m、60m、80m、120m 、140m 和 180m)，溶洞速度 3250m/s，密度 1.2，围岩速度 4800m/s。当主频为 25Hz 时，溶洞的波长为 130m。图 2－22 上图为溶洞物理模型实物照片，下图分别溶洞物理模型实验叠加和偏移剖面。

从图中叠加和偏移成像结果可以看出，其一溶洞的绕射能量随其尺度减小逐渐减弱，当溶洞尺度小于 $\lambda/20$ 左右时，从地震反射波形上基本不能直接分辨，用常规处理是无法成像；其二溶洞尺度 20m 以上的“洞”可以形成串珠，并随着溶洞尺度增大在剖面上“串珠”越长，在横向范围越大。而溶洞直径大于为 80m 的溶洞绕射信号出现了明显的顶、底反射现象，且溶洞底的反射能量大于其顶的反射。

图 2－23 中 a，b，c，d，e 分别为经偏移处理剖面后中间 5 个溶洞(20m、30m、40m、50m、60m、80m)所对应地震道的时频分析图。图中纵向为时间，横向为频率。从图 2－23a～e 的时频图中看到，在 2000～2400ms 间，地震波的高频成分能量逐渐减弱，因为当地震波穿过大溶洞时，吸收的频率成分比小溶洞多。这种频率变化，在时间 2300～2400ms 之间更加明显。从时频分析图由上至下分析结果可知，对“串珠状”反射区的地震道进行时频分析是可以区分孔洞大小的。

图 2－24 是 4 组深度不同尺度溶洞反射波对应的最大振幅值能量变化曲线，图黑线表示小尺度溶洞绕射波最大振幅值随溶洞直径变化趋势线，它们的相关系数平方为 0.972。绕射波能量随溶洞从小变大是一个指数上升，并非线性增加。这就是说，深度相同但大小

不同的单溶洞其反射波能量随小大变化可用指数表达式 $A = A_0 e^{Cx}$ 来描述。此外，溶洞尺度与反射振幅的强弱存在一个类似薄层调谐效应的现象。

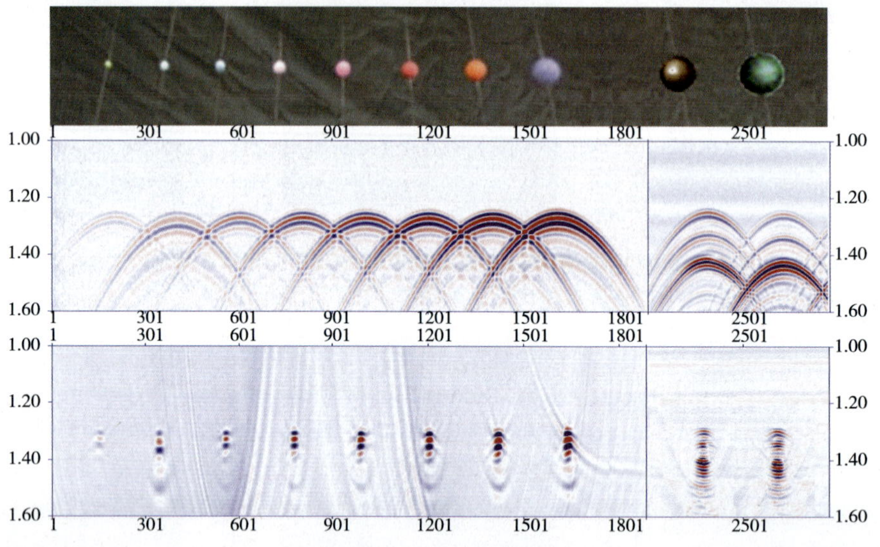

图 2－22　不同溶洞大小物理模型实物图

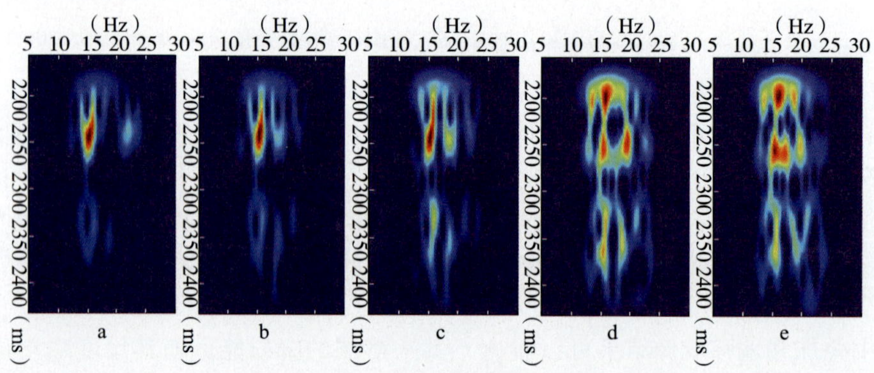

图 2－23　不同尺度溶洞地震道时频分析图

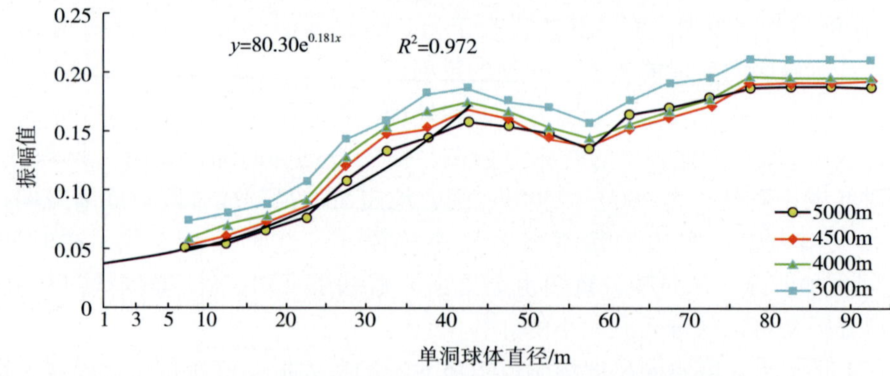

图 2－24　溶洞反射波最大振幅随溶洞直径变化关系

上面所分析的模型参数溶洞波长约 77m，最小尺度 20m，相对来说实验中溶洞的尺度都比较大，因此所反映的波场响应比较清晰。如果将溶洞尺度减小，观测其波场响应特征，实验发现，对于尺度小于 $\lambda/4$ 的溶洞，随着溶洞的减小，反射能量急剧减小，当溶洞直径小于 $\lambda/25$ 左右时，从地震反射波形上基本不能直接分辨了。

3. 不同形态单洞的地震响应特征

图 2－25 为模拟不同长度管道型溶洞模型（直径 10m；长度 10m，15m，20m，30m，40m，50m）。管道溶洞在层的同一水平面上，位于地下 5200m 深处，溶洞充填速度为 2500m/s，围岩速度为 4150m/s。

图 2－26 和图 2－27 为不同长度的管道物理模型数据的成像剖面。从剖面来看在同一观测系统管道长度越小剖面成像精度越低，所表现“串珠”就越短；管道长度增加在剖面反射振幅越强，当管道长度约为菲涅尔半径振幅能量最大，随之长度增加反而振幅减弱，最后稳定在某一能量为此不变。

通过大量物理模型实验数据的定量分析可知，地质结构管道与球形溶洞在相同的参数及相同观测系统条件下，管道溶洞尺度≤$\lambda/25$、球体溶洞≤$\lambda/20$，从地震反射波形上基本不能直接分辨了。

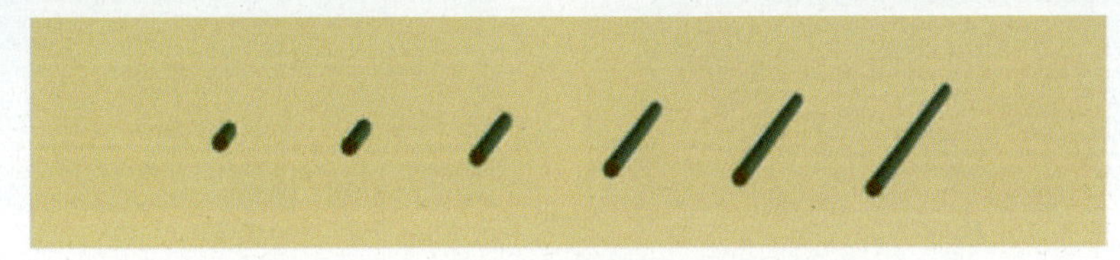

图 2－25　不同长度管道型溶洞物理模型

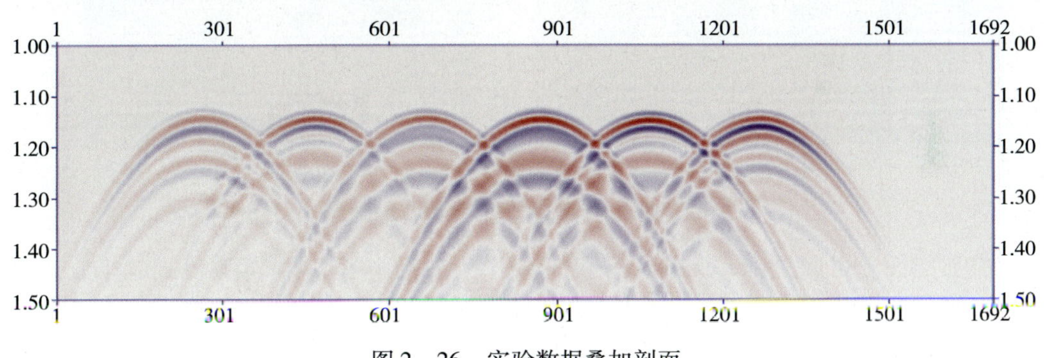

图 2－26　实验数据叠加剖面

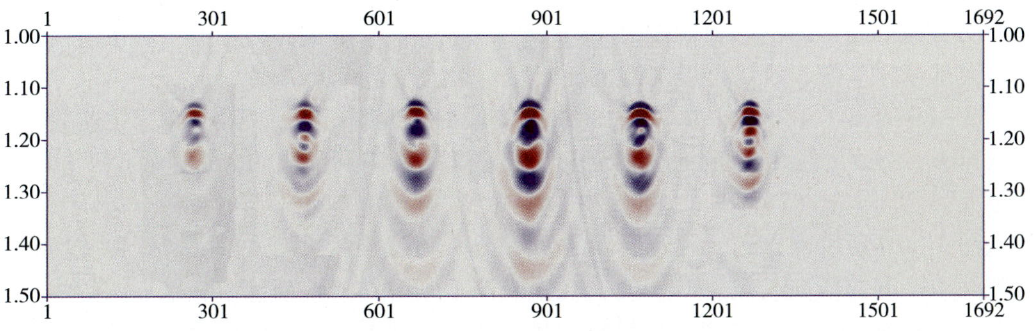

图 2－27　实验数据偏移剖面

图2－28显示了4不同形态洞（每一剖面洞形态一样，但大小不同）的物理模型实验数据叠加剖面，模型溶洞形态见图2－29。

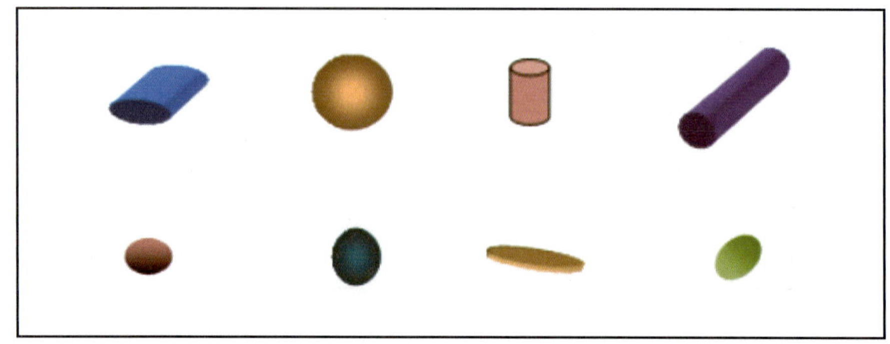

图2－28　溶洞抽象物理模型形态图

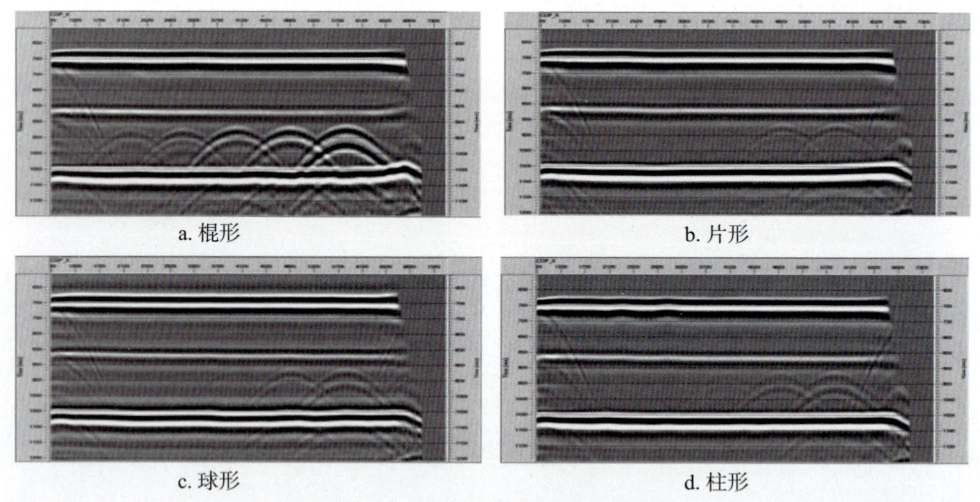

a. 棍形　b. 片形　c. 球形　d. 柱形

图2－29　4种形态洞的二维叠加剖面

从叠加剖面上可以见到，洞的形态和大小引起的绕射叠加振幅有较大的差异。从形态上看，以棍形洞的绕射能量最强，5种尺寸棍形洞都较强的绕射能量，形成这种强弱关系与它们的水平反射面的大小有关，即绕射体对菲涅尔带的贡献。

棍形洞与球形洞在垂直方向的截面都为圆形，但在水平截面上完全不同，球形洞的水平截面仍为圆形面，而棍形洞在横向（垂直测线方向）是一条很长的反射带，在横向的反射面远远大于菲涅尔带，所以棍形洞的绕射或反射是这个条带的贡献。

图2－30给出了1800～1900ms之间绕射波振幅随道距（或CDP点）的变化曲线，对于40m或60m大小的洞，棍状洞的振幅至少是其它3种形态洞振幅的3倍，而小于30m洞的差异更大。

从图2－30还可以看到，这四组洞的绕射振幅随着洞尺寸变小而减少。除棍形洞外，其它三种类型洞的横向尺寸为10m时，几乎观测不到绕射波，当球形和柱形洞的水平方向为20m时才有较弱绕射能量显示。另外，从各种洞的绕射同相轴看，棍、球和柱形洞的同相轴形态基本一致，有两个平行的纵向同相轴，随着洞的垂向尺度增加，这两个同相轴的时差也有所增大，在洞5(60m)处分为两组绕射，且绕射同相轴几乎平行，这第二组的绕射应为洞底的绕射。片状洞无论洞大小只有一组绕射同相轴，在偏移剖面上可以更明显地看到“串珠”没有其它形状的洞多。对于水平片形洞顶底高度小于10m，两者的绕射波至叠加在一起，只有一组波。

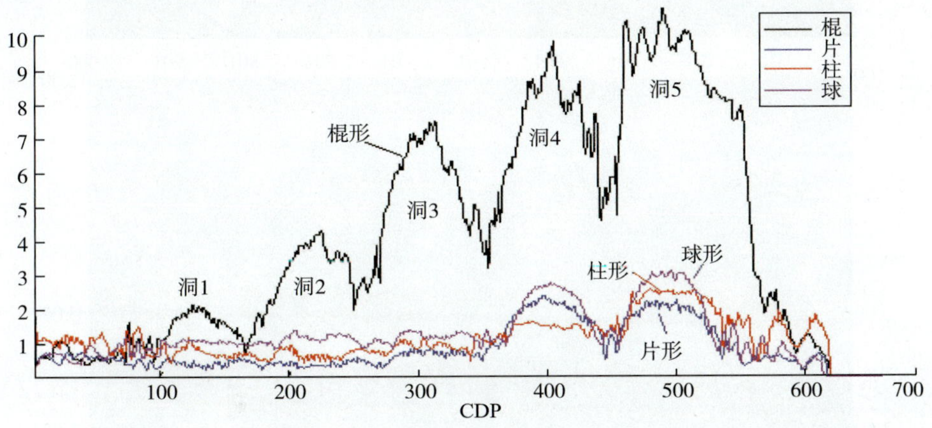

图2－30　4种不同形态洞的绕射振幅曲线

4. 不同充填单洞的地震响应特征

孔洞异常散射信号的强度与孔洞填充物的性质有关，填充物的波组抗与岩石的波组抗差异越大，信号越强，反之则弱。通过数值模拟分析发现，油填充孔洞的散射信号最弱，气填充的孔洞的散射信号最强，水填充的处于二者之间，这是由于气填充时，孔洞边界的波组抗差异最大，而油填充时，波组抗差异最小。从频率分析来看，填充气体时散射波的主频接近地震子波主频，但远低于填充液体情况下的反射波主频；在频率空间域能量分布情况上，填充气体时能量分布趋向于向中央聚集。

利用物理模型，设计了5种不同填充材料、大小都相同的溶洞如图2－31上图所示，将它们放置速度为3000m/s模型同一深度中进行地震模拟观测。其中溶洞A充填空气、溶洞B充填小球体、溶洞C充填颗粒均匀孔隙、溶洞D充填稠油、溶洞E充填非均质多孔物质，除充填空气外，其余的充填物速度均为1800m/s。按长度1∶5000、速度1∶1比例，洞直径4mm，埋深h=360mm，则模拟实际溶洞20m，埋深为1800m，围岩的速度3000m/s，溶洞的速度1800m/s。图2－31下图为模型实验叠加剖面。图2－32所示为不同填充物溶洞反射地震偏移剖面，从剖面上看出溶洞充填空气与油反射成像收敛的“串珠状”能量强、对称、拖尾长；非均质充填反射成像收敛的“串珠状”能量强弱与充填物非均质性有关，非均质性越强其成像“串珠状”形态畸变、拖尾短。图2－32下图为偏移波形显示，从中看出溶洞充填空气与油成像波形简单；非均质充填成像波形复杂。

图2－33给出是5不同充填物溶洞的反射波最大幅值。从图中看出相同尺度溶洞在不同物质充填时，其反射振幅值衰减随偏移距变化有所不同。溶洞被空气和油充填地震波传播趋势基本相同，反射振幅较强，随偏移距增大衰减较快；溶洞被非均质物质充填反射振幅较弱，随偏移距增大衰减趋势缓慢，并且充填物非均质程度直接影响反射振幅的强弱程度，均匀程度越高反射振幅越强，反之就弱。

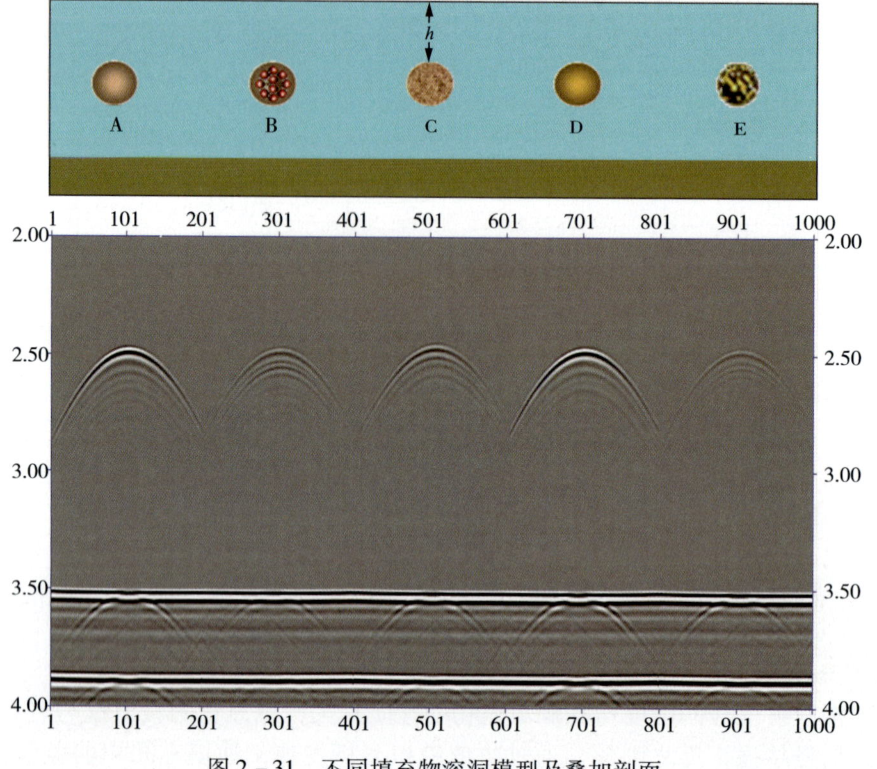

图 2－31　不同填充物溶洞模型及叠加剖面

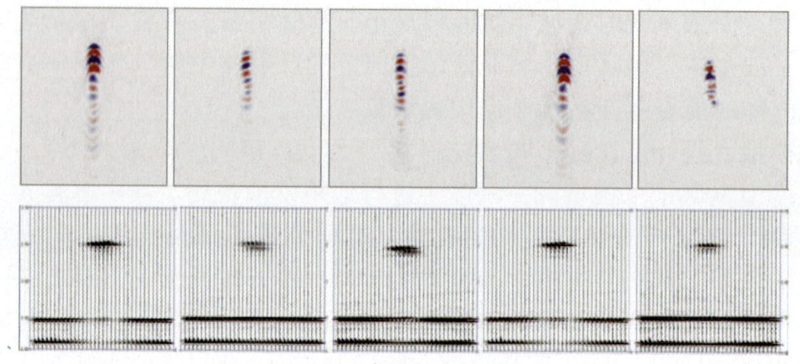

图 2－32　地震偏移剖面

图 2－34 所示溶洞下覆地层反射振幅随偏移距变化曲线图。图中看出溶洞的存在对其对应下覆地层的地震波反射产生较大的影响。影响范围(约 275m)远远大于溶洞的尺度，并随溶洞充填物不同影响程度不一。

二、复杂洞群的地震响应特征

实际中的溶洞储层多为由裂缝沟通的不同大小、不同形状和不同充填的单洞组成的洞群，洞群的地震响应特征复杂，很难建立储层参数与地震属性之间的定量关系，通过正演分析可取得一些定性认识。

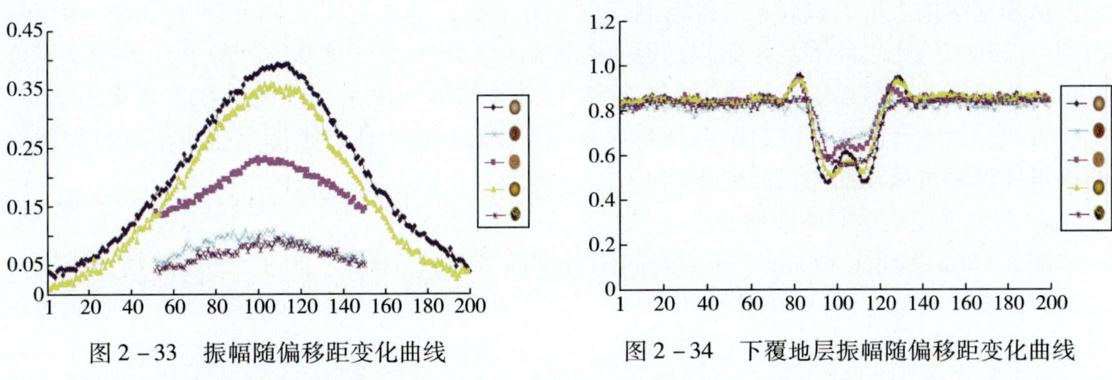

图 2-33　振幅随偏移距变化曲线　　　图 2-34　下覆地层振幅随偏移距变化曲线

1. 随机孔洞的地震响应特征

图 2-35 是一个随机溶洞数值模型，其背景速度场为双层介质，速度分界面相当于不整合面，模型的 500m 深度处有一厚度在 70m 左右的溶洞带，将溶洞带自左至右划分为 3 段，各段随机分布着不同尺度的溶洞，洞内速度也是在一定范围内随机波动的。正演计算中，子波主频为 40Hz，横波与纵波速度比为 0.6，密度按一般经验公式由纵波速度换算得到，模拟地面多次覆盖观测，炮间距 6.25m，共得到 481 炮记录。图 2-35b 和图 2-35c 分别是从炮记录中抽出的零偏移距剖面和对零偏移剖面进行叠后深度偏移所得到的剖面。

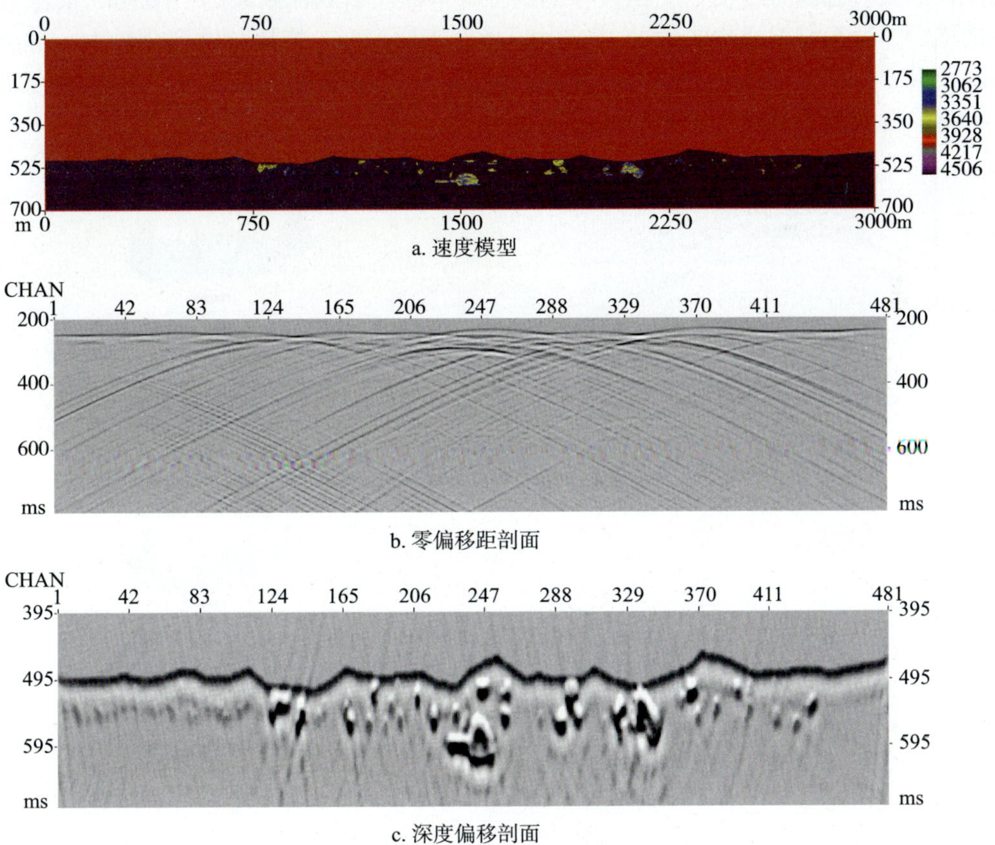

图 2-35　随机溶洞数值模拟

从偏移结果上可以看到大尺度溶洞反射十分清楚，基本能找出一一对应关系，很容易识别与解释，但小尺度溶洞在偏移剖面上表现的杂乱的反射信息却被不整合面的强反射淹没了。小尺度溶洞散射引起的高频能量相对增强无法体现出来，因此，在古风化面下方，紧挨古风化面发育的小尺度溶洞的预测难度很大，除非有手段在不明显损失溶洞反射波的前提下能够将古风化面的强反射压制掉。

2. 群洞模型的地震响应特征

图2－36a为埋深2000m，两溶洞间距分别为150m、100m、50m、20m的物理模型观测得到的自激自收记录（CDP间距为10m）。其菲涅耳半径为243m。图2－36b为自激自收记录三维分析图（x方向道距，y方向时间，z方向能量），可以看出，两溶洞相距大于50m时能够分辨，但当溶洞间距小于50m时就难以分辨了。

图2－37所示3种不同结构群洞物理模型反射地震波叠加剖面、实物照片及偏移剖面。图2－37b为3个不同大小垂直叠置而成，溶洞尺寸分别为：15m、20m、35m，纵向高度为60m，横向最大宽度35m；图2－37c为3个大小相同溶洞（20m）组成品字形，纵向高度约为43m，横向最大宽度40m；图2－37d为2个相同溶洞（20m）和1个35m溶洞组成倒品字群洞，纵向高度约为53m，横向最大宽度40m。图2－37a为单溶洞（20m）作分析对比用。从4张叠加剖面来看，群洞与单洞、群洞之间不同结构它们地震反射波场和反射双曲线在波形及形态都有所不一。在偏移剖面上，单洞反射成像收敛的“串珠状”能量强弱均匀、拖尾短，群洞反射成像收敛的“串珠状”形态多样畸变、拖尾长度变化较大。群洞反射波形复杂多变，频谱多峰，不同结构群洞主频不同。由于反射波相互干涉形成复合波主频有低有高，群洞反射波是一个复合波。

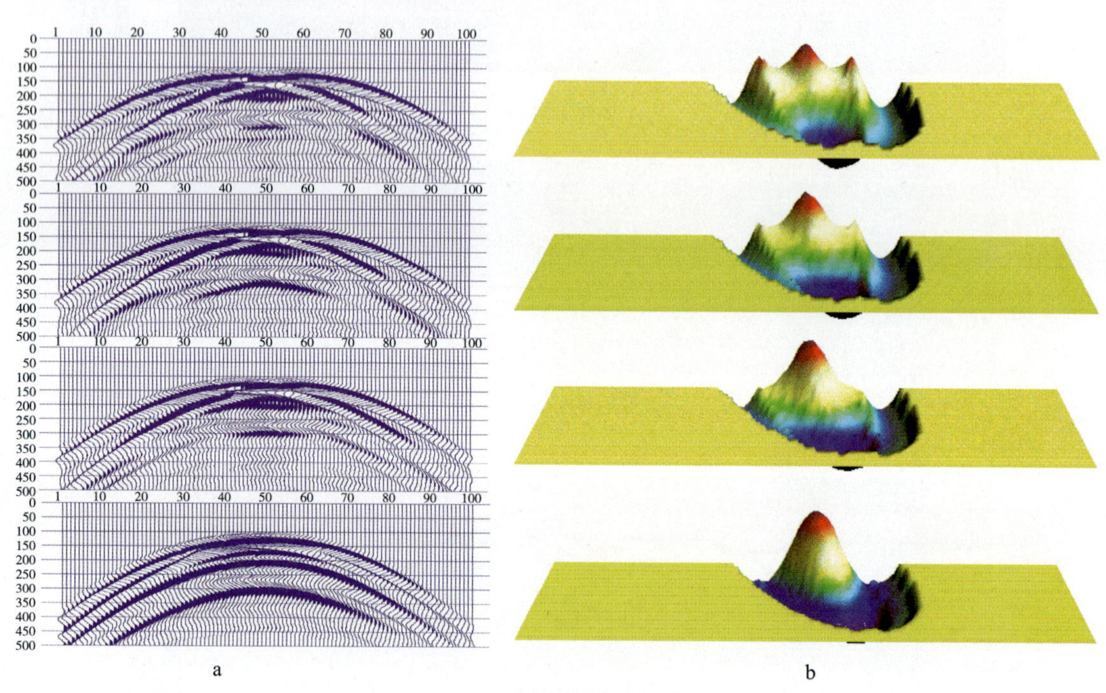

图2－36　不同溶洞间距模型记录及三维分析

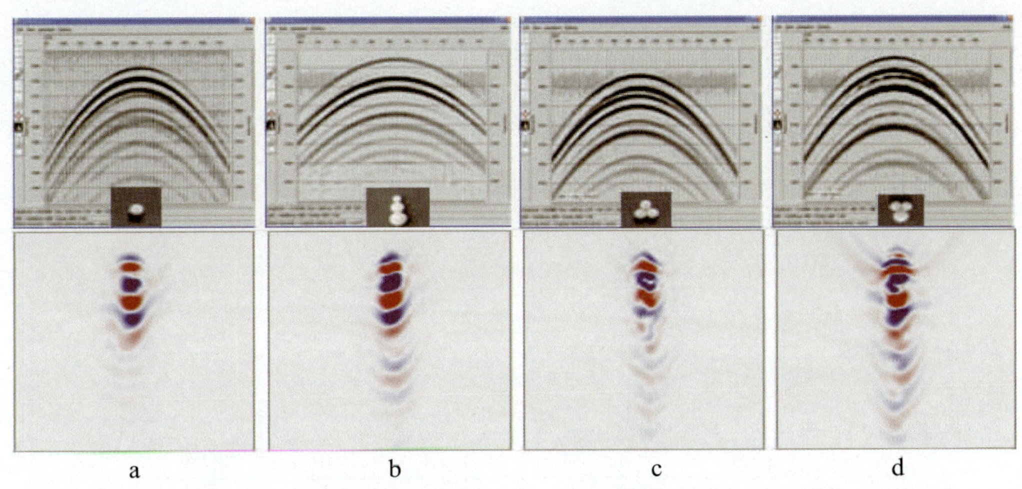

图 2－37　单洞与不同形态群洞反射记录、模型照片和偏移剖面

3. 溶洞实际区块地质模型的数值模拟

依据塔河油田过井的一条溶洞油藏剖面，建立了图 2－38 所示的溶洞地质模型。图 2－39为简化数值模拟溶洞地质模型，其中各溶洞形状、尺度不一，溶洞横向尺度从 5～150m 不等。子波主频分别为 30Hz、50Hz、70Hz 的自激自收剖面分别见图 2－40，可以发现，溶洞绕射波严重影响了地质界面的连续性。

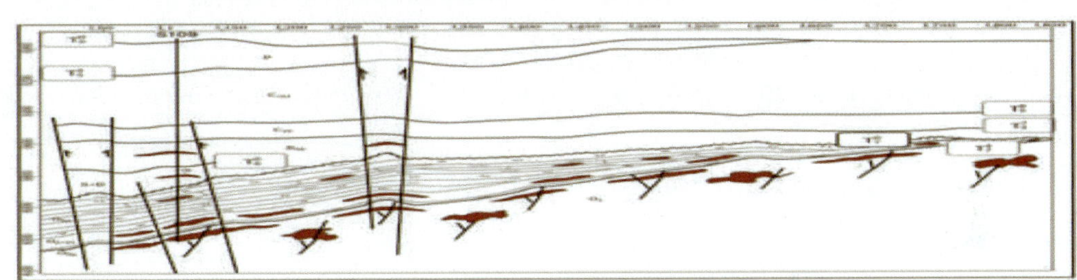

图 2－38　北东向油藏溶洞地质模型剖面示意图

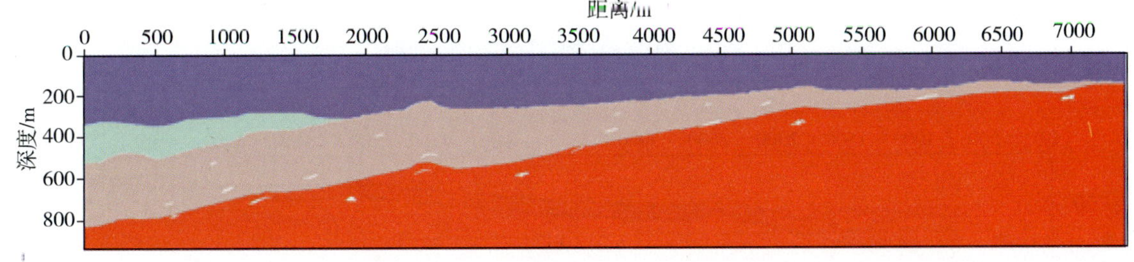

图 2－39　简化数值模拟溶洞地质模型

图 2－41～图 2－45 为主频 30Hz、50Hz、70Hz 叠后深度偏移剖面，其中在偏移处理过程中采用了不同的频率范围。可以发现明显的串珠状反射特征，而且频带越窄，串珠状反射特征越明显。如果溶洞产生的绕射波具有较高的频带，处理过程中基本没有频率损失，溶洞可以很好地成像，不会产生明显的串珠状结构。

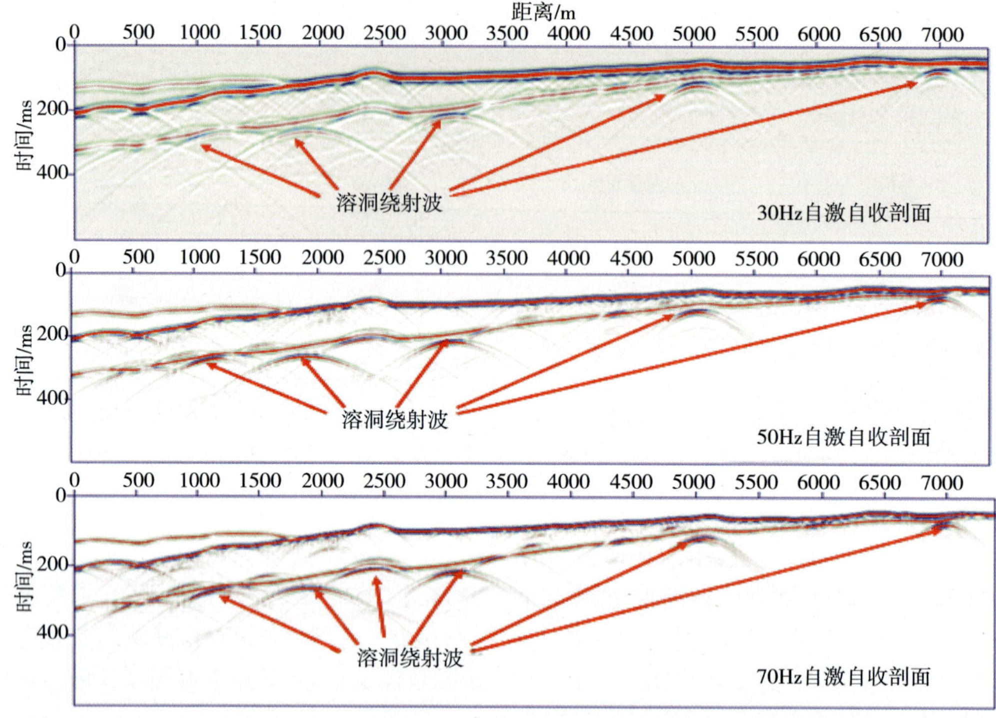

图 2－40　子波主频分别为 30Hz、50Hz、70Hz 的自激自收剖面

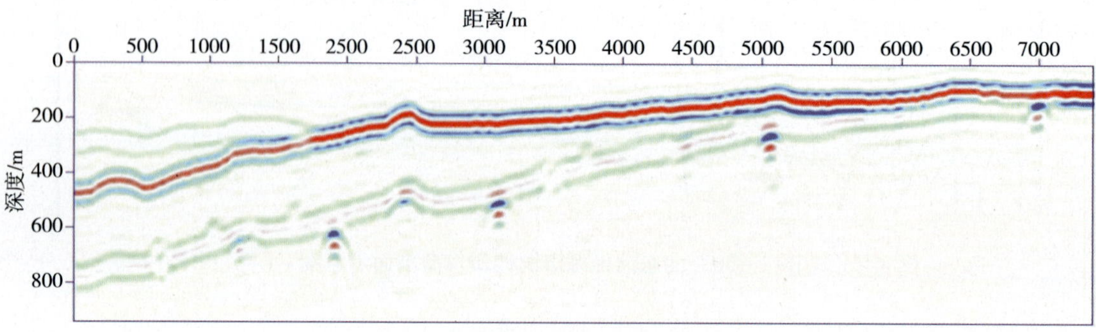

图 2－41　30Hz 叠后偏移剖面(5～50Hz)

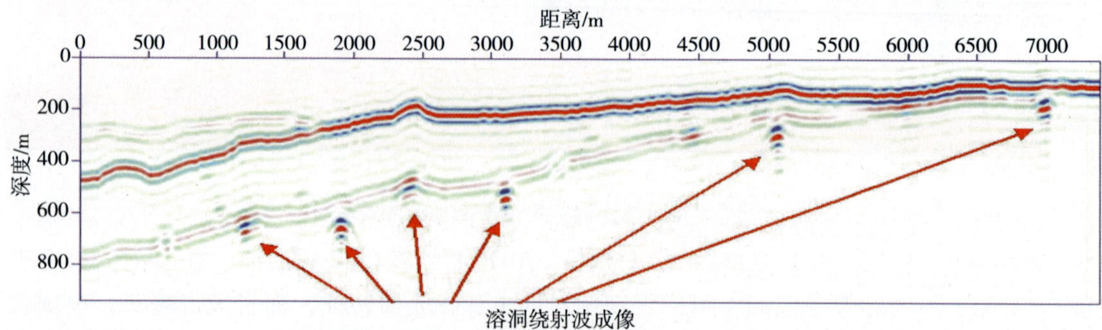

图 2－42　50Hz 叠后偏移剖面(5～90Hz)

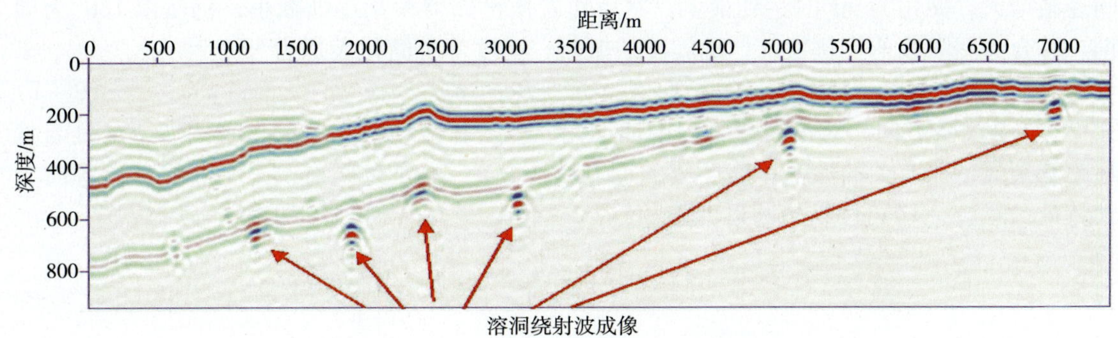

图 2-43　50Hz 叠后偏移剖面(5～60Hz)

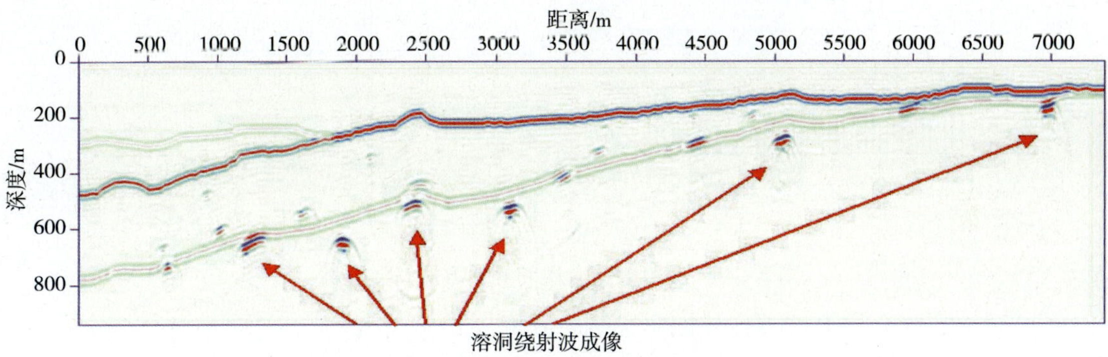

图 2-44　70Hz 叠后偏移剖面(5～120Hz)

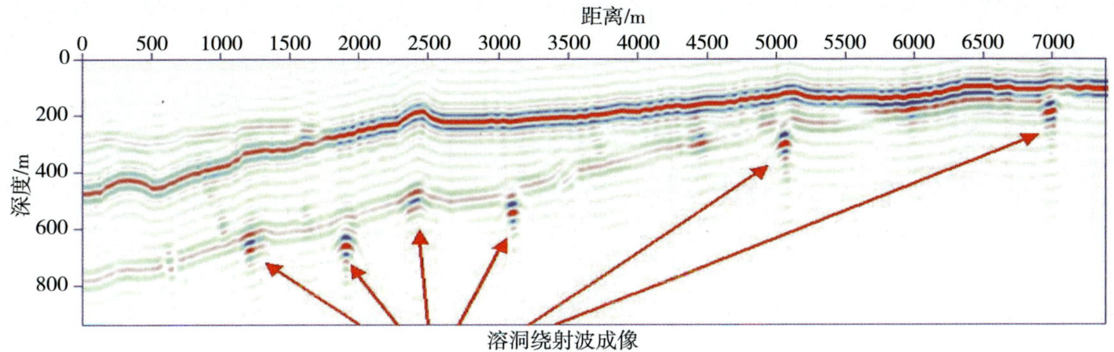

图 2-45　70Hz 叠后偏移剖面(5～60Hz)

三、裂缝模型的地震响应特征

1. 垂直裂缝介质的 P 波方位各向异性特征

研究表明，反射 P 波通过裂缝介质时，在固定炮检距的情况下反射波呈现出方位各向异性特征。当测线与裂缝走向平行时(夹角为 0°)，反射波振幅和速度最大；随着测线方位与裂缝走向之间夹角的增大，反射波振幅和速度逐渐减小，当夹角为 90°时最小；此后反射波的振幅和速度随着夹角的增大又逐渐增大，夹角为 180°时最大，变化周期为 180°。当测线方位与裂缝走向平行时，反射时间最小，随着测线与裂缝方位夹角的增大，反射时间逐渐增大，夹角为90°时达到最大，然后随着角度的增大又逐渐减小，仍然以180°为周期。综合这些参数的变化特征，地震波的振幅、速度等可简化表达为

$$F(a) = A + B\cos 2a \tag{2-1}$$

式中，a 是激发方向相对于裂缝走向的取向角，A 是与偏移距有关的偏置因子，B 是与偏移距和裂缝特征有关的振幅、速度等的调制因子，$F(a)$则为振幅、速度等的方位各向异性特征。式(3－1)可用一椭圆近似表示(图2－46)。

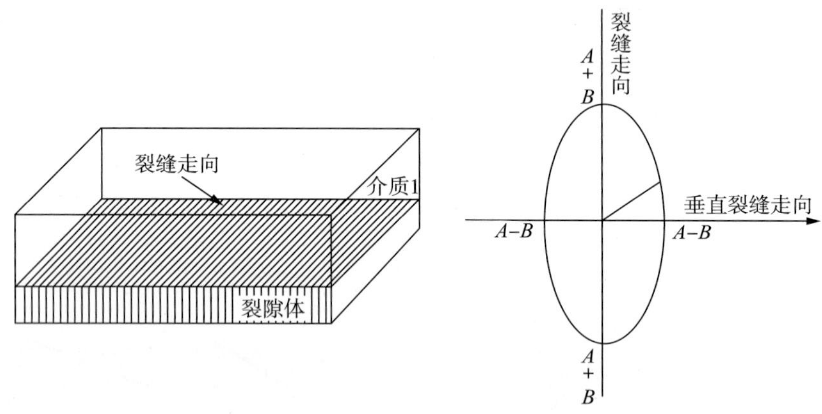

图2－46　垂直裂缝介质的P波方位各向异性

(1)垂直裂缝介质P波方位异性实验结果分析

以定偏移距观测方式对垂直裂缝(裂缝密度大约为每波长6～7条)模型进行数据采集，操作中设定：当测线与裂缝平行时为0，然后每旋转15°记录一道，旋转360°共记录25道为一条测线，实验记录见图2－47。由时间剖面中看到，在不同方位观测的裂缝体顶层的反射时间完全一致(图中A所指同向轴)。

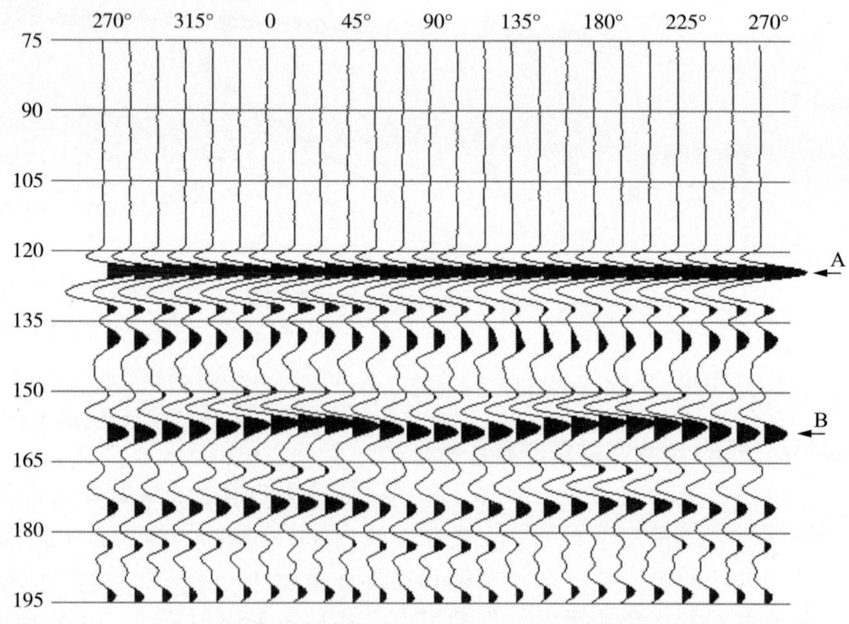

图2－47　定偏移距旋转垂直裂缝方式观测

当波经过裂缝体后裂缝体底层的反射波表现出很强的方位各向异性(图中 B 所指同向轴)时，不仅仅是反射时间与方位角有关，反射振幅也表现出很强的方位各向异性。图 2－48为垂直裂缝模型记录中 B 同相轴的振幅曲线、时间曲线以及的速度变化曲线，由这些曲线看出，当测线方向与裂缝走向平行时，P 波传播速度最快、振幅最大；当测线方向与裂缝走向垂直时，P 波传播速度最慢、振幅最小，整个同相轴呈波浪形，其振幅和速度曲线近似为正弦或余弦曲线，周期为 180°。在本记录中平行裂缝的测线与垂直裂缝的测线反射波初至时间相差约 2.7μs，当测线方向与裂缝走向平行时 P 波速度达到 2492m/s，垂直时则为 2298m/s，速度各向异性约为 7.8%。最大与最小振幅相差约 20%。

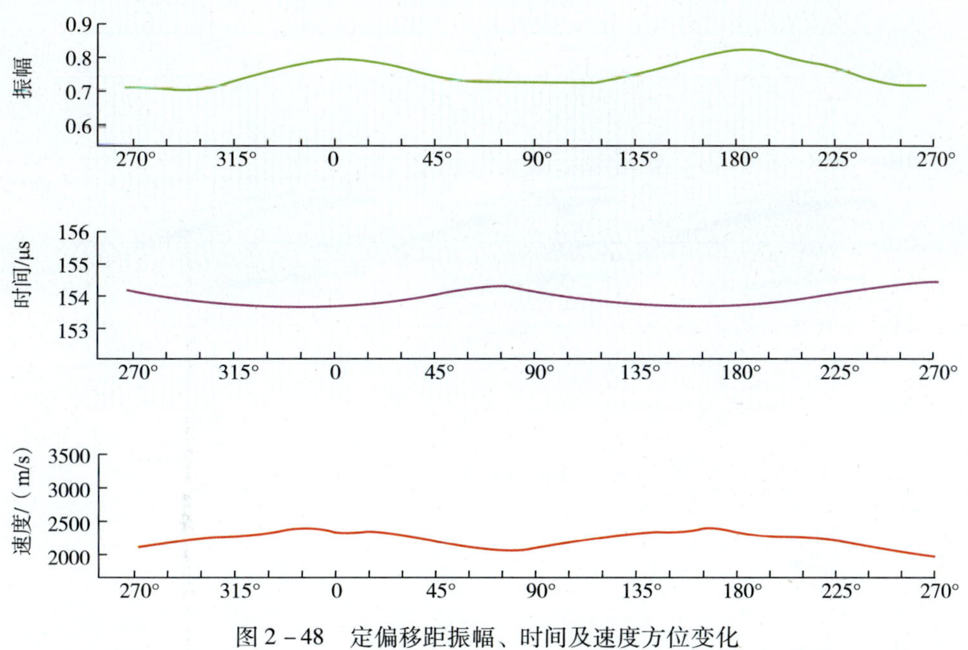

图 2－48　定偏移距振幅、时间及速度方位变化

(2)垂直裂缝介质的 P 波方位 AVO 响应

为了研究垂直裂缝体的 P 波方位角 AVO 响应，在上述垂直裂缝模型上采集了 5 条共中心点道集记录，测线方位与裂缝走向之间的夹角分别为 90°、60°、45°、30°和 0。为了与这 5 条测线进行比较，建立与裂缝模型材料相同、厚度也相同的各向同性材料模型(有机玻璃标准块)，以相同的观测系统采集一条测线，6 条测线的时间记录见图 2－49。

把这些测线所记录的裂缝体顶、底层的反射时间以及反射振幅显示在一起进行分析比较。图 2－50 是 6 条测线上观测到的裂缝体顶层的反射时间随偏移距的变化曲线，可以看到各测线上反射波旅行时间完全一致，这也说明本次实验条件的一致性。即当地震波穿过裂缝体后各条测线裂缝体底层的反射波时间完全不同，地震波在没有裂缝的标准块中传播最快，当有裂缝时，测线与裂缝平行(0°线)传播时间最短，测线向裂缝垂直方向变化时，反射波旅行时在增加，直至与裂缝垂直(90°线)传播时间最长。而且从图中也可看到，随着偏移距的增大，各测线之间的时差也在逐渐增加，因此测线越长，速度各向异性也会越大。

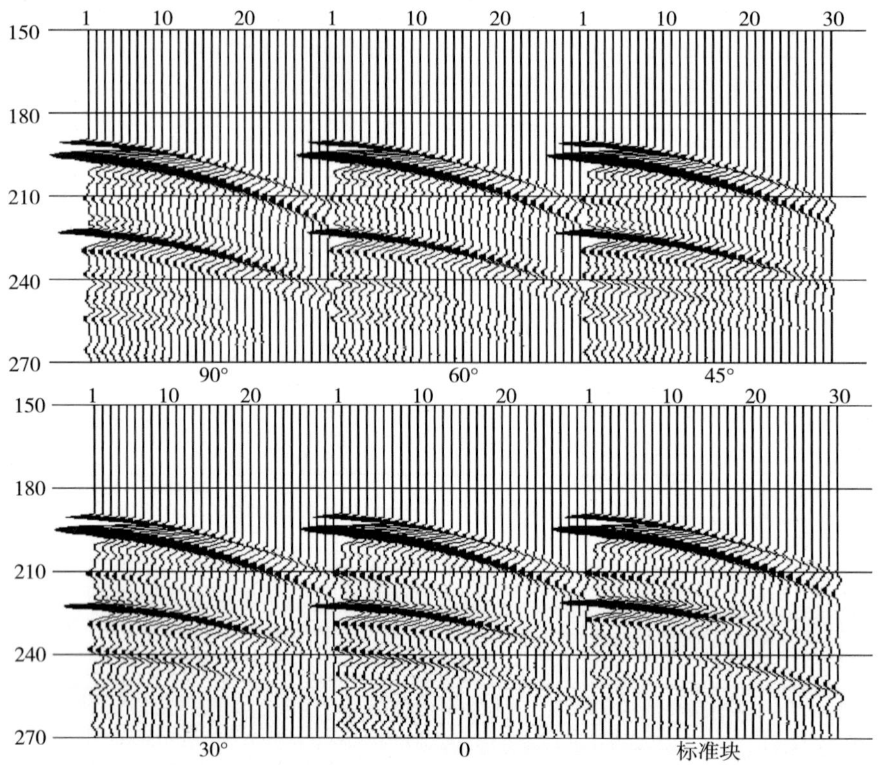

图 2－49　不同方位测线共中心点记录

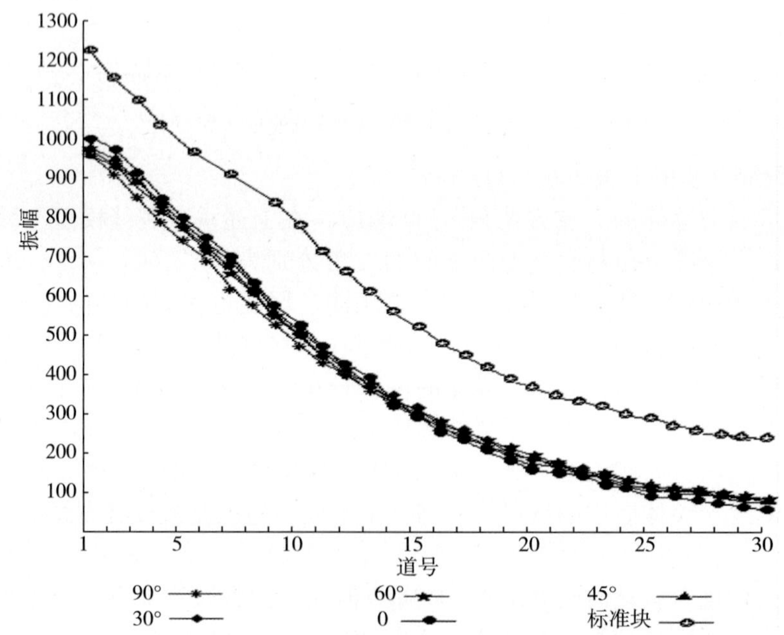

图 2－50　不同方位测线裂缝体顶层振幅随偏移距变化曲线

从观测数据来看，不同方位测线上裂缝体顶层的反射振幅大小稍有不同，而且是有规律的，即测线与裂缝平行时振幅最大，随着测线与裂缝方向夹角的增大，振幅逐渐减小，至垂直时为最小，但各测线间的振幅值相差很小，而且各测线的 AVO 曲线变化趋势也基本一致(见图 2－50)。由此可见，裂缝体顶层的反射波对方位各向异性不敏感。另外，从图中看到在无裂缝的标准块上测得振幅值要比在裂缝体上测得的振幅值大。与顶层的 AVO 曲线相比，不同方位测线上裂缝体底层的 AVO 曲线其差异要大得多(图 2－51)。由图得在近偏移距时，标准块上的反射波振幅仍然是最强的。在裂缝体上测线与裂缝平行时(0°线)的振幅最大，然后依次为 30°、45°、60°和 90°线，90°线的振幅最弱，(说明：为了使图比较清楚，在这里仅绘出 0°线、45°线和 90°线以及标准块的 AVO 曲线，30°线与 60°线的 AVO 曲线介于它们之间)。随着偏移距的增大，标准块上的反射波振幅衰减最大，曲线最陡；然后依次是 0°、30°、45°、60°及 90°测线，90°测线振幅曲线衰减趋势最为平缓。因此到大偏移距时，振幅的强弱发生了变化，90°线要强于 0°线。

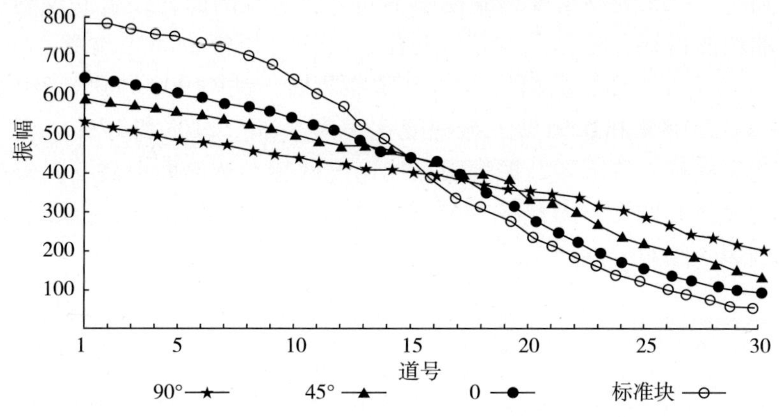

图 2－51　不同方位测线裂缝体底层振幅随偏移距变化曲线

由于换能器在发射和接收能量时有一定的指向性，所以对远道的振幅值有一定的影响，但因为各条测线的观测条件完全一致，所以各测线间振幅值的相互对比关系是正确的。以上振幅曲线中，对裂缝底层的振幅值，根据换能器的方向性简单地作了一些补偿，而球面扩散等其它因素的影响均没有作校正。

2. 不同倾角裂缝的 P 波方位各向异性特征

前面所讨论的模型都是具有水平对称轴的垂直裂缝介质(HTI 介质)，是方位各向异性介质中最简单的一种。由岩心资料和超声波裂缝测井资料显示，在许多情况下，地下介质中的裂缝系统并不完全直立，以高角度形式存在的居多。也有一部分低角度斜交缝，比如与构造有关的褶皱带或盐丘两翼以及倾斜的砂岩、页岩体，都可以看作是倾斜状态下的裂缝体。而具有倾斜对称轴的裂缝介质所表现出的方位各向异性特征要比垂直裂缝介质的方位各向异性特征复杂得多。

倾斜裂缝物理模型由一组平行排列的有机玻璃片叠合而成，以片与片之间的缝隙来模拟裂缝。倾斜裂缝模型中单片有机玻璃的尺寸为 250mm × 57mm × 2mm，共 150 片均匀叠合在一起用来模拟裂缝体(图 2－52)，裂缝密度约每波长 6～7 条。在实验过程中改变裂缝体的倾角，使它既可以处于垂直状态，也可以处于倾斜状态，并且可以任意改变倾角的大小。实验结果说明：倾斜裂缝体的方位各向异性特征更复杂，不同方位测线上的反射波特征差异更大，方位各向异性特征明显，但规律难寻。

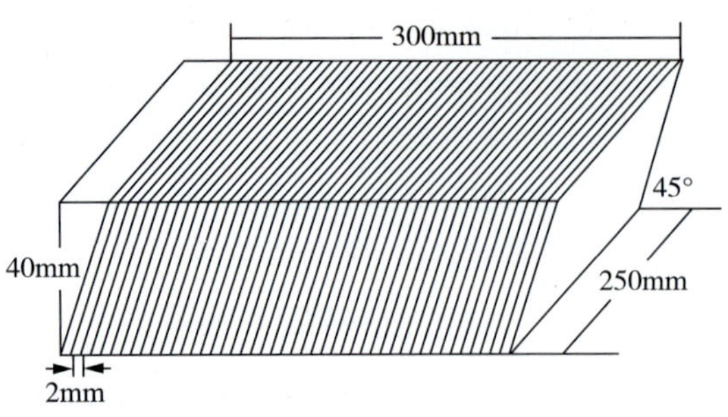

图 2－52　倾斜裂缝模型示意图

虽然大多数裂缝体是以高角度状态存在的，但不同地区的角度并不相同。为了了解裂缝体的各向异性特征，进行了一系列模拟实验。图 2－53 为高角度倾斜裂缝模型不同方位 P 波测试记录。固定炮检距 300m、裂缝带速度 2500m/s，裂缝密度 0.02。倾斜角分别为 90°、80° 和 70°。从图中看到曲线①、②和③的变化趋势是一致的，即测线与裂缝走向一致时反射时间小，测线与裂缝走向垂直时反射时间大。

图 2－54 和图 2－55 为高角度裂缝模型不同方位实验剖面的裂缝底反射振幅及反射时间曲线。分析曲线图得知，随测线与方位变化，时间与振幅也随之改变，即测线方向从 0 旋转 360°时，时间从大到小、振幅从小到大循环两周。其中 90°、80°、70°裂缝时间变化率分别为 3.37%、2.08% 和 0.91%，振幅变化率为 59%、21% 和 17%。由速度和振幅对裂缝的方位各向异性响应特征知，振幅明显比速度敏感。从剖面上看，随裂缝角度减小其裂缝顶底反射的续至波增强，因此在对裂缝介质应用方位各向异性特征进行分析检测时，应该充分考虑到裂缝倾角可能产生的影响。

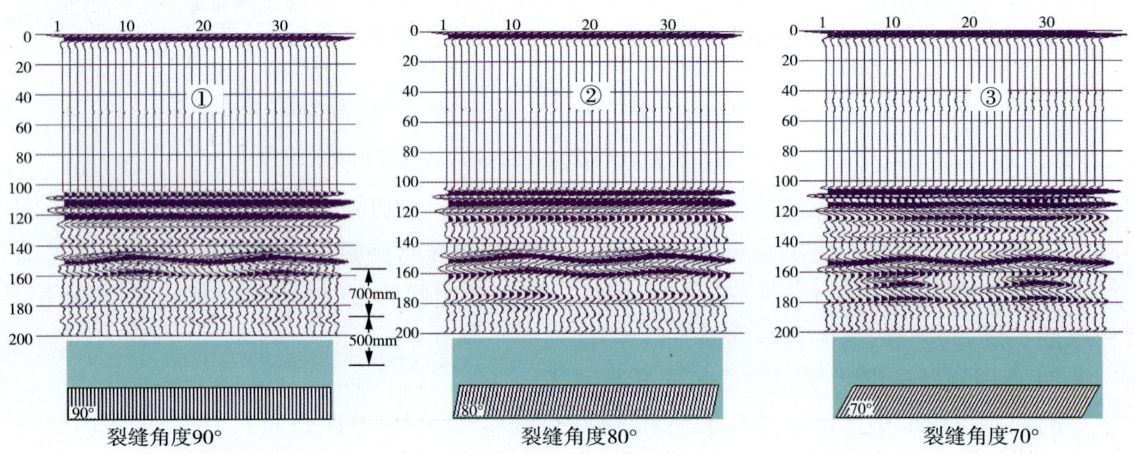

图 2－53　高角度裂缝不同方位测试记录

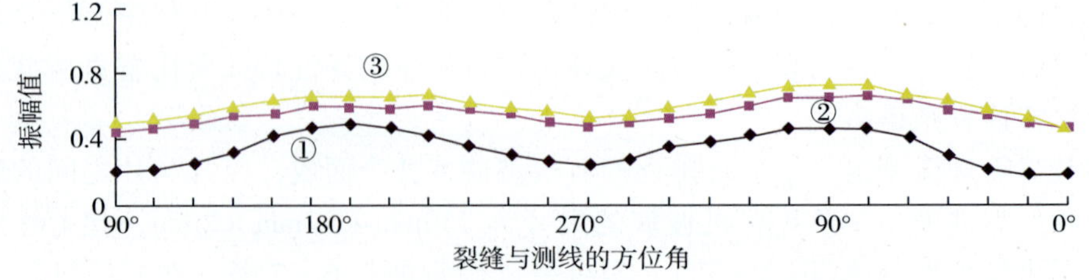

图 2－54　裂缝底层反射振幅与测线方位角关系

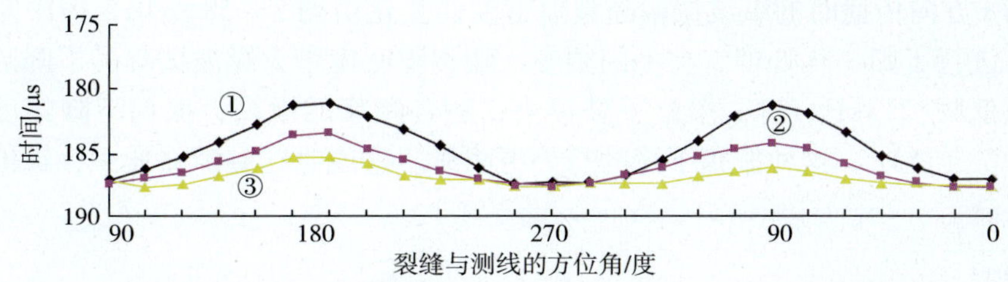

图 2－55 裂缝底层反射时间与测线方位角关系

3. 不同裂隙密度的 P 波响应特征

图 2－56 为 9 个体积相同的不同裂隙密度模型，裂隙密度从 0 变化到 12%。采用分层嵌入裂隙的方法，模型的裂隙密度是通过在每个模型的每分层上放置不同的裂缝数来控制。裂隙模型的纵波特性测试是用超声脉冲透射法进行的，用 4 种频率的纵波换能器对裂隙模型的 x 和 z 方向进行了纵波传播时间和波形振幅的测试。实验使用的 4 种频率换能器都具有宽频带短脉冲特点，但各种频率换能器之间的灵敏度和频带宽度有所不同。

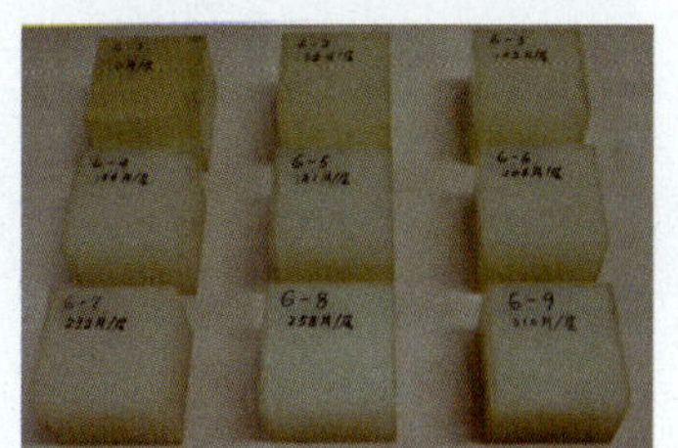

图 2－56 不同裂隙密度模型实物照片

图 2－57 为纵波在不同裂隙密度模型的 x 和 z 方向上测试得到的速度随裂隙密度变化曲线。在纵波平行裂隙传播情况下，不同频率的测试速度有 30～50m/s 的变化，裂隙密度增加到 12% 时，与无裂隙模型相比，速度最大下降为 2%。值得注意的是，实验对纵波测试的误差小于 0.8%，即有 ±0.1μs 的测试起伏。2% 的速度差异说明了裂隙密度影响的存在。

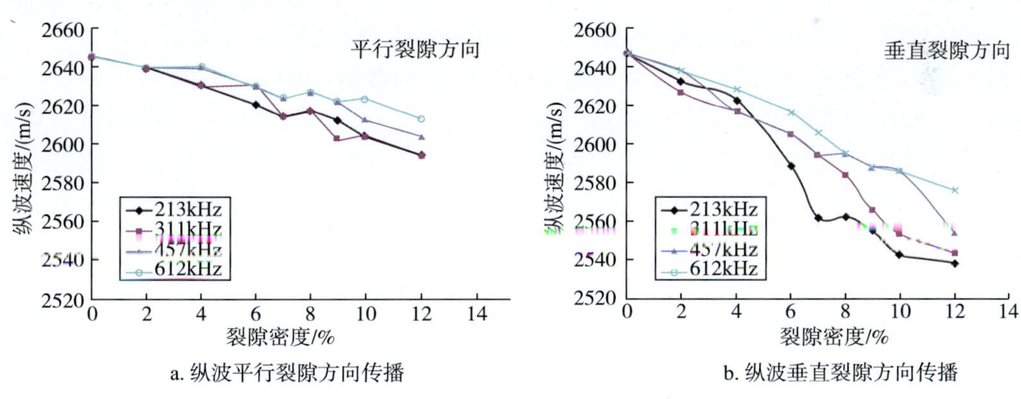

a. 纵波平行裂隙方向传播　　b. 纵波垂直裂隙方向传播

图 2－57 纵波速度随裂隙密度变化曲线

当波垂直裂隙传播时，随裂隙密度增加，速度下降比平行裂隙方向快，裂隙密度增加到 12% 时，速度下降是无裂隙模型的 3% 多，最大为 4.2%，比平行裂隙传播时速度下降快一倍。这种速度的明显变化表明，当波垂直裂隙面传播时，裂隙密度是降低速度的主要因素。

从图 2－57 看到，用不同频率测试，模型有速度随裂隙密度增加的下降趋势不同。频率低时，随裂隙密度增大纵波速度下降的趋势比高频率的波更快。即在同裂隙密度时高频的速度比低频的高，这种现象与其它类型的介质不一样。

在 x 和 z 方向传播时的纵波振幅随裂隙密度的变化由图 2－58 给出，图中对不同频率的测试结果进行了归一化处理。在不同频率，随裂隙密度增大纵波振幅的下降趋势是完全不同的，在低频(213kHz)时，振幅下降很小，随着频率的增高，振幅下降幅度增大，当纵波垂直裂隙传播时，这种振幅下降的趋势更明显。这说明在裂隙介质中，纵波衰减对频率参数很敏感。

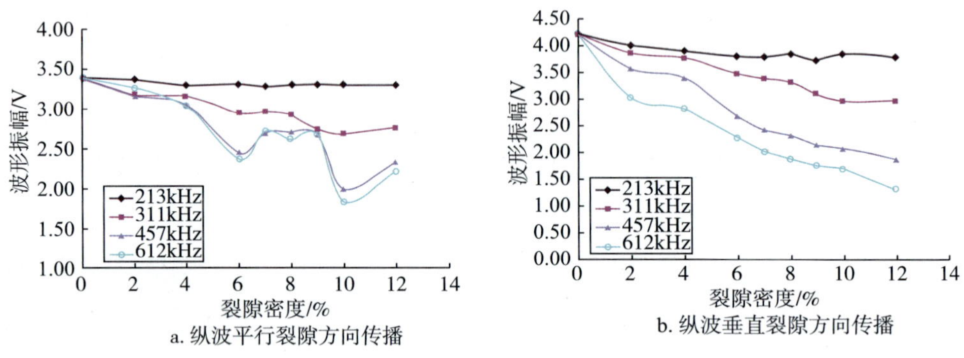

图 2－58　纵波振幅随裂隙密度变化曲线

从上面的测试结果看到，无论纵波是平行或是垂直裂隙方向传播，其速度随裂隙密度的增加而有所降低，在纵波平行裂隙传播时，由于裂隙间距与裂隙厚度之比较大(14.3 倍)，仍然可以认为纵波是在基质中传播，这种现象在其它裂隙介质中或是野外观测都出现较普遍。然而，在垂直裂隙方向，裂隙密度的影响也没有预期的大，仅 4%。而且同密度时平行速和垂直两方向的纵波各向异性最大仅 2.3%(裂隙密度为 12%)。虽然速度随裂隙密度变化不大，但实验结果出现了速度频散现象。而且，频率增大时，速度随裂隙密度的变化减小。这种现象较难用常规的裂隙散射来解释，应该用波长与裂隙间距的比值来解释。在一个波长尺度下，频率低时，波长范围内裂隙排列数多，表示裂隙对波传播的影响大。

纵波振幅随裂隙密度的变化可解释为裂隙对纵波的散射作用，当频率较低时，散射的影响较小，即使裂隙密度增大，对振幅的影响也不大，当频率提高时，裂隙的散射影响增大，裂隙密度大纵波振幅的衰减也大。把图 2－58a 中裂隙密度为 6% 和 10% 的两个模型在平行方向传播时振幅的异常解释为裂隙厚度的影响。因为裂隙的厚度有一定的分布范围，而在另一组裂隙厚度的实验中明显观测到厚度对振幅的影响。

由上可知，在裂隙的其它参数不变情况下，裂隙密度对纵波的振幅和频率影响最敏感，对速度的影响较小。

四、三维综合缝洞物理模型实验

图 2－59 是储层地层 3 组溶洞模型实物图。目的层是由 3 个断块构成，这 3 个断块顶底面深度以及厚度各有不同，但其速度均为 2300m/s，在中间的断块上，以 500m 的间隔分布有 5 个隆起的低速体，速度为 1230m/s，在两边的断块上以 500m 的间隔各自分布有 5 个凹陷区，凹陷区内填充物的速度为 1000m/s，断块上速度异常体的排列方向与测线平行。这 3 个断块平行排列，搁置在速度为 2400m/s 的速度层上，上下周围充满速度为 1545m 的均匀介质(水)。2400m/s 的层的顶深 1800m，3 个断块的厚度分别为 150m、200m、200m，断块与底层之间的水的厚度分别为 50m、30m，10m，断块的顶深分别为

1600m、1570m、1590m。整个目标层测线方向长3000m，宽2600m。

图2－60为三维物理模拟实验的三维观测系统图。6束8线12炮48道20炮线，面元15m×15m，单边激发，炮线与检波点最小距离270m。采样点数4000，采样间隔1ms。

图2－61为实验1炮8线的记录，从单炮记录也可见到溶洞反射。图2－62为三维物理模拟实验数据过溶洞体的一条叠前时间偏移和叠前深度偏移剖面。时间偏移结果与深度偏移结果相比，叠前深度偏移结果比较准确清楚地刻画了凹陷目标(低速异常体)，原因可能是深度偏移所用的速度模型相对比较准确，也就是说时间域的速度对或者均方根速度模型还有进一步优化的余地。

图2－59　三维物理模型

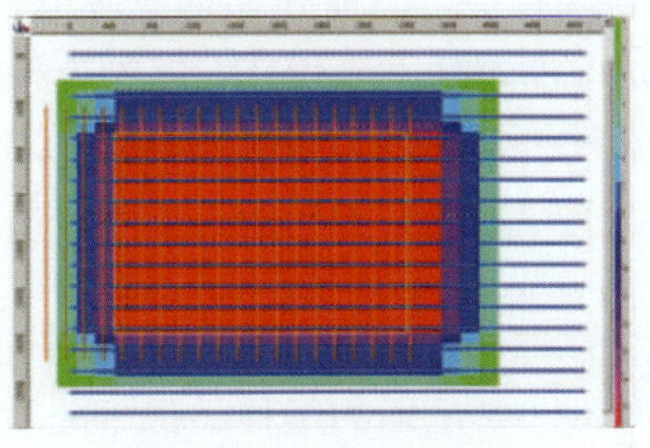

图2－60　观测系统图

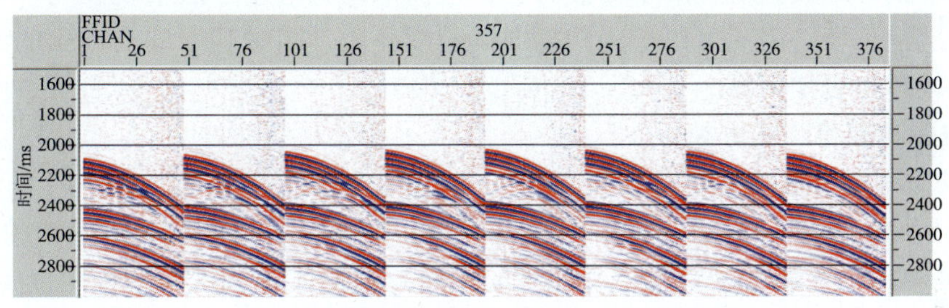

图2－61　三维物理模型实验原始线记录

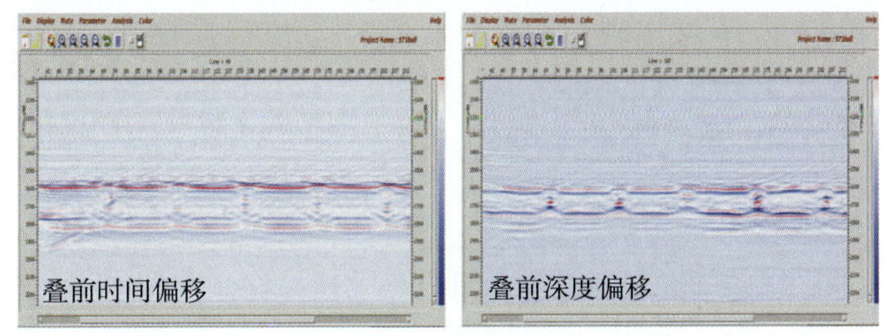

图2－62　三维物理模型实验过溶洞体的偏移剖面

第三节　缝洞体地震精确成像方法

碳酸盐岩缝洞储集体非均质性强，岩性横向变化大，地震资料中绕射波发育，准确归位困难，缝洞储集体的高精度成像是对其进行精确描述与刻画的基础与前提。复杂地质目标的高精度成像方法一直是当前地球物理技术研究工作的重点与热点，与提高成像精度相关的技术方法所涉及内容很广，针对提高缝洞体成像精度的技术方法，这里介绍了角度域时移深度聚焦偏移速度分析、偏移距平面波叠前时间偏移以及利用等效偏移距叠前时间偏移提高绕射波成像分辨率等方法技术。

一、偏移距平面波有限差分叠前时间偏移

常规的 Kirchhoff 叠前时间由于其计算效率高和适应观测系统能力强而广泛的应用于实际资料处理中，但由于采用均方根速度场导致了适应横向速度变化的能力较弱。刘洪(2009)提出的适应横向速度变化的非对称走时计算方法提高了计算精度从而改进了 Kirchhoff 偏移的聚焦性能，然而在横向变速介质中振幅加权因子的计算通常是不准确的。与 Kirchhoff 叠前时间偏移方法相比，波动方程外推算子有更加优越的保振幅能力，且有较高的计算效率，能方便地给出用于偏移速度分析用的成像道集，并能给出相对保幅的成像结果。Mosher(1996)提出的偏移距平面波深度偏移方法对每个共射线参数剖面的偏移类似于叠后零偏移距偏移，只是偏移方程中多了一项与地层倾角有关的偏移距倾角项。Pestana(2000)提出的二维平面波叠前时间偏移首先对炮集做倾斜叠加，然后分选至共射线参数剖面，对于共射线参数剖面的偏移类似于叠后偏移，只是多了一项有关射线参数的校正。王华忠等人(2009，2011)提出的偏移距平面波时间偏移通过引入入射角与偏移距波数的关系，得到每个偏移距波数对应的平面波方程，进而采用有限差分法实现波场外推，由于使用了时间域层速度场，因此可以适应缓横向变速度介质，同时基于波动方程的波场外推算子对振幅的处理也更加可靠。

1. 三维偏移距平面波分解

(1)有限范围倾斜叠加

偏移距平面波分解可以通过倾斜叠加来实现，由于 CMP 道集中同相轴的可预测性，对 CMP 道集做倾斜叠加可以获得更高质量的平面波数据体。对于实际数据直接做 $\tau-p$ 变换，会导致平面波数据体被噪声干扰，这些噪声主要有两种来源：①倾斜叠加在实施过程中会引入噪声；②由于实际数据本身的不规则性(方位角展布及偏移距采样不均匀)以及有限采集孔径，会导致在 $\tau-p$ 域出现假频现象。把 $\tau-p$ 变换限制在局部范围内，可以显著减少倾斜叠加在实施过程中引入的噪声，从而生成了具有较高信噪比的平面波数据体。

按下式(2-2)对 CMP 道集做 $\tau-p$ 变换：

$$\Phi(\tau,\vec{y},\vec{p}_h)=\sum_{|\vec{h}|=H_{\text{start}}}^{H_{\text{end}}}\Psi(t-\vec{p}_h\cdot\vec{h},\vec{y},\vec{h}), \tag{2-2}$$

式中：τ 为截距时间；$\vec{y}=(m_x,m_y)$为 CMP 点坐标；$\vec{p}_h$ 为偏移距平面波射线参数；$\vec{h}=(h_x,h_y)$为半偏移距；H_{start}与H_{end}分别为最小偏移距与最大偏移距；$\Phi(t,\vec{y},\vec{p})$为偏移距平面波数据体；$\Psi(t,\vec{y},\vec{f})$为 CMP 道集。

事实上，$\tau-p$ 变换将 CMP 道集中的双曲时距关系映射到了 $\tau-p$ 域的椭圆时距关系。倾斜叠加在实施过程中，沿着时距曲线的切线叠加，因而不可避免地引入了噪声，限制倾斜叠加的地震道在切线的一个邻域内，就可以显著减少倾斜叠加引入的噪声。CMP 道集的时距关系可由

$$t=\sqrt{t_0^2+\frac{4\vec{h}^2}{v^2}}，表示， \tag{2-3}$$

其中，t_0 为双程旅行时，v 为叠加速度。地震波走时 t，截距时间 τ 和射线参数 $\vec{p}_h$ 有如下关系

$$t=\tau+\vec{p}_h\cdot\vec{h} \tag{2-4}$$

偏移距射线参数定义为

$$\vec{p}_h=\frac{\mathrm{d}t}{\mathrm{d}\vec{h}}=\frac{4\vec{h}}{v^2t} \tag{2-5}$$

因此，$\vec{h}$ 可以表示为偏移距射线参数 $\vec{p}_h$，截距时间 τ 和均方根速度 v 的函数，即

$$\vec{h}=\frac{v^2\vec{p}_h\tau}{4-v^2\vec{p}_h^2} \tag{2-6}$$

公式(2-6)事实上指明了中点—偏移距域内的地震道与 $\tau-p$ 域数据的对应关系。传统的倾斜叠加沿着切线方向 $\vec{p}_h$ 对地震道求和，必然引入噪声。若将参与叠加的地震道的范围限制在公式(2-6)所给出的一个邻域，就可以减少倾斜叠加引入的噪声。由于在处理实际数据时，速度总是不精确的。因此式(2-6)计算出的偏移距必定在某个有限的范围内，即，

$$|\vec{h}|\in[h-A_\tau,\ h+A_\tau] \tag{2-7}$$

其中，A_τ 可以是一个时变的范围，在浅层较小，在深层适当增大。只有时距曲线切线邻域内的地震道对倾斜叠加有贡献，从而得到了相对不含噪声的平面波数据体(图2-63)。

(2)与方位角无关的三维倾斜叠加

理论上来讲，三维倾斜叠加不存在任何困难，但实际数据的观测系统使三维倾斜叠加很难实现。以炮集数据为例，对于合成炮集平面波(也称合成平面炮记录)，三维炮集的空间采样通常都是不足的。类似的困难在 CMP 道集中同样存在。观测系统的影响在 CMP 道集中表现为方位角展布及偏移距采样不均匀。三维 CMP 道集可以表示为 $\boldsymbol{\Psi}(t,\ \vec{y},\ \vec{h})$，$\tau-p$ 变换后的道集可以表示为 $\boldsymbol{\Phi}(\tau,\ \vec{y},\ \vec{p}_h)$。其中，平面波矢量在笛卡儿坐标系中表示为 $\vec{p}_h=(p_{hx},\ p_{hy})$ 或极坐标表示为 $\vec{p}_h=(p_{hr},\ \theta)$。三维 $\tau-p$ 变换将 CMP 道集中的双曲面时距关系映射到了 $\tau-p$ 域中的椭球时距关系。对于方位角展布不均匀或者窄方位角的三维 CMP 道集，若按照三维平面波分解，必然导致 $\tau-p$ 变换后的道集受假频干扰，数据严重缺失。与方位角无关的平面波分解能够克服不均与的方位角展布和偏移距采样不均匀对三维平面波分解的影响。首先将平面波矢量($\boldsymbol{p}_{hr}$，θ)投影成标量 $\boldsymbol{p}_{hr}$，忽略方位角 θ 的影响；随后，将所有绝对值相同，但不同方向的偏移距平面波矢量($\boldsymbol{p}_{hr}=\mathrm{const}$，$\theta$)，叠加成一个平面波标量($\boldsymbol{p}_{hr}=\mathrm{const}$)，这样仅保留其数值大小而忽略了其方位角特性。与方位角无关的三维平面波分解，可以产生与二维平面波分解相似的数据体。并在方位角叠加过程中同时提高了数据信噪比，使得 $\tau-p$ 变换后的数据体不受假频影响。

2. 三维偏移距平面波偏移

如图2-64所示，可以定义如下偏移距平面波射线参数，

$$\vec{p}_h=\vec{p}_\mathrm{r}-\vec{p}_\mathrm{s}=\frac{\sin\theta_\mathrm{r}}{v}-\frac{\sin\theta_\mathrm{s}}{v} \tag{2-8}$$

其中，$\vec{p}_\mathrm{r}$ 和 $\vec{p}_\mathrm{s}$ 分别是检波点和炮点射线参数。$\vec{p}_h$ 可以用入射和出射射线之间的半张角 γ 和反射界面的视倾角 α 来表示，即 $|\vec{p}_h|=2\sin\gamma\cos\alpha/v$，$\alpha$ 为 inline 方向反射界面的视倾角。当视倾角较小时，$\vec{p}_h$ 可以近似表示为 $|\vec{p}_h|\approx2\sin\gamma/v$。对于叠前时间偏移而言，这样的近似是可以接受的。

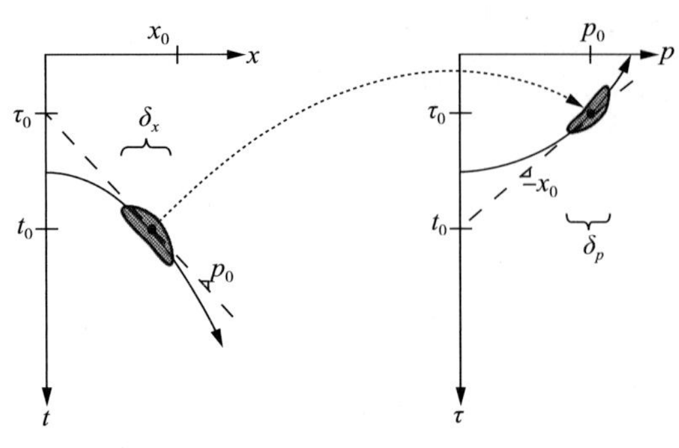

图2－63　有限范围倾斜叠加示意图

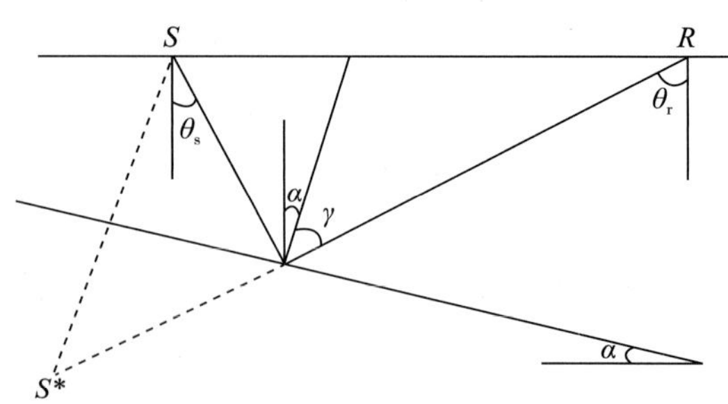

图2－64　炮检几何关系

在拟深度域，双平方根算子(DSR)的频散关系为

$$2k_\tau=\sqrt{\omega^2-\frac{v^2}{4}(\vec{k}_m-\vec{k}_h)^2}+\sqrt{\omega^2-\frac{v^2}{4}(\vec{k}_m+\vec{k}_h)^2} \tag{2-9}$$

其中，$\vec{k}_m=(k_{m_x},\ k_{m_y})$，$\vec{k}_h=(k_{h_x},\ k_{h_y})$，$\omega$ 为角频率，v 为常速。将公式(2－9)改写为

$$\omega=-k_\tau\sqrt{\left(1+\frac{v^2\vec{k}_m^2}{4k_\tau^2}\right)\left(1+\frac{v^2\vec{k}_h^2}{4k_\tau^2}\right)} \tag{2-10}$$

当反射界面视倾角较小时，偏移距波数与炮检点射线半张角有如下关系(Weglein，1999)，

$$\tan\gamma=-v\vec{k}_h/2k_\tau \tag{2-11}$$

将公式(2－11)代入公式(2－10)，整理得到偏移距平面波的频散方程

$$\frac{4}{v^2}k_\tau^2+\vec{k}_m^2-4\frac{\omega^2}{v^2}\cos^2\gamma=0 \tag{2-12}$$

公式(2－12)在频率—空间域可以表示为

$$\left(\frac{4}{v^2}\frac{\partial^2}{\partial\tau^2}+\frac{\partial^2}{\partial x^2}+\frac{\partial^2}{\partial y^2}\right)\tilde{U}+4\frac{\omega^2}{v^2}\cos^2\gamma\tilde{U}=0 \tag{2-13}$$

将公式(2－13)中的 $\cos\gamma$ 用偏移距平面波矢量 $\vec{\boldsymbol{p}}_h$ 表示，可以得到常速介质中的三维偏移距平面波方程

$$\left(\frac{4}{v^2}\frac{\partial^2}{\partial\tau^2}+\frac{\partial^2}{\partial x^2}+\frac{\partial^2}{\partial y^2}\right)\tilde{U}+4\frac{\omega^2}{v^2}\left(1-\frac{v^2\vec{p}_h^2}{4}\right)\tilde{U}=0 \tag{2-14}$$

对于速度横向缓变的介质，方程式(2－14)近似成立。取方程式(2－13)的单平方根近似，有

$$\frac{\partial\tilde{U}}{\partial\tau}=-i\omega\sqrt{1-\frac{v^2\vec{p}_h^2}{4}}\cdot\sqrt{1+\frac{v^2}{4\omega^2\left(1-\frac{v^2\vec{p}_h^2}{4}\right)}\left(\frac{\partial^2}{\partial x^2}+\frac{\partial^2}{\partial y^2}\right)}\tilde{U} \tag{2-15}$$

对方程式(2－15)的右端项做连分展开，并对 Laplace 算子沿 x，y 方向双向分裂，并用 Clearbout(1985)定义的差分运算技巧，可以得到以下方程：

$$\frac{\partial U(x,\ y,\ \tau;\ \omega)}{\partial\tau}=-i\omega\sqrt{1-\frac{v^2(x,\ y,\ \tau)p_{h_x}^2}{4}}U(x,\ y,\ \tau;\ \omega) \tag{2-16a}$$

$$\frac{\partial}{\partial\tau}\left[1+\gamma_x\Delta x^2\frac{\delta^2}{\delta x^2}+\gamma_y\Delta y^2\frac{\delta^2}{\delta y^2}+\frac{bv^2(x,y,\tau)}{4\omega^2\left(1-\frac{v^2(x,y,\tau)p_{h_x}^2}{4}\right)}\left(\frac{\delta^2}{\delta x^2}+\frac{\delta^2}{\delta y^2}\right)\right]U(\omega,x,y,\tau,p_{h_x})$$

$$=-i\frac{av^2(x,y,\tau)}{2\omega\sqrt{1-\frac{v^2(x,y,\tau)p_{h_x}^2}{4}}}\left(\frac{\delta^2}{\delta x^2}+\frac{\delta^2}{\delta y^2}\right)U(\omega,x,y,\tau,p_{h_x}) \qquad (2-16b)$$

式(2－16)即为偏移距平面波偏移的外推波场基本方程，可用差分方法求解。

3. 方法测试

用三维 Kirchhoff PSTM(OMEGA 软件处理)和三维偏移距平面波 PSTM 处理后的剖面分别如图 2－65 和图 2－66 所示。对比两结果可以看出，平面波偏移结果较 Kirchhoff 积分法的结果有很大改善。平面波偏移对绕射波的收敛更加干净(图左侧圆圈区域内)，对断层的刻画更加清晰。积分法偏移的横向模糊现象降低了其分辨率，而平面波波动方程偏移很好的解决了这一问题。

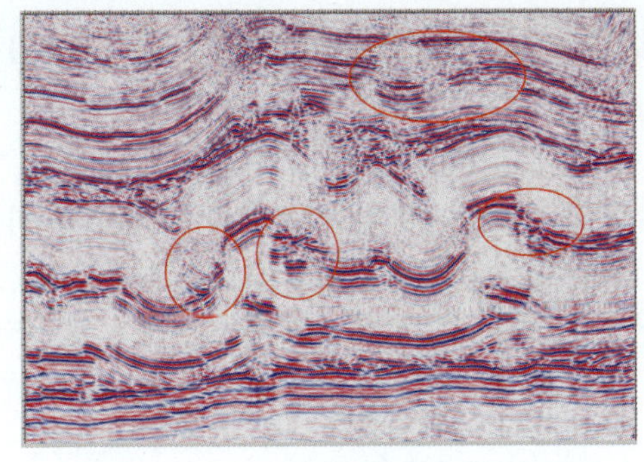

图 2－65　Kirchhoff 积分法偏移剖面

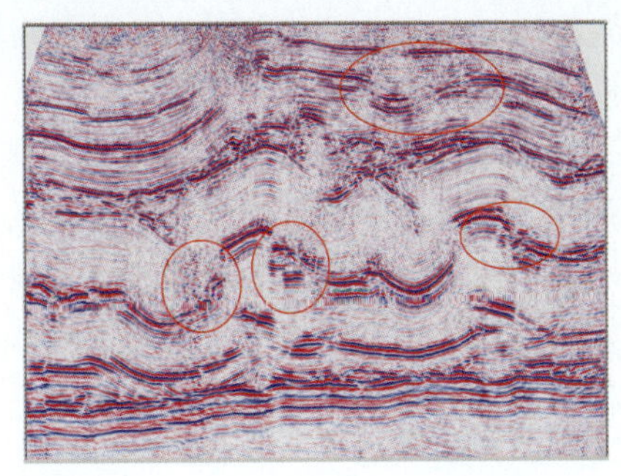

图 2－66　三维偏移距平面波偏移剖面

二、角度域时移深度聚焦偏移与速度分析

复杂构造成像的最大困难在于建立一个合适的速度模型。由于角度域共成像点道集(ADCIGs)既携带了反射界面两侧的弹性参数变化的信息，也蕴涵了偏移速度场是否正确的信息，因此，常在 ADCIGs 上研究速度分析方法，估计速度模型。反射波场聚焦与否以及聚焦是否发生在正确的空间位置上是判断偏移速度是否正确的指标，Doherty 和 Claerbout(1974)提出深度聚焦分析(DFA)方法，DFA 速度分析利用了地震数据的非零时间成像结果，根据聚焦深度和成像深度的差异在一定的假设下导出速度更新公式进行宏观速度估计。理论上讲，无论从成像前的数据或是成像后的数据得到 ADCIGs，本质上是将地震数据中不同传播方向的波场成分入射到反射界面上产生的反射系数提取出来，尽管提取的角度反射系数只是近似地反映了真实的反射系数。当偏移速度存在误差时，ADCIGs 中的同向轴不能拉平，因此也可以利用 ADCIGs 中同向轴的剩余曲率更新偏移速度模型。

聚焦速度分析和剩余曲率速度分析都存在一定的问题。首先，聚焦速度分析利用绕射能量的聚焦与否以及聚焦深度和成像深度是否相同来判定速度是否正确。当地震数据的信噪比较低时很难在成像道集上判断聚焦的好坏，也就无法确定聚焦深度，此时，聚焦速度分析会存在较大的误差。剩余曲率速度分析仅仅利用了成像道集中同向轴是否拉平的信息，成像道集中的同向轴的剩余曲率反映了偏移速度是否存在误差，以及误差的大小。因此，有必要借助时移角度成像道集把聚焦速度分析和剩余曲率速度分析结合在一起，进一步提高偏移速度分析的精度。

1. 适于速度分析的成像条件

为了得到地下构造的图像，偏移成像通过成像条件从波场延拓后的地震数据中提出对应地下反射界面的反射波振幅值作为成像结果。对于单平方根(SSR)方程，偏移成像条件可表示为：

$$\boldsymbol{u}(x,\ z,\ t)=\boldsymbol{u}_s(x,\ z,\ t)*\boldsymbol{u}_r(x,\ z,\ t) \tag{2-17}$$

$$\boldsymbol{I}(x,\ z)=\boldsymbol{u}(x,\ z,\ t=0) \tag{2-18}$$

式中，$\boldsymbol{u}(x,\ z,\ t)$表示$(x,\ z)$处$t$时刻的波场，$*$表示互相关，$\boldsymbol{I}(x,\ z)$表示$(x,\ z)$点的像。

同样地，双平方根(DSR)方程对应的偏移成像条件在频率波数域可方便地表示为：

$$\boldsymbol{I}(x,z)=\int \mathrm{d}\omega \int \mathrm{d}k_{\mathrm{h}}\tilde{p}(\omega,x,k_{\mathrm{h}};z) \tag{2-19}$$

其中，$\tilde{p}(\omega,\ x,\ k_h;\ z)$为频率域的地震波场。关于$\omega$和$k_h$的积分反映了DSR方程偏移的成像条件：$t=0$和$h=0$。

为了在偏移过程中更新速度模型对成像条件进行了扩展，要么利用$t\neq0$条件(常规DFA利用了$t\neq0$时的波场聚焦信息)；要么利用$h\neq0$条件(剩余曲率分析利用了不同偏移距的波场成像结果)。ADCIGs可以通过非零偏移距成像首先得到偏移距域共成像点道集(ODCIGs)，然后通过倾斜叠加将ODCIGs转化为ADCIGs得到。得到ODCIGs的SSR和DSR方程成像条件在频率域分别表示为：

$$\boldsymbol{I}(x,h,z)=\int \mathrm{d}\omega \tilde{u}_{\mathrm{s}}(x-h,z,\omega)^{*}\tilde{\gamma}(x+h,z,\omega) \tag{2-20}$$

$$\boldsymbol{I}(x,h,z)=\int \mathrm{d}\omega \int \mathrm{d}k_h \mathrm{e}^{ik_h h}\tilde{p}(\omega,x,k_h;z) \tag{2-21}$$

其中，上标$*$表示取共轭。然后，通过倾斜叠加将ODCIGs I转化为ADCIGs。此处引入的h不是地表处的偏移距，实际上它反映的是波入射到反射界面时的角度信息，可以称其为局部偏移距。

常规DFA在成像时只提取$h=0$信息，然后寻找聚焦能量最强的点对应的时间或者深度(聚焦深度)。在SSR方程偏移中引入时间移动量τ，可给出时移成像条件：

$$\boldsymbol{u}(x,\ z,\ t,\ \tau)=\boldsymbol{u}_{\mathrm{s}}(x,\ z,\ t-\tau)*\boldsymbol{u}_{\mathrm{r}}(x,\ z,\ t+\tau) \tag{2-22}$$

$$\boldsymbol{I}(x,\ z,\ \tau)=\boldsymbol{u}(x,\ z,\ t=0,\ \tau) \tag{2-23}$$

本文称通过公式(2-22)、式(2-23)得到的道集为TSCIGs。对式(2-23)通过$\tan\gamma=-k_h/k_z$进行倾斜叠加，得到伪角度域共成像点道集(pseudo ADCIGs)。式(2-22)、式(2-23)的时移量τ聚焦条件在频率域的表示形式更为简单，可表示为

$$\boldsymbol{I}(x,\ z,\ \tau)=\sum_{\omega}\hat{\boldsymbol{u}}_{\mathrm{s}}(x,\ z,\ \omega)*\boldsymbol{u}_r(x,\ z,\ \omega)\mathrm{e}^{2i\omega t} \tag{2-24}$$

与式(2-24)等价的DSR方程偏移成像条件为：

$$\boldsymbol{I}(x,z,\tau)=\int \mathrm{d}\omega \tilde{p}(\omega,x;z)\mathrm{e}^{2i\omega\tau} \tag{2-25}$$

成像条件中引入时移量τ，实际上实现了一种非零时间成像，本质上属于DFA的深度

聚焦条件。当时移量 $\tau=0$ 时说明聚焦发生在 $t=0$ 的成像时间。这表示偏移速度是正确的。

为了利用地震波在不同时移量 τ 的聚焦情况来判断偏移速度的正确程度，分别在 SSR 方程偏移中提出如下时空移动成像条件：

$$\boldsymbol{u}(x,\ z,\ t,\ h,\ \tau)=\boldsymbol{u}_{\mathrm{s}}(x-h,\ z,\ t-\tau)*\boldsymbol{u}_{\mathrm{r}}(x+h,\ z,\ t+\tau) \tag{2-26}$$

$$\boldsymbol{I}(x,\ z,\ h,\ \tau)=\boldsymbol{u}(x,\ z,\ t=0,\ h,\ \tau) \tag{2-27}$$

式(2－27)中 $\boldsymbol{I}(x,\ z,\ h,\ \tau)$ 被称为时移偏移距域共成像点道集(TSODCIGs)。对于 DSR 方程偏移，时空移动成像条件可以表示为

$$\boldsymbol{I}(x,h,z,t)\ =\ \int \mathrm{e}^{2i\omega\tau}\mathrm{d}\omega\int \mathrm{d}k_h \mathrm{e}^{ik_h h}\tilde{p}(\omega,x,k_h;z) \tag{2-28}$$

通过倾斜叠加 $\tan\gamma=-k_h/k_z$，TSODCIGs $\boldsymbol{I}(x,\ z,\ h,\ t)$ 转化为时移角度域共成像点道集(TSADCIGs)，

$$\boldsymbol{I}(x,\ z,\ h,\ \tau)\Rightarrow\boldsymbol{I}(x,\ z,\ y,\ \tau) \tag{2-29}$$

波动方程叠前偏移是将地表接收的多偏移距地震数据，通过波场延拓反传播到地下，用成像条件提取零时间和零偏移距的成像值。当偏移速度不正确时，波场延拓到反射界面所在的深度时，波场聚焦不能同时满足零时间和零偏移距条件。在成像道集中，通过同向轴对不同偏移速度的响应可以知道偏移速度的错误程度。偏移速度分析就是根据地表接收的多偏移距地震数据，利用适当的成像条件和速度误差判断准则，通过合适的速度修正方法和策略，逐步逼近地下介质的宏观速度模型，并得到最佳成像结果的过程。一直以来，偏移速度分析中通常利用两种准则判断成像速度正确与否，一个是 Doherby 和 Claerbout 在 DFA 偏移速度分析中提出的零时间成像与零偏移距聚焦深度一致准则；一个是 Al－Yahya 提出的共成像点道集拉平准则，用于剩余曲率偏移速度分析。前一准则认为，对于地下一成像点，如果偏移速度正确，则零时间成像条件得到的深度(成像深度)与零偏移距成像条件得到深度(聚焦深度)是一致的，反之两者不一致，偏移速度偏高，成像深度大于聚焦深度，反之小于聚焦深度；后一准则认为，对于地下一成像点，如果偏移速度正确，则共成像点道集是拉平的，否则，则不能够拉平，偏移速度偏高，道集向下弯，反之向上翘。

2. 速度更新公式

通过 TSADCIGs 可以定性的得知偏移速度过大还是过小，要定量的修正偏移速度模型，还要给出利用 TSADCIGs 的速度更新公式。在水平层状介质情况下，用正确的速度向下外推到错误的的深度和用错误的速度向下外推到正确的深度是等价的。

$$\frac{z_{\mathrm{f}}}{v}=\frac{z}{v_{\mathrm{m}}} \tag{2-30}$$

其中，z_{f}、z、v、v_{m} 分别为聚焦深度、真深度、真速度和偏移速度。

在聚焦深度和真深度之间有如下的关系

$$\frac{z-z_{\mathrm{f}}}{v_{\mathrm{m}}}=\tau \tag{2-31}$$

其中，τ 是聚焦时移量。它是由于偏移速度的不正确而产生的。偏移速度正确时，该量等于0。式(2－30)和式(2－31)结合给出

$$\frac{z_{\mathrm{f}}}{v}=\frac{z}{v_{\mathrm{m}}}+\tau \tag{2-32}$$

最后可以得到水平层状介质情况下的速度更新公式：

$$v = \frac{z_f v_m}{z_f + \tau v_m} \tag{2-33}$$

进一步地，可以考虑地下反射界面的倾角来修改速度。假设聚焦反射面与成像反射面平行。则有

$$\cos\alpha = \frac{v_m \tau}{z - z_f} \tag{2-34}$$

把式(2－34)与式(2－30)结合有

$$\frac{z_f}{v} = \frac{z}{v_m} + \frac{\tau}{\cos\alpha} \tag{2-35}$$

可以得到非水平反射面情况下的偏移速度更新公式

$$v = z_f v_m / \left(z_f + \frac{\tau v_m}{\cos\alpha}\right) \tag{2-36}$$

更进一步地，定义 z，α，γ 分别表示反射界面的真深度、真倾角以及地震数据中的真入射角，z_m，α_m，γ_m 分别为成像得到的界面的深度、倾角和对应的入射角，z_f，α_f，γ_f 分别为聚焦后得到的界面的深度、倾角和对应的入射角。在速度误差较小的情况下，假设 $\alpha_m = \alpha_f = \alpha$，$\gamma_m = \gamma_f = \gamma$，可推出如下关系：

$$\cos\alpha = \frac{\tau \cdot \bar{v}}{[z_f - z_m(\gamma)]\cos\gamma} \tag{2-37}$$

其中，τ 聚焦时移时间，$\bar{v}$ 为从成像点到聚焦点的平均速度。通过公式(2－37)能够得到地下反射界面的倾角。在常速假设下，单层倾斜地层存在如下关系：

$$t = t_m = \frac{2z}{v}\frac{\cos\alpha\cos\gamma}{\cos^2\alpha - \sin^2\gamma} \tag{2-38}$$

当偏移速度 $v_m \neq v$ 时，聚焦时间满足：

$$t_f = \frac{2z_f}{v_m}\frac{\cos\alpha_f\cos\gamma_f}{\cos^2\alpha_f - \sin^2\gamma_f} \tag{2-39}$$

在小速度误差和小地层倾角假设下，令 $\alpha_m = \alpha_f = \alpha$，$\gamma_m = \gamma_f = \gamma$，有

$$\tau = \frac{1}{2}(t_f - t) = \frac{\cos\alpha\cos\gamma}{\cos^2\alpha - \sin^2\gamma}\left(\frac{z_f}{v_m} - \frac{z}{v}\right) \tag{2-40}$$

注意式(2－39)中为单程旅行时，式(2－38)、式(2－39)中为双程旅行时，公式(2－40)右端需要乘以1/2。式(2－40)代入式(2－37)，得

$$v = \frac{z \cdot v_m}{z_f - [z_f - z_m(\gamma)] \cdot (\cos^2\alpha - \sin^2\gamma)} \tag{2-41}$$

当 $\gamma = 0$ 时，上式简化为：

$$v = \frac{z \cdot v_m}{z_f - [z_f - z_m(\gamma)] \cdot \cos^2\alpha} \tag{2-42}$$

公式(2－42)为适用于TSCIGs的速度更新公式。假设 $\alpha = \gamma = 0$ 时，有

$$v = \frac{z}{z_m} v_m \tag{2-43}$$

公式(2－43)即水平层状介质情况下深度聚焦公式。

在公式(2－41)中，v_m，z_f，γ 都是已知的，地层倾角 α 可通过射线深度偏移扫描得到，只有真深度是未知项。根据深度聚焦结果，假设

$$z \approx \frac{z_m(0) + z_f}{2} \tag{2-44}$$

公式(2－44)代入式(2－41)得

$$v = \frac{1}{2}\frac{[z_m(0) + z_f] \cdot v_m}{z_f - [z_f - z_m(\gamma)] \cdot (\cos^2\alpha - \sin^2\gamma)} \tag{2-45}$$

公式(2－45)仍然属于DFA速度分析更新公式的范畴。下面讨论更新函数式(2－45)对复杂构造的适应能力。为了更容易讨论问题，取速度的相对量 Δv，

$$\Delta v = v - v_m = \frac{[z_f - z_m(\gamma)] \cdot (\cos^2\alpha - \sin^2\gamma) - \frac{[z_f - z_m(0)]}{2}}{z_f - [z_f - z_m(\gamma)] \cdot (\cos^2\alpha - \sin^2\gamma)} v_m \tag{2-46}$$

不失一般性，假设偏移速度偏小，公式(2－46)要稳定，Δv 必须大于0。在公式中 $\cos^2\alpha - \sin^2\gamma > 0$ 即 $\alpha + \gamma < \pi/2$，是由地表观测方式决定的，在不考虑回转波的情况下它总是成立的。在偏移速度偏小时，成像深度要小于聚焦深度，即 $\Delta z > 0$。要使公式(2－46)中 Δv 大于0，分子必须大于0。可见公式(2－46)对地质倾角是比较苛刻的，所能达到的最大倾角也只有45°。考虑到要使速度分析能够较快收敛，实际中能够分析的倾角要小于40°。速度更新公式的倾角限制是因为前面在推导过程中引入了小角度假设。实际上，当倾角较大时，前面倾斜叠加得到角度域道集方法也存在较大误差。

为了得到大地层倾角下稳定的速度更新公式，在小速度误差假设下，假设真深度等于聚焦深度，公式(2－40)修改为

$$v = \frac{z_f \cdot v_m}{z_f - [z_f - z_m(\gamma)] \cdot (\cos^2\alpha - \sin^2\gamma)} \tag{2-47}$$

在地层倾角较大时，该公式能够保证向正确的方向修改偏移速度模型。

3. 偏移速度分析的具体实现

前面给出的速度更新公式是在单层倾斜地层假设下推导出来的，因此，速度更新的实现只有用层剥离的方法才是比较准确的，速度分析流程是：

①在叠加剖面或者时间偏移剖面上解释速度层位。这里，一次将整个模型全部解释完毕，并在各速度层位上选择适量的速度分析控制点。为了减小道集提取和速度更新的计算量，只在各个控制点上提取道集，进行速度分析，其余的点通过插值、平滑等方法得到。

②通过常规方法得到初始层速度场。

③通过射线深度偏移将时间层位转化为深度层位，扫描深度层位地层倾角，时间域控制点也相应转化到深度域；沿层偏移，提取该层每个控制点的TSCIGs道集和TSADCIGs，其中TSCIGs道集以能量显示。在TSCIGs道集上或者TSADCIGs道集上拾取速度分析参数（从TSCIGs上可以拾取时移时间，成像深度，聚焦深度，从TSADCIGs道集上还可以拾取不同入射角对应的成像深度）；

④用式(2－47)更新速度。依次分析完该层所有速度控制点，内插、平滑得到该层速度；

⑤重复③④，直到对当前层速度满意，固定该层速度，分析下一层，直到分析完所有

层位，得到最终速度模型。

4. 方法测试

图2－67a为用初始速度模型偏移得到的成像剖面，图2－67b为用速度更新后速度模型得到的成像剖面。显然，速度更新之后成像剖面比速度更新之前有了较大的改进，反射界面更加清晰。图2－68为用初始模型和更新后速度模型偏移提取的ADCIGs。对比速度更新前后的道集可以看到，速度更新之后的道集能够较好地拉平。

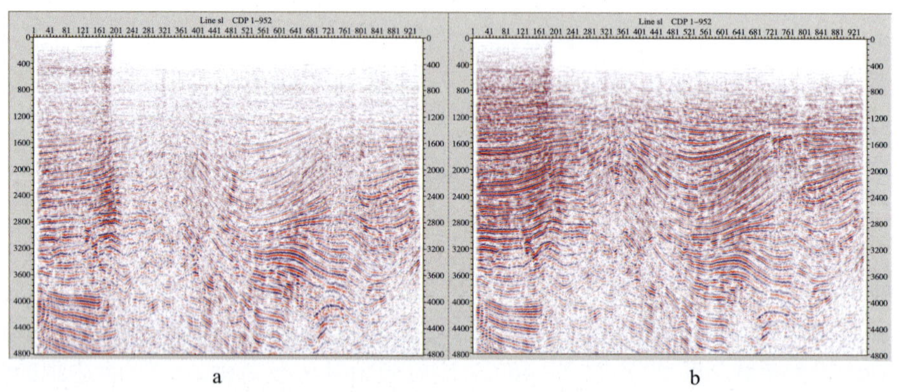

图2－67　实际资料初试成像剖面(a)与速度更新后成像剖面(b)对比

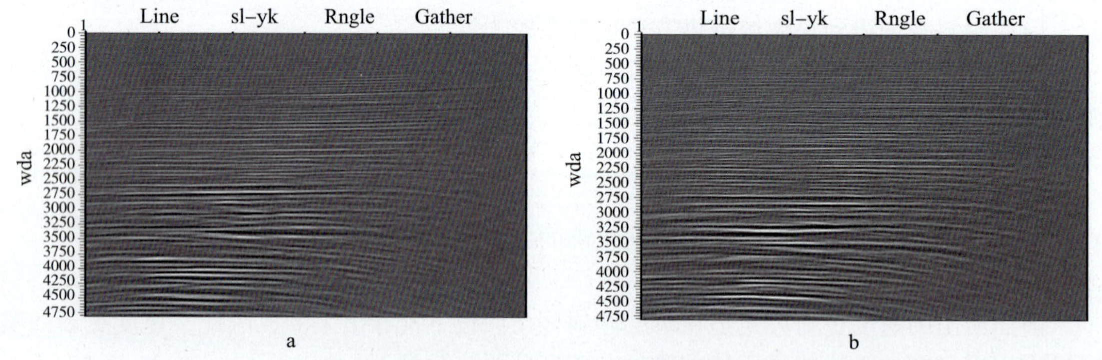

图2－68　速度更新前的ADCIGs（a)和速度更新后的ADCIGs（b)的对比

三、提高绕射波成像分辨率的方法

以散射理论为基础的等效偏移距叠前时间偏移的方法，其原理是将地下的每一个点看成散射点，对地震道集进行重排，在给定的偏移距范围内形成共散射点道集(CSP)，继而在CSP道集上采用克希霍夫积分实现成像。该方法所形成的CSP道集中偏移距变化范围较大，基本包含了偏移孔径内所有偏移距的地震数据，覆盖次数较高，信噪比较高，因此更适合解决绕射波和散射波发育的复杂非均质体以及低信噪比地区的成像问题。此外，利用CSP道集做速度分析时，速度谱能量聚焦更好，速度分析的准确性也大大提高。尹军杰(2010)和王伟(2007)等人将等效偏移距叠前时间偏移方法应用于复杂低信噪比地区，有效提高了低信噪比地震数据的偏移归位精度和小断层的成像效果。

地震偏移的目的是提高地质目标的横向分辨率，在以碳酸盐岩缝洞型储层为目标的储层描述中，地震横向分辨率尤为重要，其决定了对缝洞体尺度与几何形态刻画的精度。这里在等效偏移距叠前时间偏移的基础上，给出了一种改善绕射波成像横向分辨率的方法，其主要原理是根据绕射波在 CSP 道集上的特征，利用信号分解方法压制来自非正下方绕射点的绕射波映射噪声，进一步提高了绕射波的成像结果，从而达到提高绕射波成像横向分辨率的目的。

1. 绕射波在 CSP 道集中的特征

Banacroft 等(1998)和 Margrave 等(1999)讨论了等效偏移距叠前时间偏移方法：在偏移过程中，直接应用双平方根方程将共中心点(CMP)道集映射到 CSP 道集，继而在 CSP 道集上采用克希霍夫积分法实现成像。

垂直双程旅行时为 τ 的绕射点的旅行时 t 满足变形后的双平方根方程

$$t^2=\tau^2+\frac{4h^2}{v^2}+\frac{4x^2}{v^2}-\frac{16h^2x^2}{v^4t^2} \tag{2-48}$$

式中，x 为炮检中心点的地面坐标；h 为半偏移距；v 为速度。等效偏移距叠前时间偏移方法的关键步骤是通过等效偏移距变换

$$h_E^2=x^2+h^2-\left(\frac{2xh}{tv}\right)^2 \tag{2-49}$$

将$(h,\ t)$域的 CMP 道集数据映射为$(h_E,\ t)$域的 CSP 道集数据。式中，h_E 为等效半偏移距。通过公式(2-49)的变换，旅行时描述由双平方根方程变为单平方根方程

$$t=\sqrt{\tau^2+\frac{4h_E^2}{v^2}} \tag{2-50}$$

即在绕射点正上方的 CSP 道集中，绕射旅行时轨迹具有双曲线形式。

假设绕射点的地面投影位置为 x_0，此时，观测得到的旅行时 t 满足方程

$$t^2=\tau^2+\frac{4h^2}{v^2}+\frac{4(x-x_0)^2}{v^2}-\frac{16h^2(x-x_0)^2}{v^4t^2} \tag{2-51}$$

由式(2-51)可以得到通过等效偏移距变换后该绕射点的绕射波在 $x=0$ 处的 CSP 道集中的旅行时 t 满足的方程

$$t^2=\tau^2+\frac{4h_E^2}{v^2}-\frac{4x_0}{v^2}(2x-x_0)\left(1-\frac{4h^2}{v^2t^2}\right) \tag{2-52}$$

由式(2-52)可见，不在 CSP 道集正下方的绕射点的绕射波能量映射到该 CSP 道集后将成为一种噪声干扰，这种噪声干扰不是随机的，称其为映射噪声。当 $h<vt/2$ 时，式(2-52)可以近似为

$$t^2=\tau^2+\frac{4(h_E-x_0)^2}{v^2} \tag{2-53}$$

即绕射点的近偏移距能量被映射到顶点位于 $h_E=x_0$ 的双曲线轨迹上，理论试算表明，这是形成映射相干噪声的主要成分。

图 2-69 给出的是一个理论模型的试验结果。图 2-69a 是均匀速度背景中含 8 个速度异常点的速度模型，对该模型做正演计算得到叠前数据；图 2-69b 是 CDP 为 32、40 和 48 时图 2-69a 所标位置的 CDP 道集；图 2-69c 是对应位置的 CSP 道集。从图 2-69 可见：与 CMP 道集相比，CSP 道集上的异常点的绕射波特征反映更加清晰；绕射波在其绕

射点正上方的CSP道集中，同向轴轨迹为双曲线；非正下方绕射点的绕射波映射到CSP道集中的能量形成映射噪声干扰，其相干成分近似为一顶点偏离0偏移距位置的双曲线轨迹同向轴。

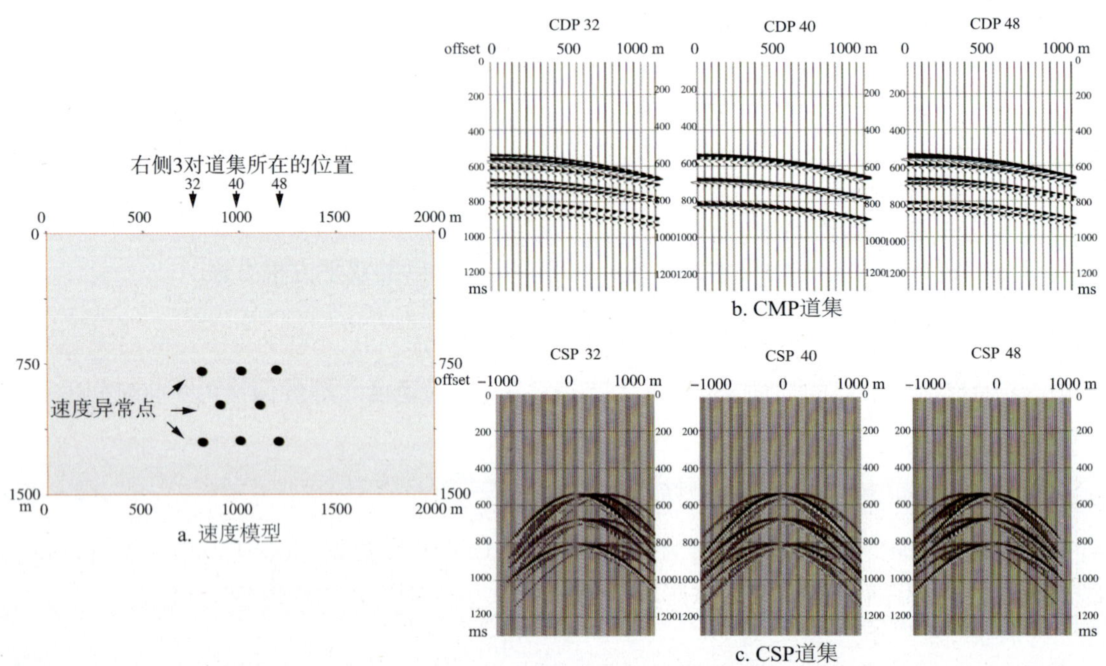

图2-69　在CMP道集和CSP道集上的异常体绕射表现形式

这些非正下方绕射点的绕射波映射能量将在成像过程中成为干扰，使成像结果中绕射体的边界变得模糊，降低了绕射波成像的分辨率。在对CSP道集进行成像之前，对CSP正下方绕射点的绕射波映射能量之外的映射噪声进行压制，能够提高绕射波成像的横向分辨率。

2. 映射噪声压制方法

对CSP道集中绕射波特征的分析表明，来自地下某绕射点的绕射波通过等效偏移距变换后，能量不仅被映射到正上方的CSP道集中，形成双曲线同向轴，构成有效信号，同时也被映射到其它CSP道集中，在邻近的CSP道集上形成近似双曲线轨迹同向轴，构成主要的映射相干噪声。通过对CSP道集进行动校正处理后，有效信号为一水平同向轴，而相干噪声干扰则为具有一定时间倾角的倾斜同向轴。对动校正后的CSP道集进行倾角滤波，可以达到压制相干噪声干扰的目的。倾角滤波方法有很多，将倾角时差相差较小的信号进行有效分离是决定倾角滤波效果的关键。最小平方倾角分解（Radon变换，Nowak E J，2004）方法是分离不同倾角信号最为有效的方法之一。

3. 理论模型试算

下面将通过理论数据试算来验证压制等效偏移距变换的映射噪声对提高绕射波成像横向分辨率的有效性。速度模型如图2-70a所示，模型中含11个圆形溶洞，其直径分别为200m，180m，160m，…，40m，20m，10m。采用声波方程进行正演模拟计算得到多次覆盖炮集记录，观测系统参数为：道距20 m，接收道数360道，90次覆盖，共记录220炮。

图 2－70b、图 2－70c 是 CSP 直接成像和压制映射噪声后成像的结果对比。显然，通过压制映射噪声，洞边界因映射噪声的存在引起的规则干扰能量得到了很大程度的削弱，洞体变得更加清晰。该结果说明了映射噪声压制方法对改善成像分辨率是有效的。

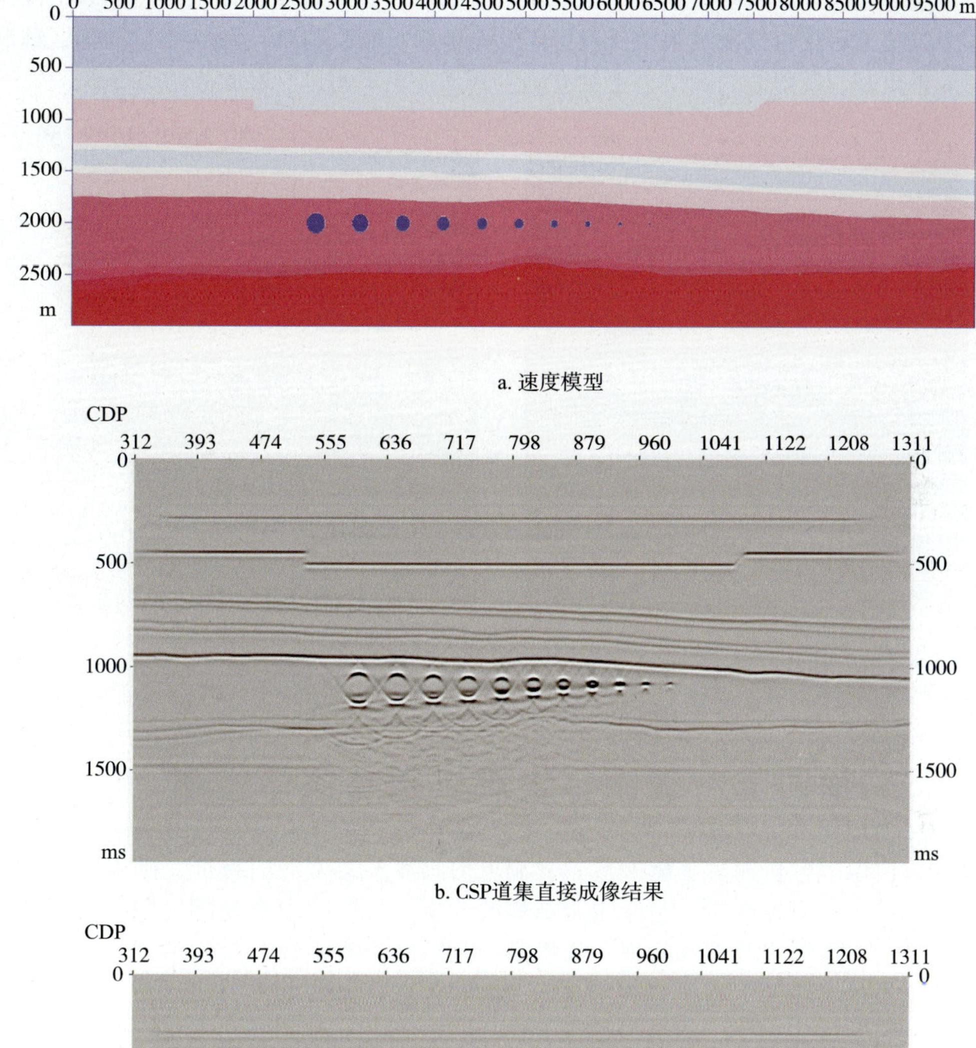

a. 速度模型

b. CSP道集直接成像结果

CDP
312 393 474 555 636 717 798 879 960 1041 1122 1208 1311
0
500
1000
1500
ms

c. CSP道集压制映射噪声后成像结果

图 2－70　CSP 直接成像和压制映射噪声后成像结果对比

4. 实际资料测试

图2－71分别是采用常规的Kichhoff叠前偏移处理和CSP道集压制映射噪声后成像结果的结果，两种方法选用的偏移孔径、速度模型、面元尺寸、覆盖次数都相同。据常规偏移结果的剖面上缝洞体的绕射波不能完全归位，有明显的画弧现象，而采用压制映射噪声的等效偏移距偏移方法获得成像结果中反射层连续性更好，断层清晰，断点归位准确，缝洞能量的聚焦效果更好，绕射波的归位也更加准确，画弧现象不明显，横向分辨率更高。

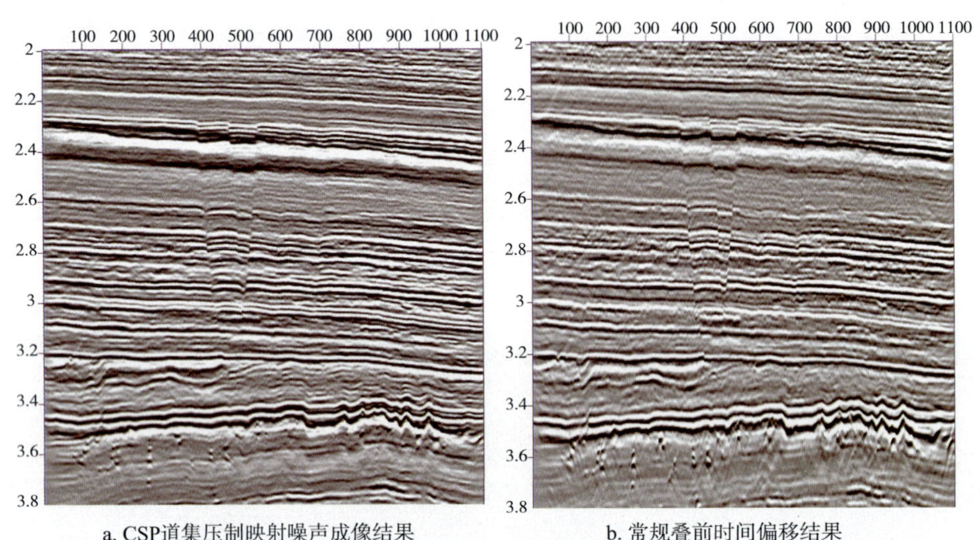

a. CSP道集压制映射噪声成像结果　　b. 常规叠前时间偏移结果

图2－71　成像效果对比

第四节　缝洞体地震识别与流体检测

物理与数值模拟分析揭示了碳酸盐岩缝洞反射具有多类型响应特征，随着缝洞体尺度的变化，缝洞形态、充填性质、空间组合结构的改变，延展范围及与围岩配置的不同，呈现出不同类型的响应模式及波场特征。为提高预测精度，需要针对这些不同的波场特征选择合适的识别与检测技术，并充分利用实际地质和井资料做约束。

一、面向缝洞储集体地震预测方法

1. 面向溶洞系统的地震预测

溶洞的存在会在地震剖面上引起反射振幅异常和反射结构的变化。由于地震分辨率的限制，溶洞分布特征只能依靠地震属性进行估计。反射结构分析技术、强振幅聚类检测技术、不连续性检测技术等是进行溶洞预测的较为有效的方法。

(1)地震反射结构预测技术

分析表明塔河的大型溶洞系统叠合有3种反射结构，即顶部地震反射结构变化，中部地震反射缺失和下部呈下凹的不连续强反射。而孔洞系统不发育区上部为地震反射结构相对稳定的强振幅区。根据地震反射结构的变化，借助地震剖面的特征化处理技术(如三瞬振幅、平均振幅、门槛值振幅、比例放大缩小、波形箱化、分频滤波、调幅载波等)可突出目标特征，并通过上中下地震反射特征的叠合及模式提取，实现大型孔洞联合体的检测(图2－72)。

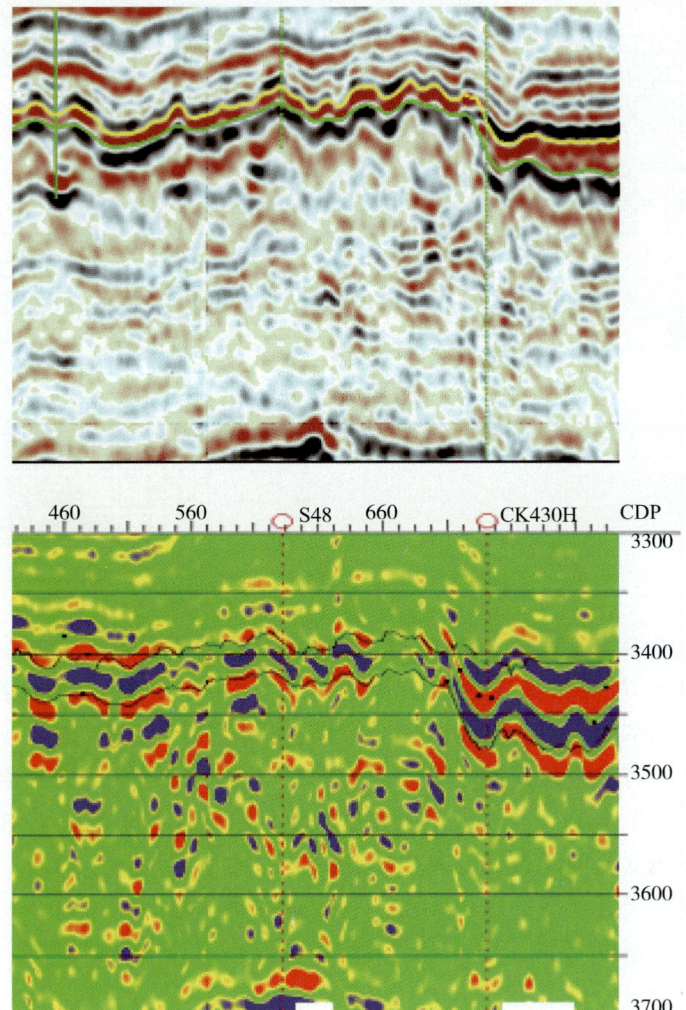

图2－72　过S48井主测线地震剖面和地震反射特征剖面

(2) 强振幅聚类检测技术

碳酸盐岩表层风化壳和风化壳内幕的反射特征可划分为两类：一类是保存相对较好的洞穴，顶底面与围岩强烈的阻抗差形成强绕射源，经绕射归位后在剖面上形成与背景差异明显的强短反射(也称串珠状反射)；另一类是坍塌规模不大、被断裂复杂化后的洞穴系统形成的杂乱反射带。

强振幅聚类的主导思想(图2－73)是由强短反射振幅点向振幅相对较弱点延拓并将其连接起来，通过强振幅门槛值截取、像素的面块聚合、临近点搜索连接、与地质目标无关的特征聚合体清除等方法实现第一类串珠状反射的提取，检测可能的岩溶洞室单元体系。

(3) 高精度不连续性检测技术

不连续性检测是针对复杂孔缝、溶蚀通道可能形成的弱反射吸收至杂乱反射带的检测。

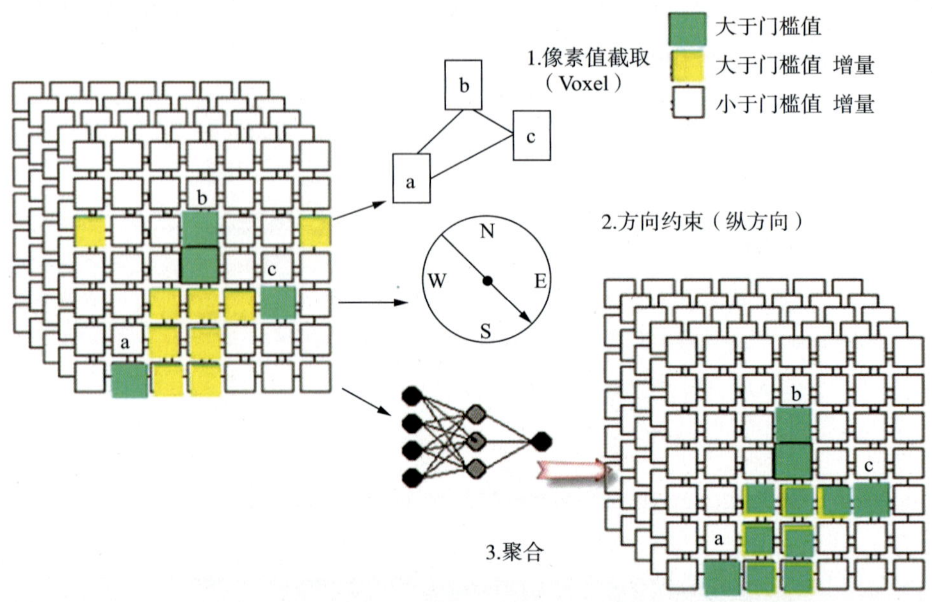

图 2-73 强振幅聚类检测原理图

采用多窗口边缘保持处理技术和倾角校正技术，通过多道数据协方差矩阵本征结构的主组分特征来突出地震道间的差异性，其优势在于：①引入多窗口边缘保持处理技术强化边界；②在协方差的基础上引入倾角体，对倾角进行校正，使之更加适应倾斜地层；③协方差矩阵分析的是所有参与计算道之间的相互关系，有较高的可信度及信噪比；④解决了多道互相关中空间权平均的人为因素，更加适用于低信噪比的资料；⑤对异常样点进行面体聚类，滤除水平或低角度的数据，突出了碳酸盐岩内幕的垂向小错断；⑥加强异常在纵向上的连接性，剔除局部零散的点状异常，有效地抑制了与表述对象不关联或关联较小的干扰，提高了检测的精度。

图 2-74 为奥陶系风化壳 T_7^4 下 10～120ms 内 3 种异常叠置对比图，检测的体聚类强振幅分上下两层(紫色及黄色)，分别代表具有点状、线状特征的强振幅检测结果(具有不同的门槛值)。同时叠置了具有一定延伸度的垂向不连续条带(黑色)及可能的高强吸收体(黑色块体)。该结果基本反映了有一定发育规模的裂缝体系或小断层系列引起的反射特征变化以及与规模不大，被断裂复杂化后的洞穴群相关的高强吸收带。

2. 面向裂缝发育带的地震预测技术

(1) 几何属性地震曲率体检测技术

组构较单一的大型平板模拟的实验已经证实，在构造变形幅度最大的凸起顶部及凹陷底部、断裂两侧，微裂缝发育程度最强。微裂缝的发育密度与形变体的曲率有关(Price 和 Cosgrove，1990)。

高精度倾角体/方位角体、曲率体属性采用适应低信噪比资料的相干扫描技术进行计算。利用保持边缘的多时窗二次扫描(先平面再曲面)使得计算的倾角更为可靠。多窗口扫描能够提高断裂两侧的检测精度，真正实现了三维体上曲率体的计算。

一组正交曲率体上最大正曲率代表了受变形反射同向轴突起部位，表示张性未充填微裂缝发育趋势最强部位，而最大负曲率则代表受变形反射同向轴凹陷部位，表示张性充填微裂缝发育趋势最强(图2－75)。

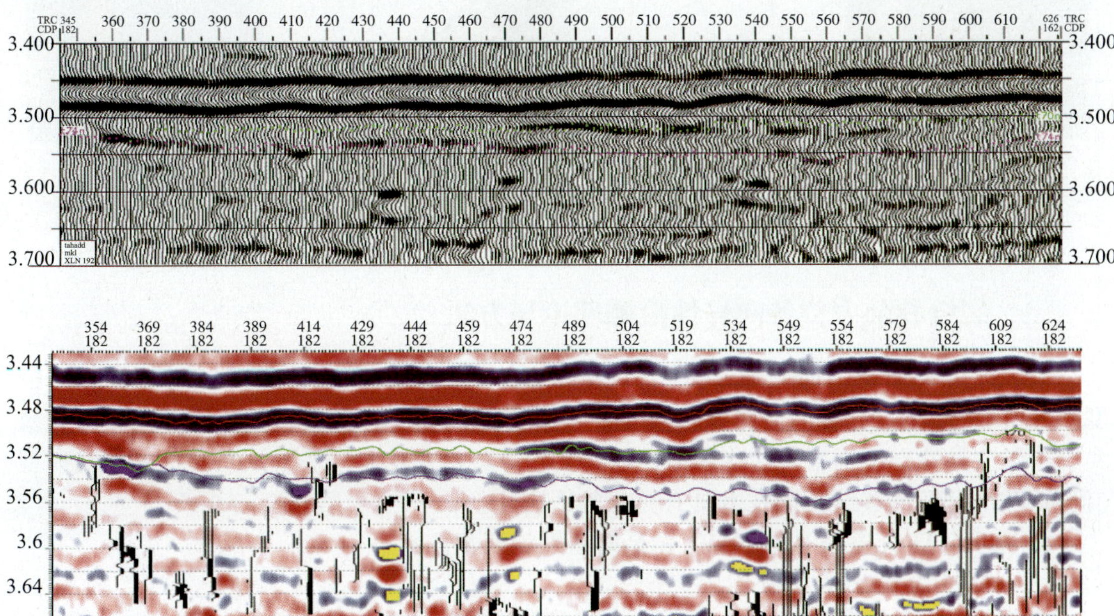

图2－74　INLINE180线地震剖面(上)及强振幅聚类、不连续检测叠置图

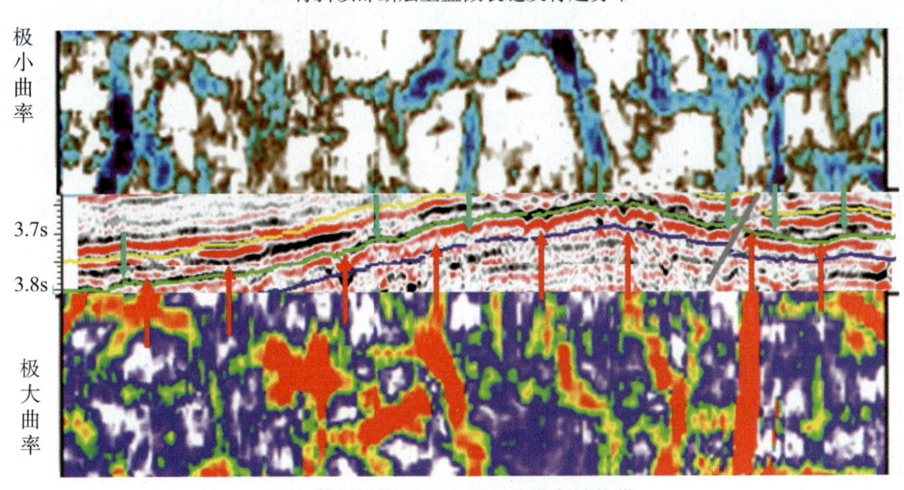

图2－75　几何曲率体检测微裂缝

（2）基于神经网络的多属性综合检测断裂发育带

运用神经网络，选取断层或断裂发育处的多属性值(相干、振幅梯度、方位角等)为网络学习的样本，用相应的分类方法进行空间样本的对应分类，实现有效样本的聚合和有效属性(即优势属性)的合成(置信概率值)，最终达到检测裂缝发育带的目的(图2－76)。

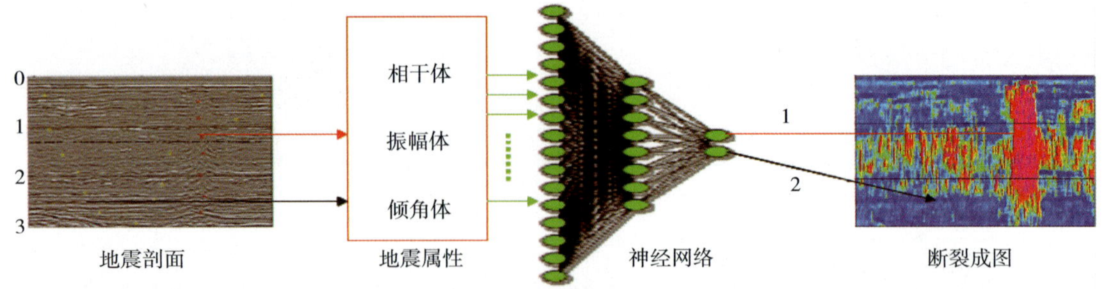

图 2-76 神经网络断裂半自动检测示意图

二、裂缝叠前方位各向异性检测理论与方法

裂隙方位各向异性研究通常采用具有垂直对称轴的横向各向同性模型（简称 VTI 模型），或具有水平对称轴的横向各向同性介质模型（简称 HTI 介质），或正交各向异性介质和单斜各向异性介质模型。这些模型往往与实际情况相差较大，基于倾斜对称轴裂缝模型（简称 TTI 模型）的裂缝预测技术具有更好的适应性。

1. 基于 TTI 介质的 P 波 NMO 剩余时差裂缝预测技术

（1）TTI 介质的 NMO 剩余时差理论

非转换波的反射时差最直接的表达方式是对双程旅行时 t^2 作泰勒展开近似，即

$$t^2 = A_0 + A_2 X^2 + A_4 X^4 \tag{2-54}$$

其中 X 是震源—接收点偏移距，且

$$A_0 = t_0^2;\ A_2 = \frac{\mathrm{d}(t_0^2)}{\mathrm{d}X^2}\bigg|_{X=0};\ A_4 = \frac{1}{2}\frac{\mathrm{d}}{\mathrm{d}X^2}\left[\frac{\mathrm{d}(t_0^2)}{\mathrm{d}X^2}\right]\bigg|_{X=0} \tag{2-55}$$

这里 $t_0 = t(0)$ 是零偏移距旅行时，A_2 与 NMO 速度有关，$A_2 = V_{\mathrm{nmo}}^{-2}$，式（2-54）右端的二次项代表的是时差曲线的双曲线部分，4 次项描述的是非双曲时差。

传统的基于 NMO 速度描述的双曲线方程，它对于偏移距为 1.5～2.0 倍的反射界面深度就不精确了，而式（2-54）能够更好地描述大偏移距情况下反射旅行时时距曲线。

Andres Pech 和 Ilya Tsvankin（2003）给出了 TTI 介质的 4 次时差系数的表达式，即

$$A_4^{\mathrm{TTI}} = -\frac{2\eta}{t_{\mathrm{p0}}^2 V_{\mathrm{p0}}^4} F(\alpha,\ \phi,\ v) \tag{2-56}$$

方程中的 t_{p0} 是零偏移距纵波双程旅行时，α 是从倾向测量的 CMP 线的方位角，ϕ 是反射界面倾角，当 $\phi = 0$ 时，界面水平，TTI 介质的 4 次时差系数可以表示为

$$A_4^{\mathrm{TTI}} = \frac{-2\eta}{t_{\mathrm{p0}}^2 V_{\mathrm{p0}}^4} F(\alpha,\ v) = \frac{-1}{64 t_{\mathrm{p0}}^2 - v_{\mathrm{p0}}^4}$$
$$\left[(18 - 24\cos 2\alpha + 6\cos 4\alpha) x_1 + 8(5 - 4\cos 2\alpha - \cos 4\alpha) x_2 + (70 + 56\cos 2\alpha + 2\cos 4\alpha) x_3\right] \tag{2-57}$$

图 2-77 为倾角不同时的 TTI 介质的 4 次时差系数理论计算结果。当倾角为 10°时，接近 VTI 介质，因此近似于圆形。随着角度的增大，TTI 介质的 4 次时差系数图出现双组形态，当倾角为 70°时，4 次时差系数曲线图的形态最为复杂，有 3 对双组曲线形态。当角度增大到 90°时，TTI 介质再次退化为 HTI 介质，4 次时差系数图为双组曲线。

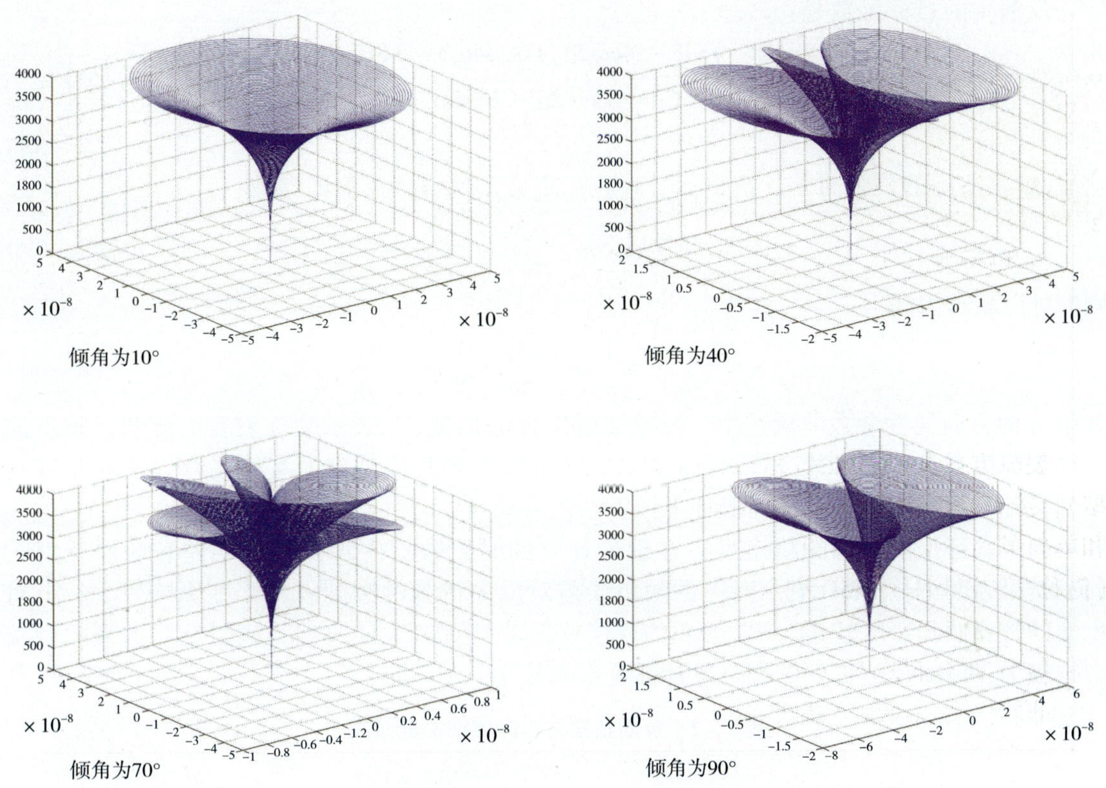

图 2－77　理论计算的 4 次时差系数图

(2)基于 TTI 介质的 P 波 NMO 剩余时差裂缝检测技术

以理论模型说明裂缝参数反演的实现步骤及效果。图 2－78 为一组三层模型，上层和下层均为各向同性介质，中间层为 TTI 介质。固定偏移距改变不同方位及不同方位随偏移距变化两种观测方式，可获得具有水平对称轴横向各向同性介质(HTI)叠前 P 波的响应关系。采取单边放炮，525 道接收，道间隔为 20m；方位角为 0°～165°，间隔为 15°；每个 CDP 道集均为 525 道，道间隔 20m，偏移距范围为 0～10480m。处理流程主要包括宏面元抽取及不同方位均匀道集的形成、方位 NMO 剩余时差标准道选取、方位 NMO 剩余时差提取、方位 NMO 剩余时差极坐标二维插值、方位 NMO 剩余时差反演等步骤。

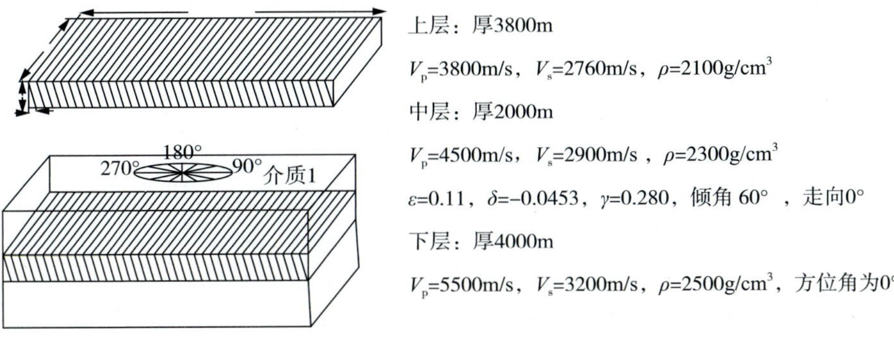

图 2－78　垂直裂缝模型的叠前观测

反演中的目标函数是：

$$F(x_1,\ x_2,\ x_3)=\sum_{i=1}^{n}\left\{\frac{X_{\max}^4}{64t_{p0}^3V_{p0}^4}\begin{bmatrix}(18-24\cos2\alpha_i+6\cos4\alpha_i)x_1+8(1-4\cos2\alpha_i-\cos4\alpha_i)x_2\\+(70+56\cos2\alpha_i+2\cos4\alpha_i)\alpha_3\end{bmatrix}\Delta t\right\}^2 \tag{2-58}$$

这里 Δt 是实际的剩余时差。解得 x_1，x_2，x_3 之后，就得到反演的参数：

$$\eta=x_1;\ v_1=\frac{1}{2}\cos^{-1}\frac{x_2}{\eta};\ v_2=\frac{1}{4}\cos^{-1}\frac{x_3}{\eta} \tag{2-59}$$

则 v 可以表示为如下：

$$v=\frac{v_1+v_2}{2}=\frac{1}{4}\cos^{-1}\frac{x_2}{\eta}+\frac{1}{8}\cos^{-1}\frac{x_3}{\eta} \tag{2-60}$$

其中 η 为各向异性参数非椭圆率，反映裂缝发育的强度，v 表示裂隙发育的倾角。将反演的结果与模型设计的参数进行对比(表 2-2)可以看到所检测到的裂缝发育强度和角度与模型设计参数基本吻合，从而验证了该方法的有效性。

为了验证反演方法的稳定性，在理论计算的时差数据中加入随机误差和底层反射时间。结果表明方位 NMO 剩余时差的随机误差对反演得到的裂隙发育强度影响较大，但对反演的裂隙倾角影响较小。TTI 介质的底层反射若具有较大的起伏，则对反演的裂隙倾角影响较大，但对反演得到的裂隙发育强度影响较小。

表 2-2　反演结果与实际模型参数对比

		随机误差	裂隙发育强度	裂隙发育角度/(°)
模型参数			0.1708	15
反演	加随机噪声		0.1708	15
		0	0.1742901	15.00259274
		5%	0.1795501	15.04835967
		10%	0.18959	15.11335928
		20%	0.2077001	15.18491022
		40%	0.2413201	15.0472155
	底面反射角度	0°		
		5°	0.1747	11.7284285
		10°	0.1771801	9.289958747
		20°	0.17711	9.226814669

2. 基于 TTI 介质的 P 波 AVO 裂缝预测技术

(1)倾斜裂缝介质 P 波 AVO 分析的理论基础

Ranjit K. (2004)给出了各向同性介质与 TTI 介质分界面上，TTI 介质上界面的反射系数公式：

$$R_{PP}^{TTI}(i,\ \phi)={}^{iso}R_{PP}^{TTI}(i)+{}^{ani}R_{PP}^{TTI}(i,\ \phi) \tag{2-61}$$

其中，各向同性部分为

$${}^{iso}R_{PP}^{TTI}(i)=\frac{1}{2}\frac{\Delta Z'}{Z_0'}+\frac{1}{2}\left[\frac{\Delta\alpha'}{\alpha'_0}-4\left(\frac{\beta'^2_0}{\alpha'^2_0}\right)\frac{\Delta G'}{G'_0}\right]\sin^2 i+\frac{1}{2}\frac{\Delta\alpha'}{\alpha'_0}\sin^2 i\tan^2 i \tag{2-62}$$

各向异性部分为

$$
{}^{\text{ani}}R_{\text{PP}}^{\text{TTI}}(i,\ \phi) = \left[\frac{\delta}{2}(\cos^2\psi - \cos^2\theta) - (\varepsilon - \delta)(\cos^2\psi + \cos^2\theta)\cos^2\theta + 4\frac{\beta_0^2}{\alpha_0^2}\gamma\cos^2\psi\right]\sin^2 i + \frac{1}{2}\left[\delta(\cos^2\psi - \cos^2\theta) + (\varepsilon - \delta)(\cos^4\psi - \cos^4\theta)\sin^2 i\tan^2 i\right] \tag{2-63}
$$

这里 $\cos\psi = \sin\theta\cos\phi$，这里 θ 和 ϕ 分别为入射角和方位角。

当 $\theta = \pi/2$ 时，$\cos\psi = \cos\phi$，式(2－63)退化为 HTI 介质；当 $\theta = 0$ 时，$\cos\psi = 0$，退化为 VTI 介质，式(2－61)变为

$$
{}^{\text{ani}}R_{\text{PP}}^{\text{VTI}}(i,\ \phi) = \frac{1}{2}\left[(\delta - 2\varepsilon)\sin^2 i - \varepsilon\sin^2 i\tan^2 i\right] \tag{2-64}
$$

此时不存在各向异性特征，其中 $\delta^{\text{v}} = \delta - 2\varepsilon$，$\varepsilon^{\text{v}} = -\varepsilon$ 为 VTI 介质弱各向异性 Thomsen 参数。

(2)倾斜裂缝介质 P 波 AVO 数值模型反演

将公式(2－61)中反射系数的各向异性成分可以写成：

$$
R_{\text{PP}}^{\text{ANI}}(i,\ \phi) = F(\theta,\ \varepsilon,\ \delta,\ \gamma) \tag{2-65}
$$

则可以得到反演目标函数：

$$
\Phi(\theta,\ \varepsilon,\ \delta,\ \gamma) = \|F(\theta,\ \varepsilon,\ \delta,\ \gamma) - R^{\text{OBS,ANI}}\| \tag{2-66}
$$

其中 $R^{\text{OBS,ANI}}$ 为观测得到的反射系数各向异性成分。由于公式(2－66)的非线性特征明显，采用非线性反演方法——模拟退火法。下面通过模型验证本方法的有效性。

采用图 2－79 模型进行反演，模型参数见表 2－3。

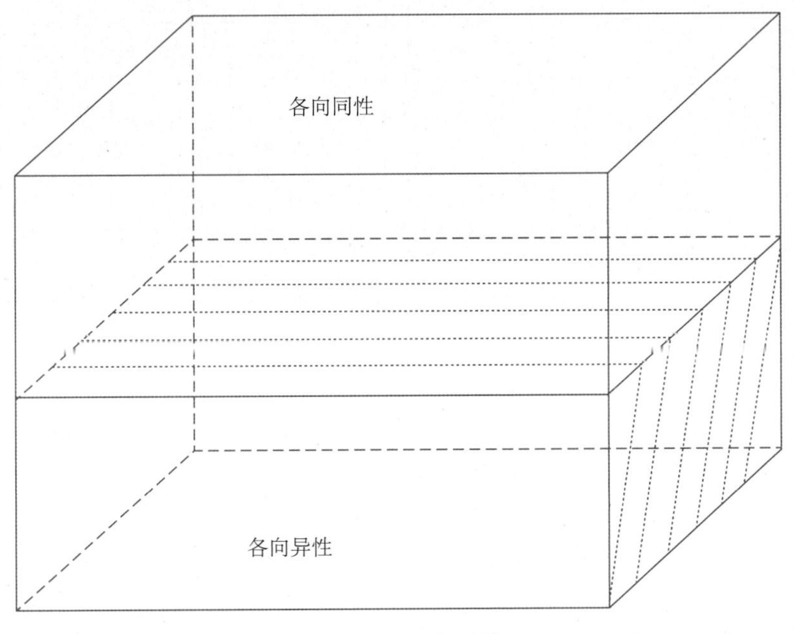

图 2－79　TTI 介质模型

表 2-3　模型参数表

介质	V_p/(m/s)	V_s/(m/s)	ρ/(kg/m^3)	ε	δ	γ
ISO	4000	2310	2650	0	0	0
TTI	3070	2060	2600	-0.191	-0.238	0.127

正演结果表明虽然当裂缝倾角变小时，各向异性随方位变化变小，但在裂缝倾角为 60°情况下还是能够反映裂缝的走向情况。加 5%噪声后的反演结果对比如图 2-80 所示，加入少量噪声对反演结果的精度影响不大，这说明反演方法具有较好的稳定性。

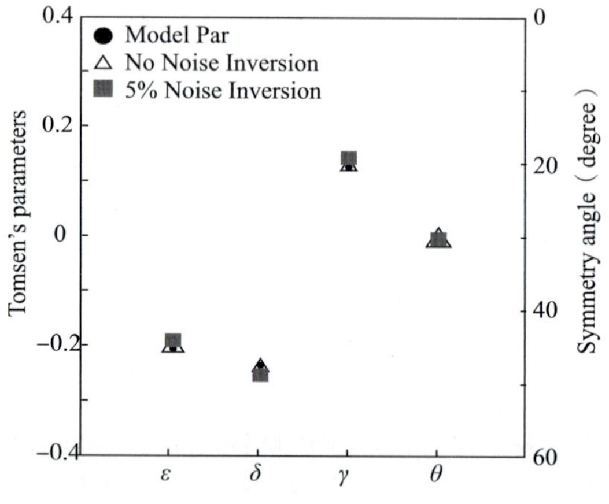

图 2-80　TTI 介质各向异性反演结果

三、缝洞储集体形体的综合刻画技术

缝洞储集体的形体刻画是通过对从不同角度反映储集体特征的属性进行综合来完成的，其实现流程见图 2-81。

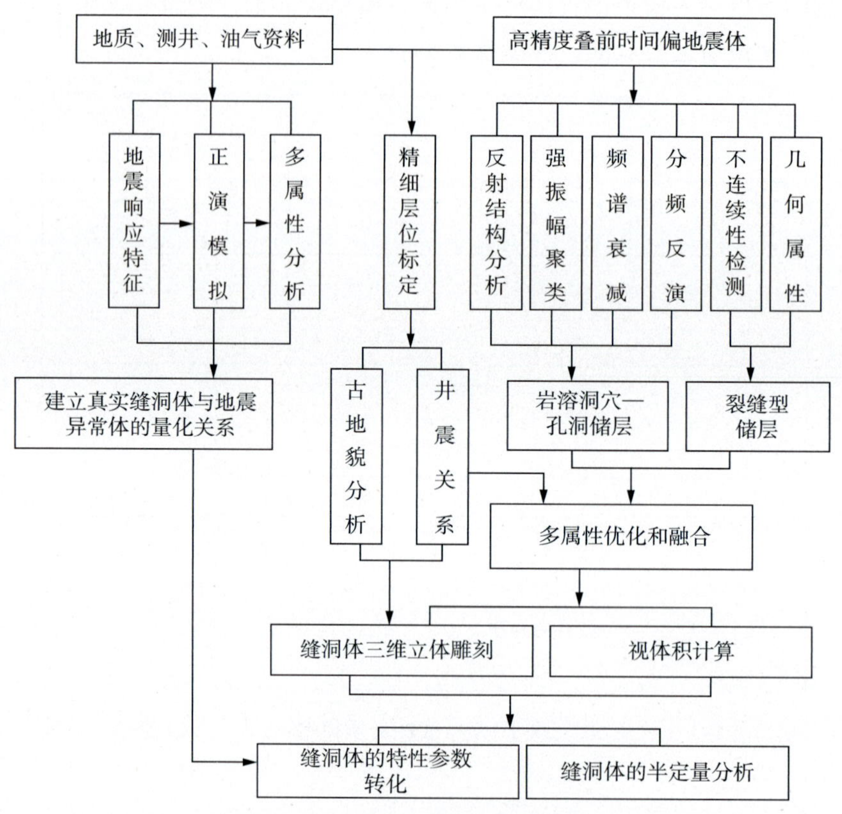

图 2-81　缝洞体描述的综合流程

1. 碳酸盐岩储集体的测井响应—地震响应分析

基于钻井、录井、岩心观察和测井资料、地震资料分析，将试验区的中下奥陶统鹰山组碳酸盐岩储层分为4种类型：未充填洞穴型、部分(全)充填洞穴型 、裂缝—孔洞型和裂缝型。

通过上述4类储层类型的地球物理响应特征的分析，可建立碳酸盐岩缝洞型储层的地震预测模式：①碳酸盐岩缝洞型储层在地震偏移保幅时间剖面上总体表现为“杂乱反射结构”特征；②下奥陶统风化面附近缝洞型储层的地震识别模式为“弱振幅、强不连续性、低波阻抗”；③下奥陶统内幕缝洞型储集层的地震识别模式为“强振幅、高振幅变化率、强不连续性、强衰减、低波阻抗”。

2. 测井曲线储层特征的非线性重构技术

以重构后的测井曲线制作的合成记录与井旁道地震记录最佳匹配为准则，利用处于同一缝洞单元、具有相似地震反射特征部位临近井的综合，重构钻井钻遇缝洞储层但测井曲线缺失储层段部位的声波密度曲线；或利用同一井上与声波、密度测井关联性最好、反映储层特征最为明显的另类测井曲线，重构高角度裂缝型储层段上声波密度特征不明显层段上的测井曲线。这样做保证了井点部位响应关系的一致，使得储层与非储层在拟声波曲线上更加容易区分(如TK429井，图2－82)。利用非线性映射重构拟声波曲线所做合成记录与地震道的相关性比原始合成记录的相关性也有了明显的提高(如TK429井，图2－83)，为钻井储层段在地震反演过程上的外推奠定了基础。

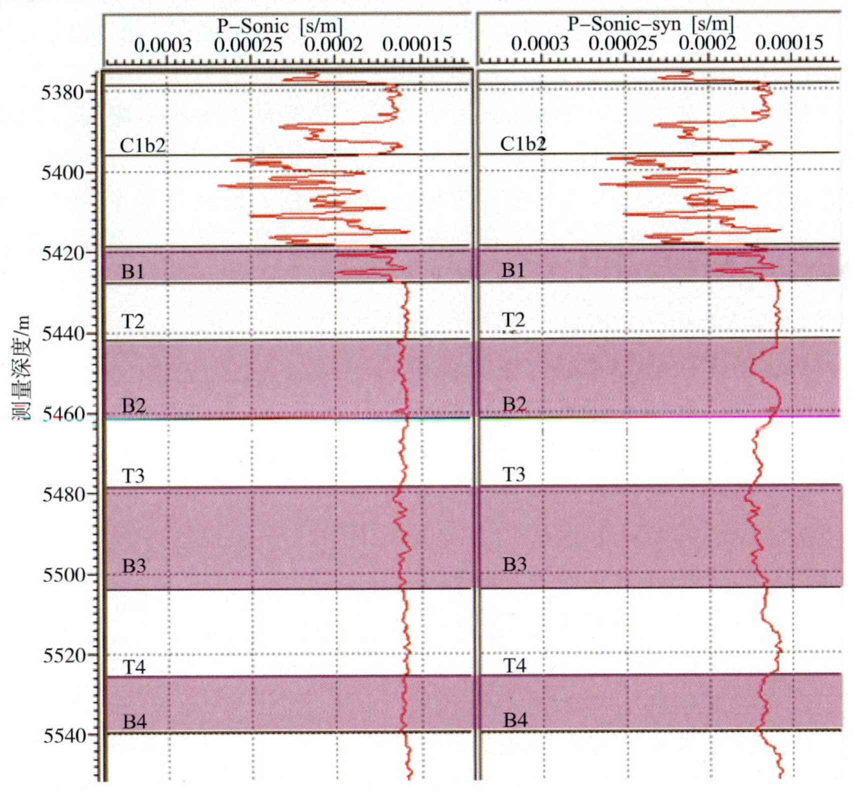

图2－82 TK429井原始声波(左)与重构声波(右)对比

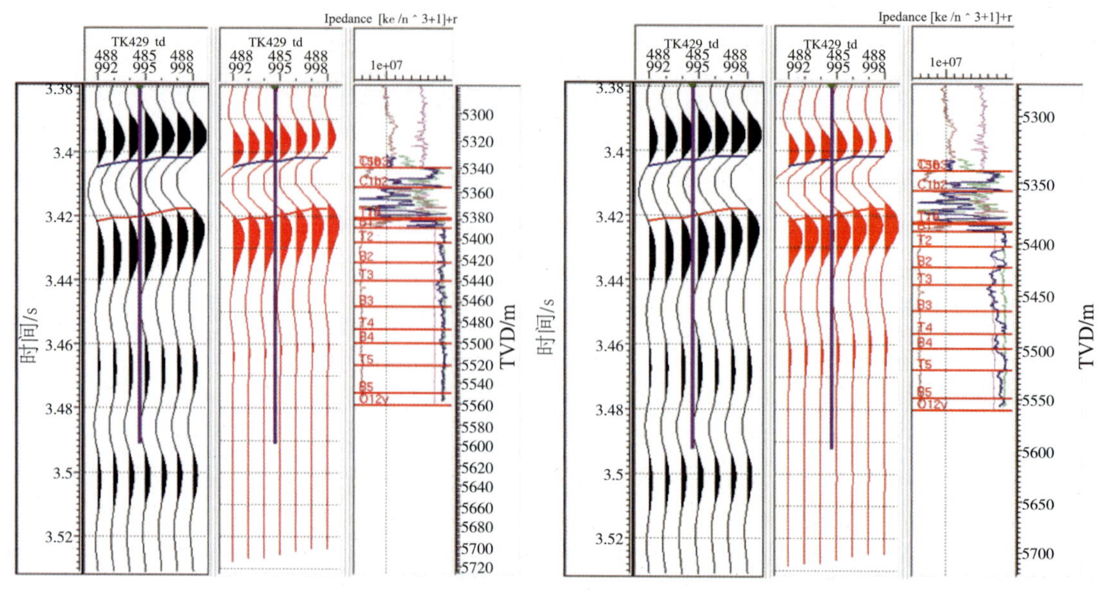

图 2－83　TK429 井原始合成记录（左）与重构后合成记录（右）对比

3. 基于井控的分频反演

基于不同反射频段的井控分频反演是利用地震约束下的低频稀疏脉冲反演表述缝洞体外形轮廓及范围，测井约束下的高频随机反演表述缝洞体内幕的非均质及物性参数的变化，通过频率域的合成整体反映缝洞体空间内外特征，实现井震信息的最优化合成。

分频带反演分为确定性反演和统计反演两步。确定性反演方法在阻抗参数与地震响应之间建立一种确定的函数关系，反演结果可靠性高，但受地震数据有限带宽的影响，分辨率较低。统计反演方法是利用目标层测井数据及地震数据在空间上的分布特点，并建立它们之间的数学统计关系，实现由地质统计规律约束的反演，反演分辨率较高。通过确定性反演和统计反演结果的信息融合，可实现地震数据的全频带反演，提高碳酸盐岩缝洞型储层预测的精度和可靠性。

4. 多属性数据体的优选与融合

表达缝洞目标的多元信息的综合方式就是降维，其中最简单的多元信息降维的一种处理方式就是线性组合。以主组分分析为基础，通过井点处每一储层概率期望为目标的最小二乘线性组合来反映缝洞不同特征的地震属性与井点处的储层的关联，提供一个对储层段最佳匹配的综合，给出反映缝洞空间展布的空间形体数据。其基本流程如图 2－84 所示。

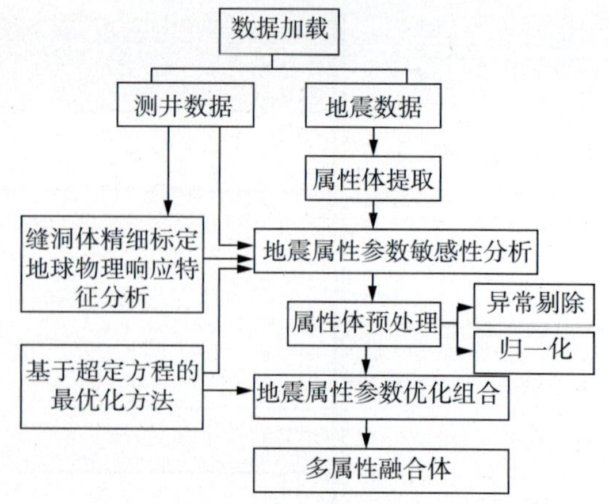

图 2－84　多属性数据体优化和融合方法流程

基于超定方程的储层期望优化技术是利用超定方程计算权重系数的客观赋权思想对地震属性进行敏感性分析，建立属性与目标预测参数的关联，达到属性优选的目的。储层信息隐藏在地震记录及地震属性之中，非常微弱，需对敏感属性运用一定的数学变换方法来突出有利部分，压制干扰，以得到更明显的储层特征。实际中采用先融合预测洞穴—孔洞型储层的敏感属性，然后再融合预测裂缝型储层敏感的属性的方法，融合结果见图 2 – 85。

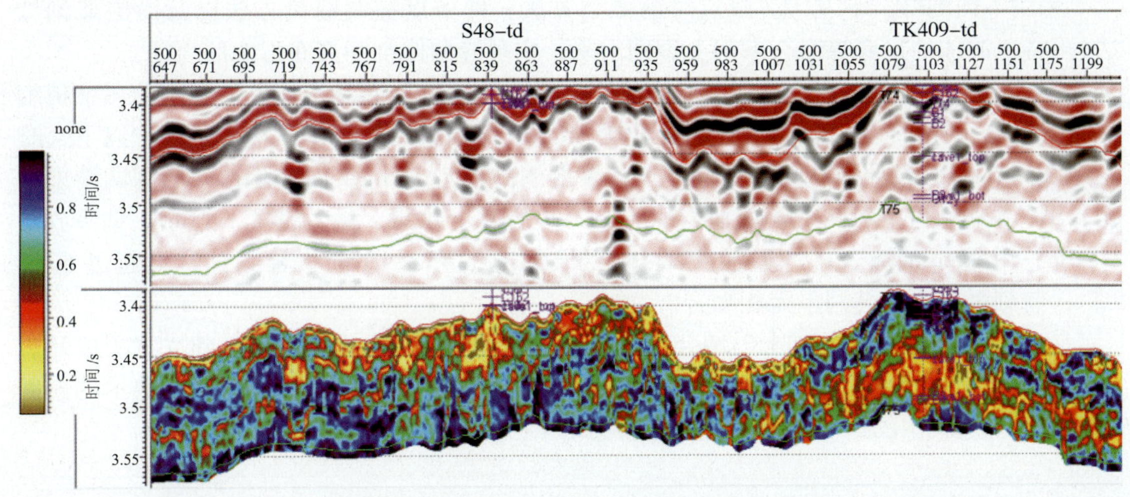

图 2 – 85　Inline500 线多属性组合融合剖面上为地震剖面、下为组合融合后剖面

5. 基于古地貌控制的缝洞体三维雕刻

通过对能够反映碳酸盐岩缝洞形体特征的地震属性进行优选，结合表层岩溶与古地貌、古水系相互关系的研究，借助三维可视化空间雕刻技术，采用视体积计算方法可进行缝洞储集体几何形态的定量描述，给出不同缝洞单元的空间展布形态及视体积大小。

(1)古地貌研究

根据沉积过程中“填平补齐”的原则，在古风化壳上覆地层中寻找一个比较准确的、能代表古海平面的地层界面(标志层——双峰灰岩顶面反射)，然后通过该沉积界面与风化壳间的地层厚度进行“去压实校正”，还原其真实沉积厚度，进一步求取该地层沉积前风化壳古地形的相对高低，即恢复风化壳的古地貌形态(图 2 – 86)。

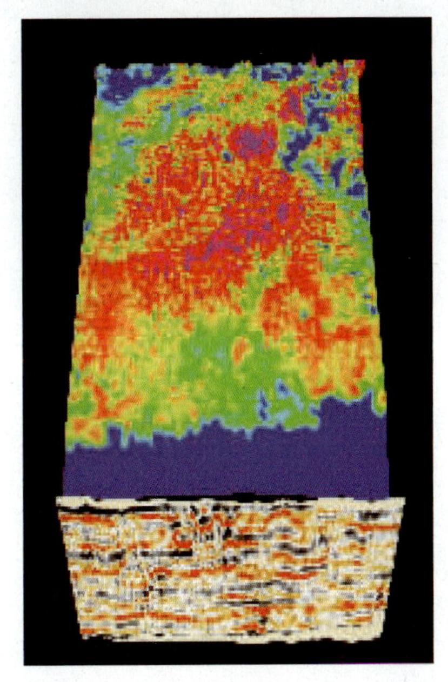

图 2 – 86　S48 井区海西早期岩溶古地貌

(2)古地貌特征控制的三维精细雕刻

研究表明古地貌控制了碳酸盐岩次生储集空间的形成与展布，残丘山头和残丘斜坡是淋滤作用最强烈的地区，也是溶蚀缝洞储集体最发育的地带，而岩溶洼地为汇水区，缝洞储层发育程度不高。

结合测井、生产动态资料，分析储层段属性融合体响应关系，进行储层与属性融合异常的精细再标定，确定反映异常缝洞储集体的门槛值、外部边界。

通过图形和图像来表达数据，对反映缝洞异常的融合体进行空间三维的约束。第一约束是连接约束，保留面面连接相邻异常点，去除角角连接的异常点；第二约束是展布约束，使连接起来的异常不越过古地形低洼部位或连接在古地形的低值部分不进行连接扩散。

采用不同的“雕刻”方法（限定时窗雕刻方法、种子点控制雕刻方法以及沿层雕刻方法）可将缝洞体的顶底界面在空间上识别出来，实现缝洞体空间展布形态的表征。

图 2－87 是过 S48 井主测线和联络测线方向上的地震剖面及古地貌控制下的三维精细雕刻缝洞单元异常体形态，由属性融合体所刻画的缝洞单元异常体紧接 T74 层位以下，时间厚度约 50ms，按照 6000m/s 的速度所计算的洞高约为 150m。而实际钻井及测试结果证实，S48 井在钻进下奥陶统碳酸盐岩地层 1.24m 后发生井漏，漏失泥浆 $2318m^3$，钻头放空 1.56m，用 9mm 油嘴获日产原油 $458.4m^3$，天然气 $1.45\times10^4m^3$，已累计产油超过 60×10^4t，与刻画 S48 井缝洞单元相吻合。

在单井储层分析的基础上，结合表层岩溶与古地貌、古水系相互关系建立缝洞单元边界约束条件，所建立的 S48 缝洞单元平面分布范围如图 2－88 所示，其分布所表示的连通范围与开发过程中的缝洞单元油气动态监测结果（图 2－89）相吻合。

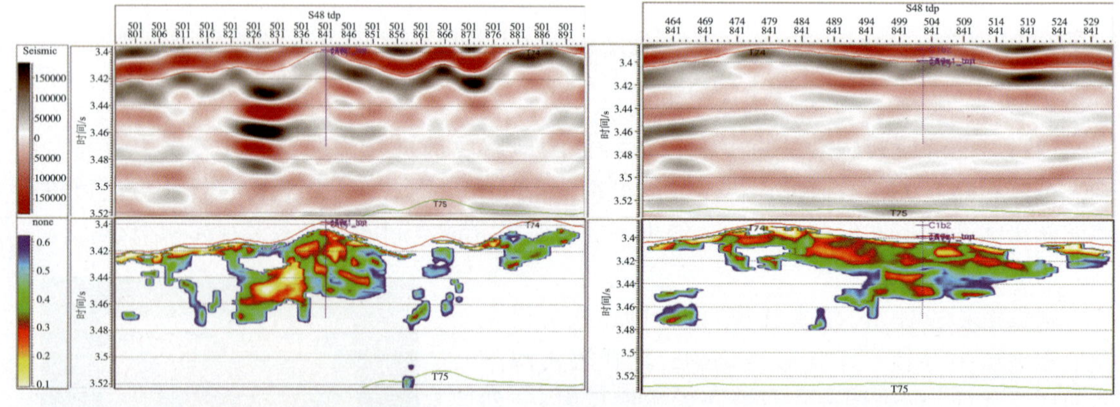

图 2－87　S48 井地震剖面与精细雕刻缝洞单元（左 Inline；右 Xline）

6. 缝洞储集体物性参数反演

油藏的开发阶段要求对储层开展精细描述，除了建立储层的几何外形外，还需要对储层的各种参数进行三维空间的定量描述和表征。孔隙度作为表征缝洞储集体物性的主要参数，在缝洞单元体储层建模时十分关键，因无法由地震资料直接进行孔隙度的计算，需要借助于井的孔隙度测井曲线作为桥梁。

孔隙度随机模拟采用地质统计学反演的方法，借助约束稀疏脉冲反演和随机模拟技术，通过测井资料分析获得孔隙度概率密度函数和变差函数，然后应用井孔的波阻抗和孔隙度的相关系数或相关函数关系来建立孔隙度随机模型，最终实现孔隙度的随机模拟（图 2－90）。

在用地质统计学方法对非均质油藏进行随机模拟中，由于把稀疏脉冲反演的结果作为外部约束软数据，同时也兼顾了地质构造框架模型和测井资料的空间约束，因而其反演结果能很好地反映储层属性空间分布的非均质性和不确定性。

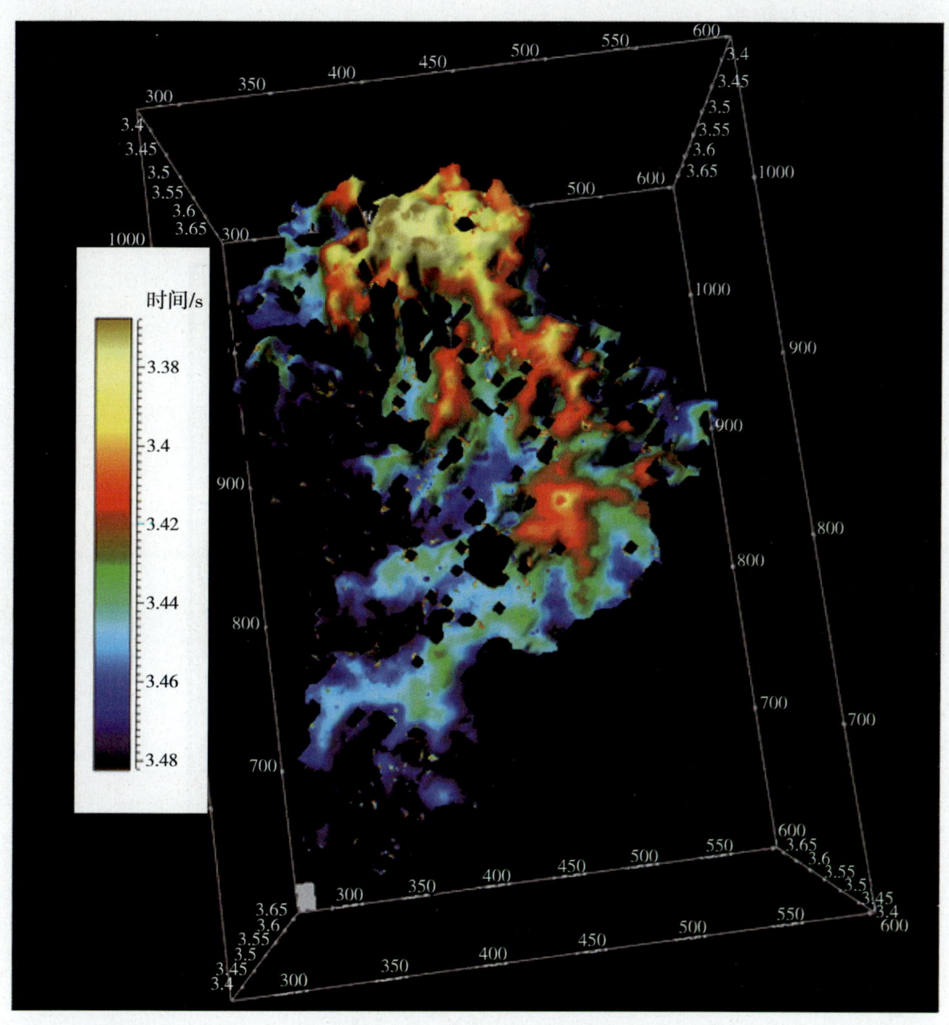

图 2－88　S48 缝洞单元顶面 T_0 图

四、缝洞储集体充填流体检测

储集体充填差异将反映在地震反射特征中。利用地震资料提供的动力学信息，通过地震资料弹性反演可研究目标储集体的物理性质，预测目标储集体充填物性质及流体特征。

1. 岩石物理基础上的流体敏感性分析

岩石物理分析的任务是要寻找各种弹性参数与储层特性(岩性、物性、含油气性)之间的关系，流体替换和叠前弹性参数反演是其两个重要部分。通过流体替换可以了解并获得由流体变化引起的储层弹性参数的变化，可以分析不同流体状态的 AVO 效应和地震属性判别模式；通过叠前参数反演(AVO 反演和弹性参数反演)，可以较为准确地求取油田尺度的弹性参数，提高油气藏表征的精度。

(1)岩石体积物理模型建立

精确的岩石体积物理模型是实现准确横波估算和流体替换的关键。假定有 $N-1$ 条测井曲线，要计算 M 个矿物含量(包括孔隙体积)。于是连同平衡方程可以列出 N 个方程，就形成了线性超定方程组。

$$\begin{pmatrix} L_1 \\ L_2 \\ \cdots \\ L_{N-1} \\ 1 \end{pmatrix} = \begin{pmatrix} P_{11} & P_{12} & \cdots & P_{1,M-1} & P_{1\phi} \\ P_{21} & P_{22} & \cdots & P_{2,M-1} & P_{2\phi} \\ \cdots & \cdots & \cdots & \cdots & \cdots \\ P_{N-1,1} & P_{N-1,2} & \cdots & P_{N-1,M-1} & P_{N-1,\phi} \\ 1 & 1 & \cdots & 1 & 1 \end{pmatrix} \cdot \begin{pmatrix} V_1 \\ V_2 \\ \cdots \\ V_{M-1} \\ V_\phi \end{pmatrix} \quad (2-67)$$

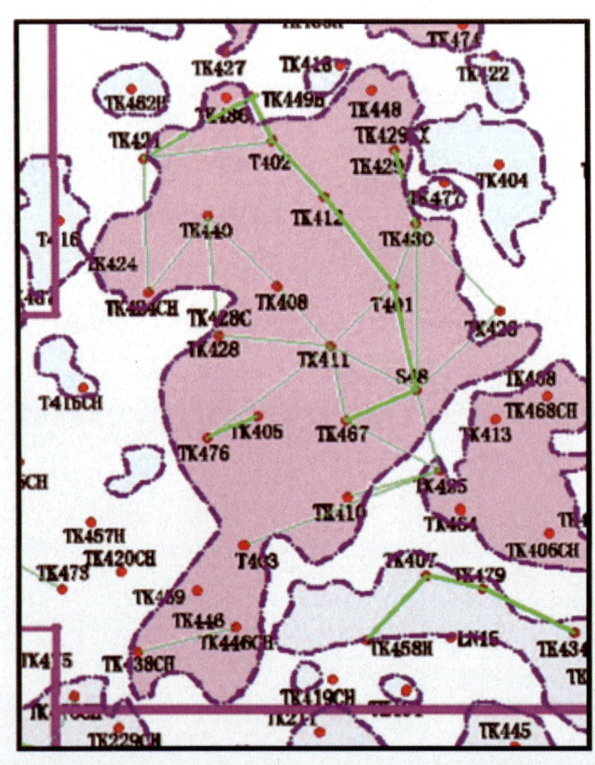

图 2-89　S48 缝洞单元平面分布范围(由开发动态界定的单元边界)

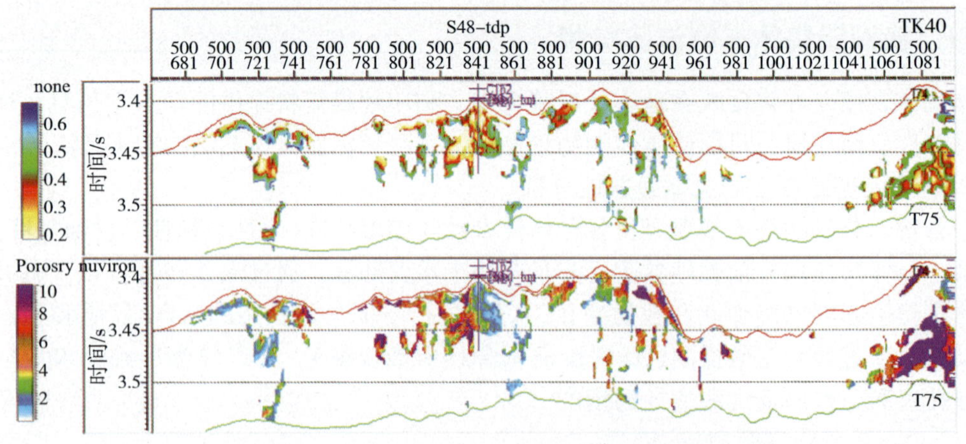

图 2-90　随机模拟得到的孔隙度剖面

(上为缝洞单元分布特征，下为相应缝洞单元内的孔隙度剖面)

其中，L_i 为第 i 种测井曲线值，P_{ij}为第 j 种矿物成分的第 i 种测井响应值，V_j 为第 j 种矿物成分体积含量。应用方程式(2－67)可以对包括孔隙度在内的岩石多矿物成分体积含量进行计算，实现岩石体积物理模型的建立。

针对塔河油田 S48 试验区目标储层，利用式(2－67)，选取常规测井曲线包括声波、密度、中子、深侧向电阻率、浅侧向电阻率、自然伽马、井径 7 种参数作为输入，计算碳酸盐岩中方解石、白云石、黏土及孔隙度等矿物体积含量。利用该体积物理模型对试验区内 101 口井进行了矿物成分反演计算。图 2－91 分别为 T402 井和 TK214 井奥陶系地层的岩石体积建模计算结果，其中第 4 道为计算的孔隙度，第 5 道为方解石、白云石及黏土体积含量。

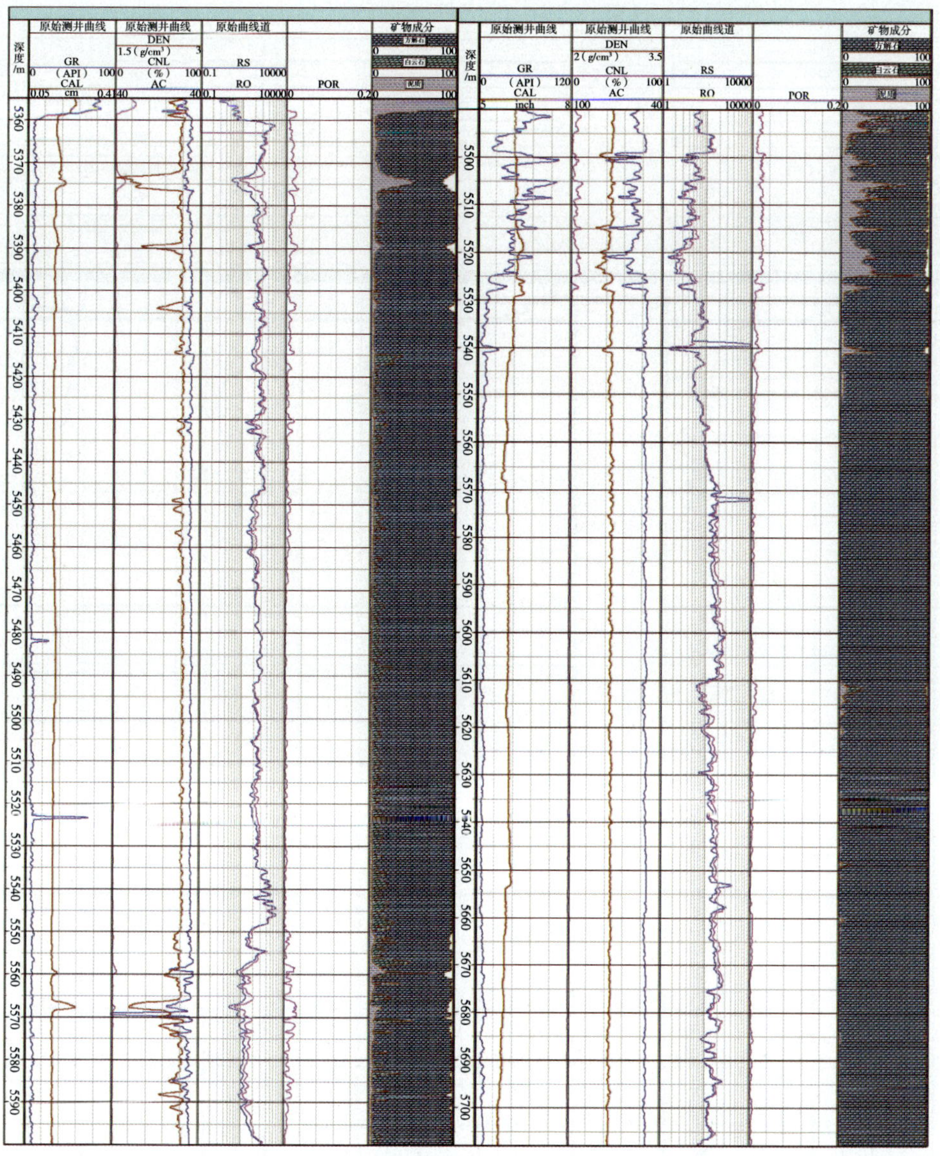

图 2－91　T402 井(左)和 TK214 井(右)奥陶系地层岩石体积建模计算结果

依据 Gassmann 理论方程，按照纵横波估算流程对试验区近 100 口井进行纵、横波正演估算，对比实测纵横波资料，估算结果与实测资料具有较高的相关性。

(2)流体替换

根据试验区已知储层声波和密度数据、横波速度估算值，由 Biot - Gassmann 方程实现流体替换。图 2 - 92 为 TK410 井储层段流体替换后的纵横波速度及密度测井曲线，其中左边为纵波速度栏，中间为横波速度栏，右边为密度曲线栏，黑色为原始流体状态下的测井曲线，蓝色为饱和水状态下的测井曲线，红色为饱和油状态下的测井曲线，黄色为饱和气状态下的测井曲线。由替换结果可以看出，横波速度基本不受流体影响，而纵波速度受流体影响明显。然后将饱和水、饱和油以及饱和气情况下储层段合成 CMP 道集，可以看出，不同流体状态下振幅随炮检距的变化趋势上存在一定的差异。

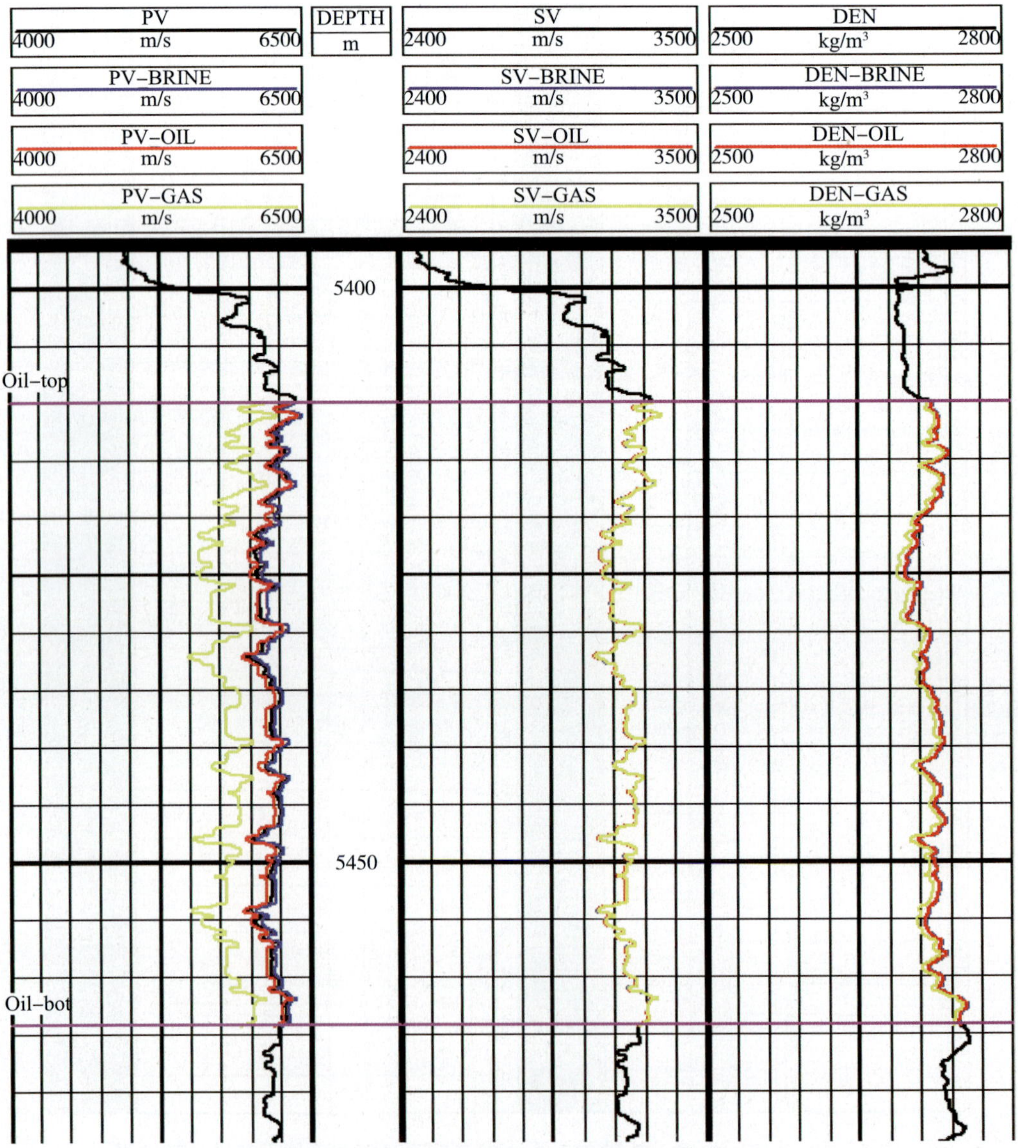

PV	DEPTH	SV	DEN
4000 m/s 6500	m	2400 m/s 3500	2500 kg/m³ 2800
PV-BRINE 4000 m/s 6500		SV-BRINE 2400 m/s 3500	DEN-BRINE 2500 kg/m³ 2800
PV-OIL 4000 m/s 6500		SV-OIL 2400 m/s 3500	DEN-OIL 2500 kg/m³ 2800
PV-GAS 4000 m/s 6500		SV-GAS 2400 m/s 3500	DEN-GAS 2500 kg/m³ 2800

Oil-top

5400

5450

Oil-bot

图 2 - 92　TK410 井储层段流体替换测井响应

（3）弹性参数识别流体的有效性分析

理论上，由于储层所含流体的不同，将导致储层岩石物理弹性参数的变化。而这一变化在实际储集体中能否通过弹性参数反映出来，需要针对实际资料进行分析。

选用 Aki－Richards 积分法的结果与 BP 直接弹性波阻抗计算的稳定低频部分相合并来生成不同角度下的弹性波阻抗曲线。图 2－93 显示了 T207 井的弹性波阻抗结果，当储层含有油气时，将出现远近偏移距弹性阻抗差异增大的现象，图中黑色箭头所指 5580m 处存在较大的弹性阻抗差，钻井过程中在此处发生井漏，日产油 156m^3，气 6525m^3，含水 15％。

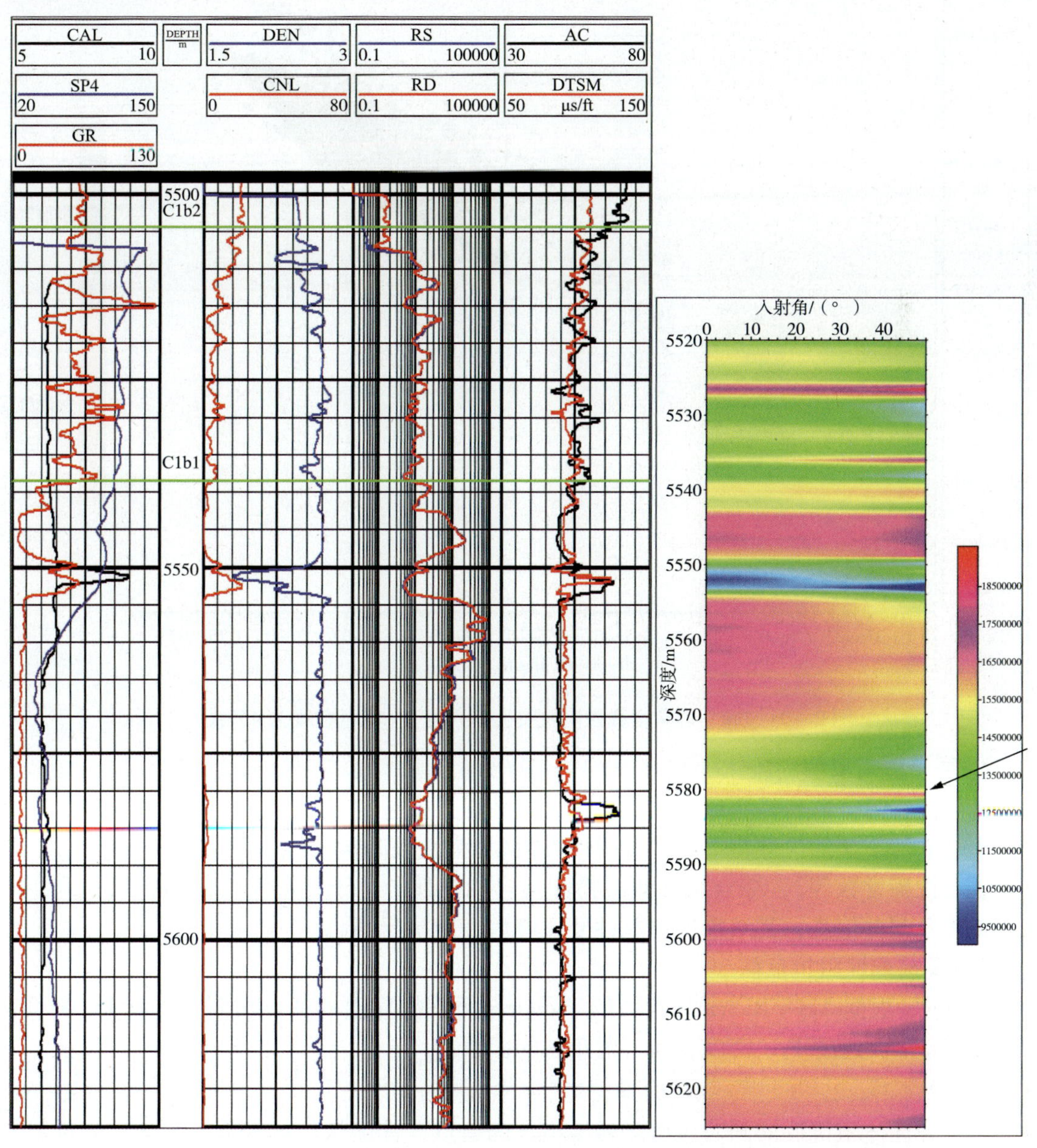

图 2－93　T207 井测井曲线（左）及不同入射角下弹性阻抗（右）

为了分析弹性阻抗识别油气的有效性，建立不同入射角弹性波阻抗交会(图 2－94)。从图中看出，虽然含油气与非油气有部分重叠，远(27°)、近(5°)角度弹性阻抗交会在一定程度上可以区分流体性质，即含油气段远近角度弹性阻抗差异增大(偏离交会图 45°线)，该区基本上为远角度弹性阻抗大于近角度弹性阻抗的特点，与上面单井计算油气段弹性阻抗变化特征相似。

除弹性阻抗外，岩石的 V_p、V_s、LMR(λ、μ、ρ)等弹性参数对储层含流体性质也比较敏感，是进行流体探索的重要参数，如 $\lambda\rho-\lambda/\mu$、$V_p-\sigma$ 交会等。

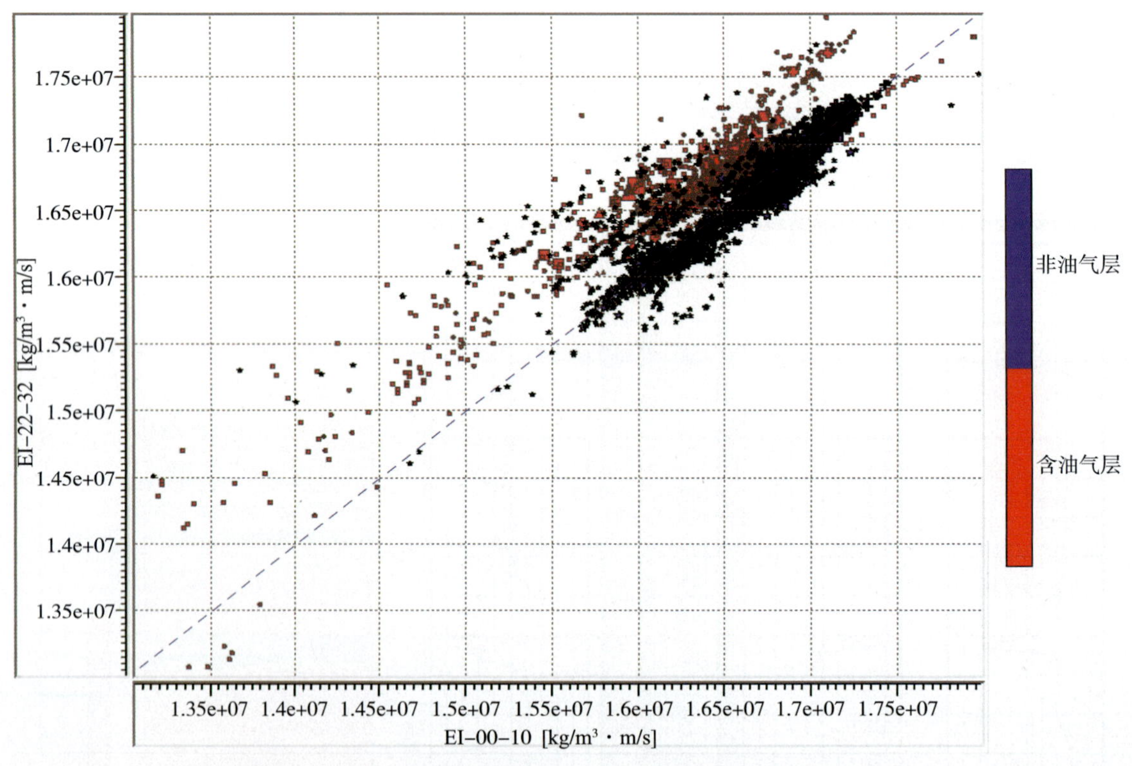

图 2－94　远、近角度弹性阻抗交会识别流体(蓝色虚线为 45°线)

2. 基于叠前反演的流体检测

叠前弹性阻抗反演是利用不同炮检距道集数据及横波、纵波、密度等测井资料，联合反演出与岩性、含油气性相关的多种弹性参数(如弹性波阻抗、纵波波阻抗、横波波阻抗、密度以及拉梅常数等)，综合判别储层物性及含油气性。由于叠前弹性波阻抗反演利用了大量地震及测井信息，其结果的可靠性要比叠后声阻抗反演高。

(1)叠前弹性阻抗反演

Connolly 根据 Aki－Richards 近似的 Zoeppritz 方程推导出的弹性波阻抗方程 $EI(\theta)$ 是 p 波速度 V_p、s 波速度 V_s、密度 ρ 和入射角 θ 的函数：

$$EI(\theta)=V_p^{1+\sin^2\theta}V_s\ -8^{K\sin^2\theta}\rho^{1-4K\sin^2\theta} \tag{2-68}$$

由于弹性波阻抗反演同时包含了转换横波的信息，其优越性体现在：与地层岩性具有精确的对应关系；可得到稳定精确的反射系数；具有特定的单位和归一化特性；根据在不同角度上的 EI 可以预测泊松比等。

弹性波阻抗反演过程主要包括以下几个重要步骤：①根据 AVO 响应特点划分入射角度范围并生成不同角度叠加数据体；②由包含纵横波速度及密度测井数据的井资料分别计算不同入射角下的弹性阻抗曲线 EI；③以计算的弹性波阻抗曲线交会分析来判别弹性波阻抗体差异对岩性及流体的识别能力；④对不同的角度道集叠加数据体分别提取子波；⑤分别对不同角度道集叠加数据体进行约束稀疏脉冲反演（CSSI）；⑥沿井轨迹提取波阻抗反演结果并做交会图以验证对岩性及流体识别能力的有效性；⑦由 EI 提取储层属性并综合分析来识别储层岩性及流体特征。

（2）LMR 反演

LMR 反演法由 Pickfort 于 1997 年提出，是在梯度、截距分析和反演的基础上发展起来的，是一种从叠前地震数据中提取岩石岩性参数的方法。其做法是在求得纵横波阻抗体后，由公式 $V_p=\frac{I_p}{\rho}$、$V_s=\frac{I_s}{\rho}$、$\lambda\rho=I_p^2-2I_s^2$、$\mu\rho=I_s^2$ 以及 $\delta=\frac{\lambda}{2(\lambda+\mu)}$ 等计算获得不同的弹性参数。其中，I_p、I_s 分别为纵、横波波阻抗，V_p、V_s 分别为纵、横波速度，μ 为剪切模量，λ 为拉梅常数，δ 为泊松比。

与弹性阻抗反演相比：①LMR 反演可以同时得到纵横波速度、纵横波阻抗、密度以及拉梅常数等弹性参数，它们是岩石的真实属性，与储层属性有关；②减少了噪声对结果的影响；③横波阻抗是一个很好的岩性指示器；④纵横波速度比是一个更好的流体指示器；⑤纵波阻抗与横波阻抗的交会图能更好地区分储层与非储层特征；⑥反演结果不包含弹性波阻抗固有的模糊性。因而，LMR 反演所得到的岩石弹性参数数据体在描述储层岩石物性、流体成分时具有更好的效果。

LMR 反演过程主要包括以下几个重要步骤：①根据 AVO 响应特点划分入射角度范围并生成不同角度叠加数据体；②如果由于剩余 NMO 引起角度叠加道集数据体之间时移过大，需要对角度叠加道集数据体进行垂直对齐，从而使几个角度叠加道集数据体相匹配；③由包含纵横波速度及密度测井数据的井资料分别计算纵横波波阻抗曲线；④以计算的纵横波阻抗曲线交会来分析划分其对储层特征的识别能力；⑤对不同的角度叠加数据分别提取子波；⑥建立纵横波波阻抗（或速度）及密度的低频模型；⑦同时对角度叠加数据道集进行 AVA 约束稀疏脉冲反演；⑧利用反演得到的纵横波速度、波阻抗及密度值做进一步的岩石弹性参数计算，如生成纵横波速度比 V_p/V_s、$\lambda\rho$、$\mu\rho$、波松比等；⑨由生成的岩石弹性参数进行交会分析来综合识别储层岩性及流体性质。

3. 基于 AVO 反演流体预测概率分析

利用测井曲线分析不同弹性参数的分布趋势，建立蒙特卡罗随机正演模型，然后通过 Biot－Gassman 流体替换理论获得模型中流体分别为油、气、水时的合成记录，并利用 Shuey 公式得到相应的截距和梯度属性，将实际地震数据所得到的截距和梯度与模型所产生的截距和梯度进行对比，利用 Bayes 理论即可定量求得所含油、气、水的可能性。其实现流程见图 2－95。

首先，选取参考井进行储层和非储层段速度、密度分布趋势分析，并得到储层段、非储层段速度和密度的均值及标准偏差变化；然后在不同深度位置由蒙特卡罗方法建立随机正演模型，进而通过流体替换和 Shuey 公式，建立不同深度位置下截距—梯度交会流体识别量版（图 2－96）。

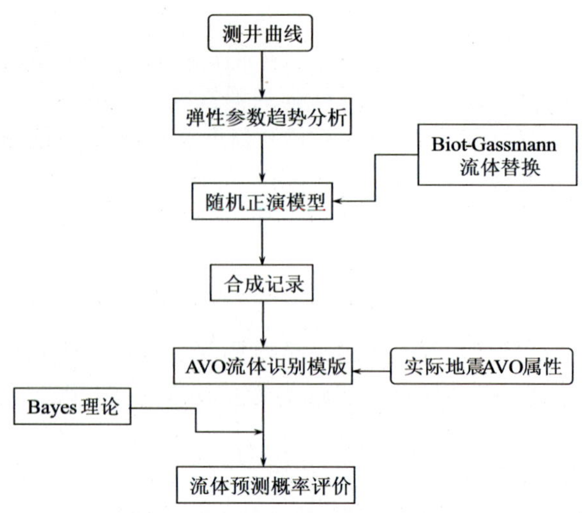

图 2－95　流体预测概率评价流程

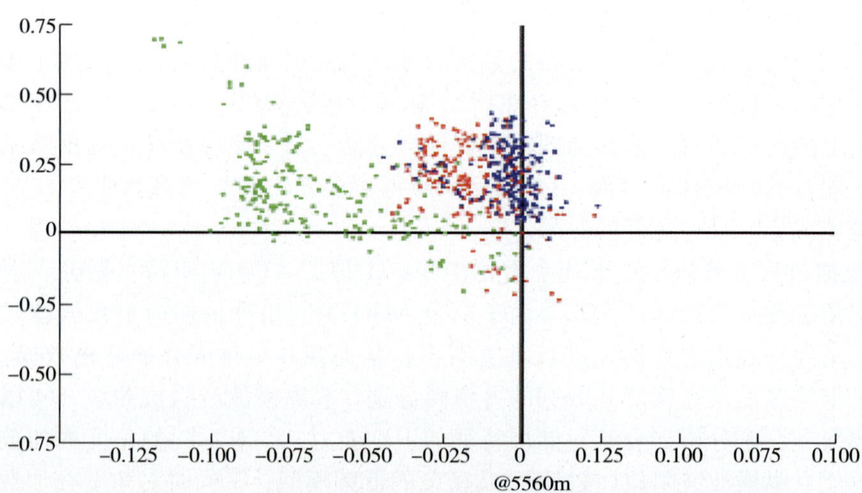

图 2－96　5560m 含油、气、水随机正演截距—梯度交会
（其中蓝点为水；红点为油；绿点为气）

利用 Bayes 验后概率公式计算截距—梯度交会图上任一样点属于油、气、水的可能性，其计算式如下：

$$P(\tilde{F} \mid I,\ G) = \frac{P(I,\ G \mid \tilde{F})P(\tilde{F})}{\sum_{k}P(I,\ G \mid F_k)P(F_k)} \tag{2-69}$$

式中，$P(\tilde{F} \mid I,\ G)$ 为截距—梯度交会图上点属于某种流体的可能性；$P(I,\ G \mid \tilde{F})$ 为某种流体在截距—梯度交会图上的分布密度；$P(\tilde{F})$ 为含有某种流体的可能性；$P(I,\ G \mid F_k)$ 为由随机模拟输出所计算的分布密度；$P(F_k)$ 为含油、气、水中某一相流体的可能性；$\tilde{F}$ 为真实地震数据在截距—梯度图上的样点；k 为油、气、水中的某一相流体；F_k 为由模型得到的某一流体在截距—梯度图上的样点。

第五节 缝洞体地球物理描述技术综合应用

选择塔河油田 S48 井高密度三维区作为重点试验区，开展地震采集、处理和缝洞体预测技术的应用。

一、缝洞体地球物理描述的资料适用性分析与资料采集方法

缝洞储层地震反射特征复杂，如何有效地保护复杂的反射信息并使其精确成像是储层描述的关键。由于储层在空间上的突变性，地震反射的突出特征是绕射波发育，要取得缝洞储集体的高精度成像结果，首先是要优化地震采集设计，采用合理的观测系统与采集参数取全取准来自复杂缝洞储集体的地震反射信息，其次是在资料处理中要有效地保护绕射波，通过应用叠前偏移技术使缝洞绕射波信息得到归位成像。

1. 高密度地震采集

对于缝洞储集体勘探，更期望地震成像结果有较高的横向分辨率，以能够在尽可能小的尺度上对缝洞储集体进行刻画，给出储集体的更精确的描述。因此，如何提高地震成像结果的分辨率是提高碳酸盐岩缝洞储层描述精度的关键。

(1) 影响横向分辨率的两个关键因素

影响地震成像结果横向分辨率的因素很多，其中，地震反射频宽和空间采样率是两个最关键的因素。

地震横向分辨率本质上取决于地震波波长，即在速度一定的情况下取决于地震反射频宽。可用简单的数值模型说明这一点，取速度模型为一均匀介质模型(图 2－97)，模型大小为 14000m × 4100m。在模型中部 6500～7500m 范围，深度 4000m 处有 5 组宽度分别为 5m、10m、20m、50m 和 100m 的长方形孔洞，洞高均为 10m，组内洞间距为洞宽的 2 倍。背景速度为 3500m/s，孔洞充填速度为 2000m/s。正演计算中，CDP 间距为 10m，采用的震源子波为零相位雷克子波，子波主频分别取为 25Hz、50Hz 和 100Hz。对正演结果进行处理，其成像结果如图 2－98 所示。

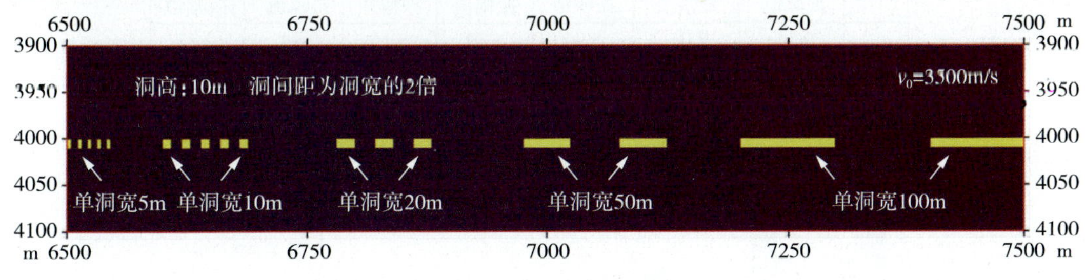

图 2－97 速度模型

从该模型结果可看到横向分辨率和子波主频密切相关，换句话说，小尺度缝洞体的分辨是建立在具有足够宽的地震反射频宽基础之上的。

地震空间采样率是影响横向分辨率的另一个关键因素，足够或合理的空间采样是确保缝洞体成像精度的重要保证。下面的两个物理模型试验说明了保证足够空间采样率的重要性。

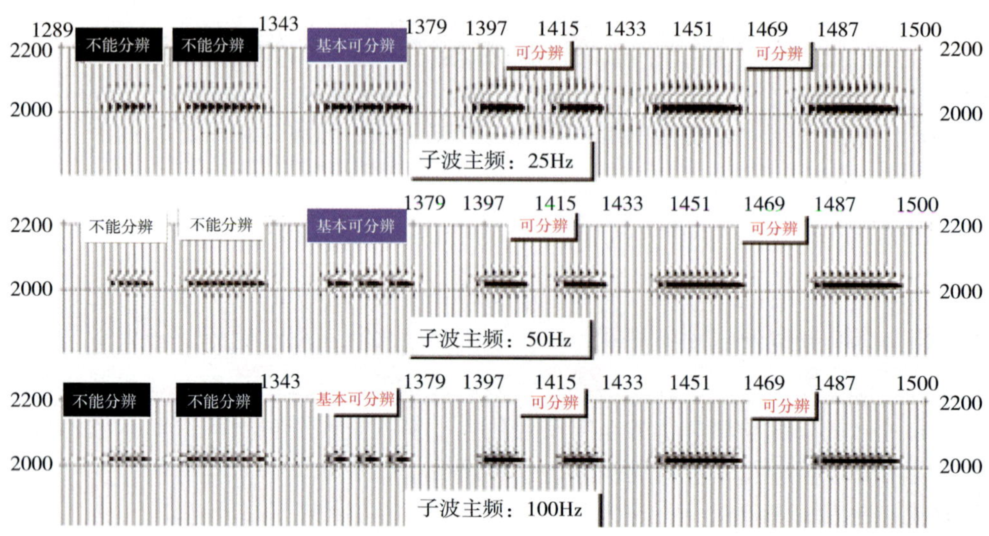

图 2－98　CDP 间距为 10m 时不同子波主频对应的偏移剖面

首先从一个单洞物理模型来看空间采样率的影响。单洞位于深 5300m、速度 2500m/s，围岩速度 4500m/s，观测系统 10－100－2500，主频约 30Hz。孔洞直径：①50m；②30m；③40m；④10m；⑤25m；⑥15m；⑦20m。图 2－99 为模型观测结果，可见，溶洞直径越大，其振幅值也越大；CDP 间距越小其振幅值越大，CDP 减小一倍能量增加约 30% 左右。实验数据分析说明，CDP 点距对地震反射波识别精度产生影响，CDP 间距越小，分辨能力越强。所以，要提高溶洞识别精度，应采用高密度采集。

其次通过物理模型看 CDP 间距对不同尺度洞体成像结果的影响。设计的物理模型包含 3 组小尺度溶洞(图 2－100)，围岩速度为 1500m/s，溶洞速度为 1100m/s。设计 3 种不同的观测系统分别进行地震物理模型实验观测，观测参数见表 2－4。

孔洞	直径 50m	直径 40m	直径 30m	直径 25m	直径 20m	直径 15m	直径 10m
CDP	振幅值	振幅值	振幅值	振幅值	振幅值	振幅值	振幅值
5m	9.34	8.01	5.96	4.89	3.56	2.94	2.23
10m	6.44	5.15	3.77	2.94	2.57	2.21	1.47
20m	6.20	4.01	3.12	2.35	2.06	1.21	0.63

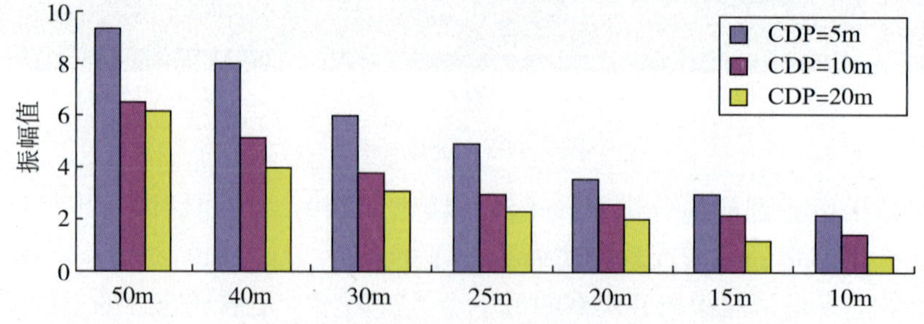

图 2－99　不同 CDP 点距溶洞最大振幅及柱状分析图

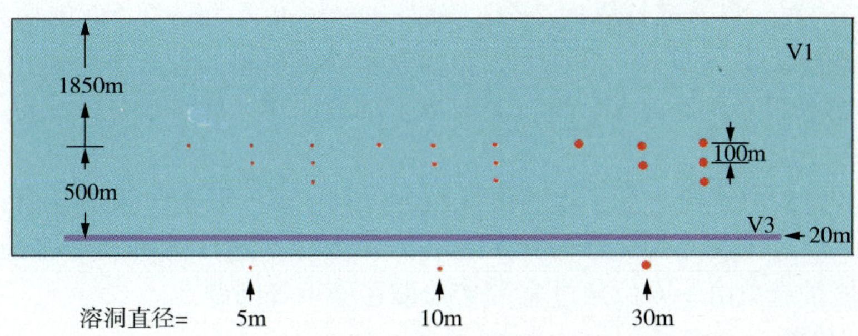

图 2-100　三组不同小尺度溶洞物模截面示意图

表 2-4　不同观测系统

	观测系统 1	观测系统 2	观测系统 3
道距	10m	20m	30m
炮距	20m	40m	60m
道数/炮	96	80	80
总炮数	230	120	75
时间采样率	2ms	1ms	1ms
采样点数	3000	6000	6000
叠加次数	24	20	20
放炮方式	单边放炮	单边放炮	单边放炮

图 2-101 的 a、b、c 分别是以观测系统 1、2、3 进行数据采集得到的物理模拟偏移记录。可看出随着道距的增大，溶洞的短反射能量逐渐减小。接收道数的减少，影响了溶洞的分辨能力，因此，采用小道间距观测对提高缝洞体识别精度有利。

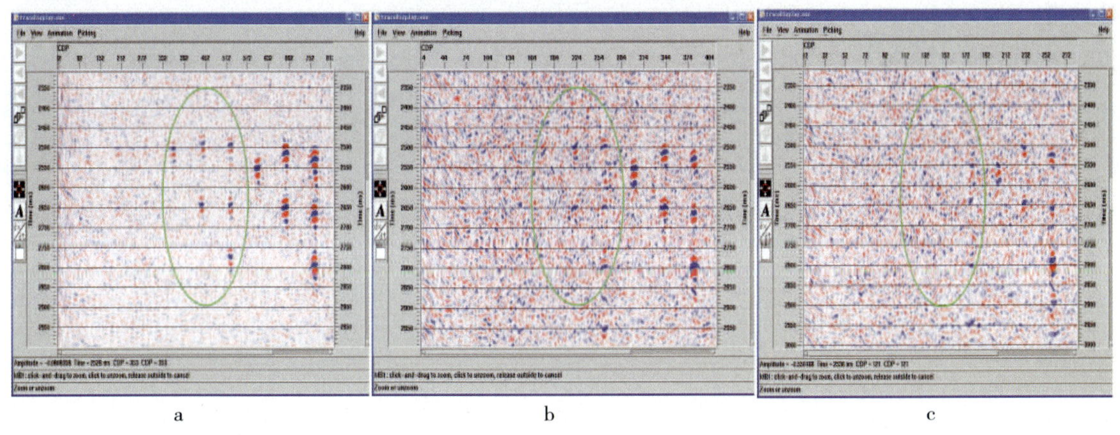

图 2-101　三种观测系统数据采集偏移记录比较

(2) 面元大小

根据经验法则，沿着地质体的某一方向，在该地质体上应有一定的地震道数，才能在横向上分辨，通常取面元边长 = 目标尺度/(2 或 3)，且研究表明，小地质体分布有 3 ~ 5 个面元可以保证绕射波能量归位的准确性以及成像振幅的保真性。考虑到勘探目标主要为碳酸岩缝隙的小目标单元，奥陶系缝洞储集体的洞穴规模一般在 10 ~ 30m 以内，因此以

15m×15m 为基础面元将其进行纵向 2 分，横向 2 分后为 7.5m×7.5m 的面元，保证横向尺度 15m 的缝洞单元上分布有 2 个面元，25m 左右的缝洞单元上有 3 个面元，从而可以确保 15m 左右的缝洞单元基本能够分辨，25m 以上的缝洞单元能够较好的成像与分辨。

(3)方位角

采用相对较宽的方位角有利于提高成像精度以及依赖于叠前 P 波方位各向异性的流体检测研究工作。通过试验分析，选择 0.5 左右的横纵比，这样既有利于叠前 P 波 AVO 分析，同时可以尽量避免由于方位角过宽带来强偏移噪声等问题。

(4)最大炮检距

最大炮检距的选择主要考虑满足动校拉伸和速度分析精度的要求，同时，还要兼顾目的层埋深、反射系数稳定、干扰波等的影响。综合塔河油田实际单炮时窗分析，地质模型正演分析、速度分析炮检距要求、动校拉伸切除分析以及反射系数稳定性分析的结果，认为在该地区进行采集最大炮检距应该在 6000m 左右是最为合适的。

(5)覆盖次数的确定

增加覆盖次数是提高地震资料信噪比的关键手段之一。对于目的层埋藏深，干扰波较为发育的塔河地区，中、浅部地层对信号的衰减导致深层资料的信噪比较低，所以通过选择合理的覆盖次数，可以有效地压制噪声以拓宽有效频带，提高资料的信噪比。通过对不同覆盖次数的二维试验结果的分析对比，认为三维采集覆盖次数至少应在 80 次以上。

(6)面向缝洞体的采集观测系统

覆盖次数：320(40 纵×8 横)/80(20 纵×4 横)；

面元尺寸：15m×15m/7.5m×7.5m；

道距：30m；

线距：225m；

炮点距：30m；

炮线距：135m；

束 线 距：1800m；

纵向排列方式：5317.5－7.5－30－22.5－5452.5；

或：5452.5－22.5－30－7.5－5317.5；

最大炮检距：6029m；

最大非纵距：2572.5m；

横纵比：0.47；

设计炮数：33600 炮(共 5 束)；

满次面积：81.48km^2；

多波试验采集观测系统：

观测系统类型：12L4860S－4320P(块状面元细分)；

接收点数：4320 点(360×12)；

最高覆盖次数：960/240；

面元尺寸：15m×15m/7.5m×7.5m；

道距：30m；

线距：165m；

炮点距：30m；

炮线距：135m；

最大非纵距：1792. 5m；

最大炮检距：10940. 34m；

设计炮数：4860 炮；

满次面积：14. 31/5. 89km^2(大于 80 次覆盖)。

2. 高密度三维地震资料处理

针对原始资料特点和处理目标要求，确定如图 2－102 所示的处理流程。处理中，应用初至层析反演方法获得较准确的表层速度模型，从而较好地解决了静校正问题；针对记录中存在的各种干扰波特点，采用有针对性的噪声压制技术，有效地提高了信噪比；运用速度分析和剩余静校正多次迭代技术提高速度分析精度，在纵、横两个方向上加密速度分析控制点，提高速度拾取质量；在精细的成像速度分析的基础上应用叠前时间偏移处理技术获得了高质量的三维成像数据体。

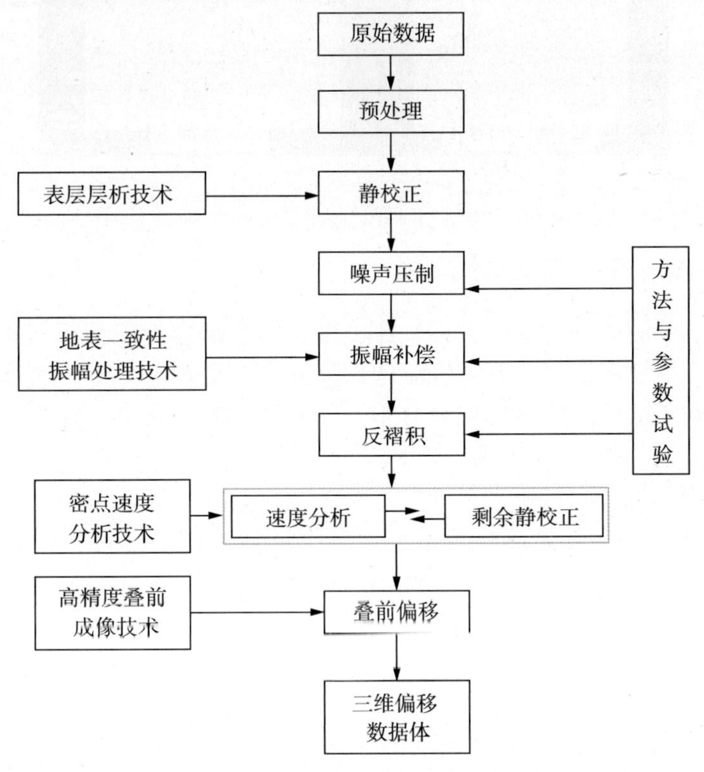

图 2－102　处理流程图

高密度三维地震成果的信噪比、分辨率均得到了明显的改善，尤其是较大程度地提高了奥陶系碳酸盐岩缝洞储集体的成像精度(图 2－103)；岩溶不整合面的能量得到了加强；奥陶系顶面局部构造高的形态更为清楚；奥陶系内部串珠状反射异常细节更清楚，成像聚焦，能量增强；平面上串珠状反射更精细丰富，能量聚焦效果明显；奥陶系层间小断裂的断点更为清楚，断裂的空间展布更为可靠。

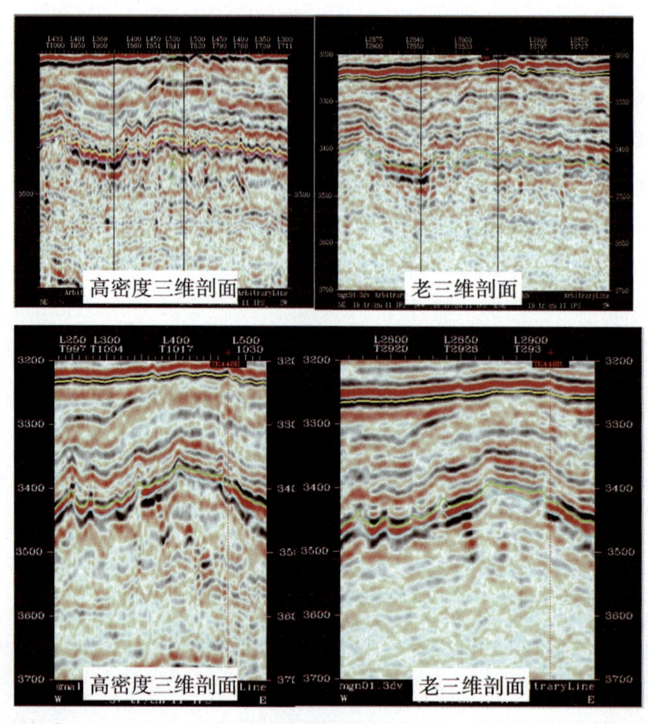

图 2－103　新、老剖面对比

二、塔河油田试验区缝洞体预测

围绕碳酸盐岩缝洞体预测这一主线，在模型正演与响应特征分析基础上，利用面向缝洞波场的高密度三维地震资料，开展缝洞体预测方法应用效果分析，通过地震多属性的综合分析，定量刻画了试验区的缝洞单元分布，并对缝洞体中充填的流体进行了探索研究。

1. 缝洞体预测

(1)叠后地震属性缝洞检测

利用地震反射结构特征化提取技术，预测了塔河油田 S48 井区的溶洞网络系统(图 2－104)，其中绿色区为大型孔洞网络可能分布区，红色区代表大型孔洞网络不发育区。

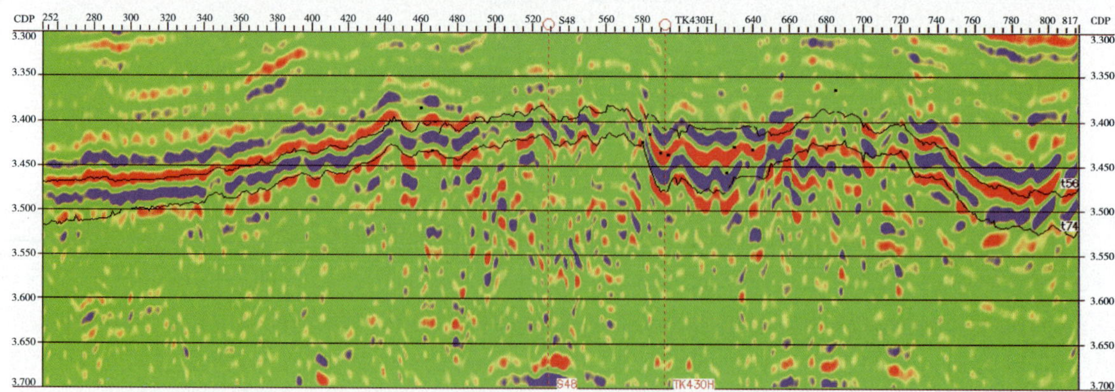

图 2－104　过 S48 井主测线地震反射特征剖面

S48 井为塔里木盆地奥陶系出油井中自喷和稳产时间最长的一口王牌油井，在钻进下奥陶统碳酸盐岩地层 1.24m 后发生井漏，漏失泥浆 $2318m^3$，钻头放空 1.56m，用 9mm 油嘴获日产原油 $458.4m^3$，天然气 $1.45\times10^4m^3$。图 2－104 是过 S48 井经过溶洞反射特征提取技术处理后的主测线地震剖面。在 S48 井附近 CDP490～580 处 3.4s 附近反射同相轴破碎，能量弱，反射结构发生变化，其下有一不连续下凹的反射结构，呈不规则反射，推断为溶洞体系下边界反射，而中间无反射，形态呈溶洞状。

通过实钻资料和地震反射结构的联合分析，靶区内的油气井与低产井或干井具有明显不同的反射特征(图 2－105)。油气井一般具有“奥陶系顶部反射弱(破碎)，中间反射缺失(与两边相比)，下部出现下凹不连续强反射(有的井不明显)”，或表现为“奥陶系顶部反射弱(破碎)，中间为若干串珠状强反射的联合，下部为下凹不连续强反射(有的井不明显)”，这些井在油气产能上表现为高产稳产。而低产井或干井一般处于地震反射结构相对稳定或局部下陷部位，内幕反射特征未变化或为强振幅，表明岩溶不发育或充填严重，钻井揭示无产能或产能较低。

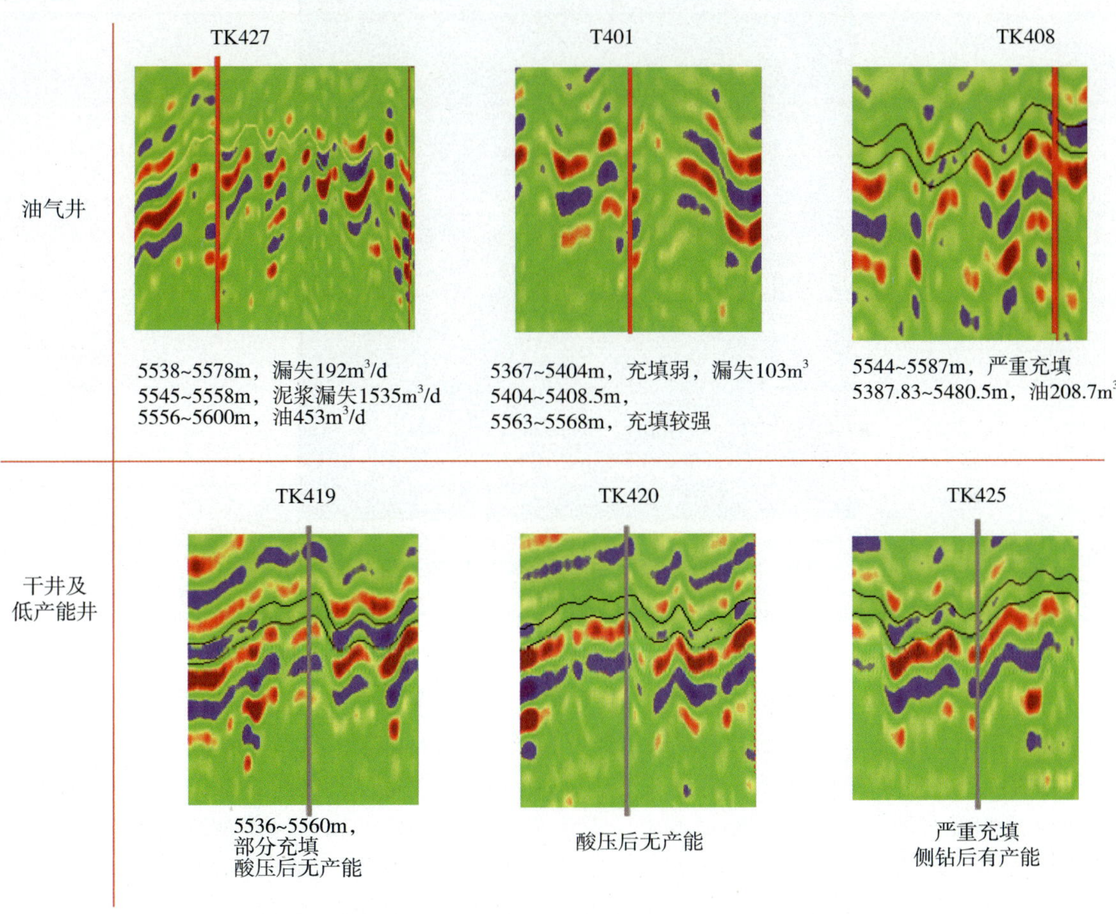

图 2－105 S48 井区特征反射结构分析

强振幅异常平面图(图 2－106)表明，强振幅异常主要分布在风化面以下 100ms 以内，有的强振幅呈不规则的线性分布，有的呈密集散乱分布，有的呈条带状分布，表现出强振幅异常的差异性和多样性。有多口钻遇强振幅异常的井在钻进过程中的出现放空、泥浆漏失、溢流、低钻时等特征，如 TK424 井在 5536～5537.16m 井段钻具放空 1.16m，获得工业油气流，而 TK404、TK412 等井处于强振幅异常部位及邻近。在靶区西北部的一系列线性强反射振幅带，TK427、TK440、T416、S65、T444 井产能均在万吨以上，可能为古暗河。

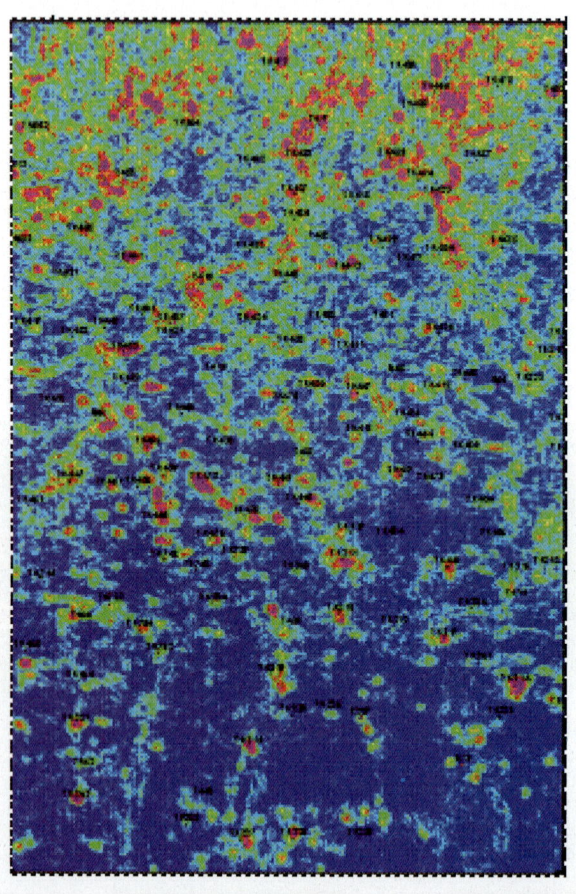

图 2－106　S48 井区 T_7^4 下 40～60ms 时窗内强振幅聚类检测图

图 2－107 为过 T404 井的空白、弱反射相处的高精度不连续性检测过井剖面，从剖面看不连续条带大部分沿垂向分布，并位于奥陶系风化壳内幕波组中断、变弱、上下微弱起伏及错段的微小部位，基本反映了破坏较严重、形态较复杂和多个缝洞密集叠置的溶洞，或裂缝复杂化的溶洞体、裂缝发育带、单一断层和断层组等。图 2－108a、b、c 分别为 S48 井区断裂与相干属性叠合、断裂与不连续性检测异常叠合、奥陶系潜山顶面构造与不连续性检测叠合图。从图上可明显看出，不连续性检测较相干属性在检测断裂方面有很大程度的提高，吻合程度较高。总体而言，不连续性异常反映的缝洞体的展布与区域性的古构造格局走向完全一致。图中红黄条带代表强不连续性，说明地震反射同相轴有破碎，呈局部中断并在空间有一定的延展，也代表缝洞发育；红黄蓝块状分布代表强不连续性呈面状分布，说明有弱地震反射出现，也代表岩溶溶蚀相对发育；枝条状或网状交织分布区表示岩溶和缝洞储层叠置相对较发育区。

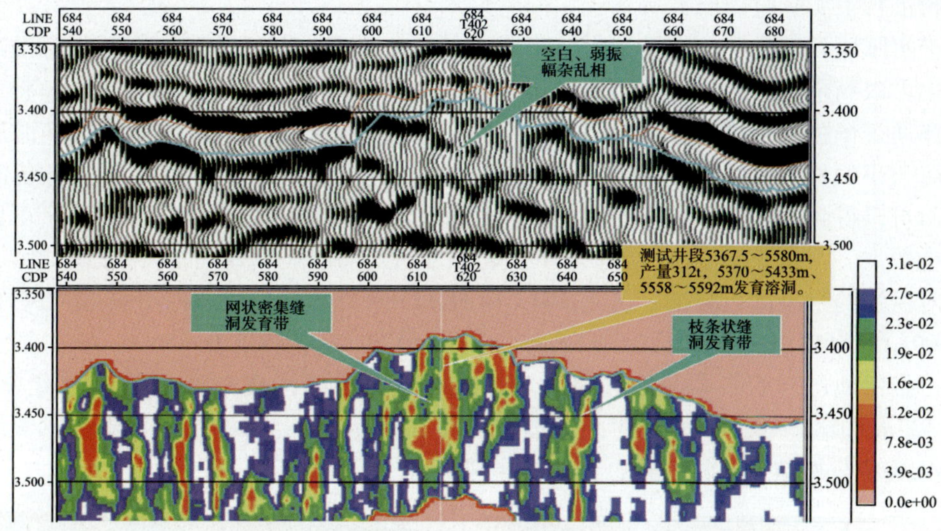

图 2－107 过 T404 井的空白、弱反射相处的高精度不连续性检测剖面

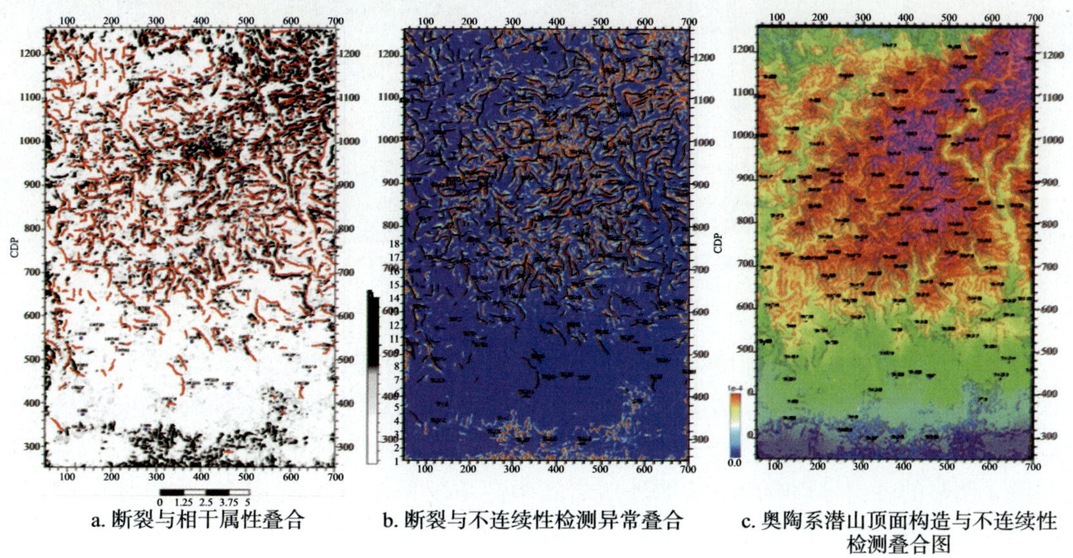

a. 断裂与相干属性叠合　　b. 断裂与不连续性检测异常叠合　　c. 奥陶系潜山顶面构造与不连续性检测叠合图

图 2－108 S48 井区多属性与不连续性检测异常叠合图

（2）叠前方位各向异性裂缝检测

利用塔河油田 S48 井区高精度叠前三维地震资料，应用 P 波方位各向异性方法，研究了该区的裂缝发育情况，首先要对三维数据进行了常规地震保幅预处理（主要包括道编辑、带通滤波、真振幅恢复、静校正、速度分析、剩余静校正、地表振幅一致性补偿、叠前反褶积及动校正等），同时为适应方位变化的要求，在进行裂缝检测前，对预处理后数据进行了宏面元抽取及测网形成、生成方位道集/方位角道集、叠前方位道集包络及归一化等处理。在此基础上才能更有效地开展 NMO 剩余时差裂缝检测和 AVO 裂缝检测技术的应用。

①P 波 NMO 剩余时差裂缝检测。

基于 TTI 介质的 P 波 NMO 剩余时差裂缝检测理论数据试验，对塔河油田目标区三维地震资料进行了实际应用研究。

由于实际地震道集层位以及地震波形非常复杂，采用前期对模型数据时与标准道进行时差校正求取剩余时差的方法不再适应用于实际地震资料，这里的实用方法是：将三维地震数据体通过偏移距方位叠加得到在某一偏移距段的不同方位的地震叠加道集的层位数据，然后与小偏移距段的地震叠加道集的层位数据进行相减，求得其在不同方位时的层位，进而可以得到不同方位的时差数据，再用遗传算法对其进行反演，得到整个工区的裂隙发育参数。

为对反演的结果进行验证，选定 T443 和 TK429 两口具有 FMI 成像资料的井进行验证。图 2 – 109a 为 T443 井的 FMI 成像资料，5512.0 ~ 5526.0m、5595.0 ~ 5600.0m 井段各向异性明显，指示地层岩石中高角度裂缝发育，有两段直劈缝，共 8.2m，还有 4 组斜交缝，厚度为 4.3m，图 2 – 109b 为 T443 井的裂隙发育角度预测图，从图中可以看出预测结果与实际 FMI 成像分析结果比较一致，预测效果较好。

a. T443井FMI成像资料

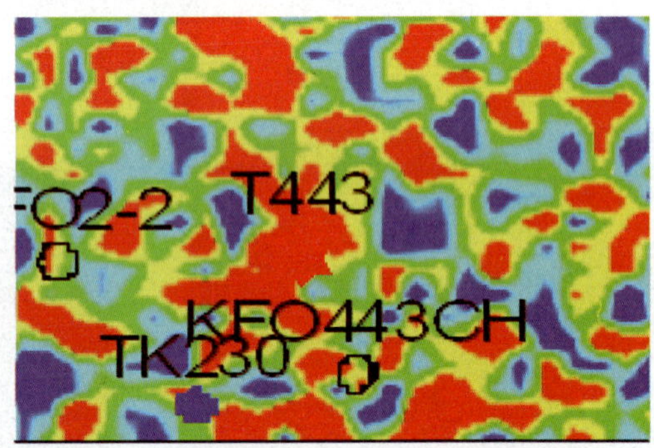

b. T443井裂隙发育角度预测结果放大图

图 2 – 109　T443 井裂隙成像资料与预测结果图

TK429 井的常规声波孔隙度处理结果表明，岩石基质孔隙度很低(2% 左右)，FMI 图像拾取(见图 2 – 110a)及 XMAC 裂缝分析表明，本井主要的次生孔隙为溶蚀洞、孔及有效开口裂缝。经过对该井的 XMAC 多极子阵列声波测井方位各项异性测试分析结果表明：TK429 井全井段无明显的各向异性响应，表明地层岩石中高角度裂缝不发育，同时也是地层较均质、各向同性的一种指示，这与图 2 – 110b 中 TK429 井的预测结果也是比较一致的。

②基于 TTI 介质 P 波 AVO 裂缝检测。

利用 TTI 介质理论对塔河 4 区一条剖面进行反演。反演获得裂缝倾角参数 θ、Thompson 各向异性参数 ε，δ，γ。图 2 – 111 是过 TK465CH 井的裂缝发育剖面。其中 a 为裂缝倾角 θ 剖面，蓝色为垂直角，从剖面可以看出，总体上裂缝倾角为近垂直；b 为 ε 剖面。该参数为纵波各向异性，是度量准纵波各向异性强度的参数，值越大，介质的纵波各向异性越大。从总体上来看，反演所得到的剖面有点杂乱，但可以看出在纵向上呈条带状分布。c 为 δ 剖面，它是纵波变异系数，表示纵波在垂直方向各向异性变化的快慢程度。由于本区发育近垂直裂缝，该参数的强弱表征了裂缝发育的强弱。参数图在纵向呈条带分布，与塔河油田 4 区奥陶系顶面的不连续检测结果具有一定的相关性。d 为反演得到的 γ 剖面，它是横波各向异性参数，是度量准横波各向异性或横波分裂强度参数。裂缝介质对横波的影响比纵波强，所以 γ 剖面与裂缝发育强度的相关性更强，在弱各向异性情况下，该参数可以近似等于裂缝发育密度。该剖面也表征了纵向条带状分布的特点。对比图 c 和 d，两剖面表现出很大的相关性。这两参数都与裂缝发育强度紧密相关，从另一个侧面也表明反演的正确性。

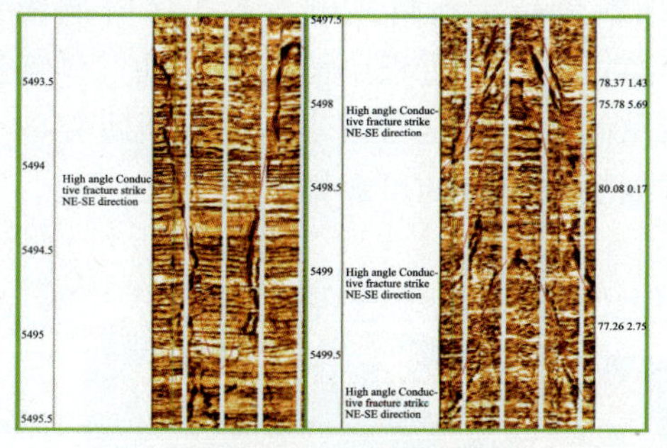

a.T429井FMI成像资料

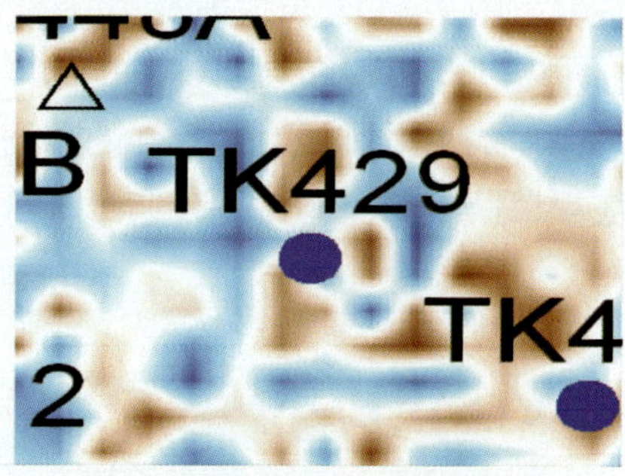

b.T429井裂隙发育强度预测结果放大图

图 2－110　TK429 井裂隙成像资料与预测结果图

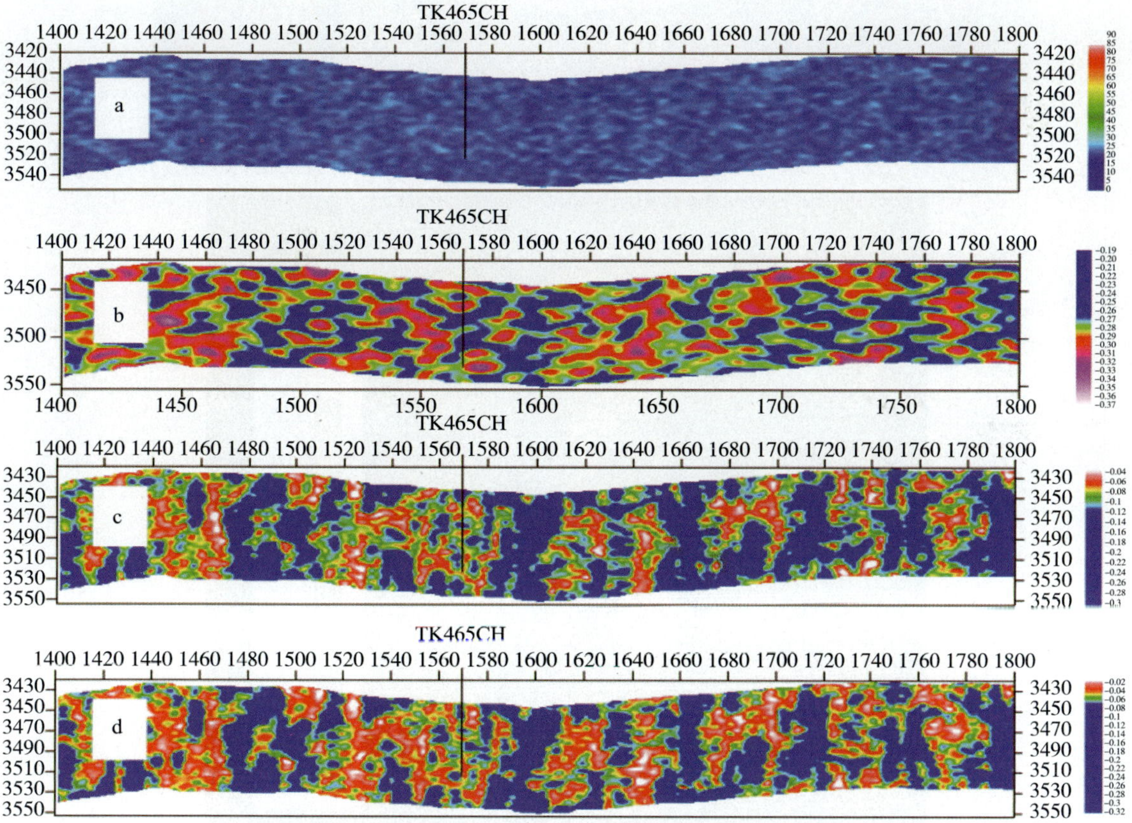

图 2－111　过 TK465CH 井的裂缝发育特征剖面

图 2－112 是 HTI 理论的各向异性与 TTI 介质理论下的各向异性计算对比图。可以看到，总体上，两个反演结果具有较大的相似性，都与裂缝发育密度相关，细节上，TTI 介质理论下的参数反映的更为精细。

2. 缝洞体地球物理综合描述

(1)缝洞储集体精细刻画

在单井储层分析的基础上，结合表层岩溶与古地貌、古水系相互关系建立缝洞单元边界约束条件。图2－113为古地貌控制下的精细雕刻技术所得到的S48工区缝洞单元储集体平面分布图，结果表明缝洞型储集体平面分布符合开发过程中缝洞单元油气动态监测连通范围，在古地貌高点处发育有好的溶洞体系及储集体，这与古岩溶发育机理相吻合，证实了古地貌控制下的多属性融合体三维精细雕刻缝洞单元的可靠性。

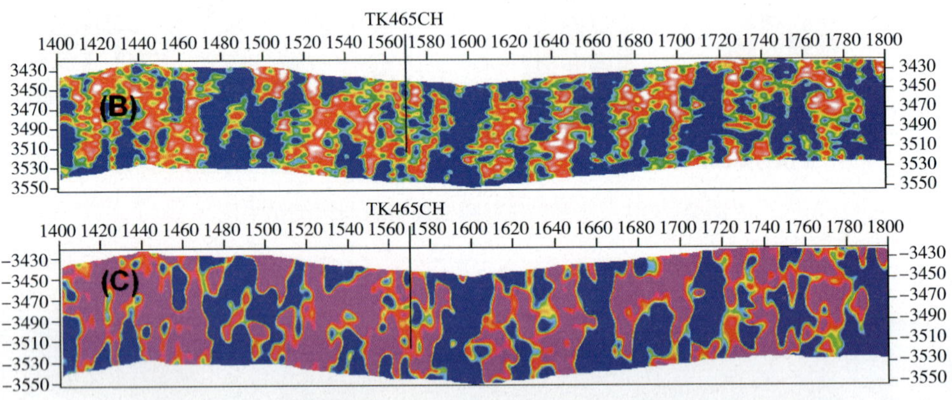

图2－112 HTI理论与TTI介质理论下的各向异性计算对比

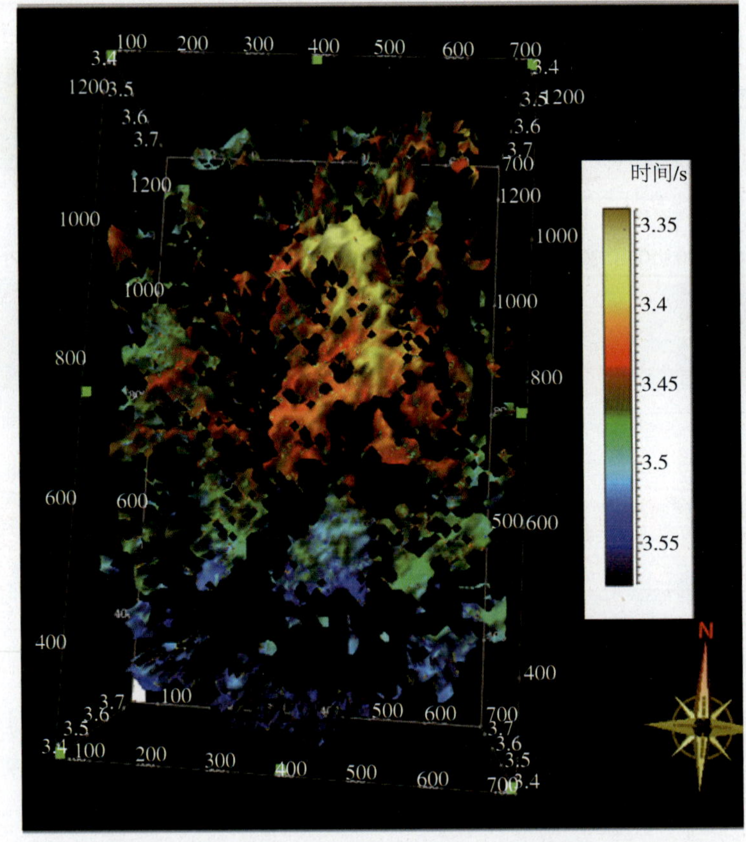

图2－113 S48工区缝洞储集体顶界面空间展布特征

T402井的生产数据表明，在常规裸眼情况下，生产层段5358.5～5602m初期产油209t/d，产水0.6t/d；总共累积产油7.16×10⁴t。测试及测井解释结果表明T402井共分5段储层，裂缝均较发育，其中在5372～5376.5m与5566～5568.5m段发育未充填洞，由多属性融合数据体所刻画的缝洞储集体在T402井位置均与钻井及测试解释储层具有很好的对应关系(图2－114)。

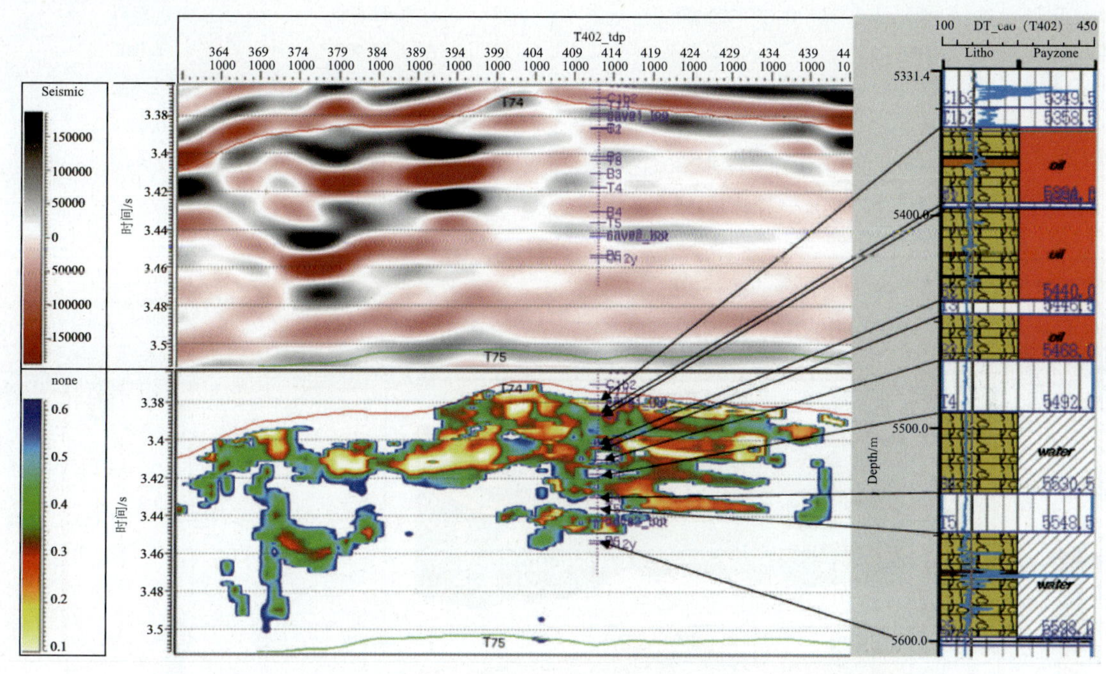

图2－114 T402井xline方向地震剖面及缝洞单元(左)与测井结果(右)比较

(2)缝洞单元视体积计算

钻井解释储层与预测储层具有较高的吻合率，但由于地震资料在分辨能力上的局限性，较难达到与钻井解释储层一一对应的关系。

利用可视化手段，全三维空间精细雕刻的缝洞单元其每一个像素点(体元)与地震面元大小及采样率相关，S48区地震资料面元为15m×15m，纵向采样率为1ms，因而一个像素点的视体积约为1267m³，利用空间像素点的累加求和，可以直接得到异常缝洞体的体积，实现缝洞体的定量化描述，表2－5即为S48井区17个缝洞单元所预测的储层视体积。

3. 试验区流体检测

(1)叠前弹性反演流体预测效果分析

①弹性阻抗反演流体预测。

S48试验区目标层为缝洞型碳酸盐岩储层，具有强烈的非均质特点，根据弹性阻抗反演流程，由约束稀疏脉冲反演得到了不同入射角下的弹性阻抗结果，弹性阻抗的变化一定程度上反映了储层流体特征。图2－115过油井T416井弹性阻抗结果，显示远近道弹性阻抗差异较大，表明了具有弹性阻抗具有较好的储层预测能力。

利用测井资料所建立远近弹性阻抗识别流体交会图，对叠前反演弹性阻抗体进行流体检测，图 2－116 给出的 T402 井与 T416 井流体检测结果，均与井生产测试结果具有好的对应关系，表明弹性阻抗交会进行流体检测的有效性。

表 2－5　S48 井区 17 个缝洞单元预测储层视体积

序号	缝洞单元	视体积/$10^5 m^3$	序号	缝洞单元	视体积/$10^5 m^3$
1	S48	8. 139	10	T452	1. 198
2	S64	1. 459	11	TK231	0. 443
3	S65	5. 25	12	TK404	0. 7381
4	S79	2. 463	13	TK407	1. 048
5	T414	2. 102	14	TK409	2. 53
6	T417	9. 289	15	TK427	0. 789
7	T436	4. 84	16	TK456	2. 943
8	T443	2. 64	17	TK462	0. 1482
9	T444	1. 166			

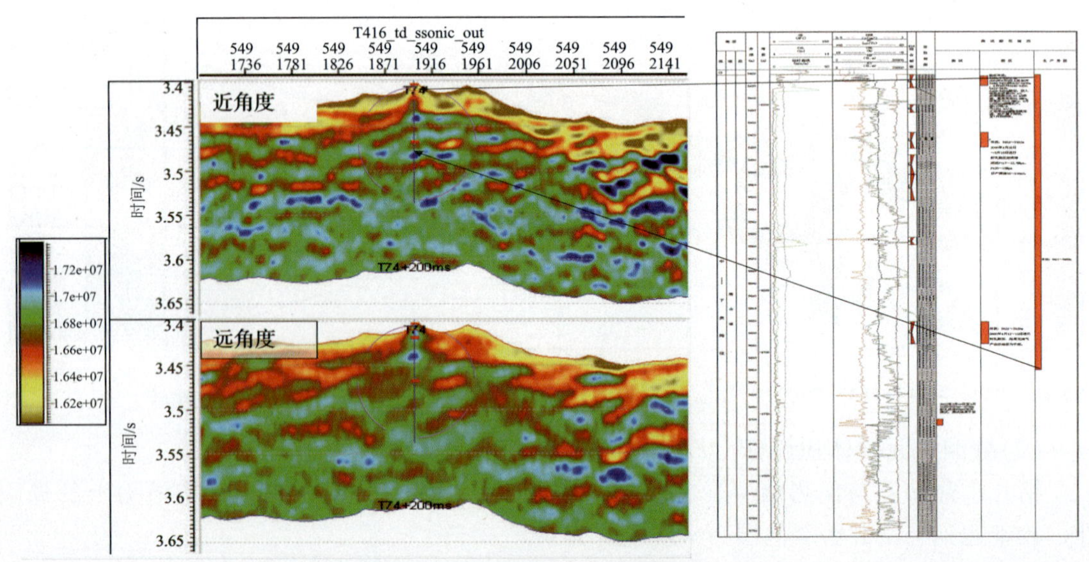

图 2－115　过 T416 井弹性阻抗剖面
（左：弹性阻抗；右：生产测试结果）

②LMR 反演流体预测。

根据叠前 LMR 反演步骤，通过 4 个不同入射角范围（0°～10°、8°～16°、16°～24°、22°～32°）部分叠加数据体反演，分别得到纵横波速度、$\lambda\rho$、$\mu\rho$ 和 λ/μ、V_p/V_s、σ 等弹性参数。图 2－117 为过 T402 井反演弹性参数剖面，通过井生产测试资料对比表明，低λ/μ、低 V_p/V_s 及低 σ 值指示有利含油气层段，与井油气生产测试情况具有较好的对应关系。

（2）流体预测概率分析方法

基于流体预测概率分析理论，可利用蒙特卡洛随机正演所建立的不同深度下流体概率模型进行实际流体概率预测。由于正演所得到的梯度—截距与实际地震资料结果存在着较大的差异，因此，需要对实际地震资料进行比例标定。

利用蒙特卡洛随机正演流体概率模型及标定的比例系数对一间房组上部（T74 下

20ms）进行流体概率反演，图 2－118 为 TK479 井附近流体概率反演结果平面图，反演结果表明，产油气井处的概率值大多大于 0.5，而水井处的概率值则多小于 0.5。

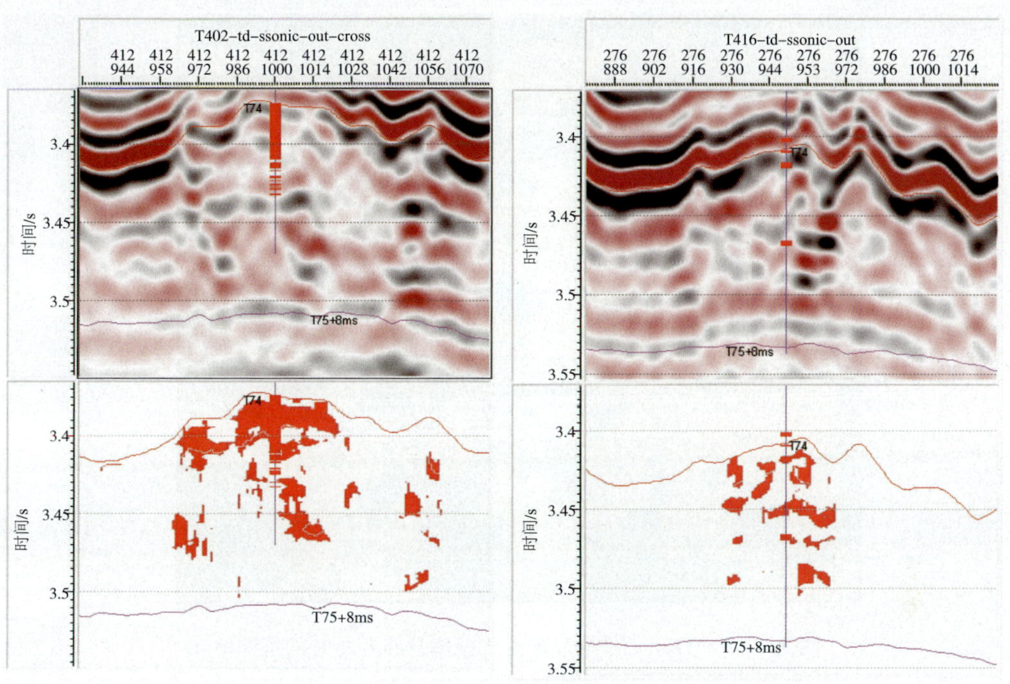

图 2－116　弹性阻抗交会检测流体单井剖面特征

（左：T402；右：T416。其中井轨迹红色块状为生产段位置）

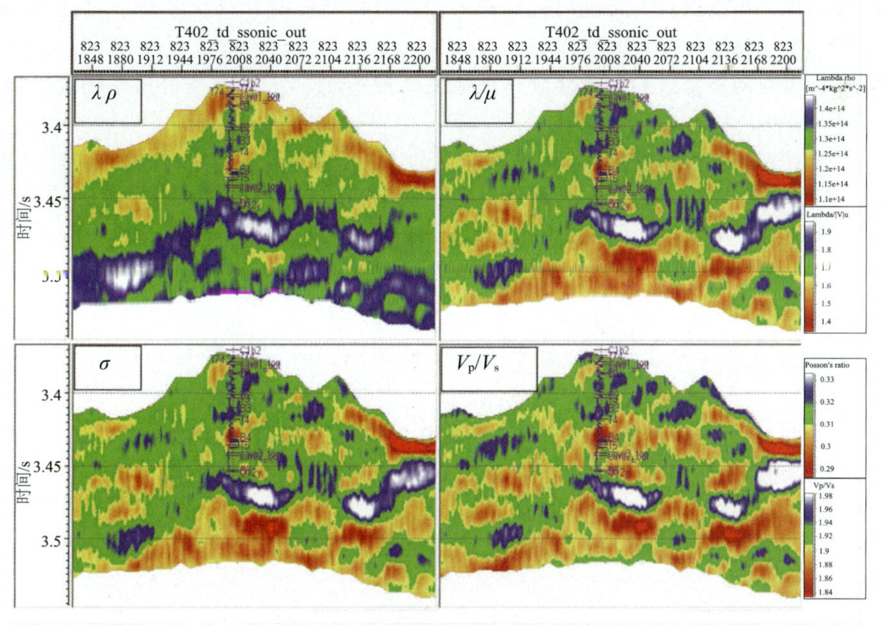

图 2－117　过 T402 井反演弹性参数剖面

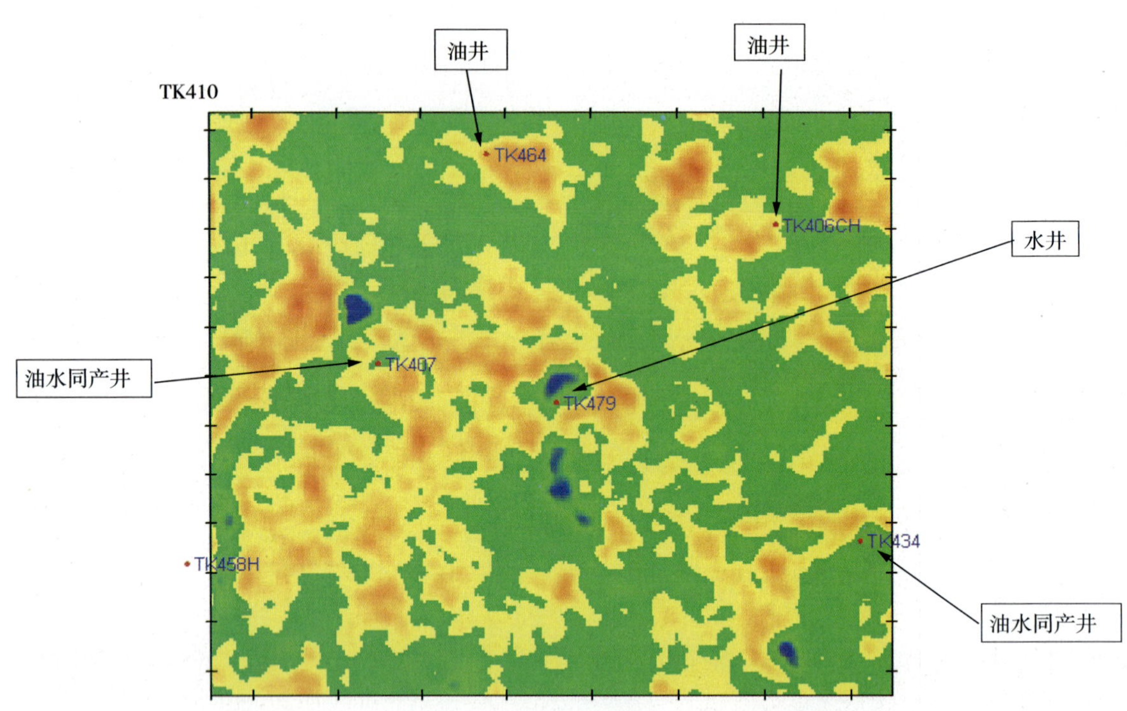

图 2-118　TK479 井附近含油气概率分布及与井的情况对比

参考文献

[1] 黄超，董良国．可变网格与可变时间步长的交错网格高阶差分弹性波模拟[J]．地球物理学报，2009，52(11)：2870~2878.

[2] 朱生旺．一种变网格有限差分弹性波方程数值模拟实现方法[J]．石油地球物理勘探，2007，42(6)：634~639.

[3] 王立华，魏建新，狄帮让．溶洞物理模型地震响应及其属性分析[J]．石油地球物理勘探，2008，43(3)：291~296.

[4] 魏建新，狄帮让，王立华．孔洞储层地震物理模拟研究[J]．石油物探，2008，47(2)：156~160.

[5] 李凡异，魏建新，狄帮让，碳酸盐岩溶洞横向尺度变化的地震响应正演模拟[J]．石油物探，2009，48(6)：557~562.

[6] 魏建新．裂缝密度对纵波传播特性影响的实验观测[J]．石油地球物理勘探，2007，42(5)：554~559.

[7] 赵群，曲寿利，薛诗桂，等．碳酸盐岩溶洞物理模型地震响应特征研究[J]．石油物探，2010，49(4)：351~358.

[8] 朱生旺．用随机介质模型方法描述孔洞型油气储层[J]．地质学报，2008，82(3)：420~427.

[9] 董良国，黄超，刘玉柱，等．溶洞地震反射波特征数值模拟研究[J]．石油物探，2010，49(2)：121~124.

[10] 李佩，朱生旺，曲寿利，等．垂直裂隙 P 波响应特征分析[J]．石油物探，2010，49(2)：125~132.

[11] 刘春园，朱生旺，魏修成，等．随机介质地震波正演模拟在碳酸盐岩储层预测中的应用[J]．石油物探，2010，49(2)：133~139.

[12] 李智宏，朱海龙，赵群，等．地震物理模型材料研制与应用研究[J]．地球物理学进展，2009，24(2)：408～417.

[13] 曲寿利，朱生旺，赵群，等．碳酸盐岩孔洞型储集体地震反射特征分析[J]．地球物理学报，2012，55(6)：2053～2061.

[14] 吴俊峰，姚姚，撒利明．碳酸盐岩特殊孔洞型构造地震响应特征分析[J]．石油地球物理勘探，2007，42(2)：180～185.

[15] 刘守伟，王华忠，程玖兵，等．时空移动成像条件及偏移速度分析[J]．地球物理学，2008，51(6)：1883～1891.

[16] 王华忠，冯波，任浩然．二维 Offset 平面波有限差分法叠前时间偏移[J]．石油物探，2009，48(1)：11～19.

[17] 朱生旺，曲寿利，魏修成，等．通过压制共散射点道集映射噪声，改善绕射波成像分辨率[J]．石油物探，2010，49(2)：107～114.

[18] 王伟，尹军杰．等效偏移距方法及应用[J]．地球物理学报，2007，50(6)：1823～1830.

[19] 李爱山，印兴耀，张繁昌，等．叠前 AVA 多参数同步反演技术在含气储层预测中的应用[J]．石油物探，2007，46(1)：64～68.

[20] 王玉梅，孟宪军，慎国强．叠前地震反演技术在气层预测中的应用[J]．油气地球物理，2007，5(2)：33～37.

[21] 陈习峰，毛树礼．基于瞬时子波吸收分析的油气检测方法[J]．小型油气藏，2007，12(2)：29～31.

[22] 陆树勤，郭廷超．AVA 裂缝检测方法研究及应用[J]．小型油气藏，2006，11(3)：15～18.

[23] 文晓涛，贺振华．基于置信度分析的多方法综合检测裂缝[J]．石油地球物理勘探，2006，41(2)：207～210.

[24] Norman S. Neidell, N. S. Neidell&Associates, Perceptions in seismic imaging Part 2: Reflective and diffractive contributions to seismic imaging, 1 to 4[J]. The Leading Edge, 1997, 16: 1121～1123.

[25] John C. Bancroft, Hugh D. Geigerz, and Gary F. Margra. The equivalent offset method of prestack time migration[J]. GEOPHYSICS, 1998, 63(6): 2042～2053.

[26] Biondi and Chemingui. Transformation of 3－D prestack data by azimuth moveout (AMO), 1994.

[27] Dubrulle, A. A. Numerical methods for the migration of constant－offset sections in homogeneous and horizontally layered media[J]. Geophysics, 1983, 48. 1195～1203.

[28] Ekren, B. O. and Ursin, B. True－amplitude frequency－wavenumber constant－offset migration[J]. Geophysics, 1999, 64: 915～924.

[29] Pestana, R., Stoffa, P. L. Plane Wave Pre－Stack Time Migration[J]. 70th Ann. Internat. Mtg., Soc. Expl. Geophys., Expanded Abstracts, 2000: 810～813.

[30] Tieman, H. J. Improving plane－wave decomposition and migration[J]. Geophysics, 1997, 62: 195～205.

[31] Schultz, P. S., and Claerbout, J. F. Velocity estimation and downward continuation by wavefront synthesis[J]. Geophysics, 1978, 43: 691～714.

[32] Stoffa, P. L., Buhl, P., Diebold, J. B., and Wenzel, F. Direct mapping of seismic data to the domain of intercept time and ray parameter[J]. Geophysics, 1981, 46: 255～267.

[33] Kostov, C., and Biondi, B. Improved resolution of slantstacks using beam stacks[J]. 57th Ann. Internat. Mtg., Sot. Expl. Geophys., Expanded Abstracts, 1987: 792～794.

[34] Li, Zhiming. Compensating finite difference errors in 3－D migration and modeling[J]. Geophysics, 1991, 56: 1650～1660.

[35] Mitchell, A. R., and Kelamis, P. G.. Efficient tau－p hyperbolic velocity filtering[J]. Geophysics, 1990, 55: 619～625.

[36] Mosher, C. C. , Keho, T. H. , Weglein, A. B. , and Foster, D. J. . The impact of migration on AVO [J]. Geophysics, 1996, 61: 1603 ~ 1615.

[37] Al – Yahya, K. Velocity analysis by iterative profile migration[J]. Geophysics, 1989, 54(6): 718 ~ 729.

[38] Bartana, A. , Kosloff, D. , and Ravve, I. . Discussion and Reply On "Angle – domain common – image gathers by wavefield continuation methods" [J]. Geophyics, 2006, 71: X1 ~ X4.

[39] Biondi, B. , and Symes, W. Angle – domain common – image gathers for migration velocity analysis by wavefield – continuation imaging[J]. Geophysics, 2004, 69: 1283 ~ 1298.

[40] Biondi, B. , and Tisserant, T. 3D angle – domain common – image gathers for migration velocity analysis [J]. Geophysical prospecting, 2004, 52: 575 ~ 591.

[41] Biondi, B. , T. Tisserant, and W. Symes. Wavefield – continuation angle – domain common – image gathers for migration velocity analysis[J]. 73rd Annual International Meeting, SEG, 2003: 2104 ~ 2107.

[42] Doherty, S. , and Claerbout, J. Velocity analysis based on the wave equation: SEP, 1974: 160 ~ 178.

[43] Mackay, S. , Abma, R. Imaging and velocity estimation with depth – focusing analysis[J]. Geophysics, 1992, 57: 1608 ~ 1622.

[44] Mackay, S. , and Abma, R. Depth – focusing analysis using a wavefront – curvature criterion[J]. Geophysics, 1993, 58: 1148 ~ 1156.

[45] Rickett, J. , and Sava, P. Offset and angle – domain common image – point gathers for shot – profile migration[J]. Geophysics, 2002, 67: 883 ~ 889.

[46] Sava, P. , and Fomel, S. Angle – domain common – image gathers by wavefield continuation methods, 2003, 68: 1065 ~ 1074.

[47] Neidell N S, Neidell&Associates N S. Perceptions in seismic imaging Part 2: Reflective and diffractive contributions to seismic imaging, 1 to 4[J]. The Leading Edge, 1997, 16(8): 1121 ~ 1123.

[48] Mosher, C. C. , Foster, D. J. , and Hassanzaddh, S. Common angle imaging with offset plane waves. 67th Ann. Internat. Mtg. , Soc. Expl. Geophys[J]. Expanded Abstracts, 1997: 1379 ~ 1382.

碳酸盐岩缝洞型油藏三维地质建模

油藏地质模型是油藏数值模拟、编制开发方案和开发决策的基础。碳酸盐岩缝洞型油藏基质岩块系统基本不具有储油能力，储集体主要为构造及古岩溶作用形成的大型溶洞、裂缝和溶蚀孔洞。如何建立定量刻画缝洞体三维形态展布、属性分布的地质模型是开发地质领域的关键问题之一。

碳酸盐岩缝洞型油藏三维地质建模面临以下主要难点：①缝洞型碳酸盐岩储集体分布规律复杂，非均质性强，三维形态描述难度大；②大型溶洞、裂缝与溶蚀孔洞大小悬殊，尺度差异大，传统的碎屑岩油藏“多孔介质”储层地质学表征方法不适用；③缝洞储集体既不是碎屑岩储层单一的“沉积成因”，也不是纯裂缝性储层的“构造应力成因”，多为“构造加岩溶”的“改造”成因，建立数学模型困难。

本章以塔河油田试验区碳酸盐岩缝洞型油藏为原型模型，阐明碳酸盐岩缝洞型油藏储集空间类型，阐述碳酸盐岩缝洞型油藏三维地质建模方法，表征缝洞储集体及其属性在三维空间上的分布。

第一节　碳酸盐岩缝洞储集体识别

缝洞储集体经历了多期构造运动、多期岩溶叠加改造、多期成藏等过程，大尺度的溶洞、裂缝，小尺度的溶蚀孔洞和微小裂缝共存，储集空间尺度差异大，储层非均质性极强，需要综合应用井震等多种信息来提高不同尺度缝洞储集体识别精度，这是油藏三维地质建模的基础。

一、碳酸盐岩缝洞型油藏储集空间类型

钻井、岩心、测井和生产动态资料研究表明，碳酸盐岩缝洞型油藏的储集空间类型主要有大型溶洞、溶蚀孔洞及裂缝 3 种类型，其中对储渗起主要作用的是溶洞和裂缝，它们既是重要的储集空间，又是流体的主要流动通道；基质岩块孔渗对储层物性基本无贡献，只能作为隔层或夹层，分隔和遮挡各类储集空间。

1. 基质岩块

基质岩块系统是指被裂缝系统所切割，张开度≤10μm 的微裂缝、超微裂缝或孔隙喉道所连通的基质孔隙所组成的孔隙网络系统。其特征更多的是反映了溶蚀孔、洞和缝不太发育的储层段的特征。通过孔渗分析、表观认识、CT 扫描、铸体薄片、核磁共振及恒速压汞等技术手段，针对塔河油田 7 个区 9 口井中共取 50 块岩心(岩心从北到南覆盖了整个塔河油田，体现了取心的代表性)进行分析，认识塔河缝洞型储层基质的特征。

从所取岩心渗透率和孔隙度分布可以看出，矿场所取的50块岩心渗透率都小于10.0 $\times10^{-3}\ \mu m^2$，属于超(特)低渗透一类岩心，其中渗透率小于$1\times10^{-3}\ \mu m^2$的超低渗透岩心有47块，占94%，而大于$1.0\times10^{-3}\ \mu m^2$小于$10.0\times10^{-3}\ \mu m^2$的特低渗透岩心有3块，仅占6%(图3-1)；孔隙度大于2.0%(孔隙度下限值)的岩心样品有8块，占16.0%，孔隙度小于1%的岩心样品有23块，占46%。从实验结果可知，塔河碳酸盐岩缝洞型储层基质岩块系统为超(特)低渗特低孔储层，基本上不能作为有效储层。

从表观认识可以看出(图3-2)，塔河缝洞型油藏所取基质岩块中未见明显孔隙，但微裂缝相当发育，且交替成网络状分布。其中以塔河4区岩心微裂缝最为发育，长度约5cm的岩心表面肉眼可见微裂缝约5~20条，集中分布在8~16条。而其它6个区的岩心微裂缝发育程度接近主要集中分布在5~10条；其中裂缝张开度<0.1mm的裂缝约占总数的64%，裂缝张开度0.1~1mm的裂缝约占总数的33%，裂缝张开度>1mm的裂缝约占总数的3%，但充填程度很高。据此，塔河碳酸盐岩油藏基质岩块中微裂缝十分发育，但多被充填，且充填程度较高。

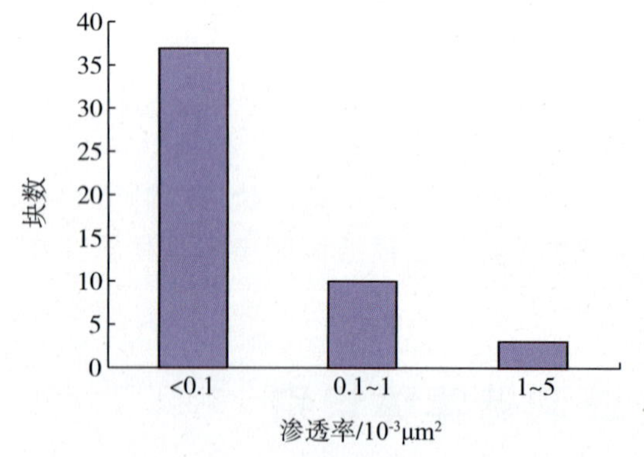

图3-1　取心渗透率分布柱状图

图3-2　岩心表观裂缝照片

CT扫描分析表明(图3-3)，岩心内部无可见孔隙但存在微裂缝，且岩心内部的微裂缝与表观观察到的微裂缝在分布特征上存在较大的差异；总体而言，塔河缝洞型油藏基质岩块中存在3种典型的微裂缝分布：第一种是微裂缝发育相对较少且充填程度高，CT图片中有微弱的微裂缝信号，这类基质岩块的渗透率非常小；第二种是局部存在相对较大的微裂缝，但数量很少，这类基质岩块有一定的渗流能力；第三种是微裂缝比较发育，这类基质岩块渗透性较好。因此，基质岩心的渗透率主要由岩心中发育的微裂缝提供，当微裂缝发育时，岩心渗透率较高，当微裂缝不发育时，岩心渗透率非常低。

薄片分析结果(图3-4)证实，岩心内部局部存在极少量粒间孔、溶蚀孔，且呈孤立状分布，连通程度极差。而微裂缝明显可见且交替成网状分布，相对较为发育。据此，基质岩块中存在极少的孤立孔隙，不可能构成基质岩块的有效储渗空间，其主要储渗能力由微裂缝来贡献。

利用核磁共振T2谱可对岩样孔隙内流体的赋存状态进行分析，定量给出可动水饱和度及束缚水饱和度等储层评价参数。从实验结果计算出平均流体饱和度为30.17%(图3-5)，可动流体主要存在于微裂缝中，局部区域岩心存在一定的孔隙，但是可动性很小。由此可知，参与流动的空间主要是岩心中发育的微细裂缝。

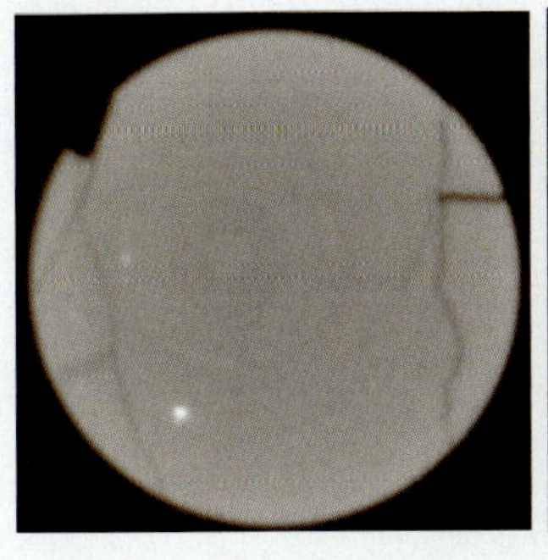

图 3－3　CT 扫描图片

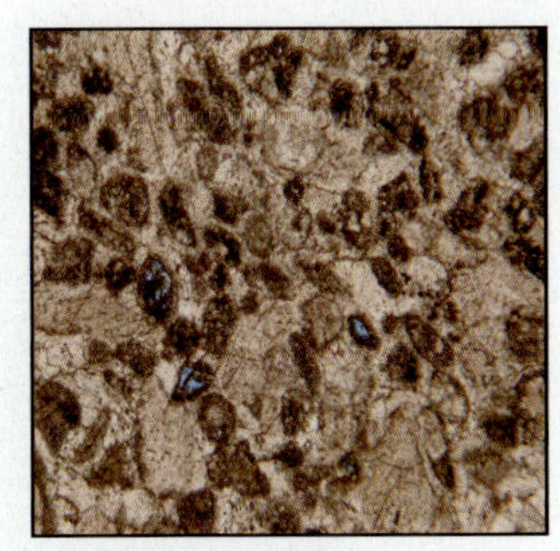

图 3－4　铸体薄片

运用恒速压汞的方法来研究孔隙结构特征可以定量的确定储层的孔隙及喉道的数量，以及不同大小的孔隙与喉道的分布特征，从而可以更加清晰地描述储层的微观孔隙结构。塔河碳酸盐岩岩心内部喉道数量相对甚少且渗透率极低(图 3－6)，基质内部不存在具备有效储集能力的孔隙和喉道，与常规碎屑岩的孔隙结构不同，微裂缝是其主要储集空间和流动通道。

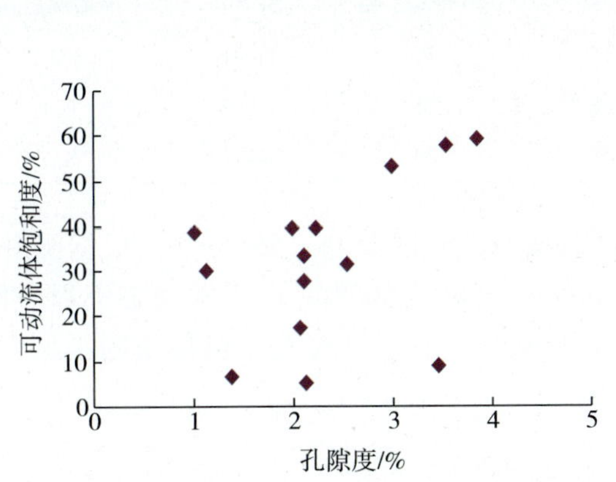

图 3－5　碳酸盐岩基质可动流体饱和度分布曲线

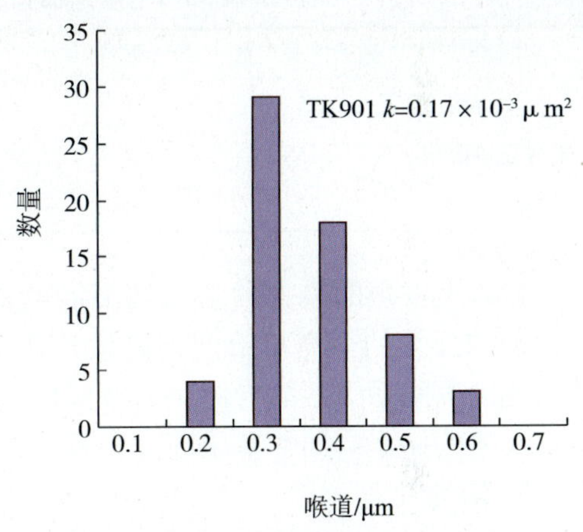

图 3－6　碳酸盐岩基质喉道发育柱状图

2. 大型溶洞

按第一章溶洞的分类，溶洞均大于 200mm，是缝洞型碳酸盐岩油藏极为重要的储渗空间(图 3－7)，总体特征是个体大小不等，形态多样，差异明显，空间分布变化大。

大型溶洞是指在目前地球物理技术可识别的溶洞体，直径一般大于 10m，可用确定性建模方法描述和表征。这些大型溶洞在钻井过程中常出现放空、泥浆漏失、井涌等现象，是主要产层。

利用钻井、测井资料以及岩心资料对 75 口井进行了解释，钻遇溶洞的有 48 口井，占总井数 64%。研究区平均溶洞高度为 10m，酸压投产井占总井数的 75%。最小的溶洞层的高度是 1m，钻遇溶洞高度在 10m 以内的 43 个，溶洞高度在 10～20m 的 11 个，溶洞高度大于 20m 的 8 个(表 3－1)。

图 3－7　塔河溶洞型储层全直径岩心照片

表 3－1　塔河油田 4 区不同类型溶洞高度统计表

溶洞类型	钻遇溶洞个数	最小洞高/m	典型井	最大洞高/m	典型井	平均洞高/m
充填溶洞	25	1	TK422	72	TK409	13.3
部分充填溶洞	15	1	T416	26	TK464	6.1
未充填溶洞	27	1	TK486	30	TK471X	8.7

岩心上发现的最大的全充填溶洞的高度达 20m（T615 井 5535～5555m），根据测井资料识别的最大的全充填溶洞视高度达 72m（TK409 井 5586～5658m）。开发动态资料表明，塔河地区奥陶系碳酸盐岩储层的特殊性在于溶洞是缝洞型油藏最有效的储集空间类型，裂缝是次要的储集空间，基质部分不具有储油能力。

3. 溶蚀孔洞

溶蚀孔洞是指直径小于 200mm 的孔洞，通常利用常规测井、成像测井及岩心资料进行识别。如：塔河 T401 井 5367.5～5376.6m 井段，综合解释平均孔洞孔隙度 2.67%，岩心上可见到十分发育的网状裂缝和溶蚀小孔洞，两者均充满原油；TK407 井 5391.37～5397.83m 井段，岩心溶蚀孔十分发育，孔密度 3.5～8.5 个/10cm^2 不等，有多条高角度构造裂缝，孔缝均充满原油，虽没有大洞，但却发生井喷，反映此类储层具有良好的储集性能；S65 井 5457.38～5478.67m 井段，岩心中微裂缝和溶蚀小孔洞均相当发育，充满褐色原油。

4. 裂缝

裂缝是碳酸盐岩油藏普遍发育的储集空间之一，也是重要的渗流通道，油气显示极为活跃。可利用常规测井、成像测井及岩心资料识别。

（1）裂缝发育程度和形态

以构造成因的缝、构造溶缝及成岩形成的压溶缝（缝合线）为主，层理、层面缝不发育。岩溶缝形成于风化溶蚀阶段，具有张开宽度大、充填程度高、有效性差的特点。成岩缝主要有压溶缝合线和中深埋阶段形成的压裂缝，其中沿原有缝合线进行压蚀而形成的蛇曲状溶缝的有效性较好。荧光薄片统计表明，构造缝和构造溶缝的油气显示率很高，缝合线的油气显示率更好。裂缝的存在，把有效溶洞储集空间连接起来，成为重要的流动通道。裂缝按照其平均张开度的大小分为小裂缝(张开度 0.01 ~ 1mm)、中等裂缝(张开度 1.0 ~ 10mm)和大裂缝(张开度大于 10mm)。按照其充填状况分为张开缝和充填缝，张开缝是有效缝，而充填缝的有效性与充填物和充填方式有关。裂缝的形状指裂缝面的弯曲程度，一般构造裂缝形状比较规则，其裂缝面比较平直。

从油田资料裂缝识别角度考虑，将地震可识别的裂缝系统称为大尺度裂缝系统，可直接用确定性方法建模；地震不可识别、测井及岩心可识别的裂缝系统称为小尺度裂缝，需要用随机建模方法表征。

(2)裂缝的动态指示

岩心观察、CT 和铸体薄片是直观观察岩心外部和内部裂缝发育的主要手段(图 3－2、图 3－3、图 3－4)。渗流压力变化曲线可以看出，缝洞型碳酸盐岩岩心的实验压力一般会出现不同程度的波动，具体表现为微裂缝越发育，平稳阶段的波动越多，出现大裂缝时，波动很大(图 3－8)，压力也会突然降低，说明裂缝导流能力较强，需要的压差较低。如果碳酸盐岩岩心裂缝不发育或充填程度很高时，流动图像和砂岩具有很大的相似性。根据岩心流动曲线，可以判断岩心内部裂缝的发育和连通情况。波动越多，裂缝越发育。波动幅度越大，裂缝宽度越大。

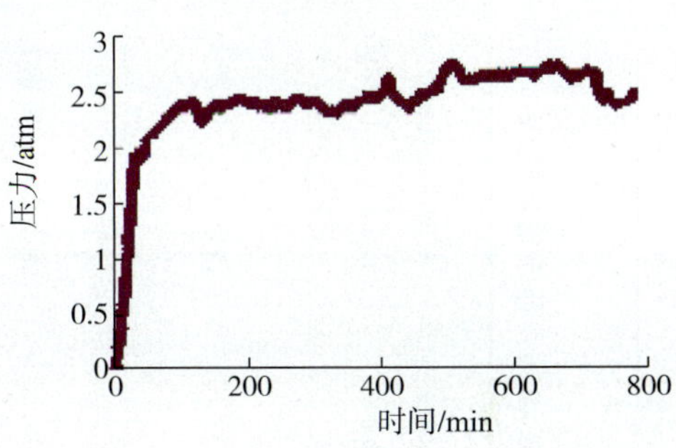

图 3－8　T901 井 13－34/55(1)岩心流动结果

二、碳酸盐岩缝洞型油藏井点缝洞储集体识别

根据油田资料可识别的精度，将碳酸盐岩缝洞型油藏的储集空间分为大型溶洞、溶蚀孔洞、大尺度裂缝及小尺度裂缝 4 种类型，相应的形成溶洞型、裂缝型及溶蚀孔洞型 3 种储集体类型，3 类储集体识别模式见表 3－2。

1. 大型溶洞储集体的识别

大型溶洞是油气储集的良好空间，测井解释将其称为 I 类储集体。该类储集体油气产出的特点是初产量高、日产量稳定或较稳定，稳产期长，塔河油田上的 S48、T401、T402、TK407 等井的下奥陶统均属此类，由于其初产高、稳产期长。该类储集体是塔河地区奥陶系碳酸盐岩油藏重要的储集体类型之一。依据单井岩心、测井、成像测井及酸压测试资料，将研究区 75 口单井溶洞型储集体按充填程度进一步划分为：未充填型溶洞、部分充填(或半充填)型溶洞和充填型溶洞 3 种类型。需要指出的是，由于所依据资料的尺度和精度不同，文中所划分的未充填溶洞和半充填溶洞是一个相对概念。

在有效溶洞(未充填和部分充填溶洞)储集段钻井取心收获率低，因此，在大型溶洞发育段往往缺失岩心资料。由于溶洞及裂缝的存在，在钻井过程中经常出现钻井放空、泥浆漏失现象，且只有少部分井取得了相应的测井资料，造成该类储集体井点识别难。溶洞储集体充填程度识别的依据是：

未充填溶洞：①钻井出现放空、漏失，低钻时(小于 10min/m)如图 3－9 所示；②井径扩大明显；③电阻率低，常小于 20Ω · m；④孔隙度曲线显示高视孔隙度值；⑤自然伽

表 3－2　塔河油田奥陶系缝洞型储集体测井响应和钻井显示等特征表

储层类型		钻井显示	岩心显示	井径/in	自然伽马/API	无铀伽马/API	双侧向电阻率/Ω·m	密度/（g/cm^3）	声波时差/（μs/ft）	中子/%	FMI 成像测井	地震显示
溶洞型	未充填洞穴型	放空漏失，钻时＜10min/m	取不上岩心	扩径特别明显	＜20	＜20	RD＜20	特别小	特别大	特别大	整段明显深色图像	串珠
	部分充填洞穴型	轻微漏失，钻时＞5min/m	取不上岩心	较明显扩径	20～60	明显小于自然伽马	RD＜20	特别小	特别大	特别大	洞内有明显淡色基岩图像	串珠
	全充填洞穴型	无放空漏失，钻时＞5min/m	可见充填物性质	轻微扩径	＞60	接近自然伽马	RD＜20	特别小	特别大	特别大	洞内全深色或部分深色图像	串珠
裂缝—孔洞型		无放空漏失，钻时＞10min/m	可见小尺度裂缝和溶蚀孔洞	轻微扩径	＜15	＜15	RD20－200，RD＞RS	明显大于基岩	明显大于基岩	明显大于基岩	有明显的条带和近圆形的深色图像	杂乱弱反射
裂缝型		无放空漏失，钻时＞10min/m	可见小尺度裂缝	基本不扩径	＜15	＜15	RD100～1000，RD＞RS，“双轨”特征明显	接近基岩	接近基岩	接近基岩	有明显的条带深色图像	杂乱弱反射

马值较低(图 3－10)，数值小于 20API；⑥FMI 图像显示大段连续的深色图案(图 3－10)，塔河油田 4 区钻井过程中表现出明显放空漏失的井有 22 口。

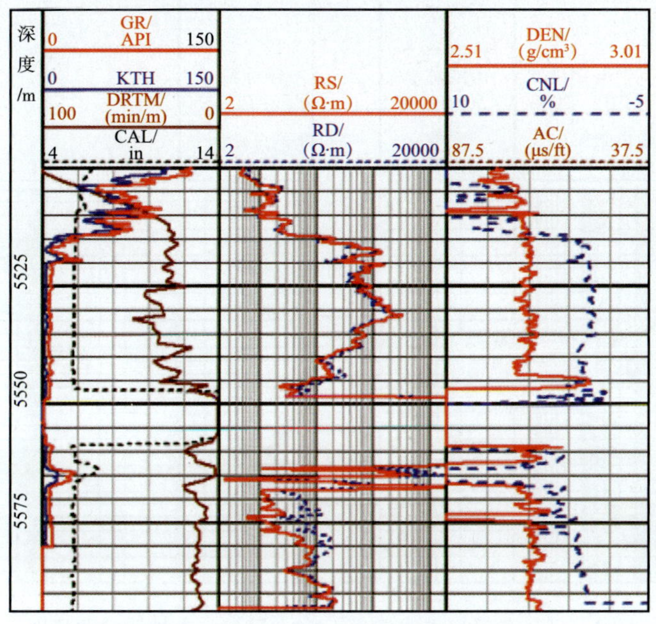

图 3－9　TK471X 井未充填溶洞测井图

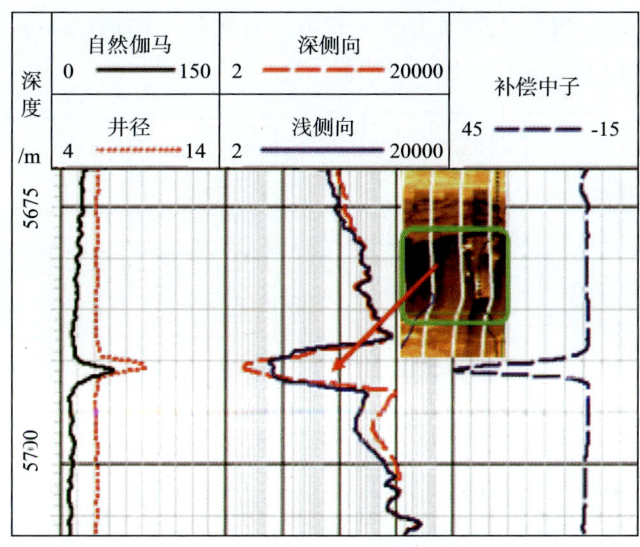

图 3－10　T701 井未充填溶洞测井

部分充填溶洞：与未充填溶洞比较，主要特征为：①钻时较高(图 3－14)；②钻井基本无放空漏失；③井径扩径较小；④自然伽马较高(图 3－15)，20～60API。若溶洞为砂泥充填，自然伽马能谱显示铀含量高、钾钍和含量稍低(图3－11)。

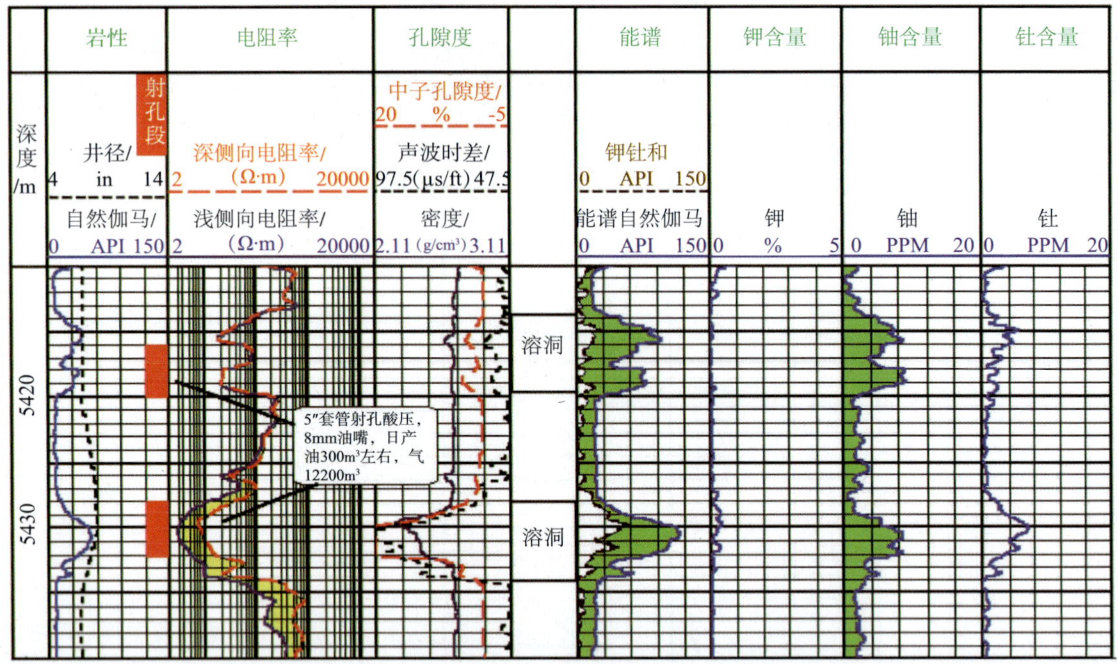

图 3－11　TK404 井奥陶系 5410～5440m 常规测井曲线图

全充填溶洞：与部分充填溶洞的主要差别表现为：①井径基本不扩径；②自然伽马更高(图 3－15)，大于 60API。若溶洞为砂泥充填，自然伽马能谱测井显示钾钍和含量很高，如 T403 井、TK409 井(图 3－12、图 3－13)。

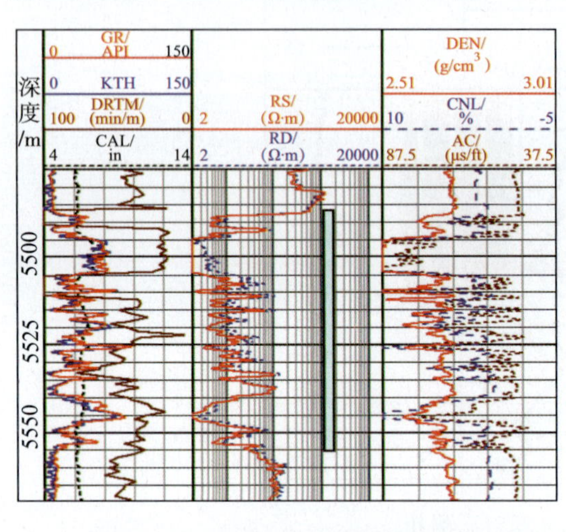

图 3－12　T403 井充填溶洞测井图

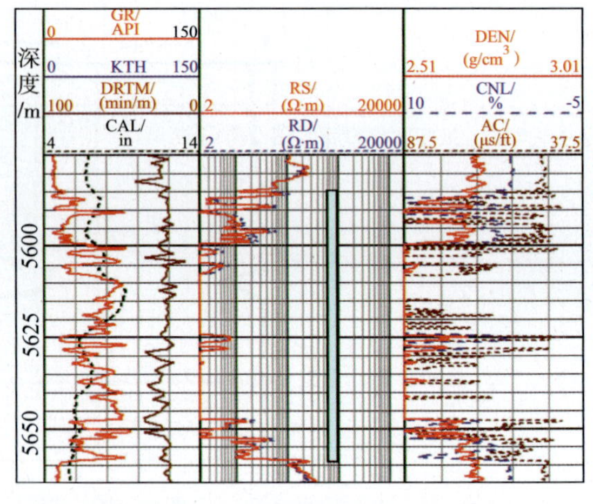

图 3－13　TK409 井充填溶洞测井图

2. 溶蚀孔洞储集体识别

包括次生孔隙，溶蚀孔洞以及基质孔隙等。孔洞主要由溶孔和小洞组成，此类储层储集性能一般。该类储集体测井识别依据是：①电阻率较低，深侧向电阻率一般在 20～200Ω·m，深浅电阻率具有一定的正差异；②三孔隙度曲线相对于基岩，声波和中子明显增大，密度下降，声波时差大于 51μs/ft，密度小于 2.68g/cm^3，中子孔隙度大于 2%；③

井径表现为轻微扩径，数值为6.3″；④自然伽马低值，小于15API。

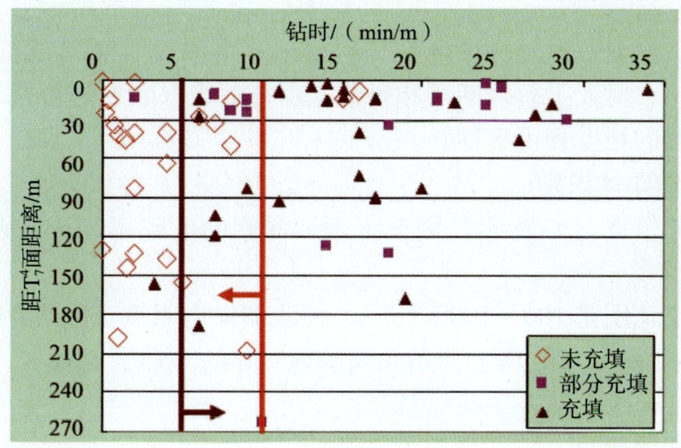

图3－14　不同溶洞钻时分布图

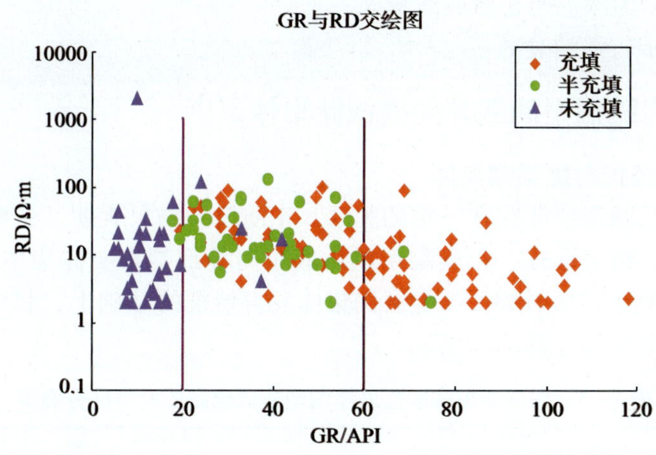

图3－15　不同溶洞自然伽马分布图

3. 大尺度裂缝储集体识别

大尺度裂缝可通过地震资料直接解释的断层，提取蚂蚁体地震属性获得大尺度裂缝信息，并从蚂蚁属性体中拾取断裂信息获得。

(1)断层解释

人工地震解释断层即根据区域地质规律，结合地震剖面特征分析，考虑断层在地震剖面上的标志以及断层组合规律，人工解释出的断层，断层信息具有较高的可靠性。

(2)裂缝追踪

与人工地震解释断层比较，蚂蚁追踪断层解释精度更高，不仅能解释较大规模的断裂，也能够解释低级序小断裂，甚至裂缝系统。

方差体技术和蚂蚁追踪技术均为目前识别断层、裂缝及地层不连续变化的有效方法，使用方差体分析技术对原始地震数据进行预处理，增强地震数据在空间上的不连续性，再采用蚂蚁追踪技术在方差体中发现满足预设断裂条件的不连续痕迹并进行追踪，提取蚂蚁体地震属性，根据人工地震解释断层获取断层组系信息，分组系从蚂蚁属性体中自动拾取断裂。

(3)综合解释

人工可以从地震剖面解释较大的断层，蚂蚁追踪可以对小断层进行精细刻画和解释。通过人机交互的方式，对人工解释断层和蚂蚁追踪自动拾取断裂进行逐一匹配对比、综合解释，提高断层解释的精度和可靠性。

4. 小尺度裂缝储集体识别

小尺度裂缝主要依据岩心及测井资料识别，深侧向电阻率和成像测井是有效的识别手段。

①深侧向电阻率范围是100~1000Ω·m，深浅侧向电阻率正差异明显(深侧向电阻率大于浅侧向电阻率)，储层段纵向上两条曲线呈现明显的“双轨”现象；

②孔隙度曲线变化小，测井值接近基岩；

③井径不变或变化微小。

④自然伽马低值，接近基岩，测井值小于15API；

⑤FMI图像显示为深色的正弦曲线形态；

⑥斯通利波显示较强的衰减。

三、碳酸盐岩缝洞型油藏井间缝洞储集体识别

1. 地震反射特征识别缝洞储集体

地震反射特征与缝洞特征存在一定的关系。正演模拟结果表明，碳酸盐岩缝洞储集体的形态、尺度范围、组合形式、距奥陶系风化面距离等都是影响储集体反射特征的因素。在系统分析不同类型地震反射特征与缝洞储集体发育特征的基础上，将反射特征分为4大类、9个亚类、12个小类，其结果见表3-3。

表3-3　塔河油田碳酸盐岩缝洞型油藏地震反射特征分类表

大　类	亚　类	小　类
串珠状反射(Ⅰ)	表层弱+串珠状反射(Ⅰ1)	残丘褶皱+表层弱+内幕串珠状反射(Ⅰ11)
		无残丘褶皱+表层弱+内幕串珠状反射(Ⅰ12)
	表层强+串珠状反射(Ⅰ2)	残丘褶皱+表层强+内幕串珠状反射(Ⅰ21)
		无残丘褶皱+表层强+内幕串珠状反射(Ⅰ22)
	整体串珠状反射(Ⅰ3)	残丘褶皱+整体串珠状反射(Ⅰ31)
		无残丘褶皱+整体串珠状反射(Ⅰ32)
	深部串珠状反射(Ⅰ4)	残丘褶皱+深部串珠状反射(Ⅰ41)
		无残丘褶皱+深部串珠状反射(Ⅰ42)
弱反射(Ⅱ)	表层弱+内幕弱反射(Ⅱ1)	残丘褶皱+表层弱+内幕弱反射(Ⅱ11)
		无残丘褶皱+表层弱+内幕弱反射(Ⅱ12)
	表层强+内幕弱反射(Ⅱ2)	残丘褶皱+表层强+内幕弱反射(Ⅱ21)
		无残丘褶皱+表层强+内幕弱反射(Ⅱ22)

续表

大　类	亚　类	小　类
强反射(Ⅲ)	表层弱＋内幕强反射(Ⅲ1)	残丘褶皱＋表层弱＋内幕强反射(Ⅲ11)
		无残丘褶皱＋表层弱＋内幕强反射(Ⅲ12)
	表层强＋内幕强反射(Ⅲ2)	残丘褶皱＋表层强＋内幕强反射(Ⅲ21)
		无残丘褶皱＋表层强＋内幕强反射(Ⅲ22)
	杂乱强反射(Ⅲ3)	残丘褶皱＋杂乱强反射(Ⅲ31)
		无残丘褶皱＋杂乱强反射(Ⅲ32)
非典型反射(Ⅳ)		残丘褶皱＋非典型反射(Ⅳ1)
		无残丘褶皱＋非典型反射(Ⅳ2)

(1)地震反射特征分类

①串珠状反射特征分类评价(Ⅰ)。

串珠状反射在 T_7^4 界面以下，地震反射呈串珠状特征。根据 T_7^4 界面以下的串珠的强弱和所处位置又分为4个亚类，即表层弱＋内幕串珠状反射(Ⅰ1)、表层强＋内幕串珠状反射(Ⅰ2)、整体串珠状反射(Ⅰ3)和深部串珠状反射(Ⅰ4)。每个亚类又可以再细分成若干小类。

②弱反射特征分类评价(Ⅱ)。

在地震时间偏移剖面上，一间房组、鹰山组以弱反射特征为主，而背景反射多为连续强反射，则定义为弱反射。按 T_7^4 顶面反射能量的强弱，又可以划分为2个亚类：表层弱＋内幕弱反射(Ⅱ1)、表层强＋内幕弱反射(Ⅱ2)。每个亚类再细分成若干小类。

③强反射特征分类评价(Ⅲ)。

在地震时间偏移剖面上，一间房组、鹰山组内幕以局部强反射特征为主，而背景多为连续弱或较弱的反射，则定义为强反射特征。根据 T_7^4 顶面反射能量的强弱可划分为3个亚类，即表层弱＋内幕强反射(Ⅲ1)和表层强＋内幕强反射(Ⅲ2)和杂乱强反射(Ⅲ3)。每个亚类再细分成若干小类。

④非典型反射特征分类评价(Ⅳ)。

非典型反射特征(Ⅳ)指在地震时间偏移剖面上，一间房组、鹰山组内幕反射与背景反射相似，而与前述3大类反射特征存在较大差异的特殊反射特征类型。该类型又可以分为2个亚类，即残丘褶皱＋非典型反射特征(Ⅳ1)和无残丘褶皱＋典型反射特征(Ⅳ2)。每个亚类再细分成若干小类。

(2)产量与反射特征关系

对钻遇奥陶系油藏的485口井进行了地震反射特征与产量的对应关系研究(图3－6)，其中，串珠状反射特征所钻井数最多，达到了276口，其次是强反射特征达到102口，再次是弱反射特征井数为86口，最少的为非典型反射特征井数为21口。

从累积产量的规模来看，串珠状反射特征累积产量为 916.6×10^4t，其次是强反射特征累积产量为 554.15×10^4t，再次是弱反射特征累积产量为 323.6×10^4t，最差的是非典型反射特征累积产量为 4.67×10^4t(图3－16)。

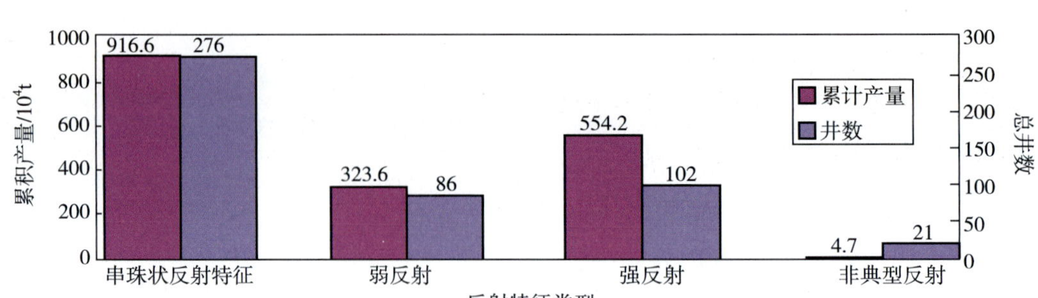

图 3-16　各类反射特征与累积产量关系统计图

从单井的平均累积产量来看，杂乱强反射特征单井平均累积产量最高，达到了 8.05×10^4t，其次是表层弱 + 内幕弱反射特征，平均累积产量为 4.62×10^4t，再次是表层弱 + 内幕串珠珠状反射特征，单井累积平均产量为 4.34×10^4t(图 3-17)。

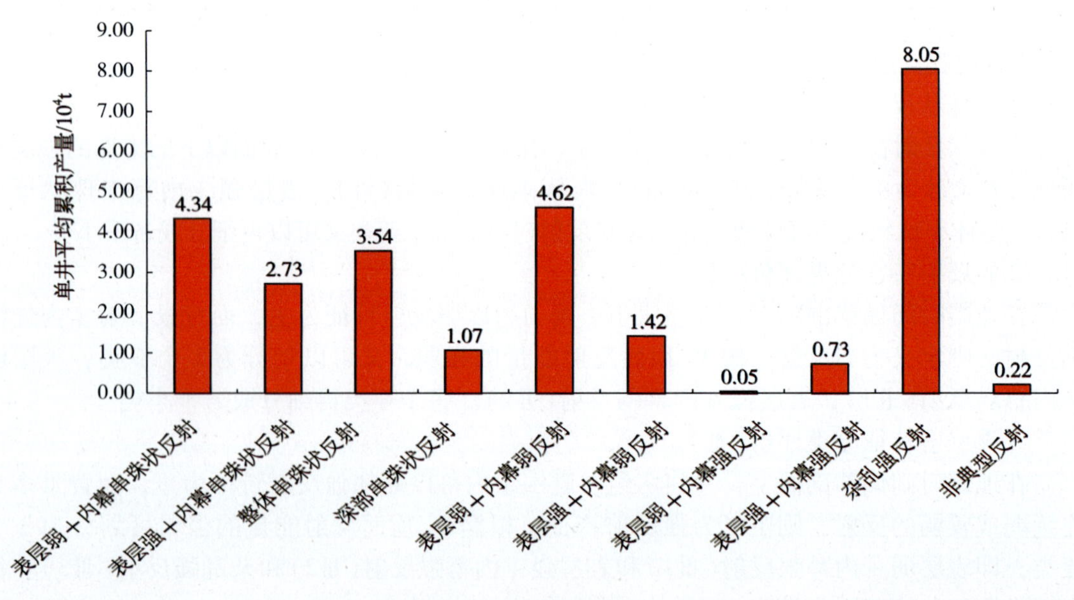

图 3-17　反射特征与单井平均累积产量关系图

(3)高产井与反射特征关系

奥陶系生产井中，目前累积产量大于 2×10^4t 的井共计 193 口，从反射特征分布类型来看(表 3-4)，具杂乱强反射的储集体占 25.9%，说明该类反射特征与缝洞发育相关；具有串珠状反射特征的储集体占 13.5%，具有表层弱 + 内幕串珠状反射的储集体占 23.8%，说明这两大类反射特征反映的储集体缝洞较发育；具有表层弱 + 内幕弱反射的储集体占 8.8%，说明这类反射特征反映的储集体缝洞也有一定程度的发育；非典型反射、表层强 + 内幕弱反射、表层强 + 内幕强反射的储集体都小于 4%，说明这些反射特征对应的储集体缝洞不发育。

表 3-4 累积产量大于 2×10^4t 井与反射特征关系统计表

反射特征	表层弱＋内幕串珠状反射	表层强＋内幕串珠状反射	整体串珠状反射	深部串珠状反射	表层弱＋内幕弱反射	表层强＋内幕弱反射	表层弱＋内幕强反射	表层强＋内幕强反射	杂乱强反射	非典型反射
井数/口	46	37	26	6	17	7	0	3	50	1
所占比例/%	23.8	19.2	13.5	3.1	8.8	3.6	0.0	1.6	25.9	0.5
单井平均产量/10^4t	9.1	5.77	7.18	3.94	16.1	3.22	0	4.3	10.4	4.2

2. 波阻抗反演识别缝洞储集体

(1)高精度地震采集的反演方法

缝洞型油藏三维地质建模基于高分辨率地震波阻抗数据体。将地质统计学方法与地震反演相结合，充分利用测井、试井、地质、地震资料，根据不同数据资源(测井，地震)自身和相互之间的空间相关关系，对复杂非均质的缝洞型油藏进行随机反演，使储集体描述结果同时逼近地质统计及地震反演结果。

(2)单井反演精度分析和评价

为分析和评价高分辨率地震反演的精度和可靠性，将 48 口井实际洞穴发育情况与地震反演结果进行对比，统计得到地震反演与单井溶洞的吻和率为 74%。

(3)不同类型洞穴识别范围分析

不同分布门槛值确定：塔河油田 4 区共 75 口井(按井口计算)，钻遇溶洞的有 48 口井，占 64%。共钻遇溶洞 67 个，未充填洞占 40.3%，部分充填占 22.4%，充填占 37.3%。对目的层段波阻抗数据与对应井点上划分的不同类型溶洞体进行对比，利用统计分析的方法寻求不同类型溶洞体在波阻抗上的可能分布范围，进而建立波阻抗数据与不同类型储层在不同岩溶带的概率分布函数。

未充填溶洞型储层在地震剖面上多为杂乱或空白反射结构特征，反演的阻抗呈低值特征，其阻抗值大小约在 $1.48\times10^7[(kg/m^3)\times(m/s)]$以下；部分或全充填洞穴型储层在地震剖面上多为“串珠状”或杂乱反射结构特征，波阻抗也为低值特征，阻抗值大小约在 $1.60\times10^7[(kg/m^3)\times(m/s)]$以下；孔洞—裂缝型储层的孔、洞、缝发育，是以孔洞为主的碳酸盐岩储层，在地震剖面上表现为空白—杂乱反射，阻抗值中等，有时与灰岩基质相差不大，多位于 $1.65\times10^7[(kg/m^3)\times(m/s)]$左右；裂缝型储层在地震剖面上表现为弱反射，与灰岩基质的波阻抗值差异视裂缝发育程度的不同而不同，波阻抗值同孔洞—裂缝型储层相近，中等大小。

3. 地震属性融合体识别缝洞储集体

地震数据携带大量的储层地质信息，地震储层预测已经成为人们认识和监测油气藏的重要手段。随着地震资料采集、处理和解释技术的进步，属性分析已成为感知油气藏关联特征的有力工具。然而人们也越来越清晰的认识到单项技术所计算出的地震属性信息，在一定程度上只能反映某一特定的地质现象和发育特征，每个地震属性都有其表述目标的优势及局限，局限反映在表征信息的非全面性上，同时单项信息预测的储层特征也无法克服地震信息的多解性，难以达到完整描述一个地质目标的效果。

克服多解性及非全面性的最有效途径就是多信息的综合应用，即综合多个参数对具有不同反射特征的储层进行综合预测。多信息综合预测成功率提高的关键是提取并优选与地质特性有关的地震信息，采用恰当的数据融合技术，可以实现多种属性数据优化，达到减少冗余信息、综合互补信息、捕捉协同信息的目的。

常规地震属性分析预测主要包括目标层位解释、属性提取、储层参数定量预测和有利区块的分析评价等步骤，其间就蕴含着成果的叠置印证及分析评判。对于开发阶段的缝洞型储集体空间描述而言，必须解决多类型地震响应背景下，缝洞体的一同表达及定量参数刻画，其中地震多属性的优化和融合分析就成为实现这一目标的有效途径。

多属性优化及缝洞目标的融合的基本流程见图 3－18 所示。

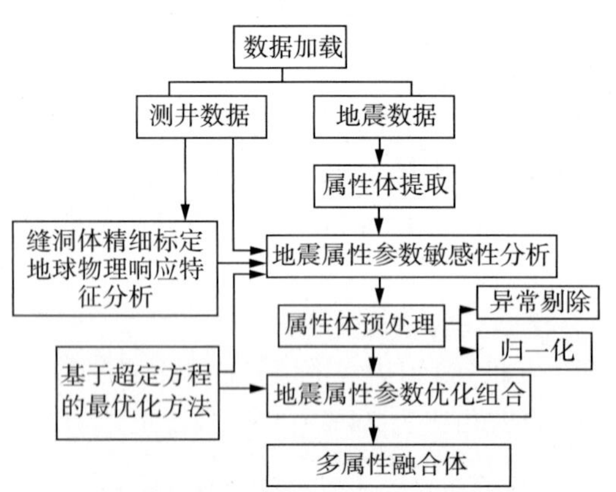

图 3－18　多属性数据体优化和融合方法流程

常规地震属性分析预测主要包括目标层位解释、属性提取、储层参数定量预测和有利区块的分析评价等步骤，其间就蕴含着成果的叠置印证及分析评判。对于开发阶段的缝洞型储集体空间描述而言，必须解决多类型地震响应背景下，缝洞体的一同表达及定量参数刻画，其中地震多属性的优化和融合分析就成为实现这一目标的有效途径。

多属性优化及缝洞目标的融合的基本流程见图 3－18 所示。

（1）属性提取

地震属性是指储层物性和充填流体性质的空间变化造成地震波速度、振幅、频率等的相应变化在数学上的表现。它是地震资料中可描述的、可量化的特征，是刻画、描述地层结构、岩性以及物性等信息的地震特征量。只要储层或流体性质变化的特征参数达到某一程度，地震数据就会有所反映，表现为波形、能量、频率、相位等一系列基于几何学的、运动学的、动力学或统计特征的变化。

三维地震资料中包含着丰富的地下介质的结构和岩性等信息，通过适当的特征提取和分析方法，从三维地震数据体中筛选出与碳酸盐岩缝洞型储层有关的信息，可以帮助认识碳酸盐岩储层中缝洞发育带及其分布特征。

根据塔河油田试验区缝洞体的地球物理响应特征分析，提取了平均曲率、最大正曲率、最小负曲率、倾角、方位角、强振幅聚类、高精度振幅变化率、不连续性、衰减梯度、全频带反演的波阻抗 10 类属性体。

（2）敏感地震属性分析

属性量化分析的主要目的是将数值表示的地震属性转化为储层特征，地震属性标定中最重要的是认识和识别能反映地质意义和物理意义的具有稳定统计特征的属性。

地震属性优选是指利用专家的先验知识或数学方法，优选出对所求解问题最敏感的、属性个数最少的地震属性或地震属性组合，以提高储层预测精度，改善与地震属性有关的处理和解释效果。属性优化是提高储层参数预测精度的重要途径。通常，属性优化过程包括属性的敏感性分析和多属性的优化。

采用基于最小二乘法的储层期望优化技术，利用井点处有效属性的线性组合与钻遇储层的期望，构制大型超定方程求其最小二乘解，并分析计算的权重系数的客观赋值对地震属性进行敏感性分析(此过程也可以利用主组份分析来实现)，建立属性与目标预测参数的关联，达到属性优选的目的。

①基于最小二乘解的属性权重系数最优化方法。

对于目标区域的不同属性体，如阻抗 Imp、衰减梯度 ATN、曲率 Curveness、振幅变化率 Amp_ var、不连续性 Eig、倾角 Dip、方位角 Azi 等，通过线性组合得到一个输出，组合系数由最小二乘法得到。

若存在 n 维向量 x^*，满足 $A^{\mathrm{T}}x^* = A^{\mathrm{T}}b$，则 x^* 是 $A_x = b$ 的最小二乘解。

求解属性系数权重的方法步骤是：

a. 首先求出目标区域的各个属性值(阻抗 Imp、衰减梯度 ATN、曲率 Curveness、振幅变化率 Amp_ var、不连续性 Eig、倾角、方位角、强振幅聚类)；

b. 抽出该目标区域的每个属性以井点为中心的一个有效半径区域的各中心道，然后抽取该地震道在溶洞或裂缝雕刻的纵向分层段边界内各数值并求其平均(多道平均)；

c. 对属于该中心道的每个边界的属性值进行归一化；

d. 当方程右边的 b 为缝洞体预测的期望值时，此时的方程为超定方程组，对得到的归一化方程组进行求解，即求出该方程的最小二乘解 x；

e. 求的最小二乘解 x 即为每个属性值所对应的系数权重。

②属性优选。

主要从缝洞体的预测有效性、符合率以及相关性等方面对地震属性进行综合评价，同时对井旁储层段的参数统计按照加权平均的思想来进行。在统计完成之后对储层参数进行分布状况研究，从中选择一些相关性大的属性，然后结合储层的精细标定成果来剔除一些相关性低或绩效近于相等的属性，从而最终确定优选的属性。

利用超定方程求得 8 种地震属性参数的权重系数(表 3－5)，该权重系数的大小反映了每种属性参数对储层发育的贡献率，即与储层预测有效性的关联程度。由表 3－5 可以看出曲率、倾角、方位角对储层预测有效性的关联性较小，可以近似地将这几种属性去掉，保留其余的 5 种能有效反映缝洞体信息的属性(阻抗、衰减梯度、振幅变化率、不连续性、强振幅聚类)。

表 3－5　影响缝洞体预测有效性的地震属性参数权重系数

属性	Imp	ATN	Curveness	Amp_ var	Eig	Dip	Azi	Amp_ cluster
权重	0. 27	0. 14	0. 08	0. 12	0. 18	0. 05	0. 04	0. 12

缝洞型储层地震响应特征分析已证实，风化面附近储层表现为“弱振幅、强不连续性、低波阻抗”，而内幕缝洞型储集层表现为“强振幅、高振幅变化率、强不连续性、强衰减、低波阻抗”，这与属性权重系数最优化方法确定的能有效反映缝洞体信息的属性一致，表明了该方法是比较有效的。

由此可知，可以通过最小二乘法来优选属性。但如何具体选择一组最优的属性呢？由于优选出的属性只有 5 种，因此采用了穷尽搜索算法，分别测试了 5 种属性组合、4 种属性组合、3 种属性组合、2 种属性组合，选取对所求问题最敏感(最有效或最有代表性)的、属性个数最少、预测误差最小的属性组合。研究表明，阻抗、衰减梯度、不连续性 3 种属性组合是最优的(表 3 - 6、图 3 - 19)，有助于提高地震储层预测在三维空间的连接性。

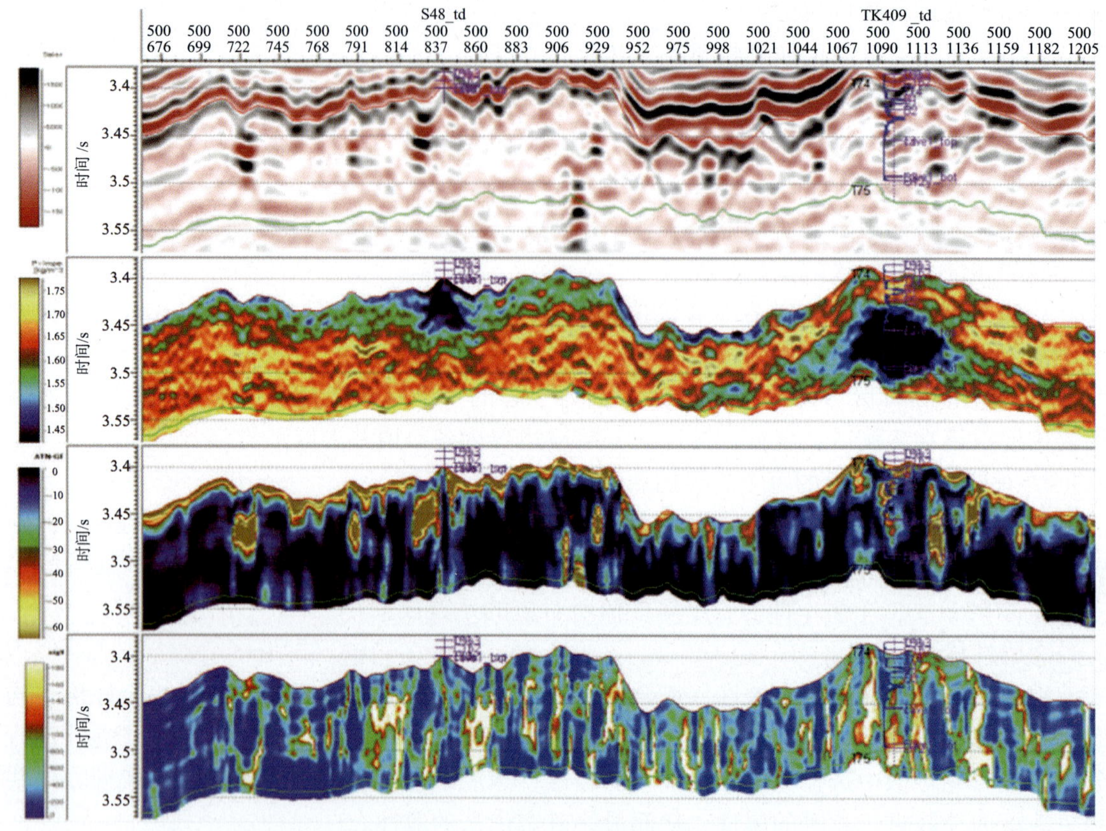

图 3 - 19　Inline500 线敏感属性剖面

（从上到下依次为地震剖面、阻抗剖面、衰减梯度剖面、不连续性剖面）

表 3 - 6　S48 井高精度三维区的最优属性组合参数权重系数

属性	Imp	ATN	Eig
权重	0.602	0.194	0.204

塔河油田 S48 井高精度三维一次覆盖区内有直井 118 口，钻遇洞穴的井 66 口。根据钻井的标定，反映溶洞的阻抗值一般小于 $1.6\times10^{7}kg/m^{3}\times m/s$，阻抗预测结果与钻井吻合和基本吻合的有 50 口井，不吻合 16 口井，吻合率约 76%；而反映溶洞的衰减梯度(斜率值)一般都小于 -0.2，衰减预测结果与钻井吻合和基本吻合的有 41 口井，不吻合 25 口井，吻合率约 62.1%。

(3)地震属性的预处理

多信息储层预测可用的地震属性数据量大，属性之间量纲不一，数值量级差别大，局部异常往往淹没在区域背景上，以及存在一些奇异值等问题，因此在数据体融合之前尚须对地震属性体进行预处理。

①奇异值剔除。

首先是考察地震数据体中是否存在奇异值，通常的方法就是在目的层附近开一个大一点的时窗(40ms)，求取其平均属性或最大最小属性。若地震属性平面图上出现斑点状、铁板状(整体几乎表现为一种色调)等，这样的地震属性数据就不能被直接使用，必须对异常数据进行剔除或截断取代。

②无量纲化。

各地震属性的物理意义不同，数据的量纲也不同，为了保证所有参数的等效性和同序性，需要使原始数据无量纲化。首先进行初值化处理，即对一个序列的所有数据均用其第一个数据去除，得到的新序列中各值是原始序列第一个数据值的倍数；然后进行均值化处理，即对一个序列所有数据用该序列的平均值去除，得到的新序列中各值是平均值的倍数。

③数据标准化。

不同属性具有不同的变化范围，且不同属性体的数值量级差别大(图3-20)，为避免造成非等权情况，能够在后续的处理中进行很好的对比，必须对各类地震属性数据标准化。

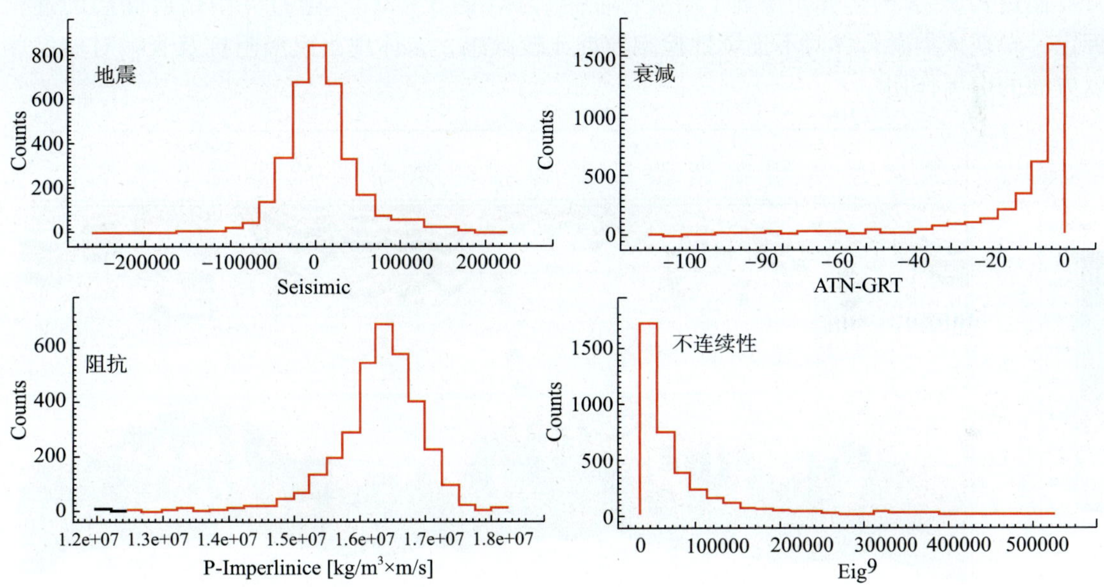

图3-20 Inline500剖面属性参数分布直方图

观测样品数据的标准化方法很多，有总和标准化、最大值标准化、模标准化、中心标准化、标准差标准化、极差标准化和极差正则化。针对地震属性参数的特点，采用标准差标准化对地震属性参数进行归一化处理。标准差标准化的定义为：

$$x_{ij}' = \frac{x_{ij} - \overline{x_i}}{S_i} \tag{3-1}$$

式中，$i=1, 2, \cdots, m$，$j=1, 2, \cdots, n$。

$$s_i = \left[\frac{1}{n-1}\sum_{j=1}^{n}(x_{ij} - \overline{x_i})^2\right]^{\frac{1}{2}} \tag{3-2}$$

式中，$\overline{x_i} = \frac{1}{n}\sum_{j=1}^{n} x_{ij}$

由上式可知，n 是数据长度，x_{ij}若为矩阵，则标准差化后的数据矩阵为 x_{ij}'。

(4)多属性体融合

多属性信息的优化组合实现降维的同时能导出更多派生的有效信息，通过综合各种特征场，减少预测的多解性，利用多信息共同或联合的优势来提高整个系统的有效性。

①特征融合。

地震记录及地震属性是地下地质情况的综合响应，储层信息隐藏在地震记录及地震属性之中，非常微弱，甚至于根本看不到。必须对敏感属性运用一定的数学变换方法或通过设置相应的参数门槛值来突出有利部分，压制干扰，以得到更明显的储层特征。再根据最优属性组合参数权重系数进行综合运算，具体的运算式为：

$$\text{融合结果} = 0.602 \times \text{Imp} + 0.194 \times \text{Eig} + 0.204 \times \text{ATN} \tag{3-3}$$

式中　Imp——阻抗；

Eig——不连续性；

ATN——衰减梯度。

通过式 3-3 的运算，得到了储层特征融合体(图 3-21)。通过井中钻遇储层的逐一标定，发现该类融合体对不连续性检测数据比较敏感，未体现出反演阻抗及衰减对储层厚度方面的定界作用。

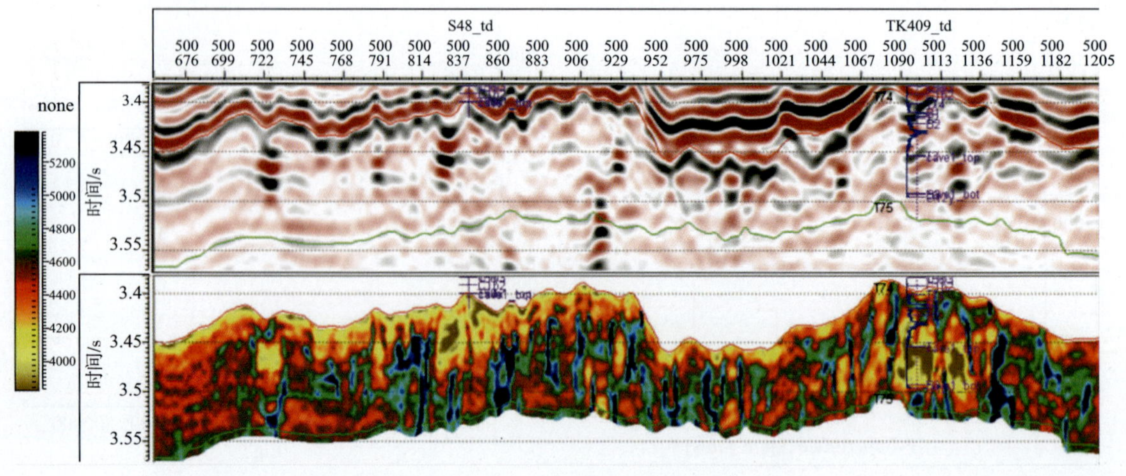

图 3-21　Inline500 线多属性特征融合剖面

②归一化融合。

由于衰减梯度属性参数的值都是负数，通过上述特征融合后不能体现出衰减属性对缝洞体储层预测的贡献。因此采用归一化方法，将衰减属性、阻抗属性与不连续性属性的值都归到 0~1 范围内(图 3-22)。再根据最优属性组合参数权重系数进行综合运算，具体的运算公式为：

$$\text{融合结果} = 0.602 \times \text{Imp} + 0.194 \times \text{Eig} + 0.204 \times \text{ATN} \tag{3-4}$$

式中　Imp——阻抗；

Eig——不连续性；

ATN——衰减梯度。

通过式(3-4)的运算，得到了归一化属性的融合运算结果(图 3-23)。

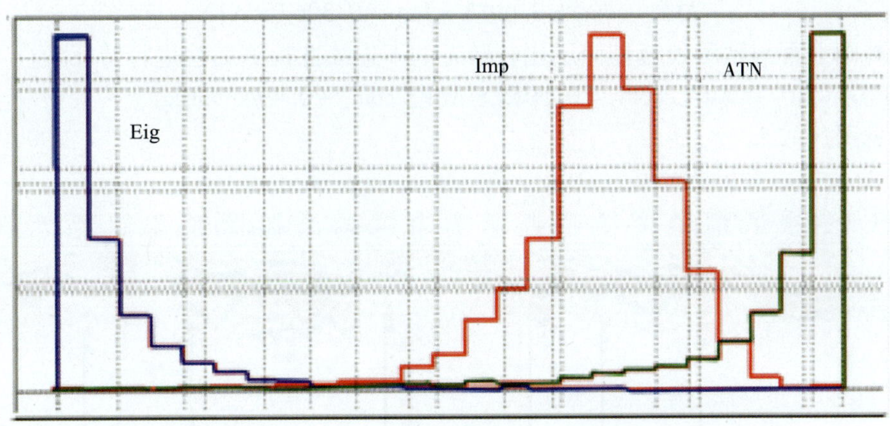

图 3－22　Inline500 剖面属性参数归一化分布直方图

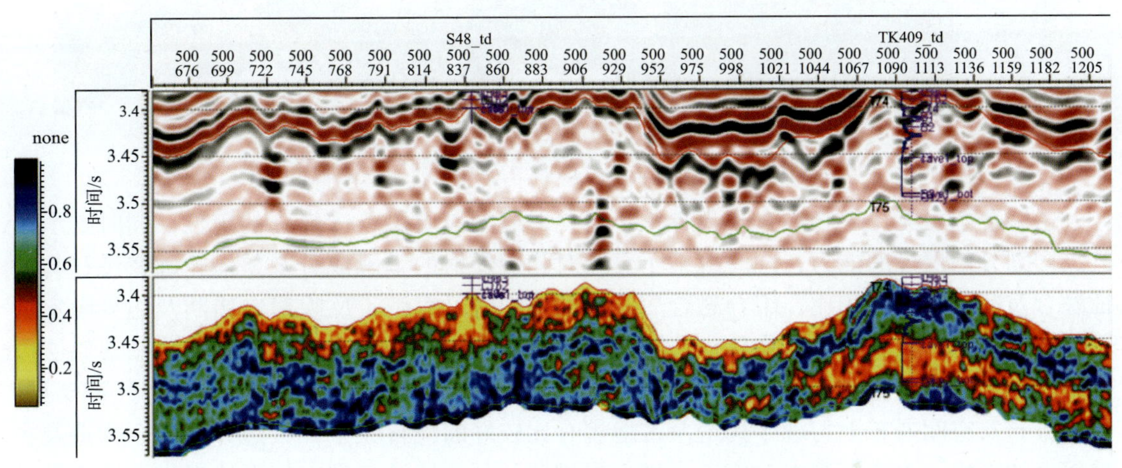

图 3－23　Inline500 线多属性归一化融合剖面

（上为地震剖面，下为归一化融合后剖面）

③组合融合。

通过钻井的储层再标定，发现该类融合较特征融合在储层预测的精度方面得到了明显提高，但由于反演的权重比较大，剖面呈现出成层特点，这与碳酸盐岩缝洞型储层发育的地质规律不相符。采用了先融合预测洞穴—孔洞型储层的敏感属性，然后再融合预测裂缝型储层敏感的属性，如图 3－24 所示。

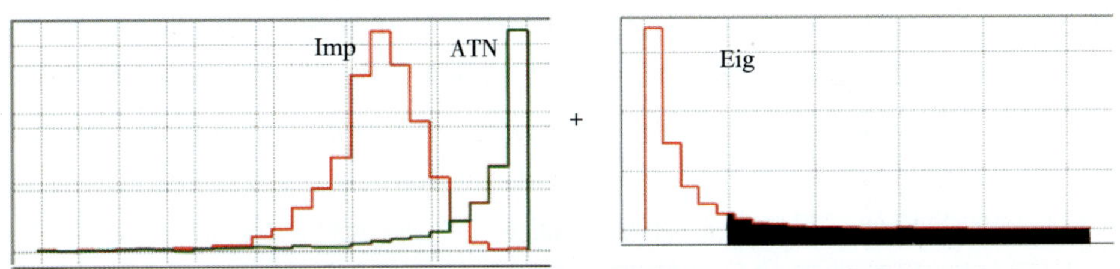

图 3－24　Inline500 剖面属性参数组合融合示意图

首先针对预测洞穴—孔洞型储层比较敏感的阻抗属性和频率衰减梯度属性进行归一化融合：

$$Attr\_\ com_1 = 0.6033 \times Imp + 0.3967 \times ATN$$

在此基础上再与预测裂缝型储层比较敏感的不连续性检测属性进行特征融合：

$$Attr\_\ com_2 = 0.5055 \times Attr\_\ com_1 + 0.4945 \times Eig$$

融合结果见图3－25。

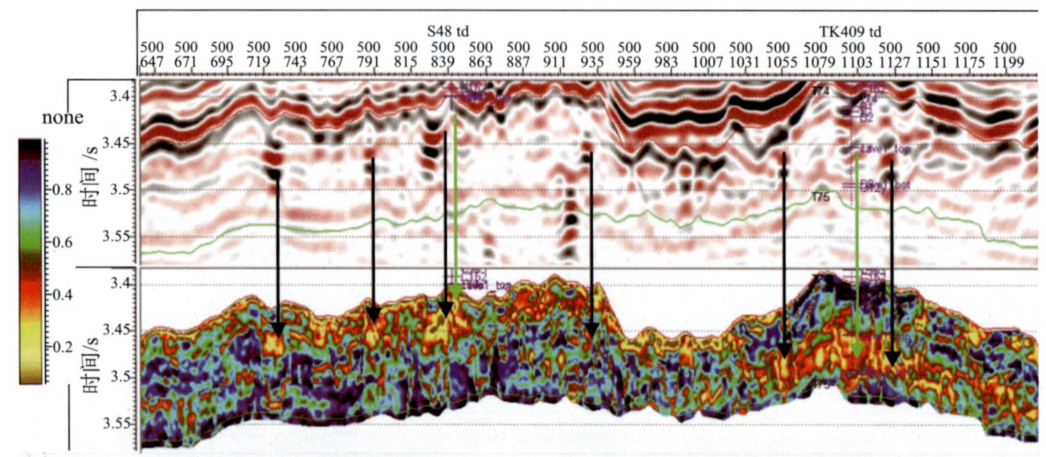

图3－25 Inline500线多属性组合融合剖面上为地震剖面、下为组合融合后剖面

由融合图可见，组合融合不仅继承了阻抗对缝洞储层段整体轮廓的定位，同时继承了其纵向划分储层段的能力；同时容纳了衰减对强短反射的敏感成分及整体轮廓特性；与特征融合及归一化融合相比，组合融合后的数据体同时又容纳了反映横向错断及边界限定的不连续性检测，以及表述储集体内幕非均匀递变的高频信息。通过全区大部分钻遇储层段的对比证实，该融合方法不仅有比较好的钻井吻合率，而且能很好地在纵横上分辨储层，平面分布及空间展布上与现今构造及古地貌有比较好的配置关系，其边界与现今构造及古地貌上的沟坎、水道等基本对应，为进一步描述及刻画缝洞三维空间形体提供了综合性的资料。

四、塔河4区缝洞储集体分布规律

塔河油田奥陶系缝洞储集体主要是在数亿年前的海西构造运动早期裸露风化环境下形成的，后经多期构造运动被埋藏岩溶作用叠加改造，储集体空间分布规律十分复杂。

1. 缝洞体发育在区域上具明显平面分区、纵向分带特征

利用三维高分辨率地震资料，结合工区内140口钻井单井综合信息，以剖面线解释、对比的Ⅰ类、Ⅱ类储层厚度数据为基础，根据不同深度（10ms间距）振幅变化率图（为主）、地震相干（辅助）图平面变化情况以及T_7^4顶面构造、地貌、古水系分析图，按照点—线—面的对比思路，采用下石炭统巴楚组双峰灰岩（C_1b）顶拉平，利用钻井、录井、测井、生产等资料反映的岩溶特征，对各井钻遇的溶洞逐井标定后进行剖面对比。结果表明，溶洞在剖面上具有明显的区域性层状分布特征，平面上呈分区展布特点。从洞穴层顶距T_7^4面距离上看，纵向上洞穴层分布大致可以分为三个带（图3－26），在60m有个明显的分段特征。

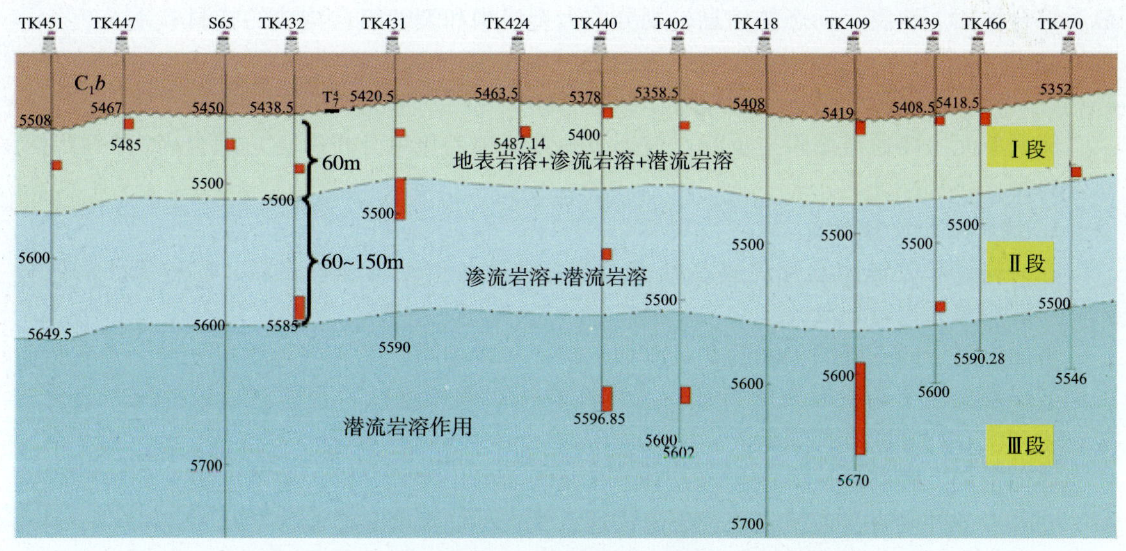

图 3-26 塔河油田 4 区奥陶系油藏岩溶纵向分段示意图

2. 在风化壳不整合面以下 60m 内浅层岩溶洞穴更为发育

根据静动态资料，共识别出 4 区 62 口井发育溶洞 132 个。距 T_7^4 风化面 0~60m 内的洞穴占总数的 68%，距 T_7^4 风化面 60~150m 内的洞穴占 26%，距 T_7^4 风化面 150m 以下的洞穴占 6%。单井溶洞累计厚度 1203.3m，其中距风化面 0~60m 钻遇溶洞 90 个，单井溶洞累计厚度 710.04m，占溶洞总厚度的 59%。距风化面 60~150m 钻遇溶洞 34 个，单井溶洞累计厚度 347.39m，占溶洞总厚度的 29%。距风化面大于 150m 钻遇溶洞 8 个，单井溶洞累计厚度 145.87m，占溶洞总厚度的 12%。上述数据表明在风化面附近 0~60m 内溶洞最发育（表 3-7）。

表 3-7 岩溶洞穴在各深度段分布统计表

距 T_7^4 面厚度/m	溶洞厚度/m	溶洞个数/个	未充填洞数/个	部分充填洞数/个	充填洞数/个
0~60	710.04	90	63	12	15
60~150	347.39	34	25	2	7
>150	145.87	8	4	1	3
合计	1203.3	132	92	15	25

第二节 缝洞单元表征

缝洞单元是指缝洞型碳酸盐岩油藏内，由一个溶洞或若干个由裂缝网络沟通的溶洞所组成的相互连通的缝洞储集体，其周围被相对致密或渗透性较差的溶蚀界面或封闭断裂分隔。缝洞单元强调流体连通性，具有统一的压力系统、油水界面和流体性质。一个缝洞单元实际上就是一个单一油藏，因此，缝洞单元是缝洞型油藏的基本开发单元。

通过井孔岩心、成像测井、常规测井、钻井、录井等井孔资料，识别单井内大型溶洞、溶蚀孔洞、裂缝等发育段，然后由地震反射特征及属性等识别井间大型溶洞及裂缝，最后综合地质、地震、动态的信息，划分由大型溶洞和裂缝组合构成的缝洞单元。

一、缝洞单元划分

缝洞单元主要通过波阻抗反演、波形及地震振幅变化率分析等方法综合确定，利用动态资料来优化和验证。

1. 缝洞单元划分方法

在研究缝洞储集体发育规律基础上，综合利用各类动、静态资料，通过邻井对比分析，对缝洞单元进行划分。

平面上属于同一缝洞单元的井具有如下特征：在相同三级岩溶地貌单元内，具有相似的地震振幅变化率或地震波形特征；流体性质相似或相近；具有相对一致的压力变化趋势；生产中存在井间干扰现象。

纵向上同一缝洞单元内的生产层段(产液剖面的出液段)不存在厚度较大的致密隔挡层，在井点或井间直接连通或通过裂缝连通，生产特征无明显差异。

2. 缝洞单元边界确定方法

综合地质、地震、测试及生产动态资料，可确定缝洞单元的边界。

①储集体周边被相对致密或渗透性较差的遮挡层遮挡。

②地震波形或频率分析等定量化分析结果存在边界，振幅变化率图上表现为“椭圆形、串珠状、条带状振幅变化率异常”。

③相邻井压力特征和流体性质有明显差异。

④试井资料显示有非渗流边界。

3. 塔河 4 区缝洞单元划分

通过动静结合，对塔河油田 4 区 73 口井进行井间连通性分析，划分出 20 个缝洞单元，其中多井缝洞单元 6 个，占 30%；单井缝洞单元 14 个，占 70%。

二、典型缝洞单元描述

以塔河油田 4 区 S48 缝洞单元为例。S48 单元为塔河油田奥陶系油藏规模最大的缝洞单元，单元成因类型为褶皱侵蚀单元，构造位置为阿克库勒凸起南段的背斜轴部。S48 单元位于主体区储层发育的最有利部位，整体位于海西早期岩溶古地貌高部位(图 3－27、图 3－28)，储层整体发育，油气富集。

综合利用地震、测井、岩心、动态资料，在溶洞发育模式的指导下，在单井上划分出溶洞储集体、溶蚀孔洞型储集体、裂缝储集体，并对洞的充填物、充填程度进行识别。选取与单井划分结果对应程度比较好的均方根振幅、波阻抗属性来描述溶洞在剖面上、平面上的形态，根据裂缝、溶洞在单井、波阻抗剖面、均方根振幅平面上的分布特征，综合描述缝洞单元内储集体类型。通过精细描述，S48 单元是塔河油田轴部构造位置最高规模巨大的残丘，单元面积 17.07km^2，发育断裂 36 条，断裂密度 2.11 条/km^2，大裂缝 69 条，走向主要为北东、北北东和北西向；共发育地下河型溶洞 8 条，孤立溶洞 50 个，竖井型溶洞 23 个(图 3－29)，钻遇溶洞 12 口井，溶洞钻遇率为 41.4%，平均单井洞高 3.9m。单元边界振幅变化率值为 75，T_7^4 构造面高差为 50～120m，趋势面范围在 0～95m(图 3－27，图 3－28)。

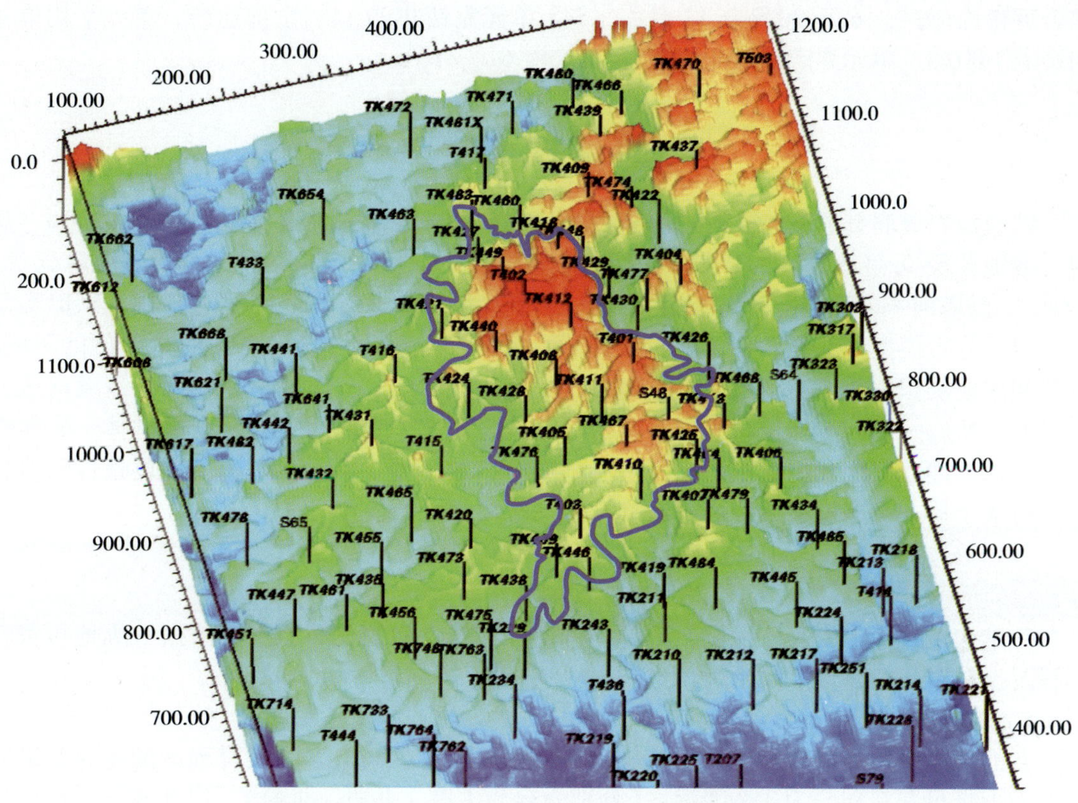

图 3－27　海西早期 S48 单元古地貌图

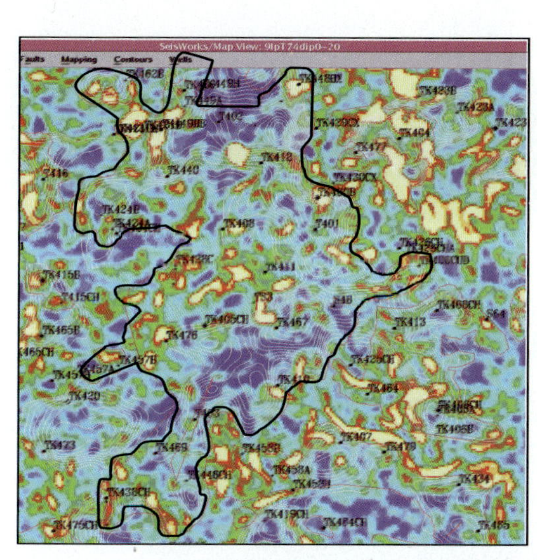

图 3－28　S48 单元振幅变化率—褶曲叠合图

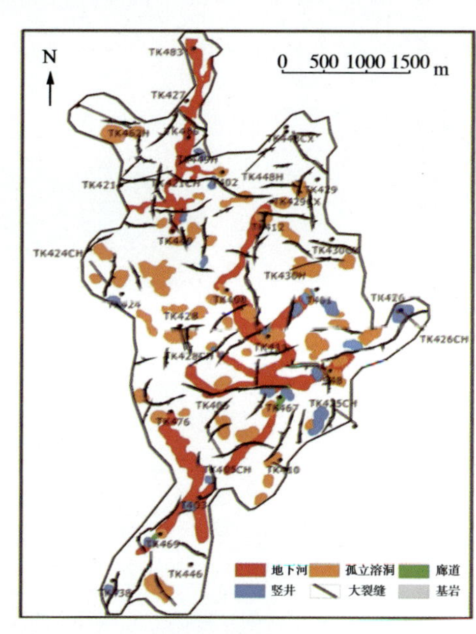

图 3－29　S48 单元裂缝—溶洞分布图

以划分的缝洞单元为储量计算单元，结合地层流体 PVT 分析数据，采用定容封闭的弹性驱动物质平衡方程计算，S48 缝洞单元地质储量为 $2609 \times 10^4 t$。S48 单元动、静态连通综合评价为“好”。截至2009年11月底，S48单元完钻井29口，全部建产，单元平均单井初产液148t/d，单元累产油463×10^4t，累产液612×10^4t。

第三节　缝洞储集体三维建模

碳酸盐岩缝洞型油藏与碎屑岩油藏及其它类型的碳酸盐岩油藏有本质区别，溶洞、裂缝、溶蚀孔隙共存，传统的碎屑岩油藏建模方法并不适用(赵敏等，2008；杨辉廷等，2004)。以塔河4区碳酸盐岩缝洞型油藏为原型，利用多类型、多尺度的资料，以奥陶系垂向岩溶分带模型为基础，采用两步法建模，第一步是根据缝洞尺度和约束条件的不同，首先利用地震识别和描述结果，建立确定性的大型溶洞离散分布模型和大尺度裂缝离散分布模型；然后，在岩溶相控约束下，基于溶洞发育概率体和井间裂缝发育概率体，多属性协同模拟，建立溶蚀孔洞随机模型和小尺度裂缝离散模型；第二步是采用同位条件赋值算法，将4个单一类型模型融合成缝洞型油藏三维离散分布模型。

一、三维构造建模及模型网格设计

三维构造建模主要表征地层及断裂、构造在三维空间的分布。主要依据三维地震资料解释及地层对比获取地层及断裂信息。

1. 构造建模

在油藏地质和地震研究成果的基础上，根据奥陶系纵向上岩溶发育程度的差异，纵向自上而下将奥陶系划分为3个岩溶段(分别命名为Ⅰ段、Ⅱ段、Ⅲ段)，以此建立地层格架模型。采用确定性建模方法，建立构造模型(图3-30)。

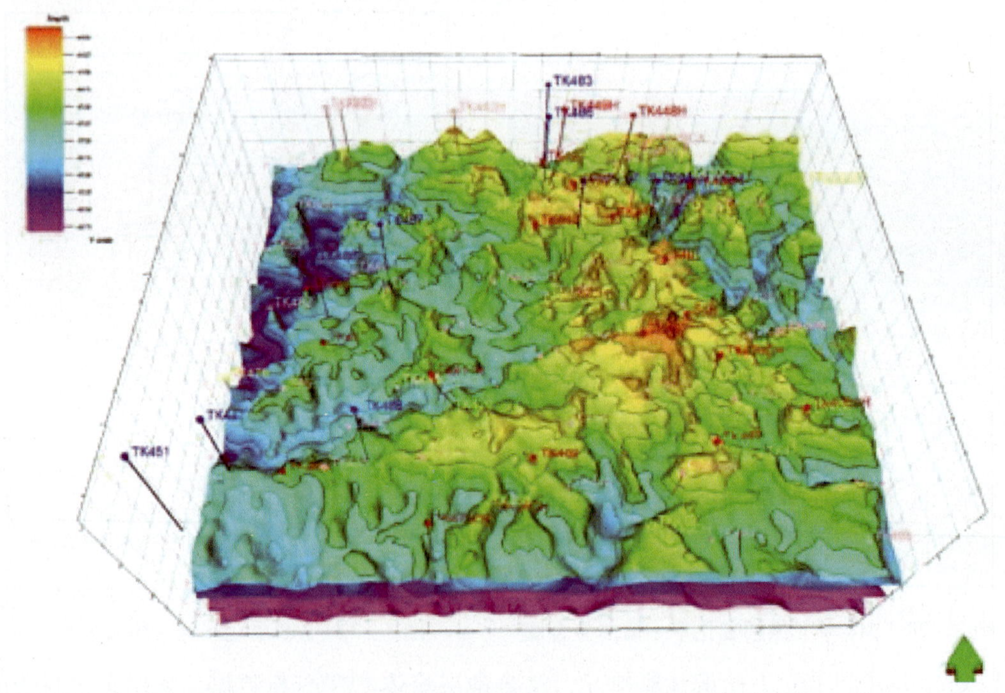

图3-30　奥陶系顶面古潜山三维可视化图

2. 模型三维网格设计

在构造建模的基础上，通过层面和断层的控制，依据试验区井网的分布，充分考虑缝洞储集体非均质性，在保证建模精度的前提下，建立的模型网格为：横向 25m×25m；垂向 2m；共 330×280×120＝11088000 个网格点。

二、三维离散大型溶洞模型的建立

1. 大型溶洞建模方法

主要通过三维地震资料识别和表征，在岩溶成因模式控制下，采用确定性建模方法建立大型溶洞三维分布模型。

通过井—震结合波阻抗反演及地震多属性融合技术，获得三维波阻抗及地震属性融合体，利用井点静、动态资料标定波阻抗及地震属性融合体，用波阻抗截断值可以在塔河 4 区三维波阻抗体中划分出大型溶洞；根据前述未充填溶洞、部分充填溶洞和全充填洞穴融合体值域范围分别描述不同充填程度的溶洞在三维空间的分布。

2. 大型溶洞建模

采用动、静态相结合的研究技术，以单井地质模型和剖面地质模型为基础，结合高分辨率的地震测井联合反演资料，刻画缝洞储集体的空间分布规律。大型溶洞主要通过波阻抗反演数据体获得。通过岩心、测井及动态资料标定，利用波阻抗截断值，刻画大型溶洞在三维空间的分布。垂向上按 3 个岩溶段，采用确定性建模方法，建立大型溶洞三维分布模型(图 3－31)。

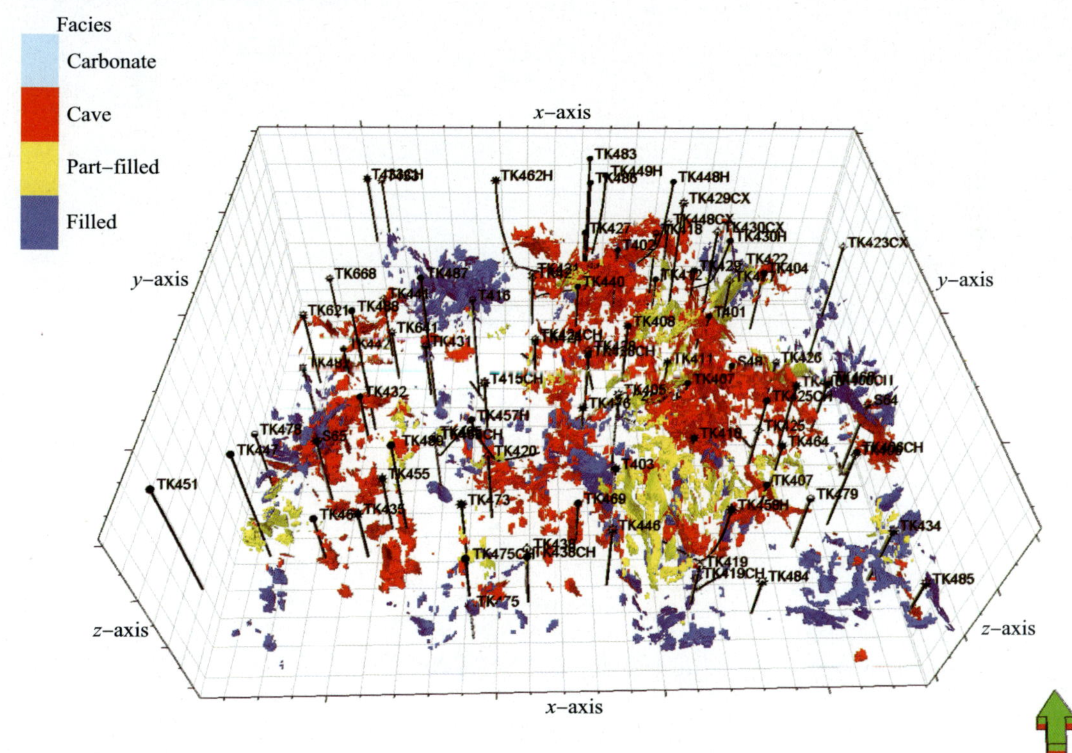

图 3－31　塔河 4 区大型溶洞分布模型

（1）I 段

塔河 4 区溶洞发育最主要的层段，3 种充填类型的溶洞均有发育，统计结果显示，其主要集中于 TK471x－T402－T408－S48－TK407 一带，所以该区带是塔河 4 区内油气最主要的储油区，在其周边区域，充填较为严重（图 3－32）。

（2）Ⅱ段

溶洞较为发育，主要是未充填和充填的溶洞，也是塔河 4 区的主要储油区。

S65 和 TK455 等区未充填型储集体发育，中部 T403 等为南北向充填带（图 3－33）。

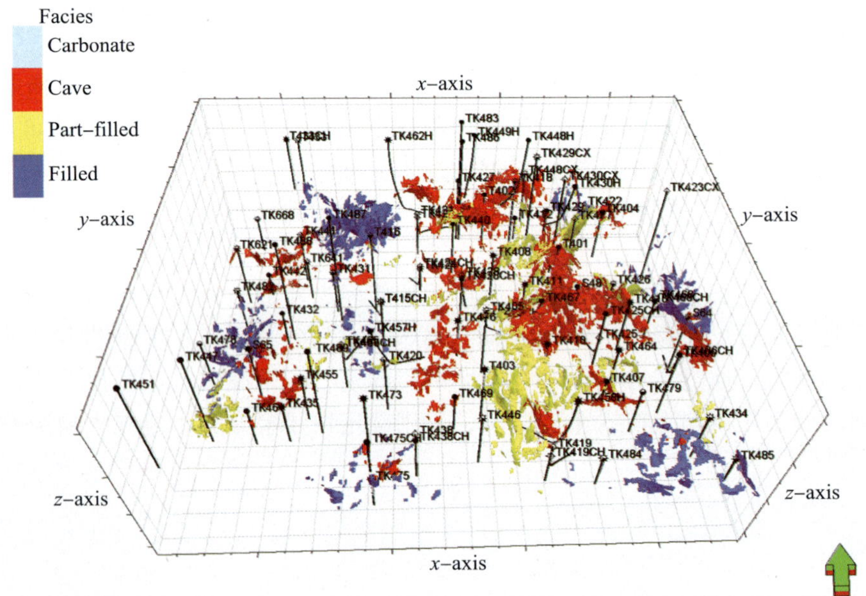

图 3－32　塔河油田 4 区 I 段溶洞分布模型

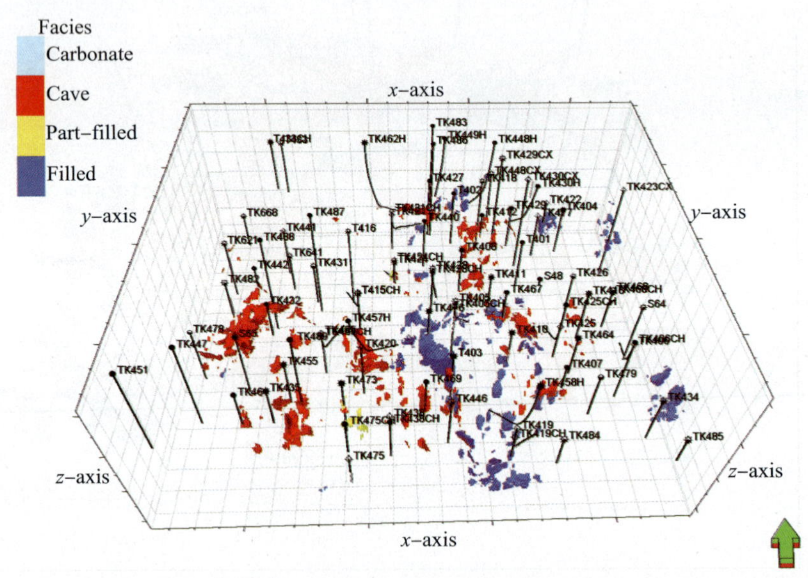

图 3－33　塔河油田 4 区Ⅱ段溶洞分布模型

（3）Ⅲ段

溶洞明显减少，模型上只反映出未充填和充填的洞。TK427 的主力洞穴分布于该段（见图 3－34）。

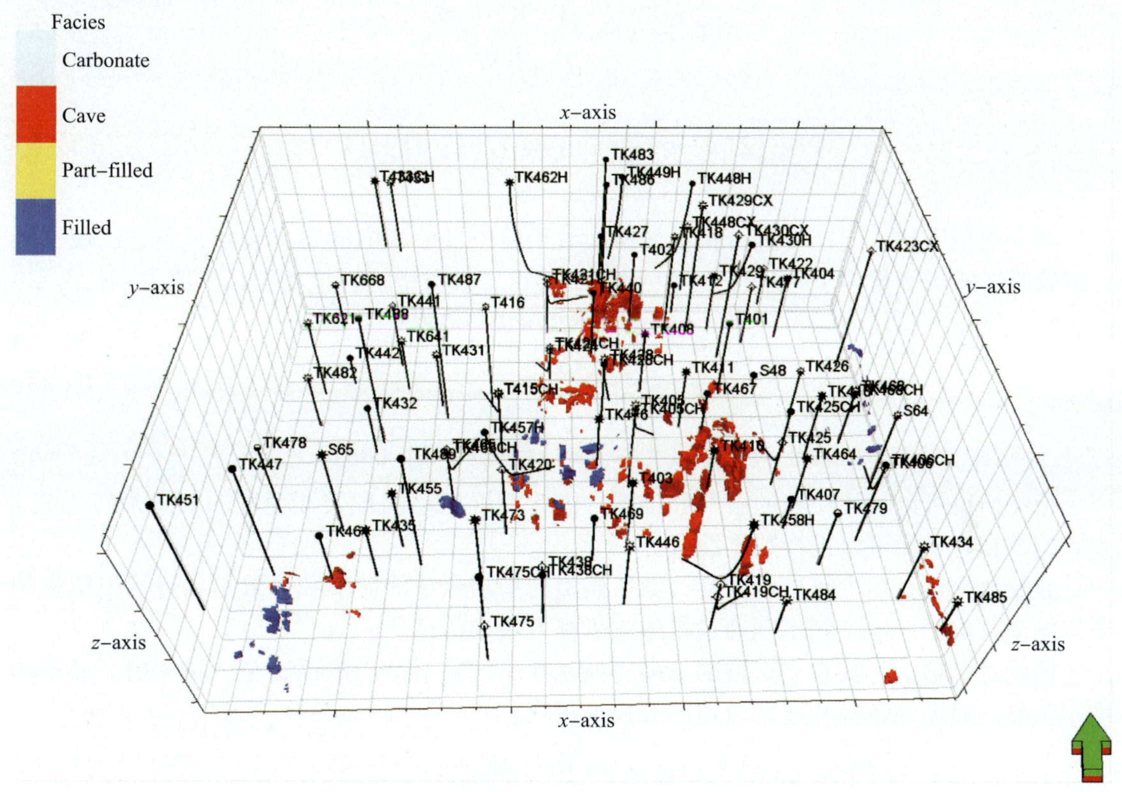

图 3－34 塔河油田 4 区Ⅲ段溶洞分布模型

三、三维溶蚀孔洞模型的建立

1. 溶蚀孔洞建模方法

（1）建模方法

井点上溶蚀孔洞可通过岩心、测井及动态资料识别，在井间具有复杂结构的小尺度溶蚀孔洞的分布及其确切的位置几乎是无法获得的，只有通过地质统计学随机模拟的技术来预测。

利用地震识别的大型溶洞在纵横向上发育的概率，可以用来约束小尺度溶蚀孔洞在三维空间上的分布，采用多属性协同模拟技术，表征溶蚀孔洞的三维分布。

（2）模拟算法

在模拟算法上，采用序贯指示模拟溶蚀孔洞空间分布。

序贯指示模拟既可用于离散的类型变量，又可用于离散化的连续变量类别的随机模拟。该方法无需假设原始样本服从正态分布，而是通过给出一系列的门槛值，估计某一类型变量或离散化连续变量低于某一门槛值的概率，以此确定随机变量的分布。该方法实际上是应用指示克立格求取累积条件概率分布（ccdf）的序贯模拟方法，其主要特点是变量的指示变换、指示克立格和序贯模拟算法。

所谓指示变换就是将原始数据按照不同的门槛值，编码成 1 或 0 的过程。假设在 n 个抽样点的邻域内，位置 u 处的随机函数 $Z(\vec{u})$ 对门槛值为 z 的指示变换可写成：

$$I(\vec{u};\ z)=\begin{cases}1 & Z(\vec{u})\leqslant z\\ 0 & \text{其它}\end{cases} \tag{3-5}$$

那么：

$$\text{Prob}\{Z(\vec{u})\leqslant z \mid (n)\}=E\{I(\vec{u};\ z)\mid (n)\} \tag{3-6}$$

对于类型变量，同样可进行指示变换。对于模拟目标区内的每一类相，当它出现于某一位置时，指示变量为 1，否则为 0((即出现其它岩石类型时，该相的指示值为 0)。

$$I(\vec{u})=\begin{cases}1 & \text{位置 } u \text{ 属于范畴 } A\\ 0 & \text{其它}\end{cases} \tag{3-7}$$

那么：

$$\text{Prob}\{I(\vec{u})=1 \mid (n)\}=E\{I(\vec{u})\mid (n)\} \tag{3-8}$$

指示值也可以是地质家的解释和推断，因此，可把不同种类和精度的信息都转化成 1 和 0 的数据，从而可以进行数据综合。

原始数据可直接进行指示变换，而待模拟的指示变量的性质和位置是通过待模拟相的平均频率给定的。这一频率则通过指示克里格方法来估计。

指示克里格法与其它克里格的不同之处就在于，它不是用来预测某个具体值，而是作指示预测。对未知数预测通常也用不等权加权法：

$$F[z;\ xI(n)]=[i(z;\ x)]^{*}=\sum_{j=1}^{n}\alpha_j(z;\ x)\cdot i(z;\ z_j) \tag{3-9}$$

其中 $a_j(z;\ x)$ 为权系数，可通过解下列方程组而求得：

$$\begin{cases}\sum\limits_{j'=1}^{n}a_j(z;\ x)\cdot C_I(z,\ x_{j'}-x_{j'})+\mu(z;\ x)=C_I(z,\ x-x_j),\ j=1,\ \cdots,\ n\\ \sum\limits_{j'=1}^{n}a_{j'}(z;\ x)=1\end{cases} \tag{3-10}$$

就某一位置而言，对每个门槛值，都对应一个这样的方程组。而实际上，在变量变化范围内，可用 K 个门槛值 Z_k，$k=1$，…，K，对该范围进行离散化，因此在每处要解 K 个方程组才能求出离散的累积函数 $F[Z_k;\ x\mid (n)]$，才能对不确定性进行评价。在 $[Z_k,\ Z_{k+1}]$ 之间的累积概率函数值可以通过线性插值或其它方法而求得。

尽管单个值预测中的不确定性可以用条件分布来模拟，但这种后验分布不能提供联合的空间不确定信息，如在 X_j 处，$j=1$，…，n，渗透率的值都大于门槛值 Z_c，那么可认为是描述了裂缝和流动优势方位的特征，但传统的克里格方法未能揭示这种流动通道现象，因而它们不能再现空间连通性模式。然而，在注水开发油田的油藏描述和储层建模中，描述和预测高渗的连通性和分布模式比提高局部参数预测精度更为重要。可见，应引入反映空间连通性的函数和方法。

在空间 x 和 $x+\boldsymbol{h}$ 处的奇异值的空间连通性是一种多变量特征，需要建立沿连接 x 和 $x+\boldsymbol{h}$ 方向的所有 $z(\boldsymbol{h})$、$z(x+\boldsymbol{h})$ 都超过某一门槛值的概率(注：$\boldsymbol{h}$ 为矢量)。

连通函数：

$$F(z,\ z';\ \boldsymbol{h})=p\{z(x)\leqslant z_c,\ z(x+\boldsymbol{h})\leqslant z'_c\}=E\{i(x,\ z).I(x+\boldsymbol{h};\ z'_c)\} \quad (3-11)$$

这是对参数值小于某一截止值而言的连通函数，对于高于某一截止值时则可以用 $J(z;\ x)=1-I(z,\ x)$ 进行变换，那么高值的连通函数可定义为：

$$D(z,\ z';\ \boldsymbol{h})=p\{z(x)>z,\ z(x+\boldsymbol{h})>z'\}=E\{j(x,\ z).j(x+\boldsymbol{h};\ z')\} \quad (3-12)$$

两点间的连通函数 $F(z,\ z;\ \boldsymbol{h})$ 可以通过指示函数乘积不为0的成对的数据对所占的比例来推断：

$$\hat{F}(z,\ z;\ \boldsymbol{h})=\frac{1}{N(\boldsymbol{h})}\sum_{\alpha=1}^{N(\boldsymbol{h})}i\{z,\ x).i(z;\ x+\boldsymbol{h}) \quad (3-13)$$

该函数可从地质解释或相似沉积环境的露头资料以及成熟油田推断而得。

2. 试验区溶蚀孔洞模型的建立

垂向上按3个岩溶段，平面上以划分的缝洞单元作为“建模单元”，采用岩溶成因控制建立溶蚀孔洞模型。

(1)利用溶洞发育概率体约束溶蚀孔洞的空间分布

基于三维波阻抗反演成果，统计反演结果与单井溶洞体的分布(见表3-9)，溶洞体门槛值为15600[(kg/m^3)×(m/s)]，表现为低阻抗值。根据单井的不同反演区间的发育概率值，计算出溶洞空间分布概率体(图3-35)。

表3-9　反演结果与单井溶洞体的分布统计

阻抗值/[(kg/m^3)×(m/s)]	基质概率	溶洞概率
10000～10500	0.8	0.2
10500～11000	0.5	0.5
11000～11500	0.4	0.6
11500～11600	0.55	0.45
11600～12100	0.65	0.35
12100～12800	0.8	0.2
12800～13100	0.5	0.5
13100～13800	0.6	0.4
13800～14600	0.7	0.3
14600～15800	0.75	0.25
15800～16100	0.8	0.2
16100～16800	0.85	0.15
16800～17100	0.9	0.1

(2)模拟溶蚀孔洞空间分布

以单井溶蚀孔洞分布为条件数据，利用实际井的溶洞分布数据进行数据分析，获取变差函数值(表3－10、图3－36)，以溶洞发育概率体为井间约束数据，利用地质统计学的序贯指示模拟方法，模拟溶蚀孔洞的三维空间分布。模拟后得到塔河4区溶蚀孔洞分布的三维模型，如图3－37所示。

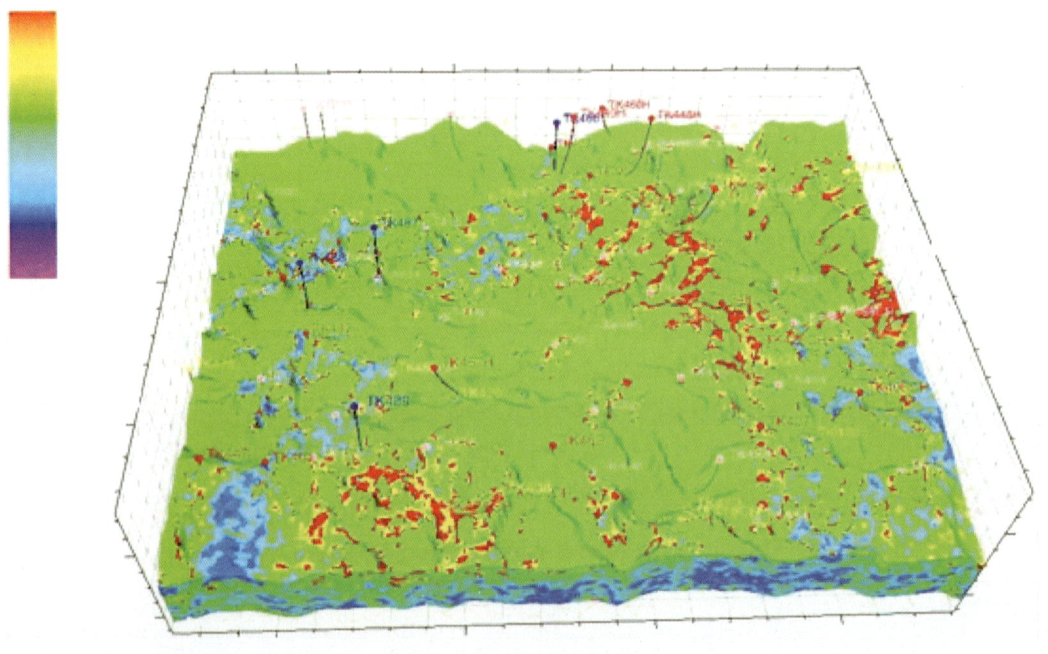

图3－35　溶洞发育概率体

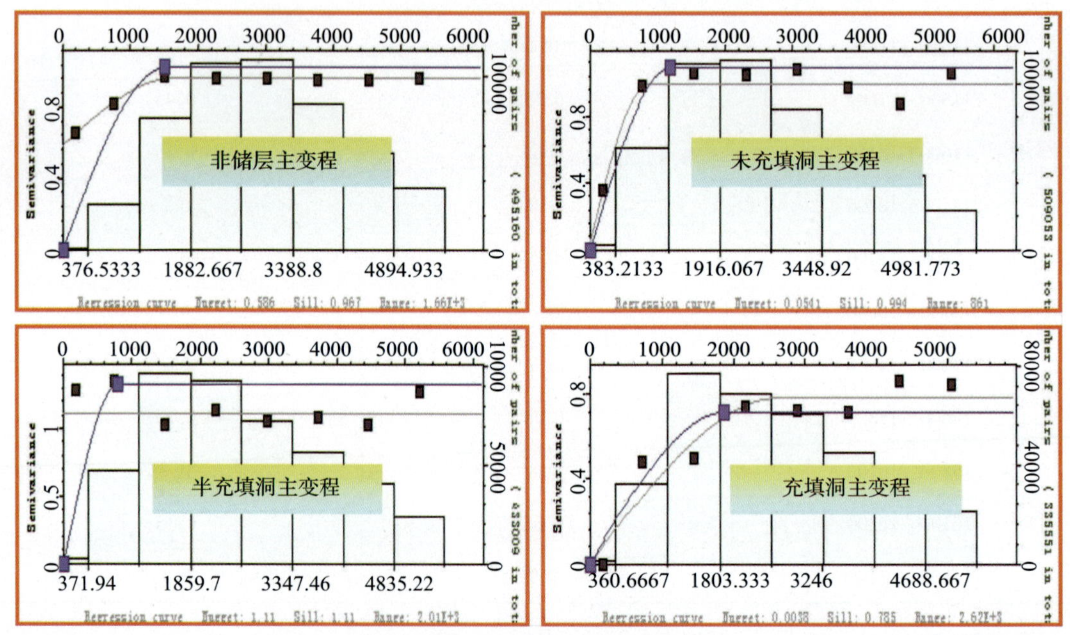

图3－36　Ⅰ段变异函数结构图

表 3－10　溶蚀孔洞分布变异函数数据表

层段	类型	主变程/m	次变程/m	垂向变程/m	主方向
Ⅰ段	基岩	1500	1215.9	50	NW
	未充填	1186.1	1079.8	100	NW
	半充填	806	783.4	100	NW
	充填	1861.2	1692.7	100	NW
Ⅱ段	基岩	1484	1410.2	50	NW
	未充填	1178	1059	100	NW
	半充填	812	779.2	100	NW
	充填	1163.1	1026.2	100	NW
Ⅲ段	基岩	1515.2	1234.1	50	NW
	未充填	1172.2	1067.2	50	NW
	半充填	807.3	782.4	50	NW
	充填	1892.2	1578.5	100	NW

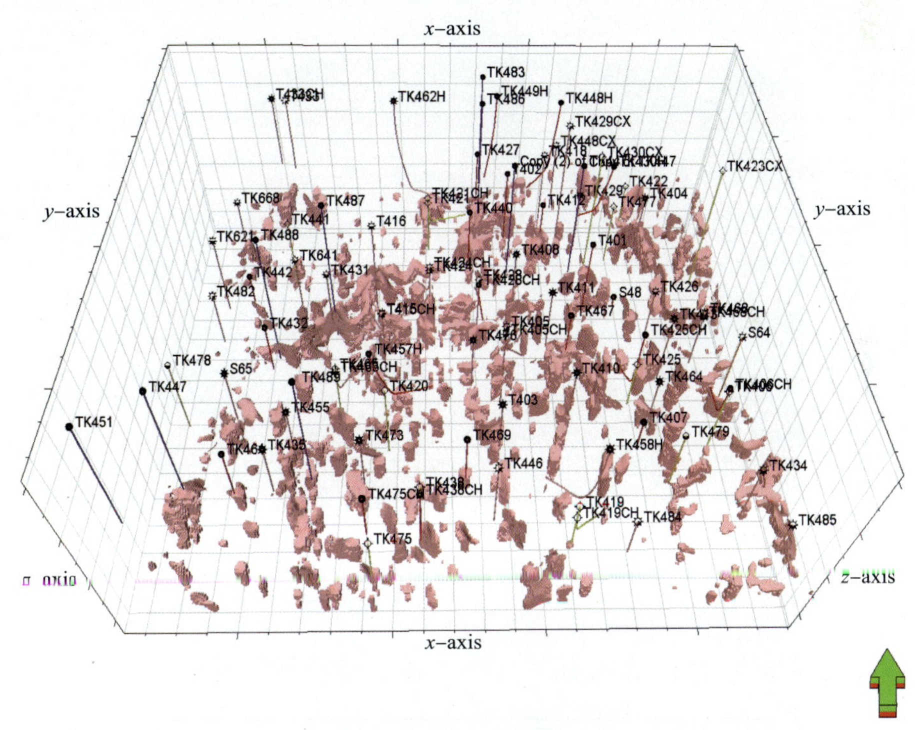

图 3－37　塔河 4 区溶蚀孔洞分布模型

四、大尺度离散裂缝模型的建立

1. 大尺度裂缝建模方法

大尺度裂缝主要通过三维地震资料解释及地震属性提取描述。采用确定性建模的方法建立大尺度裂缝在三维空间的分布模型(张欣等，2010)。

针对大尺度断裂及裂缝，主要利用地震相干体、地震“蚂蚁体”及与断裂相关的地震边缘检测等属性进行人机交互方式拾取断裂信息，分别按不同方位分组建立大尺度离散裂缝模型。

2. 大尺度断裂及裂缝建模

塔河4区断裂较为发育，断裂性质均为逆断层，大小断裂共400余条，主要特征为断距小，延伸短(图3－38)。地震资料解释的最大断距60m，最小断距为5m；延伸长度一般为1.0～1.5km，最大延伸长度3.3km；从统计的走向看，大致可划分为3个断裂发育区，断裂以北东—南西(NE－SW)走向为主，其次是近南北(S－N)走向。

通过对地震数据滤波处理，利用边缘检测属性提取到断裂属性体。从断裂分布特征上(图3－39)，总体断裂密度较大，组系多，尺度小，断裂系统呈棋盘式分布；东北部井区由于古构造应力较为集中以及喀斯特作用强烈，断裂密度较西南部井区大。纵向上，各层的断裂密度有所差别(图3－40)，上部层段(T_7^4面～以下60m)，裂密度相对较低，主要发育在北部井区；中部层段(T_7^4面以下60～150m)断裂密度最大，东部井区断裂密度大于西部；下部层段(T_7^4面以下150～240m)断裂密度低于中部层位，东部和南部井区断裂密度较大。

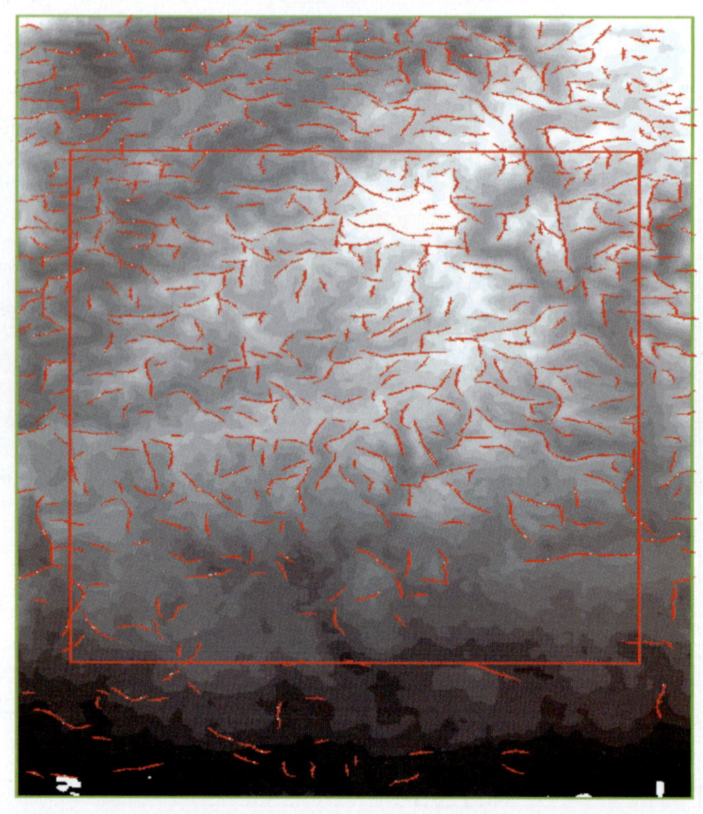

图3－38　S48井区T_7^4等深图

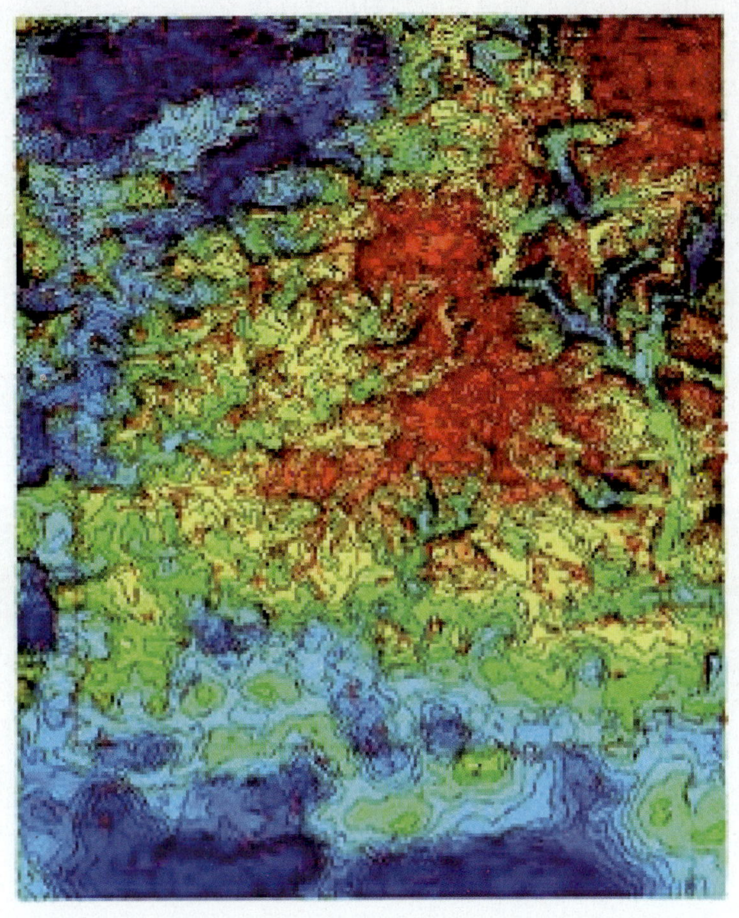

图 3-39 S48 井区 T_7^4 断裂分布图

利用三维地震综合解释成果及"蚂蚁追踪"技术，获得了试验区断裂系统特征，采用确定性建模方法，建立了塔河 4 区断裂分布模型(图 3-41)。S48 单元主要断裂分布如图3-42 所示。

五、小尺度离散裂缝网络模型的建立

1. 小尺度裂缝建模方法

对于小尺度裂缝，在单井裂缝模型的基础上，以裂缝发育密度体及距断裂距离信息为约束，采用随机模拟的方法建立小尺度三维离散裂缝网络模型。

井点小尺度裂缝可通过成像测井、岩心及常规测井资料识别。利用成像测井资料可获得裂缝发育密度、裂缝的产状及开度等信息。利用岩心及常规测井资料可以获得裂缝发育密度。结合区域应力场资料及断裂展布信息，可从宏观上分析裂缝的发育规律，并以此约束小尺度裂缝的模拟。

2. 小尺度裂缝建模

利用塔河 4 区 5 口成像测井裂缝解释成果对常规测井曲线进行特征标定，应用 BP 神经网络技术和常规测井曲线特征进行裂缝相识别。通过常规测井曲线解释各井的裂缝密度

（图 3－43），进而用断裂密度、距最近断裂距离信息作为约束，按方位分组建立小尺度裂缝密度模型，最终在小尺度裂缝密度模型约束下建立小尺度裂缝网络模型。

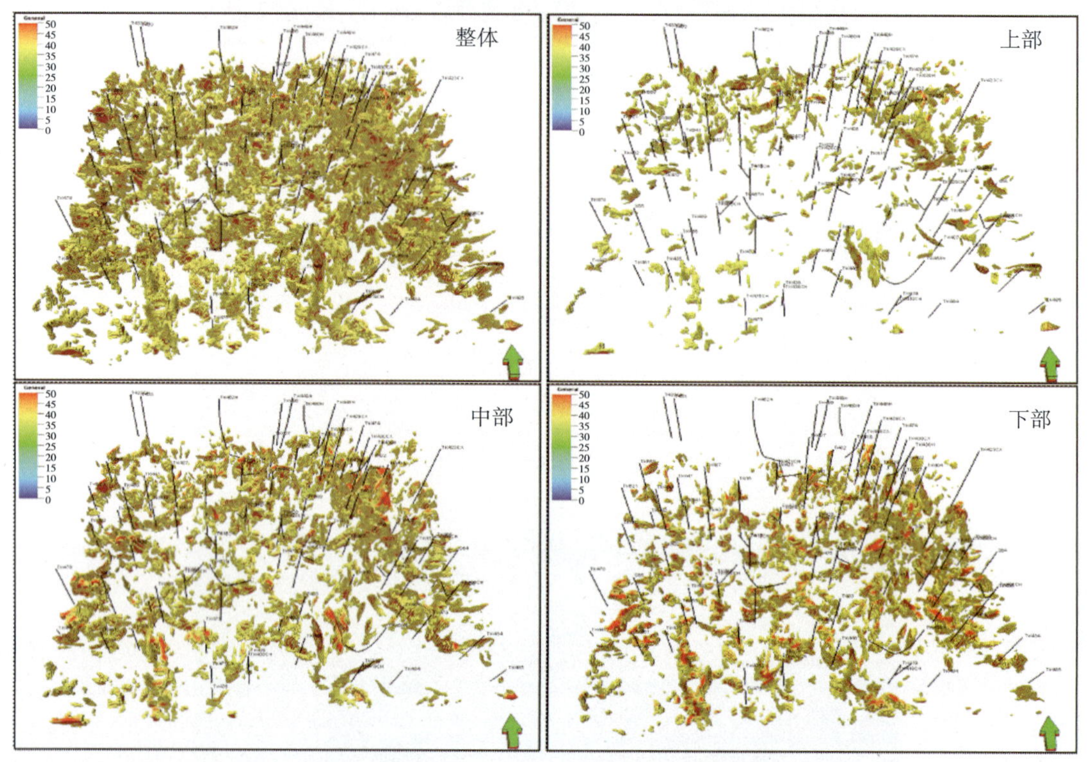

图 3－40　断裂检测结果三维透视

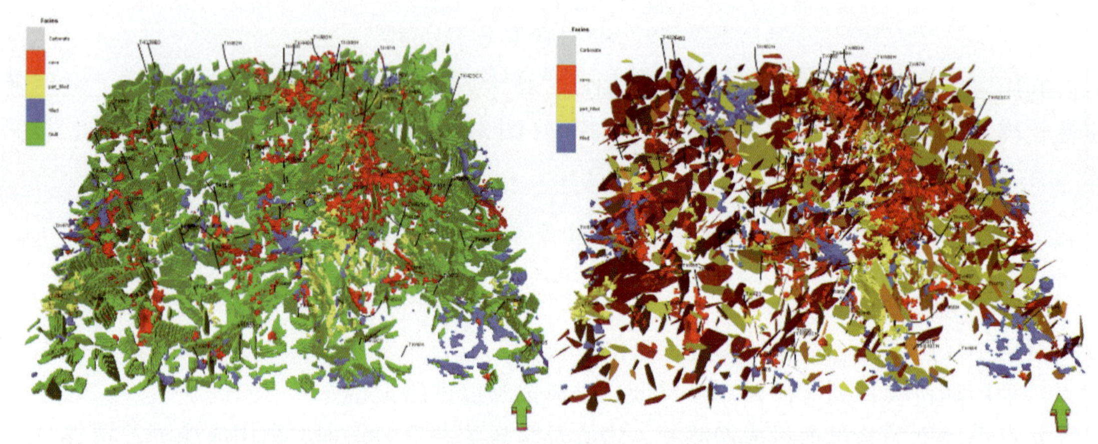

图 3－41　塔河 4 区断裂网络追踪成果图

（1）小尺度裂缝密度模型

采用多协变量序贯高斯模拟方法建立各方位的小尺度裂缝密度模型。

高角度裂缝模拟中使用的协变量有两个，一是各方位的距最近断裂距离属性，二是断裂检测时提取的各方位断裂密度属性。低角度裂缝采用断裂密度单属性约束模拟，模拟过程中使用与各组断裂方位一致的方位空变变差函数作为控制以确保各组裂缝密度与相关的断裂分布趋势一致。

3个层段小尺度裂缝密度分布特征为(图3－44)：上段裂缝裂缝密度略小，中断和下段裂缝密度相当，且各层段的平面裂缝密度分布有所差别，上段裂缝密度由北向南有变低趋势，中段和下段裂缝分布较为均匀。

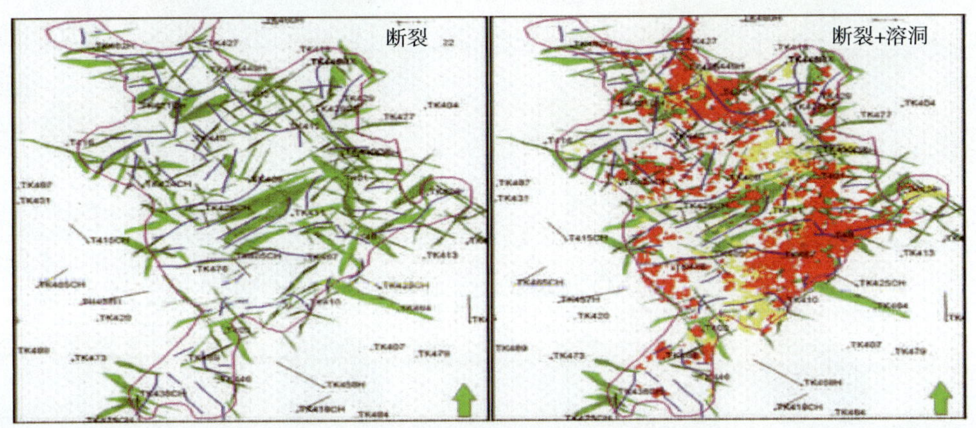

图3－42　S48单元断裂网络追踪成果图

(2)小尺度裂缝网络建模

对于实际问题而言，一般裂缝网络建模所需的长度及高度是两个未知参数(除非有相应的露头资料)，本区也不例外，这两个参数的经验值是“米”级。但裂缝网络建模可以通过对其进行调整以拟合总体裂缝孔隙度及渗透率，尤其是本区裂缝密度很大，计算机无法按“米”级裂缝尺度建模，实际建模时采用了增大裂缝尺度同时减小裂缝密度的等效转换(图3－45)。

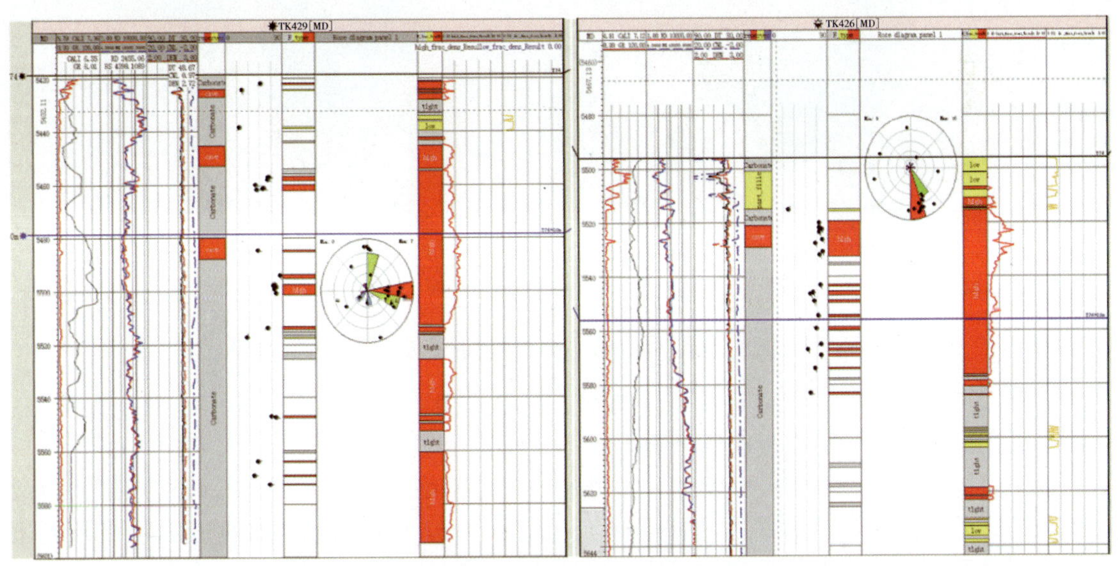

图3－43　常规曲线裂缝相识别及密度解释最终成果

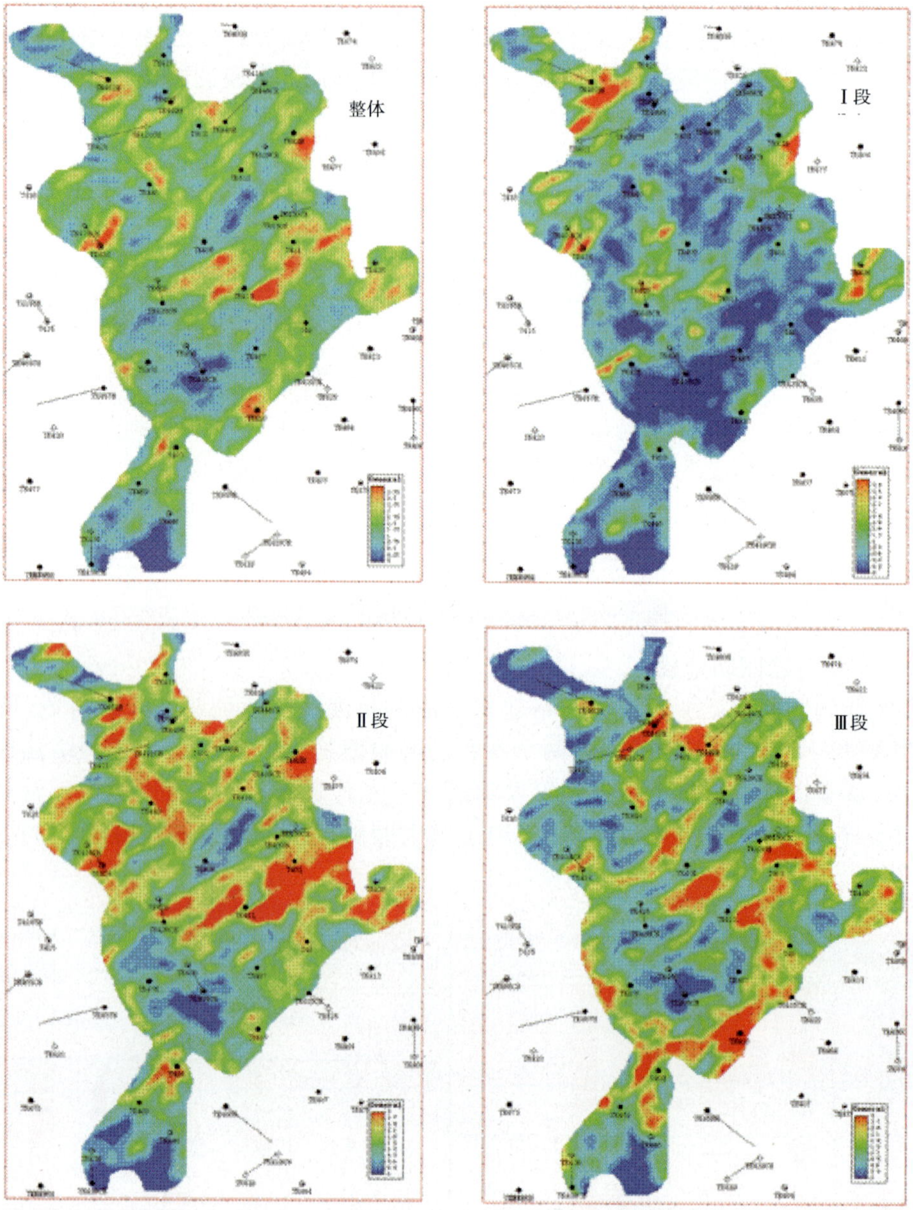

图 3-44　S48 单元各层段裂缝密度分布

另外，考虑到一般裂缝空间形态为椭圆，建模采用了更为合理的扁六边形裂缝形态，比通常采用的矩形假设更接近实际情况。

由于整体小尺度裂缝密度非常大，很难通过裂缝网络模型研究裂缝的分布规律，为做定性分析，采用抽稀显示的方式(图 3-46)。从图 3-37 可以看出小尺度裂缝网络与上述小尺度裂缝密度及断裂方位具有较好的一致性，北东向裂缝最为发育，其次是南北向，北西向裂缝发育较差，这与井资料的统计结论相吻合。裂缝网络模型是裂缝等效孔隙度、渗透率计算的基础。

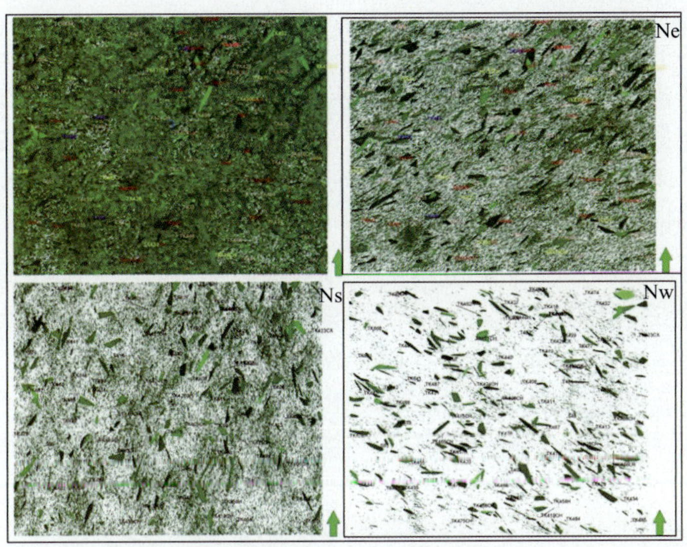

图 3-45　塔河 4 区小尺度裂缝网络分布模型

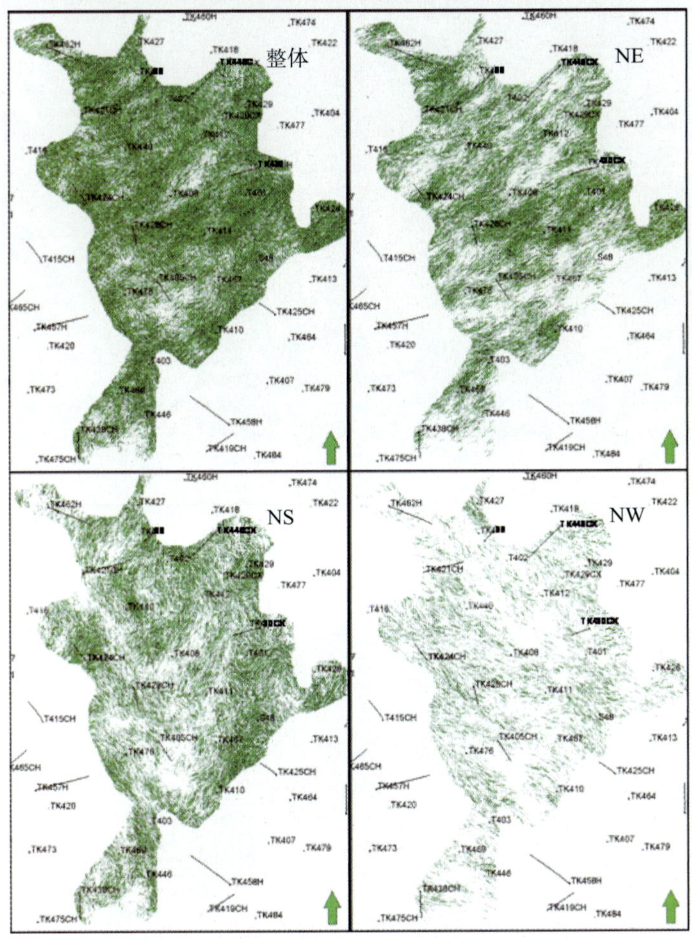

图 3-46　S48 单元小尺度裂缝网络分布模型

六、碳酸盐岩缝洞型油藏三维缝洞体模型

在上述建立的4个单一缝洞储集空间模型基础上，将4个单一离散模型融合，建立多尺度三维缝洞储集体模型。在模型融合方法上，模型忠实于井点条件，遵循缝洞发育模式和缝洞组合规律，采用同位条件赋值算法，将4个单一类型储集体离散模型融合成缝洞型油藏三维地质模型(图3－47、图3－48)。

$$\mathrm{DCFN}\left[x, y, z \mid (i)\right]=F\left\{I_{洞穴}, I_{断裂}, I_{孔洞}, I_{裂缝}(x, y, z) \mid (缝洞模式)\right\} \quad (3-14)$$

式中 $I_{洞穴}(x, y, z)$——指洞穴是否存在的指数；

$I_{断裂}(x, y, z)$——指断裂是否存在的指数；

$I_{孔洞}(x, y, z)$——指孔洞是否存在的指数；

$I_{裂缝}(x, y, z)$——指裂缝是否存在的指数。

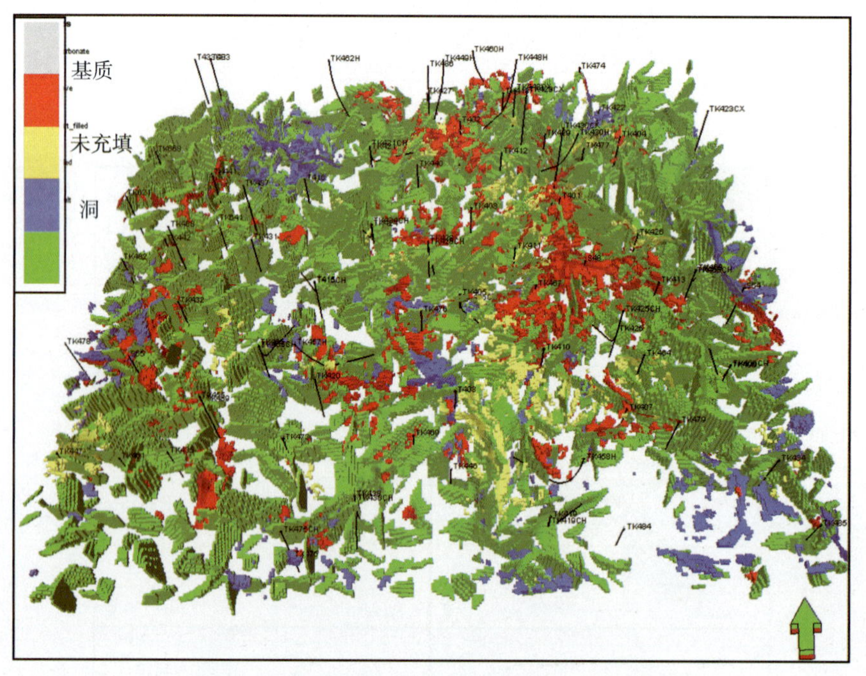

图3－47 塔河4区三维缝洞储集体模型

图3－48 典型缝洞单元(S48)融合三维地质模型

第四节　碳酸盐岩缝洞型油藏属性参数建模

对于大型溶洞，传统的孔隙度、渗透率及饱和度等描述常规碎屑岩的物性参数不再适用，提出了用“空隙度”、“流体充满度”及“有效缝洞体积”等参数表征该类储集体属性参数特征。对于小尺度溶蚀孔洞及裂缝属性，仍沿用“孔”、“渗”、“饱”等参数描述其物性特征(柏松章，1996)。在井点物性参数解释的基础上，采用缝洞储集体“相控”约束的方法建立缝洞体属性参数模型。

一、碳酸盐岩缝洞型油藏属性表征参数

1. 大型溶洞属性表征参数

针对碳酸盐岩缝洞型油藏缝洞储集体，采用“空隙度”等概念来描述物性参数特征。

(1)空隙度估算

空隙度是指储集体内孔、缝、洞空间体积所占的百分比。

①实钻资料估算空隙度。

钻井过程中出现钻具放空、泥浆漏失、井径曲线上表现为井径扩大等现象的井，该类缝洞储集体的空隙度可用下式来估算：

$$R_{fd}=\frac{\sum d}{\sum H} \tag{3-15}$$

式中　R_{fd}——大型溶洞空隙度,%；

$\sum d$——钻遇目的层放空、漏失段总厚度，m；

$\sum H$——钻遇目的层总厚度，m。

②实钻资料统计结合生产动态资料空隙度赋值。

无法读到合格的测井曲线值，钻井过程中具有钻具完全放空、泥浆漏失段，且直接投产的溶洞，结合单井产量分布情况赋值。

单井产量高的一类井(累积产量大于15×10^4t)，对其溶洞段进行空隙度赋值为50% ~ 60%。二类次高产井(累积产量于$4.5\times10^4\sim15\times10^4$t)，按溶洞类型和累积产液量分别赋值为：40%和30%。三类产量(小于4.5×10^4t)赋值为20%(如果为半充填性赋值15%)。

对于部分充填，钻遇放空、泥浆漏失并有测井曲线的井(试验区有51口井)，利用放空漏失井段的补偿中子孔隙度进行统计、厚度加权平均，求取放空漏失段空隙度。

(2)流体充满度

流体充满度指缝洞储层中流体充注于缝洞中的体积占缝洞储集体总体积的百分比。对于油藏，油充满度指充注于缝洞储集体中原油体积占缝洞储集体总体积的百分比。对于存在放空、漏失并直接投产的储层段，即在油水界面之上的大型溶洞，油充满度取100%。

(3)有效缝洞体积

有效缝洞体积指缝洞型碳酸盐岩油藏储集体中，连通的溶洞、裂缝的体积。

①由三维地质模型求取有效缝洞体体积；

②通过用空隙度(R_{fd})乘以该缝洞单元的缝洞储集体体积，求得该缝洞单元内有效溶洞及有效裂缝体积。

$$V_{fd} = V_{bulk} \times R_{fd} \tag{3-16}$$

式中 V_{fd}——有效缝洞储集体体积，m^3；

R_{fd}——空隙度，%；

V_{bulk}——缝洞储集体总体积，m^3。

2. 溶蚀孔洞属性表征参数

溶蚀孔洞的属性参数，仍沿用“孔”、“渗”、“饱”等参数表征其物性特征。钻遇该类储集体将出现钻具不完全放空、发生泥浆漏失现象，测井表现为溶洞及孔隙响应特征，测井及录井资料显示有砂泥质或角砾岩充填现象。该类储集体物性参数可通过测井资料求取。

(1)孔隙度

储集体总孔隙度比较小，采用密度和中子的交会法求取：

$$\phi_D = \frac{DEN - DG}{DF - DG} - SH \times \frac{DSH - DG}{DF - DG} \tag{3-17}$$

$$\phi_T = \sqrt{\frac{\phi_N^2 + \phi_D^2}{2}} \tag{3-18}$$

式中 SH——泥质含量比值；

DEN——岩石密度，g/cm^3；

DG——岩石骨架密度，g/cm^3；

DF——孔隙流体密度，g/cm^3；

DSH——泥质的密度，g/cm^3；

ϕ_N——中子孔隙度，%；

ϕ_D——密度孔隙度，%；

ϕ_T——总孔隙度，%。

(2)渗透率

溶蚀孔洞储集体渗流规律符合达西定律，一般可由常规测井曲线通过孔渗关系求取渗透率。

(3)含油饱和度

溶蚀孔洞含油饱和度采用阿尔奇公式求取：

$$S_w = (\frac{abR_w}{\phi^m R_t})^{\frac{1}{n}} \tag{3-19}$$

$$S_{obh} = 1 - S_w \tag{3-20}$$

式中 m——胶结指数；

n——饱和度指数；

R_w——地层水电阻率，$\Omega \cdot m$；

ϕ——岩石孔洞孔隙度；

R_t——地层电阻率，$\Omega \cdot m$；

a、b——岩性系数；

S_w——地层水饱和度，%。

根据塔河油田奥陶系油藏的岩心样品岩电实验分析，取 $a = 3$，$b = 1.09$，$m = 1.34$，

$n=3.63$。根据塔河油田的地层水资料和地层温度，在饱和度计算时地层水电阻率取值为 $0.01\Omega\cdot m$。

3. 裂缝属性表征参数

裂缝的属性参数，仍可以沿用“孔”、“渗”、“饱”等参数表征其物性特征。

(1)孔隙度

裂缝孔隙度根据双侧向电阻率测井资料计算。

针对塔河油田，采用如下经验关系式：

①裂缝状态的判别。

裂缝状态的判别关系式如下：

$$Y=\frac{Rd-Rs}{\sqrt{Rd\times Rs}} \tag{3-21}$$

式中　Rd、Rs——深、浅侧向测井电阻率，$\Omega\cdot m$；

Y——判别指数，无量纲。

当 $Y>0.1$ 时，为高角度裂缝；当 $0.1\geqslant Y\geqslant 0$ 时，为斜交裂缝；当 $Y<0$ 时，为低角度裂缝。

②解释模型。

裂缝孔隙度的解释模型如下：

$$\phi_f=(\frac{A_1}{Rs}+\frac{A_2}{Rd}+A_3)\times R_{mf} \tag{3-22}$$

式中　ϕ_f——比值表示的裂缝孔隙度，%；

R_{mf}——地层温度下的泥浆滤液电阻率，$\Omega\cdot m$；

A_1、A_2、A_3——常数，其值依裂缝状态 Y 不同而不同。

取值见表 3-11。

表 3-11　裂缝孔隙度解释模型常数取值表

裂缝状态	Y	A_1	A_2	A_3
低角度裂缝	$Y<0$	-0.992417	1.97247	0.000318291
倾斜裂缝	$0\leqslant Y\leqslant 0.1$	7.6332	20.36451	0.00093177
高角度裂缝	$Y>0.1$	8.522532	-8.242788	0.00071236

(2)渗透率

裂缝产状的不同，裂缝渗透率不一样。裂缝在地层中的产状归纳起来分为3类：

①单组系裂缝系统。

单一条的水平裂缝和只有一个走向的单一一条垂直裂缝都是属于这种情况，裂缝渗透率解释模型为：

$$k_f=8.5\times 10^{-4}d^2\phi_f \tag{3-23}$$

②多组系裂缝系统。

多组系裂缝系统类似于火柴棒的情况，裂缝渗透率解释模型为：

$$k_f=4.24\times 10^{-4}d^2\phi_f \tag{3-24}$$

③网状裂缝系统。

在网状裂缝系统中，裂缝在地层的分布纵横交错，裂缝渗透率解释模型为：

$$k_f = 4.24 \times 10^{-4} d^2 \phi_f \tag{3-25}$$

式中 d——裂缝宽度；

ϕ_f——裂缝孔隙度；

k_f——裂缝渗透率。

(3)含油饱和度

裂缝的含油饱和度(S_{of})参考国内外经验，取值90%。

二、碳酸盐岩缝洞型油藏属性参数建模方法

碳酸盐岩缝洞型油藏流体流动机理复杂，缝洞储集体内既有渗流，又有管流等非渗流存在，表征缝洞型油藏不同类型储集体的属性参数也不同。针对不同缝洞储集体类型，分别采用不同的建模方法来表征油藏属性参数的三维分布。

1. 属性参数建模方法

(1)大型溶洞参数建模

对于大型溶洞，依据井点放空漏失、单井产量等动态特征综合统计、赋值的方法，确定井点的"空隙度"及"流体充满度"等参数；在大型溶洞模型约束下，采用序贯高斯模拟方法模拟大型溶洞属性参数三维分布。

(2)溶蚀孔洞参数建模

对于小尺度溶蚀孔洞，流体运动遵循达西定律，参数仍用"孔"、"渗"、"饱"参数来描述，可以通过测井资料获得孔隙度、渗透率及含油饱和度值，属性参数建模应用随机模拟来实现，在三维溶蚀孔洞模型的约束下，利用地质统计模拟技术，建立溶蚀孔洞孔隙度、渗透率及含油饱和度三维分布模型。

(3)裂缝参数建模

融合大尺度裂缝及小尺度裂缝模型，获得三维离散裂缝网络模型(DFN)。采用几何等效的方法，建立离散裂缝的孔隙度、渗透率及含油饱和度参数模型。

(4)参数建模算法

在模拟算法上，采用序贯高斯模拟方法。

高斯随机域是最经典的随机函数。该模型的最大特征是随机变量符合高斯分布(正态分布)。

如果连续的空间随机函数$\{z(\vec{u}),\ \vec{u}\in A\}$是数目并不太多的一些具有类似空间分布的随机函数$\{y_k(\vec{u}),\ \vec{u}\in A\}$，$k=1,\ \cdots,\ K$之和，那么这种随机函数的空间分布就能用多元的高斯随机函数模型来模拟。这一原则并不在于各个组分具有相同的分布和数目，而在于各个组分之间是相互独立的。

随机函数$\{z(\vec{u}),\ \vec{u}\in A\}$服从多元正态分布当且仅当：

①随机函数的所有子集$\{z(\vec{u}),\ \vec{u}\in B\subset A\}$也是多变量正态分布。

②$z(\vec{u})$的随机变量组分的所有线性组合都是单变量正态分布。

③协方差函数或相关系数为0，保证了完全的独立性。

④给出任何一个子集，随机函数$z(\vec{u})$的任何其它子集的条件分布都是多变量正态分布。

人们尤其感兴趣的是，当$k=1$，$\vec{u}'=\vec{u}_0$时，随机函数$z(\vec{u})$模拟某个未取样值的不确

定性。给出 n 个已知数据点，$z(\bar{u}_0)$的条件概率分布函数 ccdf 是正态的且具有以下特征：

①均值或条件期望与其简单克里金估计值一致；

②方差或条件方差就是简单克里金方差。

因此，对于高斯模拟来说，ccdf 可用简单克里格来求取。由于 ccdf 的正态性，因此，整个模拟过程被极大地简化，序贯地确定一系列的 ccdf 就被简化为解一系列克里金方程组。

当然，大多数地质数据并非是对称高斯分布的。在实际应用中，可首先将区域化变量(如孔隙度、渗透率)进行正态得分变换(变换成高斯分布)，模拟后，再将模拟结果反变换为区域化变量。

高斯模拟可以采用多种算法，如序贯模拟，误差模拟、概率场模拟等。实际中经常应用序贯模拟，即为序贯高斯模拟。

序贯高斯模拟为一种应用高斯概率理论和序贯模拟算法产生连续变量空间分布的随机模拟方法。模拟过程是从一个象元到另一个象元序贯进行的，而且用于计算某象元 ccdf 的条件数据除原始数据外，还考虑已模拟过的所有数据。从 ccdf 中随机地提取分位数便可得到模拟实现。

连续变量 $z(u)$的条件模拟步骤如下：

①确定代表全研究区(含 z 样品数据)的单变量 ccdf$Fz(z)$。如果 z 数据分布不均，则应先对其解串，也可能需要外推平滑。

②应用 ccdf$Fz(z)$，将 z 数据进行正态得分变换，转换成标准正态分布累积分布函数的 y 数据。

③检验正态得分变换后的 y 数据的是否符合双元正态性(即任何数据对的双元 ccdf 必须是正态的)。如果符合则可使用该方法，否则应考虑其它随机模型；

④如果多变量高斯模型适用于 y 变量(正态得分变换后样品数据)，则进行序贯模拟，即：

a. 确定随机路径，每次访问每个网格节点一次(不必是规则的)。每个节点(u)保留一定数量的邻域条件数据，包括原始 y 数据和先前模拟的网格节点 y 值。

b. 应用简单克里格和正态得分的变差函数模型来确定该节点处随机函数 $y(u)$的 ccdf 函数的参数(平均值和方差)，并求取 ccdf。

c. 从 ccdf 随机地提取一个分位数，即为该节点的模拟值 $y(1)(u)$。

d. 将模拟值 $y(1)(u)$加载到已有的数据组。

e. 沿随机路径进行下个节点 u'的模拟，一直到每个节点都走到为止。

一旦所有位置 u 都被模拟，就可获得一个随机模拟图象。

⑤整个序贯模拟过程可以按一条新的随机路径重复以上步骤，以获取一个新的实现。

序贯高斯模拟的输入参数主要为变量统计参数(均值、标准偏差)、变差函数参数(变程、块金效应等)及条件数据等。如果是相控建模，则应输入三维相模型，并且对于每一类相，均应输入相应的变量统计参数和变差函数参数。

2. 试验区储集体属性参数建模

(1)大型溶洞储集体三维空隙度建模

针对大型溶洞，依据井点放空漏失、单井产量等动态特征综合统计、赋值的方法，确定井点的“空隙度”值；在大型溶洞分布模型约束下，利用序贯高斯模拟，建立试验区空隙度的分布模型(图 3 - 49)。

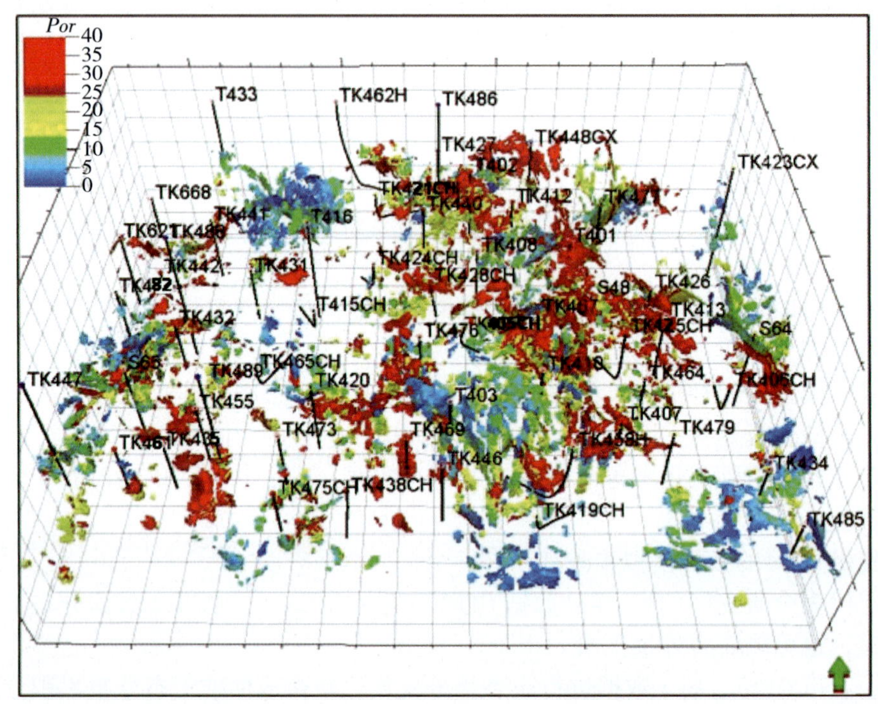

图 3 - 49　塔河油田 4 区大型溶洞空隙度三维分布模型

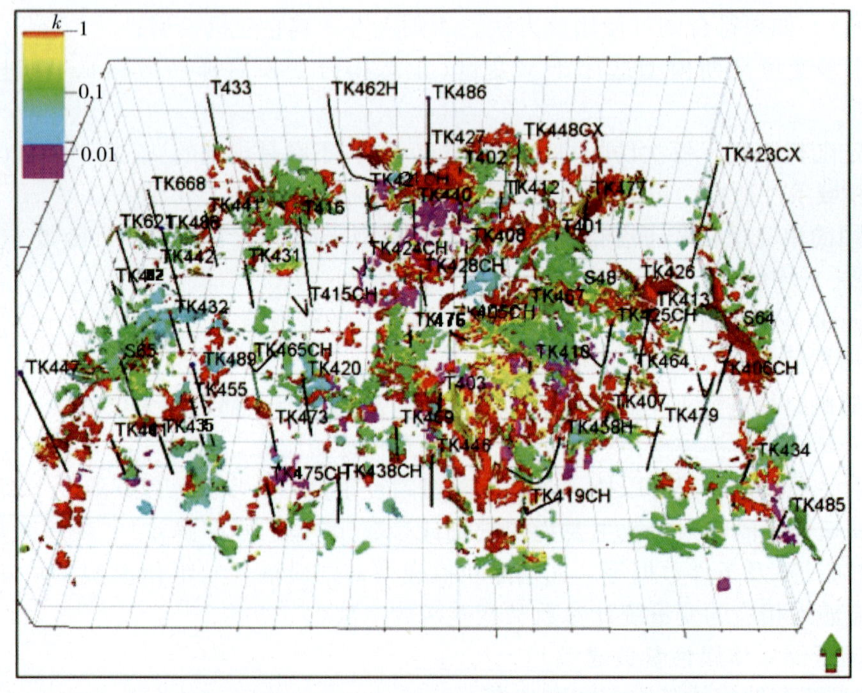

图 3 - 50　塔河油田 4 区大型溶洞渗透率三维分布模型

（2）大型溶洞储集体三维渗透率建模

在测井和测试资料解释的基础上，建立单井渗透率模型。以空隙度数据体作为主要约束体，利用高斯模拟方法，结合试井解释成果，建立塔河 4 区大型溶洞渗透率的分布模型（图 3－50）。

（3）裂缝储集体三维渗透率建模

由于裂缝系统渗透率模型是各向异性的，对裂缝系统的各向异性渗透率模型求取优势渗透率，取 3 个方向渗透率的极大值，得到综合渗透率模型。

从裂缝系统综合渗透率模型（图 3－51）来看，断裂系统在渗透率方面起着主导作用，较为密集的小尺度裂缝分布带对于整体渗透率也有较大贡献。

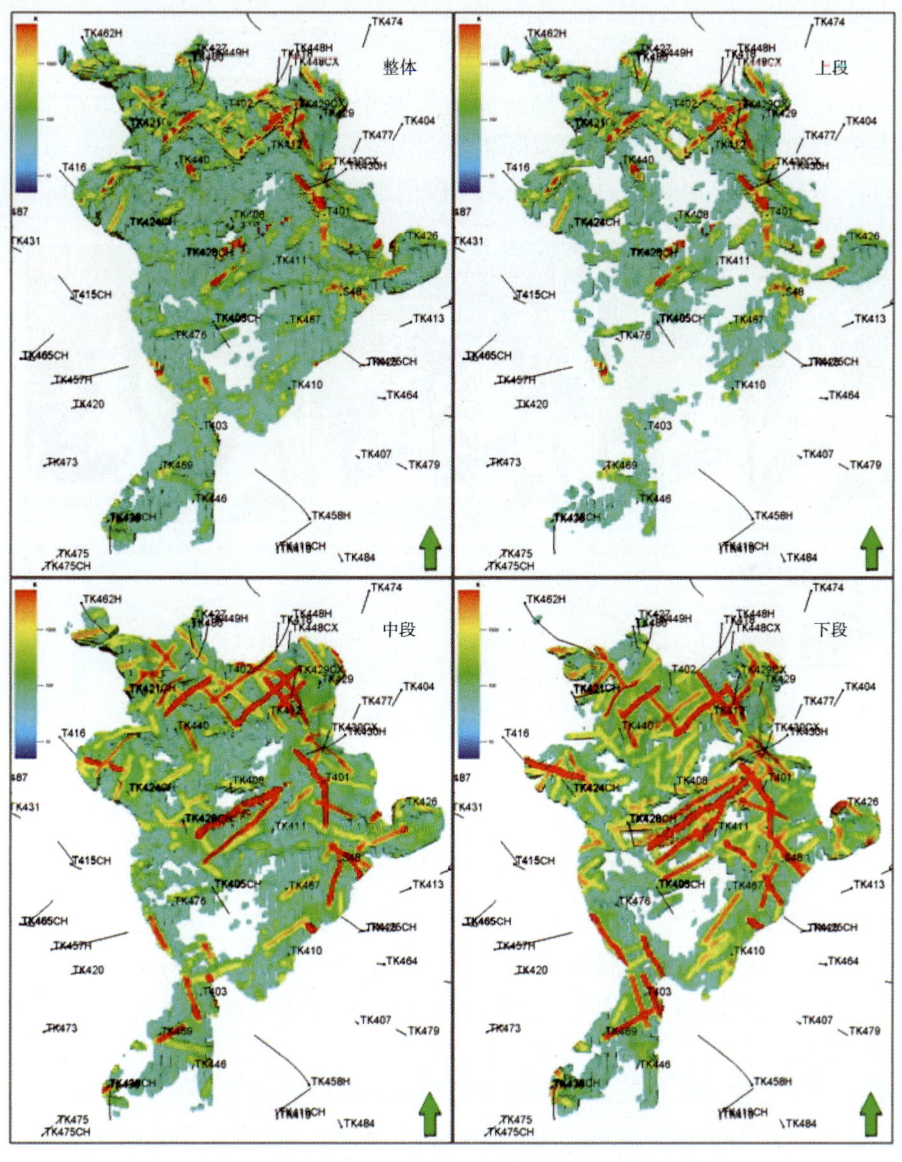

图 3－51 S48 单元裂缝系统不同层段三维渗透率分布模型

第五节　碳酸盐岩缝洞型油藏地质模型验证与应用

碳酸盐岩缝洞型油藏储层非均质强，建立的缝洞型储集体三维地质模型刻画了不同尺度孔、洞、缝在三维空间的分布。所建模型经过实钻井及生产动态资料验证，表明模型很好地表征了缝洞体分布。将模型用于油田生产实践，尤其用于生产井调整、侧钻及注水开发，取得了较好的效果。

一、碳酸盐岩缝洞型油藏三维地质模型验证

1. 实钻井验证

针对所建立的地质模型，选取后期新侧钻水平井 TK446CH，分别提取溶洞分布模型、孔隙度分布模型和渗透率分布模型与实际生产动态资料对比，该井初期日产 71t、不含水，后期平均日产 32t，含水 14%，总的来看，与模型预测的结果有较好的一致性(图 3－52)。

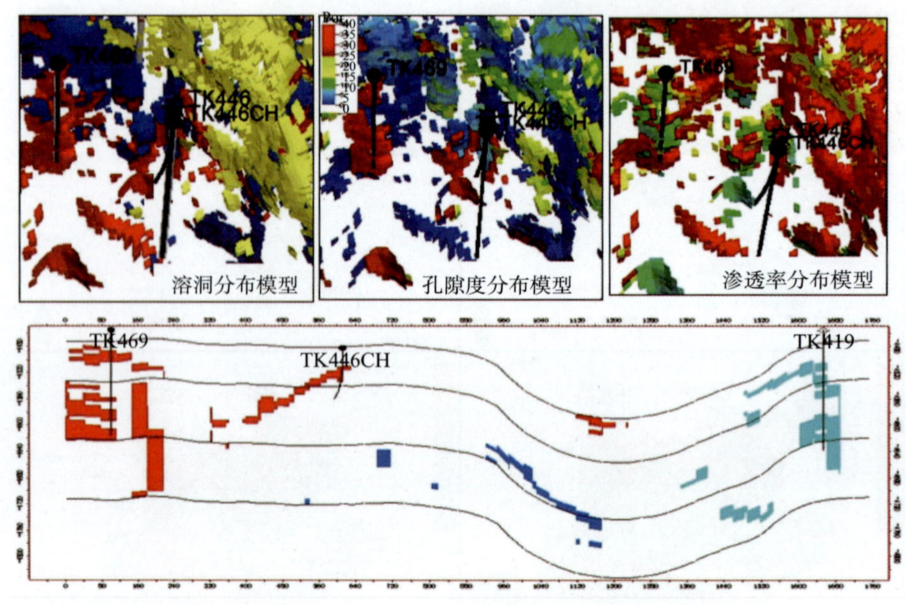

图 3－52　TK446CH 井三维地质模型

2. 生产数据验证

(1)生产数据验证建立的溶洞模型

将生产数据加载到模型，对所建的 S48 单元地质模型进行检验表明，模型与生产数据具有较好的一致性。

①溶洞主要分布在 S48 单元北部和东部。TK403 井区充填严重。

②模型中溶洞较为发育的区域，生产井初期产量高，累产高(图 3－53)。

(2)生产数据验证建立的裂缝模型

S48 井区渗透率优势方向为北东向，与断裂发育方向一致(图 3－54)，T_7^4 界面以下

60m（Ⅰ带）渗透率模型切片显示北部渗透率较高；T_7^4 界面以下 150m（Ⅱ带）渗透率模型切片显示北部、西部及东部局部区域渗透率较高；T_7^4 界面以下 150m（Ⅲ带）渗透率模型切片显示深部储层渗透率较差。

生产数据表明渗透率高的区带和井段，产量高稳产时间长。

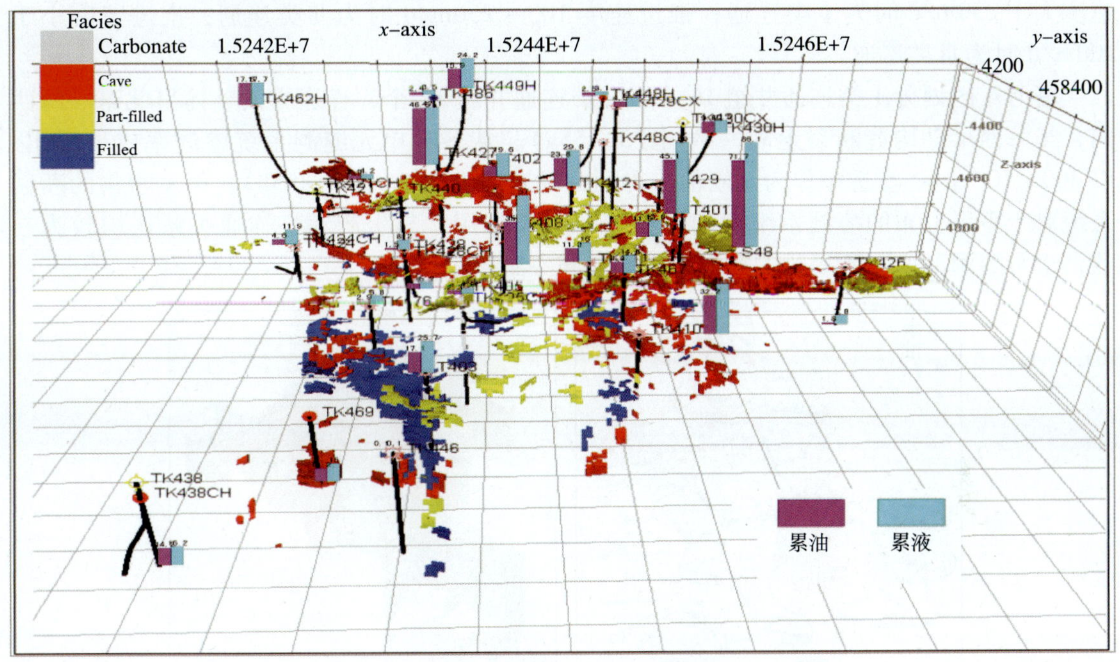

图 3－53　塔河 4 区 S48 单元溶洞分布与累产叠合图

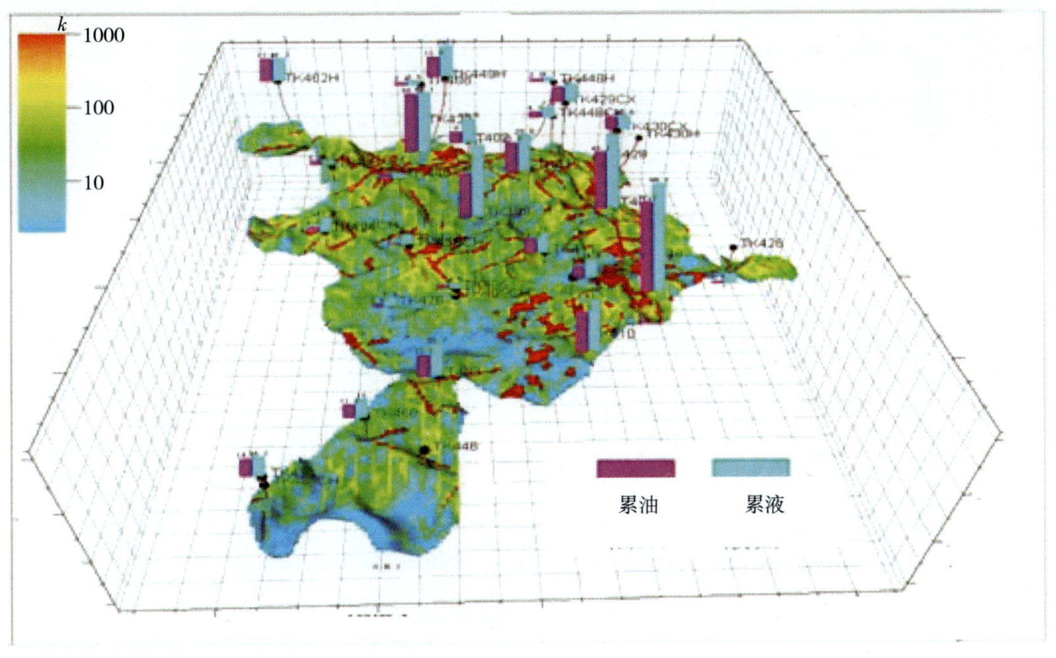

图 3－54　S48 单元缝洞系统渗透率分布与累产数据叠合图

3. 动态数据验证

利用注采关系、示踪剂及生产动态资料，对S48单元内连通分类评价的基础上，对已建立的缝洞连通体模型进行动态验证。

根据示踪剂水线的推进速度，可以定量评价井间的连通性级别，判别标准如下：推进速度大于250m/d时为Ⅰ类连通；推进速度100～250m/d时为Ⅱ类连通；推进速度小于100m/d时为Ⅲ类连通。

塔河4区划分Ⅰ类连通井组16个，Ⅱ类连通井组12个，连通方向整体呈北东—南西向，与海西早期构造断裂走向一致（图3－55a）。从S48单元缝洞系统渗透率成果看出，以$300\times10^{-3}\mu m^2$渗透率作为截断值，得到缝洞连通体模型（图3－55b），可见密集的断裂系统对于零星分布的溶洞系统起到了很好的沟通作用，与生产动态连通关系认识较为一致，也与溶洞剖面图所揭示的溶洞及断裂分布一致（图3－56）。

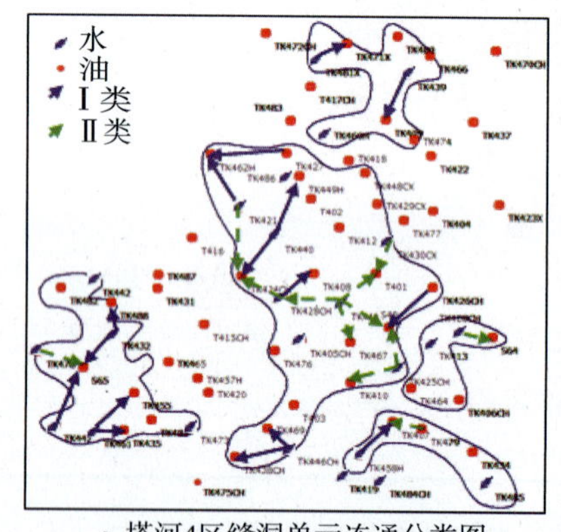

a. 塔河4区缝洞单元连通分类图

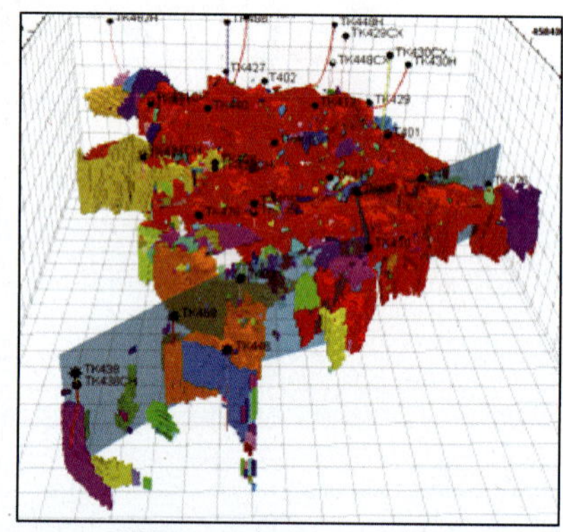
b. 塔河4区连通体三维分布模型

图3－55 塔河4区缝洞连通体动态验证

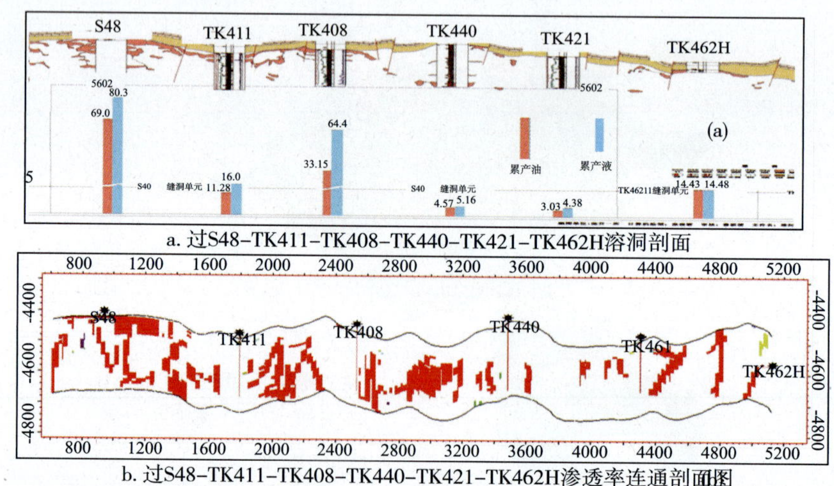

a. 过S48-TK411-TK408-TK440-TK421-TK462H溶洞剖面

b. 过S48-TK411-TK408-TK440-TK421-TK462H渗透率连通剖面图

图3－56 过井剖面对比

二、碳酸盐岩缝洞型油藏地质模型应用

①所建立的塔河4区三维地质模型，刻画了不同类型储集体三维几何形态及属性参数分布(图3-57、图3-58)，已用于缝洞型油藏储量计算和油藏数值模拟。

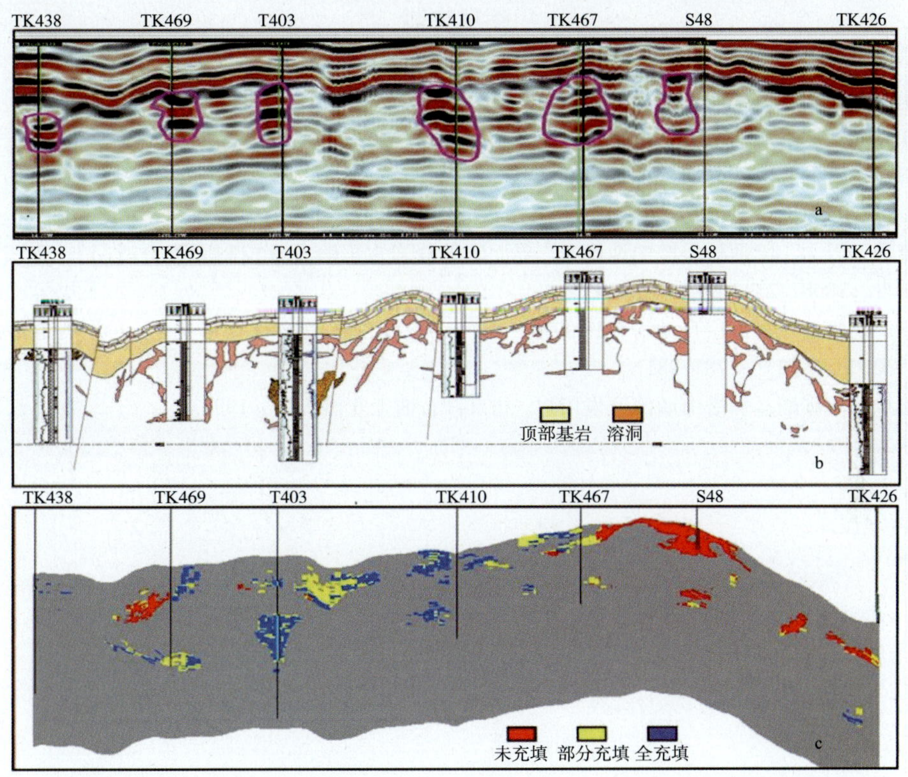

图3-57　TK438-TK469-T403-TK410-TK467-S48-TK426连井剖面

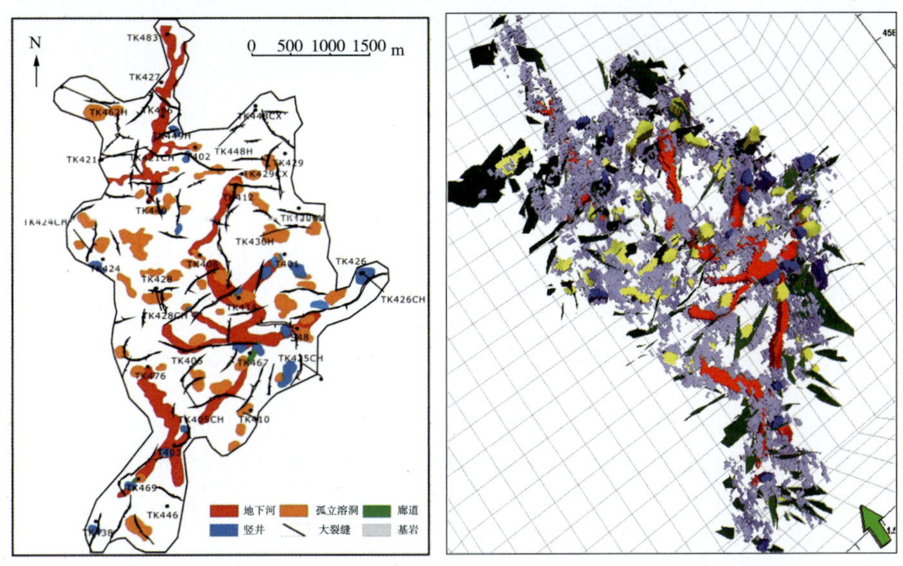

图3-58　S48缝洞单元模型(左：平面模型，右：三维模型)

②为调整加密井、老井侧钻等挖潜措施的实施，奠定了可靠的地质基础。

③根据三维地质模型预测的裂缝发育段，选择酸压改造井层。例如，T402 井高含水间开生产，钻开第Ⅲ段 5602m，对全井进行酸化处理，见到 TK448CX 注水效果。

参考文献

[1] 赵敏，康志宏，刘洁．缝洞型碳酸盐岩储集层建模与应用[J]．新疆石油地质，2008，29(3)：318～320.

[2] 杨辉廷，江同文，颜其彬，等．缝洞型碳酸盐岩储层三维地质建模方法初探[J]．大庆石油地质与开发，2004，23(4)：11～16.

[3] 王黎栋，万力，于炳松．塔中地区 T_7^4 界面碳酸盐岩古岩溶发育控制因素分析[J]．大庆石油地质与开发，2008，27(1)：34～38.

[4] 张欣．蚂蚁追踪在断层自动解释中的应用——以平湖油田放鹤亭构造为例[J]．石油地球物理勘探，2010，45(2)：278～281.

[5] 柏松章等．碳酸盐岩潜山油田开发[M]．北京：石油工业出版社，1996.

第四章 碳酸盐岩缝洞型油藏流体流动规律

碳酸盐岩缝洞型油藏复杂的缝洞组合，造成流体流动通道尺度差异大，流动特征及流动机理复杂，不仅存在渗流，还存在一维管流、裂缝面上的二维流动、未充填(或半充填)溶洞中的三维流动，以及洞、缝、基质岩块介质之间的流体流动(杨坚，2006；姚军等，2007；刘中春等，2009)。清楚地认识缝洞型油藏中流体的运动规律以及介质间的流体流动规律可以为科学合理的开发缝洞型油藏、进一步提高采收率提供理论基础。

第一节　缝洞型介质物理模拟实验设计

为了开展缝洞型介质流体流动机理研究，需要建立相应物理模型和物理模拟实验系统。本节根据缝洞型油藏储层特点，建立物理模拟相似准则群，并据此设计多类典型缝洞模型，最后设计缝洞型介质宏观物理模拟实验装置，以便系统地开展流体流动机理物理模拟实验研究。

一、缝洞型油藏物理模拟基本原理及相似准则

塔河碳酸盐岩储层主要的储集体是溶洞和裂缝。基质中的微裂缝渗透率很低，对碳酸盐岩开发过程中的渗流能力贡献很小，不是主要的渗流通道，裂缝是溶洞内流体流向井筒的主要通道。因此溶洞和裂缝是主要的储集空间和流动通道，可以忽略基质对储集和渗流能力的贡献(陈霞，1993)。

1. 物理模拟基本原理

物理模拟研究是指建立被研究物理系统的模型，通过对模型的研究得到原系统的物理规律的研究方法。物理模拟研究中采用的模型是按照真实物理系统放大或缩小而制作出来的不改变真实物理系统物理特性的模型。

(1)相似定律

物理模拟的基本原理就是相似理论(徐挺，1995)。相似理论的3条相似定律如下：

相似第一定律——相似现象之间所具有的相似准则在数值上是相等的。

相似第二定律——假设任一物理现象由 n 个不同的物理量组成，其中 k 个物理量是独立的，另外 $n-k$ 个物理量是不独立的，则表示这一物理现象的算式也可用 $n-k$ 个无量纲的量 N_1，N_2，…，N_{n-k}完全表达出来，且 N_1，N_2，…，N_{n-k}为相似准则。

相似第三定律——如果现象之间的单值条件相似，且由这些单值条件所组成的相似准则数值相等，则这些现象相似。单值条件包括下列因素：系统的几何性质、对被研究对象影响较大的介质性质和其它物体的参数、系统的起始条件和边界条件等。

(2)附加条件

在具体应用相似理论解决实际技术问题时，还有4项附加条件：

附加条件1：由多个系统组成的两个复合系统之间，若对应的各单个系统相似即其中对应的各单元相似以及对应的各单个系统的边界条件相似，则两个复合系统相似。

附加条件2：适用于线性系统的相似条件可推广至非线性系统，只要对应的非线性参数的相对特性是重合的。

附加条件3：适用于各向同性和均质系统的相似条件，也可以推广至各向异性和非均质系统，只要两系统对应的各向异性和非均质特性是相同的。

附加条件4：几何不相似系统的物理过程也可以相似，而且系统空间中的每一点都可以在其相似系统的空间中找到完全对应的点。

这几项附加条件对系统物理模拟的实现具有重大意义，只要能准确模拟系统中的每一单元及其相互连接关系，则组合起来的复杂系统也就能够准确模拟。

(3)相似准则及其确定方法

相似准则是相似理论中的重要组成部分，相似准则是无量纲的，用于说明某些物理现象中各物理量之间的关系。确定相似准则的方法有：量纲分析法和方程分析法(包括相似转换法、积分类比法等)可以应用这些方法，并通过对基本过程的分析得到系统物理模拟的相似准则(杨俊杰，2005)。

2. 相似准则确定

根据相似理论，物理模型与原型相似的基本要求是满足相似三定理，由此导出比例模型和油田现场原型要满足几何相似、流体与岩石物性参数相似、模型与原型具有相似的初始条件和边界条件。但由于缝洞型油藏和生产的复杂性，在物理模型中要完全按比例模化全部推导出来的相似准则是做不到的。因此，物理模拟的关键是具体分析研究油藏的问题，抓住主要矛盾，确定并在模拟中实现那些起着主导和决定作用的相似准则数，忽略次要的相似准则数，在一定程度上比较真实地反映流体的渗流规律。

缝洞型油藏流体流动机理研究的主要内容是不同缝洞对缝洞型油藏单相和油水两相流动规律的影响，其特征量的选择和相似准则的确定主要考虑与油藏缝洞分布有关的物理量；而介质间流动规律研究的主要内容是不同缝洞型介质单相流体流动的规律，其特征量的选择和相似准则的确定主要考虑与缝洞分布及流动阻力相关的物理量。

(1)特征量的选择

选择特征量的目的是为了使模型到原型的比例改变时系统不发生变化。在大多数情况下，选择特征量的依据是在所关心的范围内能给出最好的物性拟合。根据缝洞型油藏流动机理研究的目的和内容，结合缝洞型油藏生产的工程实际，各个特征量的选取如下。

①孔隙度的特征量取油层裂缝的孔隙度 ϕ_f。

②时间的特征量为到首次开始驱替的时间 t。

③饱和度的特征量取驱替开始时可动油饱和度。

$$\Delta S = 1 - S_{or} - S_{wc}$$

④长度的特征量取油层的有效厚度 L。

⑤渗透率的特征量取油层绝对渗透率 k。

⑥压力的特征量取最大生产压差即最大预见压力与最小预见压力之差。

$$\Delta P = P_{max} - P_{min}$$

这些值无须准确地知道，但如果取值适当，将使模型与原型之间匹配物性时能得到最好的结果。所以压力以最小压力为参考值。

⑦密度的特征量取油的密度 ρ_o。

⑧黏度的特征量取油的动力黏度 μ_o。

⑨加速度的特征量取重力加速度 g。

⑩产液流量的特征量取油的流量 Q_o。

(2) 相似准则的确定

在保证重要的因素和机理相似的条件下，结合缝洞型油藏渗流机理研究的目的，按照简化处理原则，归纳与选择出9个主要的相似准则作为缝洞型油藏流动机理物理模拟的相似准则，其物理意义见表4－1。

表4－1　按比例物理模拟的主要相似准则

序号	相似准则	物理意义
1	$\frac{P}{\rho g L}$	表示压力与重力之比
2	$\frac{\rho v L}{\mu}$	类似于雷诺数，表示惯性阻力和黏滞阻力之比
3	$\frac{k}{L^2}$	表示通过微裂缝和大裂缝的流体流量之比
4	$\frac{\rho g k}{\mu v}$	表征重力的影响
5	$\frac{n_f b}{n_v d L}$	表征缝、洞大小和密度的影响
6	$\frac{C\phi_f}{\phi_v}$	表征缝孔隙度、洞隙度和连通性的影响
7	$\frac{Qt}{\rho L^3}$	产液流量
8	$\delta\phi$	表示充填孔隙占总孔隙体积之比
9	$\frac{k_f w}{L_f k_m}$	表示裂缝相对(基岩)导流能力

表4－1中，n_f 为裂缝密度(亦称裂缝频率或裂缝线密度)，是指垂直于裂缝走向方向上单位长度内的裂缝条数；n_v 为洞密度，是指单位面积内溶洞的个数；k_f 和 k_m 分别表示裂缝和基质的渗透率；C 为连通度，表示缝洞结构复杂程度；δ 表示溶洞充填程度；L_f 为裂缝长度。

在表4－1里的相似准则中，没有考虑毛细管力，也不考虑基质的渗透率和孔隙度。如果基质的渗透率和孔隙度较大，基质本身就有储渗能力，那就是裂缝—孔隙型油藏。缝洞型油藏的渗透率通常很大，毛细管力与黏滞力或重力相比就微不足道了。对于孔隙型油藏，一般惯性阻力比黏滞阻力小很多，不研究惯性力所起的作用。但是，对于缝洞型油藏来说，因存在几乎不渗透的基质，使渗流面积大大降低，渗流速度增加，线性阻力定律可能被破坏，那么就应该研究惯性力的作用。相似准则2是用于研究惯性影响的。

利用表4－1中的主要相似准则，根据矿场原型参数确定室内实验模型参数。实验中可根据具体模型的特点和测试的主要目的，通过调整实验室可控参数达到相似性的要求。实验中典型模型参数如表4－2所示。

表4－2　典型模型参数范围与矿场值对比

	矿场参数	模型参数
注采压差	2～12MPa	可根据需要调整
洞径	0.2～500cm	0.2～5cm
流速	0.15～1.5m/d	可根据需要调整
黏度	2～100mPa·s	1～2mPa·s
裂缝开度	0.1～2mm	0.05～0.5mm
缝密度	5～50条/m	10～100条/m
注入量	20～1000m^3/d	可根据需要调整

二、缝洞型油藏物理模拟实验设计

1. 物理模拟实验材料选择

(1)实验模型材料选择

物理模拟实验选择合适材料使各个相似关系均成立，实际上是做不到的。根据流动机理研究的目的和缝洞型油藏结构的特点，考虑油藏的润湿性(见表4－3)以及实验上的方便，在不考虑缝洞型油藏基质渗透性的条件下，实验模型材料选用有机玻璃和大理石两种材料。

表4－3　缝洞型油藏润湿性参数表

序号	井号	岩心号	油润湿指数	水润湿指数	相对润湿指数	润湿类型
1	T402	8－8/41	0.97	0.86	－0.11	弱亲油
2		8－17/41	0.98	0.81	－0.17	弱亲油
3		8－28/41	0.94	0.81	－0.13	弱亲油
4		8－29/41	0.97	0.85	－0.12	弱亲油
5	T427	7－10/50	0.96	0.85	－0.11	弱亲油
6	S64	2－56/60	0.93	0.89	－0.04	中性

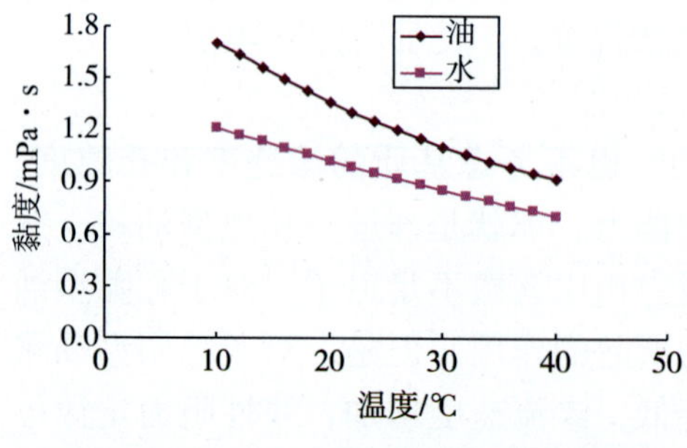

图4－1　实验所用油和水的黏温曲线

(2)实验流体选择

实验中所用流体主要为油和水。由于实验的主要目的是机理研究，考虑到实验的方便和兼顾物理模拟实验要求。水选用自来水，油选用航空煤油。实验所用的油和水的黏温曲线如图4－1所示。

在10.00～40.00℃范围内实验所用油和水的黏温曲线拟合公式分别为

$$\mu_o = 00004T^2 - 0.046T + 2.1244 \quad (4-1)$$

$$\mu_w = 00001T^2 - 0.0218T + 1.4195 \quad (4-2)$$

式中温度和黏度的单位分别为℃和 mPa·s。

2. 典型缝洞模型设计

为了深入认识缝、洞的大小、密度、连通方式等对缝洞系统流动的影响，分别设计了不同缝洞大小、不同缝洞密度和不同缝洞连通方式的实验方案（孙强，2012），并制作了 60 多个有机玻璃模型和 30 多个大理石模型，其中部分模型的结构如图 4－2 和图 4－3 所示。

（1）不同结构裂缝模型

裂缝模型构建过程中涉及的 3 项关键技术：

①裂缝构造技术——利用有机玻璃（大理石）板之间垫薄片的方法来构造裂缝；

②裂缝张开度控制技术——不同裂缝张开度由不同层数的特制超硬不锈钢薄片来控制（最小裂缝张开度可达 20μm）；

③粗糙度控制技术——采用不同光洁度的特制大理石板，来控制模型的粗糙度。

利用上述模型制作技术，结合研究目的设计的不同结构裂缝模型如图 4－2 所示。

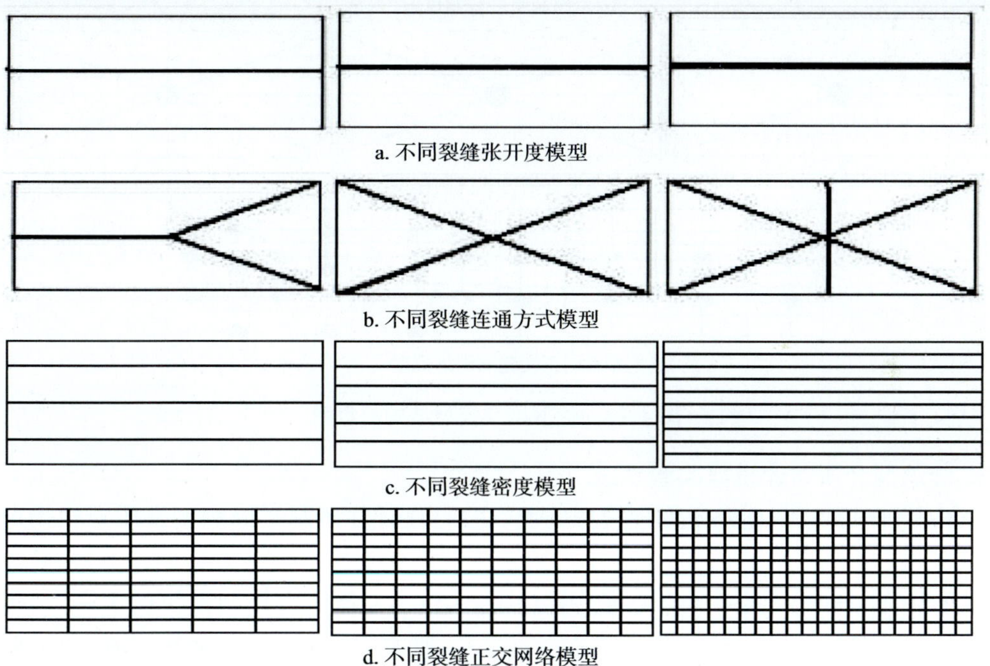

图 4－2　不同结构裂缝模型结构示意图

（2）不同结构缝洞模型

缝洞模型构建过程中涉及的 3 项关键技术：

①造洞技术——缝洞模型中的溶洞是通过在大理石角上做出 1/4 圆，4 块一起而形成；

②溶洞类型控制技术——在大理石板上做成半球体或其它几何形状，则可形成不同类型溶洞；

③多缝洞模型构建技术——采用多块有机玻璃（大理石）板之间垫薄片组合形成多缝洞

模型。

利用上面缝洞构建技术，结合实验方案，设计的不同结构缝洞模型如图 4－3 所示。

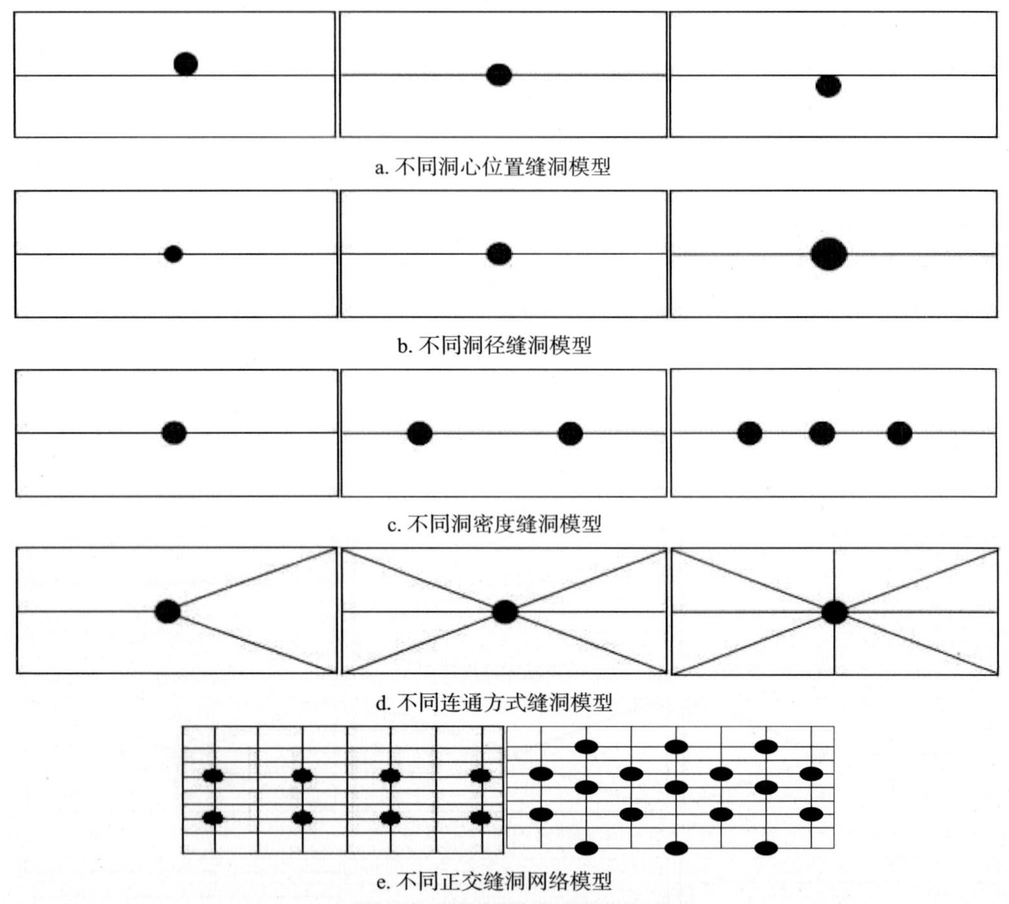

图 4－3　缝洞网络模型结构示意图

3. 缝洞型介质物理模拟实验系统

为了顺利开展缝洞型介质物理模拟实验，自行设计并研制了缝洞型介质宏观物理模拟实验装置(如图 4－4 所示)。为了便于实验装置管理和维护，该装置在设计上强调模块化，主要由 9 个模块——高温高压岩心夹持器(图 4－5)、上覆压力控制模块(MP－I 型多功能液压泵)、液体输送模块(平流泵和精密横流泵)、抽真空系统(真空泵和储液瓶)、储液模块(2L 和 5L 活塞式中间容器)、压力计量模块(压差传感器和围压传感器)、温度环境模拟模块(恒温箱)、出口计量模块(油气水三相计量器和电子天平)、计算机数据采集处理控制模块组成，其测定的流速精度为 0.01mL/min。该装置可在压力为 40MPa、温度不超过 150℃的范围内自动控制进行实验。

高温高压岩心夹持器在岩心分析实验中起非常重要的作用，它能较为真实地在实验室中模拟出地层下的物理环境。该高温高压岩心夹持器是对常规一维小岩心夹持器的有效放大，更适用于高温高压物理模拟。另外，为了使实验流体能够均匀进入模型，提出了末端效应消除技术——在模型的入口和出口处各加一个缓冲器。

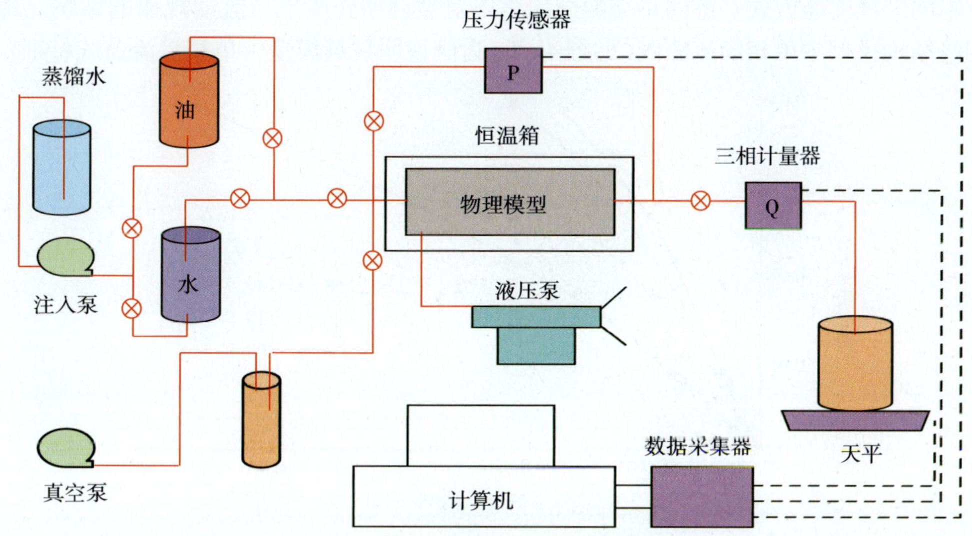

图4-4 物理模拟实验系统示意图

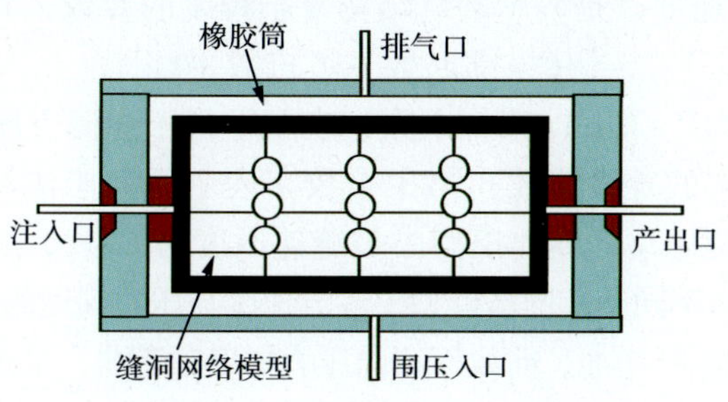

图4-5 高温高压岩心夹持器

第二节 缝洞型介质单相流体流动规律

缝洞型介质流体流动规律是由其特殊的流体动力学机制决定的。流体动力学机制是指决定流体流动状态和规律的力学本质。亦即各种力对流体流动状态和规律如何起作用，具体可包括作用方式、作用程度及运动规律的转化条件等。为了使实验模型和实际模型中的规律具有较好的一致性，利用相似准则——福希海默数来表征惯性力与黏滞力的相互制衡关系，福希海默数的大小可反映惯性力与黏滞力的作用程度，其临界值即为流动规律发生转化的关节点。本节通过系统的流动实验明确了缝洞型介质单相流动特征，建立了相应的流动模式，明确了不同模式的流动特征和转化条件，建立了临界流速图版，揭示了缝洞型介质单相流动的动力学机制。

一、单相流体流动实验

1. 裂缝模型单相流体流动实验

(1)裂缝模型单相渗流曲线特征

裂缝模型单相流实验的主要研究内容包括不同裂缝张开度、不同裂缝粗糙度、不同裂缝密度、不同裂缝连通方式、不同正交裂缝网络等对裂缝型介质单相流动规律的影响。以不同裂缝网络结构模型中单相渗流曲线(如图4－6)为例说明裂缝模型中单相渗流曲线特征。

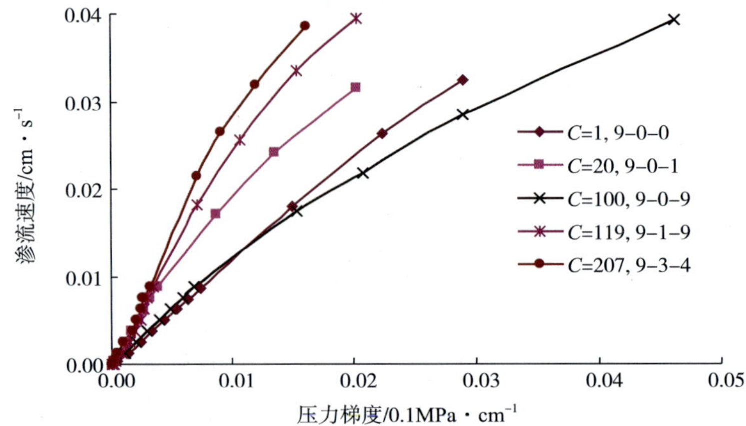

图4－6　不同裂缝网络结构时压力梯度与渗流速度的关系

图4－6中，C为连通度，是表示裂缝结构复杂程度的参数，其计算公式为

$$C = 支路数 - 节点数 + 1 \tag{4-3}$$

例如裂缝网络结构为9－0－1(第1个数字表示平行于渗流方向的水平裂缝数；第2个数字表示平行于渗流方向的垂直缝数；第3个数字表示垂直于渗流方向的垂直缝数)，模型中节点数为9，支路数为28，则此模型中裂缝连通度为$C=20$。

从图4－6可以看出，不同裂缝网络模型中渗流速度与压力梯度的关系曲线只有在初始阶段为直线，随着渗流速度的不断增加，曲线逐渐向压力梯度轴弯曲，呈现出非达西渗流特征。

(2)线性流动区域模型渗透率与裂缝网络连通度关系

由单相渗流曲线可以看出，渗流速度较低时，渗流速度与压力梯度满足达西定律

$$v = -\frac{k}{\mu}\frac{\mathrm{d}p}{\mathrm{d}x} \tag{4-4}$$

当连通度$C=1$时，对应于单一裂缝的情况，此时的流动规律即可应用于离散裂缝中。拟合出的模型渗透率k与裂缝张开度b、裂缝相对粗糙度的经验关系式为

$$k = \frac{b^3}{12H}\left[\frac{1}{1+12\left(\frac{e}{b}\right)^{\frac{7}{10}}}\right] \tag{4-5}$$

当连通度$C>1$时，即将整个的裂缝系统视为连续介质，拟合出的模型渗透率k与裂缝张开度b、裂缝连通度$C(C>1)$及相对粗糙度的经验关系式为

$$k = \frac{nb^3}{12H}\left[\frac{1}{1+12\left(\frac{e}{b}\right)^{\frac{7}{10}}}\right]\left[20\left(1-C^{-0.015}\right)\right] \tag{4-6}$$

式(4－6)中b、e、H的单位为μm，k单位为μm^2。

2. 缝洞模型单相流体流动实验

(1)缝洞模型单相渗流曲线特征

缝洞型介质模型的单相流实验是在裂缝型介质模型实验的基础上进行的，主要研究内

容包括不同孔洞位置、不同孔洞直径、不同孔洞连通方式、不同孔洞密度、不同正交缝洞网络等对缝洞型介质单相流动规律的影响，现以不同洞密度模型单相渗流曲线(如图4－7)为例说明缝洞模型中单相渗流曲线特征。

洞密度定义为单位流动面积上洞的个数。为了研究洞密度对流动规律的影响，设计并制作了单缝的模型。裂缝张开度为200μm，洞径和洞深均为10mm，洞密度的变化范围为0～50个/m²。不同洞密度缝洞模型渗流速度与压力梯度关系如图4－7所示。

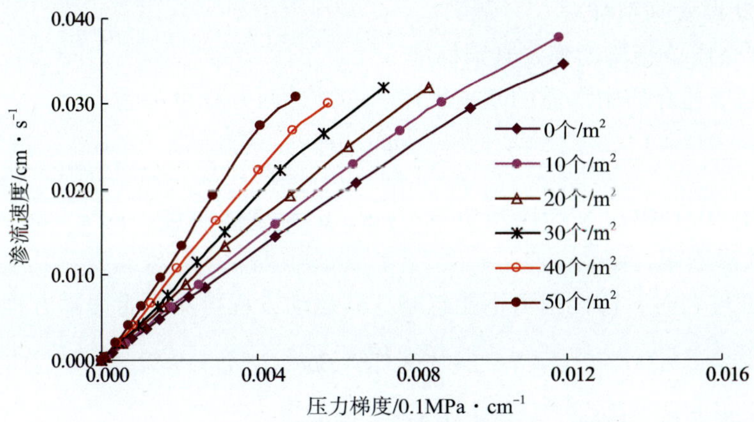

图4－7　不同洞密度时压力梯度与渗流速度的关系

从图4－7可以看出，缝洞模型中单相渗流曲线只有在初始阶段为直线，随着渗流速度的不断增加，曲线逐渐向压力梯度轴弯曲，呈现出非达西渗流特征。

(2)模型渗透率与洞密度关系

在线性渗流区域范围内，随着洞密度的增加，渗透率增大，渗透率与洞密度之间关系的拟合关系曲线如图4－8所示，拟合方程可以表示为

$$k_{fvs} = k_{fs}\frac{1}{1-0.0075n_v} \tag{4-7}$$

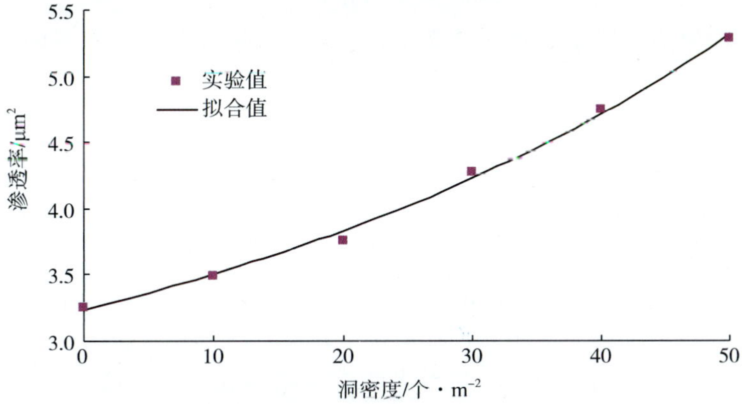

图4－8　缝洞模型渗透率实验值与洞密度的拟合关系

式中：k_{fvs}和k_{fs}分别表示缝洞介质的渗透率和纯裂缝介质的渗透率，单位为μm²；n_v为洞密度，单位为个/m²。

二、单相流体流动模式及转换

从不同结构缝洞模型单相渗流曲线特征分析可见，缝洞模型中当渗流速度达到一定值时，都不同程度地出现了非达西渗流特征。为了便于应用必须确定缝洞型介质中流动模式发生转换的判别标准，并据此建立临界速度公式，分析缝洞型介质中单相流动模式转换特征。

1. 单相流动模式判别标准

(1)缝洞型介质单相流动模式判别标准

达西定律是描述介质中渗流的基本规律。一维达西方程可写为

$$-\frac{\mathrm{d}p}{\mathrm{d}x}=\frac{\mu v}{k} \tag{4-8}$$

式中：p 为压力，0.1MPa；x 为渗流方向，cm；μ 为流体黏度，mPa·s；v 为渗流速度，cm/s；k 为介质渗透率，μm^2。

当渗流速度较大时，惯性阻力不能忽略，其运动方程可用福希海默方程表示。

$$-\frac{\mathrm{d}p}{\mathrm{d}x}=\frac{\mu v}{k}+\beta\rho v^2 \tag{4-9}$$

式中：β 是非达西系数，1/cm；ρ 是流体密度，g/cm^3。

特殊的，当连通度 $C=1$ 时，对应于单一裂缝的情况，此时的流动规律即可应用于离散裂缝中。实验表明，在油田实际生产的压力梯度范围内，当裂缝张开度小于300μm时流体流动规律基本符合式(4-8)；当裂缝张开度大于300μm时用式(4-8)描述流体流动规律将产生较大的偏差，说明惯性力已不可忽略，流体流动规律应由式(4-9)描述。

在福希海默方程式(4-9)中，方程左边是总压力梯度。方程右边第一项是克服黏滞阻力所需的压力梯度；类似地，第二项是克服惯性阻力作用所需的压力梯度。惯性阻力压力梯度与黏滞阻力压力梯度之比 $k\beta\rho v/\mu$，即为福希海默数(F_o)——流动模式的判别标准。

$$F_o=\frac{k\beta\rho v}{\mu} \tag{4-10}$$

可见，福希海默数与雷诺数物理意义相同，均表示惯性阻力与黏滞阻力之比。福希海默数具有清楚的定义、合理的物理意义以及广泛适用性。在式(4-10)中所有参数都有清晰的定义，并可以确定。很明显，只要渗透率和非达西系数由实验确定或由经验公式得到，则福希海默数可应用于所有类型的介质。因此，选取福希海默数作为缝洞型介质中流动模式的判别标准。

(2)临界福希海默数的确定

确定临界福希海默数的原因是新判别标准得到非达西渗流开始的临界值与已有判别标准的临界值不同。给定临界值对研究者确定多孔介质中流动是否包含非达西渗流有帮助。

在多孔介质中一般使用阻力系数与雷诺数关系曲线和压力梯度与渗流速度关系曲线，观察找出偏离线性达西定律的开始点和各种形式的非线性现象。这种方法确定的非达西渗流临界点通常不精确，在缝洞型油藏中问题更加突出，为此引入福希海默数进行判断。

定义非达西效应参数 E 为克服惯性阻力作用压力梯度与整体压力梯度之比，由福希海默方程式(4-9)得

$$E=\frac{\beta\rho v^2}{-\left(\frac{\mathrm{d}p}{\mathrm{d}x}\right)} \tag{4-11}$$

利用式(4－9)消去式(4－11)中的$-\left(\frac{\mathrm{d}p}{\mathrm{d}x}\right)$，结合式(4－10)可得

$$E=\frac{F_o}{1+F_o} \tag{4-12}$$

从式(4－12)可以看出，福希海默数与非达西误差(即忽略非达西渗流所产生的误差)直接相关。

另一方面，福希海默数与非达西效应直接相关，如式(4－12)所示。用E_c表示非达西效应的临界值，由式(4－12)可得临界福希海默数F_{oc}为

$$F_{oc}=\frac{E_c}{1-E_c} \tag{4-13}$$

式(4－13)允许研究者根据研究问题的特征选定临界福希海默数。例如，如果非达西渗流效应限制为10%，则由式(4－13)可得临界福希海默数F_{oc}为0.11。

(3)临界速度公式建立

由于福希海默数的概念较为抽象，不方便油田现场的应用。假设流动模式从达西渗流转换为非达西渗流时的渗流速度为临界速度，则可以根据福希海默数定义建立缝洞型介质中流动模式转换时的临界速度公式。

福希海默数定义式(4－10)中非达西系数β满足关系式

$$\beta=\frac{a}{k^m\phi^n} \tag{4-14}$$

式中，a、m和n为待定系数，可由单相流动实验确定。

将式(4－14)代入式(4－10)得

$$Fo=\frac{a}{k^{m-1}\phi^n}\frac{\rho v}{\mu} \tag{4-15}$$

结合式(4－13)和式(4－15)得缝洞型介质中临界速度公式为

$$v_c=\frac{\mu Fo_c}{\rho k\beta}=\frac{k^{m-1}\phi^n}{a}\frac{E_c}{1-E_c}\frac{\mu}{\rho} \tag{4-16}$$

式中待定系数a、m和n可由实验确定。

在得到非达西渗流开始的临界速度后，即可根据油田现场情况确定出现非达西渗流规律的极限产量

$$Q_c=2\pi R_w h v_c \tag{4-17}$$

式中：Q_c为极限产量；R_w为油井半径；h为打开厚度。假设油井半径为10cm，打开厚度为3.7～14.9m，取临界速度为0.025cm/s，脱气原油密度为0.97t/m^3，在这些条件下，可计算出油井内出现非达西渗流时极限产量为48.7～202.1t/d。

2. 单相流动模式转换特征

就该研究中典型缝洞模型而言，式(4－16)中待定系数可通过不同结构单相流动实验数据确定(见表4－4)；非达西效应误差E_c由研究问题的具体情况确定；流体黏度和密度采用油田现场真实流体物性参数；渗透率和孔隙度由缝洞型介质具体结构确定。

表 4-4　非达西系数的待定系数值

缝洞模型名称	a	m	n
不同裂缝网络/个	8.054	1.758	-1.369×10^{-14}
不同洞密度/个·m^{-2}	7804	6.906	-3.445×10^{-13}

为了分析缝洞型介质中单相流动模式转换特征，并建立临界速度图版，利用塔河油田流体物性参数(如表4-5所示)进行临界速度计算。

表 4-5　塔河油田流体物性参数

井号	TK313	S65	S67	TK442	S74	TK409	TK631	TK404
黏度/mPa·s	1.9	8.0	11.7	17.9	22.6	28.3	35.6	78.0
密度/g·cm^{-3}	0.90	0.95	0.97	0.98	0.98	0.96	0.96	0.95

根据缝洞型油藏特点及实验目的将非达西效应误差 E_c 限制为5%，由式(4-13)计算得临界福希海默数 F_{oc} 为0.053，将不同结构缝洞模型对应的参数 k、ϕ、a、b、c 代入临界速度计算公式(4-16)得不同结构缝洞型油藏中临界速度变化规律。下面以不同裂缝网络模型和不同洞密度缝洞模型为例，说明缝洞型介质中流动模式转换时临界速度变化特征。

(1)不同裂缝网络模型中临界速度变化特征

假设缝洞型介质中裂缝张开度为100μm，裂缝壁面平均凸起高度 e 为40μm，裂缝连通度变化范围10~300，将渗透率式(4-6)和待定系数(表4-3)代入临界速度计算公式(4-16)，得临界速度随连通度变化的关系曲线如图4-9所示。

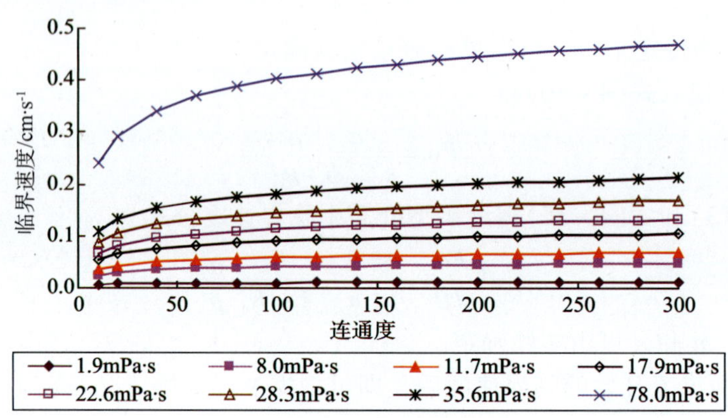

图4-9　临界速度与裂缝连通度的关系

从图4-9可以看出，裂缝网络系统出现非达西渗流的临界速度变化的整体趋势是临界速度随裂缝连通度和流体黏度增大而增大，且临界速度随连通度增大趋势呈下凹型。

分析式(4-15)及其待定系数发现，不同裂缝连通度模型中孔隙度的指数 c 为趋近于0的常数，当流体物性参数一定的情况下，临界速度的变化趋势取决于 k^{m-1} 的变化趋势。从裂缝网络模型的渗透率经验关系式(4-3)可得 k^{m-1} 随裂缝连通度增大而增大，因此临界速度随裂缝连通度增大而增大。

(2)不同洞密度缝洞模型中临界速度变化特征

假设缝洞型介质中，裂缝张开度为200μm，洞密度变化范围为0～50个/m^2，裂缝壁面平均凸起高度e为40μm，将渗透率式(4－6)和待定系数(表4－3)代入临界速度计算公式(4－16)，得临界速度随着洞密度变化的关系曲线如图4－10所示。

从图4－10可以看出，不同洞密度系统出现非达西渗流的临界速度变化的整体趋势是临界速度随着洞密度呈上凹型增大，随黏度增大而增大。

分析式(4－15)及其待定系数发现，不同洞密度模型中孔隙度的指数c为趋近于0的常数，当流体物性参数一定的情况下，临界速度的变化趋势取决于k^{m-1}的变化趋势。从不同洞密度模型的渗透率经验关系式(4－6)可得k^{m-1}随着洞密度增大而增大，因此临界速度随着洞密度增大而增大。

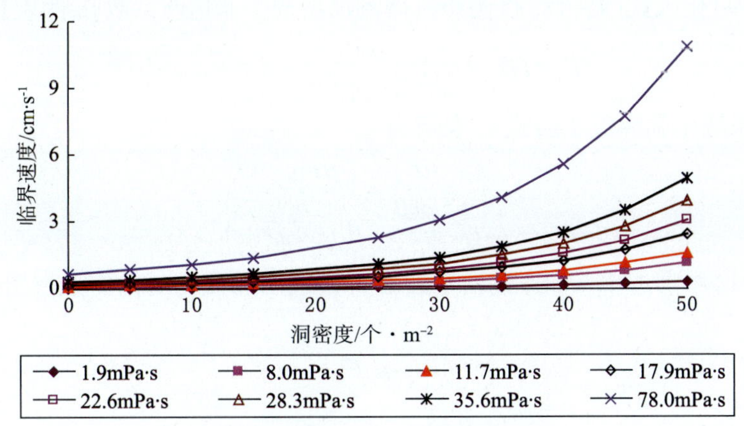

图4－10　临界速度与洞密度的关系

综上所述，缝洞型介质中单相流动时，在低渗流速度下渗流速度与压力梯度近似满足线性渗流规律，符合达西定律；而高渗流速度下，渗流曲线弯向压力梯度轴，呈现非达西渗流特征；在实验研究范围内，单相流动模式发生转换时的临界速度随模型结构参数(连通度、洞密度、洞隙度等)和流体黏度增大而增大。当缝洞型介质中流体流动速度小于临界速度时，流体流动过程中黏滞阻力起主导作用，惯性阻力作用可以忽略，流动符合达西定律；反之，当流体流动速度大于临界速度时，流动过程中惯性阻力作用不能忽略，流动符合非达西渗流规律。决定流动模式转换主要因素是惯性阻力在流体流动过程中起的作用。大型缝洞内的渗透率极大，黏滞阻力相对小，在常规流量下所需驱动压差极小，惯性力不可忽略。实际油藏中的向井流动均为收缩流，流速越靠近井越大，惯性阻力会更加突出。

第三节　缝洞型介质两相流体流动规律

缝洞型介质油水两相流动规律是在单相流动规律基础上的重大飞跃。通过系统的油水两相流动实验，明确不同结构缝洞模型中两相流体流动实验特征和相应的相对渗透率曲线特征，进而明确缝洞型油藏中两相流体流动模式转换特征，建立缝洞型介质中两相流动的运动方程。

一、缝洞型油藏两相流体流动模式

由前面分析知，单相流体流动时非达西系数的通式可写为式

$$\beta = \frac{a}{k^b \phi^c} \tag{4-18}$$

式中 k 和 ϕ 分别表示缝洞介质的渗透率和孔隙度。当缝洞介质中存在两相流体同时流动时，式(4－18)中 k 和 ϕ 分别用某相流体的有效渗透率 k_{eff}和有效孔隙体积分数 ϕ_{eff}代替。

$$\begin{cases} k_{\text{eff}} = kk_{\text{ri}} \\ \phi_{\text{eff}} = \phi S_{\text{i}} \end{cases} \quad \text{i} = \text{w, o} \tag{4-19}$$

将式(4－19)代入式(4－18)得两相流体流动系统中非达西系数 β_{i} 的表达式为

$$\beta_{\text{i}} = \beta\beta_{\text{ri}} = \frac{a}{(kk_{\text{ri}})^b (\phi S_{\text{i}})^c} \quad \text{i} = \text{w, o} \tag{4-20}$$

单相流动系统中临界流速公式 v_{c} 表示为

$$v_{\text{c}} = \frac{\mu F_{\text{oc}}}{\rho k \beta} = \frac{\mu F_{\text{oc}}}{\rho \dfrac{a}{k^{b-1}\phi^c}} \tag{4-21}$$

将式(4－21)中渗透率 k 和非达西系数 β 替换成两相流动时的有效渗透率和非达西系数 β_{i} 有

$$v_{\text{ic}} = \frac{\mu_{\text{i}} F_{\text{oc}}}{\rho_{\text{i}} k_{\text{eff}} \beta_{\text{i}}} = \frac{\mu_{\text{i}} F_{\text{oc}}}{\rho_{\text{i}} kk_{\text{ri}} \dfrac{a}{(kk_{\text{ri}})^b (\phi S_{\text{i}})^c}} \quad \text{i} = \text{w, o} \tag{4-22}$$

对式(4－22)整理得

$$v_{\text{ic}} = \frac{\mu_{\text{i}} F_{\text{oc}}}{\rho_{\text{i}} \dfrac{a}{k^{b-1}\phi^c}} \cdot k_{\text{ri}}^{b-1} S_{\text{i}}^c \quad \text{i} = \text{w, o} \tag{4-23}$$

可见，缝洞型介质中两相流动时转换临界速度不仅与流体性质(密度和黏度)、介质性质(渗透率和孔隙度)及福希海默数有关，还与相对渗透率和含水饱和度有关。其两相临界速度与单相临界速度大小相比，主要取决于 $k_{\text{ri}}^{b-1}S_{\text{i}}^c$。对此，设计了不同裂缝张开度、不同裂缝粗糙度、不同裂缝密度、不同裂缝连通方式、不同正交裂缝网络等模型，以此为基础来研究裂缝型介质两相流动规律。

二、油水两相流体流动实验

1. 裂缝模型两相流体流动实验

首先以不同裂缝网络模型为例说明裂缝型介质中两相流动特征，设计了 6 个不同裂缝网络结构的物理模型，连通度的变化范围为 1～207。实验测量的不同裂缝网络结构时采出程度随注入孔隙体积变化的关系如图 4－11 所示，图例中数字“X－X－X”表示裂缝网络结构，第 1 个数字表示平行于渗流方向的水平缝数；第 2 个数字表示平行于渗流方向的垂直缝数；第 3 个数字表示垂直于渗流方向的垂直缝数。

从图 4－11 中可以看出，在连通度小于 100 时，水驱油的最终采出程度随连通度的增大而增加；但当连通度大于 100 时，最终采出程度随连通度的增大而减小。这表明在简单

裂缝网络结构条件下，连通度大，平行于渗流方向的渗流通道多，有利于流体的驱替，水驱油效率高；但是，在复杂裂缝网络结构条件下，连通度越大，网络结构越复杂，越不利于流体的驱替，水驱油效率低。仔细研究各模型的特征可以发现，沿流动方向垂直缝的增加使采收率降低，说明沿流动方向的垂直缝的存在使水的窜进加剧；而正交于流动方向的垂直缝的增加使采收率增加，说明正交于流动方向的垂直缝起到了较好的沟通作用，使沿流动方向各缝中的流动趋于一致。

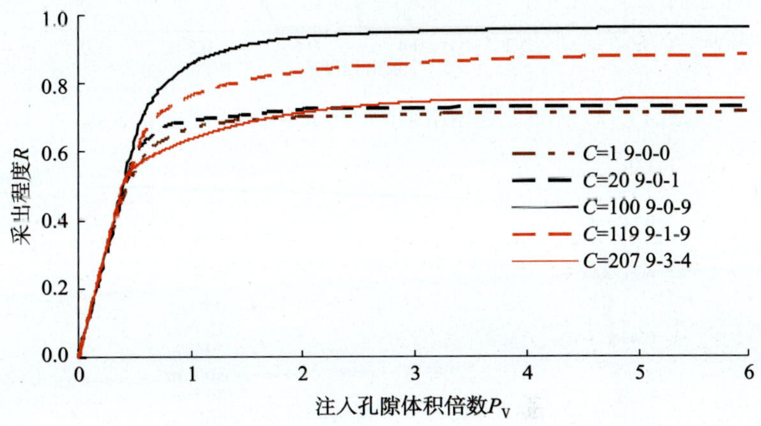

图 4－11 不同裂缝网络结构时采出程度随注入孔隙体积的变化

不同裂缝网络结构时含水率随采出程度变化的关系如图 4－12 所示。由图 4－12 可见，含水变化规律呈现出突然上升型、缓慢上升型和台阶状上升型几种典型的形式，与塔河 4 区实际的含水变化相一致。当连通度 $C=1$ 时出现台阶，体现水沿某一有限流道首先突破，而后渐次波及的特点；当 $C=207$ 时出现含水突然上升的现象，此时横缝、纵缝和垂直缝均较发育，各缝间可以实现良好沟通，水推进过程中，油水前缘可保持较好的一致性；其它情况形状相近，属于缓慢见水类型。由图中同时可见，各条曲线在高含水期均出现一定的波动，反映了裂缝网络结构的影响，体现了横、纵缝间的流体流动，表明沿流动方向裂缝中的原油在中低含水期被采出；而与流动方向正交裂缝中的部分原油将在高含水期通过与流动方向平行裂缝的流体交换被缓慢采出。

2. 缝洞模型两相流体流动实验

缝洞型介质模型的两相流实验是在裂缝模型实验的基础上进行的，主要研究内容包括不同洞位置、不同洞直径、不同洞连通方式、不同洞密度、不同正交缝洞网络等对缝洞型介质两相流动规律的影响。以不同洞密度缝洞模型实验结果为例说明缝洞模型两相流动特征。

在单缝不同洞密度情况下对水驱油进行了实验研究，缝洞模型中洞密度变化范围为 0～50个/m^2，实验测量的采出程度随注入孔隙体积变化的关系如图 4－13 所示。

由图 4－13 可知，对于单缝多洞串联的缝洞模型，缝洞型介质水驱油的最终采出程度随洞密度变化的整体趋势是洞密度增大，最终采出程度减小，不同洞密度时水驱油最终采出程度见表 4－6。

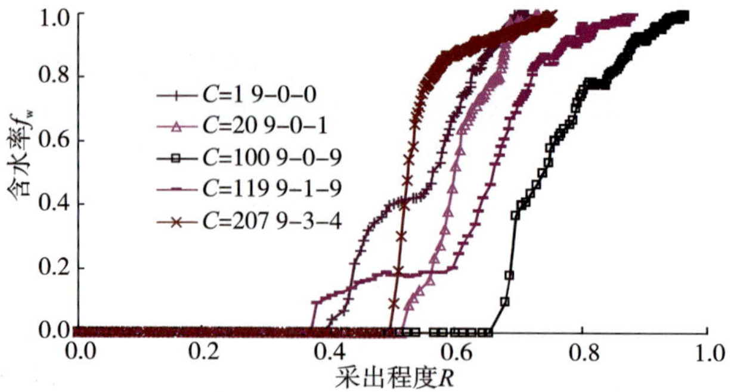

图 4-12　不同裂缝网络结构时含水率随采出程度的变化

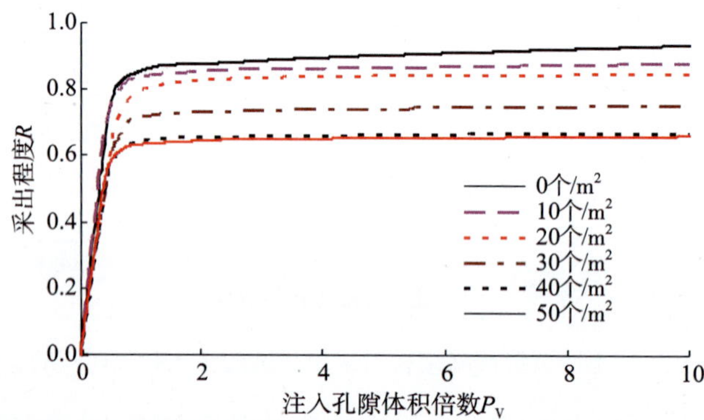

图 4-13　不同洞密度时采出程度随注入孔隙体积的变化

表 4-6　不同洞密度时水驱油的最终采出程度

洞密度/个·m^{-2}	0	10	20	30	40	50
最终采出程度/%	93.74	88.34	85.24	75.57	67.14	66.32

实验测量的不同洞密度时含水率随采出程度变化的关系如图 4-14 所示。

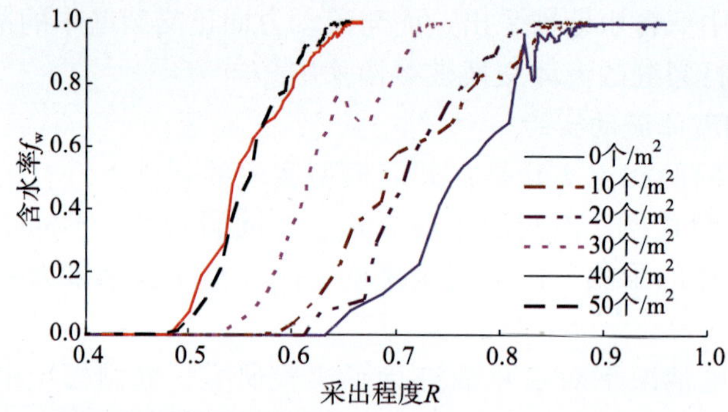

图 4-14　不同洞密度时含水率随采出程度的变化

从图 4-14 可以看出，单缝多洞串联的缝洞介质中水驱油含水率随采出程度变化的总体趋势是洞密度小的模型中，其无水期采收率较大，如注入速度为 130mL/min 的情况下，模型洞密度为 0 时，无水期采收率为 63.29%，而模型洞密度为 50 个/m^2 时，其无水期采收率仅为 49.18%。

三、油水两相流动特征

相对渗透率曲线是在纯黏性流条件(即线性流动区域)下测得的相对渗透率与含水饱和度的关系曲线，是油水两相渗流特征的综合反映，广泛应用于研究油藏储层孔隙结构变化，油水饱和度分布与流动特征，计算驱油效率与采收率；确定油藏储集层的束缚水饱和度、残余油饱和度；储集层分类；判定与预测开采趋势；计算分类井地质储量等。虽然在缝洞型油藏中存在非线性流动，但采用等效处理的方法，相对渗透率曲线仍然可用于探讨缝洞型油藏的两相流动问题。

以下将对以航空煤油和自来水作为工作液，在驱替速度为 80mL/min 的情况下对不同结构缝洞模型中水驱油时得到相对渗透率曲线特征进行深入分析。

1. 裂缝模型相对渗透率曲线特征

(1)裂缝张开度模型相对渗透率曲线

裂缝张开度模型如图 4－2a 所示。从裂缝不同张开度的水驱油相对渗透率与含水饱和度的关系(图 4－15)可以看出：

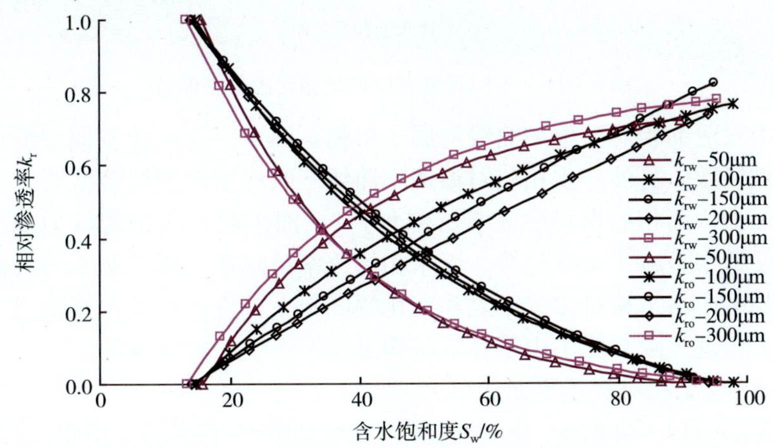

图 4－15　不同裂缝张开度模型相对渗透率曲线

①相渗曲线属于水相直线型和水相下凹型，随着模型中裂缝张开度增大，相对渗透率曲线由水相下凹型逐渐转变成水相直线型，这是由于相同注入流量情况下，裂缝张开度较小模型中水在早期突破所致。

②在共渗区油水两相的相对渗透率之和小于 1，随着裂缝张开度增大，等渗点逐渐右移；油水两相间呈现出较为规律的互为消长的关系，油相相对渗透率呈减速递减趋势，而水相相对渗透率呈减速递增趋势。

③与孔隙性介质不同，整个两相区内油水相对渗透率之和变化幅度不大(略低于 1)，说明在整个渗流过程中渗流阻力变化不大，不会出现孔隙介质中由于孔隙结构复杂性产生的贾敏效应。

④随着裂缝张开度的增大，束缚水饱和度降低；裂缝张开度越小，水相相对渗透率随含水饱和度的增加速度越缓慢，水驱后期表现为越平缓，注水能力越差，残余油处所对应的水相相对渗透率越低。这表明裂缝张开度越小，随着含水饱和度的增加，油越容易出现

不连续现象，从而在一定程度上阻碍水相运动。

（2）裂缝密度模型相对渗透率曲线

裂缝密度模型如图 4－2c 所示，其相对渗透率曲线如图 4－16 所示，图例中数字表示裂缝密度，裂缝密度变化范围 45～95 条/m。从图 4－16 可以看出：

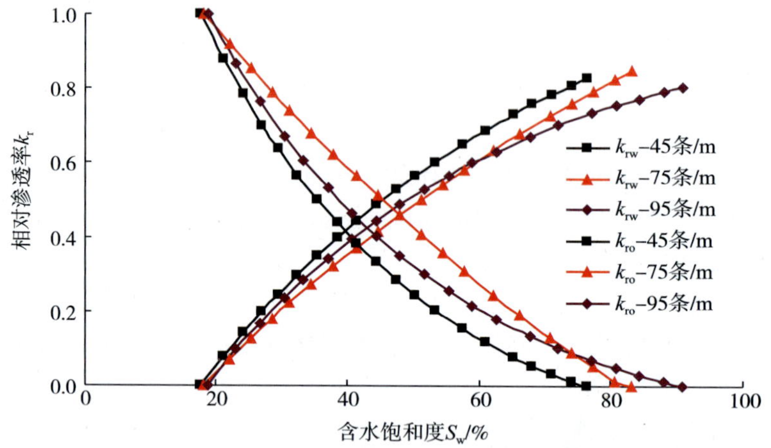

图 4－16 不同裂缝密度模型相对渗透率曲线

①该模型中水驱油相对渗透率曲线均属于水相下凹型，这是由不同裂缝密度模型出现注入水早期突破所致。另外，水相相对渗透率曲线下凹程度随裂缝密度增大而增大。

②在共渗区油水两相的相对渗透率之和小于 1；油水两相间出现较为规律的互为消长的关系，油相渗透率呈减速递减趋势，而水相渗透率呈减速递增趋势；与孔隙性介质不同的是，整个两相区内油水相对渗透率之和变化幅度不大，说明在整个渗流过程中渗流阻力变化不大，不会出现孔隙介质中由于孔隙结构复杂性产生的贾敏效应。

（3）裂缝网络模型相对渗透率曲线

裂缝网络模型如图 4－2d 所示，其相对渗透率曲线如图 4－17 所示，图中数字“X－X－X”表示裂缝网络结构，第 1 个数字表示平行于渗流方向的水平缝数；第 2 个数字表示平行于渗流方向的垂直缝数；第 3 个数字表示垂直于渗流方向的垂直缝数。从图中可以看出：

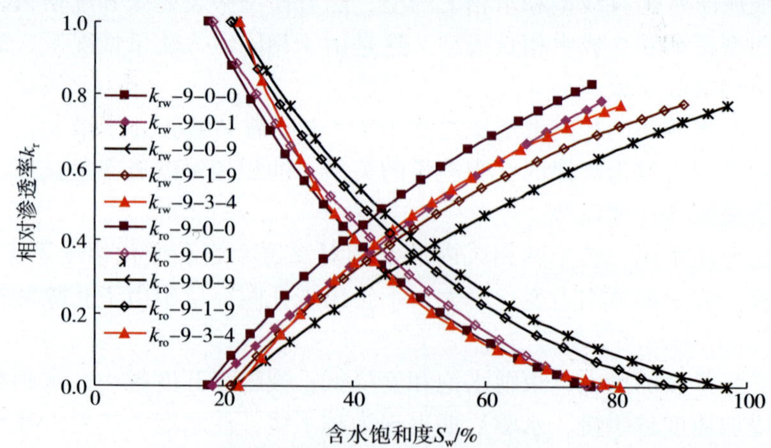

图 4－17 不同裂缝网络模型相对渗透率曲线

①不同缝洞网络模型中水驱油相对渗透率曲线均属于水相下凹型，这是由垂直缝的存在有效地沟通了水平缝，油水在垂直缝中发生重力分异，使注入水容易沿垂直缝底部早期突破所致。

②当模型结构为“9－0－X”，即平行于渗流方向裂缝数相等，而垂直于渗流方向竖直裂缝数不等的情况下，随着垂直于渗流方向上裂缝数增加，残余油饱和度减小，共渗范围增大，等渗点饱和度增大。

③当模型结构为“9－X－9”，即平行于渗流方向水平缝数和垂直于渗流方向垂直缝数相等，残余油饱和度随平行于渗流方向垂直缝数增加而增大，共渗范围减小，等渗点饱和度减小。这是由在垂直缝中油水容易发生重力分异使模型上部空间残余油增多所致。

2. 缝洞模型相对渗透率曲线特征

(1)洞位置缝洞模型相对渗透率曲线

为研究洞位置对水驱油相对渗透率曲线特征的影响，对洞心偏上、洞心对称和洞心偏下三种不同洞分布缝洞模型(如图4－3a所示)进行水驱油实验，得到相对渗透率曲线(图4－18)。

①该类模型水驱油相对渗透率曲线属于水相下凹型，洞心偏上模型中水相相对渗透率曲线下凹程度最大，这是因为洞心偏上模型溶洞中的油只有少部分被驱出，注入水容易沿水平裂缝早期突破；在高含水相饱和度段水相渗透率增加幅度越来越小，其曲线趋于平缓。在残余油处所对应的水相最终相对渗透率达到最大值。

②溶洞的存在使残余油饱和度增加，洞心偏上时残余油饱和度增加幅度最大。影响溶洞中油水分布和滞留的主要因素是重力，亦即油水密度差的影响。

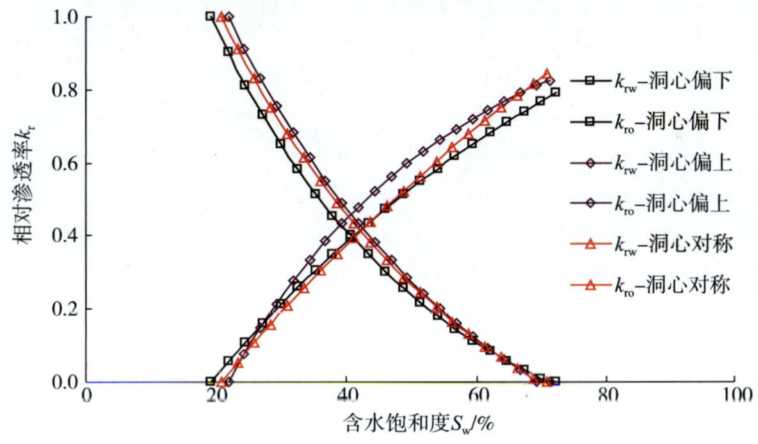

图4－18 不同洞位置模型相对渗透率曲线

(2)洞密度缝洞模型相对渗透率曲线

在不同洞密度情况下对水驱油进行了实验研究，洞密度变化范围为10～50个/m^2，由该类模型中相对渗透率曲线(如图4－19)可见：

①相对渗透率曲线属于水相下凹型，但其弯曲程度较小，接近水相直线型。

②洞密度的增加使残余油饱和度增加，两相共渗区减小，等渗点略有偏移。这是因为在重力作用下，溶洞中油水发生重力分异，裂缝与溶洞交界面上方的油不能被及时采出，

成为残余油，洞密度越大，模型残余油越多，最终表现为残余油饱和度增大。

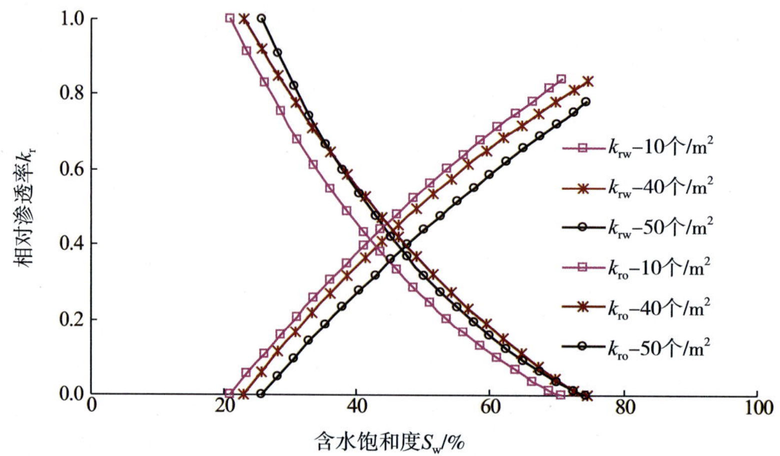

图 4－19　不同洞密度模型相对渗透率曲线

（3）洞隙度模型相对渗透率曲线

洞隙度是指洞的体积占岩石体积的百分比。为了研究不同洞隙度对缝洞型介质水驱油的影响，设计并制作了多缝不同洞隙度的模型。模型中裂缝张开度为 100μm，洞径为 20mm，洞深为 40mm，洞隙度与总孔隙度比 ϕ_v/ϕ 的变化范围为 0～67.7%。实验测量的不同洞隙度与总孔隙度比时油水相对渗透率与含水饱和度的关系（图 4－20）。

①相对渗透率曲线属于水相下凹型，洞隙度越大，相对渗透率曲线弯曲程度越大；在高含水相饱和度段水相渗透率增加幅度越来越小，其曲线趋于平缓。

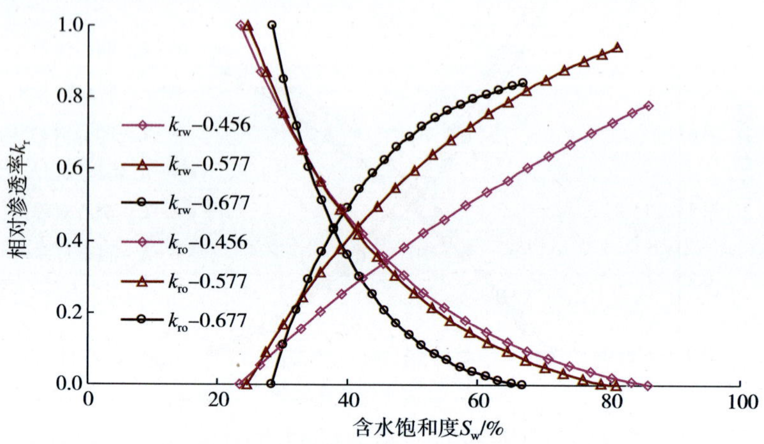

图 4－20　不同洞隙度模型相对渗透率曲线

②在残余油处所对应的水相相对渗透率最大，且从各等渗点做水平线，则两条相渗曲线基本上呈对称趋势。

③洞隙度的增加使残余油饱和度增加，两相共渗区减小，等渗点略有偏移。这是因为洞隙度越大，水驱后残留在溶洞上部空间的油越多。

由以上缝洞型介质中相对渗透率曲线特征分析知：

①缝洞型介质内，流体流动的空间尺度大，两相流时毛管力的作用有限；加之塔河奥陶系碳酸盐岩的润湿性近于中性，毛管力作用更加微弱，完全可以忽略。

②大型缝洞内的渗透率极大，黏滞阻力相对小，在常规流量下所需水平驱动压差极小。对大溶洞而言，其纵向尺度大，重力作用不可忽略；对裂缝而言，水平缝中可忽略重力影响，垂直缝中则不可忽略。

结合式(4－23)，并令 $X_i = k_{ri}^{b-1} S_i^c$，i = w，o，考虑到相对渗透率和饱和度均属于区间[0，1]，结合单相流动规律分析知，式(4－23)待定系数如表4－7所示，利用这些数据结合式(4－23)可以判断不同结构缝洞模型中两相流动时流态转换的临界速度变化特征。裂缝网络结构为9－3－4，即 $C = 207$ 模型和洞密度为10个/m^2 模型中 X_i 随饱和度变化关系曲线如图4－21和图4－22所示。

表4－7　临界速度公式参数

模型名称	a	b	c	$b-1$	X_w	X_o
裂缝网络	8.054	1.758	-1.369×10^{-14}	0.758	<1.0	<1.0
洞密度	7804	6.906	-3.445×10^{-13}	5.906	<1.0	<1.0

从表4－7和图4－21、图4－22可以看出：

①$X_i = k_{ri}^{b-1} < 1.0$，表明不同结构缝洞模型中两相流动时油相(或水相)临界速度比其单相流动时临界速度小；

②X_w 值随着含水饱和度增大而增大，而 X_o 值随着含水饱和度增大而减小，即表明水相临界速度随含水饱和度增大而增大，油相临界速度随含水饱和度增大而减小。

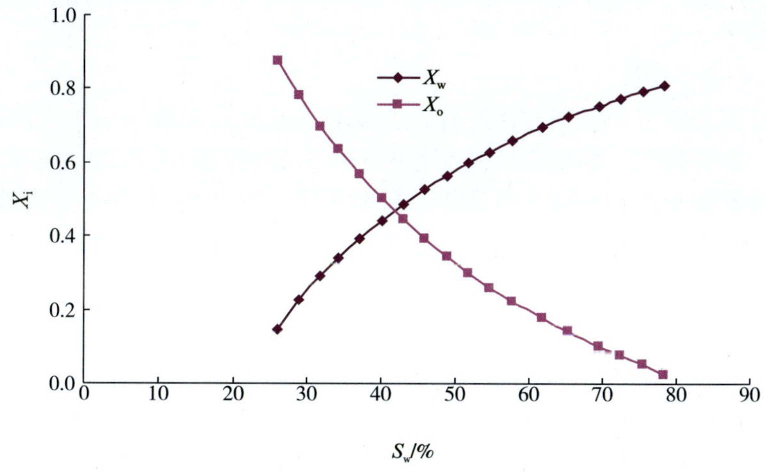

图4－21　$C = 207$ 裂缝网络模型中 X_i 随饱和度变化关系曲线

由此可见，缝洞型介质中两相流动时每一相临界速度不是固定值，而是一个与相对渗透率 k_{ri} 和含水饱和度 S_w 有关的变量。用临界速度公式(4－23)只能判断某一特定相对渗透率与含水饱和度下的流态，而不代表整个水驱油过程的流态。

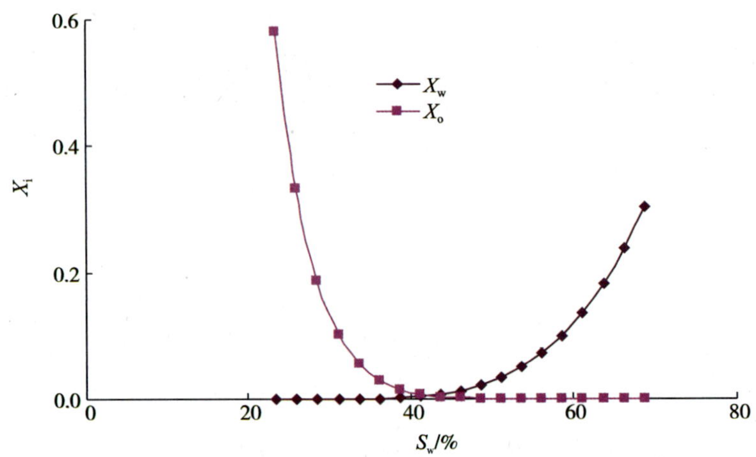

图4－22　洞密度为10个/m² 缝洞模型中 X_i 随饱和度变化关系曲线

第四节　缝洞型介质系统间流体流动规律

碳酸盐岩缝洞型油藏由多种介质以不同方式组合而成，流动过程中势必在不同介质间产生流体交换，因此进行介质间的流体流动规律研究，为该类油藏的数值模拟和动态预测提供理论依据。以下从实验入手，结合对典型数学模型的求解，探讨各种介质间流体的流动规律。

一、裂缝与基质间流动规律

1. 实验设计及方法

(1)实验岩心物性参数

碳酸盐岩缝洞型储层中裂缝非常发育，选取裂缝较发育的塔河油田碳酸盐岩储层岩心作为研究目标，能够较实际的反应缝洞型储层基质与裂缝间的流体流动规律。选择三块具有代表性的标准碳酸盐岩岩心用于窜流压力研究实验，1－1#岩心含有微裂缝，2－5#含有的裂缝宽度较大，渗透率都较大，通过对比两块岩心的变围压驱替实验结果，认识裂缝与基质间流体的窜流时驱替压力变化规律。

(2)实验方法及流程

将选好的岩心抽真空、高压饱和地层水后装入到岩心夹持器中，把岩心夹持器置于70℃的恒温箱中，与高压驱替系统和自动记录系统连接，首先给岩心加围压到5MPa，选择大小合适的速度，一般在0.1mL/min左右，对岩心进行长时间定流量驱替，等到驱替压力稳定后，将围压增加到10MPa继续驱替，如此直到围压增加到25MPa，结束驱替实验。实验过程中，自动记录系统可以连续记录整个驱替过程中的注入压力，最短记录时间间隔可以达到1s，这样可以保证随时监测到流体在岩心中发生的基质与裂缝之间窜流的过程，从而达到研究裂缝性岩心窜流规律的目的，实验流程如图4－23所示。

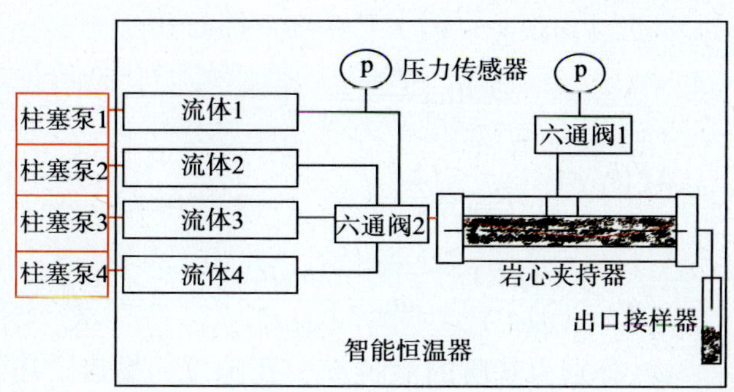

图4－23 实验流程图

2. 实验结果及分析

由图4－24可见，1－1#岩心在围压5MPa的情况下，驱替过程中压力有上下波动现象，也就是说存在流体在裂缝与基质间的窜流现象，窜流压力约在2.5MPa左右，但是当围压继续增加到10MPa及更大时，驱替压力呈现直线上升趋势，再没有窜流现象发生，原因是作用于裂缝面上的有效应力太大，导致微裂缝闭合。

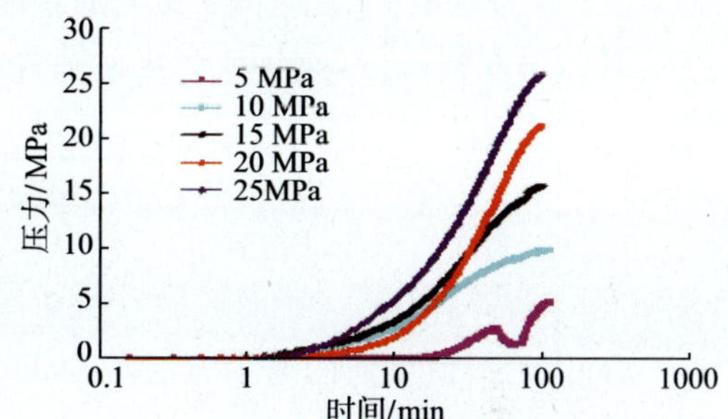

图4－24 1－1#岩心不同围压下驱替压力随时间变化曲线

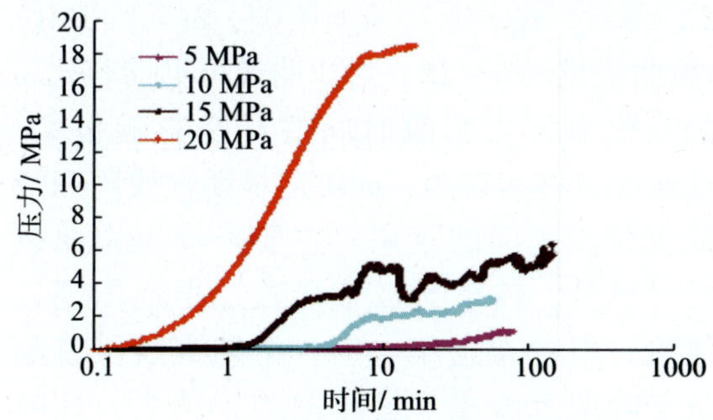

图4－25 2－5#岩心在不同围压下驱替压力随时间变化曲线

由图4－25可见，2－5#岩心在实验给定的围压下，驱替压力曲线都有明显的波动现象，即在实验范围内不论围压多大都存在窜流平台，都有一个对应的窜流压力，只是不同的围压对应的窜流压力不同。围压越小，窜流压力越小；围压越大，窜流压力越大。总的来看，由于2－5#岩心裂缝与基质之间的渗透率级差要小的多，所以窜流系数大，在裂缝与基质之间更容易发生窜流。

3. 数学模型及计算

（1）数学模型

根据双重介质渗流的微分方程，假定流动状态为拟稳态，基质和裂缝之间的窜流的定解问题可写为：

$$\frac{\partial^2 p_{\mathrm{fD}}}{\partial x_{\mathrm{D}}^2}+\lambda(P_{\mathrm{mD}}-P_{\mathrm{fD}})=\omega_{\mathrm{f}}\frac{\partial p_{\mathrm{fD}}}{\partial t_{\mathrm{D}}} \tag{4-24}$$

$$\lambda(P_{\mathrm{fD}}-P_{\mathrm{mD}})=\omega_{\mathrm{m}}\frac{\partial p_{\mathrm{mD}}}{\partial t_{\mathrm{D}}} \tag{4-25}$$

$$p_{\mathrm{mD}}(t_{\mathrm{D}}=0)=P_{\mathrm{fD}}(t_{\mathrm{D}}=0)=0 \tag{4-26}$$

$$p_{\mathrm{mD}}(x_{\mathrm{D}}=L_{\mathrm{D}})=P_{\mathrm{fD}}(x_{\mathrm{D}}=L_{\mathrm{D}})=0 \tag{4-27}$$

$$\lim_{x\to 0}\frac{\partial P_{\mathrm{fD}}}{\partial x}=-1 \tag{4-28}$$

无量纲定义为 $P_{\mathrm{fD}}=\dfrac{\Delta P_{\mathrm{f}}k_{\mathrm{f}}\sqrt{A}}{q\mu}$，$P_{\mathrm{mD}}=\dfrac{\Delta P_{\mathrm{m}}k_{\mathrm{m}}\sqrt{A}}{q\mu}$，$\mu_{\mathrm{m}}=\mu_{\mathrm{f}}=\mu$；$x_{\mathrm{D}}=\dfrac{x}{\sqrt{A}}$，$L_{\mathrm{D}}=\dfrac{L}{\sqrt{A}}$

$t_{\mathrm{D}}=\dfrac{k_{\mathrm{f}}t}{(\phi\mu C_{\mathrm{t}})_{\mathrm{mtf}}A}$，$\omega_{\mathrm{f}}=\dfrac{(\phi\mu C)_{\mathrm{f}}}{(\phi\mu C)_{\mathrm{mtf}}}$，$\omega_{\mathrm{m}}=\dfrac{(\phi\mu C)_{\mathrm{m}}}{(\phi\mu C)_{\mathrm{m+f}}}$，$\lambda=\dfrac{\alpha k_{\mathrm{m}}A}{K_{\mathrm{f}}}$；$\omega_{\mathrm{f}}+\omega_{\mathrm{m}}=1$

其中 k_{m}、ϕ_{m}、μ_{m}、C_{m}、ω_{m} 分别为基质的渗透率、孔隙度、黏度、压缩系数、储容系数；k_{f}、ϕ_{f}、μ_{f}、C_{f}、ω_{f} 分别为裂缝的渗透率、孔隙度、黏度、压缩系数、储容系数；λ 为窜流系数；q 为流量；t 为时间；α 为形状因子；A 为横截面积；x，L 为双重介质尺寸。

对上述方程进行 Laplace 变化，结合定界条件，得拉氏空间解：

$$\bar{P}_{\mathrm{fD}}(s)=\frac{1}{s\sqrt{sf(s)}}\frac{\sinh[(L_{\mathrm{D}}-x_{\mathrm{D}})\sqrt{sf(s)}]}{\cosh[L_{\mathrm{D}}\sqrt{sf(s)}]} \tag{4-29}$$

$$f(s)=\frac{\omega_{\mathrm{f}}(1-\omega_{\mathrm{f}})s+\lambda}{(1-\omega_{\mathrm{f}})s+\lambda} \tag{4-30}$$

Laplace 数值反演的通用方法是 Stehfest 方法，编制软件程序，通过数值计算，可以绘制出压力随时间变化的曲线。

(2)储容比的影响

裂缝—孔隙双重介质油藏的特征参数取值 $L_{\mathrm{D}}=8.8$，$x_{\mathrm{D}}=0.7$，$\lambda=0.05$，$\omega=1$、0.1、0.01、0.001、0.0001 时，软件计算对应的半对数曲线见图 4-26，对比曲线可见储容比 ω 的变化对发生窜流时间的早晚影响很大，其影响具体表现为：ω 决定早期直线段和晚期直线段之间的距离，主要影响压力曲线的过渡段，较小的 ω 值导致过早地出现过渡段，当 ω 接近于 1 时，早期直线段就趋近于晚期直线段，过渡段趋于消失，此时曲线形态与单重介质曲线形态一致。

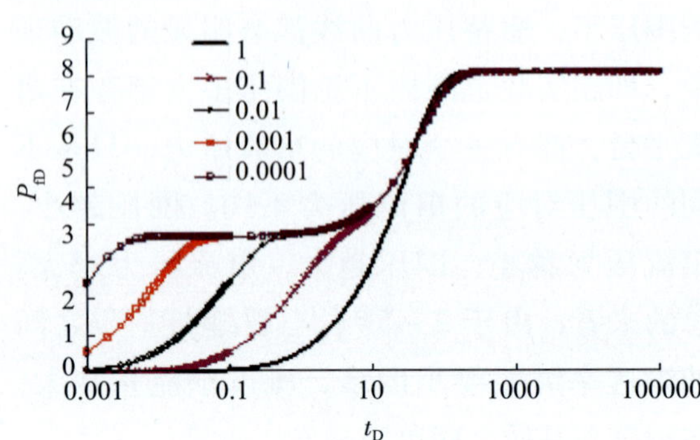

图 4-26 储容比对驱替压力曲线的影响

(3)窜流系数的影响

当裂缝—孔隙双重介质油藏的特征参数取值 $L_{\mathrm{D}}=8.8$，$x_{\mathrm{D}}=0.7$，$\omega=0.01$，$\lambda=1$、0.5、0.1、0.05、0.01 时，软件计算对应的半对数曲线见图 4-27，对比曲线可见窜流时间 λ 的变化对越流压力的大小影响很大，其影响具体表现为：λ 的大小决定着过渡段出现的高度，λ 值越小，过渡段在坐标图上的位置越高，即流体在基质和裂缝之间发生窜流所需的压力越大。

在裂缝—孔隙双重介质油藏开发过程中，岩石有效应力是不断变化的，这种变化对孔隙结构产生一定的影响，而孔隙结构的改变势必造成岩石渗透率和孔隙度的改变，即储层孔渗参数具有压力敏感性。对于双重介质岩心，由于其孔渗参数受有效应力影响明显，而储容系数和窜流系数的大小又直接决定于双重介质的孔隙度和渗透率的大小，因此，有效应力的变化可以直接影响流体在双重介质中的渗流规律、窜流发生时间和窜流压力大小。

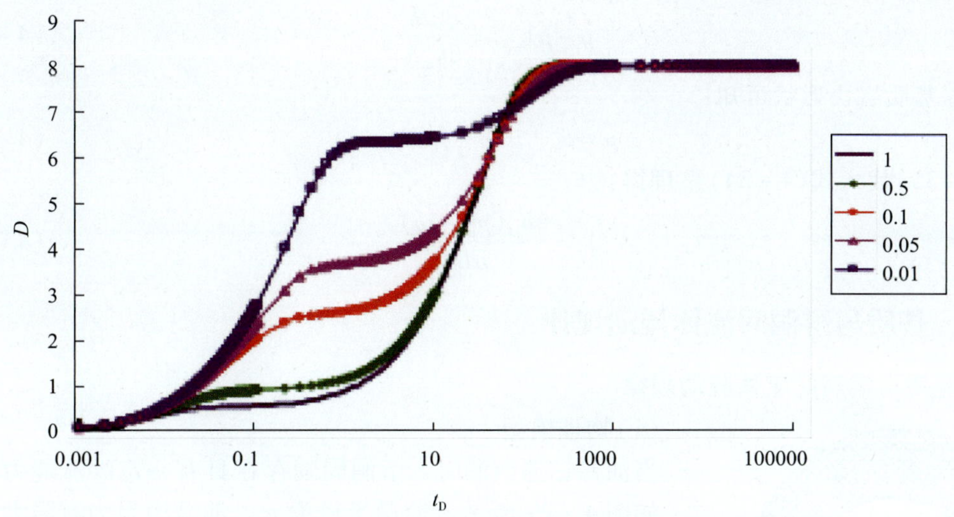

图 4－27 窜流系数对驱替压力的影响

这一现象在窜流压力测试物理模拟实验中表现的相当明显。

由上述分析可知，随着有效应力的增加，窜流平台向左上方移动，说明有效应力增大，裂缝变窄，储溶比降低，窜流系数减小，从而导致流体的窜流压力增加，窜流平台出现提前，且延续时间增加，这与数值模拟的结果几乎完全一致。

4. 拟稳态时窜流规律

当储层中裂缝在一个方向上比较发育，一层一层或一列一列地分布于储层当中，基质岩块为层状或块状基质岩块，如图 4－28 所示，层状基质岩块厚度为 $2L$。

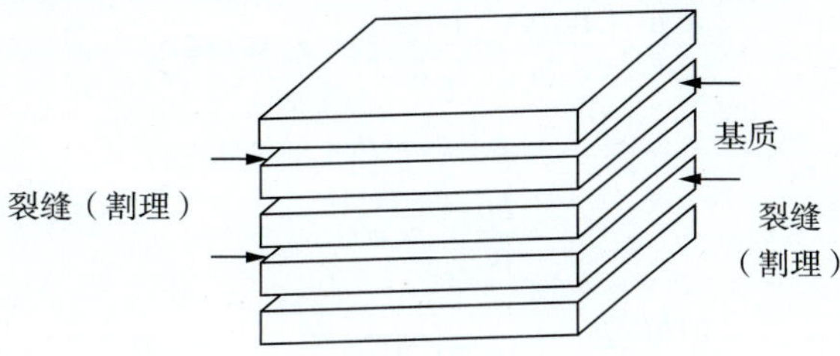

图 4－28 层状基质岩块示意图

根据对称性，取图 4－28 所示基质岩块的一半进行研究，当流动为拟稳态直线渗流时，基质岩块中的拟压力随时间和空间变化如下：

$$\frac{\partial p}{\partial t}=f(t) \tag{4-31}$$

$$\frac{\partial p}{\partial y}=-\frac{yq_o\mu}{2Lk_mA} \tag{4-32}$$

式(4－32)积分得：

$$p\big|_{y=y}-p\big|_{y=L}=\frac{q_o\mu(L^2-y^2)}{4Lk_mA} \tag{4-33}$$

对式(4－33)从 0→L 积分，并取平均，得：

$$\bar{p} - p|_{y=L} = \frac{q_o \mu L}{6k_m A} \tag{4-34}$$

根据基质岩块形状可知：

$$\bar{p} = p_m \qquad p|_{y=L} = p_f \tag{4-35}$$

将式(4－35)代入式(4－34)整理得：

$$q_o = \frac{6k_m(p_m - p_f)}{\mu L} \tag{4-36}$$

二、基质与溶洞间流体流动规律

1. 基质与溶洞间流体流动规律

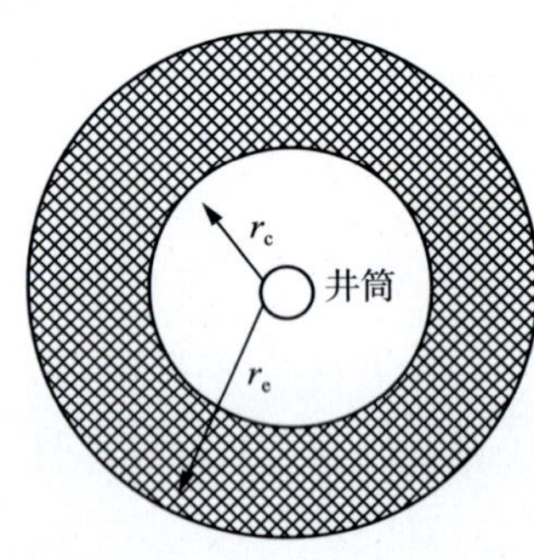

图4－29　溶洞—基质型油藏示意图

(1)物理模型

当油井钻遇溶洞时，溶洞周围存在具有一定渗流能力的基质，如图4－29所示，溶洞半径为r_c，油藏边界为有限大封闭边界，边界半径为r_e，基质渗透率为k，孔隙度为ϕ，油藏厚度为h。

(2)数学模型

建模前，作如下假设：①圆形封闭边界；②基质体渗流瞬间遵循达西定律；③等温渗流过程；④流体、岩石都是微可压缩的，压缩系数分别为C_L、C_s；⑤油井定压生产；⑥忽略井筒与溶洞间流体流动阻力，将溶洞等效为扩大的井径。得到如下渗流方程组：

控制方程：

$$\frac{\partial^2 p}{\partial r^2} + \frac{1}{r}\frac{\partial p}{\partial r} = \frac{1}{\eta}\frac{\partial p}{\partial t} \qquad r_c \leqslant r \leqslant r_e \tag{4-37}$$

初始条件：

$$p|_{t=0} = p_i \tag{4-38}$$

封闭外边界：

$$\left.\frac{\partial p}{\partial r}\right|_{r=r_e} = 0 \tag{4-39}$$

定产条件：

$$\left.\frac{2\pi rhk\partial p}{\mu \partial r}\right|_{r=r_c} - \pi r_c^2 h C_L \left.\frac{\partial p}{\partial t}\right|_{r=r_c} = qB_o \tag{4-40}$$

式中　η——导压系数，cm^2/s；

p_i——原始油藏压力，0.1MPa；

k——基质渗透率，μm^2。

(3)拟稳态条件下的窜流规律

当流动为拟稳态流时，基质岩块中的压力随时间和空间变化如下：

$$\frac{2\pi rhk}{\mu}\frac{\partial p}{\partial r} = \frac{r_e^2 - r^2}{r_e^2 - r_c^2} q_o \tag{4-41}$$

式(4－41)积分得：

$$\frac{2\pi hk}{\mu}(p|_{r=r} - p|_{r=r_c}) = \left[\frac{r_e^2}{r_e^2 - r_c^2}\ln\frac{r}{r_c} - \frac{r^2 - r_c^2}{2(r_e^2 - r_c^2)}\right] q_o \tag{4-42}$$

式(4－42)取积分求平均得：

$$\frac{2\pi hk}{\mu}(\bar{p}-(p|_{r=r_c})=\left[\frac{r_e^2}{r_c^2-r_c^2}\left(\frac{r_e^2}{(r_c^2-r_c^2)}\ln\frac{r_e}{r_c}-\frac{1}{2}\right)-\frac{(r_e^2+r_c^2)}{4(r_e^2-r_o^2)}+\frac{r_c^2}{2(r_e^2-r_c^2)}\right]q_o \tag{4-43}$$

根据基质岩块形状可知：

$$\bar{p}=p_m \qquad p|_{r=r_c}=p_c \tag{4-44}$$

式(4-43)与式(4-44)结合得：

$$q_o=\frac{2\pi kh(p_m-p_c)}{\mu\left[\frac{r_e^2}{r_e^2-r_c^2}\left(\frac{r_e^2}{r_e^2-r_c^2}\ln\frac{r_e}{r_c}-\frac{1}{2}\right)-\frac{r_e^2+r_c^2}{4(r_e^2-r_c^2)}+\frac{r_c^2}{2(r_e^2-r_c^2)}\right]} \tag{4-45}$$

(4)基质窜流影响因素分析

设定计算参数：溶洞半径为80m，油井控制半径320m，储层厚度及溶洞高度为高为50m，原油压缩系数为0.001/MPa，黏度22.5mPa·s、综合压缩系数5×10^{-5}/MPa，不同基质渗透率及井底流量对窜流量和井底压力的影响。

从图4-30、图4-31可看出，窜流量随时间增加而增加，当基质渗透率小于0.5MPa，井底压降在12MPa内，窜流量最大不超过井底流量的10%(窜流量不超过10m³/d，井底产量100m³/d)，此时基质窜流供液对溶洞—基质型油藏生产影响较小，可以忽略，当作孤立溶洞型油藏来处理。

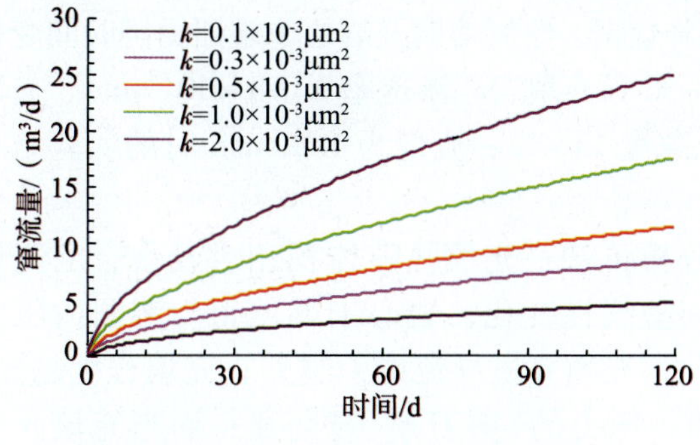

图4-30　不同基质渗透率下窜流量曲线

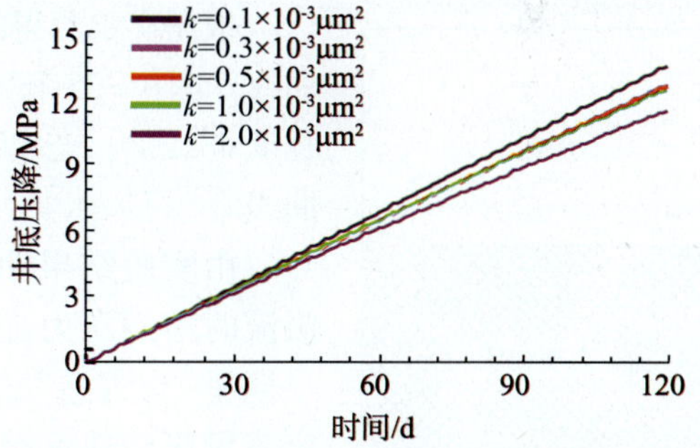

图4-31　不同基质渗透率下井底压降曲线

从图4-32、图4-33可看出，井底日产液量越小，相同累计产液量下累计窜流量越大，基质窜流供液对基质溶洞型油藏生产贡献越大，但当基质渗透率较小时、累计窜流量相对于累计产液量来说较小，窜流对生产来说整体影响较小。因此当基质渗透率较低时，通过降低日产液量提高开采效果并不明显。

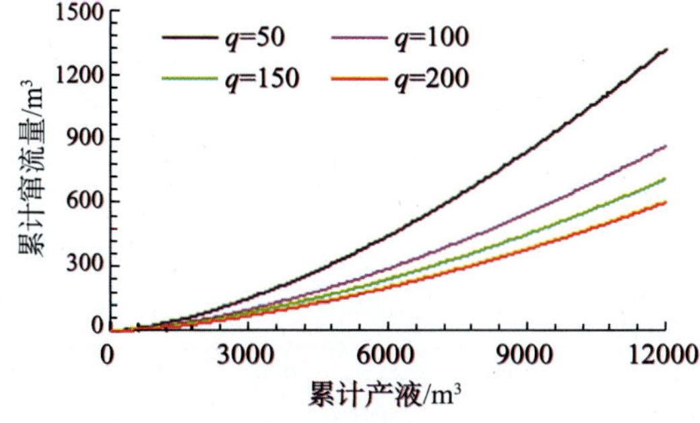

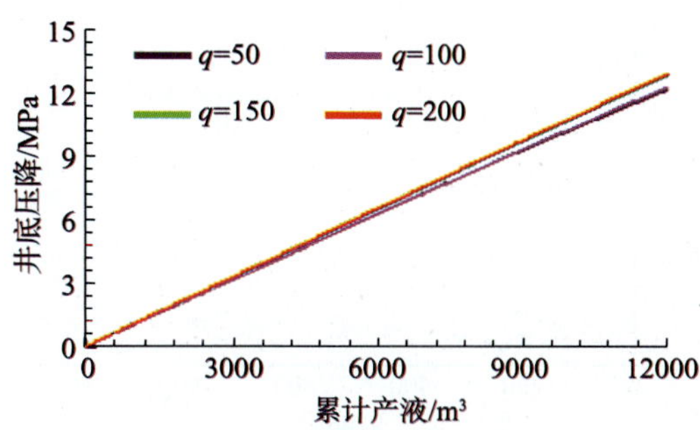

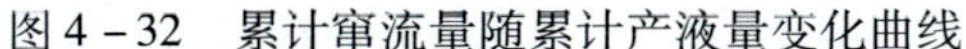

图4-32　累计窜流量随累计产液量变化曲线

图4-33　井底压降随累计产液量变化曲线

2. 充填物与溶洞间流体流动规律

(1)物理模型

当油井钻遇溶洞时，溶洞底部有充填(如图4-34所示)，假定溶洞空腔体积 V，底部充填介质厚度为 h，横截面积为 A，孔隙度为 ϕ，渗透率为 k，原始压力为 P_i，综合压缩系数为 C_t，忽略溶洞本身的可压缩性。

(2)溶洞—充填型油藏流动模拟实验

用直径 $d_1=10\text{cm}$、容积 $V=1000\text{mL}$ 的中间容器模拟溶洞空腔部分，通过选择不同渗透率、不同长度和孔隙度的直径 $d_2=10\text{cm}$ 的全直径岩心(实验前，岩心饱和地层水)制作成模拟不同充填介质和不同充填程度下的充填—溶洞中的流动规律的室内实验模型，物模实验参数如表4-8所示。

表4-8　溶洞—充填型油藏物模实验参数表

序号	充填程度/%	充填物孔隙度/%	气测渗透率/$10^{-3}\mu m^2$	流量/(mL/min)	充填孔隙体积/mL
1	48.5	15.9	1.42	1~10	149.7
2	61.1	15.9	1.42	1~10	249.7
3	61.1	13.4	0.098	1~10	210.5
4	48.5	13.4	0.098	1~10	126.2

图4-34　溶洞—充填型油藏示意图

根据实验测得的压降数据，绘制溶洞及岩心末端压力随时间变化曲线，图4-35和图4-36为充填岩心渗透率 $0.098\times10^{-3}\mu m^2$、充填程度48.5%、充填物孔隙度13.4%、流量为1mL/min时的实验结果曲线。

由实验结果曲线分析可知：充填孔隙体积相对较小、定流量吸液时溶洞压力随时间呈线性变化；岩心末端压力与溶洞内压力早期呈“剪刀差”式变化，充填介质导流能力越差、充填程度越高、定流量吸液速度越快时，压力的“剪刀差”越明显；而当充填介质渗流能力较强时，吸液量相对较小时，充填介质两端压差很快就稳定下来。

(3)数学模型

假定溶洞—充填型油藏充填介质厚度为 h、孔隙度为 ϕ、渗透率为 k。溶洞空腔体积 V、横截面积为 A。充填介质和溶洞空腔内原油压缩系数为 C_o，原油黏度为 μ，原油体积系数为 B_o，忽略流体由溶洞空腔流到井底的流动阻力。

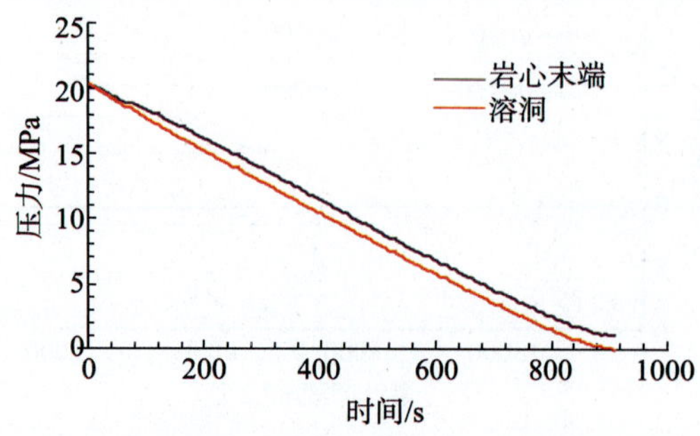

图4-35　压力随时间变化曲线

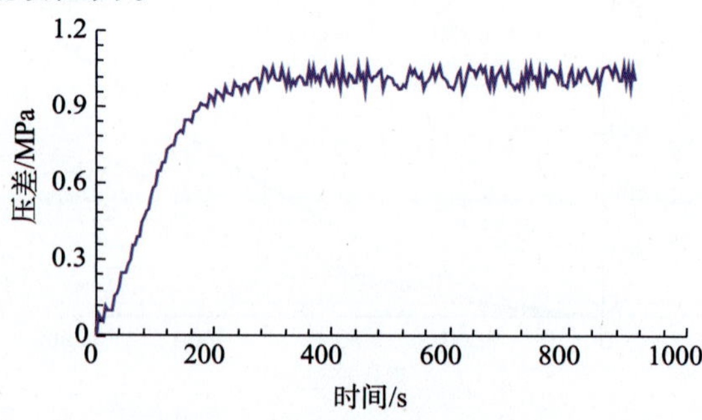

图4-36　压差随时间变化曲线

控制方程：
$$\frac{\partial^2 p}{\partial x^2}=\frac{1}{\eta}\frac{\partial p}{\partial t} \tag{4-46}$$

初始条件：
$$p(t=0)=p_{\mathrm{i}} \tag{4-47}$$

边界条件：
$$\left.\frac{\partial p}{\partial x}\right|_{x=L}=0 \tag{4-48}$$

$$\left.\frac{Ak}{\mu}\frac{\partial p}{\partial x}\right|_{x=0}-VC_{\mathrm{L}}\left.\frac{\partial p}{\partial t}\right|_{x=0}=qB_{\mathrm{o}} \tag{4-49}$$

式(4-46)~式(4-49)共同构成溶洞—充填型油藏定产量生产时控制方程及初始边界条件。其中，式(4-49)左边第一项为充填窜流间接供给量，左边第二项为溶洞空腔弹性释放量。

(4)拟稳态时充填物向溶洞的窜流规律

当流动为拟稳态流时，充填介质中的压力分布满足如下关系：

$$\frac{\pi r_{\mathrm{c}}^2 k}{\mu}\frac{\partial p}{\partial z}=\frac{L-z}{L}q_{\mathrm{o}} \tag{4-50}$$

式(4-50)积分得：

$$\frac{\pi r_{\mathrm{c}}^2 k}{\mu}(p|_{z=z}-p|_{z=0})=\left(z-\frac{z^2}{2L}\right)q_{\mathrm{o}} \tag{4-51}$$

式(4-51)取积分求平均得：

$$\frac{\pi r_{\mathrm{c}}^2 k}{\mu}(\bar{p}-p|_{z=0})=\frac{Lq_{\mathrm{o}}}{3} \tag{4-52}$$

根据充填介质形状可知：

$$\bar{p}=p_{\mathrm{m}}\qquad p|_{r=r_{\mathrm{c}}}=p_{\mathrm{c}} \tag{4-53}$$

式(4-52)与式(4-53)结合得：

$$q_{\mathrm{o}}=\frac{3k\pi r_{\mathrm{c}}^2(p_{\mathrm{m}}-p_{\mathrm{c}})}{\mu L} \tag{4-54}$$

三、不同缝洞模式流体流动规律

溶洞内的流体通过裂缝流入井筒，远处的溶洞通过裂缝流入生产井直接连通的裂缝，是缝洞油藏流动的普遍现象(周英杰等，2004)。研究溶洞—裂缝间的流体流动规律对于掌握开发规律有重要意义。裂缝溶洞间的流体流动包括以下几种情形：①单洞—洞边缝模式；②双洞模式(包括油井钻遇主洞和钻遇主洞附近裂缝两种情况)；③多缝洞模式。

1. 单洞—洞边缝(高角度)模式流体流动规律

本部分主要针对当油井钻遇洞边高角度裂缝时(见图4-37)，溶洞外边界无供给源。由于溶洞和裂缝空间尺寸相对来说较大，忽略油水间的界面张力，认为油水界面始终为水平

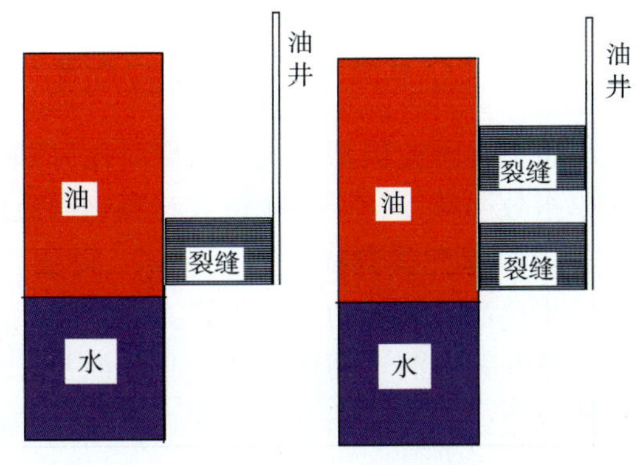

图4-37　钻遇洞边高角度缝示意图
(左：单缝；右：双缝)

面，溶洞内油水界面抬升主要依靠流体和岩石的弹性膨胀能量（研究中主要考虑流体弹性能量）。以单井钻遇单一洞边高角度裂缝为例，分析裂缝与溶洞间流体的流动规律。

（1）基本流动规律

①洞边缝型物理模拟实验。

实验选取直径为2.50cm、长度5.00cm、渗透率为$0.24\times10^{-3}\mu m^2$的岩心进行实验，通过改变连接溶洞的岩心渗透率来模拟裂缝的不同导流能力。

从图4－38所示的溶洞压力和井产量随时间变化曲线与指数函数曲线对比可以看出，压力和产量曲线的单指数拟合效果较好。

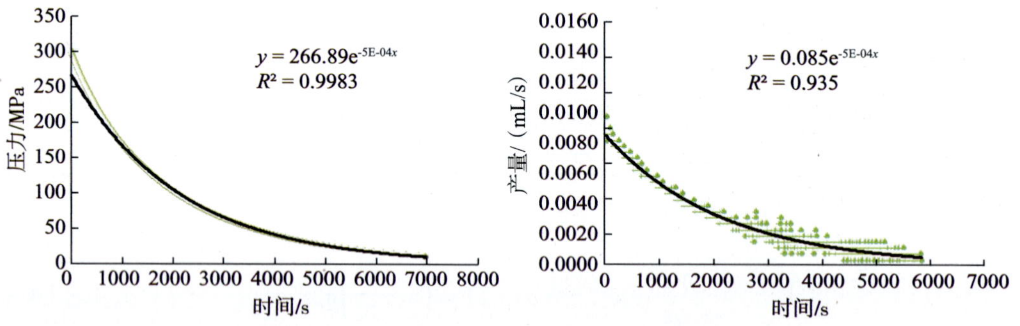

图4－38　渗透率$0.24\times10^{-3}\mu m^2$的岩心实验结果

②数学模型。

根据未饱和油藏的封闭性弹性驱动的物质平衡方程式，累积产油量为：

$$N_p=\frac{NB_{oi}C_t[p_i-\bar{p}(t)]}{B_o}\tag{4-55}$$

溶洞的日产量为：

$$q_{cavity}=\frac{w^3h}{12\mu l}[\bar{p}(t)-p_{wf}]\tag{4-56}$$

对公式（4－55）积分，并代入初始条件得溶洞的压力降落情况：

$$\bar{p}(t)-p_{wf}=(p_i-p_{wf})e^{-\frac{w^3h}{12\mu l}\cdot\frac{Bo}{NB_{oi}C_t}t}\tag{4-57}$$

将公式（4－57）代入公式（4－56）得溶洞产量的变化规律：

$$q_{cavity}=\frac{w^3h}{12\mu l}(p_i-p_{wf})e^{-\frac{w^3h}{12\mu l}\cdot\frac{Bo}{NB_{oi}C_t}t}\tag{4-58}$$

由上述理论模型和实验结果对比可知，实验结果与理论模型相符，压力和产量随时间呈单指数递减变化，递减指数与裂缝导流能力有关。

（2）含水变化规律

①单洞—单缝的含水规律。

单井钻遇洞边高角度裂缝时，油井见水前，溶洞内油水界面位于裂缝下方，且距离较远情况下，此阶段油井只产油，依据弹性定律：

$$qB_o=-C_oV_o(t)\frac{\partial p_c(t)}{\partial t}-C_wV_w(t)\frac{\partial p_c(t)}{\partial t}\tag{4-59}$$

依据弹性定律，溶洞内水相体积膨胀关系式：

$$\frac{\partial V_w(t)}{\partial t} = -C_w V_w(t)\frac{\partial p_c(t)}{\partial t} \tag{4-60}$$

由式(4-89)得油水界面表达式：

$$X(t) = \frac{V_w(0)}{A}e^{-C_w[p_c(t)-p_i]} \tag{4-61}$$

式中 $X(t)$——油水界面距底部高度，m。

式(4-61)取一阶近似，联立式(4-59)求解，得溶洞内油水界面抬升高度关系式：

$$\Delta X(t) = \frac{V_w(0)}{A}\frac{qtB_o C_w}{[V_o(0)C_o + V_w(0)C_w]} \tag{4-62}$$

式中 $\Delta X(t)$——油水界面上升高度，m。

由上式可知，在油井定产生产条件下，见水前，溶洞内油水界面上升高度与时间呈正比，斜率与溶洞的半径及溶洞内油水体积和油水压缩系数有关。

油井见水后，溶洞内油水界面越过高角度裂缝底端，此阶段油井既产油又产水：

$$q = \frac{q_o}{B_o} + \frac{q_w}{B_w} \tag{4-63}$$

依据弹性定律有

$$q_o + q_w = -[C_o V_o(t) + C_w V_w(t)]\frac{\partial p_c(t)}{\partial t} \tag{4-64}$$

对应的溶洞里水相体积满足如下关系

$$\frac{\partial V_w(t)}{\partial t} = -C_w V_w(t)\frac{\partial p_c(t)}{\partial t} - q_w(t) \tag{4-65}$$

油水界面抬升满足如下关系：

$$\frac{\partial X(t)}{\partial t} = -C_w\frac{V_w(t)}{A}\frac{\partial p_c(t)}{\partial t} - \frac{q_w(t)}{A} \tag{4-66}$$

式(4-63)~式(4-66)即油水界面越过裂缝底端后窜流满足的微分方程，可以通过差分离散化后进行数值求解。

式(4-65)与式(4-66)结合得

$$A\frac{\partial h_w}{\partial t} = \frac{(q_o + q_w)h_w C_w}{(H-h_w)C_o + h_w C_w} - q_w \tag{4-67}$$

当溶洞内能量充足时，当油井刚见水时，产水较少，式(4-67)右边：

$$RHS = \frac{(q_o + q_w)h_w C_w}{(H-h_w)C_o + h_w C_w} - q_w > 0 \tag{4-68}$$

式(4-68)说明见水后，油水界面还会抬升。

见水生产很长时间时，假定只产水，则：

$$RHS = \frac{(q_o + q_w)h_w C_w}{(H-h_w)C_o + h_w C_w} - q_w < 0 \tag{4-69}$$

根据罗尔定律，生产过程中，某一时刻产油与产水满足：

$$RHS = \frac{(q_o + q_w)h_w C_w}{(H-h_w)C_o + h_w C_w} - q_w = 0 \tag{4-70}$$

式(4-70)说明生产过程中油水界面最终会稳定下来，产油与产水也会稳定下来、含水率也稳定下来，最终达到稳定时的含水率：

$$\eta = \frac{B_o C_w V_w}{B_o C_w V_w + B_w C_o V_o} \tag{4-71}$$

式中 η——最终稳定的含水率；

V_w——含水率稳定时，溶洞内水相体积；

V_o——含水率稳定时，溶洞内油相体积。

不同油水比时，具体的溶洞内油水界面及含水率变化如图 4－39 和图 4－40 所示。

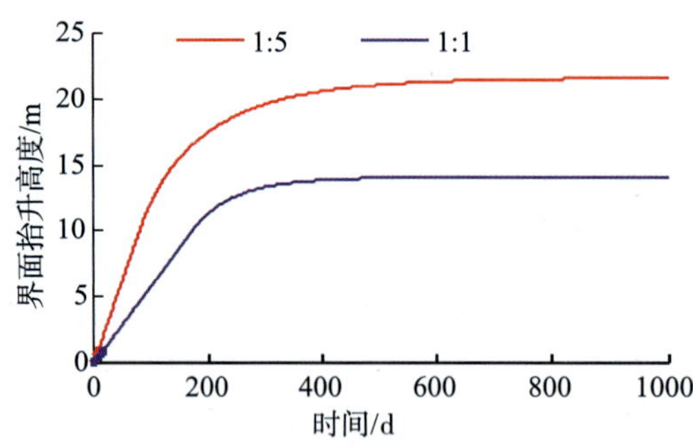

图 4－39　溶洞内油水界面抬升高度变化曲线

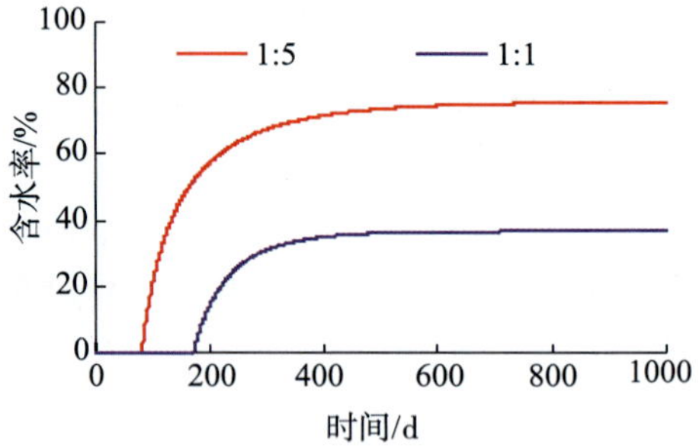

图 4－40　溶洞内含水率变化曲线

②单洞—双缝模式含水规律。

油井见水前，双缝型油藏油井见水前，油水界面位于裂缝底端下方，流动遵循的方程与洞边单缝型油藏油井流动遵循的方程一致，可推得见水时间公式：

$$t_o = \frac{[V_o(0)C_o + V_w(0)C_w]}{V_w(0)C_w} \frac{AL}{qB_o} \tag{4-72}$$

油井见水后，双缝型油藏油井见水后油水界面及含水率变化特征与底部裂缝和上部裂缝流动性相对大小及溶洞内油水弹性能相对大小有关。

a. 水体弹性能相对较小，底部裂缝流动性较强。

由于水体弹性能相对较小，底部裂缝流动性较强，油水界面位置最终稳定在底部裂缝某个部位，此种情况，双缝型油藏油井见水后特征与单缝型油藏油井见水后特征一致。

b. 水体弹性能相对较大，底部裂缝流动性较差。

由于水体弹性能相对较大，底部裂缝流动性较差，油水界面升至底部裂缝顶端时，水体膨胀速度大于产水速度，油水界面还会继续上升，并经历短暂含水率稳定期，此时油井含水率如表达式(4－73)所示，直至油水界面升至顶部裂缝底端，含水率又开始上升，直至最终稳定下来，此时油井含水率表达式如式(4－74)所示，整个过程油井含水率呈“台阶”式变化。如图 4－41 所示。

$$f_{w1} = \frac{\frac{k_1 w_1 h_1}{\mu_w} B_o}{\frac{k_1 w_1 h_1}{\mu_w} B_o + \frac{k_2 w_2 h_2}{\mu_o} B_w} \tag{4-73}$$

$$f_{w2} = \frac{B_o C_w V_w}{B_o C_w V_w + B_w C_o V_o} \tag{4-74}$$

2. 双洞模式缝洞间流动规律

(1)双洞—钻遇主洞模式的流动规律

洞缝洞型油藏为双洞单缝的缝洞单元形式，油井钻遇溶洞(记为主洞)、溶洞周围还存在其它溶洞(记为辅洞)通过裂缝与主洞相连，如图4-42所示。

①洞缝洞型油藏物理模拟实验。

实验选取直径为2.50cm，长度5.00cm，渗透率分别为$14\times10^{-3}\mu m^2$、$0.24\times10^{-3}\mu m^2$、$0.0454\times10^{-3}\mu m^2$的岩心进行实验，通过改变连接溶洞的岩心渗透率来模拟洞间裂缝的不同导流能力。

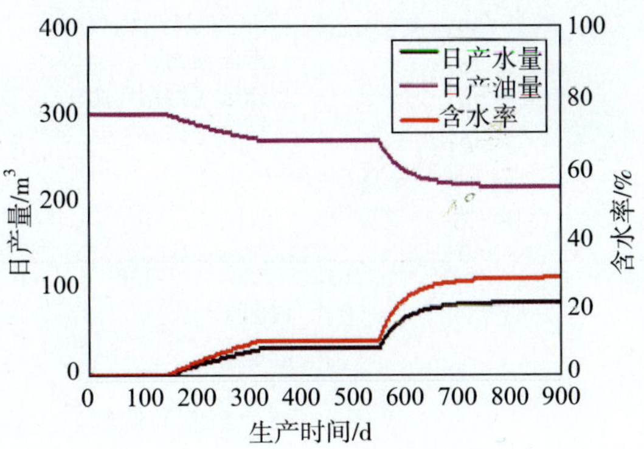

图4-41 单洞双缝模式含水特征

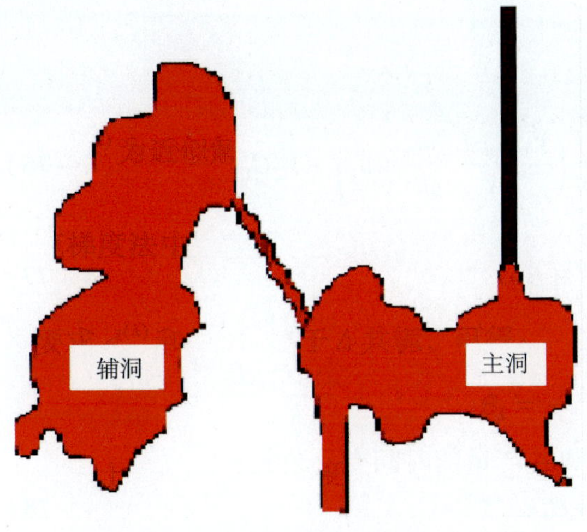

图4-42 双洞—钻遇主洞模式示意图

从图4-43、图4-44所示渗透率岩心为$0.24\times10^{-3}\mu m^2$时的主溶洞压力和井产量随时间变化曲线与指数函数曲线对比可以看出，早期主溶洞压力大，衰减快，晚期压力小，衰减慢；早期产量大，衰减快，晚期产量小，衰减慢。

在单洞与洞缝洞型油藏主溶洞体积一样大的情况下，对比两种情况下主溶洞压力变化规律，从图4-45可知，单洞时溶洞内压力满足指数递减规律，洞缝洞时主洞压力不满足指数递减规律，表现为早期压力大，衰减快，晚期压力小，衰减慢；且单洞与洞缝洞型模型的产液量具有相似变化关系。

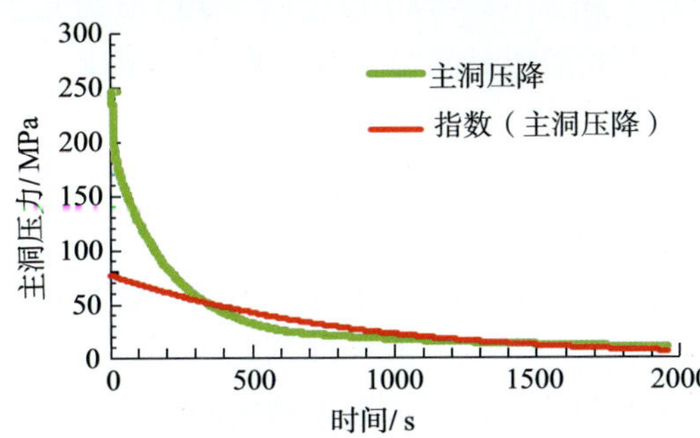

图4-43 洞—缝—洞组合下主洞压力曲线图

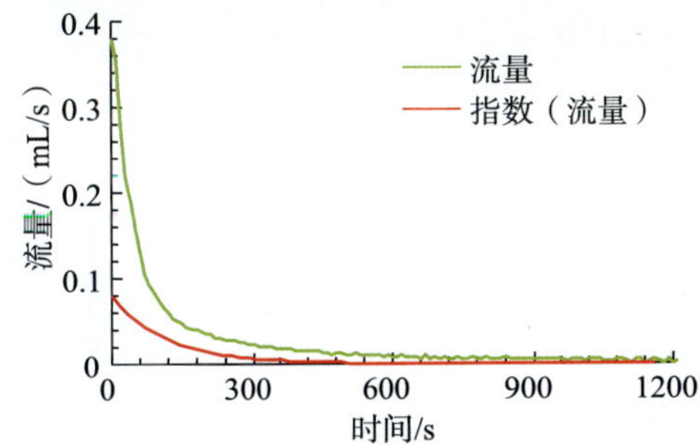

图4-44 洞—缝—洞组合下井流量曲线

②数学模型。

假设溶洞内的流体为微可压缩流体，压缩系数为常数C_L，主、辅溶洞为不同的等势体，定井底压力开采，忽略裂缝和井筒内流体弹性储存和释放影响。根据弹性定律：

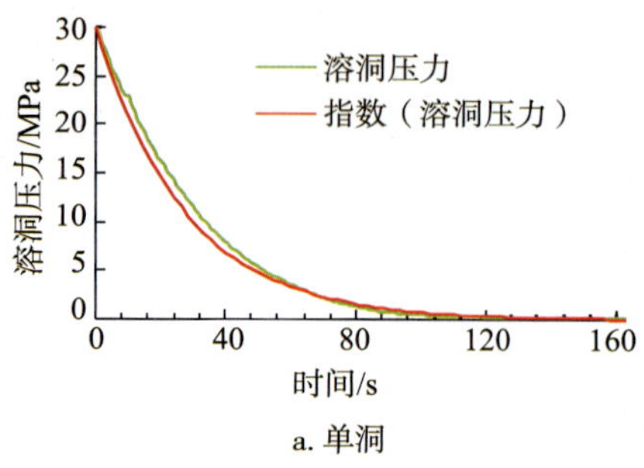

a. 单洞

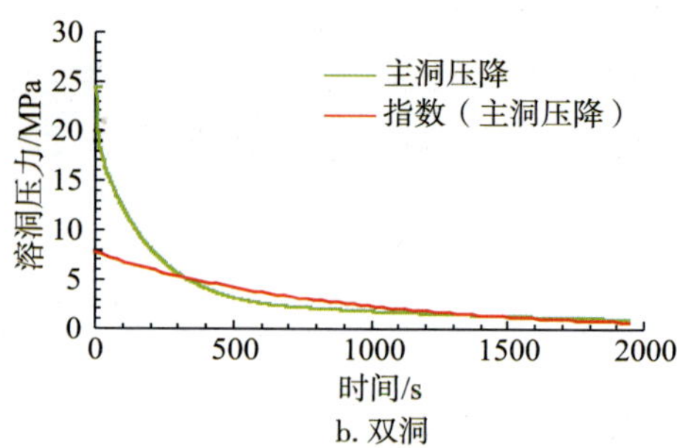

b. 双洞

图4－45　单洞与洞缝洞主溶洞体积一样时主溶洞压力对比曲线

$$q = -V_1 C_L \frac{\partial p_1}{\partial t} - V_2 C_L \frac{\partial p_2}{\partial t} \qquad (4-75)$$

式中　V_1——主溶洞体积；

V_2——辅溶洞体积；

p_2——辅溶洞内相对压力。

结合溶洞—裂缝间流体流动规律可得：

$$\frac{\pi r_w^4}{4\mu L_1}\left(\frac{V_2 C_1 \mu L}{KA}\frac{\partial p_2}{\partial t} + p_2\right) = -V_1 C_L \frac{\partial}{\partial t}\left(\frac{V_2 C_1 \mu L}{kA}\frac{\partial p_2}{\partial t} + p_2\right) - V_2 C_L \frac{\partial p_2}{\partial t} \qquad (4-76)$$

式(4－76)为二阶常微分方程。方程的解为：

$$p_2(t) = \beta_1 e^{-\lambda_1 t} + \beta_2 e^{-\lambda_2 t} \qquad (4-77)$$

式中

$$\lambda_{1,2} = \frac{-b \pm \sqrt{b^2 - 4ac}}{2a};\ a = \frac{V_2 C_L V_1 C_1 \mu L}{KA};\ b = V_1 C_L + V_2 C_L + \frac{\alpha V_2 C_1 \mu L}{KA};\ c = \frac{\pi r_w^4}{4\mu L}。$$

将式(4－77)代入式(4－76)可得主洞相对压力和井产量随时间变化公式：

$$p_1 = \beta_3 e^{-\lambda_1 t} + \beta_4 e^{-\lambda_2 t} \qquad (4-78)$$

$$q = \beta_5 e^{-\lambda_1 t} + \beta_6 e^{-\lambda_2 t} \qquad (4-79)$$

上式中的常系数$\beta_1 \sim \beta_6$通过初始条件来求取。由式(4－78)和式(4－79)所表示的主溶洞相对压力变化公式和产量变化公式可以看出三者都随时间都呈双指数变化规律。

(2)双洞—钻遇主洞洞边缝模式的流动规律

当油井钻遇裂缝，在与钻遇裂缝相连的溶洞之外还存在其它溶洞通过裂缝与钻遇裂缝相连的溶洞相连，如图4－46所示。记钻遇裂缝直接相连的溶洞为主洞、其它溶洞为辅洞。

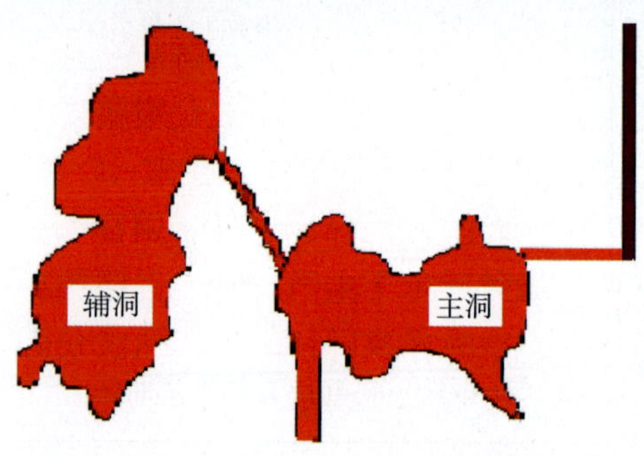

图4－46　双洞—钻遇主洞洞边缝模式示意图

①洞缝洞缝型油藏物理模拟实验。

实验采用带裂缝的直径为2.5cm、长度5.0cm的岩心(两块岩心渗透率为$0.78 \times 10^{-3}\mu m^2$、$9.06 \times 10^{-3}\mu m^2$)模拟储层裂缝，通过改变裂缝渗透率、溶洞大小和溶洞内原始压力模拟不同地层压力、不同缝洞组合下洞缝洞型油藏流动规律。

图4－47和图4－48所示，连接井与溶洞的裂缝导流能力越强，生产早期出口流量越

大，主洞压力递减越快；当连接井与溶洞间的裂缝导流能力较强而连接溶洞间的裂缝导流能力相对较弱时早期流量大，衰减快，晚期流量小，衰减慢；当连接井与溶洞间的裂缝导流能力较弱而连接溶洞间裂缝导流能力较强时，出口流量和主洞压力随生产时间呈指数衰减。

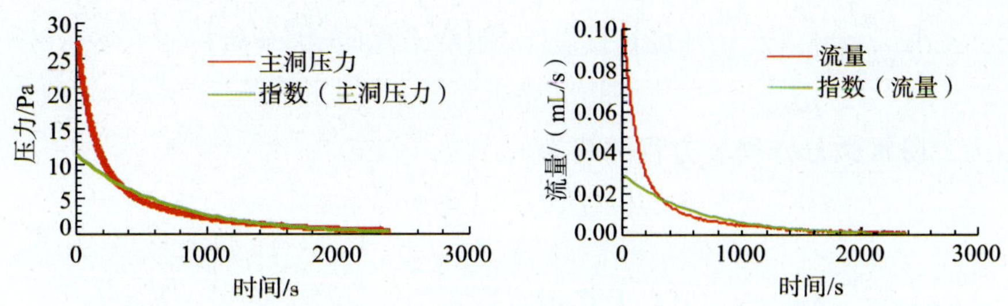

图 4－47　$0.78\times10^{-3}\sim9.06\times10^{-3}\mu m^2$ 组合下主洞压力和井流量曲线

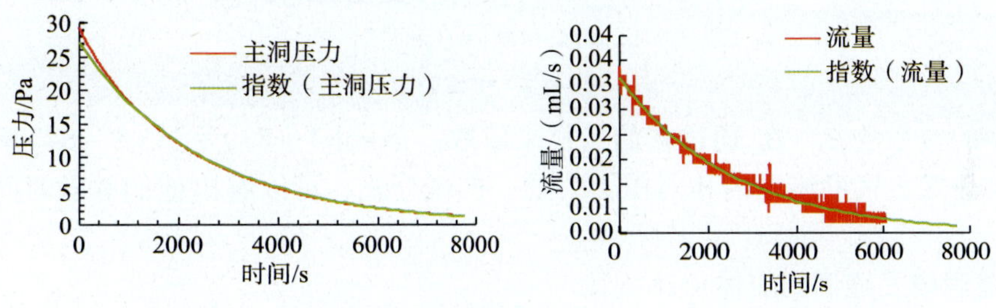

图 4－48　$9.06\times10^{-3}\sim0.78\times10^{-3}\mu m^2$ 组合下主洞压力和井流量曲线

对于洞间压差，呈先增加后降低趋势；主洞和辅洞间导流能力越差，两洞之间的压力相差越大，主洞和辅洞间导流能力较强时，两洞之间的压力相差始终较小，可等效为一个溶洞。

对于累计产液量与主洞累计压降曲线，可以看出当主洞与井筒间裂缝导流能力较差而连接洞与洞之间的裂缝导流能力较强时，累计产液量与累计压降呈线性关系，表现出单洞型油藏的特征；而当连接溶洞和井筒间裂缝导流能力较强而连接溶洞间裂缝导流能力较弱时，累计产液量与累计压降不再满足线性关系。

②数学模型。

假设溶洞内的流体为微可压缩流体，压缩系数为常数 C_L；主、辅溶洞为不同的等势体，依据主溶洞与裂缝间流体流动规律：

$$q=\frac{k_1A_1p_1}{\mu L_1} \tag{4-80}$$

式中　p_1——主洞内相对压力；

k_1——钻遇缝渗透率；

L_1——钻遇缝长度。

忽略井筒和裂缝内弹性能量，依据弹性定律：

$$q=-V_1C_L\frac{\partial p_1}{\partial t}-V_2C_L\frac{\partial p_2}{\partial t} \tag{4-81}$$

式中 V_1——主溶洞体积；

V_2——辅溶洞体积；

p_2——辅溶洞内相对压力。

结合达西定律，得到如下流动方程：

$$\frac{k_1A_1\left(\dfrac{\mu L_2}{k_2A_2}V_2C_L\dfrac{\partial p_2}{\partial t}+p_2\right)}{\mu L_1}=-V_1C_L\frac{\partial\left(\dfrac{\mu L_2}{k_2A_2}V_2C_L\dfrac{\partial p_2}{\partial t}+p_2\right)}{\partial t}-V_2C_L\frac{\partial p_2}{\partial t} \tag{4-82}$$

式(4－82)为二阶常微分方程。方程的解为

$$p_2=\beta_1\mathrm{e}^{-\lambda_1t}+\beta_2\mathrm{e}^{-\lambda_2t} \tag{4-83}$$

式中

$$\lambda_{1,2}=\frac{-b\pm\sqrt{b^2-4ac}}{2a};\ a=\frac{V_2C_\mathrm{L}V_1C_1\mu L_2}{k_2A_2};\ b=V_1C_\mathrm{L}+V_2C_\mathrm{L}+V_2C_\mathrm{L}\frac{k_1A_1L_2}{k_2A_2L_1};\ c=\frac{k_1A_1}{\mu L_1}$$

将式(4－83)代入式(4－84)得主洞相对压力随时间变化公式：

$$p_1=\beta_3\mathrm{e}^{-\lambda_1t}+\beta_4\mathrm{e}^{-\lambda_2t} \tag{4-84}$$

$$q(t)=\beta_5\mathrm{e}^{-\lambda_1t}+\beta_6\mathrm{e}^{-\lambda_2t} \tag{4-85}$$

上式中的常系数 $\beta_1\sim\beta_6$ 通过初始条件来求取。由式(4－83)和式(4－84)所表示的主洞相对压力公式、辅助溶洞内相对压力公式、产量公式，可以看出他们都随时间呈双指数规律变化。

3. 多缝洞模式缝洞间流体流动规律

从单洞—裂缝和双洞—裂缝流动规律可以看出，油井井底压力和产量变化规律均遵循指数递减，单缝洞为单指数递减，双缝洞为双指数递减模式。钻遇裂缝还是钻遇溶洞的差别在于 β 和 λ 表达式里是否含有裂缝的导流能力项。根据压力叠加和渗流理论，多缝洞模式下流体流动规律为：

$$q=\sum_{i=1}^{N}A_i\mathrm{e}^{-\beta_it} \tag{4-86}$$

$$P_1=\sum_{i=1}^{N}B_i\mathrm{e}^{-\beta_it} \tag{4-87}$$

第五节 缝洞型介质流体流动规律应用及数值实验研究

为了验证流体流动机理研究成果的正确性，在典型缝洞型油藏上进行应用；另外，为弥补物理模拟实验在模型复杂性和实验数量上的不足，开拓更广阔的研究空间，开展了缝洞型介质数值实验研究，初步形成适用于缝洞型介质的数值实验方法。

一、缝洞型介质流体流动机理应用

1. 孤立溶洞型油藏生产特征

塔河油田 T207 井从 2002 年 9 月 18 日到 2005 年 8 月 15 日始终处于自喷状态，先后分别采用 6mm、5mm、4mm 油嘴，6mm 油嘴生产时间短，5mm 油嘴生产时油压、产量均下降较快，改为 4mm 油嘴后递减减缓。截至 2007 年 12 月 31 日累计产油 83777m^3，累计产水 16401m^3，其中采用 4mm 油嘴进行自喷生产时，累计产液量与油压满足很好的线性关

系，如图4－49所示，按照目前这种状态生产下去，井口油压每降1.00MPa，大约能采出$0.60\times10^4m^3$，弹性产率$0.60\times10^4m^3/MPa$。

T207井在采用4mm油嘴进行自喷生产的3年时间内，日产油及油压都随时间呈指数关系递减，如图4－50所示。在这3年时间内，日自喷产油从$120m^3/d$降到$15m^3/d$，另外根据理论计算可知：继续采用4mm油嘴进行自喷生产，T207井还能自喷产油$7514m^3$。

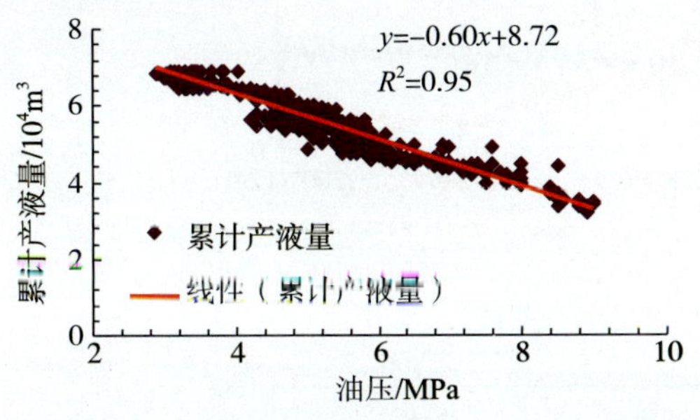

图4－49　T207井油压与累计产液量关系曲线

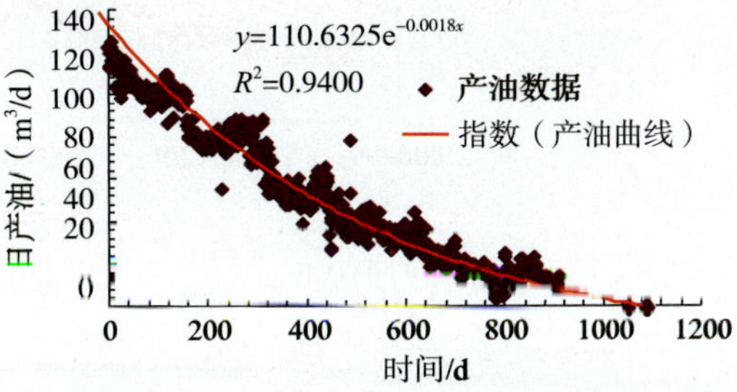

图4－50　T207井日产油变化曲线

综上所述，根据孤立溶洞型油藏定压开采得到的产量公式、压降公式、累计产液量与累计压降关系曲线与矿场实际生产曲线吻合得很好，理论模型符合矿场实际，可用于实际孤立溶洞型油藏生产动态分析、指导孤立溶洞型油藏开发。

2. 洞边缝型油藏生产特征

大尺度洞边缝型油藏具有典型的含水变化特征，在塔里木盆地一些井中都体现了其含水变化特征，以下从洞边单缝和多缝角度，举例分析了几口井的含水变化特征。

（1）洞边单缝型油藏

某井储层测井解释储层类型为裂缝孔洞型储层，该井自2006年9月10日投产，生产初期日产油30t，无水产油气期仅228d，产液量维持在20t/d，但见水后含水率上升很快（期间采取间断关井措施也无效），最终含水率稳定在80%左右，至2008年7月10日因高含水关井（关井再开井生产含水率达90%），具体生产状况如图4－51所示。综上所述，该井含水率变化曲线与钻遇单一高角度裂缝型缝洞型油藏含水率上升理论曲线特征一致，结合测井解释成果，可以初步判断该井为钻遇裂缝型的裂缝孔洞型储层。

（2）洞边多缝型油藏

某井从2007年4月投入开发以来，产能一直下降，初期月平均递减率达18%（见图4－52），生产9个月，日产油从$150m^3$降到不到$30m^3$，油压也从30MPa下降到13MPa。关井半年，油压也只恢复到20MPa，日产油恢复到$60m^3$，但很快降下来。从生产动态曲线可以看出，该井控制储量相对较小，周围储层供给能力有限。

该井含水率变化曲线见图4－53。从图可以看出，该井的含水率变化曲线与钻遇洞边缝（双缝）型油藏含水率上升曲线一致，呈台阶式变化，据此可以判断该井储层为裂缝—溶洞型，油井钻遇洞边缝，与测井解释的结果一致。

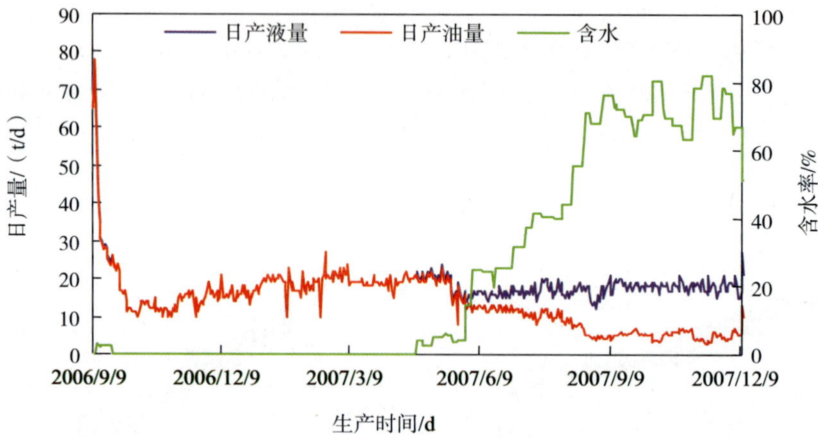

图 4－51　洞边单缝型储层生产曲线

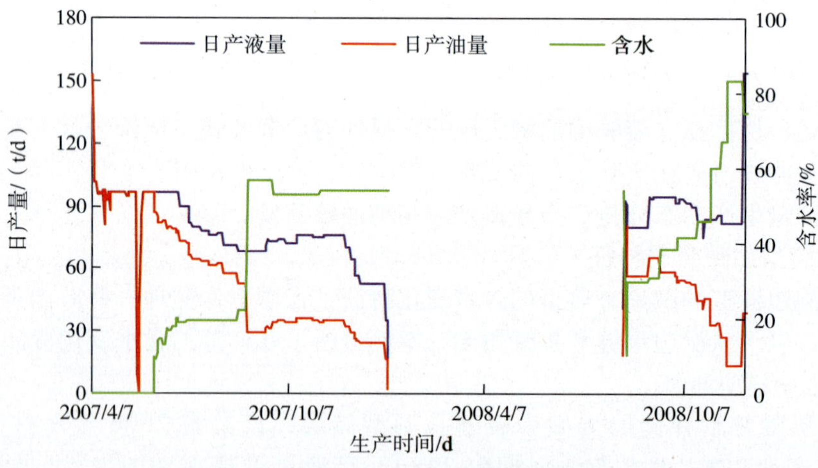

图 4－52　洞边多缝型储层生产动态曲线

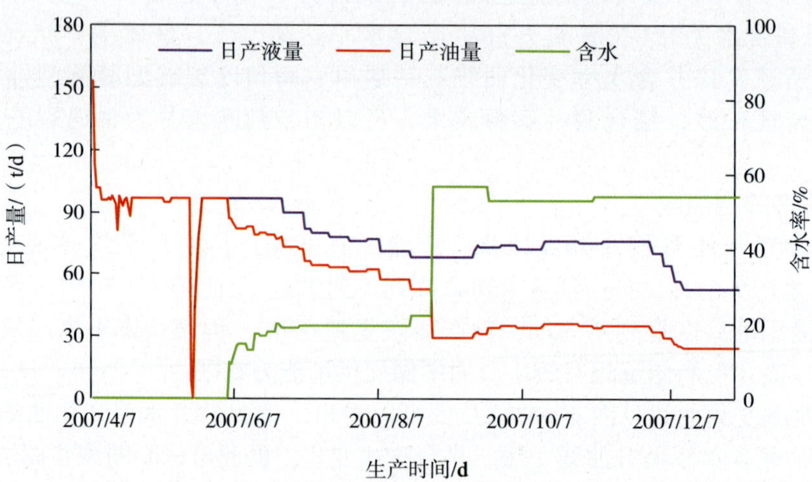

图 4－53　洞边多缝型储层含水率及产液曲线

3. 洞缝洞型油藏生产特征

某井于2006年6月25日投产，截至2008年12月31日累计产油10378m^3，几乎不产水(累计产水10.51m^3)，不产气。这期间由于产能较低、先后关了4次井，但仍没能很好地控制该井的产能递减趋势，日产油量也由最初的160m^3/d降到10m^3/d，具体生产情况如图4-54所示。

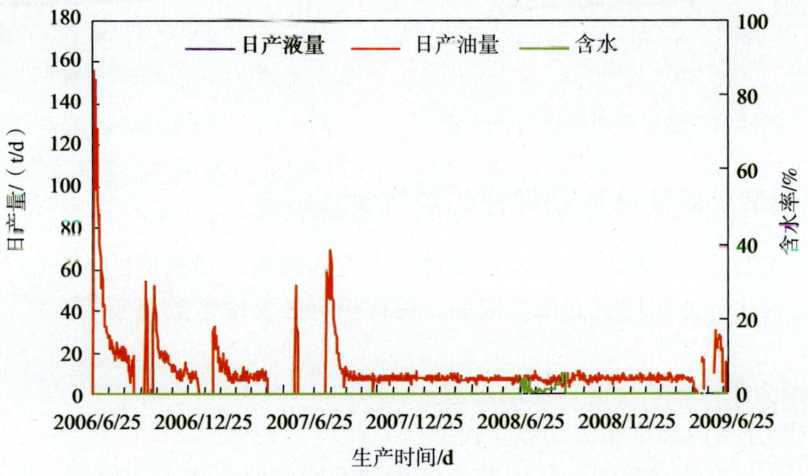

图4-54 洞缝洞型储层日产液量随时间变化曲线

从图4-55可以看出，该井日产油量、油压和套压在生产早期下降快、随着生产继续、下降速度逐渐变慢。关井后再开井生产，日产油量、油压和套压会有所恢复，但很快又降下来。进一步分析每次关井后再生产数据，结果显示：每次关井再生产时日产油量、套压随时间变化都满足双指数规律(如图4-56、图4-57)。

根据该井每次关井开井再生产特征，可以初步判断属于多缝洞型缝洞单元、并且连接这些溶洞的裂缝导流能力较弱。

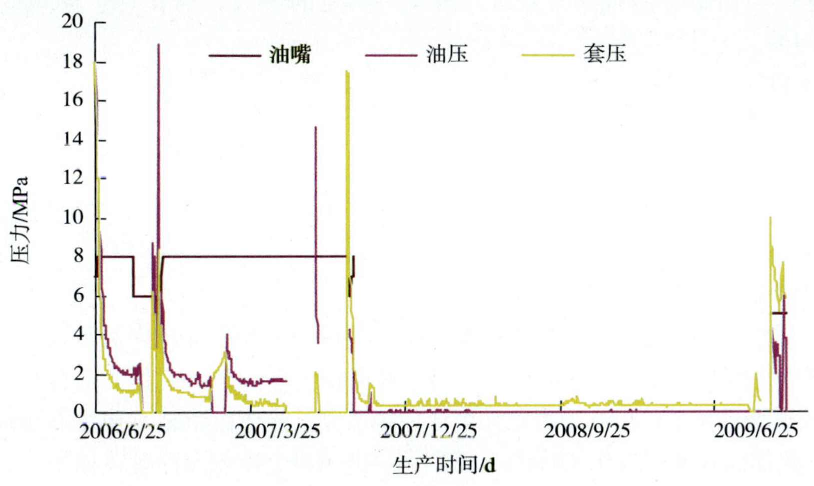

图4-55 洞缝洞型储层油压和套压随时间变化曲线

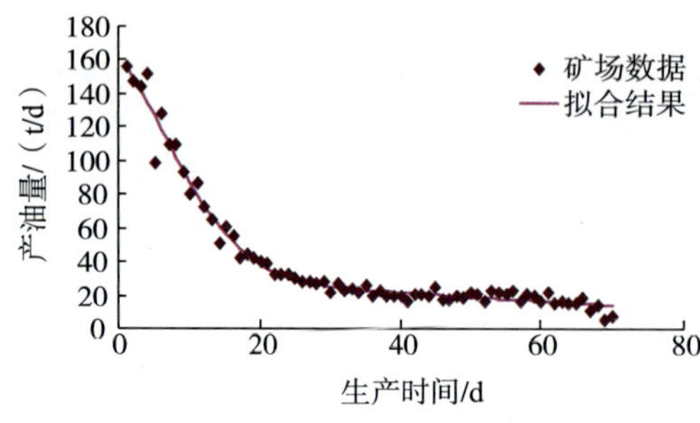

图 4-56　洞缝洞型储层日产油量拟合曲线

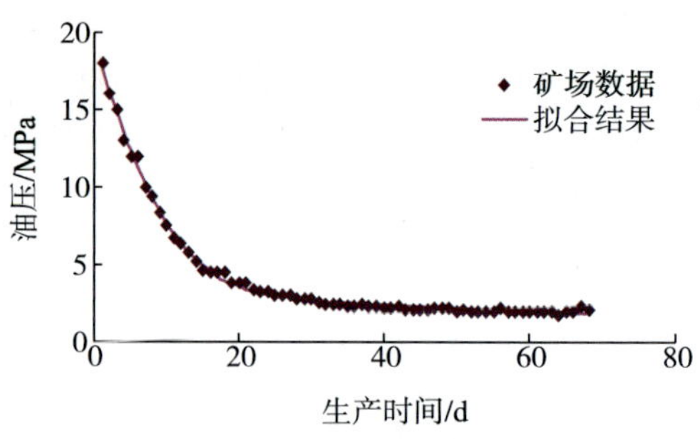

图 4-57　洞缝洞型储层套压拟合曲线

二、缝洞型介质流体流动规律的数值实验研究

物理模拟实验受室内模拟条件及目前技术手段的影响，其模型的复杂性、实验数量和流动形态的可视化等方面均受到很大限制，因此极有必要探索数值实验方法，以弥补物理模拟的不足。

1. 缝洞型介质内部单相流体流动形态

(1)缝洞型介质内部单相流动数学模型

溶洞属于大尺度流动空间，其中的流体运动不能忽略剪切力的作用，Darcy 定律不再适用。采用 N-S 方程作为数值计算方程：

$$\begin{cases}\rho\dfrac{\partial\vec{v}}{\partial t}-\nabla\cdot\mu(\nabla\vec{v}+(\nabla\vec{v})^{T}+\rho\vec{v}\cdot\nabla\vec{v})+\nabla p=\rho\vec{g}\\ \nabla\cdot\vec{v}=0\end{cases}\tag{4-88}$$

①初始条件。

对于求解压力分布问题来说，压力函数应满足如下条件

$$\lim_{t\to 0}p(x,\ t)=p_0(x)\tag{4-89}$$

这里 $p_0(x)$ 为初始时刻的压力分布，为某一给定的函数，当 $p_0(x)=\text{const}$ 时，表示初始压力是均匀的。

②边界条件。

在定流量边界条件下进行缝洞型介质内部单相流动形态研究。

$$v|_{\Gamma}=v_0\tag{4-90}$$

在以上数学模型下，利用 Comsol Multiphysics 有限元数值计算软件进行缝洞型介质内部单相流动形态研究。

(2)缝洞型介质内部单相流动形态

此部分仅以不同洞径缝洞模型数值计算结果为例说明缝洞型介质内部流动形态。为了研究洞径对缝洞模型内部单相流体流动形态的影响，对洞径为 5~15mm、洞心对称、裂缝张开度为 2mm 的单缝洞模型进行了单相流动有限元数值模拟研究。流体由单缝洞模型右侧端口注入，左侧端口产出，流体注入速度为 0.001m/s，不同洞径缝洞模型单相流动流线如图 4-58 所示。

从该图可以看出，洞径越小，模型内部流线向溶洞底部弯曲程度越小，即重力作用对溶洞内部流态影响越小。

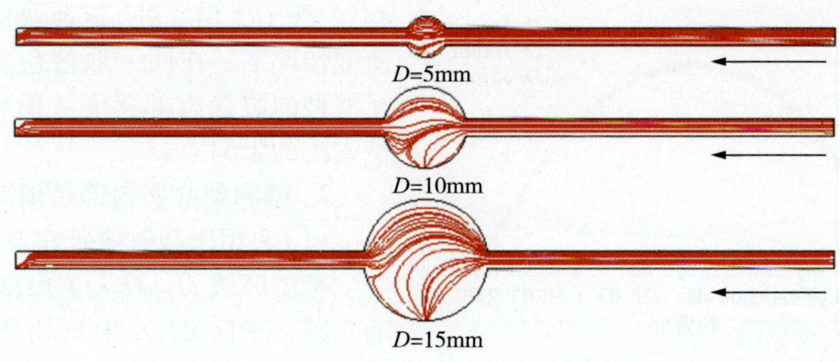

图4－58　不同洞径模型内部流线

为研究模型内部沿流动方向压力变化特征，选取平行于流动方向模型内部中轴线（如图4－59中AA′）上压力数值，并在压力与位置半对数坐标系中整理数值计算数据，如图4－60所示。

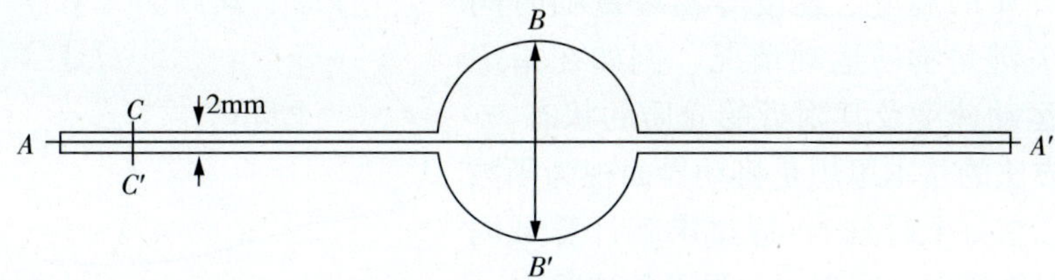

图4－59　取值位置

由图4－60数据对比可知，在同一水平轴线上，溶洞内部压力变化很小；相同流速情况下，洞径越大，缝洞模型两端压差越小，表明溶洞存在有利于缝洞模型内流体流动。

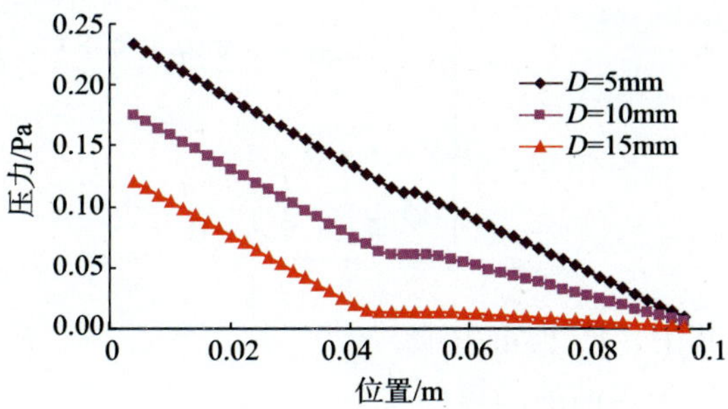

图4－60　不同洞径模型内压力与位置的关系（AA′）

为研究溶洞内部垂直于裂缝方向上流速分布特征，选取竖直轴（如图4－59中BB′）上流速数据，其中B点为溶洞顶部，B′点为溶洞底部。在速度与位置半对数坐标系中整理数值计算数据，如图4－61所示。由于重力作用，溶洞内部流速分布不再对称于轴AA′；洞径越大，溶洞内部流速受重力影响越大，溶洞底部流速越大。

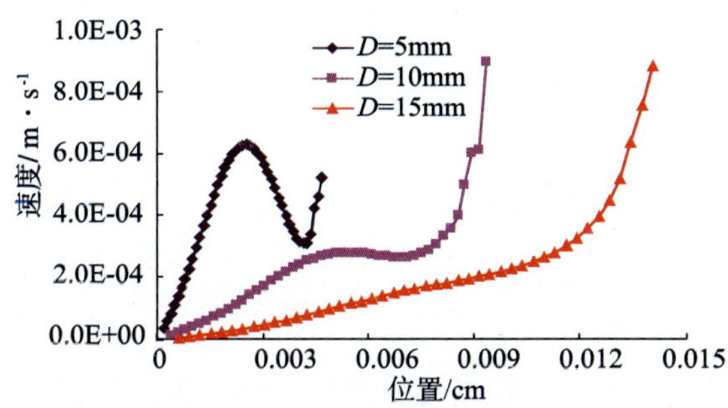

图4－61　溶洞中速度与位置的关系（BB′）

为研究裂缝内部垂直于裂缝方向上流速分布特征，在垂直于流动方向上选取流速数据，取值位置如图4－59中CC′所示，其中C点为裂缝顶部，C′点为裂缝底部。在速度与位置半对数坐标系中整理数值计算数据，如图4－62所示。从图中可以看出，裂缝内部流速分布对称于轴AA′，即裂缝内部重力作用基本可以忽略；裂缝中心位置（即轴

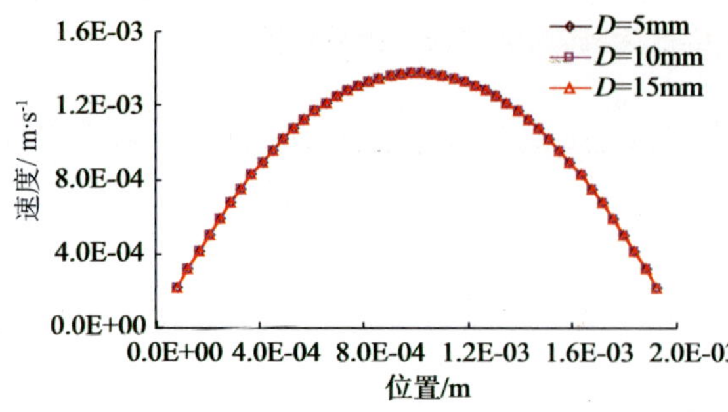

图 4－62　裂缝中速度与位置的关系（CC'）

AA'与线 CC' 相交处）流速最大；相同注入速度情况下，在同一取值位置上，不同洞径模型的裂缝内部速度数值相等，不受洞径大小的影响。

2. 缝洞型介质内部两相流体流动形态

（1）两相流动数值研究方法基本原理

考虑区域 $\Omega=\Omega_1\cup\Gamma\cup\Omega_1$ 上的两相流动问题，子区域 Ω_1 中是物质 A，Ω_2 中是物质 B，Ω_1，Ω_2 的界面 Γ（两种物质的分界面）随时间移动。A 和 B 两种物质是不互溶的，或状态不同，如一种物质是固体（气体），另一种物质是液体，如图 4－63 所示。我们要求解的是区域 Ω 中，两种介质的运动界面变化情况，以及介质的温度、速度等物理量随时间的变化。其中关键是物质运动情况，例如在指定时刻的位置、运动速度及其附近的介质的状态。

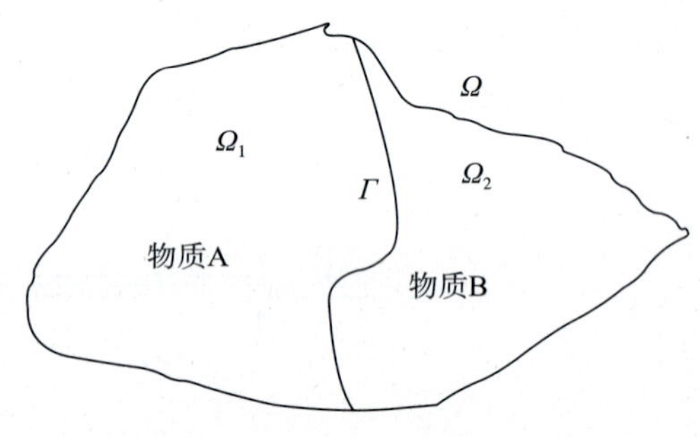

图 4－63　物质间的界面

Level Set 方法的基本思想是将动界面视为函数 ϕ 的零等值面。在每个时刻 t，通过求解计算域内 ϕ 的值确定其零等值面，实现运动界面的追踪。

缝洞模型内两相流动模拟的数学模型为：

$$\begin{cases}\rho\dfrac{\partial\vec{v}}{\partial t}+\rho(\vec{v}\cdot\nabla)\vec{v}=\nabla\cdot[-pI+\eta(\nabla\vec{v}+\nabla\vec{v}^T)]+\vec{F}_g+\vec{F}_{st}+\vec{F}\\ \nabla\cdot\vec{v}=0\\ \dfrac{\partial\phi}{\partial t}+\vec{v}\cdot\nabla\phi=0\end{cases}\tag{4－91}$$

其中，F_g 为重力项，

$$\vec{F}_g=\rho\vec{g}\tag{4－92}$$

$\vec{F}_{st}$为界面处的界面张力，

$$\vec{F}_{st}(\vec{x})=\sigma k(x_\Gamma)\bar{n}(\overrightarrow{x_\Gamma})=\sigma\left(\nabla\cdot\frac{\nabla\phi}{|\nabla\phi|}\right)\nabla\phi\tag{4－93}$$

$\phi(\vec{x},\ t)$始终是$\vec{x}$点到界面 $\Gamma(t)$的符号距离，

$$\phi(\vec{x},\ t)=\begin{cases}d[\vec{x},\ \Gamma(t)] & \vec{x}\in\Omega_1(t)\\ 0 & \vec{x}\in\Gamma(t)\\ -d[\vec{x},\ \Gamma(t)] & \vec{x}\in\Omega_2(t)\end{cases}\tag{4－94}$$

（2）缝洞型介质内部两相流动形态

采用 Level Set 方法对 4 个不同洞径缝洞模型中水驱油过程进行了模拟。缝洞模型的洞径变化范围是 5～20mm，裂缝张开度为 2mm，溶洞对称于裂缝，水的注入速度为 2mL/min。图 4－64 为模拟得到不同洞径模型内两相流动时的界面。

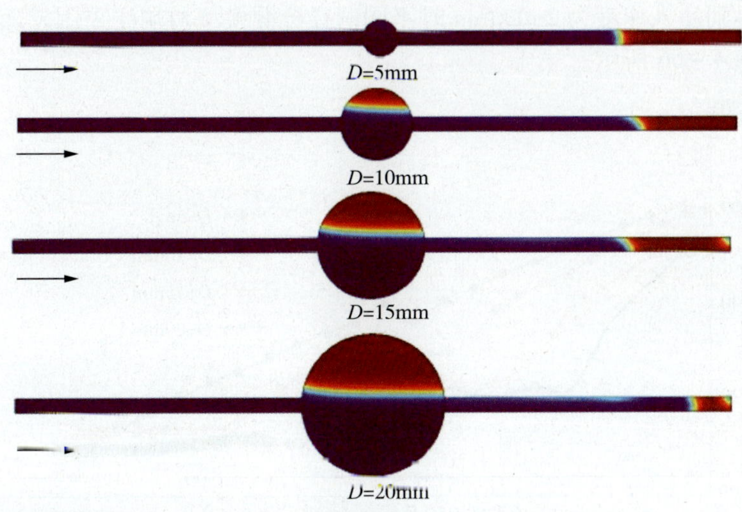

图 4－64　缝洞模型内两相运动界面

从图 4－64 中可以看出，裂缝内水驱油为活塞式驱替，油水界面呈弧形，均匀向出口端推进；溶洞内油水界面近似为水平面。水进入洞后，由于重力作用，迅速沉降到溶洞的底部，随着注入水不断增多，油水界面缓慢向上抬升，直至注入水没过缝洞交界处。

采出程度反映了油田地质储量的采出情况，是衡量开发效果的一个重要指标。模拟得到的采出程度随注入体积倍数变化的关系曲线如图 4－65 所示。

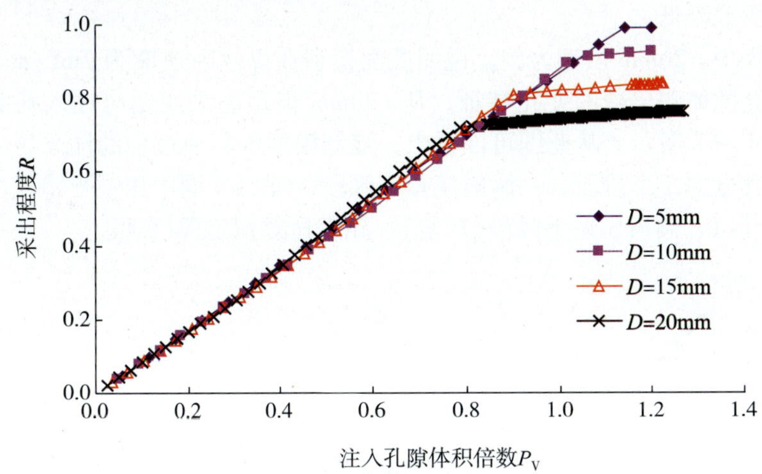

图 4－65　不同洞径模型采出程度随注入体积倍数的变化

由图 4－65 可见，不同洞径缝洞模型的最终采出程度随洞径增大而降低，如洞径为 5mm 的缝洞模型水驱油最终采出程度高达 98.9%，而洞径为 20mm 的缝洞模型其水驱油最终采出程度仅为 76.6%。由于溶洞是缝洞模型的主要储集空间，所以模型的最终采出程度取决于溶洞中油的采出程度。溶洞内残余油是油水界面没过缝洞交界处后，处于溶洞上部空间而无法采出的油。洞径越大，溶洞上部空间的残余油越多，模型的最终采出程度也就越低。

注采压差是指注水井的井底压力与采油井的井底压力之差。注采压差的大小反映驱油能量的大小，注采压差越大，水驱油动力越大。

数值计算得到注入速度为2mL/min时不同洞径缝洞模型两端注采压差随注入体积倍数的变化曲线如图4-66所示。

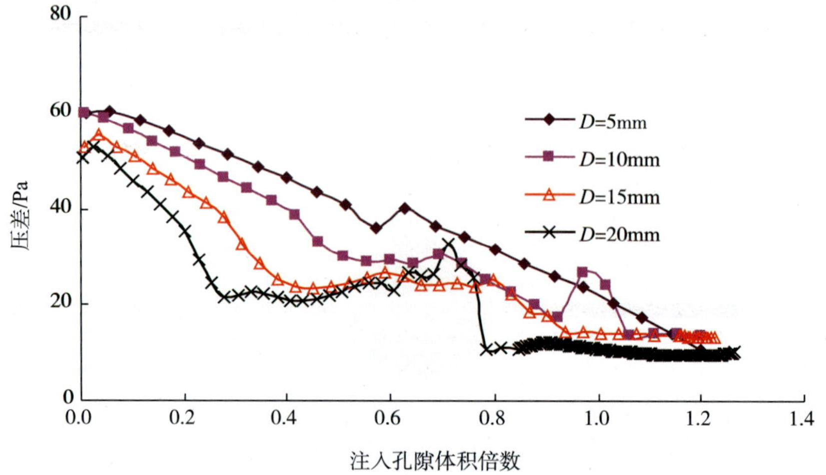

图4-66 不同洞径模型注采压差随注入体积倍数变化曲线

由图4-66可见，随水驱油过程的进行，模型两端注采压差逐渐降低；随洞径增加，模型两端注采压差降低，在单相流动模拟中已经得到，溶洞内的流动阻力非常小，缝洞模型压降主要是在裂缝中产生的，模型总长度一定，洞径增大，模型中裂缝段长度减少，从而使整体注采压差降低。

下面以洞径$D=20$mm模型为例，说明此类模型在以注入速度为2mL/min水驱油时注采压差随注入孔隙体积倍数的变化特征，$D=20$mm模型注采压差与注入孔隙体积倍数的关系曲线如图4-67所示。从此图可以看出，缝洞模型水驱油过程的注采压差总体趋势是下降的，可将其分为5个阶段——洞前压差下降段(A段)、洞中压差平稳段(B段)、出洞压差跃升段(C段)、洞后压差下降段(D段)、驱后压差恒定段(E段)。

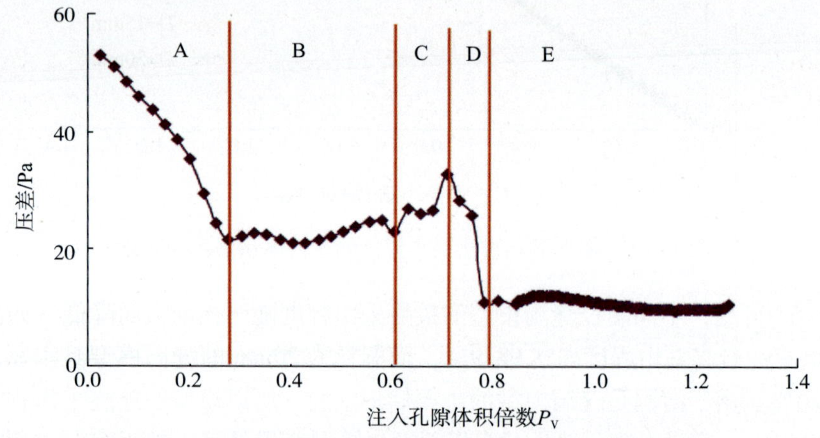

图4-67 $D=20$mm模型注采压差随注入体积倍数变化曲线

设L表示总流动路径长，$L_i(i=w, o)$为水相或油相流经路径长，$\rho_i(i=w, o)$表示水相或油相流体密度，$\mu_i(i=w, o)$表示水相或油相密度。参考数值计算条件，上述参数

满足

$$L_w + L_o = L;\ \mu_w < \mu_o;\ \rho_w > \rho_o \tag{4-95}$$

从数值实验结果可以看出，油水两相流动过程中缝洞模型未出现紊流；另外，实验模型由直径为2mm圆管表示裂缝，而用内径为20mm的球体表示溶洞，与流体力学中圆管内流体流动情况相似。因此，可用流体力学中圆管层流沿程水头损失公式(4-96)分析模型中压力变化趋势。

$$h_f = \frac{32\mu L v}{\rho g D^2} \tag{4-96}$$

式中 D 为圆管直径；h_f 为沿程水头损失(与注采压差对应)。则油、水流动时水头损失可表示为

$$h_{fi} = \frac{32\mu_i L_i v_i}{\rho_i g D_i^2},\ i = w,\ o \tag{4-97}$$

结合式(4-97)可知，当油和水以相同流速经过直径相同、长度相同的圆管时油相的水头损失比水相的水头损失大。当缝洞模型中油水两相同流时水头损失可表示为

$$H_f = \frac{32\mu_w L_w v_w}{\rho_w g D_w^2} + \frac{32\mu_o L_o v_o}{\rho_o g D_o^2} \tag{4-98}$$

利用式(4-98)分别阐述不同阶段缝洞模型内压力变化：

①洞前压差下降段(A段)，此阶段油水界面位于洞前裂缝中，逐渐向前推移(图4-68)。

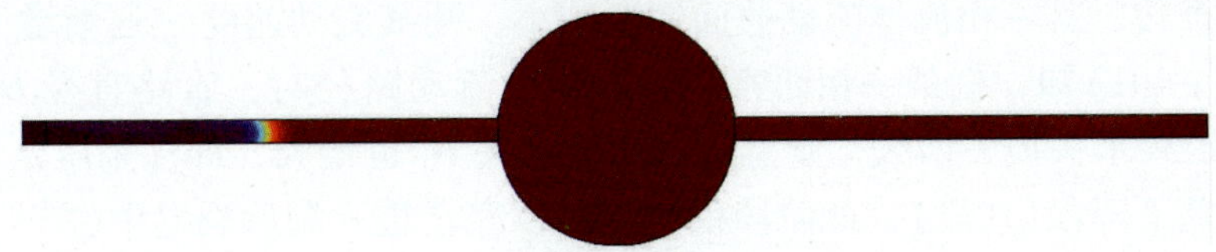

图4-68　洞前压差下降段

流动过程中

$$v_w = v_o,\ D_w = D_o,\ L_o > L_w \tag{4-99}$$

油相流动路径 L_o 逐渐减小，水相流动路径 L_w 逐渐增大，且油水两相流动路径变化幅度相同。由前面分析知，相同条件下水相流动时沿程水头损失小于油相流动时的沿程水头损失，所以此阶段中油相流动减小的水头损失大于水相增大的水头损失，因此随着油水界面在洞前裂缝中向前推移，注采压差逐渐减小。

②洞中压差平稳段(B段)，此阶段油水界面在溶洞中水平向上推移(图4-69)。

图4-69　洞中压差平稳段

流动过程中

$$v_w = v_o, \quad D_w = D_o \tag{4-100}$$

油相和水相流动参数变化缓慢，则油水两相的沿程水头损失变化幅度较小，故总的水头损失变化趋势较为平稳，即注采压差平稳。

③出洞压差跃升段（C 段），此阶段油水界面高于洞后裂缝与溶洞交界面，并开始向裂缝中推进，此种流动与流体力学中变截面流动问题相同（图 4-70）。对于某一相而言，由连续性方程，

$$\rho_i v_{i1} \pi \left(\frac{D_{i1}}{2}\right)^2 = \rho_i v_{i2} \pi \left(\frac{D_{i2}}{2}\right)^2, \quad i = w, o \tag{4-101}$$

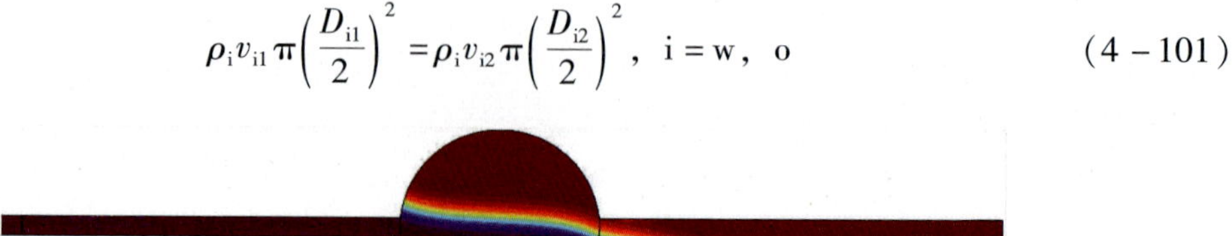

图 4-70　出洞压差跃升段

其中 D_{i1}，D_{i2}分别表示当前时间段和下一时间段管路直径，则当前流速表示为

$$v_{i2} = \left(\frac{D_{i1}}{D_{i2}}\right)^2 v_{i1}, \quad i = w, o \tag{4-102}$$

随着时间推移，某一相流体流动截面逐渐减小，则其流动速度 v_i 逐渐增大，由沿程水头损失公式（4-101）知，就某一相而言，相同长度流动路径时，管路直径 D_i 减小，流速 v_i 增大时，其沿程水头损失增大，则总沿程水头损失 H_f 也增大，即注采压差增大。

④洞后压差下降段（D 段），此阶段油水界面以完全进入洞后裂缝中（图 4-71）。

图 4-71　洞后压差下降段

流动过程中

$$v_w = v_o, \quad D_w = D_o, \quad L_o < L_w \tag{4-103}$$

油相流动路径 L_o 逐渐减小，水相流动路径 L_w 逐渐增大，且油水两相流动路径变化幅度相同。但由于相同条件下水相流动时沿程水头损失小于油相流动时的沿程水头损失，所以此阶段中油相流动减小的水头损失大于水相增大的水头损失，因此随着油水界面在洞前裂缝中向前推移，注采压差逐渐减小。

⑤驱后压差恒定段（E 段），此阶段除残留在溶洞上方不能被驱出的残余油外，注水已不能从缝洞模型中采出油，模型内为单相（水相）流动，其沿程水头损失保持不变（图 4-72）。

由此可见，洞径较大的缝洞模型中重力作用明显；同一水平面上，溶洞内部压力变化较小；相同流速时，洞径越大，模型两端压差越小，即溶洞存在有利于流体流动；裂缝内水驱油为活塞式驱替，油水界面呈弧形，且均匀向裂缝出口端推进；溶洞内残余油是油水

界面超过缝洞交界面后，处于溶洞上部空间而无法采出的油。

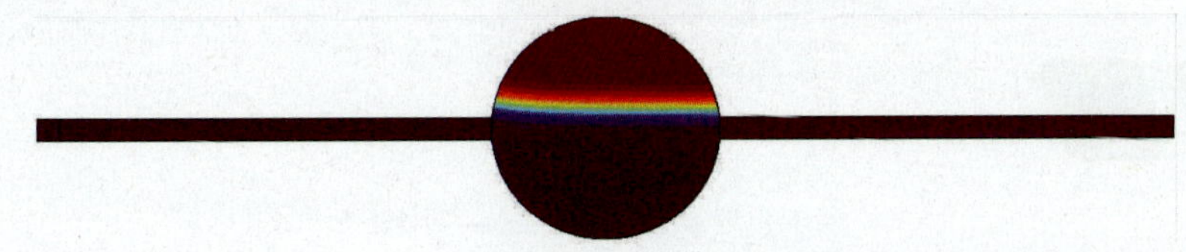

图 4-72　驱后压差恒定段

参　考　文　献

[1]姚军，王子胜．缝洞型碳酸盐岩油藏试井解释理论与方法[M]．东营：中国石油大学出版社，2007.

[2]刘中春，李江龙，吕成远，等．缝洞型油藏储集空间类型对油井含水率影响的实验研究[J]．石油学报，2009，30(2)：271～274.

[3]卢占国，姚军，王殿生，等．正交裂缝网络中渗流特征实验研究[J]．煤炭学报，2010，35(4)：555～558

[4]黄孝特．碳酸盐岩裂缝－溶洞型油气藏开发技术探讨[J]．石油实验地质，2002，24(5)：446～451.

[5]单业华，葛维萍．储层天然裂缝形成机制的初步研究[J]．石油实验地质，2001，23(4)：457.

[6]程绪彬，洪海涛，张荫本，等．塔里木盆地奥陶系古风化壳储层空隙类型及其成因分析[J]．天然气勘探与开发，2000，23(1)：36～42.

[7]陈霞．鄂尔多斯地台奥陶系岩溶储集层的成因及储集性能初析[J]．中国岩溶，1993，12(3)：261～272.

[8]徐挺．相似方法及其应用[M]．北京：机械工业出版社，1995.

[9]杨俊杰．相似理论与结构模型试验[M]．武汉：武汉理工大学出版社，2005.

[10]孙强．缝洞介质内油水两相流动规律研究[D]．青岛：中国石油大学(华东)，2012.

[11]陈志海，唐兰芳，常铁龙，等．缝洞型碳酸盐岩油藏内流体流动问题初探[J]．中国西部油气地质，2007，3(1)：94～99.

[12]修乃岭，熊伟，高树生，等．缝洞型碳酸盐岩油藏流动机理初探[J]．钻采工艺，2008，31(1)：63～65.

[13]康志江，李江龙，张冬丽，等．塔河缝洞型碳酸盐岩油藏渗流特征[J]．石油与天然气地质，2005，5(1)：635～673.

[14]周英杰，武强，张敬轩，等．埕北30潜山太古裂缝性油藏裂缝分布预测[J]．中国矿业大学学报，2004，33(4)：433～437.

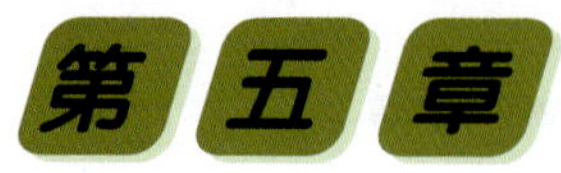

碳酸盐岩缝洞型油藏数值模拟

建立碳酸盐岩缝洞型油藏流体流动数学模型、形成数值模拟解法及编写数值模拟器是数值模拟研究的任务和目标。由于碳酸盐岩缝洞型油藏储集体类型复杂、流动机理多样，现有的数值模拟方法与技术不适用。

目前油藏数值模拟方法主要针对多孔连续介质油藏，理论基础为连续性方程和达西运动方程，而缝洞型油藏不仅存在渗流特征的孔洞，而且还存在自由流动特征的大型缝洞，这种复杂缝洞介质的多相耦合计算难度大。本章在连续介质和离散介质耦合的理论基础之上，系统建立了动力学数学模型，形成了等效多重介质和耦合型数值求解技术，并验证了模型和算法的准确性。

第一节　缝洞型油藏数学模型

数学模型是指应用数学语言描述油气水在油藏中流动力学和物理化学现象的方程组，是数值模拟的基础。针对碳酸盐岩缝洞型油藏的复杂性，在考虑了计算速度与精度的情况下，从两个方面建立了数学模型。一是等效多重介质油藏数学模型，基于成熟的双重介质理论，增加了大型溶洞(洞穴)多相流模拟方法，扩展了高速非达西流、N－S 流等复杂介质间窜流。二是耦合型油藏数学模型，基于 N－S 流方程，建立了多相洞穴流与渗流的力学耦合模型。

一、等效多重介质油藏数学模型

1. 等效多重介质

自 20 世纪 60 年代以来，在双重介质中流体运动规律和数值模拟方面取得了很大的进展。Barenblatt 等提出了双孔隙度模型，假定基质岩块被裂缝网络分割，裂缝系统和基质岩块系统在空间上为重叠的各向同性连续体，两个系统之间有流体窜流。裂缝系统渗透率高、储集能力低；基质岩块系统储集能力高，渗透率低(Barenblatt et al，1960)。Warren 和 Root 对 Barenblatt 模型做了进一步的发展，除了不再忽略裂缝系统的储集能力外，还假设基质岩块中发育有均质的、正交的、互相连通的裂隙系统，等间距分布，渗透主轴与每一方位裂隙组相平行(Warren and Root，1963)。基于这一假设，Warren－Root 模型能够根据基质岩块的大小和形状导出裂缝系统和基质系统的系统参数，能够考虑正交的各向异性。为了更准确的描述裂缝系统同基质岩块系统的流体交换，Kazemi 提出了不仅依赖压力还依赖于压力梯度的交换函数(Kazemi，1969)。同样基于 Barenblatt 模型，Hill 和 Thomas 提出了双渗透率模型，不仅考虑基质系统的储集能力，还充分考虑了基质岩块之间的流体流动(Hill and Thomas，1985)。这些研究工作，形成了较为完整的双重介质理论。

随后，基于双重介质概念，很多学者提出了不同的三重介质模型(Closemann，1975；Wu and Ge，1983；Abdassah and Ershaghis，1986；Bai et al.，1993；Wu et al.，2004a；Kang et al.，2006)。其中，Pruess 和 Narasimhan 提出了多重相关连续介质模型(Pruess and Narasimhan，1985)。Liu et al.(2003)和 Camacho－Velazquez et al.(2005)通过在基质中附加孔隙度的方法考虑基质中溶洞的影响，建立了新的三重介质单相流的模型。Wu et al.(2004)和 Kang et al.(2006)将缝洞型油藏考虑为基质系统、裂缝系统和溶洞系统构成的三重介质，并归纳出了三种系统的不同组合模式。然而，这些多重介质模型仍然基于双重介质理论，即认为裂缝系统是主要的流动通道，基质系统和溶洞系统是主要的储集空间；而对于溶洞系统中单元间多相流体的流动、多重介质多相流体高速非达西流动及大溶洞中多相流体的重力分离等问题还没有很好地解决。

塔河缝洞型储集体(图 5－1、图 5－2)由裂缝、溶孔、溶洞和基质组成(Zhang，1999)。这些溶洞和溶孔形状不规则、尺度变化大(直径从数毫米到几米)，流动形态也是多种多样，不仅存在渗流(包括达西流和非西达流)，还存在一维管流、裂缝面上的二维流动、无充填溶洞内的三维“洞穴流”、以及不同孔隙空间类型之间的流体交换。

图 5－1　缝洞型岩层露头照片一

图 5－2　缝洞型岩层露头照片二

2. 多重介质表征单元体

表征单元体(representative elementary volume，REV)指岩体的某一性质不随体积的变化而变化的最小体积。在岩体内流体流动研究中，表征单元体的存在是连续介质研究的基础，也是应用连续介质力学方法研究的前提，只有渗透表征单元体时，其渗透张量才有定义。目前在单孔隙介质表征单元体研究方面已有很多成果，对于缝洞复杂介质，很多学者也都注意到了这个问题，但大都是研究表征单元体是否存在，而进一步如何划分的研究很少。

设缝洞复杂介质区域中(图 5－3)的一个体积为 $\Omega(x_0)$，x_0 是体积 $\Omega(x_0)$ 的质点，E 为该复杂介质的外延量(质量、孔隙空间、单位时间通过的流体质量等)，e 为该外延量对应的内涵量(密度、孔隙度、质量流量等)。$E[\Omega(x_0)]$ 表示体积 $\Omega(x_0)$ 内的外延量，$e(x)$ 表示点 x 处的内涵量。

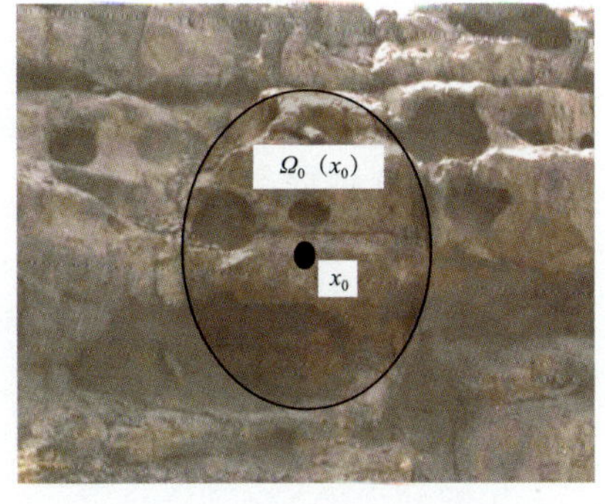

图 5－3　表征单元体示意图

如果以下极限值存在：

$$e(x_0)=\lim_{\Omega(x_0)\to\Omega_0(x_0)}\left\{\frac{E[\Omega(x_0)]}{\Omega(x_0)}\right\} \tag{5-1}$$

且 $E[\Omega(x)]$ 在点 x_0 附近的变化是光滑的，$e(x)$ 极限值存在，即：

$$e(x_0)=\lim_{x\to x_0}e(x) \tag{5-2}$$

则 $\Omega_0(x_0)$ 称为该复杂介质的表征单元体，连续介质方法成立。

在研究的尺度范围内，如果上述复杂介质的表征单元体存在，则可以采用单孔隙介质方法研究该复杂介质。

然而，由于复杂介质中不同孔隙类型的空间尺度差异很大、孔隙中多相流体的流动形态也是多种多样，因此在我们研究的尺度范围内复杂介质的表征单元体往往并不存在。为解决这一问题，研究采用了多重表征单元体的方法（见图 5-4）。

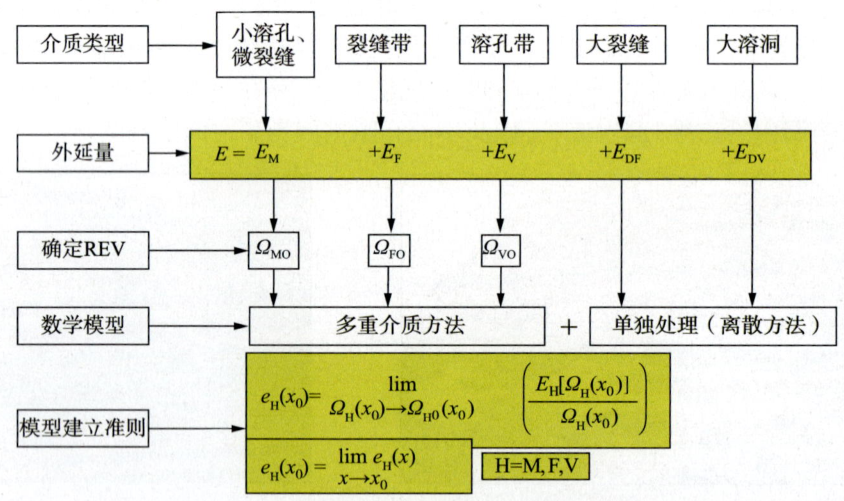

图 5-4　复杂介质多重表征单元体示意图

把复杂介质区域中的一个体积 V 上的外延量 E，按空间划分成两部分：

$$E=E_{\Omega}+E_D \tag{5-3}$$

其中，E_{Ω} 为空间 Ω 上的外延量；E_D 为空间 D 上的外延量；$W=\Omega\cup D$。空间 D 由 m 个不相交的子域 D_j 组成，E_{D_j} 是 D_j 上的外延量。

$$E_D=\sum_{j=1}^{m}E_{D_j} \tag{5-4}$$

空间 Ω 由 3 个可相交的子域 Ω_{H} 组成。设 H 分别为：M、F、V，$E_{\mathrm{H=M,F,V}}$ 分别是 M、F、V 上的外延量，且有：

$$E_{\Omega}=E_{\mathrm{M}}+E_{\mathrm{F}}+E_{\mathrm{V}} \tag{5-5}$$

如果在我们研究的尺度范围内，复杂介质一外延量 E 相应的内涵量 e 的表征单元体不存在，则连续介质方法不适用。

如果通过某种划分使得式(5-3)~式(5-5)成立，且满足：

$$e_{\mathrm{H}}(x_0)=\lim_{\Omega_{\mathrm{H}}(x_0)\to\Omega_{\mathrm{H0}}(x_0)}\left\{\frac{E_{\mathrm{H}}[\Omega_{\mathrm{H}}(x_0)]}{\Omega_{\mathrm{H}}(x_0)}\right\},\ \mathrm{H=M,\ F,\ V} \tag{5-6}$$

$$e_{\mathrm{H}}(x_0)=\lim_{x\to x_0}e_{\mathrm{H}}(x),\ \mathrm{H}=\mathrm{M},\ \mathrm{F},\ \mathrm{V} \tag{5-7}$$

则，外延量 E_{H} 相应的内涵量 e_{H} 的表征单元体存在，连续介质方法可用。式(5－3)～式(5－7)即是复杂介质的多重介质模型的基础准则。

复杂介质的多重介质模型的具体方法和步骤如下：

①设定复杂介质中溶孔、裂缝、洞穴的尺度界限 L_1、L_2、L_3($L_1<L_2<L_3$)；

②根据确定的尺度界限 L_1、L_2、L_3，按照孔缝洞尺寸 L 将复杂介质区域划分为微尺度($L<L_1$)、中尺度($L_1\leqslant L<L_3$)和大尺度($L_3<L$)3 个区域，如图 5－5 所示；

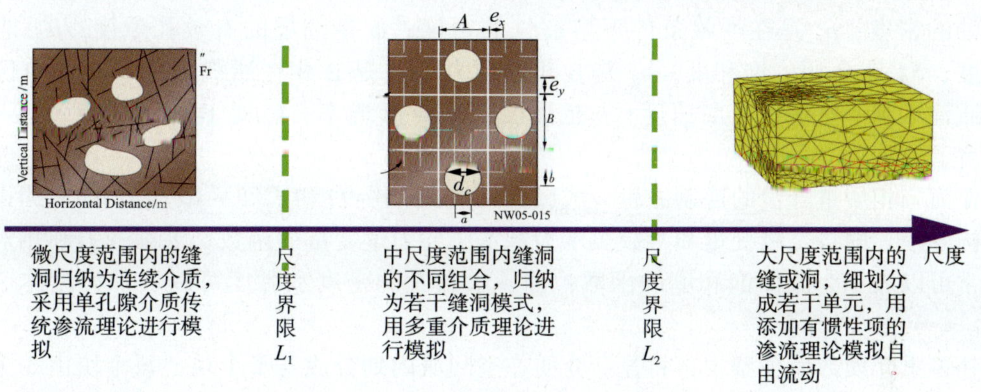

图 5－5　复杂介质尺度范围的划分

③对复杂介质的中尺度区域，按照孔缝洞尺寸 L 将其划分为基质 M($L<L_1$)、裂缝 F($L_1\leqslant L<L_2$)和溶洞 V($L_2\leqslant L<L_3$)三重介质；

④对复杂介质微尺度区域采用单孔隙介质模型进行模拟，根据式(5－1)、式(5－2)判断其表征单元体 $\mathrm{REV}_{微}$ 是否存在，如果不存在，则返回步骤①调整尺寸界限 L_1；

⑤对复杂介质中尺度区域采用多重介质模型进行模拟，根据式(5－3)～式(5－7)判断多重介质中基质 M、裂缝 F、溶洞 V 的表征单元体 $\mathrm{REV_M}$、$\mathrm{REV_F}$、$\mathrm{REV_V}$ 是否存在，如果不存在，则返回步骤①调整尺寸界限 L_2、L_3；

⑥对复杂介质大尺度区域采用单孔隙介质模型进行模拟，结合步骤④、⑤，从而建立复杂介质的数值计算模型。

3. 等效多重介质质量守恒方程

模型假设等温过程，并且包含油、气和水三相流体。在油藏条件状态下，油组分完全存在于油相内，水组分完全存在于水相内，气组分不仅以自由气的方式存在于气相中，也可以以溶解气的方式存在于油相中。在多孔介质区域内，每一相的流体在压力、重力和毛细管力的作用下按照达西定律流动；溶洞内和溶洞之间的流动为非达西流或管流。用油、气和水三相的质量平衡方程描述孔隙、裂缝和溶洞介质内流体的流动：

气相：

$$\frac{\partial}{\partial t}[\phi(S_{\mathrm{o}}\bar{\rho}_{\mathrm{dg}}+S_{\mathrm{g}}\rho_{\mathrm{g}})]=-\nabla\cdot(\bar{\rho}_{\mathrm{dg}}\vec{u}_{\mathrm{o}}+\rho_{\mathrm{g}}\vec{u}_{\mathrm{g}})+q_{\mathrm{g}} \tag{5-8}$$

水相：

$$\frac{\partial}{\partial t}(\phi S_{\mathrm{w}}\rho_{\mathrm{w}})=-\nabla\cdot(\rho_{\mathrm{w}}\vec{u}_{\mathrm{w}})+q_{\mathrm{w}} \tag{5-9}$$

油相：

$$\frac{\partial}{\partial t}(\phi S_o \bar{\rho}_o) = -\nabla \cdot (\bar{\rho}_o \vec{u}_o) + q_o \tag{5-10}$$

其中，当 β 相流体（当 β = g 时为气；β = w 时为水；β = o 时为油）为达西流动时，其速度根据达西定律如下定义：

$$u_\beta = -\frac{k k_{r\beta}}{\mu_\beta}(\nabla p_\beta - \rho_\beta g \nabla D) \tag{5-11}$$

式(5-8)~式(5-11)中，ρ_β 是 β 相在油藏条件下的密度；$\bar{\rho}_o$ 是在油藏条件下脱气原油的密度；$\bar{\rho}_{dg}$是在油藏条件下溶解气的密度；ϕ 是油层的有效孔隙度；μ_β 是 β 相的黏度；S_β 是 β 相的饱和度；p_β 是 β 相的压力；q_β 是 β 相在油藏条件下 β 每单位体积产出或注入量；g 是重力加速度；k 是油层的绝对渗透率；$k_{r\beta}$是 β 相的相对渗透率；D 是深度。

作为三相质量守恒的控制方程，式(5-8)、式(5-9)和式(5-10)需要补充约束方程和本构方程，即将二级变量和参数表示为基本主要力学变量的函数。毛细管力和相对渗透率通常可以表示为流体饱和度的函数；油、水和气的密度和黏度可以表示为流体压力的函数。

在多重介质数值模型中，将复杂介质在空间域内划分成若干个块，每个块由 3 个单元溶洞(V)、裂缝(F)和基质岩块(M)组成(图 5-6)。多相流体在块内的流动，由块内单元 V、F、M 间流体的运动描述；多相流体在块 i 与块 j 之间的流动，由单元 V_i 与单元 V_j、单元 F_i 与单元 F_j 间流体的运动描述。单元之间流体的流动可考虑为渗流或管流、达西流或非达西流。

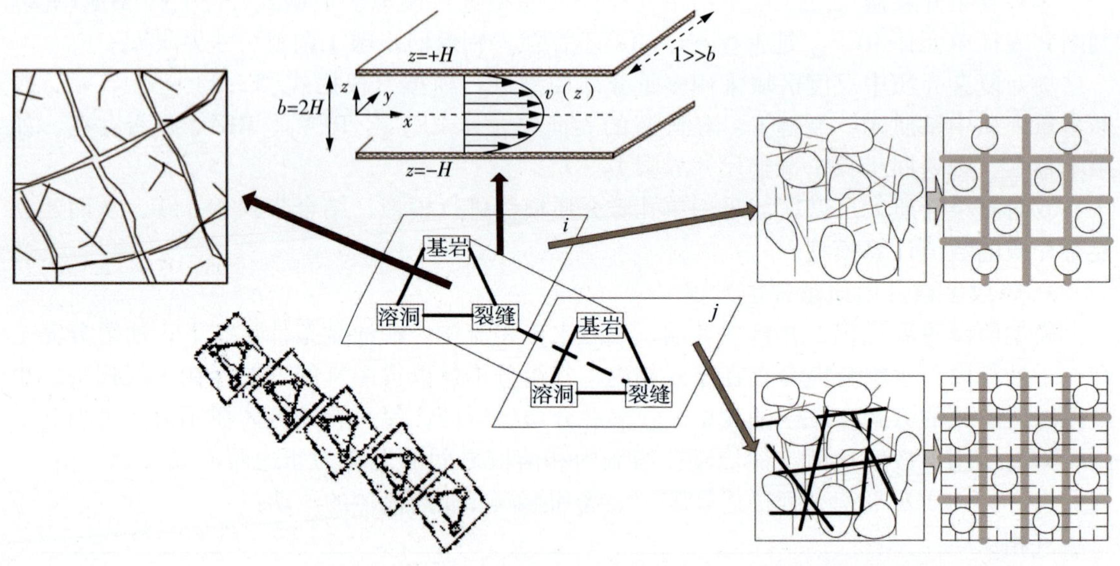

图 5-6　多重介质模型块内流动和块间流动

碳酸盐岩缝洞型油藏流体流动形式复杂多样(图 5-7)，单元间的流动分为渗流(达西流、非达西低速流或高速非达西流)、一维管流和裂缝面上的二维流动、无充填溶洞内的三维“洞穴流”(图 5-7)；单元内流体的窜流计算见数值解法一节。

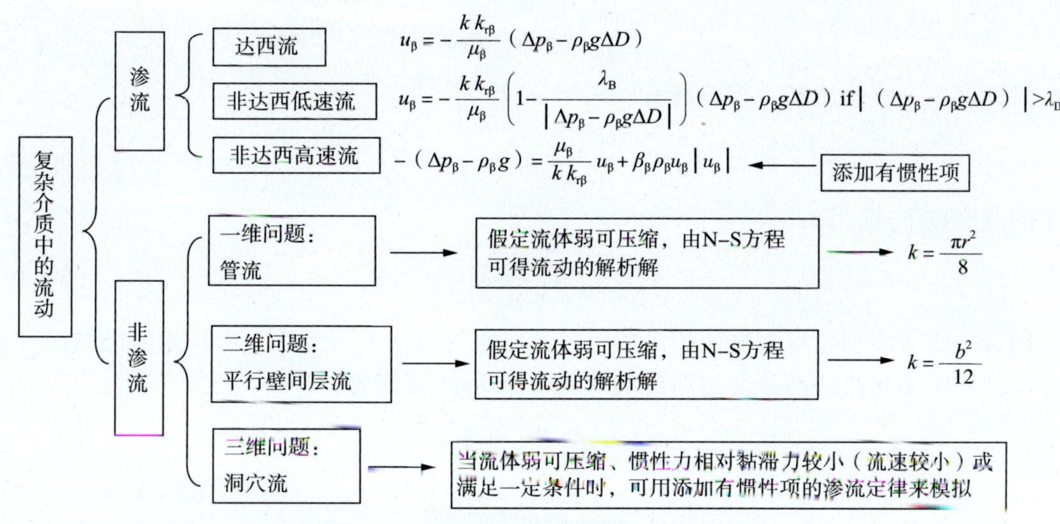

图 5－7　多重介质方法中流动的处理方法

4. 管流、裂缝流及高速非达西流

考虑两个平行直壁之间狭窄空间中的二维稳定流动。假设流动为层流且流体微可压缩。由 N－S 方程可得：

$$-\nabla p+\mu\nabla^2 u_x=0 \tag{5-12}$$

式中，p 为流体压力，μ 为黏度。

单位时间直壁间单位宽度内的流量为：

$$q=\int_{-b}^{b}u_x\mathrm{d}y=-\frac{b^3}{12\mu}\frac{\mathrm{d}p}{\mathrm{d}x} \tag{5-13}$$

式中，b 为平行直壁之间距。

类似的，可得单位时间管流情况下的流量：

$$q=\int_0^R 2\pi r u_x\mathrm{d}r=-\frac{\pi r^4}{8\mu}\frac{\mathrm{d}p}{\mathrm{d}x} \tag{5-14}$$

式中，r 为圆管的半径。

将式(5－13)和式(5－13)同达西定律相对比，可知，对于管流和平行壁间流，达西定律仍然成立，式(5－13)和式(5－13)分别相当于达西定律中渗透率 $k=\frac{b^2}{12}$和 $k=\frac{\pi r^2}{8}$的情况。

因此，对于一维管流和二维裂缝流，前述多重介质数值计算模型仍然成立，单元间的流动项仍按照下式进行计算。

对于一维管流：

$$\gamma_{ij}=\frac{\pi r^4}{8(d_i+d_j)} \tag{5-15}$$

对于二维裂缝流：

$$\gamma_{ij}=\frac{wb^3}{12(d_i+d_j)} \tag{5-16}$$

式中，w 是裂缝的间隙，b 是裂缝的宽度，r 是圆管的半径。

多孔介质中多相流体的达西定律为：

$$u_{\beta} = -\frac{kk_{r\beta}}{\mu_{\beta}}(\nabla p_{\beta} - \rho_{\beta} g \nabla D) \tag{5-17}$$

对于多相一维管流和二维裂缝流，式(5－17)为：

$$u_{\beta} = -\frac{kS_{\beta}}{\mu_{\beta}}(\nabla p_{\beta} - \rho_{\beta} g \nabla D) \tag{5-18}$$

式中的流度按下式计算：

$$\lambda_{\beta, ij+1/2} = \left(\frac{\rho_{\beta} S_{\beta}}{\mu_{\beta}}\right)_{ij+1/2} \tag{5-19}$$

随着一维管流和二维裂缝流的流速增大，层流的假定不再成立，出现紊流的情况。描述多孔介质中单相流体高速非达西流动的 Forchheimer 定律为：

$$-\nabla p = \frac{\mu}{k} u + \beta \rho u^2 \tag{5-20}$$

式中，β 是等效非达西流系数，单位为 m^{-1}。

将式(5－17)和式(5－20)相结合，把单相流体高速非达西流动的 Forchheimer 定律，推广到多相流体高速非达西流动问题(Evans，1988)：

$$-(\nabla p_{\beta} - \rho_{\beta} g) = \frac{\mu_{\beta}}{kk_{r\beta}} u_{\beta} + \beta_{\beta} \rho_{\beta} u_{\beta} |u_{\beta}| \tag{5-21}$$

式中，β_{β} 是多相流动条件下，流体 β 的等效非达西流系数，单位为 m^{-1}。

5. 多相洞穴流

首先考虑单相洞穴流的情况。根据质量守恒定律，可得流体的连续性方程：

$$\frac{\partial \rho}{\partial t} + \nabla \cdot (\rho u) = 0 \tag{5-22}$$

式中，ρ 是流体的密度，u 是流速。

根据动量守恒定律，可得运动方程：

$$\frac{\partial (\rho u)}{\partial t} + \nabla \cdot (\rho u u) = \nabla \cdot \sigma + F_v \tag{5-23}$$

式中，σ 是流体应力，F_v 为流场单位体积力。

由式(5－22)和式(5－23)，可得：

$$\rho \frac{\partial u}{\partial t} + \rho (\nabla \cdot u) u = \nabla \cdot \sigma + F_v \tag{5-24}$$

在式(5－24)中添加充填引起的阻力项：

$$\rho \frac{\partial u}{\partial t} + \rho (\nabla \cdot u) u = \nabla \cdot u + F_v - \frac{\mu}{k} u \tag{5-25}$$

式中，μ 为黏度，k 为渗透率。

设流体为微可压缩流体，则有

$$\rho \frac{\partial u}{\partial t} + \rho \left[\nabla \left(\frac{u^2}{2}\right) - u \times (\nabla \times u)\right] = -\nabla p + F_v + \mu \nabla^2 u - \frac{\mu}{k} u \tag{5-26}$$

考虑无旋的稳态流动，则得：

$$-(\nabla p - F_v) = \frac{\mu}{k} u + \left(\frac{\rho}{2} \nabla u^2 - \mu \nabla^2 u\right) \tag{5-27}$$

如果式(5-28)成立，

$$\left(\frac{\rho}{2}\nabla u^2 - \mu\nabla^2 u\right) \approx \beta\rho u|u| \tag{5-28}$$

则流体运动方程式(5-24)简化为式(5-29)：

$$-(\nabla p - F_v) = \frac{\mu}{k}u + \beta\rho u|u| \tag{5-29}$$

式(5-29)跟高速非达西流动的 Forchheimer 定律有着相同的表达形式，其中 β 即是非达西流系数。

可见，如果满足式(5-28)的条件，则可在多重介质模型中采用三维高速非达西流动的 Forchheimer 定律，近似模拟洞穴流。

对于多相问题，采用二流体模型描述洞穴流的流动，不相互混溶的两种流体为两个组分，每一种流体都被看作是充满整个流场的连续介质，流场中的任一点都同时被两种组分所占据，两种组分存在相互作用。

根据质量守恒定律，可得 β 相(β = o：油；β = w：水)的连续性方程：

$$\frac{\partial\alpha_\beta\rho_\beta}{\partial t} + \nabla\cdot(\alpha_\beta\rho_\beta u_\beta) = 0 \tag{5-30}$$

式中，α_β 是 β 相的体积分数，ρ_β 是 β 相的密度，u_β 是 β 相的流速。

根据动量守恒定律，可得 β 相的运动方程：

$$\frac{\partial}{\partial t}(\alpha_\beta\rho_\beta u_\beta) + \nabla\cdot(\alpha_\beta\rho_\beta u_\beta u_\beta) = -\alpha_\beta\nabla\cdot\sigma + \alpha_\beta F_v - \sum_l \alpha_\beta F_{\beta l} \tag{5-31}$$

式中，σ 是流体应力，F_v 为流场单位体积力，F_β 是其它相对 β 相流体的作用力，可表示为 β 相流体相对于其它相流体的流速($u_\beta - u_\gamma$)的函数：

$$F_\beta = f(u_\beta - u_\gamma) \tag{5-32}$$

各相流体的体积分数有如下关系：

$$\sum\alpha_\beta = 1 \tag{5-33}$$

在式(5-31)中添加充填引起的阻力项，可得：

$$\frac{\partial}{\partial t}(\alpha_\beta\rho_\beta u_\beta) + \nabla\cdot(\alpha_\beta\rho_\beta u_\beta u_\beta) = -\alpha_\beta\nabla\cdot\sigma + \alpha_\beta F_v - \sum_l \alpha_\beta F_{\beta l} - \frac{\mu_\beta}{kk_{r\beta}}u_\beta \tag{5-34}$$

跟前述单相流体流动的情况类似，设流体为微可压缩流体，且考虑无旋的稳态流动，如果下式成立，

$$\left(\frac{\alpha_\beta\rho_\beta}{2}\nabla^2_\beta - \mu_\beta\nabla^2 u_\beta\right) \approx \beta_\beta\rho_\beta u_\beta|u_\beta| \tag{5-35}$$

则流体运动方程式(5-34)可简化为式(5-36)：

$$-(\nabla\alpha_\beta p_\beta - \alpha_\beta F_{v\beta}) = \frac{\mu_\beta}{kk_{r\beta}}u_\beta + \beta_\beta\rho_\beta u_\beta|u_\beta| \tag{5-36}$$

式中，μ_β 是 β 相流体的黏度。

可见，可通过在多重介质模型中引入添加有惯性项的渗流定律(三维多相高速非达西流动的 Forchheimer 定律)，近似模拟多相洞穴流。这一近似方法成立的条件是式(5-35)的条件成立。

6. 洞穴中流体界面处理

考虑大型洞穴中不混溶多相流体的流动，其运动方程由式(5－34)来描述，对于微可压缩流体的情况：

$$\alpha_\beta\rho_\beta\frac{\partial u_\beta}{\partial t}+\alpha_\beta\rho_\beta\left[\nabla\left(\frac{u_\beta^2}{2}\right)-u_\beta\times(\nabla\times u_\beta)\right]$$

$$=-\alpha_\beta\nabla p+\alpha_\beta F_v+\alpha_\beta\mu_\beta\nabla^2u_\beta-\sum_l\alpha_\beta F_{\beta l}-\frac{\mu_\beta}{kk_{r\beta}}u_\beta \tag{5-37}$$

如果在大型洞穴中流体为稳态的无旋流动，且流速的梯度和流速随时间的变化足够小以满足下式：

$$\alpha_\beta\rho_\beta\frac{\partial u_\beta}{\partial t}+\alpha_\beta\rho_\beta\left[\nabla\left(\frac{u_\beta^2}{2}\right)-u_\beta\times(\nabla\times u_\beta)\right]$$

$$=\alpha_\beta\mu_\beta\nabla^2u_\beta-\sum_l\alpha_\beta F_{\beta l}-\frac{\mu_\beta}{kk_{r\beta}}u_\beta \tag{5-38}$$

则式(5－37)可近似为：

$$\nabla p-\rho_\beta g=0 \tag{5-39}$$

式(5－39)即意味着大型洞穴中的不混溶多相流体处于静力平衡、重力分离状态。

由于大型洞穴中流体的运动阻力要远远小于其周围的多孔介质区域，假设大型洞穴中的不混溶多相流体能够瞬时达到平衡、并因重力发生分离是合理的。因而在多孔介质区域流体流动的时间步长内，大型洞穴内流体流速的梯度和流速随时间的变化足够小，从而使得式(5－38)成立。

二、耦合型油藏数学模型

为了精细计算缝洞型油藏中溶洞和裂缝内的流动，以及溶洞、裂缝与基质岩块之间流体流动的耦合问题，建立了多区域耦合不混溶油水两相流体的数值模拟方法，该数学模型以连续力学的基本方程为基础，N－S 流与渗流耦合，流体在界面处视为有跳跃的连续体，各流体用不同的指示函数进行标识。

1. 连续性方程

对于每一相，连续性方程为：

$$\frac{\partial(S_w\rho_w)}{\partial t}+\nabla\cdot(S_w\rho_w u)=0 \tag{5-40}$$

$$\frac{\partial(1-S_w)\rho_o}{\partial t}+\nabla\cdot\left[(1-S_w)\rho_o u\right]=0 \tag{5-41}$$

式中，ρ_o、ρ_w 为油水相的密度，u 是渗流速度，S_w 为水相的饱和度。

连续性方程表明封闭区域内流体的质量只能通过边界的流动即边界质量通量而改变。通量定义为单位时间单位面积上通过的量。

定义密度 ρ：

$$\rho=S_w\rho_w+(1-S_w)\rho_o \tag{5-42}$$

故可得到：

$$\frac{\partial\rho}{\partial t}+\nabla\cdot(\rho u)=0 \tag{5-43}$$

指示函数定义为流体 β 的体积分数 S：

$$S_{\beta}(x,\ t)=\frac{\text{流体 }\beta\text{ 的体积}}{\text{控制体的总体积}} \tag{5-44}$$

$$S_{\beta}(x,\ t)=\begin{cases}1 & (x,\ t)\text{在 }\beta\text{ 相中}\\ 0 & (x,\ t)\text{在其它相中}\\ 0<S_{\beta}<1 & (x,\ t)\text{在油水两相过渡区域}\end{cases} \tag{5-45}$$

由此定义的指示函数在全区域是连续可导的，这样既保证模型中物性参量的连续性，也可将其用于计算界面曲率的公式中。

由(5-43)可得：

$$\frac{\partial\rho}{\partial t}+u\cdot\nabla\rho+\rho\nabla\cdot u=0 \tag{5-46}$$

$$\nabla\cdot u=-\frac{1}{\rho}\left(\frac{\partial\rho}{\partial t}+u\cdot\nabla\rho\right)=-\frac{D\ln\rho}{Dt} \tag{5-47}$$

2. 动量方程

$$\frac{\partial\rho u}{\partial t}+\nabla\cdot(\rho uu)=-\nabla p-\nabla\cdot\tau+\rho g+f_{\delta}-\left(\frac{\mu}{k}+\frac{C_{o}\rho}{2}|u|\right)u \tag{5-48}$$

式中，f_{δ} 为表面张力，ρ 为流体密度，u 为流速，τ 为剪切应力，t 为时间，μ 为黏度，k 为渗透率，p 为压力，g 为重力加速度，C_{o} 为压缩系数。

由连续表面力模型(CSF)并结合 VOF 模型可推得：

$$f_{\delta}=\int\delta(x-x_{f})\sigma\kappa n\mathrm{d}s \tag{5-49}$$

式中，κ 为界面平均曲率，σ 为表面张力系数，n 为垂直于表面的单位矢量，$\delta(x-x_{f})$ 为狄拉克函数，x_{f} 指界面的瞬态位置，$\mathrm{d}s$ 为界面面积。

n 和 κ 表达为：

$$n=\frac{\nabla S_{w}}{|\nabla S_{w}|} \tag{5-50}$$

$$\kappa=-\nabla\cdot\left(\frac{\nabla S_{w}}{|\nabla S_{w}|}\right) \tag{5-51}$$

S_{w} 的梯度总是从油相指向水相，为连续函数，其在过渡区域外处处为零。

故狄拉克函数项与其等价：

$$\nabla S_{w}=\int\delta(x-x_{f})n\mathrm{d}s \tag{5-52}$$

进而可得：

$$f_{\delta}=\sigma\kappa\nabla S_{w} \tag{5-53}$$

此即 Brackbill 提出的连续界面模型。该模型有两个特点，一是定义了指示函数，并用其定义界面法向；二是假设界面处的压力起源于指示函数的过渡区，因为在其它区域指示函数为 0 或 1，梯度为 0，不存在此压力项，这种在界面处具有与指示函数同样光滑程度的作用力通过积分在大小和方向上等价于真实的界面张力。

其中，$\kappa>0$，水相位于界面的凹面侧，$\kappa<0$，油相位于界面的凹面侧。$\kappa\nabla S$ 总是指向界面的凹面侧。

在缝洞型油藏中，有的区域(洞穴内)为全流体，有的区域为多孔介质区，全流体区域不需要考虑多孔介质项，动量方程的最后一项为多孔介质对流体的作用，因此此项可忽略。

3. 状态方程

由于考虑的是等温可压缩模型，故状态方程体现为压力对密度的影响。

压缩系数定义为：

$$C_{\mathrm{T}} = -\frac{1}{V}\left(\frac{\partial V}{\partial p}\right)_{\mathrm{T}} = \frac{1}{\rho}\left(\frac{\partial \rho}{\partial p}\right)_{\mathrm{T}} \tag{5-54}$$

式中，C_{T} 为压缩系数，V 为流体体积，p 为压力，ρ 为流体密度。

4. 指示函数方程

由式(5－40)，推导可得：

$$\frac{\partial S_{\mathrm{w}}}{\partial t} + u \cdot \nabla S_{\mathrm{w}} = S_{\mathrm{w}}(1-S_{\mathrm{w}})\frac{Dp}{Dt}\left(\frac{C_{\mathrm{o}}}{\rho_{\mathrm{o}}} - \frac{C_{\mathrm{w}}}{\rho_{\mathrm{w}}}\right) \tag{5-55}$$

式(5－55)即为微可压缩流体指示函数的传递方程。式中，S_{w} 为水相的饱和度，u 为流速，p 为压力，ρ_{o}、ρ_{w} 为油、水的密度，C_{o}、C_{w} 为油、水的压缩系数。

5. 数学模型

$$\frac{\partial \rho}{\partial t} + \nabla \cdot (\rho u) = 0$$

$$\frac{\partial \rho u}{\partial t} + \nabla \cdot (\rho u u) = -\nabla p - \nabla \cdot \tau + \rho g - \sigma \nabla \cdot \left(\frac{\nabla S}{|\nabla S|}\right)\nabla S - \left(\frac{\mu}{\alpha} + \frac{C_{\mathrm{o}}\rho}{2}|u|\right)u$$

$$\frac{\partial S_{\mathrm{w}}}{\partial t} + u \cdot \nabla S_{\mathrm{w}} = S_{\mathrm{w}}(1-S_{\mathrm{w}})\frac{Dp}{Dt}\left(\frac{C_{\mathrm{o}}}{\rho_{\mathrm{o}}} - \frac{C_{\mathrm{w}}}{\rho_{\mathrm{w}}}\right) \tag{5-56}$$

$$\rho = S_{\mathrm{w}}\rho_{\mathrm{w}} + (1-S_{\mathrm{w}})\rho_{\mathrm{o}} \tag{5-57}$$

$$\tau = -\mu\left[\nabla u + (\nabla u)^{T}\right] + \frac{2}{3}\mu(\nabla \cdot u)\delta \tag{5-58}$$

$$\mu = S_{\mathrm{w}}\mu_{\mathrm{w}} + (1-S_{\mathrm{w}})\mu_{\mathrm{o}} \tag{5-59}$$

式中，p 为压力，ρ 为流体密度，ρ_0 为参考密度，ρ_{o}、ρ_{w} 为油、水的密度，C 为线性系数，为声速平方的倒数，S_{w} 为水相饱和度，u 为流速，C_{o}、C_{w} 为油、水的压缩系数，μ 为流体黏度，μ_{o}、μ_{w} 为油、水的黏度，τ 为剪切应力，σ 为表面张力系数。

6. 定解条件

除了流动控制微分方程外，还有其初始条件和边界条件一起构成定界问题。对非稳态问题，所有变量在计算之前应有一初始值，即所有网格节点上各变量应有一计算起点，这样才有可能依时间步长计算场变量随时间的变化，这就是初始条件。边界条件有 Dirichlet 边界条件(其指定边界上的值)、Neumann 边界条件(其指定边界上的梯度)以及 Couchy 边界条件(混合边界条件)，这种情况在研究具有半渗透边界的多孔介质时才可能出现。

第二节　缝洞型油藏模型数值解法

首先通过离散化将偏微分方程组转换成差分方程组，然后将其非线性系数项线性化，从而得到线性代数方程组，再通过线性方程组解法求得所需求的未知量(压力、饱和度、组分等)的分布及变化。在等效多重介质数值解法中研究了达西流、非达西流、大型洞穴的处理方法，两种数学模型均采用有限体积差分解法。

一、等效多重介质模型数值解法

1. 达西流的数值模拟方法

由前述的数学模型可见，无论是块间流动还是块内流动，都表现为单元之间流体的流动。多相流体在单元之间流动满足下式，即：

$$div(\rho_\beta u_\beta)+q_\beta=\frac{\partial}{\partial t}(\phi\rho_\beta S_\beta)\quad \beta=\text{o, w, g} \tag{5-60}$$

采用有限体积法，在单元(体积为 V、表面为 A)内对上式进行积分，可得：

$$-\int_V div(\rho_\beta u_\beta)\mathrm{d}V+q_\beta V=V\frac{\partial}{\partial t}(\phi\rho_\beta S_\beta) \tag{5-61}$$

根据高斯定理，

$$-\int_V div(\rho_\beta u_\beta)\mathrm{d}V=-\int_A\rho_\beta(u_\beta\cdot n)\mathrm{d}A=\int_A\rho_\beta[u_\beta\cdot(-n)]\mathrm{d}A=\sum F_{\beta,ij} \tag{5-62}$$

如图 5-8 所示，单元 i 与单元 j 之间 β 相的质量流动为 $F_{\beta,ij}$。

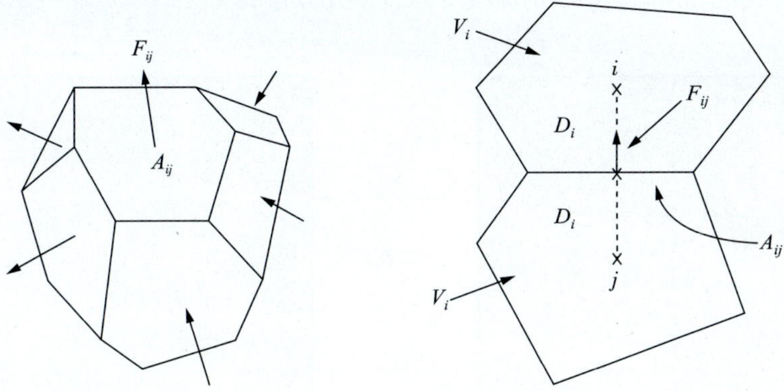

图 5-8　单元间流体的流动

采用有限体积法进行空间离散后，采用向后一阶差分进行时间离散，可得离散化后单元 i 内方程：

$$[(M_\beta)_i^{n+1}-(M_\beta)_i^n]\frac{V_i}{\Delta t}=\sum_{j\in\eta_i}F_{\beta,ij}^{n+1}+Q_{\beta i}^{n+1} \tag{5-63}$$

其中，M 是 β 相的质量；上标 n 表示是前一时刻；上标 $n+1$ 表示是当前时刻；V_i 是单元 i (基质、裂缝或溶洞)的体积；Δt 是时间步长；η_i 是同单元 i 相连接的单元 j 的集合；$F_{\beta,ij}$ 是单元 i 同单元 j 之间 β 相的质量流动项；$Q_{\beta i}$是单元 i 内 β 相的源汇项。

对于达西流动，多重介质单元 i、j 之间的流动项 $F_{\beta,ij}$可表示如下：

$$\begin{aligned}F_{\beta,ij}&=A_{ij}\left(\frac{\rho_\beta kk_{r\beta}}{\mu_\beta}\right)_{ij+1/2}\frac{[(P_{\beta j}-\rho_{\beta,ij+1/2}gD_j)-(P_{\beta j}-\rho_{\beta,ij+1/2}gD_j)]}{d_i+d_j}\\&=\left(\frac{\rho_\beta k_{r\beta}}{\mu_\beta}\right)_{ij+1/2}\left(\frac{A_{ij}k_{ij+1/2}}{d_i+d_j}\right)[(P_{\beta j}-\rho_{\beta,ij+1/2}gD_j)-(P_{\beta i}-\rho_{\beta,ij+1/2}gD_i)]\\&=\lambda_{\beta,ij+1/2}\gamma_{ij}[\Phi_{\beta j}-\Phi_{\beta i}]\end{aligned} \tag{5-64}$$

其中，$\lambda_{\beta,ij+1/2}$是 β 相的流度，

$$\lambda_{\beta,ij+1/2} = \left(\frac{\rho_\beta k_{r\beta}}{\mu_\beta}\right)_{ij+1/2} \tag{5-65}$$

这里，下标 $ij+1/2$ 表示单元 i 和 j 属性参数的加权平均；$k_{r\beta}$ 是 β 相的相对渗透率。式(5-64)中，γ_{ij} 是传导系数，由有限差分法可得：

$$\gamma_{ij} = \frac{A_{ij}k_{ij+1/2}}{d_i + d_j} \tag{5-66}$$

式中，A_{ij} 是单元 i 和 j 的界面面积，d_i 是单元 i 中心点到单元 i 和单元 j 之间界面的距离，$k_{ij+1/2}$ 是沿着单元 i 和 j 连通处的平均绝对渗透率。式(5-64)中的流动势为：

$$\Phi_{\beta i} = P_{\beta i} - \rho_{\beta,ij+1/2}gD_i \tag{5-67}$$

式中，D_i 是单元 i 中心的深度，单元 i 的汇点/源点项定义如下：

$$Q_{\beta i} = q_{\beta i}V_i \tag{5-68}$$

在多重介质数值模型中，将复杂介质在空间域内划分成若干个块，每个块由三个单元 V、F 和 M 组成，分别表示块内的溶洞单元、裂缝单元和基质单元。根据复杂介质块内溶洞、裂缝和基质岩块分布的几何特点，可归纳总结出若干个块内单元分布模式，如图 5-9 ~ 图 5-12 所示。

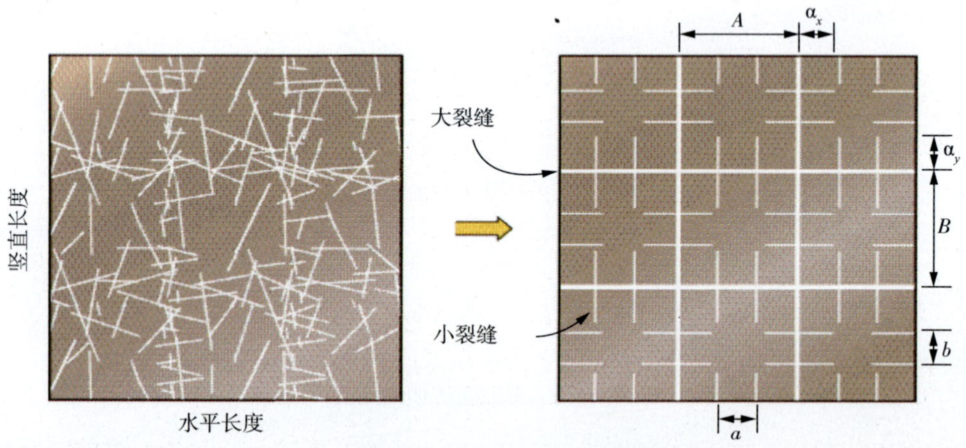

图 5-9 块内单元模式 A

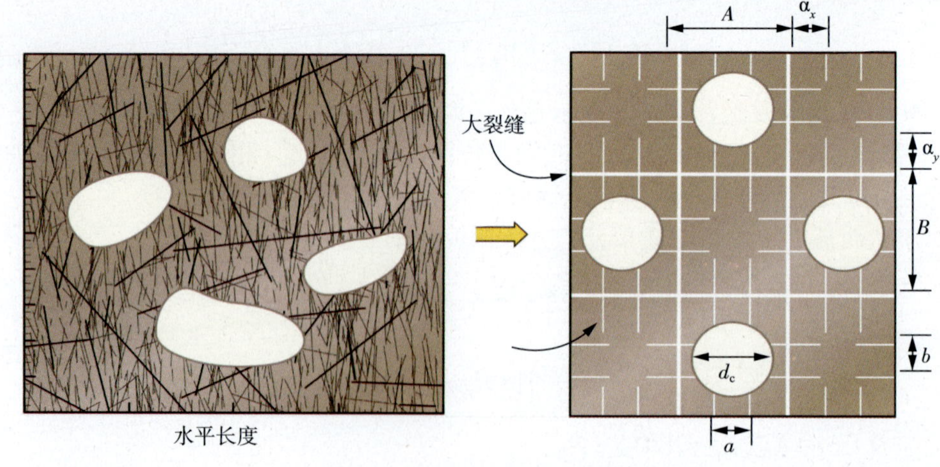

图 5-10 块内单元模式 B

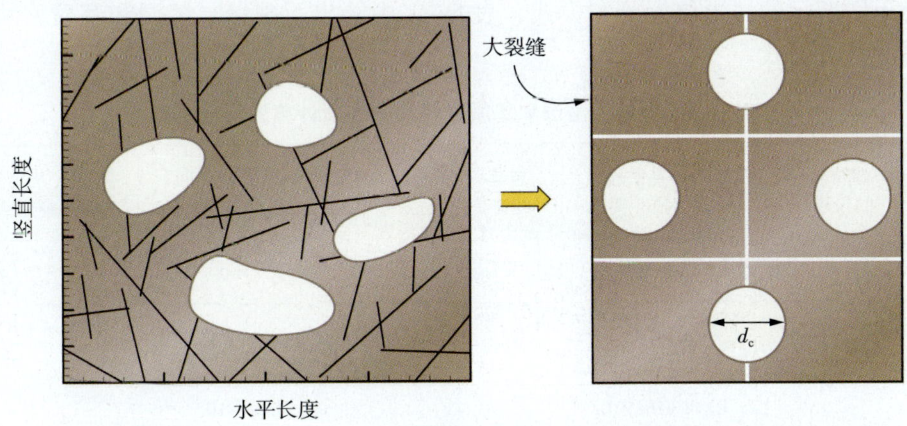

图 5－11　块内单元模式 C

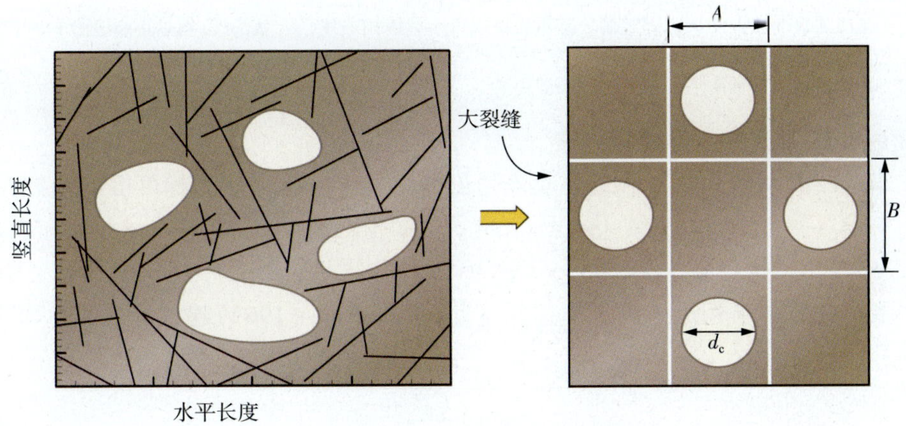

图 5－12　块内单元模式 D

对于不同的块内单元分布模式，块内单元间的流动项都可以采用式(5－64)来计算，式(5－66)中的传导系数则可根据块内单元分布模式进行计算。

对于裂缝—基质岩块间的流动：

$$\gamma_{FM}=\frac{A_{FM}k_M}{l_{FM}} \tag{5-69}$$

其中，A_{FM}是裂缝单元 F 和基质岩块单元 M 之间的连接面积，k_M 是基质岩块的绝对渗透率，l_{FM}是裂缝—基质岩块间流动的特征距离。

对于裂缝—溶洞间的流动：

$$\gamma_{FV}=\frac{A_{FV}k_V}{l_{FV}} \tag{5-70}$$

其中，A_{FV}是裂缝单元 F 和溶洞单元 V 之间的连接面积，l_{FV}是裂缝—溶洞间流动的特征距离，k_V 是溶洞的绝对渗透率，等于连接溶洞和裂缝之间小裂缝的渗透率。对于孤立的溶孔，则不需要计算裂缝—溶洞间的流动。

对于溶洞—基质岩块间的流动：

$$\gamma_{VM}=\frac{A_{VM}k_M}{l_{VM}} \tag{5-71}$$

其中，A_{VM}是溶洞单元 V 和基质岩块单元 M 之间的连接面积，l_{VM}是溶洞—基质岩块间流动的特征距离。

针对上图所示的块内单元分布模式，表 5－1 中给出了裂缝、溶洞和基质岩块间流动特征距离的计算公式。

表 5－1 裂缝、溶洞和基质岩块间流动项计算的特征距离

裂缝系统	基质岩块的尺度/m	裂缝—基质岩块间的特征距离/m	裂缝—溶洞间的特征距离/m	溶洞—基质岩块间的特征距离[1]/m	溶洞—基质岩块间的特征距离[2]/m
1D	A	$l_{FM}=A/6$	$l_{FV}=l_x$	$l_{VM}=a/6$	$l_{VM}=(A-d_c)/2$
2D	A，B	$l_{FM}=AB/4(A+B)$	$l_{FV}=\frac{l_x+l_y}{2}$	$l_{VM}=ab/4(a+b)$	$l_{VM}=\frac{A+B-2d_c}{4}$
3D	A，B，C	$l_{FM}=3ABC/10/(AB+BC+CA)$	$l_{FV}=\frac{l_x+l_y+l_z}{3}$	$l_{VM}=3abc/10/(ab+bc+ca)$	$l_{VM}=\frac{A+B+C-3d_c}{6}$

注：表 5－1 中，A，B，C 分别是基质岩块沿 x，y 和 z 方向的尺寸。

1. 溶洞—基质岩块的特征距离，即溶洞—基质岩块通过小裂缝相连接，a，b，c 分别是小裂缝沿 x，y，z 方向的裂缝间距。

2. 溶洞—基质岩块的特征距离，即溶洞同裂缝距离。

2. 高速非达西流的数值模拟方法

等效非达西流系数和相对渗透率应该是流体饱和度、流体压力梯度等的函数：

$$\gamma_\beta=\gamma_\beta(S_\beta,\ k_{r\beta},\ \nabla p_\beta) \tag{5-72}$$

$$k_{r\beta}=k_{r\beta}(S_\beta,\ \nabla p_\beta)\quad k_{r\beta}=k_{r\beta}(S_\beta,\ \nabla p_\beta) \tag{5-73}$$

针对多孔介质中单相流体高速非达西流动，Tek et al.（1962）建议等效非达西流系数按下式计算：

$$\gamma=\frac{C_\beta}{k^{\frac{5}{4}}\phi^{\frac{3}{4}}} \tag{5-74}$$

其中，C_β 是跟多孔介质固相材料和流体性质有关的参数。

同样，将式(5－74)推广到多相流体高速非达西流动问题，如下：

$$\gamma_\beta=\frac{C_\beta}{(kk_{r\beta})^{\frac{5}{4}}\left[\phi(S_\beta-S_{\beta r})\right]^{\frac{3}{4}}} \tag{5-75}$$

其中，$S_{\beta r}$是多孔介质中流体 β 的残余饱和度。

多重介质数值模拟考虑高速非达西流动时，单元 i 和 j 连接的流动项 $F_{\beta,ij}$为：

$$F_\beta=\frac{A_{ij}}{2(k\beta_\beta)_{ij+1/2}}\left\{-\frac{1}{\bar{\lambda}_\beta}+\left[\left(\frac{1}{\bar{\lambda}_\beta}\right)^2-\bar{\gamma}_{ij}(\Phi_{\beta j}-\Phi_{\beta i})\right]^{1/2}\right\}; \tag{5-76}$$

其中，流度：

$$\bar{\lambda}_\beta=\frac{k_{r\beta}}{\mu_\beta}; \tag{5-77}$$

传导系数：

$$\bar{\gamma}_{ij}=\frac{4(k^2\rho_\beta\beta_\beta)_{ij+1/2}}{d_i+d_j}。 \tag{5-78}$$

3. 大型洞穴流动的数值模拟方法

在采用上述近似计算方法计算大型洞穴内多相流体运动时，其质量守恒方程式的离散形式仍然是成立的。

$$[(M_\beta)_i^{n+1}-(M_\beta)_i^n]\frac{V_i}{\Delta t}=\sum_{j\in\eta_i}F_{\beta,ij}^{n+1}+Q_{\beta i}^{n+1} \tag{5-79}$$

其中，M 是 β 相的质量；上标 n 表示是前一时刻；上标 $n+1$ 表示是当前时刻；V_i 是大型洞穴 i 的体积；Δt 是时间步长；η_i 是大型洞穴 i 相连接的单元 j 的集合；$F_{\beta,ij}$ 是大型洞穴 i 同单元 j 之间 β 相的质量流动项；$Q_{\beta i}$ 是大型洞穴 i 内 β 相的源汇项。

对于达西流动，式(5-79)中流动项 $F_{\beta,ij}$ 可表示如下：

$$F_{\beta,ij}=\lambda_{\beta,ij+1/2}\gamma_{ij}[\Phi_{\beta j}-\Phi_{\beta i}] \tag{5-80}$$

其中，$\lambda_{\beta,ij+1/2}$ 是 β 相的流度，

$$\lambda_{\beta,ij+1/2}=\left(\frac{\rho_\beta k_{r\beta}}{\mu_\beta}\right)_{ij+1/2} \tag{5-81}$$

这里，下标 $ij+1/2$ 表示大型洞穴 i 和 j 属性参数的加权平均，$k_{r\beta}$ 是单元 j 内 β 相的相对渗透率。

式(5-80)中的传导系数 γ_{ij} 为：

$$\gamma_{ij}=\frac{A_{ij}k_j}{d_j} \tag{5-82}$$

其中，A_{ij} 是大型洞穴 i 和 j 的界面面积，d_j 是单元 j 中心点到大型洞穴 i 和单元 j 之间界面的距离。

式(5-79)中的流动势为：

$$\Phi_{\beta i}=p_{\beta i}-\rho_{\beta,ij+1/2}gD_i \tag{5-83}$$

其中，D_i 是单元 i 中心的深度，单元 i 的汇点/源点项定义如下：

$$Q_{\beta i}=q_{\beta i}V_i \tag{5-84}$$

为了在数值模拟程序中编程实现大型洞穴中瞬时平衡和重力分离的假定，需将跟大型洞穴连接的单元的流动项，区分为流入自由流动区域项 $F_{\beta,ij}^{\text{in}}$ 和流出自由流动区域项 $F_{\beta,ij}^{\text{out}}$(见图 5-13)。

对于流入洞穴单元的流动项 $F_{\beta,ij}^{\text{in}}$，仍按原有公式计算。

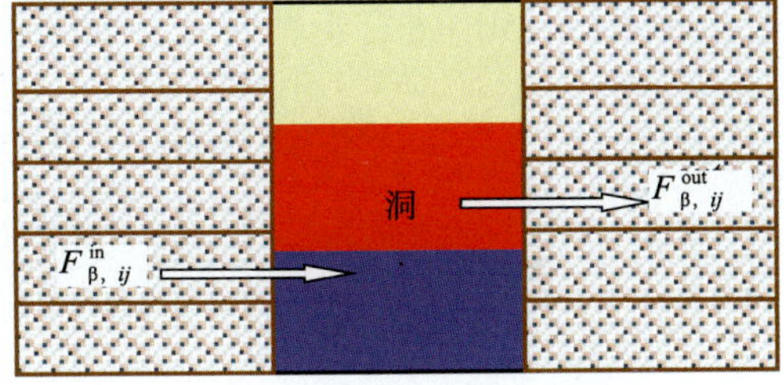

图 5-13 大型洞穴相关的流动项

对于流出洞穴单元的流动项，根据洞穴内不同相流体重力分离的情况及连接的多孔介质单元的竖向位置，通过修改相对渗透率 $k_{r\beta}$ 来计算流动项。

4. 全隐式算法

由于多重介质多相流动问题的非线性，采用 Newton - Raphson 方法进行求解。对于油、气和水三相问题可以具体表述为：

$$\text{气：}\left\{[\phi S_o\bar{\rho}_{dg}+\phi S_g\rho_g]_i^{n+1}-[S_o\bar{\rho}_{dg}+\phi S_g\rho_g]_i^n\right\}\frac{V_i}{\Delta t}$$

$$=\sum_{j\in\eta_i}(\bar{\rho}_{dg}\lambda_o)_{ij+1/2}^{n+1}\gamma_{ij}[\Phi_{oj}^{n+1}-\Phi_{oi}^{n+1}]+\sum_{j\in\eta_i}(\rho_g\lambda_g)_{ij+1/2}^{n+1}\gamma_{ij}[\Phi_{gj}^{n+1}-\Phi_{gi}^{n+1}]+Q_{gi}^{n+1} \tag{5-85}$$

$$\text{水：}\left\{[\phi S_w\rho_w]_i^{n+1}-[\phi S_w\rho_w]_i^n\right\}\frac{V_i}{\Delta t}=\sum_{j\in\eta_i}(\rho_w\lambda_w)_{ij+1/2}^{n+1}\gamma_{ij}[\Phi_{wj}^{n+1}-\Phi_{wi}^{n+1}]+Q_{wi}^{n+1} \tag{5-86}$$

$$油：\left\{\left[\phi S_{o}\bar{\rho}_{o}\right]_{i}^{n+1}-\left[\phi S_{o}\bar{\rho}_{o}\right]_{i}^{n}\right\}\frac{V_{i}}{\Delta t}=\sum_{j\in\eta_{i}}(\bar{\rho}_{o}\lambda_{o})_{ij+1/2}^{n+1}\gamma_{ij}\left[\Phi_{oj}^{n+1}-\Phi_{oi}^{n+1}\right]+Q_{oi}^{n+1} \tag{5-87}$$

其中，n 表示当前时间点，$n+1$ 表示有待解决的下一时间点，V_i 是单元 i 的体积，Δt 是时间步长，η_i 包含单元 i 和其相邻的单元 j 的集合。

将上述方程写成残差形式，可得：

$$\begin{aligned}R_{i}^{g,n+1}=&\left\{\left[\phi S_{o}\bar{\rho}_{dg}+\phi S_{g}\rho_{g}\right]_{i}^{n+1}-\left[\phi S_{o}\bar{\rho}_{dg}+\phi S_{g}\rho_{g}\right]_{i}^{n}\right\}\frac{V_{i}}{\Delta t}\\&-\sum_{j\in\eta_{i}}(\bar{\rho}_{dg}\lambda_{o})_{ij+1/2}^{m}\gamma_{ij}\left[\Phi_{oj}^{n+1}-\Phi_{oi}^{n+1}\right]-\sum_{j\in\eta_{i}}(\rho_{g}\lambda_{g})_{ij+1/2}^{m}\gamma_{ij}\left[\Phi_{gj}^{n+1}-\Phi_{gi}^{n+1}\right]-Q_{gi}^{n+1}=0\end{aligned} \tag{5-88}$$

$$R_{i}^{w,n+1}=\left\{\left[\phi S_{\beta}\rho_{w}\right]_{i}^{n+1}-\left[\phi S_{w}\rho_{w}\right]_{i}^{n}\right\}\frac{V_{i}}{\Delta t}-\sum_{j\in\eta_{i}}(\rho_{w}\lambda_{w})_{ij+1/2}^{m}\gamma_{ij}\left[\Phi_{wj}^{n+1}-\Phi_{wi}^{n+1}\right]-Q_{wi}^{n+1}=0 \tag{5-89}$$

$$R_{i}^{o,n+1}=\left\{\left[\phi S_{o}\bar{\rho}_{o}\right]_{i}^{n+1}-\left[\phi S_{o}\bar{\rho}_{o}\right]_{i}^{n}\right\}\frac{V_{i}}{\Delta t}-\sum_{j\in\eta_{i}}(\bar{\rho}_{o}\lambda_{o})_{ij+1/2}^{m}\gamma_{ij}\left[\Phi_{oj}^{n+1}-\Phi_{oi}^{n+1}\right]-Q_{oi}^{n+1}=0 \tag{5-90}$$

式(5－88)～式(5－90)可以简写成：

$$R_{i}^{\beta,n+1}(x_{k,p+1})=0 \tag{5-91}$$

其中，x_k 表示主要变量，分别是油压、含油饱和度、饱和压力或者含气饱和度。第三个变量取决于单元的相条件。如果油藏中没有游离气，则单元是未饱和的、油藏压力高于泡点压力，饱和压力 p_s 被当成第三主要变量。如果存在游离气，则单元是饱和的、油藏压力低于泡点压力，含气饱和度 S_g 被当作第三主要变量。

对式(5－91)进行泰勒展开，可得：

$$\begin{aligned}R_{i}^{\beta,n+1}(x_{k,p+1})&=R_{i}^{\beta,n+1}(x_{k,p})+\sum_{k}\left.\frac{\partial R_{i}^{\beta,n+1}}{\partial x_{k}}\right|_{p}(x_{k,p+1}-x_{k,p})+\cdots\\&\approx R_{i}^{\beta,n+1}(x_{k,p})+\sum_{k}\left.\frac{\partial R_{i}^{\beta,n+1}}{\partial x_{k}}\right|_{p}(x_{k,p+1}-x_{k,p})\\&=0\end{aligned} \tag{5-92}$$

由式(5－92)，可得 Newton－Raphson 法的迭代公式：

$$\sum_{k}\left.\frac{\partial R_{i}^{\beta,n+1}}{\partial x_{k}}\right|_{p}(x_{k,p+1}-x_{k,p})=-R_{i}^{\beta,n+1}(x_{k,p}) \tag{5-93}$$

或者写成矩阵形式：

$$J\cdot\Delta x=R \tag{5-94}$$

其中，$J_{ni}=-\sum\frac{\partial R_{n}^{\beta,n+1}(x_{i,p})}{\partial x_{i}}$，$\Delta x_{i,p+1}=x_{i,p+1}-x_{i,p}$，$R_{n}=R_{n}^{\beta,p+1}(x_{i,p})$

5. 线性方程组的求解

式(5－93)的 Newton－Raphson 法的迭代公式归结为如下的线性方程组的求解。

$$Ax=b \tag{5-95}$$

由于实际油藏规模较大，线性方程组的阶数很高，直接求解的计算效率很低，需要采用现代迭代法进行求解。

设式(5－95)的系数矩阵 A 是实对称正定矩阵，构造二次函数

$$f(x)=\frac{1}{2}x^{\mathrm{T}}Ax-b^{\mathrm{T}}x \tag{5-96}$$

可知，

$$\nabla f(x)=Ax-b \tag{5-97}$$

由于矩阵 A 对称正定，式(5－96)有唯一的极小值点，方程组式(5－95)应有唯一的解(设为 x^*)。由式(5－97)可知，式(5－95)线性方程组的求解问题同二次函数 $f(x)$ 的极小值问题等价。

设 $x^{(k)}$ 是 x^* 的一个近似，迭代求解的过程就是从 $x^{(k)}$ 出发沿着方向 $d^{(k)}$ 寻找目标函数值更小的点 $x^{(k+1)}$，从而可以使得 $x^{(k+1)}$ 更接近极小值点 x^*。

$$x^{(k+1)}=x^{(k)}+\alpha_k d^{(k)} \tag{5-98}$$

由式(5－96)可得，

$$f(x^{(k+1)})=f(x^{(k)}+\alpha_k d^{(k)}) \tag{5-99}$$

α_k 的取值应使式(5－99)取极小值，可得：

$$\alpha_k=\frac{(r^{(k)})^T d^{(k)}}{(d^{(k)})^T A d^{(k)}} \tag{5-100}$$

其中 $r^{(k)}$ 为近似解 $x^{(k)}$ 的残差：

$$r^{(k)}=b-Ax^{(k)}=-\nabla f(x^{(k)}) \tag{5-101}$$

共轭梯度法中，搜索方向 $d^{(k+1)}$ 取负梯度 $r^{(k+1)}$ 和上一次搜索方向 $d^{(k)}$ 的组合

$$d^{(k+1)}=r^{(k+1)}+\beta_k d^{(k)}$$

并要求 $d^{(k)}$ 和 $d^{(k+1)}$ 关于 A 共轭，可得：

$$\beta_k=-\frac{(r^{(k+1)})^{\mathrm{T}} d^{(k)}}{(d^{(k)})^{\mathrm{T}} A d^{(k)}} \tag{5-102}$$

以上即构成共轭梯度方法，通过给定 $x^{(0)}$，计算残差及搜索方向，不断循环直至达到计算精度为止。

上述共轭梯度方法要求系数矩阵 A 是对称正定的，然而油藏模拟计算当中系数矩阵 A 往往是不对称的，不对称主要是由于计算单元间流动项时界面处相对渗透率取上游权引起的。因此在共轭梯度方法的基础上，需将目标函数取为

$$f(x)=(\|r\|_2)^2=r\cdot r \tag{5-103}$$

此即 Orthomin 方法，其 α_k 及 β_k 如下计算

$$\alpha_k=\frac{(r^{(k)})^{\mathrm{T}} A d^{(k)}}{(Ad^{(k)})^{\mathrm{T}} A d^{(k)}} \tag{5-104}$$

$$\beta_k=-\frac{(Ar^{(k+1)})^{\mathrm{T}} A d^{(k)}}{(Ad^{(k)})^{\mathrm{T}} A d^{(k)}} \tag{5-105}$$

共轭梯度方法及基于共轭梯度方法的 Orthomin 方法，其收敛速度取决于系数矩阵的条件数。为了加快收敛速度，需要对式(5－95)进行如下预处理，使得 Ap^{-1} 比 A 有更好的条件数：

$$Ap^{-1}px=b \tag{5-106}$$

或

$$Ap^{-1}y=b \tag{5-107}$$

其中，$y = px$，预处理矩阵 p 可由 A 的不完全 LU 分解得到。

对预处理后的方程组式(5－106)采用 Orthomin 方法，可得如下算法：

先预估 $x^{(0)}$，计算 $r^{(0)} = b - Ax^{(0)}$，求解 $pd^{(0)} = r^{(0)}$，如下计算循环直至满足计算精度要求($k = 0$，1，2，3…)：

$$g = Ad^{(k)} \tag{5-108}$$

$$\delta^{(k)} = (g^{(k)})^{\mathrm{T}} g^{(k)} \tag{5-109}$$

$$\alpha_k = \frac{(r^{(k)})^{\mathrm{T}} g^{(k)}}{\delta^{(k)}} \tag{5-110}$$

$$x^{(k+1)} = x^{(k)} + \alpha_k d^{(k)} \tag{5-111}$$

$$r^{(k+1)} = r^{(k)} - \alpha_k g^{(k)} \tag{5-112}$$

解

$$Ph^{(k+1)} = r^{(k+1)} \tag{5-113}$$

$$b_j^{(k)} = -\frac{(Ah^{(k+1)})^{\mathrm{T}} g^{(j)}}{\delta^{(j)}},\ (j = 0,\ 1,\ 2,\ 3,\ \cdots,\ k) \tag{5-114}$$

$$d^{(k+1)} = h^{(k+1)} + \sum_{j=0}^{k} (b_j^{(k)})^{\mathrm{T}} d^{(j)}$$

二、耦合型数值求解方法

针对缝洞体几何形态的不规则性，用非结构网格的有限体积法对控制方程进行离散。方程离散是将一个或多个微分方程转化为对应的线性方程组，通过求解此线性方程组，获得时空状态中指定位置的值。数值解是近似的，其精确性取决于离散质量，误差主要来源于以下 3 个方面：①描述物理现象的数学模型是近似的或理想化的；②离散方法是近似的；③迭代方法也存在近似。

离散过程包含求解区域的离散和方程的离散。求解区域的离散产生求解区域的数值描述，包括求解点的位置和边界描述。空间被分为有限的离散区域即控制体积或体网格。对于瞬态问题，时间区间被分为有限的时间步长。

有限体积法(FVM)包含以下属性：①由于该方法是基于控制方程的积分形式，因此基本的物理量，如质量和动量，在控制体内是守恒的。②坐标系为 Cartesian 坐标系统，该方法适用于稳态和瞬态计算。③控制体为多面体，相邻网格数是可变的，因此整个网格为任意的非结构网格。所有的变量共享相同的控制体，称为是同位网格排列。④以分离的方法处理偏微分方程组，即一次求解其中的一个方程，以显式的方法处理方程间的耦合。

1. 求解区域的有限体积离散

有限体积法与有限元和有限差分一样，也要对求解域进行离散，将其分为有限大小的离散网格，也就产生了求解控制方程所需的计算网格，同时也决定了求解的时空点。该过程分为两部分即时间离散和空间离散。

时间的离散是指定时间步长的大小。空间离散需要将空间划分为控制体。控制体完全填充计算区域且不重叠。

设计算点 a 位于控制体的中心，即：

$$\int_{V_a} (x - x_a)\,\mathrm{d}V = 0 \tag{5-115}$$

网格面分为两组：内面和边界面，边界面与计算区域的外面重合。面矢量 S_f 定义为从低索引的网格指向高索引的网格，它垂直于面，大小等于该面的面积。

2. 传递方程的离散

对任意的物理量 ξ，其传递方程可写为：

$$\frac{\partial\rho\xi}{\partial t}+\nabla\cdot(\rho u\xi)-\nabla\cdot(\rho\Gamma_{\xi}\nabla\xi)=S_{\xi}(\xi) \tag{5-116}$$

将 ξ 取为不同的变量，并取扩散系数 Γ 和源项为适当的表达式，可得到连续性方程、动量方程和能量方程等，因此式(5-116)称为通用传递方程，统一表示各变量在流体传递过程中的守恒关系。$\xi=1$，$\Gamma=0$，$S_{\xi}(\xi)=0$ 时，式(5-116)为连续性方程，$\xi=u$，$\Gamma=\mu$ 时，式(5-116)为动量方程。

有限体积法的关键步骤是将控制微分方程式(5-116)在控制容积 V_{p} 内进行积分，即

$$\frac{\partial}{\partial t}\int_{V_a}\rho\xi\mathrm{d}V+\int_{V_a}\nabla\cdot(\rho u\xi)\mathrm{d}V-\int_{V_a}\nabla\cdot(\rho\Gamma_{\xi}\nabla\xi)\mathrm{d}V=\int_{V_a}S_{\xi}(\xi)\mathrm{d}V \tag{5-117}$$

由于扩散项是 ξ 的二阶导数，为保证一致性，有限体积中离散的阶数必须等于或大于方程的阶数。

离散方法的精确性取决于在点 a 附近的时空位置上假定的变化函数 $\xi=\xi(x,t)$。要获得二阶精度的方法，此变化在时空上必定是线性的，即假设：

$$\xi(x)=\xi_a+(x-x_a)\cdot(\nabla\xi)_a \tag{5-118}$$

$$\xi(t+\Delta t)=\xi^t+\Delta t\cdot\left(\frac{\partial\xi}{\partial t}\right)^t \tag{5-119}$$

其中

$$\xi_a=\xi(x_a) \tag{5-120}$$

$$\xi^t=\xi(t) \tag{5-121}$$

由泰勒级数可知，上述的两个扩展都是二阶精度的。

(1)空间项的离散

根据高斯定律

$$\int_V\nabla\cdot a\mathrm{d}V=\int_{\partial V}\mathrm{d}S\cdot a \tag{5-122}$$

$$\int_V\nabla\phi\mathrm{d}V=\int_{\partial V}\mathrm{d}S\phi \tag{5-123}$$

$$\int_V\nabla a\mathrm{d}V=\int_{\partial V}\mathrm{d}Sa \tag{5-124}$$

上式中 ∂V 为包含 V 的闭合面，$\mathrm{d}S$ 为在 ∂V 上无穷小外法线方向面元。

考虑到 ξ 在控制体 a 的变化

$$\begin{aligned}\int_{V_a}\xi(x)\mathrm{d}V&=\int_{V_a}\left[\xi_a+(x-x_a)\cdot(\nabla\xi)_a\right]\mathrm{d}V\\&=\xi_a\int_{V_a}\mathrm{d}V+\left[\int_{V_a}(x-x_a)\mathrm{d}V\right]\cdot(\nabla\xi)_a\\&=\xi_aV_a\end{aligned} \tag{5-125}$$

式中 V_a 为网格的体积，由于 a 位于控制体中心，等式第二项积分等于 0。

对散度操作符而言，由于控制体为多个平面多边形所包围，能做以下转换：

$$\int_V\nabla\cdot a\mathrm{d}V=\int_{\partial V}\mathrm{d}S\cdot a$$

$$= \sum_f \left(\int_f \mathrm{d}S \cdot a \right) \tag{5-126}$$

由线性假设可知：

$$\begin{aligned} \int_f \mathrm{d}S \cdot a &= \left(\int_f \mathrm{d}S \right) \cdot a_f + \left[\int_f \mathrm{d}S (x - x_f) \right] \cdot (\nabla a)_f \\ &= S \cdot a_f \end{aligned} \tag{5-127}$$

综合可得：

$$(\nabla \cdot a) V_a = \sum_f S \cdot a_f \tag{5-128}$$

式中，下标f表明为变量在面中心处的值，S为外法向的面矢量。

下面将传递方程中对流项、扩散项和源项在空间上进行离散。

①对流项的离散。

对流项的离散通过公式(5－128)

$$\begin{aligned} \int_{V_a} \nabla \cdot (\rho u \xi) \mathrm{d}V &= \sum_f S \cdot (\rho u \xi)_f \\ &= \sum_f S \cdot (\rho u)_f \xi_f \\ &= \sum_f F \xi_f \end{aligned} \tag{5-129}$$

式中F为通过面的质量通量，即

$$F = S \cdot (\rho u)_f \tag{5-130}$$

式中ξ_f代表了变量ξ在面上的值，此值通过对流差分格式由体网格的值获得。

②对流差分格式。

对流差分格式决定了如何从体网格的值获得面上的值。

假设ξ在a和b点之间线性变化，则面上的值为：

$$\xi_f = (1 - f_x) \xi_a + f_x \xi_b \tag{5-131}$$

其中，f_x定义为$\overline{fa}$和$\overline{Pb}$的比值

$$f_x = \frac{\overline{fa}}{\overline{Pb}} \tag{5-132}$$

使用式(5－131)的差分格式为中心差分(CD)，其为二阶格式，但在对流为主导的问题中由于会产生非物理震荡而违反求解的有界性原则。

能确保有界性的格式为上迎风格式(UD)，面值取决于流动的方向：

$$\xi_f = \begin{cases} \xi_f = \xi_a & F \geqslant 0 \\ \xi_f = \xi_a & F < 0 \end{cases} \tag{5-133}$$

此格式确保求解的有界性，但牺牲了求解精度，由于引进了数值误差，降低了离散阶数，因此会扭曲求解结果。

混合差分格式为上迎风与中心差分格式的结合：

$$\xi_f = (1 - \gamma)(\xi_f)_{\mathrm{UD}} + \gamma (\xi_f)_{\mathrm{CD}} \tag{5-134}$$

式(5－134)中γ为混合因子。

事实上，同时满足有界性和精度要求的格式必定不是线性的。

③扩散项的离散。

扩散项的处理，使用同样的方法：

$$\int_{V_a}\nabla\cdot(\rho\Gamma_\xi\nabla\xi)\mathrm{d}V=\sum_f S\cdot(\rho\Gamma_\xi\nabla\xi)_f=\sum_f(\rho\Gamma_\xi)_f S\cdot(\nabla\xi)_f \tag{5-135}$$

定义矢量 d 为从 a 指向 b 的矢量，当矢量 d 与 S 平行时，可使用以下表达：

$$S\cdot(\nabla\xi)_f=|S|\frac{\xi_b-\xi_a}{|d|} \tag{5-136}$$

在式(5-136)中，ξ 的梯度由共享此面的两个体值计算。另一种计算方法是使用体中心梯度的值：

$$(\nabla\xi)_a=\frac{1}{V_a}\sum_f S\xi_f \tag{5-137}$$

进行差值处理：

$$(\nabla\xi)_f=f_x(\nabla\xi)_a+(1-f_x)(\nabla\xi)_b \tag{5-138}$$

然后与 S 做点积。式(5-138)使用更多的计算单元，其截断误差更大，而式(5-136)不易于在非正交网格中使用。

为此 $S\cdot(\nabla\xi)_f$ 分为两部分：

$$S\cdot(\nabla\xi)_f=\underbrace{\Delta\cdot(\nabla\xi)_f}_{\text{正交}}+\underbrace{k\cdot(\nabla\xi)_f}_{\text{非正交}} \tag{5-139}$$

其中 Δ 和 k 满足

$$S=\Delta+k \tag{5-140}$$

选择 Δ 与 d 平行，这样正交部分使用式(5-136)，把不精确的方法的使用限制在非正交部分。S 的构造有多种方法，一是最小纠正方法，此方法使得非正交的纠正项尽可能的小。

$$\Delta=\frac{d\cdot S}{d\cdot d}d \tag{5-141}$$

当网格非正交性增加时，来自 ξ_a 和 ξ_b 的贡献减小。

另一个是正交纠正方法，此方法不管正交状况，都保持来自 ξ_a 和 ξ_b 的贡献不变，故定义为：

$$\Delta=\frac{d}{|d|}|S| \tag{5-142}$$

第三个是过松散方法，此方法中 ξ_a 和 ξ_b 的贡献随网格非正交性增加而增加，定义为：

$$\Delta=\frac{d}{d\cdot S}|S|^2 \tag{5-143}$$

微分方程扩散项满足 ϕ 的有界性。而只有在正交网格中离散形式才保持这一属性。当网格的非正交性很高，非正交纠正会潜在的增加违反有界性的可能。如果抛弃非正交修正，则会影响离散的精度。故方法的选取取决于对求解精度和稳定性的平衡。以上三种方法在最终的形式表达上都是一样的：

$$S\cdot(\nabla\xi)_f=|\Delta|\frac{\xi_b-\xi_a}{|d|}+k\cdot(\nabla\xi)_f \tag{5-144}$$

④源项的离散。

传递方程中除了扩散项、对流项和时间项，其它项都可以包含在源项中。有限体积法通常将源项线性化处理，即设：

$$S_{\xi}(\xi) = S_{\mathrm{u}} + S_{\mathrm{p}}\xi \tag{5-145}$$

式中 S_{u} 和 S_{p} 可以依赖于 ξ。由式(5－125)可得：

$$\int_{V_a} S_{\xi}(\xi)\mathrm{d}V = S_{\mathrm{u}}V_a + S_a V_a \xi_a \tag{5-146}$$

在进行隐式计算时线性化的优点尤为突出。

(2)时间项离散

对于式(5－117)，

$$\frac{\partial}{\partial t}\int_{V_a}\rho\xi\mathrm{d}V + \int_{V_a}\nabla\cdot(\rho u\xi)\mathrm{d}V - \int_{V_a}\nabla\cdot(\rho\Gamma_{\xi}\nabla\xi)\mathrm{d}V = \int_{V_a}S_{\xi}(\xi)\mathrm{d}V \tag{5-147}$$

将式(5－125)、式(5－129)、式(5－144)、式(5－146)代入，假定控制体不随时间变化，式(5－117)可写为：

$$\frac{\partial}{\partial t}(\rho_a\xi_a V_a) = -\sum_f F\xi_f + \sum_f(\rho\Gamma_{\xi})_f S\cdot(\nabla\xi)_f + S_u V_a + S_p V_a \xi_a \tag{5-148}$$

为了简化，式(5－148)可表达为

$$\frac{\partial}{\partial t}(\rho_a\xi_a V_a) = M(t) \tag{5-149}$$

时间项的离散有多种方法。一是欧拉显式，此格式中 ξ 和 $\nabla\xi$ 的面值取决于上一时间段的场，源项的线性部分也取决于上一时间段的场。因此可表达为

$$\frac{\rho_a^n\xi_a^n - \rho_a^{\mathrm{o}}\xi_a^{\mathrm{o}}}{\Delta t}V_a = M(t^{\mathrm{o}}) \tag{5-150}$$

新的 ξ_a 可以直接计算得到而不必求解线性方程组。此方法的缺点在于 Courant 数限制。Courant 数定义为：

$$C_{\mathrm{o}} = \frac{v_f\cdot d}{\Delta t} \tag{5-151}$$

其中 v_f 为面 f 的插值速度。如果 C_{o} 数大于 1，显式格式就会不稳定，因此它限制了时间步长的选择。

另一方法是欧拉隐式，此格式中时间项如前，面值以新的体网格值表达，故：

$$\frac{\rho_a^n\xi_a^n - \rho_a^{\mathrm{o}}\xi_a^{\mathrm{o}}}{\Delta t}V_a = M(t^n) \tag{5-152}$$

此格式为一阶的，不像显式，此方法建立了方程组：

$$a_a\xi_a^n + \sum_b a_b\xi_b^n = R_a \tag{5-153}$$

变量的耦合比显式强，即使 C_{o} 数违反了，系统依旧保持稳定，并能保持求解的有界性。

第三种方法是 Crank－Nicholson 格式，时间项的离散如前两种方法，面值是新旧值的平均：

$$\frac{\rho_a^n\xi_a^n - \rho_a^{\mathrm{o}}\xi_a^{\mathrm{o}}}{\Delta t}V_a = \frac{1}{2}\left[M(t^{\mathrm{o}}) + M(t^n)\right] \tag{5-154}$$

此格式在时间上是二阶的且无条件稳定的，但并非是有界的。

第四种方法是向后差分格式，此格式在时间上是二阶的，但忽略面值随时间的变化，即以新的体网格值表达。

$$\frac{\frac{3}{2}\rho_a^n\xi_a^n-2\rho_a^o\xi_a^o+\frac{1}{2}\rho_a^\infty\xi_a^\infty}{\Delta t}V_a=M(t^n) \tag{5-155}$$

(3)边界条件的处理

要获得传递方程的离散形式，关键在于决定面 f 上的值及其上的垂直梯度，即 ξ_f 和 $S\cdot(\nabla\xi)_f$。前面的分析阐述了如何获得内面上的这些值，然而，对位于区域边界上的面，其值由边界条件计算得到。

矢量 d 为连接体网格中心至面网格中心的矢量，而 d_n 为 d 平行于面法线方向的分量。则：

$$d_n=\frac{d\cdot S}{|S|}\frac{S}{|S|} \tag{5-156}$$

①定值边界条件。

ξ 在边界面 c 上的值指定为 $\xi=\xi_c$。将其考虑进边界面上对流和扩散项的离散中。

由式(5－129)，对流项为

$$\int_{V_a}\nabla\cdot(\rho u\xi)\,\mathrm{d}V=\sum_f F\xi_f \tag{5-157}$$

由于在边界面上 ξ 的值已知为 ξ_c，故对边界面上此项为：$F_c\xi_c$。其中 F_c 为面通量。

由式(5－135)，扩散项为

$$\int_{V_a}\nabla\cdot(\rho\Gamma_\xi\nabla\xi)\,\mathrm{d}V=\sum_f(\rho\Gamma_\xi)_f S\cdot(\nabla\xi)_f \tag{5-158}$$

在面上的垂直梯度由面值和体中心值给出：

$$S\cdot(\nabla\xi)_c=|S|\frac{\xi_c-\xi_a}{|d|} \tag{5-159}$$

②定梯度边界条件。

此边界条件中，指定了梯度与外法线单位向量的点积。

$$\left(\frac{S}{|S|}\cdot\nabla\xi\right)_c=g_c \tag{5-160}$$

对于对流项，面上的值由体网格中心的值和指定的梯度计算得到：

$$\begin{aligned}\xi_c&=\xi_a+d_n\cdot(\nabla\xi)_c\\&=\xi_a+|d_n|g_c\end{aligned} \tag{5-161}$$

对于扩散项，面矢量与 $(\nabla\xi)_c$ 的点积是已知的，即

$$|S|g_c \tag{5-162}$$

此项为：

$$\rho\Gamma_\xi|S|g_c$$

由于 d_n 并不指向边界面的中心，因此在定梯度边界中的面积分计算仅是一阶精度的。

(4)对流差分格式的精确性和有界性

由于没有一种格式同时保证求解的有界和精确性，本文提出了两种解决方案，即全局变化降低格式(TVD)和基于归一化变化方法(NVA)。

①TVD 差分格式。

定义全局变化 $TV(\xi^n)$：

$$TV(\xi^n) = \sum_f |\xi_b^n - \xi_a^n| \tag{5-163}$$

其中 a 和 b 为共享面 f 的体网格的中心点。TVD 格式在每个步长满足：

$$TV(\xi^{n+1}) \leqslant TV(\xi^n) \tag{5-164}$$

式(5－164)的条件用于高阶通量限制格式，而被写为一阶有界差分格式(UD)和受限高阶修正的和，即：

$$\xi_f = (\xi)_{UD} + \psi[(\xi)_{HO} - (\xi)_{UD}] \tag{5-165}$$

式(5－165)中 $(\xi)_{HO}$ 为高阶格式面值，ψ 为限制器。限制器是 ξ 相继梯度的函数：

$$r = \frac{\xi_C - \xi_U}{\xi_D - \xi_C} \tag{5-166}$$

因此：

$$\psi = \psi(r) \tag{5-167}$$

点 U、C 和 D 为面 f 位置流动方向上的点，分别为上位点、中位点、下位点。

此限制器在具有以下范围内满足 TVD 条件：

$$0 \leqslant \left[\frac{\psi(r)}{r},\ \psi(r)\right] \leqslant 2 \tag{5-168}$$

此差分格式高于一阶精度，同时又不产生如传统二阶精度方法带来的解的震荡性。

②NVA 方法。

定义归一化变量：

$$\tilde{\xi} = \frac{\xi - \xi_U}{\xi_D - \xi_U} \tag{5-169}$$

由此面值的归一化表达：

$$\tilde{\xi}_f = f(\tilde{\xi}_C) \tag{5-170}$$

为保证有界性：

$$0 \leqslant \tilde{\xi}_C \leqslant 1 \tag{5-171}$$

$\tilde{\xi}_f$ 为 $\tilde{\xi}_C$ 的函数，则应满足：

a. 对 $0 \leqslant \tilde{\xi}_C \leqslant 1$，$\tilde{\xi}_C \leqslant \tilde{\xi}_f \leqslant 1$；

b. 对 $\tilde{\xi}_C \leqslant 0$ 和 $\tilde{\xi}_C > 1$，$\tilde{\xi}_f = \tilde{\xi}_C$。

下面对 NVA 方法非结构网格拓展进行简单介绍。

NVA 方法中使用上位点 U 定义 $\tilde{\xi}_C$，在非结构网格中难以确定该点。在非结构网格中可以使用梯度信息实现 $\tilde{\xi}_C$ 的计算。

$$\tilde{\xi}_C = \frac{\xi_C - \xi_f^-}{\xi_f^+ - \xi_f^-} = 1 - \frac{\xi_f^+ - \xi_C}{\xi_f^+ - \xi_f^-} \tag{5-172}$$

$\xi_f^+ - \xi_C$ 的表达为：

$$\begin{aligned} \xi_f^+ - \xi_C &= f_x(\xi_D - \xi_C) \\ &= f_x \frac{\xi_D - \xi_C}{x_D - x_C}(x_D - x_C) \\ &= f_x(\nabla \xi)_f \cdot \hat{d}(x_D - x_C) \end{aligned} \tag{5-173}$$

其中 $\hat{d}$ 为单位矢量：

$$\hat{d} = \frac{d}{|d|} \tag{5-174}$$

$\xi_f^+ - \xi_f^-$ 可由以下方法转换：

$$\xi_f^+ - \xi_f^- = \frac{\xi_f^+ - \xi_f^-}{x_f^+ - x_f^-}(x_f^+ - x_f^-) = (\nabla \xi)_C \cdot \hat{d}(x_f^+ - x_f^-) \tag{5-175}$$

故：

$$\tilde{\xi}_C = 1 - \frac{\xi_f^+ - \xi_C}{\xi_f^+ - \xi_f^-} = 1 - \frac{f_x(\nabla \xi)_f \cdot \hat{d}(x_D - x_C)}{(\nabla \xi)_C \cdot \hat{d}(x_f^+ - x_f^-)} \tag{5-176}$$

由于 C 为网格中点，则有以下关系：

$$\frac{x_f^+ - x_f}{x_D - x_C} - 2\frac{x_f^+ - x_C}{x_D - x_C} = 2f_x \tag{5-177}$$

由此可得：

$$\tilde{\xi}_C = 1 - \frac{(\nabla \xi)_f \cdot d}{2(\nabla \xi)_C \cdot d} \tag{5-178}$$

式(5－178)不再引用上位点 U。

NVA 方法的实施首先是判别 $\tilde{\xi}_C$ 的范围，再就是构造在 $0 \leqslant \tilde{\xi}_C \leqslant 1$ 内，$\tilde{\xi}_f$ 与 $\tilde{\xi}_C$ 的函数。

在 $0 \leqslant \tilde{\xi}_C \leqslant 1$ 内，为实现数值目的，如精度，使用与中心差分为基础的混合差分形式，或为实现界面捕捉，要结合压缩格式，使用与下迎风为基础的混合差分形式。

纠正的区域在 $0 \leqslant \tilde{\xi}_C \leqslant \beta_m$ 的范围内，通常使用线性混合因子：

$$\gamma = \frac{\tilde{\xi}_C}{\beta_m} \tag{5-179}$$

保证了格式变化的连续性，防止了格式突变引起的收敛性问题。

3. 动量方程的离散

上面已对通用的传递方程的离散进行了详细的描述，由于本文建立的缝洞型油藏数学模型有其特殊性，本小节对其动量方程的离散过程做一简单介绍。

暂不考虑多孔介质的影响，动量方程为：

$$\frac{\partial \rho u}{\partial t} + \nabla \cdot (\rho u u) = -\nabla p - \nabla \cdot \tau + \rho g - \sigma \nabla\left(\frac{\nabla S}{|\nabla S|}\right)\nabla S \tag{5-180}$$

式中剪切力项可以写为：

$$\nabla \cdot \tau = -\nabla \cdot (\mu \nabla u) - \nabla u \cdot \nabla \mu - \mu \nabla(\nabla \cdot u) - \nabla\left[\frac{2}{3}\mu(\nabla \cdot u)\right] \tag{5-181}$$

式(5－181)的后两项为速度散度的梯度，当密度随时间或随空间变化不大时，可以忽略。

$$\frac{\partial \rho u}{\partial t} + \nabla \cdot (\rho u u) - \nabla \cdot (\mu \nabla u) - \nabla u \cdot \nabla \mu = -\nabla p + \rho g - \sigma \nabla \cdot \left(\frac{\nabla S}{|\nabla S|}\right)\nabla S \tag{5-182}$$

为了得到压力方程，首先对方程(5－182)进行半离散化处理(压力项保留)。该式表达了动量方程的积分形式：

$$\frac{\partial}{\partial t}\int_{V_a} \rho u \mathrm{d}V + \int_{V_a} \nabla \cdot (\rho u u)\mathrm{d}V - \int_{V_a} \nabla \cdot (\mu \nabla u)\mathrm{d}V - \int_{V_a} \nabla \mu \cdot (\nabla u)\mathrm{d}V =$$

$$\int_{V_a}\left[-\nabla p+\rho g-\sigma\nabla\cdot\left(\frac{\nabla S}{|\nabla S|}\right)\right]\mathrm{d}V \tag{5-183}$$

对式(5-183)左边各项进行隐式离散，获得代数方程的系数矩阵，矩阵的对角线量为 a_a，非对角线项与速度的积的负值为 $H(u)$。

对式(5-183)右边的各项进行显式离散[保留 ∇p，见式(5-187)]，显式离散项可视为单元体中心点的微分项乘以单元体体积，即

$$\int_{V_a}\left[\rho g-\sigma\nabla\cdot\left(\frac{\nabla S}{|\nabla S|}\right)\right]\mathrm{d}V=\left[\rho g-\sigma\nabla\cdot\left(\frac{\nabla S}{|\nabla S|}\right)\right]_a V_a \tag{5-184}$$

以下表达式省去显式离散项的下角 p。

$$u_a=\frac{H(u)}{a_a}+\frac{1}{a_a}\left[-\nabla p+\rho g-\sigma\nabla\cdot\left(\frac{\nabla S}{|\nabla S|}\right)\nabla S\right] \tag{5-185}$$

并定义：

$$u^*=\frac{H(u)}{a_a}+\frac{1}{a_a}\left[\rho g-\sigma\nabla\cdot\left(\frac{\nabla S}{|\nabla S|}\right)\nabla S\right] \tag{5-186}$$

则

$$u_a=u^*-\frac{1}{a_a}\nabla p \tag{5-187}$$

由连续性方程可得：

$$\frac{\partial\rho}{\partial t}+u\nabla\rho+\rho\nabla\cdot u=0 \tag{5-188}$$

$$\frac{D\rho}{Dt}+\rho\nabla\cdot u=0 \tag{5-189}$$

$$\frac{Dp}{Dt}\frac{\partial\rho}{\partial p}+\rho\nabla\cdot u=0 \tag{5-190}$$

$$\left(\frac{\partial p}{\partial t}+u\cdot\nabla p\right)\frac{\partial\rho}{\partial p}+\rho\nabla\cdot u=0 \tag{5-191}$$

$$\left(\frac{\partial p}{\partial t}+u\cdot\nabla p\right)\frac{1}{\rho}\frac{\partial\rho}{\partial p}+\nabla\cdot u=0 \tag{5-192}$$

由此：

$$\left(\frac{\partial p}{\partial t}+u\cdot\nabla p\right)\frac{1}{\rho}\frac{\partial\rho}{\partial p}+\nabla\cdot\left(u^*-\frac{1}{a_{\mathrm{P}}}\nabla p\right)=0 \tag{5-193}$$

$$\left(\frac{\partial p}{\partial t}+\nabla\cdot(up)-p\nabla\cdot u\right)\frac{C}{\rho}-\frac{1}{a_{\mathrm{a}}}\nabla^2 p+\nabla\cdot u^*=0 \tag{5-194}$$

式(5-194)即为所求的压力方程，式中 u^* 由式(5-186)获得，其它项中包含压力项，故进行隐式离散，对所得的方程组求解获得该次迭代的压力。

由于存在多区域，且各区域的性质不同，在所有区域完成了全流体的动量方程离散后，对多孔介质的区域需增加多孔介质项的考虑。

多孔介质的模拟是通过给标准的流体流动方程加源项，此项由两部分组成：黏性损失项(达西项)和惯性损失项。

$$Q=-\left(D\mu u+C\frac{1}{2}\rho|u|u\right) \tag{5-195}$$

其中，Q 为源项，D、C 两个张量分别为黏性损失项（达西项）、惯性损失项的系数，在各向同性的多孔介质内，源项可表达为：

$$S = -\left(\frac{\mu}{k}u + C_2\frac{1}{2}\rho\left|u\right|u\right) \tag{5-196}$$

上式中，k 为渗透率，C_2 为惰性阻力系数。

在设置时，先指定张量的主轴方向，然后设置对角线分量。如果是各项同性，可直接设置对角线值为相同值，即其为球形张量。

多孔介质项的处理是首先指定多孔介质区域，每个区域为一个体网格集；然后设置多孔介质区域的黏性损失项（达西项）和惯性损失项的系数。多孔介质项的添加有两种处理方式即隐式和显式。隐式处理方法是将多孔介质项直接加到矩阵方程的左边，由于此项只与该网格有关，而与邻接网格无关，所以只影响到对角线项，将矩阵对角线的值用张量表达，这样方程左边表达为对角线矩阵张量与速度矢量的积，右边表达为源项与负非对角线贡献的和，方程右边加上压力贡献，对对角线矩阵张量进行求逆，移到方程右边，就得到新的速度预测值。显示处理方法是将多孔介质项的对角线分量加到矩阵方程的左边，非对角线分量加到右边，求解新的速度方程。

两种处理方法的不同是在多孔介质项的处理上，隐式处理将所有的量都移到了方程的左边，而显示处理仅把对角线分量放到方程左边，而在解速度预测值上，隐式处理相当于使用 Gauss - Seidel 迭代，而显示处理则是完全求解。因此，如果多孔介质的各向异性特征突出，使用隐式处理更优，而如果多孔介质为各向同性，则用显式处理更优。对于各向异性，但不是很突出，本文建议还是使用显式处理。

4. 压力—速度耦合算法

所有方程的离散已在前阐述，在此就压力—速度方程的耦合算法做简单介绍，微可压缩两相流求解使用标准的 PISO 算法，步骤如下：

①初始化所有变量；

②如果要计算湍流，根据上一时段的速度和密度场，计算流体黏度；

③计算 Courant 数，根据需要调整步长；

④使用上一个时间段的体积通量、密度场求解 S 方程；

⑤使用上一个时间段的质量通量求解连续性方程。实际的质量通量是未知的，使用上一个时间段的质量通量给出了新的密度场的近似；

⑥使用以上的值进行动量预测。实际的压力值是未知的，使用上一个时间段的压力场。动量预测给出了新的速度场的近似；

⑦求解压力方程，得到新的速度场，体积通量场，密度场；

⑧返回第 2 步。

5. 线性方程组求解

离散后的代数方程组（5 - 153）

$$a_a\xi_a^n + \sum_b a_b\xi_b^n = R_a$$

线性方程组求解技术分为两类：直接和迭代求解。直接求解通过有限的代数运算获得方程组的解。迭代求解通过给定初值，迭代计算逼近真实解，直到解的偏差在允许的范围内。直接求解的运算次数随方程数呈平方增加，对大型方程组运算次数过大，而迭代求解则比较经济。

迭代求解器为保证收敛，一般需要矩阵呈对角线主导。一个矩阵如果对角线的量等于非对角线量的和，则说它为对角线相等。要达到对角线为主导，矩阵每一行必须满足 $|a_a| > \sum_n |a_b|$ 的条件，在对源项的线性部分做离散时，源项小于0，可以增加对角线主导性。

代数方程组有界性原理指出对角线相等的正系数矩阵能保证求解的有界性。其中，对流项只有在使用上迎风格式时才能保证对角线相等，其它格式都会产生对角线负系数，在均一网格上做中心差分，对角线系数为0，求解难度大。扩散项仅对正交网格保持对角线相等，非正交的纠正则会带来负系数。时间项产生了对角线系数和矩阵源项，增加了对角线主导，但有界性原理是在不考虑矩阵源项的影响下得到的，因此很难判别时间项对有界性的影响。由此，能够增加矩阵对角线主导属性的仅为时间项和负源项。

迭代求解矩阵采用共轭梯度法，此方法确保在迭代次数小于或等于方程数的情况下得到实解。迭代的收敛速度取决于矩阵特征值的分布，这一方面可以通过预处理给予提高。对对称矩阵，使用不完全的 Cholesky 预处理共轭梯度求解（ICCG），非对称矩阵可使用 Bi－CGSTAB 方法，目前还可以使用 AMG 代数多重网格法，其求解更为快速。

第三节　数值模拟方法验证

在建立的数值计算方法基础上，研制了碳酸盐岩缝洞型油藏等效多重介质软件（KarstSim 软件）与耦合型多相流体数值模拟软件（CaveSim 软件），并采用解析解、物理实验、国外商业化软件及实际缝洞单元等对比研究，验证了数学模型、数值解法及软件编写的正确性与适用性。

一、等效多重介质数值计算方法验证

1. 多重介质的数值模拟

为了验证多重介质达西流数值模型的正确性，首先推导了三重介质径向流动问题的解析解；然后将数值解同解析解进行对比，证实了等效多重介质数值模拟方法的正确性。

基于三重介质的假设，建立了一个在有限和无限大储层中径向流动的数学模型，得到了 Laplace 空间中的解析解，并考虑了井筒存储效应和表皮效应。

（1）假设条件

①储层厚度均一，具有不渗透的上、下边界。

②流体从系统到井筒的流动是径向流，溶洞和基质岩块通过裂缝同井相连。

③岩石所有的性质，如渗透率、初始孔隙度和压缩性在各个连续介质中是常数。

④流体是等温、单相的，具有微可压缩性，流体黏度恒定。

⑤裂缝与基质岩块之间（F－M）、溶洞与基质岩块之间（V－M）假设为拟稳态流动。

（2）控制方程

对于裂缝间流动：

$$\frac{k_F}{\mu}\frac{1}{r}\left(r\frac{\partial P_F}{\partial r}\right)-\phi_M C_M\frac{\partial P_M}{\partial t}-\phi_V C_C\frac{\partial P_V}{\partial t}=\phi_F C_F\frac{\partial P_F}{\partial t} \qquad (5-197)$$

对于裂缝—溶洞之间：

$$\phi_V C_V \frac{\partial P_V}{\partial t} = \frac{\alpha_{FV} k_V}{\mu}(P_F - P_V) + \frac{\alpha_{VM} k_M}{\mu}(P_M - P_V) \tag{5-198}$$

对于裂缝—基质岩块之间：

$$\phi_M C_M \frac{\partial P_M}{\partial t} = \frac{\alpha_{FM} k_M}{\mu}(P_F - P_M) + \frac{\alpha_{VM} k_M}{\mu}(P_V - P_M) \tag{5-199}$$

其中，下标 F、M 和 V 分别表示裂缝、基质岩块和溶洞，P、ϕ、C 和 k 分别表示压力、初始孔隙度、有效压缩系数和介质的渗透率，μ 是流体黏度，α_{FV}，α_{FM} 和 α_{VM} 是窜流系数，裂缝—基质岩块和溶洞—基质岩块间的窜流系数如下定义：

$$\alpha_{FM} = \alpha_{VM} = \alpha \tag{5-200}$$

对于裂缝—溶洞之间：

$$\alpha_{FV} = \frac{A_{FV}}{l_{FV}} \tag{5-201}$$

其中，A_{FV} 是单位体积内裂缝和溶洞连接的总面积，m^2/m^3；l_{FV} 是特征长度，定义为：

$$l_{FV} = l_f/2 \tag{5-202}$$

其中，l_f 是连接溶洞与大裂缝的小裂缝的平均长度。

(3)初始和边界条件

假定对于地层中 3 种介质初始压力 P_i 是均匀分布的：

$$P_F(r,\ 0) = P_V(r,\ 0) = P_M(r,\ 0) = P_i \tag{5-203}$$

对于无限径向流，在外部边界上压力为恒定的：

$$P_F(r = \infty,\ t) = P_i \tag{5-204}$$

对于有限径向流，外边界(半径 $= r_e$)须符合下列两个条件：

①定边界条件：

$$P_F(r = r_e,\ t) = P_i \tag{5-205}$$

②封闭外边界条件：

$$\frac{\partial P(r = r_e,\ t)}{\partial r} = 0 \tag{5-206}$$

井筒($r = r_w$)的边界条件，由体积流量 q 决定，受井筒储存效应和表皮效应的影响。

$$P_{wf} - \left(P_F - S r_w \frac{\partial P_F}{\partial r}\right)_{r = r_w} \tag{5-207}$$

$$-C\frac{\partial P_{wf}}{\partial t} + \frac{2\pi r_w k_F h}{\mu}\frac{\partial P_F}{\partial r}(r_w,\ t) = q \tag{5-208}$$

其中，S 是表皮因子，无因次常量 C 是井筒储集系数，P_{wf} 是井底流动压力，r_w 是井筒半径，h 是地层厚度，井筒储集系数定义为：

$$C = V_w c_L \tag{5-209}$$

其中，V_w 是井筒体积，c_L 是在井筒中流体或液体的压缩系数。引入无因次压力 P_D(r_D、t_D)、无因次半径 r_D 和无因次时间 t_D，

$$P_D(r_D,\ t_D) = \frac{2\pi k_F h}{\mu q}\left[P_i - P(r,\ t)\right] \tag{5-210}$$

$$r_D = \frac{r}{r_w} \tag{5-211}$$

$$t_{D}=\frac{t}{\mu r_{w}^{2}(\phi_{F}C_{F}+\phi_{V}C_{V}+\phi_{M}C_{M})/k_{F}} \tag{5-212}$$

根据控制方程式(5－197)～式(5－199)、式(5－203)和边界条件式(5－204)～式(5－208)，可得：

$$\omega_{F}\frac{\partial P_{DF}}{\partial t_{D}}-\frac{1}{r_{D}}\frac{\partial}{\partial r_{D}}\left(r_{D}\frac{\partial P_{DF}}{\partial r_{D}}\right)-\lambda_{FV}(P_{DV}-P_{DF})-\lambda_{FM}(P_{DM}-P_{DF})=0 \tag{5-213}$$

$$\omega_{V}\frac{\partial P_{DV}}{\partial t_{D}}+\lambda_{FV}(P_{DV}-P_{DF})+\lambda_{VM}(P_{DV}-P_{DM})=0 \tag{5-214}$$

$$\omega_{M}\frac{\partial P_{DM}}{\partial t_{D}}+\lambda_{FM}(P_{DM}-P_{DF})+\lambda_{VM}(P_{DM}-P_{DV})=0 \tag{5-215}$$

ω 和 λ 的定义见表5－2。

初始条件：

$$P_{DF}(r_{D},0)=P_{DV}(r_{D},0)=P_{DM}(r_{D},0)=0 \tag{5-216}$$

外部边界条件：

$$P_{DF}(\infty,T_{D})=0 \tag{5-217}$$

$$P_{DF}(r_{D}=r_{e}/r_{w}=r_{eD},t_{D})=0 \tag{5-218}$$

$$\left.\frac{\partial P_{DF}}{\partial r}\right|_{r_{D}=r_{eD}}=0 \tag{5-219}$$

内部边界条件：

$$P_{Dwf}=\left[P_{DF}-S\frac{\partial P_{DF}}{\partial r_{D}}\right]_{r_{D}=1} \tag{5-220}$$

$$C_{D}\frac{\partial P_{Dwf}}{\partial t_{D}}-\left(\frac{\partial P_{DF}}{\partial r_{D}}\right)_{r_{D}=1}=1 \tag{5-221}$$

其中，

$$P_{Dwf}=\frac{2\pi k_{F}h}{\mu q}(P_{i}-P_{wf}) \tag{5-222}$$

无因次井筒储集系数，

$$C_{D}=\frac{C}{2\pi(\phi_{F}c_{F}+\phi_{F}c_{F}+\phi_{F}c_{F})hr_{w}^{2}} \tag{5-223}$$

Laplace 空间求解：

采用 Laplace 变换式，可得

$$\omega_{F}s\bar{P}_{DF}-\frac{1}{r_{D}}\frac{\partial}{\partial r_{D}}\left(r_{D}\frac{\partial\bar{P}_{DF}}{\partial r_{D}}\right)-\lambda_{FV}(\bar{P}_{DV}-\bar{P}_{DF})-\lambda_{FM}(\bar{P}_{DM}-\bar{P}_{DF})=0 \tag{5-224}$$

$$\omega_{V}s\bar{P}_{DV}+\lambda_{FV}(\bar{P}_{DV}-\bar{P}_{DF})+\lambda_{VM}(\bar{P}_{DV}-\bar{P}_{DM})=0 \tag{5-225}$$

$$\omega_{M}s\bar{P}_{DM}+\lambda_{FM}(\bar{P}_{DM}-\bar{P}_{DF})+\lambda_{VM}(\bar{P}_{DM}-\bar{P}_{DV})=0 \tag{5-226}$$

$$\bar{P}_{DF}(r_{D}=\infty,s)=0 \tag{5-227}$$

$$\bar{P}_{DF}(r_{D}=r_{eD},s)=0,$$

$$\left.\frac{d\bar{P}_{DF}}{dr}\right|_{r_{D}=r_{eD}}=0 \tag{5-228}$$

(5－229)

内边界条件：

$$\bar{P}_{\mathrm{Dwf}}=\left[\bar{P}_{\mathrm{DF}}-S\frac{\mathrm{d}\bar{P}_{\mathrm{DF}}}{\mathrm{d}r_{\mathrm{D}}}\right]_{r_{\mathrm{D}}=1} \tag{5-230}$$

$$C_{\mathrm{D}}s\bar{P}_{\mathrm{Dwf}}-\left(\frac{\mathrm{d}\bar{P}_{\mathrm{DF}}}{\mathrm{d}r_{\mathrm{D}}}\right)_{r_{\mathrm{D}}=1}=\frac{1}{s} \tag{5-231}$$

其中，$\bar{P}_{\mathrm{DF}}$、$\bar{P}_{\mathrm{DV}}$、$\bar{P}_{\mathrm{DM}}$和$\bar{P}_{\mathrm{Dwf}}$分别是$\bar{P}_{\mathrm{DF}}$、$\bar{P}_{\mathrm{DV}}$、$\bar{P}_{\mathrm{DM}}$和$\bar{P}_{\mathrm{Dwf}}$在Laplace空间中的变换函数；s是Laplace变换变量。将基质岩块和溶洞方程式(5-225)和式(5-226)代入裂缝方程式(5-224)，可得：

$$\frac{1}{r_{\mathrm{D}}}\frac{\partial}{\partial r_{\mathrm{D}}}\left(r_{\mathrm{D}}\frac{\partial\bar{P}_{\mathrm{DF}}}{\partial r_{\mathrm{D}}}\right)-sf(s)\bar{P}_{\mathrm{DF}}=0 \tag{5-232}$$

其中，

$$f(s)=\omega_{\mathrm{F}}+\frac{(\lambda_{\mathrm{FV}}+\lambda_{\mathrm{FM}})s+\dfrac{1-\omega_{\mathrm{F}}}{\omega_{\mathrm{V}}\omega_{\mathrm{M}}}\left[\lambda_{\mathrm{FV}}\lambda_{\mathrm{FM}}+(\lambda_{\mathrm{FV}}+\lambda_{\mathrm{FM}})\lambda_{\mathrm{VM}}\right]}{s^2+\left[\dfrac{\lambda_{\mathrm{FV}}}{\omega_{\mathrm{V}}}+\dfrac{\lambda_{\mathrm{FM}}}{\omega_{\mathrm{M}}}+\left(\dfrac{1}{\omega_{\mathrm{V}}}+\dfrac{1}{\omega_{\mathrm{M}}}\right)\lambda_{\mathrm{VM}}\right]s+\dfrac{\lambda_{\mathrm{FV}}\lambda_{\mathrm{FM}}+(\lambda_{\mathrm{FV}}+\lambda_{\mathrm{FM}})\lambda_{\mathrm{VM}}}{\omega_{\mathrm{V}}\omega_{\mathrm{M}}}} \tag{5-233}$$

式(5-232)的一般解为

$$\bar{P}_{\mathrm{DF}}=C_0K_0(\sqrt{sf(s)}r_{\mathrm{D}})+D_0I_0(\sqrt{sf(s)}r_{\mathrm{D}}) \tag{5-234}$$

其中，K_0和I_0分别是零阶的第一类和第二类修正Bessel函数。

①无限储层：将解析解代入边界条件方程式(5-227)、式(5-230)和式(5-231)，可得

$$\bar{P}_{\mathrm{DF}}=\frac{K_0(\sqrt{sf(s)r_{\mathrm{D}}})}{s\left\{\sqrt{sf(s)}K_1(\sqrt{sf(s)})+C_{\mathrm{D}}s\left[K_0(\sqrt{sf(s)})+S\sqrt{sf(s)}K_1(\sqrt{sf(s)})\right]\right\}} \tag{5-235}$$

$$\bar{P}_{\mathrm{Dwf}}=\frac{K_0(\sqrt{sf(s)})+S\sqrt{sf(s)}K_1(\sqrt{sf(s)})}{s\left\{\sqrt{sf(s)}K_1(\sqrt{sf(s)})+C_{\mathrm{D}}s\left[K_0(\sqrt{sf(s)})+S\sqrt{sf(s)}K_1(\sqrt{sf(s)})\right]\right\}} \tag{5-236}$$

②封闭外边界有限储层：将解析解代入边界条件方程式(5-228)、式(5-230)和式(5-231)，可得

$$\bar{P}_{\mathrm{DF}}=\frac{\left\{I_0(\sqrt{sf(s)}r_{\mathrm{D}})K_1(\sqrt{sf(s)}r_{\mathrm{eD}})+I_1(\sqrt{sf(s)}r_{\mathrm{eD}})K_0(\sqrt{sf(s)}r_{\mathrm{D}})\right\}}{C_{\mathrm{D}}s^2\left\{Y-S\sqrt{sf(s)}X\right\}-s\sqrt{sf(s)}X} \tag{5-237}$$

$$\begin{aligned}\bar{P}_{\mathrm{DF}}=&\frac{\left\{I_0(\sqrt{sf(s)})K_1(\sqrt{sf(s)}r_{\mathrm{eD}})+I_1(\sqrt{sf(s)}r_{\mathrm{eD}})K_0(\sqrt{sf(s)}r_{\mathrm{D}})\right\}}{C_{\mathrm{D}}s^2\left\{Y-S\sqrt{sf(s)}X\right\}-s\sqrt{sf(s)}X}\\&-\frac{S\sqrt{sf(s)}\left\{I_1(\sqrt{sf(s)})K_1(\sqrt{sf(s)}r_{\mathrm{eD}})+I_1(\sqrt{sf(s)}r_{\mathrm{D}})K_1(\sqrt{sf(s)})\right\}}{C_{\mathrm{D}}s^2\left\{Y-S\sqrt{sf(s)}X\right\}-s\sqrt{sf(s)}X}\end{aligned} \tag{5-238}$$

其中，

$$X = I_1(\sqrt{sf(s)})K_1(\sqrt{sf(s)}r_{eD}) - I_1(\sqrt{sf(s)}r_{eD})K_1(\sqrt{sf(s)}) \tag{5-239}$$

$$Y = I_0(\sqrt{sf(s)})K_1(\sqrt{sf(s)}r_{eD}) + I_1(\sqrt{sf(s)}r_{eD})K_0(\sqrt{sf(s)}) \tag{5-240}$$

③外部边界定压力的有限储层：对于有界定压无井储效应和表皮效应的情况，可得

$$\bar{P}_{Dwf} = \frac{\left\{K_0(\sqrt{sf(s)}r_D)I_0(\sqrt{sf(s)}r_{eD}) - K_0(\sqrt{sf(s)}r_{eD})I_0(\sqrt{sf(s)}r_D)\right\}}{s\sqrt{sf(s)}\left[I_0(\sqrt{sf(s)}r_{eD})K_1(\sqrt{sf(s)}) + I_1(\sqrt{sf(s)})K_0(\sqrt{sf(s)}r_{eD})\right]} \tag{5-241}$$

式(5-236)的解表明，对于三重连续介质中的流动可通过5个无量纲参数描述：2个 ω 和3个 λ（参见表5-2），其中，3个 λ 中仅有2个是独立的。

表5-2　三重介质中流动问题解析解的无量纲参数和变量

参数	定义
无量纲时间	$t_D = \dfrac{k_F t}{\mu r_w^2(\phi_M + C_M + \phi_V C_V + \phi_F C_F)}$
无因次半径	$r_D = \dfrac{r}{r_w}$
无因次压力	$P_D = \dfrac{P_i - P_F(r,t)}{\dfrac{q\mu}{2\pi k_F h}}$
裂缝—基质岩块间窜流系数	$\lambda_{FM} = \dfrac{\alpha_{FM} r_w^2 k_M}{k_F}$
裂缝—溶洞间窜流系数	$\lambda_{FV} = \dfrac{\alpha_{FV} r_w^2 k_V}{k_F}$
溶洞—基质岩块间窜流系数	$\lambda_{VM} = \dfrac{\alpha_{VM} r_w^2 k_M}{k_F}$
裂缝储存系数	$\omega_F = \dfrac{\phi_F C_F}{\phi_M C_M + \phi_V C_V + \phi_F C_F}$
溶洞储存系数	$\omega_V = \dfrac{\phi_V C_V}{\phi_M C_M + \phi_V C_V + \phi_F C_F}$
基质岩块储存系数	$\omega_M = \dfrac{\phi_M C_M}{\phi_M C_M + \phi_V C_V + \phi_F C_F}$
基于以上参数的变量：	
$A_1 = A_0 + \dfrac{\lambda_{FM} + \lambda_{FV}}{2\omega_F} + \left[\left(A_0 + \dfrac{\lambda_{FM} + \lambda_{FV}}{2\omega_F}\right)^2 - \dfrac{B_0}{\omega_F}\right]^{1/2}$ $A_2 = A_0 + \dfrac{\lambda_{FM} + \lambda_{FV}}{2\omega_F} - \left[\left(A_0 + \dfrac{\lambda_{FM} + \lambda_{FV}}{2\omega_F}\right)^2 - \dfrac{B_0}{\omega_F}\right]^{1/2}$	
$B_1 = A_0 + (A_0^2 - B_0)^{1/2}$ $B_2 = A_0 - (A_0^2 - B_0)^{1/2}$	
$A_0 = \dfrac{1}{2}\left[\dfrac{\lambda_{FM}}{\omega_M} + \dfrac{\lambda_{FV}}{\omega_V} + \left(\dfrac{1}{\omega_M} + \dfrac{1}{\omega_V}\right)\lambda_{VM}\right]$ $B_0 = \dfrac{\lambda_{FM}\lambda_{FV} + (\lambda_{FM} + \lambda_{FV})\lambda_{VM}}{\omega_M \omega_V}$	

为验证多重介质数值模拟程序，对一个三重介质径向流动问题进行数值模拟，采用的计算参数见表5－3，模拟结果表明数值解同解析解符合很好(图5－14)。

表5－3　三重介质径向流动问题计算参数

参数	数值	单位
基质岩块孔隙度	0.263	无量纲
裂缝孔隙度	0.001	无量纲
溶洞孔隙度	0.01	无量纲
裂缝间距	5	m
小裂缝间距	1.6	m
裂缝特征长度	3.472	m
单位体积岩石裂缝—岩块/裂缝—溶洞接触面积	0.61	m^2
地下水密度	1000	kg/m^3
地下水黏度	1×10^{-3}	Pa·s
基质岩块渗透率	0.1572	μm^2
裂缝渗透率	138.3	μm^2
小裂缝及溶洞渗透率	13.83	μm^2
产水量	100	m^3/d
裂缝、溶洞和基质岩块压缩系数	1.0×10^{-3}	1/MPa
井半径	0.1	m
地层厚度	20	m

2. 高速非达西流数值模拟

为了验证数值模型的正确性，首先根据Buckley－Leverett方法，推导了一维多孔介质两相流体高速非达西流动(图5－15)情况下的解析解。当注入量为常数时，解析解可计算出某一饱和度对应的两相流体驱替前缘。

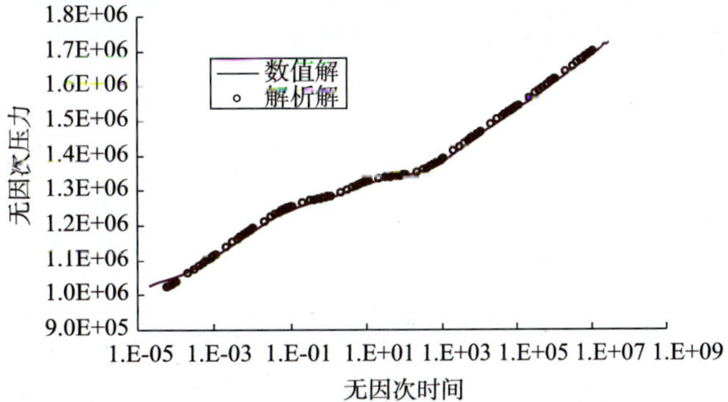

图5－14　三重介质径向流动问题解析解同数值解的对比

计算参数如表5－4所示，相对渗透率曲线和等效非达西流动系数如图5－16和图5－17所示。不同注入速度情况下，注入10h后润湿相饱和度的分布如图5－18所示；不同高速非达西流动系数情况下，注入量为0.36m^3时的含水饱和度分布如图5－19所示。

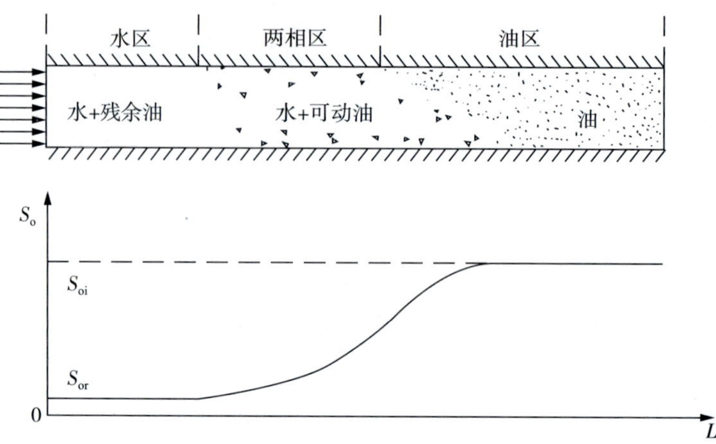

图 5-15　多孔介质中非达西流两相流示意图

表 5-4　一维两相流体高速非达西流动问题计算参数

参数	值	单位
有效孔隙度 ϕ	0.30	无量纲
基质岩块渗透率	1	$10^{-3}\mu m^2$
润湿相密度 ρ_w	1000	kg/m^3
润湿相黏度 μ_w	1	cP
非润湿相密度 ρ_n	800	kg/m^3
非润湿相黏度 μ_n	1	cP
非达西流因子 C_β	3.2×10^{-9}	$m^{3/2}$
注入速度 q	1×10^{-4}	m^3/s
方位角 α	0	度

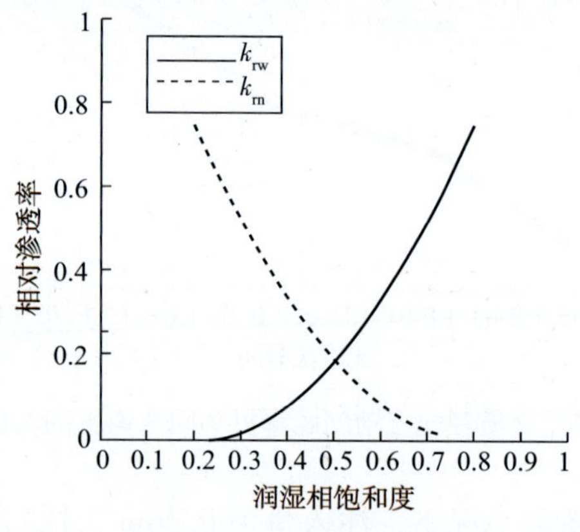

图 5-16　相对渗透率曲线

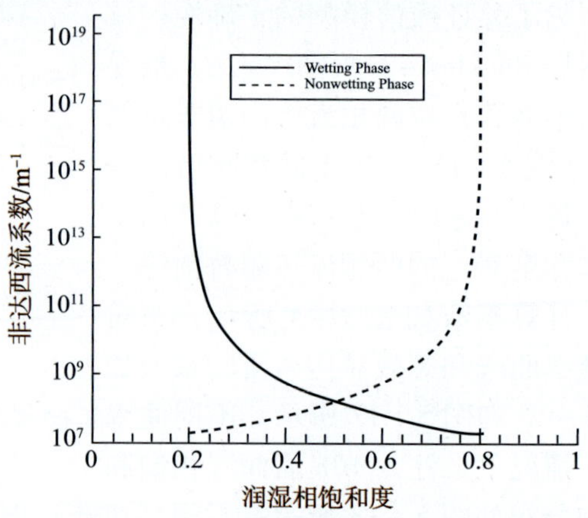

图 5-17　高速非达西流动系数

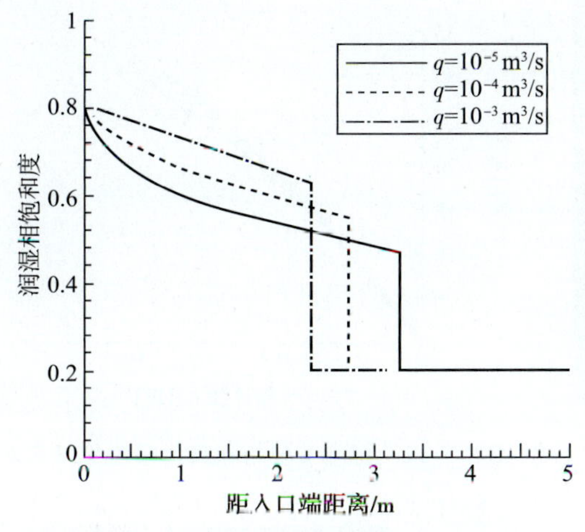

图 5－18　注入 10h 后润湿相饱和度

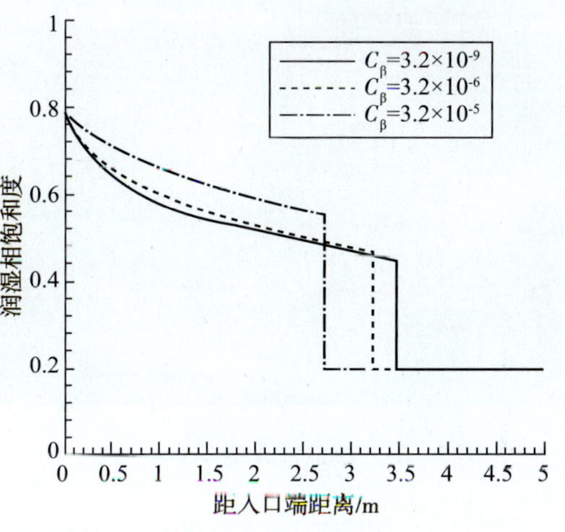

图 5－19　注入 0.36m³ 时的润湿相饱和度

计算结果表明，对于一维两相高速非达西流动问题来说，相渗曲线、高速非达西流动参数和注入速度对驱替前缘及饱和度的分布都有影响。含水饱和度(注入 10h 后)分布的数值解和解析解对比如图 5－20 所示，模拟结果与解析解符合率很高，验证了数值模拟方面与程序的准确性。

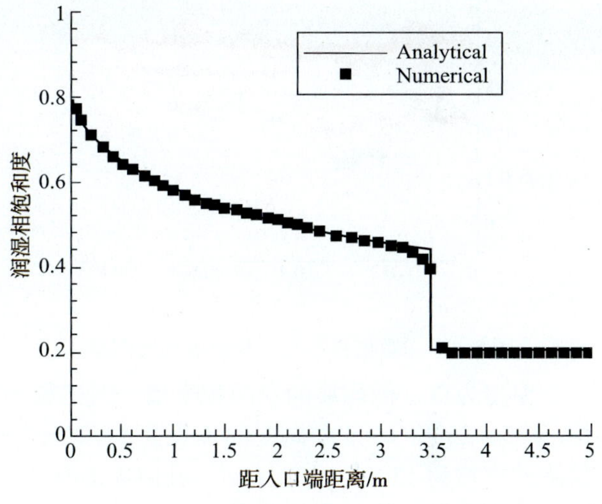

图 5－20　水相饱和度(注入 10h 后)对比

3. 缝洞平板模型的模拟

为了验证数值模拟结果的准确性，应用缝洞模型的注采物理实验(西南石油大学)，模拟的缝洞模型长 90cm、宽 50cm、厚度 8cm，如图 5－21 所示，原油密度为 0.8433g/mL，黏度为 8.36cP，注入速度为 0.45L/min。

数值模拟结果与物理实验结果对比见图 5－22，注入体积与采出程度关系曲线对比具有好的一致性，曲线符合率达 92.5%，模拟的流体注采饱和度变化见图 5－23、图 5－24。此结果验证了数值模拟方法的准确性与适用性。

4. 单重介质模型与商业化软件对比

应用等效多重介质数值模拟软件(KarstSim 软件)与目前流行的 ECLIPS 商业化数值模拟软件相同功能进行对比，验证单重介质模拟计算结果的准确性。建立了 SPE18741 发表的油藏数值模拟标准测试算例 1 的油藏模型，比较两种模拟器的注、采量。

图 5-21　缝洞注采物理实验模型

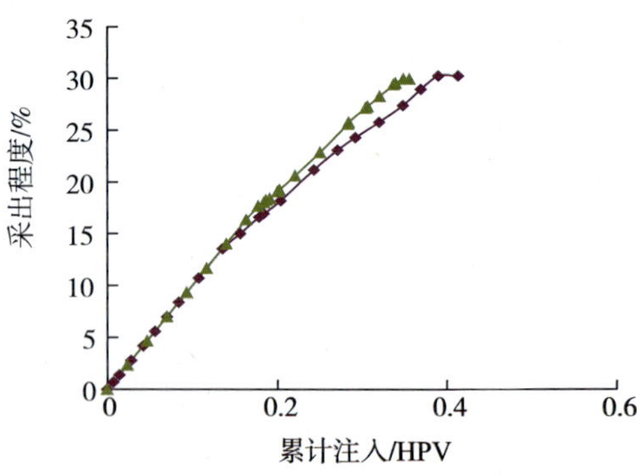

图 5-22　物理实验与和数值模模拟结果对比

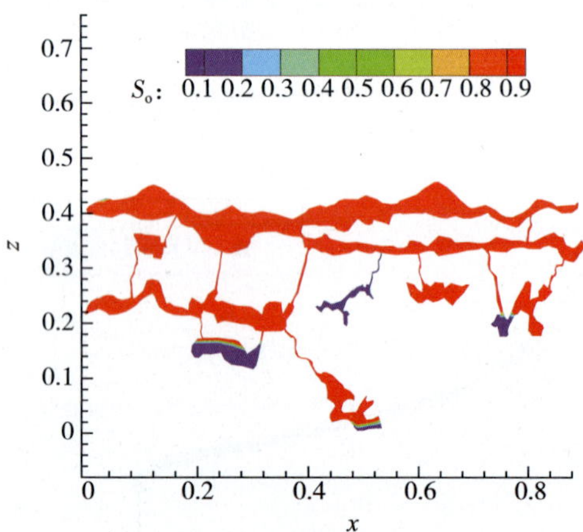

图 5-23　数值模拟初始状态饱和度模型

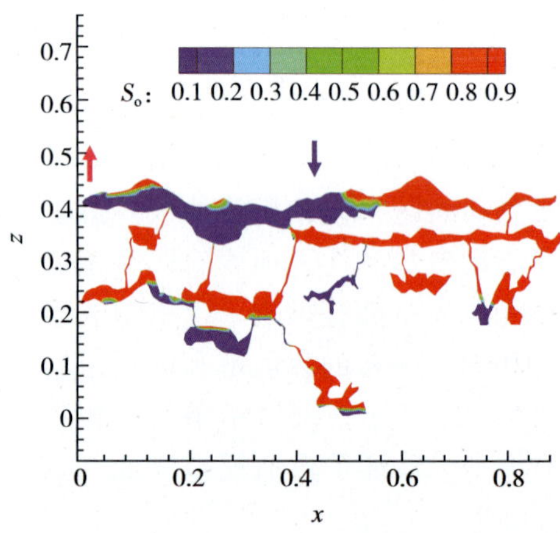

图 5-24　数值模拟计算饱和度分布

模型为单一的均质油水两相模型，网格数为 500 个，空间 xyz 方向为 10×10×5 个网格(图 5-25)，x、y 方向上的步长为 14.22m，z 方向上的步长为 1.22m，x、y、z 方向上的渗透率均为 $15.79\times10^{-3}\mu m^2$，孔隙度为 0.2，顶部深度为 1m。

该模型为一注一采，Well 1 为注水井，Well 2 为采油井，注水井日注水量为 $1.67m^3$，采油井为定井底流压生产(图 5-26)。

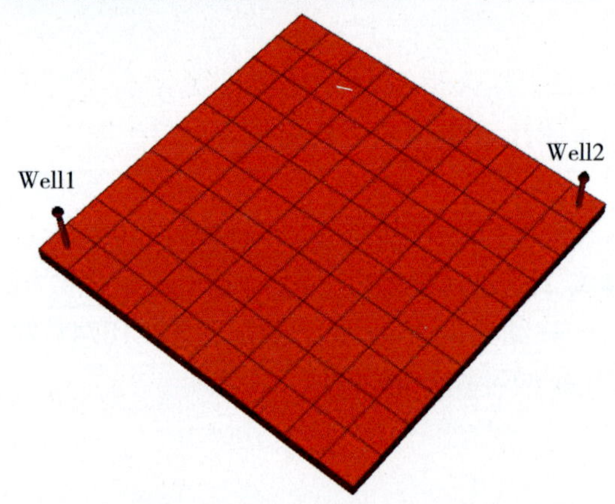

图 5-25　单重介质计算模型

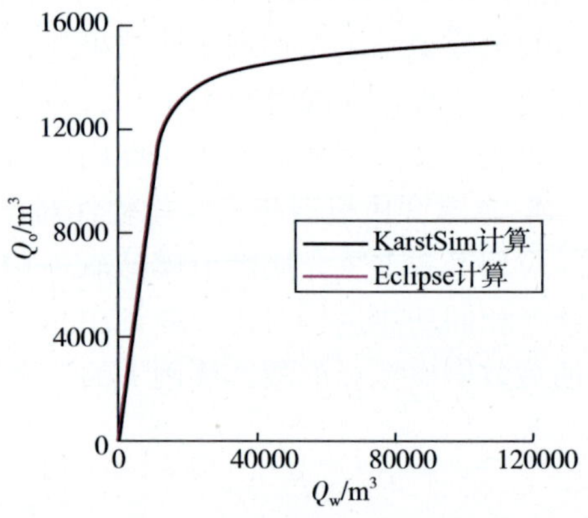

图 5-26　注采关系对比曲线

经过70年的时间步计算后，两种软件压力场和含油饱和度场十分相似，注采关系曲线一致，认为两种软件在计算单重介质模型时具有较好的符合率。

5. 双重介质模型与商业化软件对比

应用等效多重介质数值模拟软件(KarstSim软件)与目前流行的ECLIPS商业化数值模拟软件相同功能进行对比，验证双重介质模拟计算结果的准确性。建立了SPE18741发表的油藏数值模拟标准测试算例6的油藏模型，比较两种模拟器的注采量及不同层的压力与饱和度分布场。

模型为单一的均质油水两相模型，网格数为500个，空间xyz方向为$10\times10\times5$个网格，x、y方向上的步长为14.22m，z方向上的步长为1.22m，x、y、z方向上基质岩块的渗透率均为$1.572\times10^{-3}\mu m^2$，裂缝的渗透率为$138.3\times10^{-3}\mu m^2$；基质岩块的孔隙度为0.263，裂缝的孔隙度为0.0005，流体的属性及高压物性均相同。该模型为一注一采，Well 1为注水井，Well 2为采油井，注水井日注水量为$1.669m^3$，采油井为定井底流压生产。

经过70年的时间步计算后，两种软件模拟的含油饱和度场和压力场十分相似(图5-27、图5-28)，注采关系曲线基本一致(图5-29)，两种软件在计算双重介质模型时具有较好的符合率，拟合曲线中过渡阶段有误差，原因是Eclipse软件在三维的形状系数计算中采用了一维的计算方法，KarstSim软件采用三维的形状系数，计算更合理。

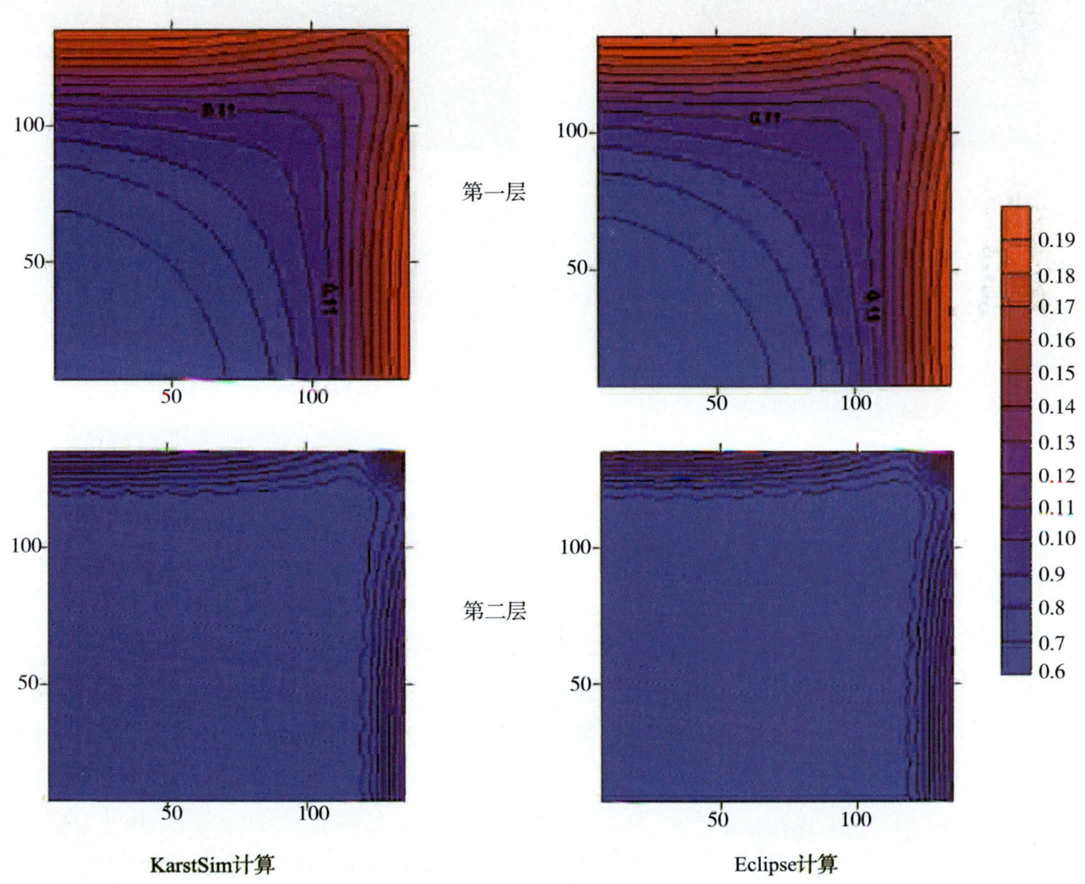

图5-27　不同软件含油饱和度场的分布对比

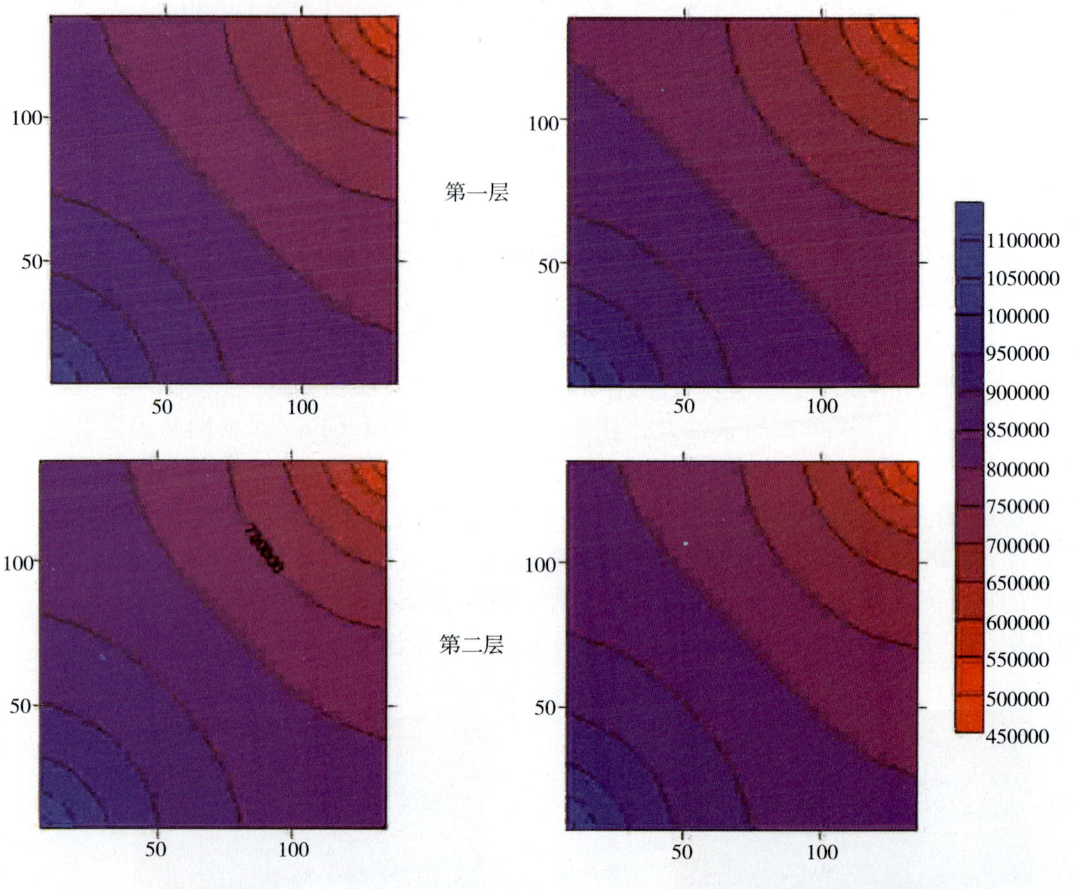

第一层

第二层

KarstSim计算　　Eclipse计算

1100000
1050000
100000
950000
900000
850000
800000
750000
700000
650000
600000
550000
500000
450000

图 5－28　软件压力场的分布对比

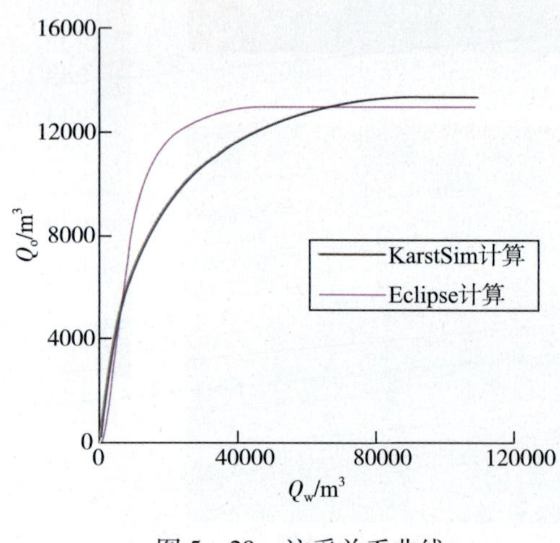

图 5－29　注采关系曲线

二、耦合型数值模拟方法验证

1. 不同充填方式洞穴水驱油数值模拟

为了验证不同充填方式洞穴内流体流动计算的准确性，开展了水驱油物理实验，应用耦合型数值模拟软件(CaveSim 软件)模拟了物理实验，验证了计算的准确性。

物理实验模型为长 600mm、宽 200mm、高 20mm，溶洞设计在长方体中部，长度为 70mm、宽为 200mm、厚度为 20mm，溶洞的左右两侧为砾石充填。模型右上角为注水入口，左上角为注水出口。溶洞右侧充填物为粒径 3mm 的白色大理石，溶洞左侧充填物为粒径 5mm 白色大理石，充填总体积为 2. 36L，充填物孔隙体积为 1. 25L，平均孔隙度 52. 97%。注入口与出口的通道内直径为2.5mm。

实验条件：模拟原油密度为0.738g/mL，注入水密度为1.00g/mL，通过对油和水的染色剂的筛选，选定油溶性辣椒红染色剂为此次实验油染色剂，选定水溶性翠绿染色剂为此次实验的水染色剂。采用0.45L/min的注入速度进行横向水驱油实验。

实验表明，注入清水在3mm大理石中先从上向下横向范围逐渐扩大，水到底后再逐渐上抬，注入水在溶洞中水平向上驱油。右边油水界面为三角形或梯形推进，左边油水界面为矩形推进。60s时横向波及体积为0.216L，到60s后基本驱油方向为注入水由底部逐渐抬高而驱油(图5－30)。剩余油主要分布在溶洞两旁的充填物最上方，最终驱油效率91.2%。

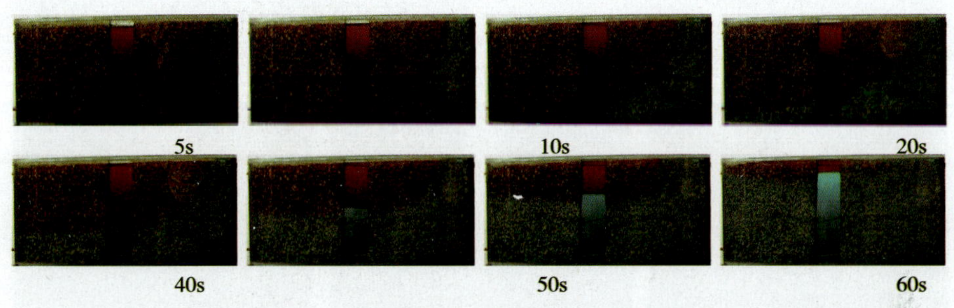

图5－30　溶洞与充填储集体水驱油物理实验(不同时刻实验现象)

数值模型与物理模型设计一致，右边充填物为孔隙度45.8%，左边充填物为孔隙度47.7%，中间溶洞为空洞，注入口与出口的通道内直径为2.5mm。结果如图5－31所示，模拟结果与实验结果吻合较好。右边油水界面初期呈三角形推进，洞内油水界面为水平面，左边油水界面与洞内油水界面基本一致，水平向上驱油，剩余油主要分布在溶洞两旁的充填物最上方，最终驱油效率92.1%，拟合率99.0%。

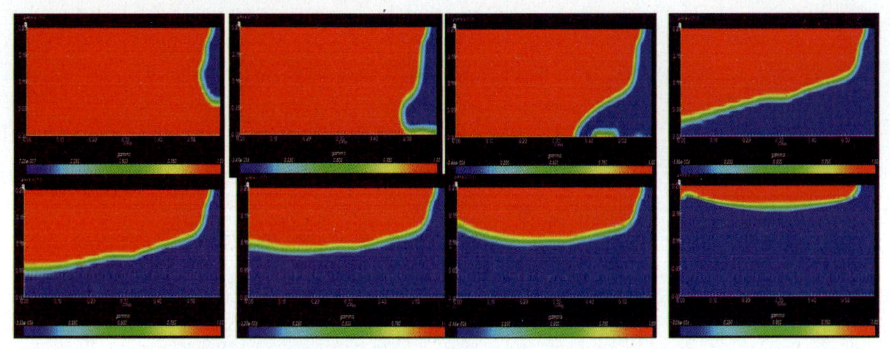

图5－31　溶洞与充填储集体水驱油数值模拟实验

2. 大型洞穴内两相流动数值模拟

为了验证洞穴两相流的水锥界面计算的准确性，开展了大型洞穴内两相流动物理实验，物理实验溶洞尺寸为长$L=3600$mm、宽$k=130$mm、高$h=800$mm(图5－32)；出口尺寸为长$d=127$mm、宽$k=130$mm。油的密度为960kg/m^3；水的密度为1140kg/m^3，黏度为0.001kg/(m·s)，油的黏度为0.01kg/(m·s)。初始条件：模型内部充满油，并处于静止状态。

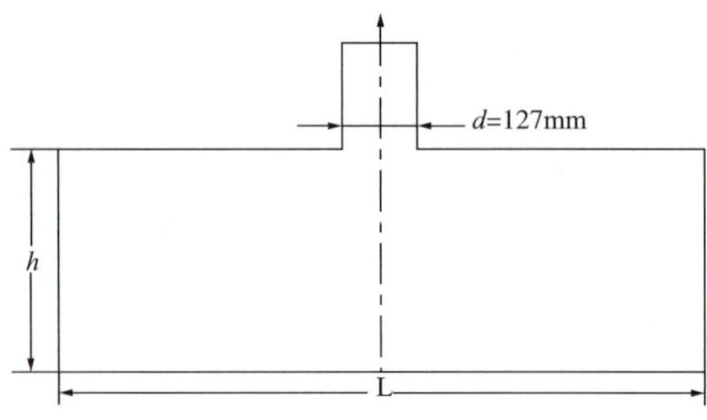

图 5－32　洞穴水锥实验模型示意图

实验目的是模拟井钻在溶洞上采油过程，重点包括底水锥进过程，油水两相界面变化，为数值模拟提供基础物理模型。实验可以看出，由于油水密度差，采油过程中形成了水锥界面(图 5－33)，起锥角度在 12°左右，之后逐渐减小，剩余油主要在井的两旁上方，最终采收率 90. 8%。

数值模型与物理模型设计一致，结果如图 5－34 所示，模拟结果与实验结果吻合较好。饱和度变化形态一致，计算最终采收率为 92. 7%，与物理实验符合率较高。

图 5－33　溶洞两相流水锥物理模模拟

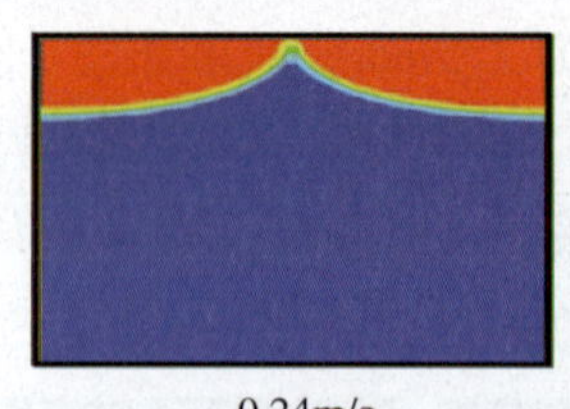

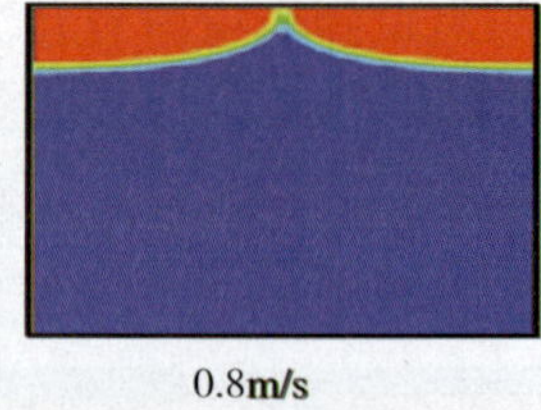

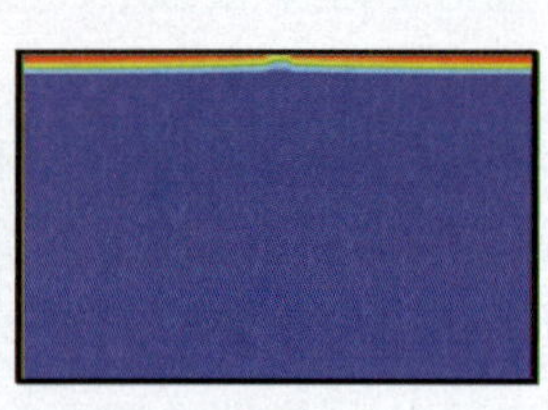

0.24m/s　　0.8m/s　　2m/s

图 5－34　洞穴两相流水锥数值模拟饱和度分布图

3. 洞穴—裂缝—孔洞注采模拟

为了验证复杂介质计算功能，设计了洞穴、裂缝、孔洞油藏概念模型，模型的原型是垮塌的大型溶洞，溶洞中下部为残留的未充填洞穴，洞穴周围大量裂缝，裂缝从溶洞向外低角度延伸，裂缝之间为孔洞区。数值模型取一半做为概念模型，设计右半部分为溶洞，左半部分为孔洞基质岩块系统，并存在 4 条裂缝(图 5－35)。

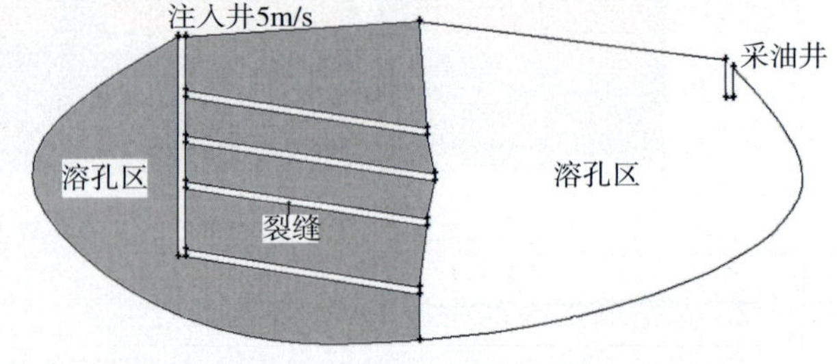

图 5－35　洞穴—裂缝—孔隙洞采模型设计图

边界条件：右侧洞穴区有一口注入井，通过裂缝与左半部分孔洞区连通；孔洞区有采油井，观测溶洞内原油流动情况(如图 5－36)，初始条件为充满油。洞宽 100m，高 45m，入口宽度 1m，注入速度 5m/s；油密度 960kg/m^3，油黏度 20cP；水密度 1140kg/m^3，水黏度 1cP。

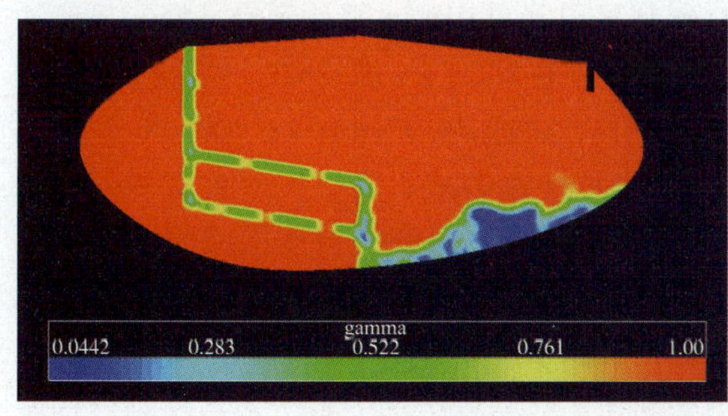

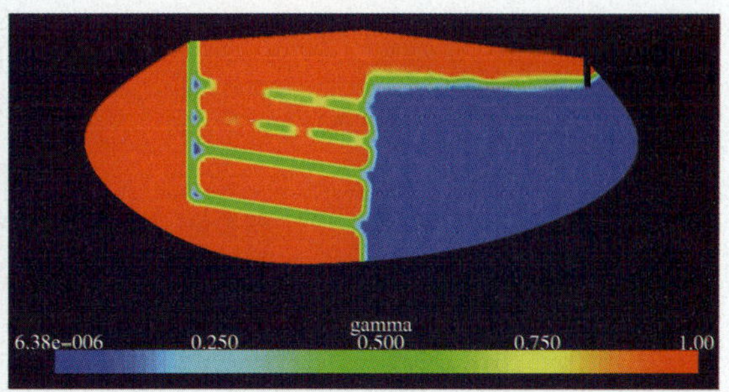

图 5-36 洞穴—裂缝—孔隙洞采模型不同时间饱和度分布图

洞穴—裂缝—孔洞注采模型计算结果反映了油水两相流体流动特征。

三、S48 缝洞单元数值模拟

应用等效多重介质数模拟器开展了 S48 缝洞单元的数值模拟，应用三维地质模型，输入了油藏流体的高压物性等资料，模拟了油藏压力、饱和度及生产变化，与实际油井的产油量和含水率对比，符合率较高，验证了模拟器的正确性与实用性。

1. 缝洞单元概况及参数

S48 缝洞单元是塔河油田最大的缝洞单元，探明含油面积 11.82km^2。1997 年投入试采，2000 年 9 月单元日产油水平达到最高峰，日产油 2268t，单井平均日产油 252t，综合含水为 1.34%，年产油达 74.97 $\times 10^4$t，采油速度 2.54%。2005 年 7 月开展单元注水试验，初期注水受效增油明显，日产油水平上升至 663t。

应用三维地质模型，通过网格粗化后，模型网格共 36.27 $\times 10^4$ 个，x 方向网格 155 个，y 方向网格 156 个，纵向上划分为 15 个模拟层。

缝洞单元油藏基本参数见表 5-5。

表 5-5 S48 缝洞单元油藏基本参数

参数	数值	参数	数值
原油饱和压力	20.20MPa	地层原油密度	860.40kg/m^3
地饱压差	38.55MPa	地面原油密度	948.20kg/m^3
地层原油压缩系数	1.11×10^{-3}L/MPa	油气比	66.00m^3/m^3
地层原油黏度	21.70cP	油水界面	5600.00m
原始地层压力	59.00MPa	水的平均密度	1140.00kg/m^3
气体密度	730.00kg/m^3		

2. 缝洞单元生产历史拟合

缝洞单元原始地层压力 59MPa，有一定的天然能量，至注水前，地层压力降至 50.5MPa。通过油藏注水，地层压力升至 52.1MPa。通过油藏数值模拟，计算的地层压力与实际测量的地层压力对比符合率 91% 以上（图 5-37），与实际油藏地层压力变化特征一致。

1999 年 5 月到 2000 年 12 月全面开发阶段，日产液 2822m^3，日产油 2578t，含水 5.6%；

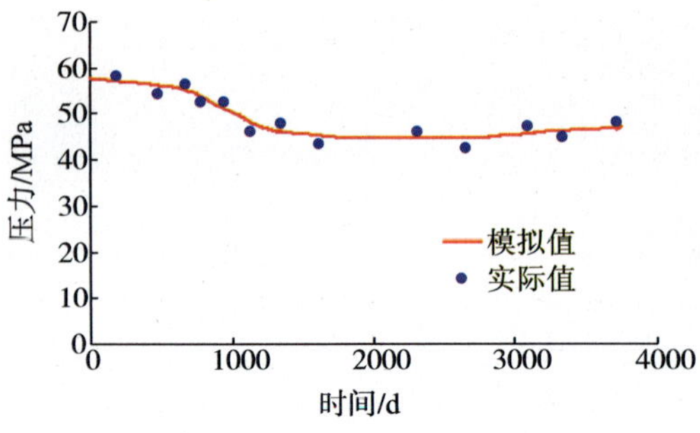

图 5－37　全区平均压力拟合图

2000 年 9 月单元日产油水平达到最高峰，日产油 2268t，单井平均日产油 252t，综合含水为 1.34%，年产油达 74.97×10^4t；2001 年 1 月到 2001 年 12 月快速递减阶段，日产液 2239m^3，日产油 1318t，含水 43.1%，自然递减率 51.60%，含水上升率 18.0%；2005 年 7 月到 2010 年单元注水，日产油水平上升至 663t。数值模拟的单元累积产油与实际累积产油一致，含水率吻合程度 91% 以上(图 5－38、图 5－39)。

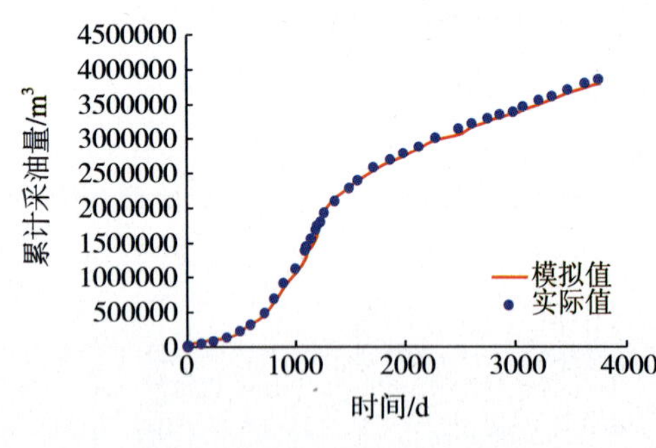

图 5－38　单元累产油拟合图

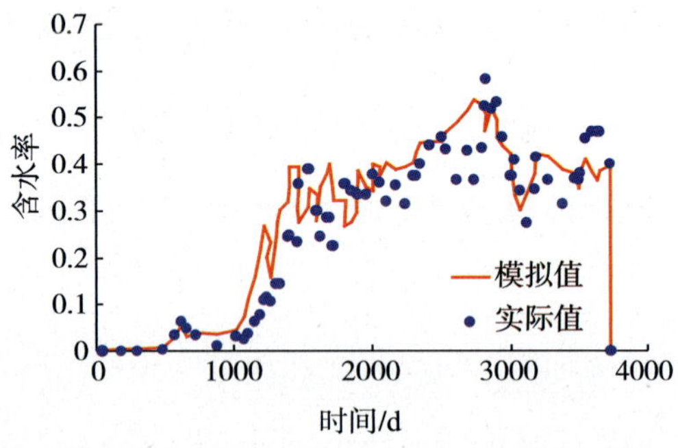

图 5－39　单元含水率拟合图

共拟合了 S48 井区 25 口井(包括侧钻井和斜井)，单井整体拟合率为 84.6%，拟合效果较好。图 5－40 为 S48 井的累积产油量与含水率的生产历史拟合对比图，图 5－41 为 TK412 井的累积产油量与含水率的生产历史拟合对比图，拟合效果较好。

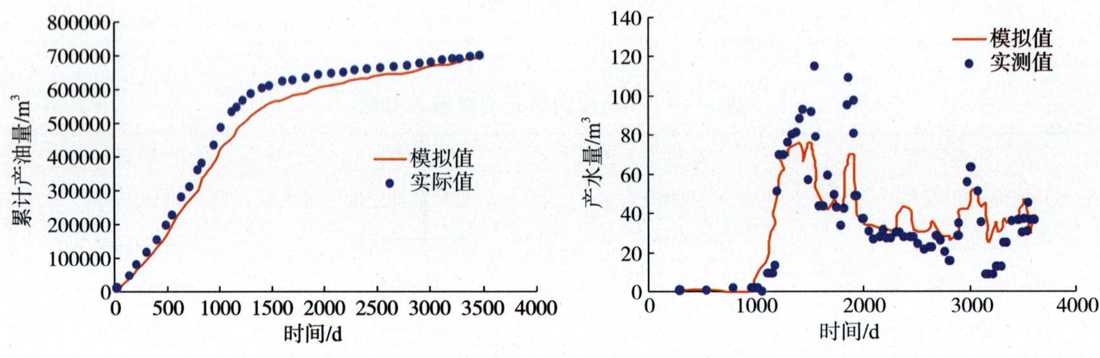

图 5－40　S48 井累产油、产水率拟合图

注水后缝洞单元的原油饱和度也有较大的改变，剩余油主要分布在(图 5－42、图 5－43)：①风化壳附近没有井控制的局部缝洞体高点地区；②注入水未能波及的地区；③初期产油量较高的暴性水淹井周围地区；④平面裂缝水窜周围地区；⑤注采井间的缝洞储集体优势通道周围地区；⑥局部致密体内封存的区域(指下层缝洞体局部高点处)等。

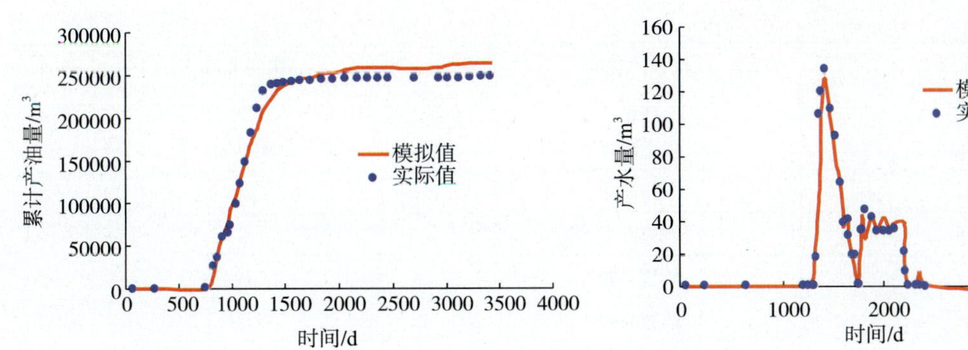

图 5-41　TK412 井累产油、产水率拟合图

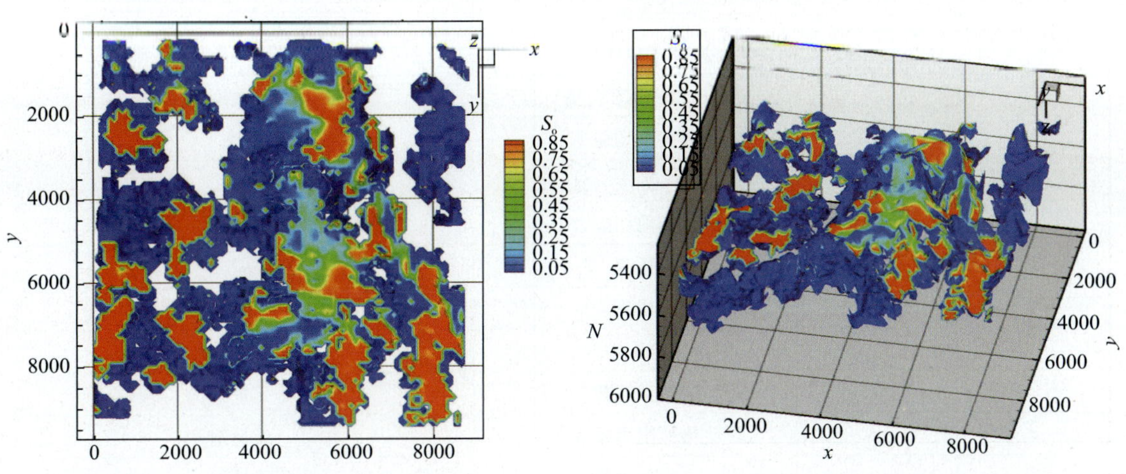

图 5-42　单元剩余油分布俯视图　　　图 5-43　单元剩余油纵向分布立体图

符号及单位表

符号	代表的参数	国际单位
V	体积	m^3
ϕ	孔隙度	无量纲
S_β	β 相的饱和度	无量纲
ρ	密度	kg/m^3
u	速度	m/s
q	油井产量	m^3/s
t	时间	s
p	压力	MPa
k	渗透率	$10^{-3}\mu m^2$
μ	黏度	cP
g	重力加速度	m^2/s
k_r	相对渗透率	无量纲

续表

符号	代表的参数	国际单位
D	深度	m
λ_B	压力梯度	MPa/m
x	距离	m
b	裂缝开度	m
r	圆管半径	m
d	圆管直径	m
w	裂缝间隙	m
β	等效非达西流系数	m^{-1}
σ	流体表面张力	N/m
F_v	流体单位体积力	N/m^3
α_β	β相的体积分数	无量纲
κ	界面平均曲率	1/m
T	温度	℃
τ	流体剪切应力	N/m^2
V	体积	m^3
M	质量	kg
Q	源汇项	m^3/s
Γ	扩散系数	无量纲
C_2	惰性阻力系数	无量纲
S	表皮因子	无量纲
C	井筒存储	m^3/MPa
p_{wf}	井流压力	MPa
r_w	井径	m
h	地层厚度	m
V_w	井筒体积	m^3

下标 o、w、g：油、水、气；

下标 β：相态；

下标 D：无因次；

上标 n：表示当前时间点；

上标 $n+1$：表示有待解决的下一时间点；

E：外延量；

Ω：空间区域；

D：空间区域；

M：基质；

F：裂缝；

V：溶洞；

e：E 对应的内涵量；

H：分别代表 M、F、V；

x_0：体积的质心；

L_1、L_2、L_3：溶孔、裂缝、洞穴的尺度界限；

REV：表征单元体；

n：垂直于表面的单位矢量；

A_{ij}：单元 i 和 j 的界面面积；

η_i：大型洞穴 i 相连接的单元 j 的集合；

R：残差；

ξ：任意物理量；

ψ：限制器；

γ_{ij}：传导系数；

Φ：流体势。

参考文献

[1]康志江．塔河缝洞型碳酸盐岩油藏渗流特征[J]．石油与天然气地质，2006，26(5)：634～640.

[2]张抗．塔河油田的开发及其地质应用[J]．石油与天然气地质，1999，20(2)：120～124.

[3]Abdassah，D. and Ershaghis I.．Triple－porosity system for representing naturally fractured reservoirs[J]. SPE Form. Eval，1986(1)：113～127.

[4]Closemann，P. J.．The aquifer model for fissured fractured reservoir[J]. Soc. Pet. Eng. J.，1975：385～398.

[5]Heeremans，J. C.，T. E. H. Esmaiel，and C. P. J. W. van Kruijsdijk. Feasibility study of WAG injection in naturally fractured reservoirs，SPE－100034，Presented at the 2006 SPE/DOE Symposium on Improved Oil Recovery[J]. Tulsa，Oklahoma，2006(4)22～26.

[6]Hidajat，I，K. K. Mohanty，M. Flaum，and G. Hirasaki. Study of vuggy carbonates using NMR and X－Ray CT scanning[J]. SPE Reservoir Evaluation & Engineering，2004：365～377.

[7]Kazemi，H.．Numerical simulation of water imbibition in fractured cores[J]. Soc. Pet. Eng. J，1979：323～330.

[8]Kazemi，H.．Pressure Transient Analysis of Naturally Fractured Reservoirs with Uniform Fracture Distribution，[J]. SPEJ，1969：451～462. Trans.，AIME，246.

[9]Kossack and Curpine. A methodology for simulation of vuggy and fractured reservoirs.

[10]Pruess，K.．GMINC－A mesh generator for flow simulations in fractured reservoirs[J]. Report LBL 15227，Berkeley，California：Lawrence Berkeley National Laboratory，1983.

[11]Rivas－Gomez et al.．Numerical simulation of oil displacement by water in a vuggy fractured porous medium [J]．SPE－66386，Presented at the SPE Reservoir Simulation Symposium，Houston，Texas，2001：11～14.

[12]Warren，J. E. and Root，P. J.．The behavior of naturally fractured reservoirs[J]．Soc. Pet. Eng. J，1963：245～255，Trans.，AIME，228.

[13]Wu，Y. S.．A virtual node method for handling wellbore boundary conditions in modeling multiphase flow in porous and fractured media[J]. Water Resources Research，2000，36(3)：807～814.

[14]Wu，Y. S，Haukwa C.，and Bodvarsson G. S.．A Site－Scale Model for Fluid and Heat Flow in the Unsaturated Zone of Yucca Mountain，Nevada[J]．Journal of Contaminant Hydrology，1999，38(1～3)：185～217.

[15]Wu, Y. S. and Pruess K.. A multiple－porosity method for simulation of naturally fractured petroleum reservoirs[J]. SPE Reservoir Engineering, 1988(3): 327～336.

[16]Wu, Y. S. and J. L. Ge. The transient flow in naturally fractured reservoirs with threeporosity systems, Acta, Mechanica Sinica[J]. Theoretical and Applied Mechanics, 1983, 15(1): 81～85.

[17]陈月明等．油藏数值模拟基础[M]．东营：石油大学出版社，1989.

[18]中国石油天然气总公司开发生产局．油藏数值模拟应用成果集[M]．北京：石油工业出版社，1996.

[19]葛家理．现代油藏渗流力学原理[M]．北京：石油工业出版社，2003.

[20]BARENBLATT G. E., ZHELTOV I. P. and KOCINA. Basic concepts in the theory of seepage of homogeneous liquids in fissured rocks[J]. Soviet J App Math and Mech, 1960, 24(5): 1285～1303.

[21]Hill, A. C., Thomas, G. W.. A New Approach for Simulating Complex Fractured Reservoirs[J]. SPE Middle East Oil Technical Conference and Exhibition, 1985: 11～14.

[22]Bai, M., Elsworth, D., Roegiers, J. C.. Multiporosity/multipermeability approach to the simulation of naturally fractured reservoirs[J]. Water Resour. Res. 29: 1621～1633.

[23]Wu Yu shu, Liu Hui hai. A triple－continuum approach for modeling flow and transport processes in fractured rock[J]. Journal of Contaminant Hydrology, 2004, 73(1－4): 145～179.

[24]Kang Zhi jiang, Wu Yu shu. Modeling multiphase flow in naturally fractured vuggy petroleum reservoirs[J]. SPE 102356, 2006.

[25]PRUESS K., NARASIMHAN T. N.. A practical method for modelling fluid and heat flow in fractured porous media. SPE, 1985, 25(1): 14～26.

[26]Liu, J. C., Bodvarsson, G. S.. Wu, Y. S.. Analysis of pressure behavior in fractured lithophysal reservoirs, Contam[J]. Hydrol, 2003(62): 189～211.

[27]Camacho－Velazquez, R., Vasquez－Cruz, M., Castrejon－Aivar, R., Arana－Ortiz, V.. Pressure transient and decline－curve behavior in naturally fractured vuggy carbonate reservoirs[J]. SPE Reservoir Eval, 2005(8): 95～112.

[28]TEK, M. R., COATS, K. H., KATZ, D. L.. The Effect of Turbulence on Flow of Natural Gas Through Porous Reservoirs[J]. Journal of Petroleum Technology, 1962.

碳酸盐岩缝洞型油藏高效开发

塔河缝洞型油藏投产初期，存在钻井成功率低、采收率低、产量递减快的难题，国外由于没有形成这类油藏的开发理论和技术，开发效果普遍较差。俄罗斯库姆尤宾油田20世纪60年代发现以来，一直没有投产。973开发基础理论和方法的研究成果为此类油藏的高效开发奠定了基础，也为开发技术的进一步发展提供了支撑。

碳酸盐岩缝洞型油藏开发方式按能量来源不同可分为天然能量开发与人工补充能量开发两种。天然能量主要包括油藏流体和岩石的弹性能、边底水的压力，缝洞型油藏依靠天然能量开采的采收率普遍很低。人工补充能量常用的技术仍然是注水，但由于缝洞型油藏储集空间分布的特殊性，井间连通程度复杂，水窜现象严重，驱油效率不高。因此，在现有缝洞型油藏地质与流动机理认识的基础上，丰富和发展配套的油藏工程分析方法，建立适合缝洞型油藏的注水开发技术和增储上产的工艺，是实现缝洞型油藏高效开发的基础。

第一节　缝洞型油藏单井生产特征及变化规律

油田投入开发后，单井生产特征及变化规律是油田开发历来所关注的问题，也是生产上亟待解决的问题。碳酸盐岩缝洞型油藏的复杂性决定了单井生产动态的复杂性。

一、单井产量变化特征及预测模型

由于缝洞储集体的类型多样，单井生产动态变化大，通过单井的生产动态分析，其变化与储集空间类型、缝洞组合关系、储集规模、与水体的连通关系及水体的大小等密切相关。尽管不同油井的生产动态特征相差悬殊，但钻遇同一种储集空间类型的油井则表现出比较相似的生产变化趋势。

1. 单井分类及产量变化特征

油藏开发实践证实，钻遇溶洞型储集体的油井均为自然完井、自喷生产，普遍表现为能量充足、累积产油量高；钻遇缝洞型储集体的油井以酸压完井为主，能自喷，普遍表现为能量不足，累积产油量低；钻遇裂缝—孔洞型或裂缝型储集体的油井均为酸压完井，开井即机抽，能量严重不足，累积产油量低，由于缝多于水体沟通，多数开井见水。因此，依据油井开发动态变化特征的共性，采用聚类分析方法，将生产井分类，按类别分析油井产量变化规律才能得到更符合缝洞型油藏的产量预测模型。

聚类分析也称群分析、点群分析，是研究分类的一种多元统计方法。其基本思想是所研究的样品或指标(变量)之间存在程度不同的相似性，根据一批样品的多个观测指标，具体找出能度量样品或指标之间相似程度的统计量，以统计量为划分类型的依据。

设有 n 个样品，p 个指标，数据矩阵为

$$\begin{Bmatrix} x_{11}, & \cdots, & x_{1p} \\ x_{21}, & \cdots, & x_{2p} \\ \vdots & \vdots & \vdots \\ x_{m}, & \cdots, & x_{mp} \end{Bmatrix}$$

元素 x_{ij} 表示第 i 个样品的第 j 个指标。

因每个样品有 p 个指标，故每个样品可以看成 p 维空间中的一个点，n 个样品就构成 p 维空间中的 n 个点。因此，可以用距离来度量样品之间接近的程度。

常用的距离为明氏(Minkowski)距离。

$$d_{ij}(q)=(\sum_{\sigma=1}^{p}|x_{i\sigma}-x_{j\sigma}|^{q})^{1/q} \tag{6-1}$$

当 $q=1$ 时，为绝对距离；当 $q=2$ 时，为欧氏距离；当 $q=3$ 时，为切比雪夫距离。

用 D_{ij} 表示类 G_i 与 G_j 之间的距离。定义类 G_i 与 G_j 之间的距离为两类最近样品的距离，即

$$D_{ij}=\min_{x_i\in G_i,x_j\in G_j} d_{ij} \tag{6-2}$$

设类 G_p 与 G_q 合并成一个新类记为 G_r，则任一类 G_k 与 G_r 的距离是：

$$\begin{aligned} D_{kr} &= \min_{x_i\in G_k,x_j\in G_r} d_{ij} \\ &= \min\{\min_{x_i\in G_k,x_j\in G_p} d_{ij}, \min_{x_i\in G_k,x_j\in G_q} d_{ij}\} \\ &= \min\{D_{kp}, D_{kq}\} \end{aligned} \tag{6-3}$$

最短距离法聚类的步骤如下：

①定义样品之间的距离，计算样品两两距离，得一距离阵记为 $D_{(0)}$，开始每个样品自成一类，显然这时 $D_{ij}=d_{ij}$。

②找出 $D_{(0)}$ 的非对角线最小元素，设为 D_{pq}，则将 G_p 与 G_q 合并成一个新类，记为 G_r，即 $G_r=\{G_p, G_q\}$。

③给出计算新类与其它类的距离公式：

$$D_{kr}=\min\{G_{kp}, G_{kq}\} \tag{6-4}$$

将 $D_{(0)}$ 中第 p、q 行及 p、q 列用上面公式并成一个新行新列，新行新列对应 G_r，所得到的矩阵记为 $D_{(1)}$。

④对 $D_{(1)}$ 重复上述对 $D_{(0)}$ 的(2)、(3)两步得 $D_{(2)}$；如此下去，直到所有的元素并成一类为止。

如果某一步 $D_{(k)}$ 中非对角线最小的元素不止一个，则对应这些最小元素的类可以同时合并。

建立的单井分类指标体系包括静态指标和动态指标 17 个参数。静态指标包括地层静压、储集空间类型、产层顶距奥陶系顶部距离、产层厚度；动态指标包括累积产油、累积产水、初期含水、初期日产油、初期油压、含水变化、日产油变化、油压变化、采油方式、自喷期采油量、自喷期、无水采油量、无水采油期。将油井分成 3 大类(表 6-1)，3 种类型产量变化规律见图 6-1、图 6-2、图 6-3。

Ⅰ类油井钻遇溶洞发育区，初期产量高，无水采油期长，有稳产期，一旦递减，递减

快；Ⅱ类油井钻遇缝洞发育区，初期产量高或中等，无水期短，能短期稳产，产量递减后能较长时间的保持低产生产；Ⅲ类油井钻遇裂缝—孔洞或裂缝发育区，表现为初期产量低，多数开井见水，不存在稳产期，开井即递减。

表 6－1 塔河油田单井聚类分析分类结果表

类别	特 征			
Ⅰ		最大值	最小值	平均值
	初期产量	378.60	104.36	225.59
	无水采油期	1391	178	875.04
	稳产期	1440	314	948.3
Ⅱ		最大值	最小值	平均值
	初期产量	354.87	34.96	137.44
	无水采油期	1168	0	265.5
	稳产期	2700	60	627.94
Ⅲ		最大值	最小值	平均值
	初期产量	280.2	0	36.61
	无水采油期	736	0	47.64
	稳产期	0	0	0

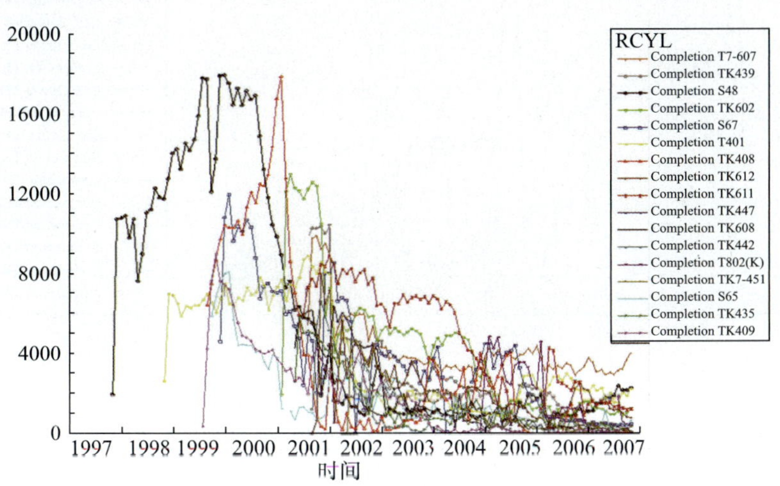

图 6－1 Ⅰ类部分油井采油曲线图

2. 单井产量预测模型

依据单井分类结果，将同一类型油井的投产时间拉齐并对月产量数据归一化处理，进行递减规律分析，建立产量预测模型。

（1）Ⅰ类油井归一化产量递减预测模型

此类油井的递减符合指数递减规律，月递减率为 0.028，其产量递减拟合公式为：

$$q = q_i e^{-0.028t} \tag{6-5}$$

根据指数递减产量与累产的关系可知，其递减阶段累计产油量的预测模型为：

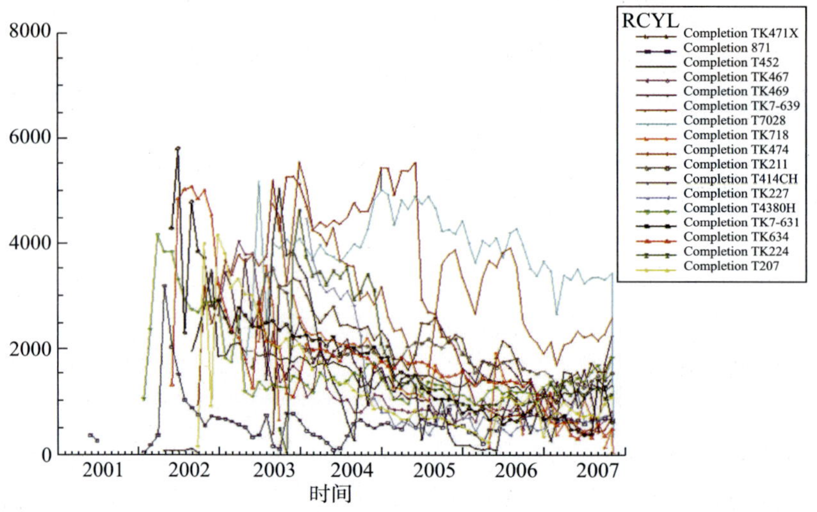

图 6－2　Ⅱ类部分油井采油曲线图

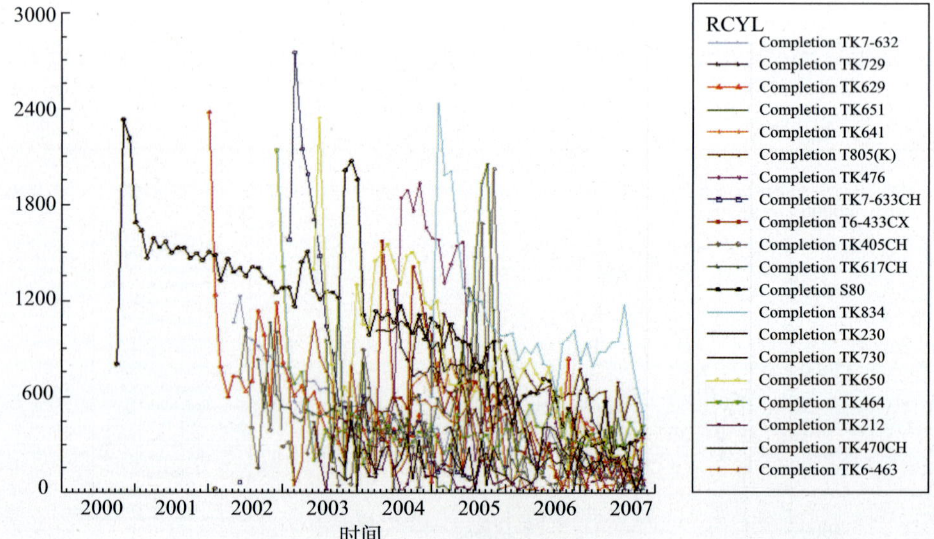

图 6－3　Ⅲ类部分油井采油曲线图

$$N_p = \frac{q_i - q}{0.028} \tag{6-6}$$

式中：q 为月产油量，单位 t/月；q_i 为初始月产油量，单位 t/月；N_p 为递减阶段累计产油量，t。

(2) Ⅱ类油井归一化产量递减预测模型

此类油井的递减也符合指数递减规律，月递减率为 0.019，其产量递减拟合公式为：

$$q = q_i e^{-0.019t} \tag{6-7}$$

根据指数递减产量与累产的关系可知，其递减阶段累计产油量的预测模型为：

$$N_p = \frac{q_i - q}{0.019} \tag{6-8}$$

(3) Ⅲ类油井归一化产量递减预测模型

此类油井的递减符合调和递减规律，初始月递减率为0.028，其产量递减拟合公式为：

$$q = \frac{q_i}{1 + 0.028t} \tag{6-9}$$

根据调和递减产量与累产的关系可知，其递减阶段累计产油量的预测模型为：

$$N_p = \frac{q_i}{0.028} \ln \frac{q_i}{q} \tag{6-10}$$

二、缝洞型油藏油水分布模式及含水变化规律

缝洞型油藏原始油水分布模式、缝洞组合与连通关系是决定单井见水特征及含水率变化规律的主要因素。

1. 油水分布模式

在现有缝洞型油藏地质认识基础上，对比分析油藏地质特征及生产动态，塔河缝洞型油藏具有4种基本的油水分布模式，其组合造成更复杂的油水分布模式(见图6-4~图6-7)。

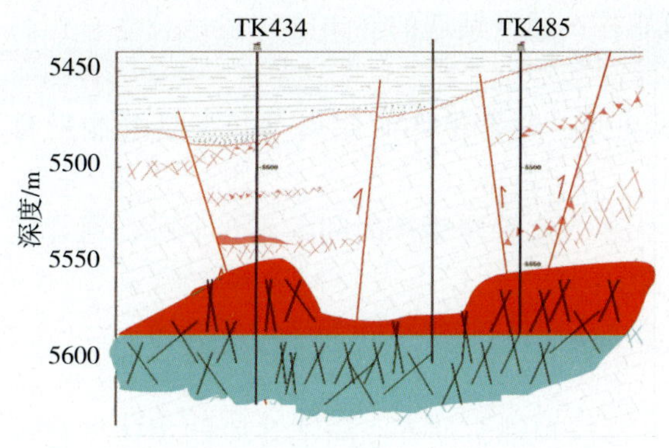

图6-4　似均质型油水分布模式

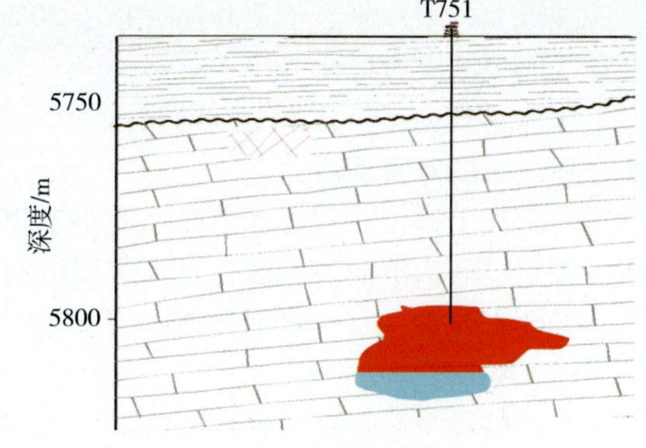

图6-5　同溶洞型油水分布模式

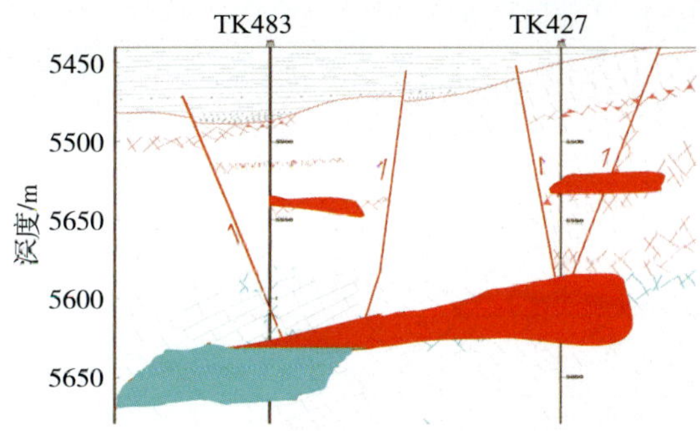

图6-6　暗河连通型油水分布模式

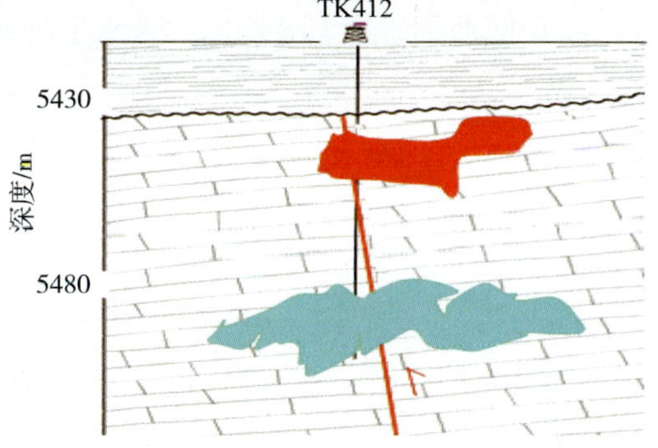

图6-7　断裂连通型油水分布模式图

(1) 似均质型

该类型储集体为裂缝—孔洞型或裂缝型储集体，储层横向或纵上连通性较好，油水分布类似于常规碎屑岩上油下水的分布模式，且存在明显油水界面。在油藏开发后，动态油水界面呈锥状推进态势，不存在明显水窜通道；底水波及过的区域，存在油水过渡带。

(2)同溶洞型

该类模式储集体为相对孤立的缝洞体，与周围几乎没有物质交换。油井油体和水体在一个缝洞体内，呈上油下水分布，完全依靠弹性能生产，水体能量有限。在生产过程中，产液量逐渐下降，动态油水界面的变化取决于溶洞内充填类型。

(3)暗河连通型

储集体与低部位暗河连通，水体发育，能量充足。随着原油的产出，油水界面不断抬升，当油水界面抬升至生产井底后，油井含水快速上升或出现暴性水淹的含水变化特征。

(4)断裂连通型

断裂沟通下部水体缝洞单元，在生产过程中，随着压力的降低，下部水体沿着断裂迅速窜入井底。

2. 单井含水变化规律

根据油井见水后含水上升速度可以划分为缓慢上升型、快速上升型、台阶式上升型和暴性水淹。

缓慢上升型：年含水上升速度小于20%的油井；通常钻遇的储集空间多是裂缝—孔洞发育区或裂缝发育区。

快速上升型：年含水上升速度大于20%的油井；通常钻遇的储集空间多是缝洞发育区，存在大的水窜通道。

台阶式上升型：年含水上升速度小于20%，各含水稳定生产时间大于6个月；通常钻遇的储集空间为溶洞发育区，且为多层溶洞发育。

暴性水淹型：月含水上升速度大于50%。多为钻遇的储集空间为溶洞发育区。

(1)含水缓慢上升型

生产层段下部存在比较致密的隔层或仅揭开油层顶部，油井纵向上各段储集体发育程度相当，为似均质型油水分布模式。水沿着生产层段逐步上升，含水上升速度比较缓慢。如TK7-607井，该井位于单元内局部构造残丘，因位于构造高部位，具有一定的避水高度，油井见水后通过缩嘴控水，含水呈现缓慢上升(见图6-8)。

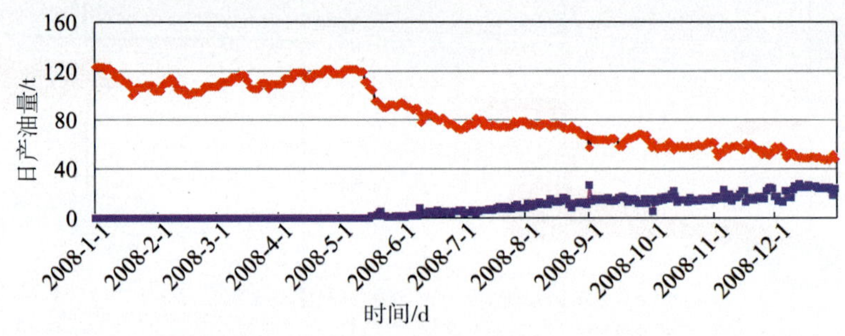

图6-8　TK7-607井含水上升曲线

(2)水快速上升型

此类油井一般都有天然或人工的大型垂直裂缝，并且裂缝与深部水体沟通，底水沿裂缝锥进至井底，导致油井见水。见水后油井含水快速上升，产量呈现大幅下降。例如TK7-631井完钻后酸压建产，因酸压过程中酸蚀裂缝与底部水体沟通，生产过程中底水缓慢锥进至井底，导致油井见水后含水快速上升，控水效果差(见图6－9)。此类油井多数分布于单元断裂发育区域以及缝洞单元边部。

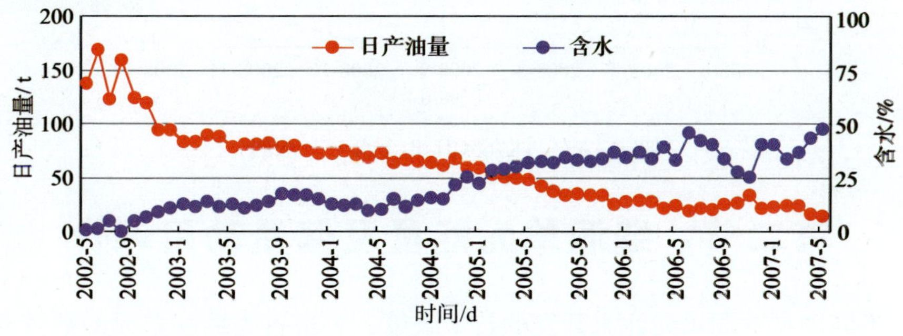

图6－9　TK7－631井含水上升曲线

(3)含水台阶状上升型

此类油井纵向发育有多套储集体，生产过程中各套储集体之间存在层间干扰，油井见水后含水即上升至20%～30%后趋于平稳，一般生产一段时间后含水又快速上升。这类井含水生产时间较长，在含水生产期出现多个台阶状的含水突然上升拐点，产液剖面测试表现为底水抬升导致油井出现逐段水淹。此类油井主要分布在储集体纵向呈层状发育的油井，例如TK7－639井(见图6－10)。

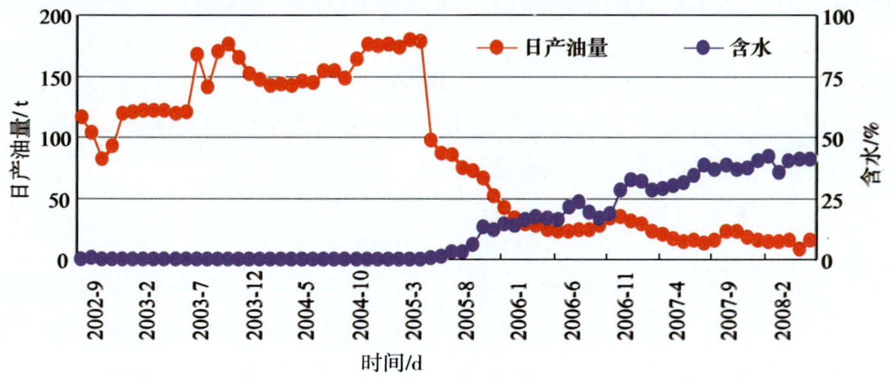

图6－10　TK7－639井含水上升曲线

(4)暴性水淹型

此类油井多数钻遇溶洞型储集体，见水后通过调整工作制度减少产液量，可以达到控制油井含水量的目的；见水初期短期内含水上升缓慢，后急剧上升；当含水达到90%以上，表明油水界面已接近井底，此时控水无效；不存在油水过渡带，在井底以下溶洞控制的范围内，基本全部水淹(见图6－11)。此类油井的单元底水能量充足且垂向上裂缝系统发育。

油井见水特征及含水上升规律分析表明，油井见水后的含水变化规律受多种因素影响。在同样地质条件下，开发方式不同，同样可以造成油井含水上升类型不同。一般位于储集体高部位的井见水晚，且含水比低部位井容易控制；酸压会加大垂直裂缝与底水的沟通；合理的生产压差可以减缓含水上升速度。

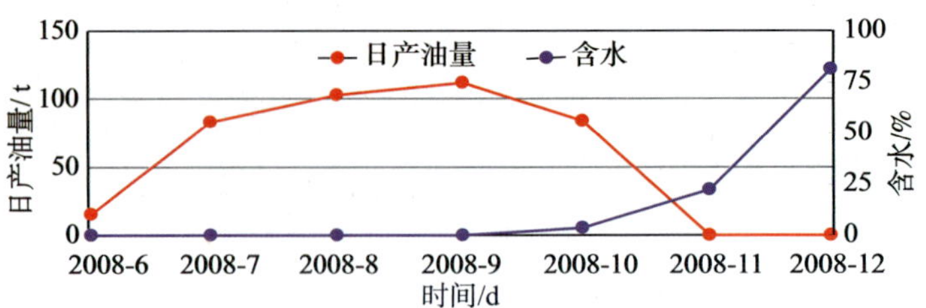

图 6－11　TK765CH 井含水上升曲线

第二节　缝洞单元能量及储量动用评价

为制定不同类型缝洞单元注水开发的技术政策，实现各类缝洞单元的高效开发，从缝洞单元天然能量、井间连通性及储量动用程度 3 个方面综合评价缝洞单元。

一、缝洞单元天然能量评价方法

缝洞型油藏天然能量主要包括两种形式，一种是油藏内部的弹性膨胀能量，即内部弹性能量，与其相应的是弹性驱动方式，多作用于开发初期；另一种是油藏外部的有限边底水弹性能量，即外部水驱能量，与其相应的是弹性水压驱动方式，是主要的天然能量形式。

长期以来，油藏工程师们根据实际油藏计算的 D_{pr} 和 N_{pr} 来判断油藏天然能量驱动能力。

D_{pr} 是每采出 1% 地质储量的平均地层压降，可表达为：

$$D_{pr} = \frac{\Delta PN}{100N_p} \tag{6-11}$$

式中：N 原始地质储量，10^4t；N_p 累积产油量，10^4t；ΔP 平均地层压降，MPa。

根据物质平衡方程，D_{pr} 可以进一步表达为：

$$D_{pr} = \frac{B_o}{100B_{oi}C_t} - \frac{W_e - W_pB_w}{100B_{oi}C_tN_p} \tag{6-12}$$

式中：W_e 水侵量，10^4t；W_p 累积产油量，10^4t；B_{oi}、B_o、B_w 分别为油藏原油初始体积系数、原油体积系数、地层水体积系数，无因次；C_t 地层综合压缩系数，MPa^{-1}。

这一参数把油藏压力下降与储量规模统一起来，能较好地反映油藏的能量状况，D_{pr} 越小，表明油藏的能量越充足。

N_{pr} 无因次弹性产量比值是累积产出量与弹性产量之比，反映了弹性产能对产量的贡献程度。N_{pr} 越大，表明油藏的水侵量越多，油藏的天然能量越充足，其可表达为：

$$N_{pr} = \frac{N_pB_o}{NB_{oi}C_t(P_i - \bar{P})} \tag{6-13}$$

式中：P_i 为原始地层压力，MPa；$\bar{P}$ 为目前平均地层压力，MPa。

依据 D_{pr} 和 N_{pr} 的定义式，对塔河油田 4 区的典型缝洞单元进行了天然能量评价，结果见表 6－2。不同缝洞单元天然驱动能量大小差异较大。能量充足的Ⅰ类、Ⅱ类缝洞单元压力保持水平都在 93% 以上，具有一定能量的Ⅲ类缝洞单元压力保持水平都在 80% ～90% 之间，Ⅳ类缝洞单元普遍供液不足，机抽液面在 1550m 以下。

表 6-2　塔河油田 4 区缝洞单元天然能量评价结果

天然能量分类	序号	井数/口	单元号	累产油量/10^4t	储量/10^4t	压降 ΔP/MPa	能量评价		分类
							D_{pr}	N_{pr}	
天然能量充足	1	2	TK427	46.3707	249.00	3.9	0.21	36.73	Ⅰ
	2	1	TK404	14.3595	105.00	2.9	0.21	36.28	Ⅰ
天然能量较充足	3	1	TK462H	11.5315	115.00	2.4	0.24	32.14	Ⅱ
	4	25	S48	300.1746	2396.00	4	0.32	24.09	Ⅱ
	5	8	TK409	70.9657	937.00	2.35	0.31	24.79	Ⅱ
具有一定天然能量	6	11	S65	77.3173	799.20	7.9	0.82	9.42	Ⅲ
	7	5	TK407	32.7614	245.00	3.1	0.23	33.18	Ⅲ
	8	4	TK464	11.9843	165.00	12.1	1.67	4.62	Ⅲ
	9	1	T417CH	2.5954	49.00	5	0.94	8.15	Ⅲ
	10	1	TK472CH	1.6474	41.00	5.21	1.30	5.94	Ⅲ
	11	1	TK457H	3.0023	38.00	14.50	1.84	4.19	Ⅲ
	12	1	TK470CH	0.4313	4.80	9.41	1.05	7.34	Ⅲ
	13	1	T415CH	0.7429	10.00	7.83	1.05	7.30	Ⅲ
	14	1	TK484	0.0569	0.60				Ⅲ
天然能量不足	15	1	T416	4.4457	31.00				Ⅳ
	16	1	TK437CH	0.1829	1.20				Ⅳ
	17	1	TK422	0.0250	0.10				Ⅳ
	18	1	TK418	1.4689	22.00				Ⅳ
	19	1	S64	1.4682	19.00	29.60	3.83	2.01	Ⅳ
	20	1	TK420	0.0257	0.20				Ⅳ
	21	1	TK482	0.2772	2.00				Ⅳ
	22	1	TK431	0.5482	10.00				Ⅳ
	23	1	TK419	0.0266	0.20				Ⅳ
	24	1	TK487	0.0695	0.70				Ⅳ
	25	1	TK465CH						Ⅳ

根据塔河 4 区典型缝洞单元 D_{pr} 与 N_{pr} 分布情况（见图 6-12），将塔河油田缝洞型油藏弹性能量分为 4 类：天然能量充足的单元：$D_{pr} \leqslant 0.2$、$N_{pr} \geqslant 30.0$；天然能量较充足的单元：$0.2 < D_{pr} \leqslant 0.8$、$8.0 \leqslant N_{pr} < 30.0$；具有一定天然能量的单元：$0.8 < D_{pr} \leqslant 2.0$、$2.5 < N_{pr} \leqslant 8.0$，天然能量不足的单元：$D_{pr} > 2.0$，$N_{pr} < 2.5$。

若缝洞单元封闭时，D_{pr} 只与 B_{oi}、B_o、C_t 有关，反映了油藏流体和岩石弹性特性；若缝洞单元有水侵，D_{pr} 与水侵量有关。同样，若缝洞单元封闭，无因次弹性产量比 N_{pr} 理论上应等于 1；若有水侵，水侵量越大，N_{pr} 越大。因此，对于不同开发阶段，水侵量不同，计算的 D_{pr}、N_{pr} 也不是一个常数。由于缝洞型油藏特殊的离散性，缝洞单元与水体的沟通方式、已沟通水体的大小均各不相同，部分水侵需要突破门槛压力，导致缝洞单元水侵量的变化复杂。因此，仅利用 D_{pr} 与 N_{pr} 两个指标不足以充分评价缝洞单元的能量特征。

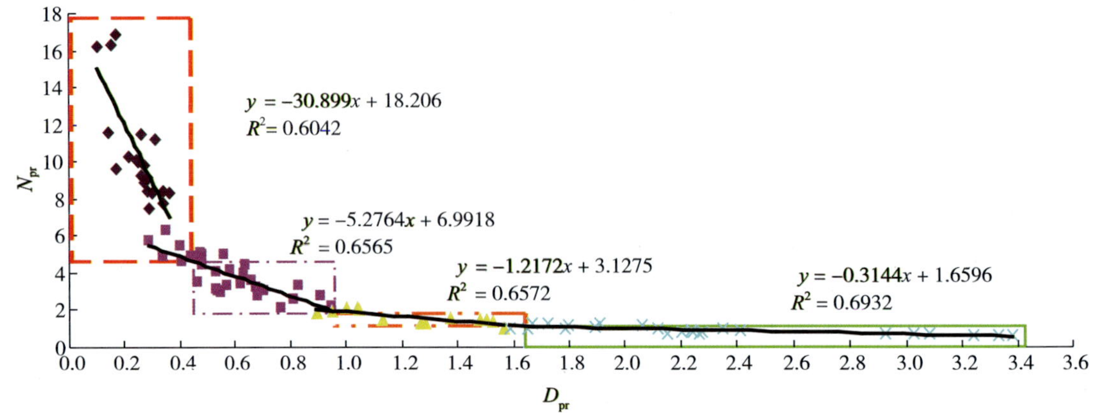

图 6－12　塔河油田缝洞型油藏主要缝洞单元 D_{pr}、N_{pr} 分布图

为了弥补常用能量评价指标的不足，采用弹性产率和天然水驱动指数来进一步评价缝洞单元的能量。

$$弹性产率 = NB_{oi}C_t \quad (6-14)$$

$$天然水驱动指数(W_eDI) = \frac{W_eB_w}{W_pB_w + N_pB_o} \quad (6-15)$$

弹性产率是动用储量、原始体积系数及综合压缩系数的乘积，单位为 m^3/MPa，其物理意义是缝洞单元的压力下降 1MPa 时，依靠弹性采出的原油体积。与 D_{pr} 与 N_{pr} 相比，弹性产率是静态量，只表征缝洞单元原油的弹性，不包含水侵的影响，不随开采时间变化。弹性产率可直接用物质平衡方程计算，并直接用于水侵量和天然水驱动指数的计算和开发动态预测。

天然水驱动指数是判断缝洞单元水侵程度强弱的一个参数，驱动指数越大，水侵程度越强，反之则越弱。判断缝洞单元水侵程度的最直接方法是观察单元的累积产量与静压关系曲线的形态，在曲线偏离弹性段后，偏离程度越大，水侵就越强。

统计分析塔河油田缝洞型油藏 33 个单元的能量情况，结果见表 6－3。结合单井生产动态，按弹性产率将缝洞单元的弹性能量分成大、中、小 3 种；按天然水驱动指数将缝洞单元的分成强水侵、弱水侵及无水侵 3 种。确定弹性产率与天然水驱指数的分类评价标准见表 6－4。用此标准对塔河油田 33 个缝洞单元的天然能量进行了分类，结果见表 6－5。其中弹性产率大的单元占 36.7%，中等弹性产率的单元占 20.0%，弹性产率小的单元占 43.3%；天然水驱动指数强的单元占 23.4%，天然水驱动指数弱的单元占 36.6%，无水侵单元占 40.0%。缝洞单元能量评价的结果为今后的注水开发奠定了基础。

表6-3　缝洞单元能量评价结果

区块	序号	单元	井数/口	累积产油/10^4m^3	累积产水/10^4m^3	弹性产率/(10^4m^3/MPa)	驱动类型	驱动指数	评价结果分析
塔河2区	1	TK445	5	36.01	7.71	12.6338	封闭	0.10	弹性能量较大，产油量高
	2	T452	3	8.18	0.068	1.8856	封闭	0.04	有一定的弹性能量，产油量相对较高，基本不产水
	3	TK221	4	11.83	3.33	6.3301	封闭	0.13	有一定的弹性能量，出水影响产油，单元内有水
	4	TK211	4	14.2	1.04	31.5199	封闭	0	弹性能量较大，产水量不多，压力下降幅度小
	5	TK315	5	26.4	4.3	—	水侵		初期和后期压力下降幅度都很小
	6	TK230	7	17.77	7.08	—	水侵		初期流压和静压较高，后期静压较低但下降幅度小，产水较多
	7	TK456	8	15.06	1.09	10.9533	封闭	0	有一定的弹性能量，产水较少
塔河4区	1	S48	25	319.5	97.6	76.7036	水侵	0.51	弹性能量大，产油量高，产水时间与水侵时间(2000年10月)一致
	2	S65	11	76.5	19.4	13.5630	封闭	0.14	弹性能量较大，产油量高，单元内有水
	3	TK409	8	68.3	16.9	4.4384	水侵	0.87	有一定的弹性能量，产油量较高，见水后含水较高
	4	TK427	2	46.4	0.60	24.5432	封闭	0	弹性能量较大，产油量高，基本不产水
	5	TK413	4	11.8	6.8	1.1201	水侵	0.54	弹性能量较小，累积产油不少，产水量相对较多
	6	TK404	1	14.4	19.7	—	水侵		水侵发生得早，生产不久即见水，产水量大
	7	TK462H	1	10.9	0.1	1.0719	水侵	0.48	弹性能量较小，长期保持较高的产量和套压生产
	8	TK472C	1	1.6	0.2	0.0977	水侵	0.47	弹性能量小，产油量主要来自于生产初期，见水后含水快速上升
	9	T416	1	4.0	1.2	0.0179	封闭	0.001	弹性能量很小，产量递减快，注水替油效果好，大部分产油量来自于注水替油阶段

续表

区块	序号	单元	井数/口	累积产油/10^4m^3	累积产水/10^4m^3	弹性产率/(10^4m^3/MPa)	驱动类型	驱动指数	评价结果分析
塔河6区	1	S67	9	115.0	17.8	16.9205	水侵	0.50	弹性能量较大，产油量高，产水时间与水侵时间(2002年7月)一致
	2	TK626	7	76.7	11.2	49.9750	封闭	0.07	弹性能量大，产油量较高
	3	TK630	2	24.6	0.17	12.3758	封闭	0.04	弹性能量较大，产油量较高，产水少
	4	TK634	3	20.3	3.28	5.5593	水侵	0.54	有一定的弹性能量，后期压力下降幅度较小
塔河7区	1	TK715	10	88.72	2.19	43.1406	封闭	0.004	弹性能量大，产油量高，产水很少
	2	TK730	5	17.2	3.41	3.1784	封闭	0.042	有一定的弹性能量，产油量较高
	3	TK714	4	14.96	0.2	0.5973	封闭	0.001	弹性能量很小，产油量较高，产水少
塔河8区	1	TK839	1	2.9	0.5	0.0126	水侵	0.70	弹性能量很小，累积注水大于累积产液量，单元不封闭
	2	T705	5	21.3	1.8	4.2373	水侵	0.37	有一定的弹性能量，产水时间与水侵时间(2004年1月)一致，后进行注水开发
	3	T702B	4	43.27	1.95	25.4907	封闭	0	弹性能量较大，产油量高，产水少
	4	TK721	8	53.76	0.187	3.0648	封闭	0.015	有一定的弹性能量，产油量高，产水少
	5	T814K	1	6.49	0.088	0.2513	水侵	0.70	弹性能量很小，产油量相对较高，产水很少，前期压力下降幅度大，后期压力基本不下降

续表

区块	序号	单元	井数/口	累积产油/10^4m^3	累积产水/10^4m^3	弹性产率/(10^4m^3/MPa)	驱动类型	驱动指数	评价结果分析
塔河10区	1	TK1007	1	2.1	0.02	0.2094	封闭	0	弹性能量很小，产量递减快，注水替油效果好
	2	TK812	1	3.6	1.5	0.0535	封闭	0.21	弹性能量很小，无水采油 $1.16 \times 10^4m^3$，产量递减快，机抽后出水
	3	T707	1	1.21	0.48	0.0481	封闭	0	弹性能量很小，产量较小，大部分产油量和产水量来自于注水替油阶段
塔河12区	1	TK1201	1	0.2186	0.0375	0.0164	水侵	0.34	弹性能量很小，产量递减快，出水影响产量
	2	TK1205	1	0.5977	0.0615	0.0833	水侵	0.22	弹性能量很小，产量递减快，后期压力下降变缓

表6-4　能量分类标准

弹性产率		天然水驱动指数	
类型	分类标准/(10^4/MPa)	类型	分类标准
大	>10	强	>0.50
一定	2~10	弱	0.04~0.50
小	<2	无	<0.04

表6-5　塔河油田碳酸盐岩油藏缝洞单元天然能量分类结果

弹性产率分类	驱动指数分类	单元	
		单元个数	所占百分数/%
大	强	2	6.7
	弱	3	10.0
	无	6	20.0
一定	强	2	6.7
	弱	3	10.0
	无	1	3.3
小	强	3	10.0
	弱	5	16.7
	无	5	16.7

二、缝洞单元内井间连通性评价方法

为了评价油藏的储量动用情况、编制合理的注水开发方案，应在已建地质模型的基础上，做好缝洞单元内井间连通性的动态评价。

1. 井间连通基本模式

在目前对缝洞型油藏有效储集空间认识的基础上，定义4种井间基本连通模式，包括未充填溶洞连通、缝洞复合连通、裂缝或碎屑充填介质的连通、基质或致密充填介质的连通，如图6－13所示。根据流体动力学及渗流力学理论，不同井间连通模式的井间动态响应特征存在很大差异。

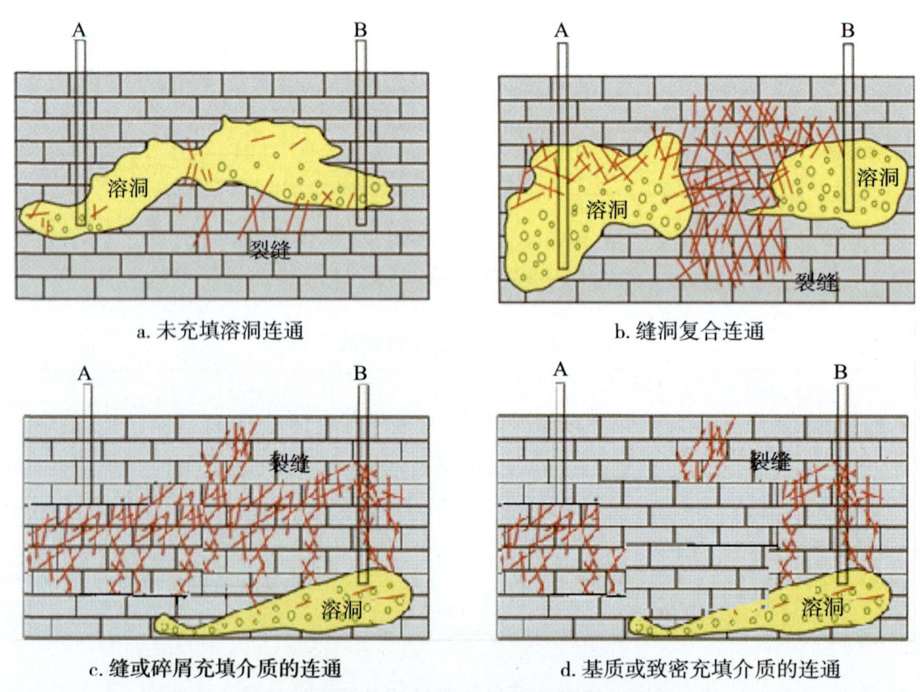

图6－13　井间基本连通模式

井间未充填溶洞连通：在生产过程中，对钻遇溶洞的生产井，井底仅存在较小的压力波动范围，两口井之间短期内不存在压力干扰，如图6－14a。因此，对于此类连通，通过井间干扰信号短期不易判别。

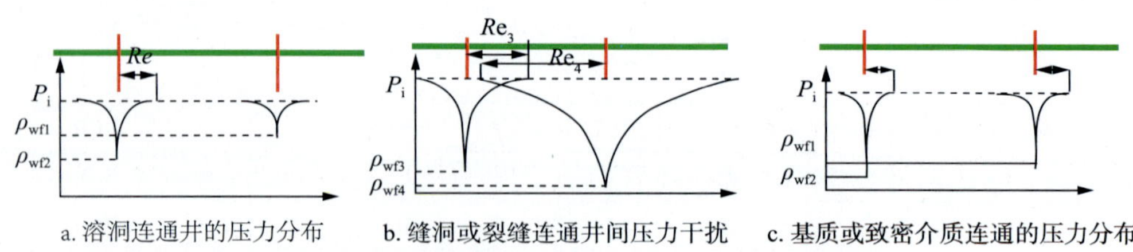

图6－14　不同连通模式井间的压力干扰情况

井间缝洞复合连通：井间干扰取决于洞的大小。若井间溶洞体积较小，井间存在压力干扰，如图6－14b。若洞内流体容积足够平衡压力波动则不存在干扰。

井间裂缝或碎屑充填介质的连通：类似碎屑岩油藏的两口井之间，井底的压降漏斗相互重合，从而存在井间压力干扰，通过类干扰试井理论可以判断井间的连通程度。

井间基质或致密充填介质的连通：井钻遇致密基质或致密充填介质，或井间不存在有效连通通道，在动态上不受其它井影响，也不存在井间干扰。

2. 缝洞单元动态连通性评价方法

随着开发程度不断深入，利用注水动态、注示踪剂进行井间动态连通分析验证资料日益丰富，可用来进行缝洞单元动态连通程度的分级评价。

(1)基于归类分析法分析洞连通

两井洞连通具有统一的压力系统与油水界面，在无水采油期，具有相同的日产油与井口油压变化规律。因此，通过分析无水期油压与日产油量变化规律，可判断 S48、TK411、TK408 3 口井是属于洞连通模式。T401 井与 S48 井不属于洞连通。动态曲线归类情况如图 6-15 所示。

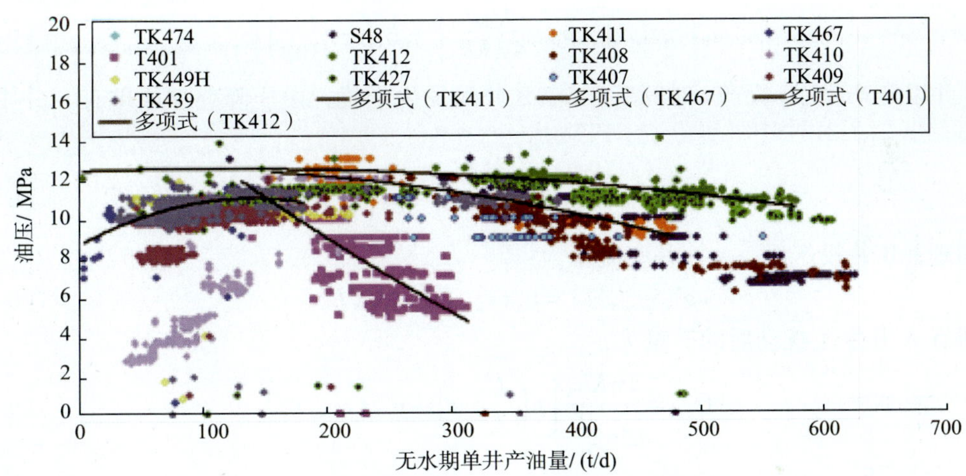

图 6-15　单井无水产量与油压的动态曲线

(2)基于类干扰试井定量分析井间连通性

类干扰试井是指对于缝连通、缝洞复合连通的生产井之间，新井投产或老井关闭都会引起周围生产井动态的相应变化。根据此干扰波动动态信息，利用干扰试井理论定量分析描述井间连通程度。

定义综合流量系数表征井间连通程度的大小，其物理意义表示井间允许流体通过的宏观能力，又称拟渗透率。

根据干扰试井理论，若 A 井以定产量 Q_A 生产，距离 A 井 L 处 B 井以产量 Q_B 投产 t 时间后，A 井受到压力干扰而使产量变化为 Q'_A，说明井间存在干扰，井间连通。

假设ⅰ. 无限大等效均质地层，地层流体成平面径；ⅱ. 油藏流体均质、单相，微可压缩；ⅲ. 流体在地层中发生等温，不稳定渗流。

$$Q = \frac{2\pi Kh}{\mu}\left(r\frac{\partial p}{\partial r}\right)_{r=0}$$

初始条件：$t=0$，$r=\infty$，$p=p_1$；

边界条件：无限大地层中不稳定渗流早期地层压力为

$$p(r,\ t)=p_{\mathrm{i}}-\frac{Q\mu}{4\pi Kh}\left[-E_{\mathrm{i}}\left(-\frac{r^2}{4\eta t}\right)\right] \tag{6-16}$$

式中，p_{i} 为原始地层压力，MPa；$p(r,\ t)$ 为 t 时刻 r 处的地层压力，MPa；Q 为油井地下日产量，cm^3/s；μ 为地层流体黏度，mPa · s；h 为产层厚度，cm；K 为地层综合流量系数，μm^2；

$$\eta=\frac{K}{\mu C_t}$$

t 为 B 井生产时间，s。

A 井独自定产量生产时，两井中点处的压力为

$$p_{\mathrm{A}}\left(\frac{L}{2},\ t\right)=p_{\mathrm{i}}-\frac{Q_{\mathrm{A}}\mu}{4\pi Kh_{\mathrm{A}}}\left[-E_{\mathrm{i}}\left(-\frac{L^2}{16\eta t}\right)\right] \tag{6-17}$$

B 井独自定产量生产时，两井中点处的压力为

$$p_{\mathrm{B}}\left(\frac{L}{2},\ t\right)=p_{\mathrm{i}}-\frac{Q_{\mathrm{B}}\mu}{4\pi Kh_{\mathrm{B}}}\left[-E_{\mathrm{i}}\left(-\frac{L^2}{16\eta t}\right)\right] \tag{6-18}$$

B 井以定产量 Q_{B} 投产 t 时间后，A、B 井间发生干扰，由压降叠加原理有两井中点处压力为

$$p\left(\frac{L}{2},\ t\right)=p_{\mathrm{A}}\left(\frac{L}{2},\ t\right)+p_{\mathrm{B}}\left(\frac{L}{2},\ t\right) \tag{6-19}$$

同理，B 井投产后，A 井井底流压为：

$$p'_{\mathrm{A}}(r_{\mathrm{w}},\ t)=p_{\mathrm{A}}(r_{\mathrm{w}},\ t)+p_{\mathrm{B}}(L,\ t) \tag{6-20}$$

即有 A 井发生扰动后的产量为：

$$Q'_{\mathrm{A}}=\frac{2\pi Kh_{\mathrm{A}}}{\mu\ln\dfrac{L}{2r_{\mathrm{w}}}}\left[p\left(\frac{L}{2},\ t\right)-p'_{\mathrm{A}}(r_{\mathrm{w}},\ t)\right] \tag{6-21}$$

有 A 井产量变化为：

$$\frac{\Delta Q_{\mathrm{A}}}{Q_{\mathrm{B}}}\times\frac{h_{\mathrm{B}}}{h_{\mathrm{A}}}\times 2\ln\frac{L}{2r_{\mathrm{w}}}=E_i\left(-\frac{L^2}{16\eta t}\right)-E_i\left(-\frac{L^2}{4\eta t}\right) \tag{6-22}$$

式中，ΔQ_{A} 为 A 井产量变化，cm^3/s；r_{w} 为油井半径，cm；L 为井距，cm。

新井投产对老井有压力干扰时，可按公式(6－22)可计算无限大地层两口井间的综合流量系数，以此来表征井间连通程度；图 6－16 是塔河 4 区部分具有井间干扰响应的连通性定量分析结果。

(3)基于扩散理论分析井间连通性

根据扩散理论，利用井组示踪剂测试结果，建立了定量分析井组相对连通程度的分析图版。模型基本假设是：①x 轴与流速方向一致；②示踪剂与地层流体，岩石不发生化学反应；③示踪剂连续注入，且扩散系数 λ 和流速 u_1 和 u_2 均为常数，不随坐标轴 x 而变化；④忽略纵向上的弥散作用，示踪剂仅沿流速方向运移；⑤流体为等温，不可压缩黏性流体；⑥流体在裂缝中的流动为层流。

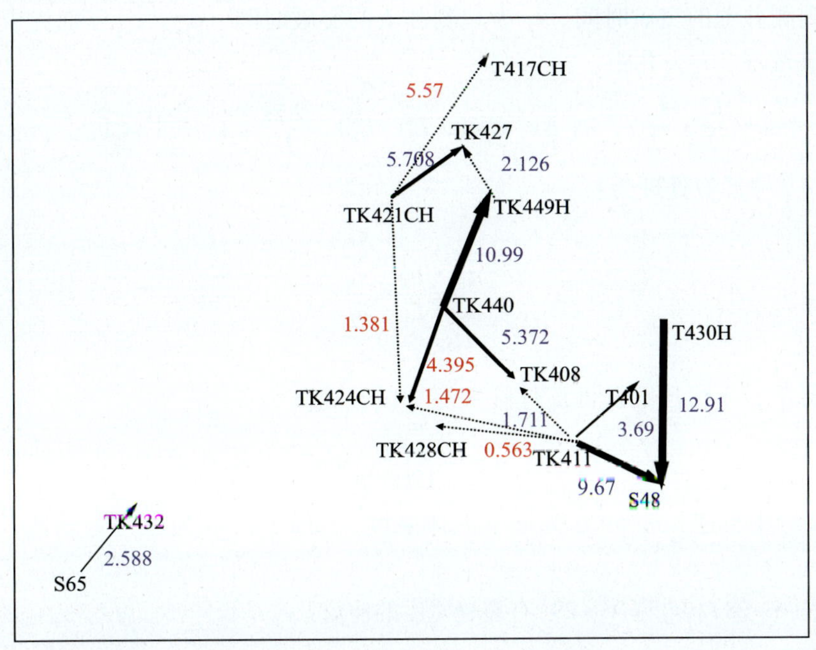

图 6-16 塔河 4 区部分具有干扰响应的井间连通性定量分析结果

一维扩散方程如下：

$$\frac{\partial c}{\partial t}+u\frac{\partial c}{\partial x}=\lambda\frac{\partial^2 c}{\partial x^2} \tag{6-23}$$

初始条件：$c(1,0)=c_{注}$，$c(i,0)=0$；边界条件：$c(L,t)=cL$；取 $n\Delta t=t$，$i\Delta x=L_f$。

方程(6-23)按显示差分后有：

$$\frac{c_i^n-c_i^n}{\Delta t}+u\frac{c_{i+1}^n-c_i^n}{\Delta x}=\lambda\frac{c_{i+1}^n-3c_i^n+c_{i-1}^n}{\Delta x^2} \tag{6-24}$$

按显示分步计算法，代入初始条件计算示踪剂推进前缘的浓度分布式为：

$$c_i^n=\left(\frac{\lambda\Delta t}{\Delta x^2}\right)^{\frac{(i-1)2}{n}}c_{注} \tag{6-25}$$

变换形式后两边取对数有：

$$\ln\frac{c_i^n}{c_{注}}=\frac{(i-1)^2}{n}\times\ln\left(\frac{\lambda\Delta t}{\Delta x^2}\right) \tag{6-26}$$

结合以上物理模型，观测井 1 和观测井 2 均取空间步长为 Δx，且有 $\Delta x\ll\min\left(\frac{L_1}{2},\frac{L_2}{2}\right)$。时间步长为 Δt；$\Delta x=\frac{L_1}{i_1}=\frac{L_2}{i_2}$，$\Delta t=\frac{t_1}{n_1}=\frac{t_2}{n_2}$；

将观测井 1 和观测井 2 的参数代入公式(6-26)有：

$$\frac{\ln\frac{c_{L_1}}{c_{注}}}{\ln\frac{c_{L_2}}{c_{注}}}=\frac{t_2}{t_1}\times\frac{(L_1-\Delta x)^2}{(L_2-\Delta x)^2} \tag{6-27}$$

式中，t_1 为观测井 1 的突破时间，t_2 为观测井 2 的突破时间，c_{L_1}，c_{L_2} 分别为观测井 1 和观测井 2 的突破浓度，L 为井距。

由于 $\Delta x \ll \min(\frac{L_1}{2}, \frac{L_2}{2})$，有 $\Delta x^2 \ll \min(L_1^2, L_2^2)$，$\frac{2\Delta x}{L_1} \ll 1$，$\frac{2\Delta x}{L_2} \ll 1$。

公式(6－27)近似处理为：

$$\frac{u_1}{u_2} = \frac{L_2}{L_1} \frac{\ln \frac{c_{L_1}}{c_{注}}}{\ln \frac{c_{L_2}}{c_{注}}} \tag{6-28}$$

直角坐标下，不可压缩黏性流体在裂缝中的流速 u 为：

$$u = -\frac{w_f^2}{12000\mu} \nabla p \tag{6-29}$$

式中：u 为裂缝中流速，m/s；μ 为地下流体黏度，mPa · s；p 为压力势函数，MPa；w_f 为缝宽，mm。

联立方程(6－28)和方程(6－29)有裂缝宽度的比值：

$$\frac{w_{f1}^2}{w_{f2}^2} = \frac{\ln \frac{c_{L_1}}{c_{注}}}{\ln \frac{c_{L_2}}{c_{注}}} \times \frac{p_{注} - p_{wft2}}{p_{注} - p_{wft1}} \tag{6-30}$$

据公式(6－30)可定量表征井组内单井间的相对综合流量系数连通程度。如图 6－17、图 6－18 分别为 TK411 井组综合流量系数与注采压差比值关系图板和连通状况分布图。

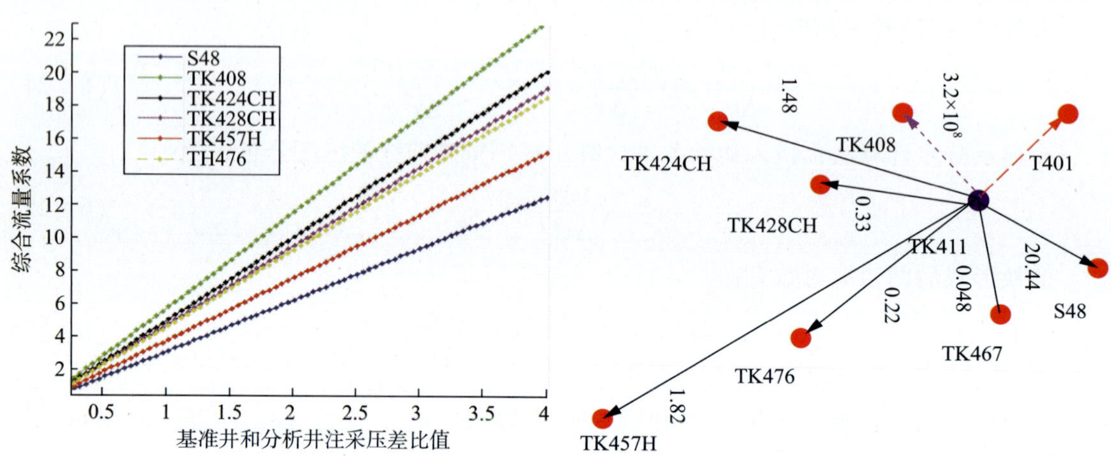

图 6－17　综合流量系数与注采压差比值关系图板

图 6－18　TK411 井组相对连通状况分布图

三、缝洞单元储量动用评价

油藏储量动用程度评价是提高开发效果的基础。碎屑岩油藏通常采用规则井网分层系开发，其储量动用程度评价通常针对不同类型储层。缝洞型油藏以缝洞单元为开发基本单位，采用稀疏不规则井网，纵向上无开发层系。但由于缝洞型油藏有效储集空间的离散性、非均质程度的复杂性，即使在同一缝洞单元内，因钻遇储集空间类型及缝洞连通关系不同，单井的储量动用程度差异非常大。因此，此类油藏缝洞单元储量动用评价应基于已建地质模型，利用单井动用储量与可采储量两项指标，针对不同储集空间类型发育区域，分类进行评价。

1. 单井动用储量计算方法

单井动用储量是指地层压力下降时，压力波传播过的区域内所具有的地质储量。

在开发早中期，多利用静态容积法计算单井动用地质储量的规模。单井动用储量容积法的通用计算公式：

$$N = 100A_o H\phi(1 - S_{wi})\rho_o / B_{oi} \qquad (6-31)$$

式中：N 为石油地质储量，10^4t；A_o 为含油面积，km^2；H 为油(气)层有效厚度，m；ϕ 为有效孔隙度，%；S_{wi} 为地层束缚水饱和度，%；ρ_o 为原油密度，g/cm^3；B_{oi} 为原油体积系数。

容积法计算结果的可靠程度取决于参数选取的精度。对于缝洞型油藏，在地质模型的基础上计算单井动用储量的关键参数是单井控制体积，其它物性参数均利用地质建模的结果。对钻遇缝洞储集体的单井，动用储量空间分布形态具有很强的不规则性、方向性及不连续性，压力传播的方式不同于砂岩油藏连续介质。基于径向渗流理论确定缝洞型油藏单井动用面积已不适用。对于钻遇未充填溶洞的油井，井底的压降漏斗很小，但实际油井控制着整个未充填溶洞中储量。因此，确定此种类型储集空间的动用储量时，单井控制体积应是整个未充填的缝洞。

缝洞型油藏单井控制体积的确定应当结合多种信息综合分析确定，除了根据地震异常体、地质建模确定的储集体体积外，还要综合运用试井资料解释及生产动态资料推算。

2. 塔河4区储量动用情况评价

对塔河4区4个主要单元31口井分别用生产资料、地震资料、试井解释等方法确定单井控制体积，计算单井动用储量及可采储量见表6-6。

塔河4区地质储量为6345×10^4t，其中统计的31口井动用储量为3082.31×10^4t，占4区地质储量的47.73%，其可采储量为710.35×10^4t，采收率为23.05%。其中，钻遇溶洞发育区的动用储量1910.45×10^4t，占统计动用储量的61.98%；钻遇缝洞发育区的动用储量981.02×10^4t，占统计的31.83%；钻遇裂缝发育区的动用储量190.84×10^4t，占6.19%。其中，钻遇溶洞发育区的采收率平均为26.04%；钻遇缝洞发育区的采收率平均为19.11%；钻遇裂缝发育区的采收率平均为8.58%。总体上，溶洞发育区采收率较高。

统计的31口井中有17口属于S48单元，其动用地质储量1797.97×10^4t，占统计动用储量的58.33%；属于S65单元的8口井，动用地质储量541.27×10^4t，占统计动用储量的17.56%；属于TK409单元的6口井，动用地质储量503.64×10^4t，占统计动用储量的16.34%；属于TK407单元的3口井，动用地质储量239.43×10^4，占统计动用储量的7.77%。其中S48单元的采收率最高，为25.28%，其次为TK409单元24.87%，TK407单元18.39%。S65单元采收率较低，仅为14.34%，应是进一步挖潜的主要对象之一。

表6-6　塔河4区典型缝洞单元储量动用程度分析

单元	井名	动用储量/10^4t	可采储量/10^4t	储集体类型
S48	S48	564.91	77.31	钻遇溶洞型
	T401	93.11	55.11	
	T403	30.24	17.68	
	TK405CH	80.47	24.14	
	TK408	97.62	33.26	
	TK410	56.67	40.15	
	TK412	84.56	24.05	
	TK427	254.27	46.64	
	TK438CH	117.08	29.51	
	TK462H	45.06	32.54	
	合计	1423.99	380.39	
	采收率/%	26.71		
	T402	206.98	9.14	钻遇缝洞型
	TK424CH	25.01	10.49	
	TK429	30.13	14.26	
	TK467	47.22	13.08	
	TK469	39.81	18.01	
	TK457H	9.99	6.03	
	合计	359.14	71.01	
	采收率/%	19.77		
	TK476	14.84	3.08	钻遇裂缝型
	合计	14.84	3.08	
	采收率/%	20.75		
S65	S65	108.31	21.51	钻遇缝洞型
	TK435	24.11	12.24	
	TK447	30.28	11.95	
	TK455	101.87	13.08	
	TK461	100.70	5.53	
	合计	365.27	64.31	
	采收率/%	17.61		
	TK432	169.43	11.71	钻遇裂缝型
	TK478	6.57	1.58	
	合计	176.00	13.29	
	采收率/%	7.55		

续表

单元	井名	动用储量/10^4t	可采储量/10^4t	储集体类型
TK409	TK409	87.64	18.77	钻遇溶洞型
	TK439	109.34	22.74	
	TK474	107.99	39.61	
	合计	304.97	81.12	
	采收率/%	26.60		
	TK466	56.09	12.52	钻遇缝洞型
	TK471X	135.01	27.98	
	TK481X	7.57	3.62	
	合计	198.67	44.12	
	采收率/%	22.21		
TK407	TK407	181.49	35.98	钻遇溶洞型
	合计	181.49	35.98	
	采收率/%	19.82		
	TK434	20.85	4.11	钻遇缝洞型
	TK485	37.09	3.94	
	合计	57.94	8.05	
	采收率/%	13.89		

第三节　缝洞型油藏数值试井模型及解释方法

建立适合缝洞型油藏试井理论与解释方法，有助于进一步认识缝洞型油藏单井钻遇储集空间的物性及油藏边界。在缝洞型油藏数值模拟理论基础上，试井解释模型和解释方法的建立具有两个途径，其一当储集介质表征单元体(REV，定义见第五章)存在且尺度较小时，利用等效连续介质数值模型建立试井解释方法，此种方法适用于通过裂缝连通溶洞的油井；其二是在复合介质概念下考虑流体在多孔介质和大尺度缝洞介质中的耦合流动，适用于直接钻遇溶洞的油井试井解释。

一、三重介质数值试井

常规解析试井模型只能反映均质油藏的情况，且需要定产、单相流动的假设条件。而塔河缝洞型油藏具有极强的非均质性，单一的参数很难反映实际情况，定产、单相的假设条件也很难满足。建立缝洞型油藏数值试井解释方法可以解决不同产量变化、多相流动油井的试井问题，其理论与数值解法与前一章缝洞型油藏等效数值模拟相同。

1. 三重介质单相流数值试井渗流规律

当油井钻遇由裂缝沟通的溶洞时，如图6－19a，利用数值试井解释方法得出的三重介质单相流渗流规律：关井后，裂缝系统中的压力率先恢复，而基岩和溶洞系统中的压力不变，形成了在洞缝系统及孔缝系统之间的压差。当压差较小时，只有裂缝向溶洞窜流，压力恢复速度变缓，导数曲线出现第一个下凹；当压差进一步增加时，基岩向缝、洞的总系统窜流，压力恢复速度再次变缓，导数曲线出现第二个下凹。最后，基岩、裂缝、孔洞系统中的压力达到平衡，半对数曲线呈直线上升，反映了总系统的特性，如图6－19b、c。

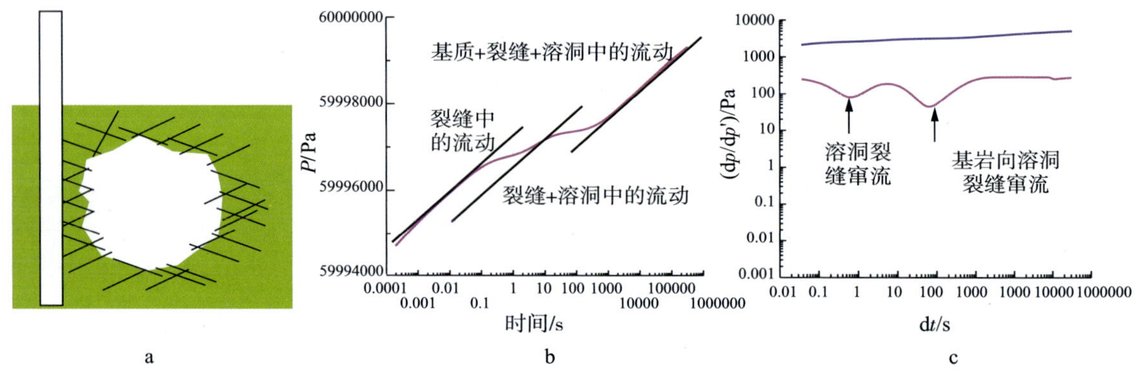

图6－19　三重介质渗流规律分析

影响试井曲线响应的因素包括溶洞渗透率、裂缝渗透率、溶洞孔隙度、裂缝孔隙度、基质孔隙度、裂缝间距、裂缝特征长度、窜流系数、地层压力、表皮系数及井储系数。

2. 复杂地质模型的试井响应

所谓复杂模型是断层模型、产量变化模型及复合模型，利用三重介质单相流数值试井理论，3种模型的试井响应不同。

(1)产量变化模型

一般的解析试井方法在实际应用中，产量不变的假设通常很难满足，而数值试井可以很好处理产量变化情况。通过缝洞型油藏试井理论，给出的生产期产量呈阶梯状变化(图6－20)时的压力响应(图6－21)，可看出生产期产量的变化不影响理论试井曲线对三重介质模型的反映(图6－22)，压力恢复半对数曲线图仍然反映出了三重介质试井曲线的三个直线段和两个过渡段的基本特征。

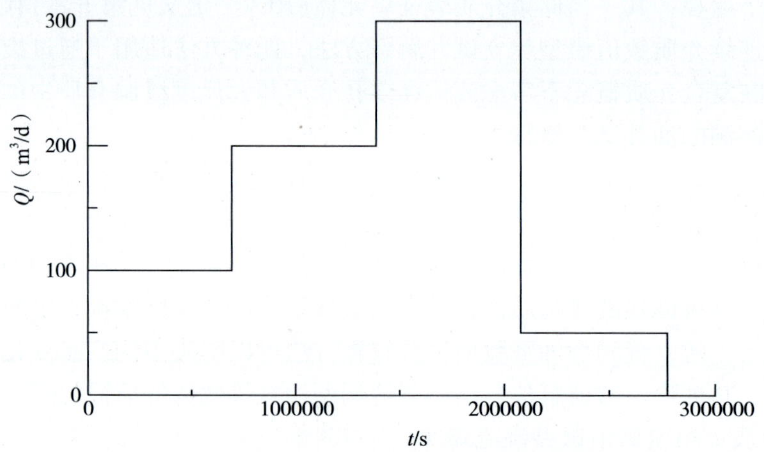

图6－20　产量变化模型产量历史展开图

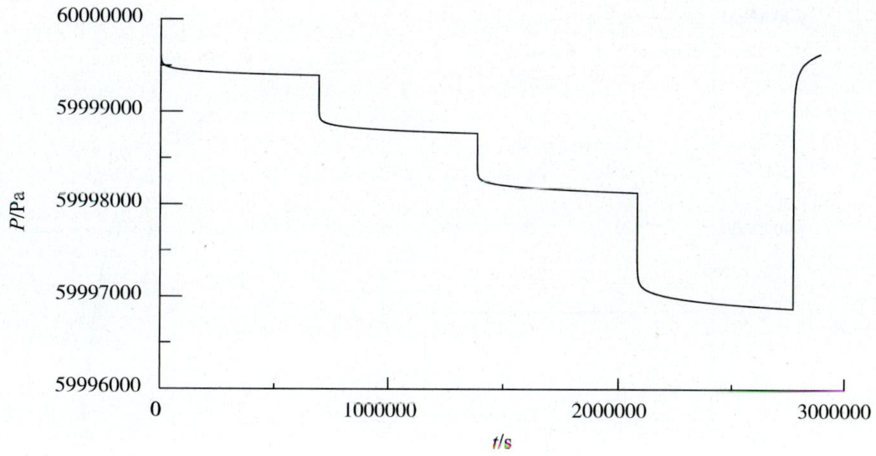

图 6-21 产量变化模型数值模拟压力史图

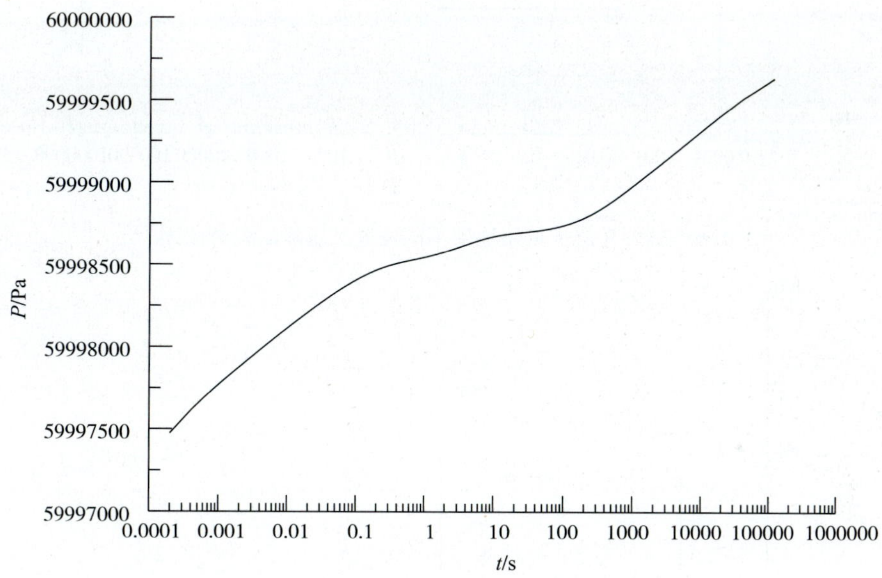

图 6-22 产量变化模型压力恢复半对数曲线图

(2)直线断层模型

此模型设计为正方形封闭地层，通过把井置于正方形地层的中心、边部和角部描述定压边界、一条断层和两条断层对试井理论曲线的影响。正方形地层区域为 1050m × 1050m × 20m，在 x、y、z 方向分别划分为 21 × 21 × 4 个网格。采用块中心网格，3 个方向的渗透率分别为 $0.1572 \times 10^{-3}\mu m^2$、$1383 \times 10^{-3}\mu m^2$、$13.83 \times 10^{-3}\mu m^2$。压降期和压恢期试井响应曲线如图 6-23 和图 6-24。可看出，当井位于正方形中心时，曲线表现出的是个封闭正方形边界的影响；当井位于角部时，曲线反映出两条断层的影响，类似于圆形封闭地层中封闭边界的影响；当井位于边部时，曲线反映出一条断层的影响。

采用径向网格，适合研究单井周围地层特征和圆形边界；而块中心网格除了可以描述相对复杂的地层情况之外，还可以研究多井干扰试井。

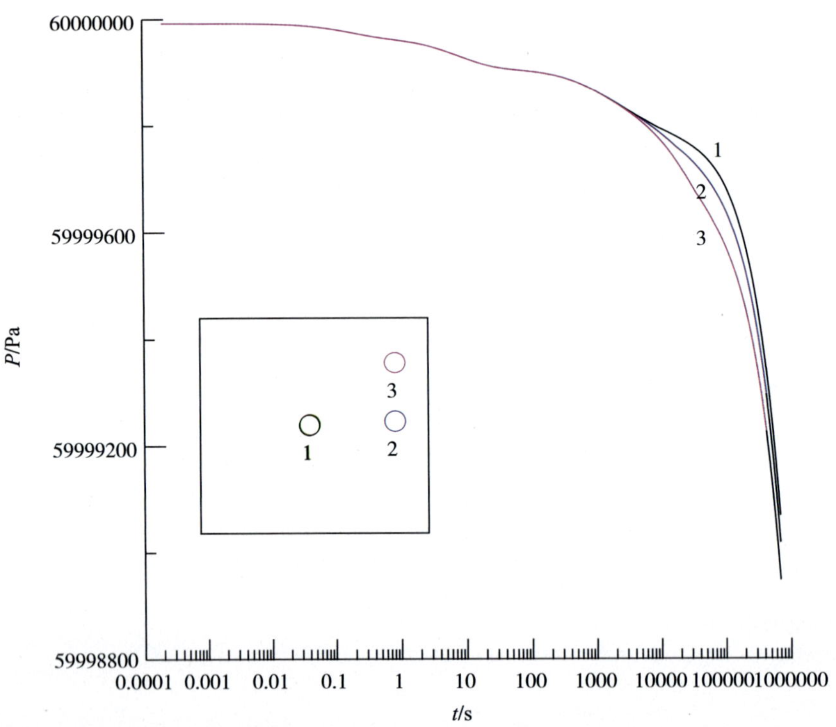

图 6－23　井位于封闭地层不同位置时压降曲线对比图

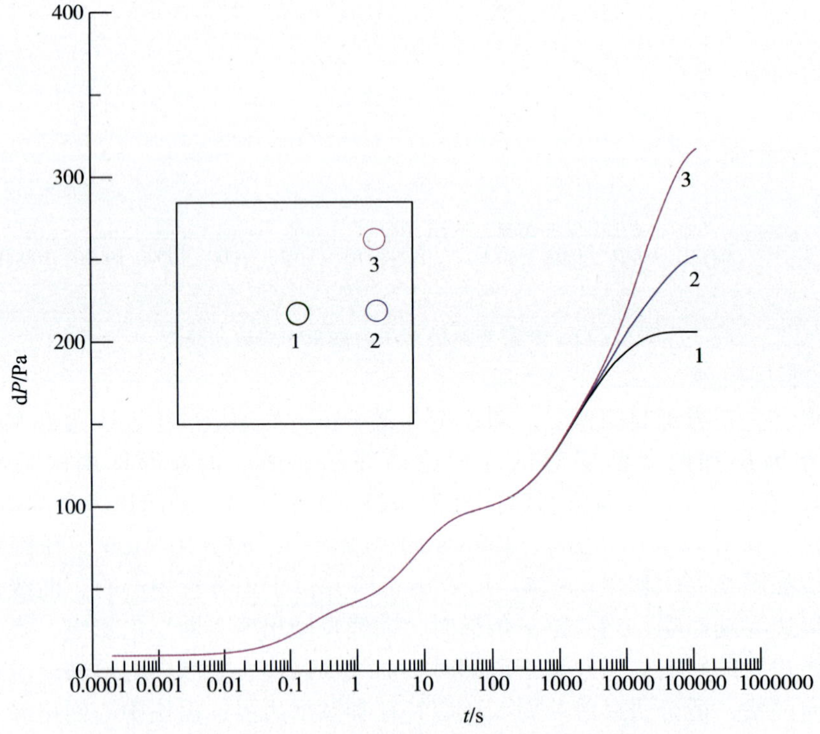

图 6－24　井位于封闭地层不同位置时压恢曲线对比图

(3)复合油藏模型

针对裂缝渗透率而言，岩性变差的复合油藏的半对数压降曲线后期下掉，岩性变好的复合油藏的半对数压降曲线后期上升(图6-25)。而对于半对数压恢曲线，岩性变差的复合油藏的半对数压恢曲线后期仍上升，岩性变好的复合油藏的半对数压降曲线后期变平缓。

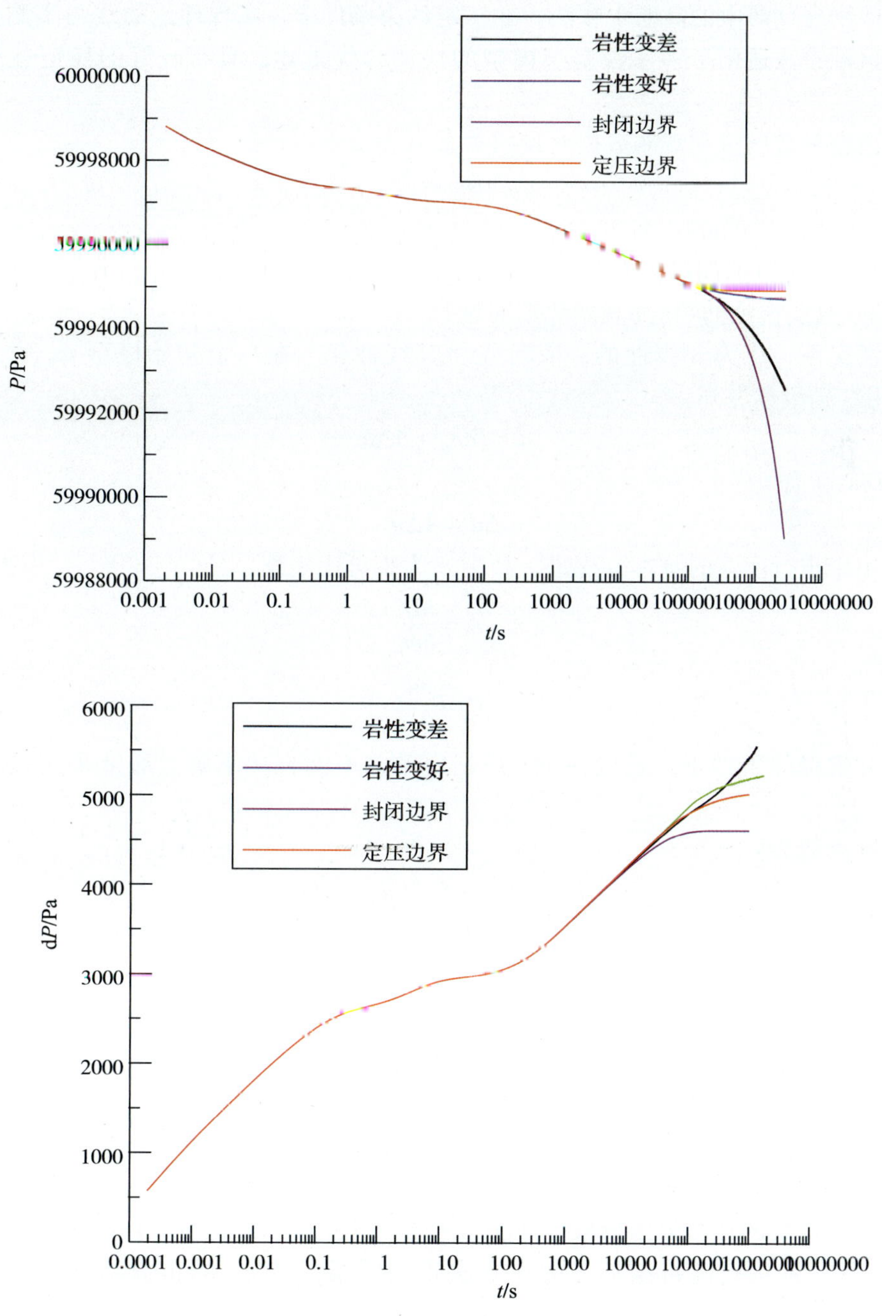

图6-25　复合油藏与均质、封闭定压边界压降压恢曲线对比图

在实际试井解释中，岩性变差程度明显时的曲线特征与封闭边界类似，岩性变好程度

明显时的曲线特征与定压边界类似，可根据地质信息的认识综合考虑。

3. 三重连续介质单相流数值试井的反演

结合已有对油藏的认识，确定最接近的试井参数组合，通过试井反演，求得更真实的地层参数。

(1)自动拟合技术求解试井反问题的理论基础——高斯牛顿反演法

以地球物理反演中的高斯牛顿法，在一定约束条件下，实现理论曲线与实测曲线的最佳拟合。这种方法适用于多参数复杂模型的快速寻优重建，具有较好的稳定性和模型分辨率。

假设模型参数向量和观测数据向量的关系可表示为：

$$D\vec{m}=\vec{d} \tag{6-32}$$

式中 D——正演算子；

$\vec{m}$——模型参数向量；

$\vec{d}$——真实模型的响应(观测数据向量)。

一般情况下，D 为非线性的，应首先将其线性化。在一个初始模型 $\vec{m}_0$ 附近，将式(6-32)用泰勒级数展开

$$\vec{d}=D\vec{m}_0+A\Delta\vec{m} \tag{6-33}$$

令：$\vec{d}_0=D\vec{m}_0$，有

$$\Delta\vec{d}=A\Delta\vec{m} \tag{6-34}$$

上式即为用来进行反演的基本方程式，其中 A 为雅可比矩阵，且

$$A=\frac{\partial D}{\partial\vec{m}} \tag{6-35}$$

即

$$A_{ij}=\frac{\partial d_{ij}}{\partial m_i} \tag{6-36}$$

在试井解释的条件下，式(6-34)是超定的，不能直接求解。通常采用最小方差法求解。

设目标函数为：

$$E=(d_{obs}-d)^T(d_{obs}-d) \tag{6-37}$$

将式(6-34)代入上式，并令 E 对模型参数修正量的导数为零，可得

$$A^TA\Delta\vec{m}=A^T\Delta d_{obs} \tag{6-38}$$

上述式(6-37)、式(6-38)中的 Δd_{obs} 为观测数据与初始模型的正演计算值之差，为已知，故由式(6-38)可求得模型参数的修正量 $\Delta\vec{m}$，从而

$$\vec{m}=\vec{m}_0+\Delta\vec{m} \tag{6-39}$$

将修正后的模型重复上述做法，直到满足一个给定的收敛条件为止。

(2)试井曲线自动拟合方法

试井理论曲线的计算采用参数摄动法求解雅可比矩阵。在已有反演结果 $\vec{m}_k$ 的基础上，依次对 $\vec{m}_k$ 的元素进行随机摄动，得到 n 次正演结果，与 $\vec{m}_k$ 的正演结果之差除以摄动量，有：

$$A_{ij}=\frac{\partial d_j^i}{\partial m_i}=\frac{d_j^i-d_j^{m_k}}{\Delta m_i},\ i=1,\ \cdots,\ n;\ j=1,\ \cdots,\ m$$

$$A_k = (A_{ij})_{n \times m} \tag{6-40}$$

在计算试井理论曲线时，时间间隔是根据正演模拟计算收敛性的需要设定。在反演计算中，按照收敛的需要进行正演的时间步长设计，然后依据观测数据的时间点进行插值采样，获得一套与观测数据时间点完全一致的正演响应数据，反演中用这套数据去计算目标函数，拟合观测数据。对于研究的具体问题，在对数坐标中对理论计算数据进行插值采样，用采样后的数据进行反演。

(3)反演实例

选取裂缝渗透率、溶洞渗透率、原始地层压力、表皮系数和井筒储集系数作为未知参数，同时反演5个参数。曲线拟合效果良好(图6-26)，但溶洞渗透率、井筒储集系数解释精度较差(表6-7)。

表6-7　同时反演5个参数反演结果

参数	初始模型	反演结果	真实模型
裂缝渗透率 k_F/m^2	2.383×10^{-13}	1.3998595×10^{-13}	1.383×10^{-13}
溶洞渗透率(小裂缝渗透率)k_V/m^2	1.000×10^{-14}	2.2548×10^{-14}	1.383×10^{-14}
原始地层压力 p_i/Pa	50000000	59999990.7239	60000000
表皮系数	2	0.100045	0
井筒储集系数/(m^3/MPa)	2.812E-6	1.3368E-6	2.812E-7

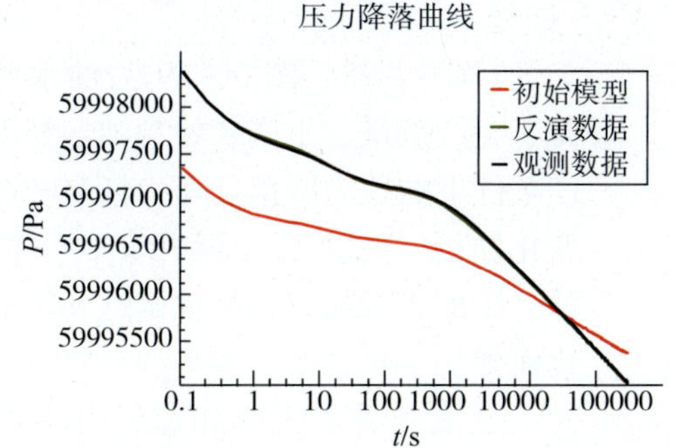

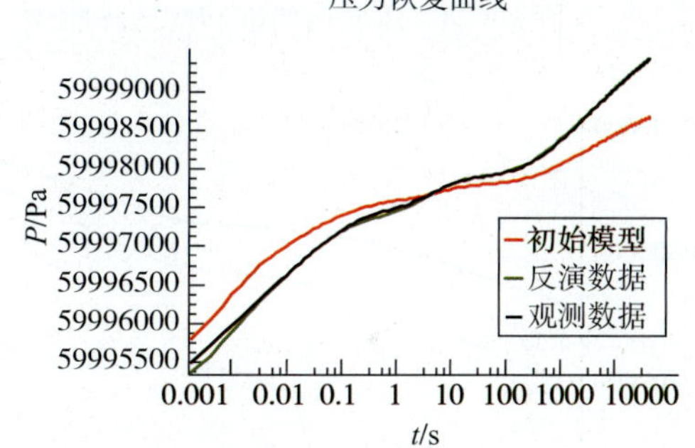

图6-26　同时反演5个参数时的反演结果曲线

4. 含有大尺度裂缝、溶洞的缝洞型油藏的数值试井模型及试井响应

若油藏含有大尺度溶洞或裂缝，在模型中定义裂缝或溶洞网格，作为单重介质考虑，根据裂缝、溶洞的具体形态确定网格的形状。

对于大尺度裂缝，采用裂缝平板模型，如图6-27。假设缝宽为 W，裂缝的渗透率为：

$$K_{x,y} = W^2/12,\ K_z = 0 \tag{6-41}$$

则裂缝与其它网格之间的传导系数由下式计算

$$\gamma_{ij} = \frac{A_{ij}k_{ij+1/2}}{d_i + d_j} \tag{6-42}$$

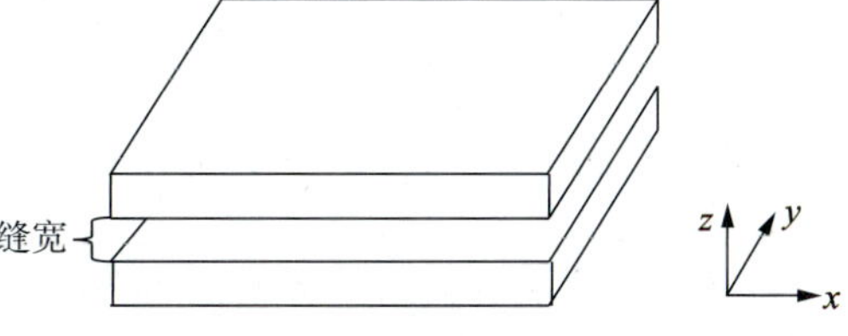

图6-27　裂缝平板模型示意图

其中，A_{ij}是连通单元 i 和 j 的共同界面面积，d_i 是从单元 i 的中心到单元 i 和 j 交界面的距离，d_j 是从单元 j 的中心到单元 i 和 j 交界面的距离，$k_{ij+1/2}$是沿着单元 i 和 j 连通处的平均绝对渗透率。D_i 是单元 i 中心的深度；

裂缝的体积可以根据缝宽、缝长和缝高计算得到。对于大尺度溶洞，假设整个溶洞为一个等势体，只需将式中溶洞与相邻网格交界面的距离 D_i 设为 0 即可达到，而溶洞内的渗透率可取任意有限值，溶洞的体积仍按照其空间形状计算。处理后，大尺度裂缝和溶洞的形状、位置和渗透能力都得到了准确的描述。

5. 三重介质两相流数值试井响应特征

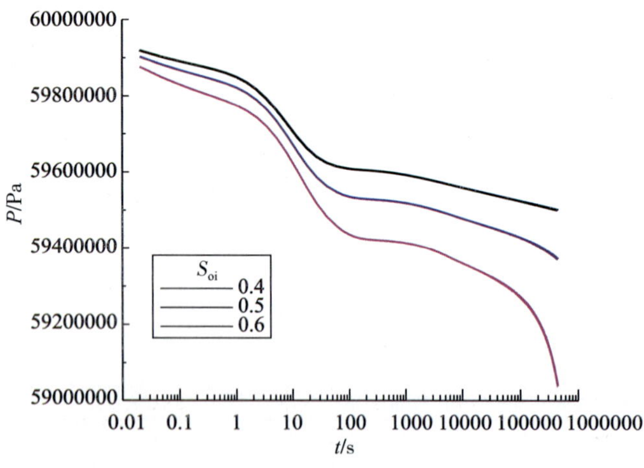

图 6－28　不同初始饱和度压降曲线

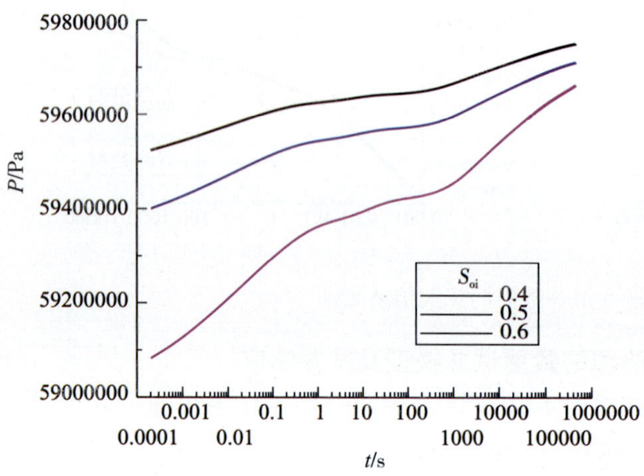

图 6－29　不同初始饱和度压恢曲线

对于缝洞型油藏，由于裂缝发育，沟通边底水，有些井开发不久见水，有些开井即见水，油水两相流动更为普遍。两相流的油、水产量取决于油水黏度、相对渗透率、毛管力大小，与单相流不同，如果仍采用单相流动试井方法分析两相流，必然会带来地层参数估算的误差。因此，两相流动试井若完全还原地层流动进行拟合，不仅包括开、关井期的井底压力，还有油水产量曲线。

图 6－28、图 6－29 为油水两相流、定产液量、不同初始含油饱和度生产条件下的压力降落、压力恢复和产量变化曲线。可以看出两相条件下的压降、压恢曲线随着初始油水饱和度的变化而变化。

三重介质油水两相流试井曲线拟合求参的基本步骤：第一步，先调整地层渗透率、相渗曲线、油水黏度值、毛管力曲线等，拟合油水产量曲线，这个过程会同时改变压力恢复曲线；第二步，调整与单相流试井确定的参数系列，使压力恢复曲线得到拟合，压力降落曲线也自然得到拟合，这个过程不会改变产量曲线。整个过程相当于一个单井范围的历史拟合求参过程。

二、渗流—自由流耦合流动特征试井理论模型及试井分析方法

在多重介质数值试井模型中，溶洞作为流体的储集空间或作为直接向井筒供液的通道，其内部流体的流动与基质、裂缝中一样服从达西定律；不论溶洞规模多大，分布是否连续，仍采用多重介质的概念处理。而实际对于直接钻遇溶洞的油井，溶洞里流体流动规律完全不同于达西渗流。因此，同时考虑基质、裂缝中流体的渗流力学性质和溶洞中流体

的流体力学性质，将能更好的反映缝洞型油藏流体流动特征，并在此基础上建立试井数学模型，发展和完善试井分析方法。

1. 耦合流动试井数学模型

如图6－30，在轴对称圆形区域中，从井筒到半径 R_f 处为溶洞，自由流动区；R_f 外为渗流区，外边界为封闭边界。在渗流区，考虑微可压缩流体，在自由流动区，考虑不可压缩流体。生产期，流量恒定，为 q。

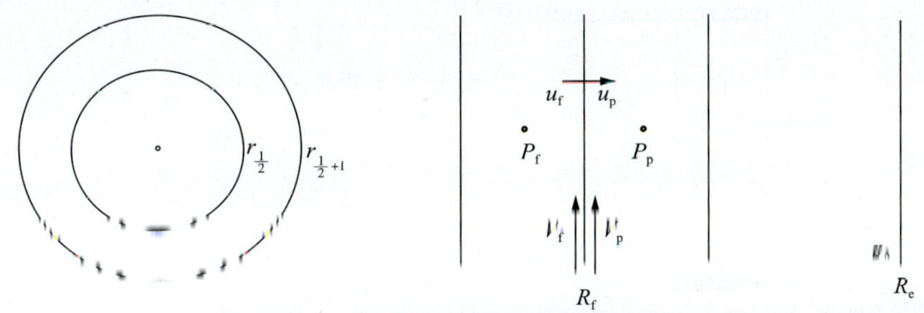

图6－30　耦合流动试井模型示意图

在渗流区，考虑微可压缩流体：$\nabla P_P = -\dfrac{\mu}{K}V_P$　　(6－43)

$$\nabla^2 P_P = \frac{\phi\mu C_t}{K}\frac{\partial P}{\partial t} \tag{6-44}$$

在自由流动区，考虑不可压缩流体：$\rho\dfrac{dV_f}{dt} = -\nabla P_f + \mu\nabla^2 V_f$　　(6－45)

$$\nabla \cdot V_f = 0 \tag{6-46}$$

外边界，封闭边界，渗流区：

$$\frac{\partial P_P}{\partial r} = 0 \tag{6-47}$$

内边界，自由流动区，生产期，流量为 q；压力恢复期，流量为0。

$$V_f 2\pi r_w h = q \tag{6-48}$$

$$P_w = P_f|_{r=r_w} \tag{6-49}$$

初始条件，　$P(r, 0) = P_i$　　(6－50)

2. 数值试井图版

(1)耦合流动模型流动规律

图6－31分别显示了封闭边界和定压边界不同直径溶洞周围压降分布对比图，可看出溶洞中的压力相比渗流区的压力变化来说基本可近似看作等势体，这是因为溶洞区中心井点处的压力只是在渗流区边缘处压力基础上附加一个与距离平方成反比的压降。说明如果在穿过溶洞的井中进行压降测试，所反映的压降基本为溶洞边缘处的压降情况。

通过分析可以得出耦合流动模型流动规律有三方面的特点：

①自由流动区，从溶洞边缘到井筒，压力仅有很缓慢的下降，此时溶洞内可近似看作一个等势体。

②溶洞的存在相当于扩大了井筒半径；溶洞直径越大，相应的等效井筒半径越大。

③穿过溶洞的井中进行压降测试，所反映的压降实际为溶洞边缘处的压降情况。

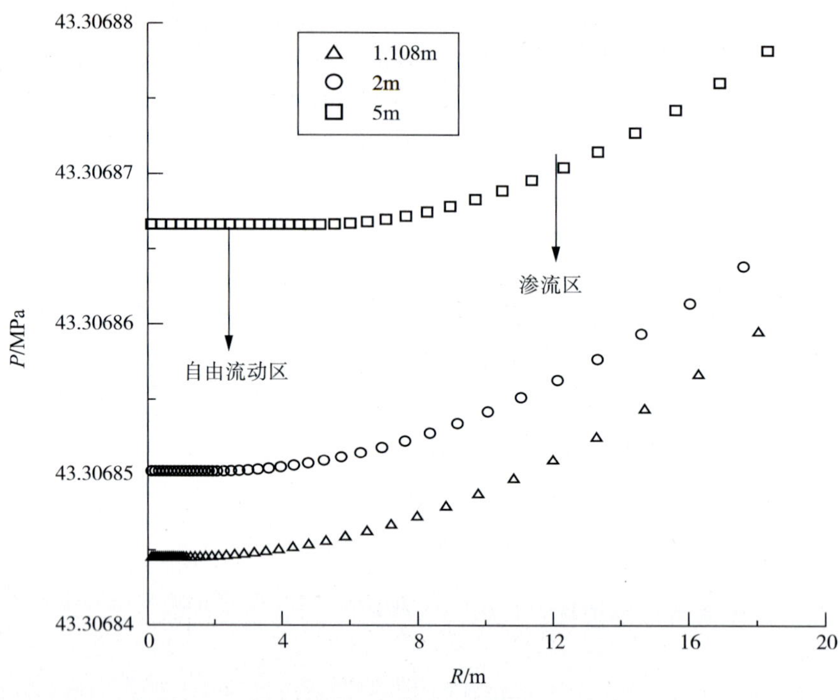

图 6－31　不同溶洞大小周围压降情形对比（封闭边界）

（2）双重介质、三重介质渗流—自由流耦合流动模型算例分析

图 6－32 为不同溶洞下双重介质渗流—自由流体耦合模型压降及压恢曲线对比。可见随着溶洞直径的增大，曲线形态总体上还保持着双重介质渗流特征，在压力恢复曲线上，曲线随溶洞的增大向上平移，并且在压力恢复的最初阶段呈水平状态。在导数曲线上，随着溶洞直径的增大，压差和导数曲线的交点不断右移。通过反问题的求解，同样可以得到自由流动区溶洞直径和体积以及渗流区的相应渗流参数。

三、塔河油田缝洞型碳酸盐岩油藏测试资料的解释

缝洞型油藏试井解释的参数除传统试井参数，如井筒储存系数、表皮系数、裂缝或溶洞渗透率、基岩向溶洞窜流系数、裂缝向溶洞窜流系数、基岩弹性储容比、溶洞弹性储容比等之外，增加溶洞大小、溶洞与井相对位置及裂缝宽度、密度等参数的解释。利用所建立的缝洞型油藏的试井模型及解释方法，对塔河油田 48 口实测井的试井资料进行了重新评价或解释，其中定量解释 40 口，定性评价 8 口（见表 6－8）。

在定量解释的 40 口井中，有 29 口采用了目前已有的常规试井模型，11 口采用了本项目新发展的试井模型和方法。从地质概念和流动规律上，部分试井曲线用常规的试井模型得不到好的拟合效果，采用新发展的方法（三重介质数值试井模型）后，拟合效果提高。新发展的方法（渗流—自由流耦合模型、两相流）能够更好地描述缝洞型油藏的特征。

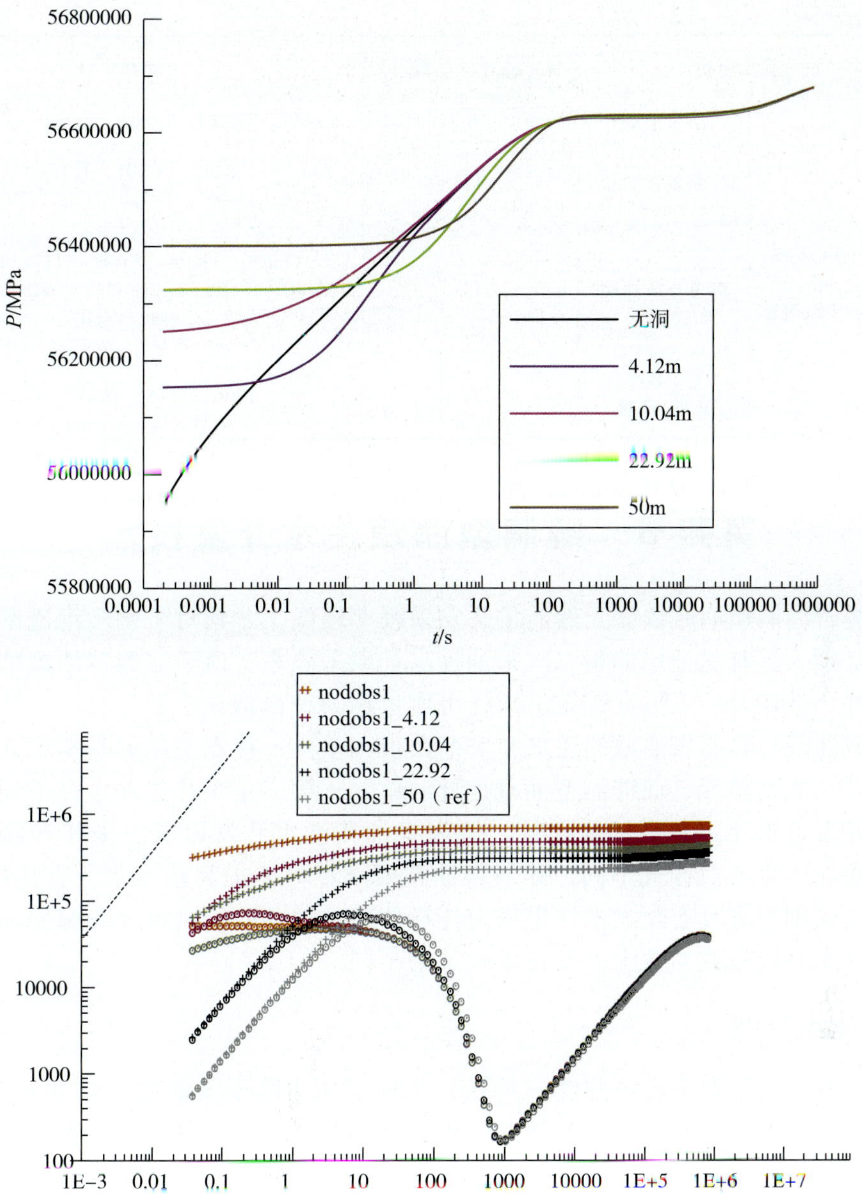

图 6-32　双重介质渗流—自由流动耦合模型压降、恢复压差曲线对比

表 6-8　塔河油田实测井解释及评价统计表

	试井模型	解释或评价井数/口	解释井号
新发展的方法	三重介质数值试井模型	6	TK444，TK608，TK313，T702B，TK631，S65
	渗流—自由流耦合模型	4	TK313，S48，TK609，TK630
	多重介质两相流模型	1	TK634
	含大尺度缝洞试井模型	—	

续表

试井模型			解释或评价井数/口	解释井号
常规方法	井储+表皮或无限导流裂缝	均质油藏	6	TK651，TK413，TK630，TK632，S113，T207
		径向复合油藏	11	TK625，TK452，S7201，TP12CX，S106_ 3，T740，TK442，TK723，T705，T213，S117
		双重介质油藏	13	TK404，TK409，S106，S112，TK461，TK460H，S112_ 1，TK609，TK629，S74，S67，S48，TK607，
		多层（多缝洞系统）油藏	4	T706，T115，TK447，TK743

第四节　缝洞型油藏注水开发技术

碳酸盐岩缝洞型油藏依靠天然能量开发采收率较低，尤其对于基质渗透率低的缝洞型油藏，必须人工补充地层能量二次采油提高油藏采收率。由于缝洞型油藏特有的非均质性，选井、选层及注入方案确定上缺乏可靠依据与理论指导。

缝洞型油藏与碎屑岩油藏的注水开发存在很大差异，首先关注的基本单元不同，碎屑岩油藏关注流动单元，而缝洞型油藏是缝洞单元；第二是布井关注重点不同，碎屑岩油藏注水开发追求注采井网的完善性，缝洞型油藏注水开发追求注采井与储集体的匹配；第三是注入水波及方式不同，碎屑岩油藏要求尽可能提高注入水的直接波及体积，而缝洞型油藏则要求具有较大的注采压力传导体积。这些差异决定了缝洞型油藏与碎屑岩油藏的注水开发模式与注水开发技术政策的不同。

一、注水替油

注水替油是指针对定容单井缝洞单元，当地层压力降至不能维持油井正常生产时，通过多轮次的注水、焖井、采油的周期过程，达到逐步提高油藏原油采收率目的。

注水替油的主要作用机理是注入水补充地层能量，恢复地层压力，同时利用重力分异的原理，注入水在焖井过程中，发生油水置换，产生次生底水，不断抬升油水界面，使剩余油重新富集在缝洞上部。另外，注入水进入油井周围比较小的裂缝中，驱替其中难以采出的剩余油。当井口压力恢复到基本稳定后，开井生产，采出地下原油。

在注水替油作用机理中，重力分异作用更为重要，只有在焖井过程中充分发生油水重力分离，才能保证注水替油的效果。针对不同储集空间类型，影响重力分异作用的因素也有所不同。对于溶洞型储集空间，毛管力可以忽略，此时影响重力分异的因素仅有油水密度差；当储集空间流动特征尺度较小、毛管力不能忽略时，如裂缝型储集空间和碎屑型充填介质，其影响因素包括流动特征尺度、油水密度差、油水黏度比、油水界面张力及岩石表面润湿性。

利用等效数值模拟理论，构造了单井缝洞单元的定容性双重介质概念模型，缝洞单元有效体积 27.8×10^4m^3。其中单元上部含油，储量为 18.7×10^4m^3，下部为水体，大小为 9.1×10^4m^3。裂缝渗透率取值 100～500×$10^{-3}\mu m^2$，溶洞取值 1000～10000×$10^{-3}\mu m^2$。溶解气油比 21m^3/m^3，泡点压力 18.4MPa。模拟网格数 60×17×30＝30600，有效网格数为 16000，网格步长 3m×3m×2m。模拟了单一溶洞内注水替油的生产过程，结果如图 6－33 所示。

①注水阶段：注入水形成锥体，在重力的作用下，从注入层段往下沉降，逐渐形成次生油水界面；

②闷井阶段：注入水形成的锥体继续在重力作用下下移，由于没有后续注入水的补充，注入水形成的锥体逐渐变平缓，抬高次生油水界面；

③在随后的注水—闷井—开采过程中，注入水形成的次生油水界面不断上升，把油驱向生产井段。

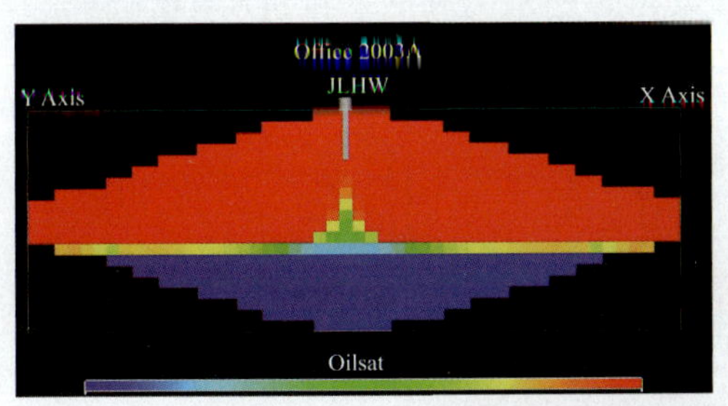

a. 注水形成锥体

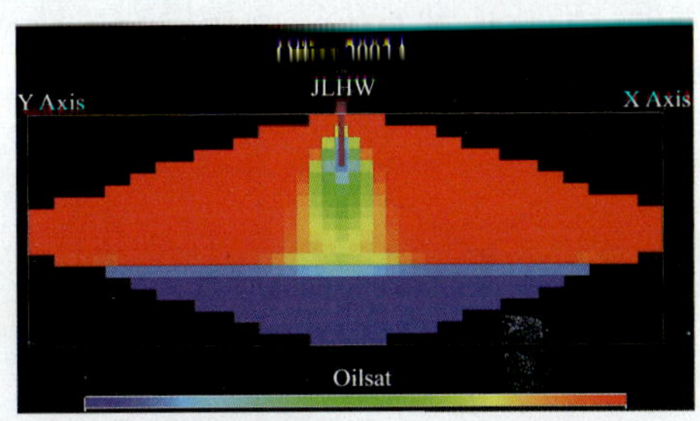

b. 关井油水置换抬高次生油水界面

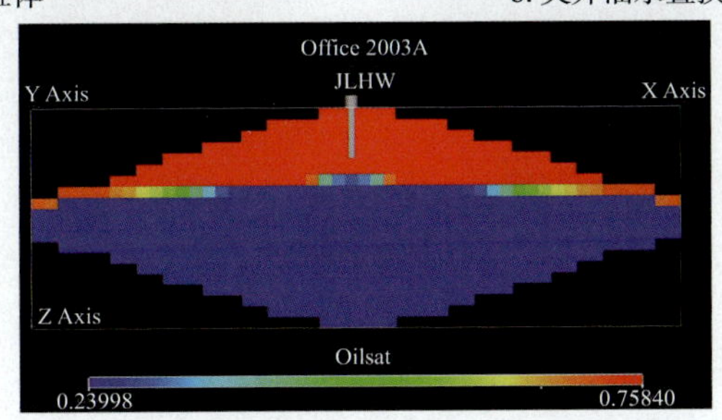

c. 多周期注水替油后次生油水界面不断上升

图 6－33　注水替油过程中油水重力置换及次生有水界面的形成

单井注水替油技术的应用原则：

①钻遇溶洞型储集体、具有定容特征、因能量不足导致产量递减快的油井。

②依据注采比确定周期注水量。注采比为周期注水量与上一周期产液量在地层条件下体积的比值。不同含水阶段，应采用不同的注采比。含水小于 20% 注采比在 0.8～1.0，含水 20%～80% 注采比 1.0～1.2，含水大于 80% 注采比 1.2～1.5。

③采用合适的注入速度。对于钻遇裂缝系统的井，宜采用慢速注入，充分发挥重力分异的作用，注入水才易沿垂向沉入缝洞底部。对于溶洞型油井可以提高注入速度，提高周期生产时率。

④根据井口承压能力设计注入压力。

⑤溶洞型储集体的井一般焖井时间 2～4d，裂缝型储集体的井由于油水分异慢，一般需 10～25d。

二、缝洞单元注水开发

注水开发是在缝洞单元储集空间内，一方面通过注水产生横向驱替作用，将缝、洞和孔中的油驱替至生产井，另一方面通过注水补充地层能量，减小由于地层能量不足造成产量的递减，使油井保持旺盛的产能。

控制纵向水锥与横向水窜，提高注入水的有效性，是注水开发提高采收率的关键。影响纵向水锥与横向水窜的因素很多，主要有储集空间类型、井间连通性、开采工作制度等。

由于碳酸盐岩缝洞型油藏井间连通关系复杂，注水初期应先进行试注，转注高含水、低部位生产井，并加强动态监测，认识注采井组的连通性、水线推进情况；正式注水后，依据油井的生产和含水率变化情况，优化注水参数，防止水窜和底水锥进(图6－34)。

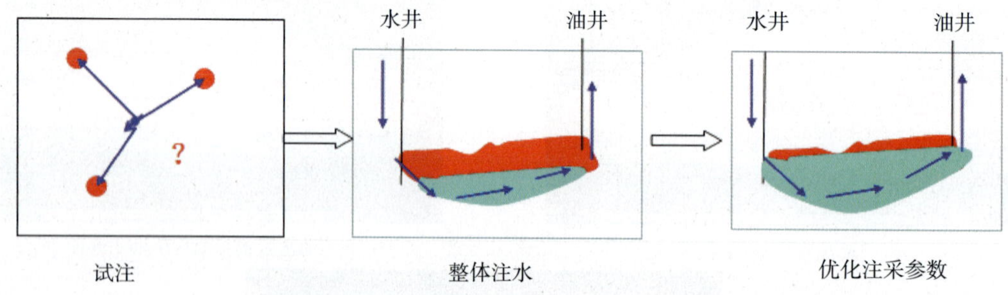

图6－34　多井缝洞单元注水开发程序示意图

1. 缝洞单元注水开发设计原则

①动静结合，合理选择注水井。尽量选择底部位、钻遇裂缝发育区的高含水井转注，实现纵向驱替，使剩余油从下缝洞体向上缝洞体流动，上缝洞体的油井采油；后期则停注下缝洞体，在上缝洞体选取低部位井进行注水横向驱替。

②扩大传导体积，确定合理注采井网。依据不同储集体发育类型在平面、剖面上的分布特征，以同层缝洞体注采对应、低注高采、缝注洞采为原则，增强横向水驱油、减小高导裂缝纵横向水窜为目标的井网设计，尽量让注水井和生产井均匀分布，形成较好的注采关系，最大程度提高注入水最大的传导体积。适当的注采井数比是单元注水取得好效果的重要条件之一。塔河油田奥陶系在注水开发不同含水阶段，根据注水动态不断增加注采井数比，完善注采井网。注水初期注水井与生产井的比值为1∶3，中期可调整为1∶2，在高含水的后期可调整为1∶1。目前S48等注水试验单元注采井数比值为1∶3，基本形成了早期注水阶段的单元注采井网。此外，在注水开发过程中，注水井及时示踪剂测试，明确注入水流动方向及流动速度；采油井动态监测压力及含水率变化情况，及时调整注采对应关系。

③根据油藏生产情况，适时注水。注水时机从三方面考虑，一是当单元地层能量下降大，造成产量递减，单元产量低于开发方案设计指标时进行注水开发；二是单元中的油井进入高含水时进行注水开发，增加动用储量；三是当底水快速锥进时，注水开发抑制水锥。

④动态调整，优化注采参数。为防止注入水快速突进，应依据注水开发后示踪剂监测资料、现场动态响应资料和数值模拟，综合优化单元不同注水开发阶段注采参数。注水初期注采比控制在0.8～1.0，注水中期注采比控制在1.0～1.2，注水晚期注采比可提高到1.2～1.5；注水量以对应井采液量为标准，单井注水量控制在50～200m^3/d，注水周期以对应井的生产动态进行调整。

2. 注水方案优化设计

根据数值模拟结果和矿场生产状况，设计S48单元注水开发方案4套。北部缝洞体可分为两段，注水开发注重分层性，加强同层缝洞体注采井对应关系，加强横向水驱油作用。南部考虑平面不同缝洞发育区带的特征，以扩大注水驱替面积、补充地层能量为重点。第一套方案：以现有采油井为主，根据含水率变化，对水锥上升快的井进行注水压锥；对低产、低效井采用侧钻。第二套方案：为北部混注、南部裂缝带注溶洞带采。第三套方案：为北部先以上层缝洞体注采为主、下层缝洞体为辅，南部裂缝带注、溶洞带采。第四套方案：为北部溶洞区注、裂缝区采，南部裂缝带注、溶洞带采。通过等效数值模拟计算，预测2007年以后15年的生产情况，方案三15年后累产43.7×10^4t，最终含水率94.5%，开发效果最优，为推荐方案(图6－35)。

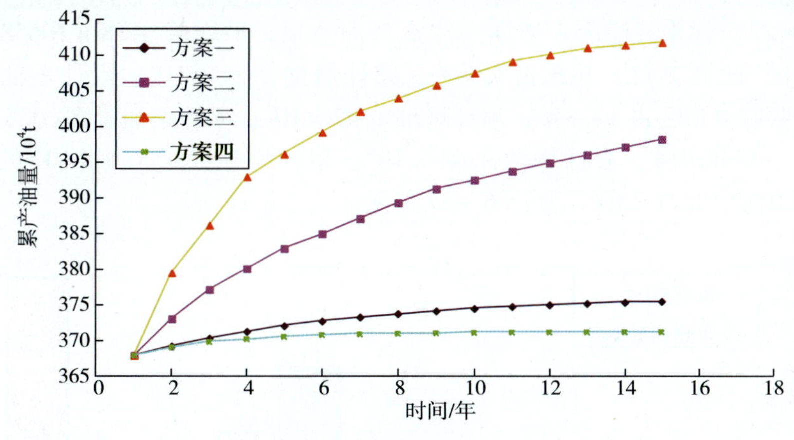

图6－35 缝洞体注水开发方案

S48缝洞单元注水方案通过现场实施，生产效果与预测结果符合率92.9%，2011年累积增油26.1×10^4t，为缝洞单元稳油控水发挥了重要作用。

三、注水开发技术的应用

针对缝洞型油藏储集体空间分布的复杂性及缝洞本身的多尺度性，提出对能量不足的单井单元进行注水替油，对递减较大的单元进行注水开发模式。综合地质、地球物理研究成果，通过数值模拟、油藏动态规律分析等手段，建立单元注水、单井注水替油技术的应用原则，并全面指导开发实践。

注水替油应用效果：

(1)补充能量，使能量不足长期关井的油井恢复正常生产

塔河油田奥陶系油藏曾有33口因能量不足而长期关停井，通过注水替油恢复了正常生期，初期平均单井日产液30.2t，日产油11.2t，综合含水62.9%。

(2)增油效果显著

统计塔河油田奥陶系油藏120口注水替油井，共注水531周期，累积注水175.4×10^4m^3。共有93口井受效增油，有效率77.5%，累积增油量高达50.6×10^4，增油效果显著。120口替油井中：2口井增油量在4.0×10^4以上，井数占1.6%，增油量占16.8%；12口井增油在(1.0~4.0)×10^4，井数占10%，增油量占36.5%；20井增油在(0.5~1.0)×10^4，井数占16.7%，增油量占28.2%。如图6-36所示。

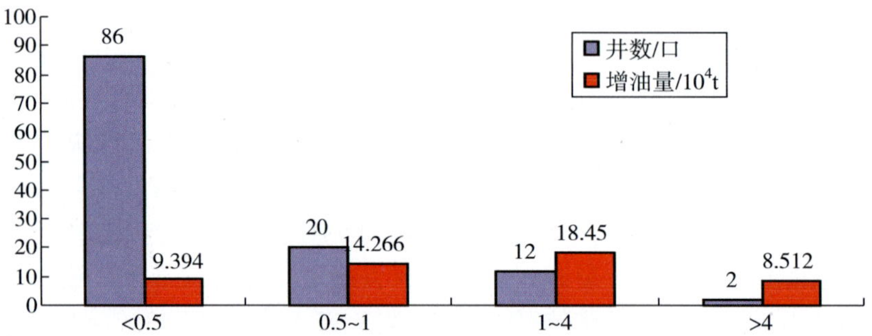

图6-36 塔河油田奥陶系油藏增油量分级图

分析其中27口注水替油前6周期的注水替油效果，平均单井增油10658.9t。累积增油小于0.2×10^4的井2口，井数占7.4%，累计增油0.11×10^4；累计增油量在(0.2~0.5)×10^4的井有4口，占14.8%，累计增油1.42×10^4；累计增油量在(0.5~1.0)×10^4的井有13口，占48.1%，累计增油9.04×10^4；累计增油大于1.0×10^4的井8口，占29.6%，累计增油18.21×10^4。如图6-37所示。

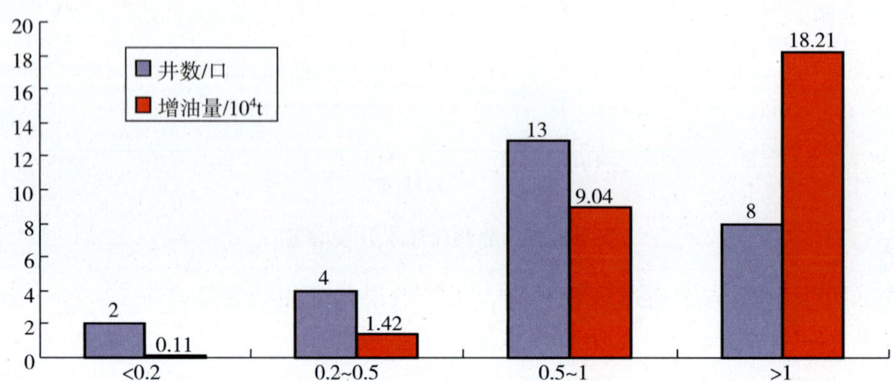

图6-37 塔河油田奥陶系油藏注水超过6周期的井前6周期增油量分级图

(3)采收率明显提高

统计表明，93口注水替油有效井整体提高采出程度3.55%。已实施完注水替油效果较好的井10口，提高采收率4.25%~20.7%，平均提高采收率12.33%。其中溶洞型储集体油井提高采收率10.81%~20.70%，平均提高15.76%；裂缝型储集体的油井提高采收率4.25%~8.61%，平均提高5.97%。如表6-9所示。

表 6-9 塔河油田奥陶注水效果显著的停注井效果统计表

缝洞类型	井名	储量/10^4t	注水周期数	注水量/10^4m^3	预测天然能量开采产量/t	注水后累积产油量/t	增油量/t	天然能量开发采收率/%	注水开发采收率/%	提高采收率/%
溶洞型	T416	19.80	14	11.04	15752	56742	40990	7.96	28.66	20.70
	TK839	13.32	17	6.16	9656	32138	22482	7.25	24.13	16.88
	TK828	10.53	15	4.27	8546	24861	16315	8.12	23.61	15.49
	TK231	17.64	7	5.75	23182	42251	19069	13.14	23.95	10.81
	TK741	4.50	15	2.31	2725	9100	6375	6.05	20.22	14.17
	TK829	3.20	7	0.73	2250	5729	3479	7.03	17.90	10.87
	小计	68.99	75	30.26	62110	170820	108710	9.00	24.76	15.76
裂缝型	S81	10.42	10	4.68	11255	17231	5976	10.80	16.54	5.74
	S92	8.73	7	1.99	6945	13566	6621	7.96	15.54	7.58
	TK651	13.54	12	2.61	16039	21798	5759	11.85	16.10	4.25
	TK431	4.45	15	2.35	2232	6063	3831	5.01	13.62	8.61
	小计	37.14	50	11.63	36471	58658	22187	9.82	15.79	5.97
合计		106.13	125	41.89	98581	229478	130897	9.29	21.62	12.33

2. 缝洞单元注水开发应用效果

(1)单元注水能补充地层能量

塔河 4 区奥陶系油藏 5 个缝洞单元注水后，地层压力较之注水前都有不同程度回升，注水对地层能量得到一定程度的补充(表 6-10)。

表 6-10 塔河 4 区多井缝洞单元注水前后地层压力变化表

单元名称	注水前地层压力/MPa	目前地层压力/MPa	目前与注水前压力差/MPa
S48	57.2	57.8	0.6
S64	54.7	55.8	1.56
S65	54.6	58.8	2.80
TK407	56.7	57.3	0.39
TK409	56.20	58.4	1.40
平均	55.88	57.62	1.74

以 S48 单元为例，该单元原始地层压力为 59.7MPa，注水前地层压力 57.2MPa 目前地层压力 57.8MPa。，注水至目前单元地层压力回升 0.6MPa。

(2)注水在大部分井上能见到驱油效果

5 个缝洞单元 38 口井进行过注水，18 口井使 39 口生产井中有 23 口井受效，占生产井数的 59.0%，注水受效井比例较大。23 口注水受效井中 7 口主要是由于能量补充增油；另外，16 个口井由于驱油作用而增油，其受效单井增油占 33.2%。

（3）降低含水，延缓含水上升

注水受效初期，由于抑制水锥作用和水驱油作用，使各单元综合含水都有不同程度的下降，同时含水上升率也不同程度降低，显著地延缓了含水上升。5个单元整体含水从54.8%下降至受效初期的30.4%，下降24.4%；同时，注水初期含水上升率都有不同程度下降，平均下降9.55%，延缓了含水上升（表6－11）。

表6－11　塔河油田4区注水单元含水上升率统计表

单元名称	注水前含水上升率/%	注水受效初期含水上率升率/%	含水上升率下降值/%
S48单元	35.09	4.3	35.64
S64单元	15.0	7.7	15.12
S65单元	40.06	15.06	38.66
TK407单元	16.8	11.7	20.4
TK409单元	30.71	8.5	32.51
平　均	16.57	7.02	9.55

（4）减缓递减，提高采收率

单元注水有效地改善了4区缝洞单元的开发效果，5个注水单元自然递减率在注水后都有不同程度的减缓，自然递减率减缓6.86%～25.35%，平均减缓16.27%（表6－12）。

表6－12　塔河油田4区各受效缝洞单元注水前后递减率变化表

单元名称	注水前年递减率/%	注水受效初期递减/%	变化/%
S48	28.88	12.05	16.83
S64	33.1	25.29	7.81
S65	29.14	22.28	6.86
TK407	32.54	8.06	24.48
TK409	37.15	11.8	25.35
平　均	32.16	15.90	16.27

应用递减法对4区各单元注水前后采收率进行了初步标定。标定结果表明，各单元在注水后可采储量明显增加，对应采收率也显著提高。5个单元注水提高采收率1.7%～10.6%，总体提高7.98%，可采储量增加422.85×10⁴（表6－13），取得显著的应用效果。

表6－13　塔河油田4区注水单元注水前后采收率、可采储量统计表

单元	可采储量/10^4t			采收率/%		
	注水前	注水后	差值	注水前	注水后	差值
S48	467	814.8	347.8	14.16	24.71	10.55
S65	104.6	118.7	14.1	12.61	14.30	1.70
S64	28.3	31.95	3.65	10.32	11.65	1.33
TK407	42.1	57.6	15.5	14.01	19.16	5.16
TK409	87.9	129.7	41.8	14.70	21.70	6.99
合　计	729.9	1152.75	422.85	13.77	21.75	7.98

第五节　缝洞型油藏侧钻水平井及储层改造技术

为改善碳酸盐岩缝洞型油藏储集体的连通性、提高储量动用程度，发展侧钻短半径水平井、酸压储层改造技术具有重要意义。

一、缝洞型油藏侧钻短半径水平井技术

塔河油田奥陶系缝洞型油藏的特点决定了一次井网难以全部动用地下储量，目前酸压工艺的沟通距离有限，且不具有定向性，造成井周围一定范围内连通不好的缝洞单元得不到有效沟通。利用长停井、低产低效井进行侧钻，可以实现与周边储集体沟通，能有效提高储量的动用程度。

短半径侧钻水平井技术是指从无产能直井侧钻，利用短半径水平井高造斜率、曲率半径小的特点，在垂向 50m 左右，靶前位移 60m 内完成造斜，再通过水平井眼延伸，实现老井眼与邻近缝洞储集体的定向沟通。短半径侧钻水平井技术已成为塔河油田奥陶系老井改造、油藏开发再挖潜的重要手段。

1. 超深侧钻短半径水平井钻柱优化技术

超深短半径水平井钻柱优化的核心是在对井下钻柱组合的钻井与造斜有准确控制的前提下如何降低摩阻和扭矩、如何减少钻柱可能产生的疲劳失效问题。摩阻、扭矩的预测和控制是成功钻成一口大位移井的关键和难点。

进行摩阻、扭矩力学预测，对钻井设备选择、轨道形式与参数、钻柱设计、管柱下入的设计及轨道控制、井下作业施工都具有十分重要的实践意义。

(1) 钻柱摩阻、扭矩预测模型

在井眼轴线坐标系上任取一弧长为 ds 的微元体 AB，对其进行受力分析，以 A 点为始点，其轴线坐标为 s，B 点为终点，其轴线坐标为 $s+\mathrm{d}s$，单元体的受力如图 6－38 所示。

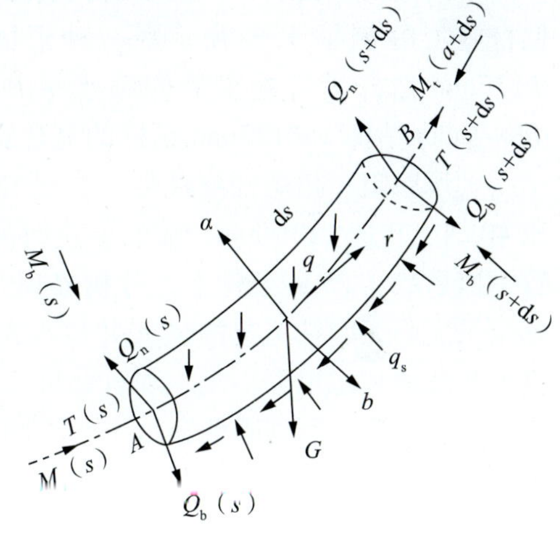

图 6－38　微元段钻柱受力分析

侧钻水平井全刚度钻柱摩阻计算模式：

$$
\begin{cases}
\dfrac{\mathrm{d}T}{\mathrm{d}s}+K\dfrac{\mathrm{d}M_{\mathrm{b}}}{\mathrm{d}s}\pm\mu_{\mathrm{a}}N-q_{\mathrm{m}}k_{\mathrm{f}}\cos\alpha=0\\
\dfrac{\mathrm{d}M_{\mathrm{t}}}{\mathrm{d}s}=\mu_{\mathrm{t}}RN\\
-\dfrac{\mathrm{d}^2M_{\mathrm{b}}}{\mathrm{d}s^2}+KT+\tau(\tau M_{\mathrm{b}}+KM_{\mathrm{t}})+N_{\mathrm{n}}-q_{\mathrm{m}}k_{\mathrm{f}}\cos\alpha\dfrac{K_\alpha}{k}=0\\
-\dfrac{\mathrm{d}(KM_{\mathrm{b}}+\tau M_{\mathrm{t}})}{\mathrm{d}s}-\tau\dfrac{\mathrm{d}M_{\mathrm{b}}}{\mathrm{d}s}+N_{\mathrm{b}}-q_{\mathrm{m}}k_{\mathrm{f}}\sin^2\alpha\dfrac{K_\phi}{k}=0\\
N^2=N_{\mathrm{n}}^2+N_{\mathrm{b}}^2
\end{cases}
\tag{6-51}
$$

式中，

$$K = \left|\frac{d^2\vec{\gamma}}{ds^2}\right| = \sqrt{K_\alpha^2 + K_\phi^2\sin^2\alpha}$$

$$K_\alpha = \frac{d\alpha}{ds}$$

$$K_\phi = \frac{d\phi}{ds}$$

$$k_f = 1 - \frac{\gamma_m}{\gamma_s}$$

$$N^2 = N^2 n + N^2 b$$

式中：K_α 为井斜变化率，rad/m；K_ϕ 为方位变化率，rad/m；τ 为井眼挠率，rad/m；q_m 为钻柱单位长度重量，N/m；M_b 为钻柱微段上的弯矩，N·N；α 为井斜角，rad；μ 为摩阻系数；M_t 为钻柱所受扭矩，N·m；d_T 为钻柱轴向力增量，N；T 为微元段上的轴向力，N；R 为管柱半径；Q_n、Q_b 为曲线坐标 s 处的主法线和副法线方向的剪切力，N；N_n、N_b 为主法线和副法线方向的均布接触力，N/m；μ 为钻柱外半径提管柱时取“+”，相反取“-”号。

(2)塔河油田短半径水平井摩阻扭矩分析与钻柱强度校核

塔河油田侧钻水平井主要有两种形式，一种形式是 Φ177.8mm 套管内采用 Φ88.9mm 钻杆施工的侧钻水平井。另一种形式是在 Φ177.8mm 尾管内采用 Φ88.9mm 钻杆 + Φ127mm 钻杆进行施工的侧钻水平井。TK1248CH 是塔河油田 Φ177.8mm 尾管内采用 Φ88.9mm 钻杆 + Φ127mm 钻杆的复合钻柱施工的侧钻水平井。

利用摩阻、扭矩预测模型，在已知钻井液密度 1.17g/cm³、钻头扭矩 2.5kN·m、钻压 40kN、转速 120r/min、旋转钻进时的管柱运动速度 0.02m/s、裸眼摩擦系数 0.35 及套管摩擦系数 0.25 的条件下，分析 Φ149.2mm 井眼不同工况下的大钩载荷、井口扭矩。计算结果表明，起钻工况的最大井口大钩载荷为 1767.33kN，最大扭矩为 11.01kN·m，井口大钩载荷和扭矩都不大，现有钻机完全能满足要求。从外通过计算起钻、下钻、滑动转进、旋转钻进、倒划眼侧钻水平井不同工况下井口轴向载荷及扭矩，当水平井钻至设计井深时，其井口钻柱的安全系数均大于 1.8，说明管柱是安全的。

2. 超深侧钻短半径水平井轨迹优化技术

塔河油田产层埋藏深度为奥陶系一间房组或者鹰山组，埋深 5600~6500m，产层为黄灰色、灰色、浅灰色泥晶灰岩、黄灰色砂屑泥晶灰岩。老井 Φ177.8mm 套管一般下至一间房顶部风化壳，一间房之上的恰尔巴克组和巴楚组以泥岩为主。塔河油田部分老井产水严重，对于水淹严重的老井，为避开老井周围的被水淹没的区域(老井周围 120~150m)，需要在 Φ177.8mm 套管内开窗侧钻。在 Φ177.8mm 套管内开窗侧钻，侧钻井要钻遇恰尔巴克组和巴楚组的泥岩，容易导致井壁垮塌，钻井周期延长，Φ177.8mm 套管内开窗侧钻水平井剖面形状可采用“增—稳—增—平”的剖面形状。对于出水不太严重的老井，为避免产层之上泥岩井段井壁垮塌问题，可直接在产层裸眼井段内侧钻，但采用裸眼侧钻，由于侧钻点位于产层一间房内，侧钻点与靶区之间垂直高度差小，导致侧钻水平井井眼曲率较大，井眼曲率通常大于 20°/30m。

在水平位移为1000m时，不同井眼曲率下，对比模拟研究表明滑动钻进大钩载荷和扭矩不同。图6-39、图6-40为不同井眼曲率下井眼大钩载荷和扭矩的对比图。从图6-39及图6-40可以看出，在水平位移、垂深相同的情况下，当井眼曲率在15°/30m～30°/30m之间时，摩阻、扭矩变化不大，对于超深水平井而言，由于造斜段较深，钻具质量较大，在相同的垂深和水平位移的情况下，造斜率对摩阻、扭矩的影响不大。

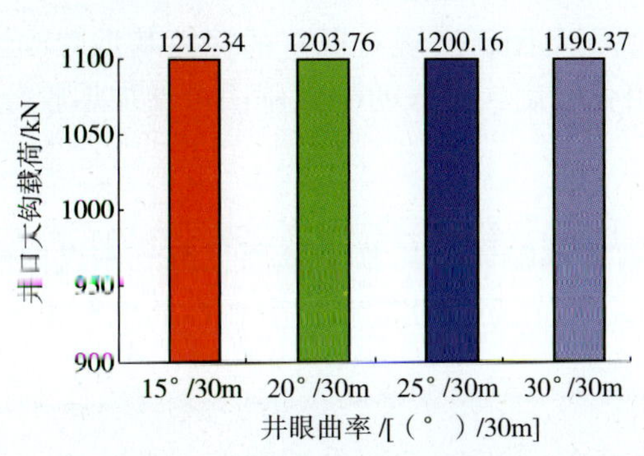

图6-39　不同井眼曲率下滑动钻进大钩载荷对比图(水平位移1000m)

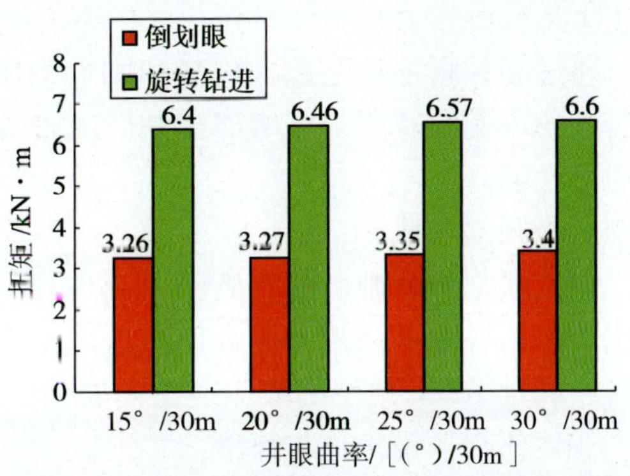

图6-40　不同井眼曲率下井口扭矩对比图(水平位移1000m)

裸眼侧钻水平井一般选择20°/30m～30°/30m的造斜率，并根据靶区垂深和选择的造斜率，采用单圆弧造斜剖面确定侧钻点深度，并保证侧钻点深度大于Φ177.8mm套管鞋深度。

二、缝洞型油藏储层改造技术

塔河油田奥陶系碳酸盐岩油藏75%以上油井完井后自然产能低或无自然产能，需要通过储层改造，形成人工裂缝，沟通油气储集空间，提高油井产能，酸压改造技术已经成为塔河油田奥陶系油藏勘探开发的核心技术之一。

而塔河油酸盐岩储层超深、高温(140～160℃)、缝洞发育且非均质性强，导致酸岩反应速度快、酸压工作液滤失严重，酸蚀裂缝长度受限，同时对于长裸眼井层难以实现多个有利储集段高效动用。针对塔河奥陶系储层地质特征，迫切需要开展耐高温、缓速、降滤性能优越的酸压工作液体系，研发提高沟通缝洞几率的酸压配套技术，以提高油井的建产率和储量动用程度。

1. 压前效果预测技术

随着油田开发难度的增加，酸压选井选层的难度也逐步增加，为减少酸压的无效作业，降低施工风险，提高酸压有效率及成功率，利用偏相关分析及神经网络两种数学方法，分别建立压前效果预测的数学模型，编制"酸压效果决策系统软件"，解决以往靠人为经验选井选层的盲目性，为缝洞型碳酸盐岩油藏酸压选井选层技术由定性评价向定量预测打下了基础。

使用"酸压效果决策系统软件"对2007年8月以来的开发井进行压前效果预测，结果显示全区符合率在72%以上，主体区效果最为突出，符合率接近80%，10区和12区的符合率77%，表明酸压效果决策系统能对酸压施工设计的有效性、合理性提供了很好的指导作用。

2. 酸压工作液优选与完善

(1)超高温压裂液评价与优化

常规压裂液体系耐温为140℃，随着油田开发区块向外围扩展，储层埋深增加，现有的压裂液体系已无法满足160℃储层酸压改造需要。为此需要研发160℃超高温压裂液体系以实现对超高温储层的更高效改造。

①瓜胶改性。

通过在甘露糖链上接入羧基和刚性的吡咯烷酮基团，实现对现有的羟丙基瓜胶改性。所引入的可交联基团，可增加交联后冻胶的网络化程度，引入的刚性基团可增加瓜胶分子的耐温性能。

②交联剂合成。

该交联剂为新型含锆有机硼，其与硼及锆复合的配体为乙基丁基丙二醇、季戊四醇、新戊二醇、二甘醇二苯的混合物。这可使交联的冻胶在耐温性能和抗剪切性能上有很大的提高，满足160℃地层的酸压改造需要。

③稠化剂加量优化与评价。

研究表明，瓜胶用量在0.45%以上时，液体黏度在170s^{-1}的剪切下条件下低于60mPa·s，酸压施工时要求压裂液基液黏度大于70mPa·s，瓜胶加量为0.5%~0.55%之间。

④交联剂性能评价。

取瓜胶加量为0.55%，黏土稳定剂0.5%，起泡剂0.05%，杀菌剂加量为0.1%，助排剂加量0.2%，用碳酸钠调节pH为9、10、11、12、13，分别测试不同pH值下的基液黏度。不同pH值的基液中加入交联比0.5%(A:B=100:6)在70℃的水浴中交联，测试冻胶的挑挂性。压裂液在pH为10~11之间的交联时间为2~3min，交联比在0.4%~0.6%时的交联时间为2~3min。

通过添加剂单剂优化评价确定高温压裂的配方为：

0.55%瓜胶+0.5%黏土稳定剂+0.1%杀菌剂+0.25%助排剂(pH调为11)；

交联剂A:B=100：10交联剂加量0.6%。

⑤高温压裂流变性能评价。

高温深井的酸压施工时间长，压裂液体系的热稳定性和高温抗剪切性是评价高温压裂液体系的重要指标。

优化研究表明，冻胶在最佳交联比0.6%下160℃、170s^{-1}高温评价结果显示，该超高温压裂液冻胶剪切60min后黏度保持在350mPa·s左右；连续剪切120min后黏度仍然保持在200mPa·s以上，表明该压裂液体系完全能满足160℃温度的地层酸压施工要求。

⑥摩阻评价。

利用多功能环流流变仪开展对压裂液流变性评价。分别测定不同温度、不同管径、不同排量时清水和超高温压裂液的摩阻，计算超高温压裂液的降阻率，结果见图6-41所示。

实验结果表明，压裂液的降阻率随排量的增大而增大，随管径的增大而减小，温度对压裂液的降阻率基本没有影响。在排量为6m^3/min时，压裂液在管路中的沿程摩阻为清水的50%，表明超高温瓜胶压裂液具有优异的降阻性能，能够有效降低酸化施工中的摩擦阻力。

⑦岩心伤害评价。

模拟压裂液在岩心中的正反向流动，通过此过程可以评价地层伤害程度以及对地层的伤害程度。研究表明，压裂液污染后的油层损害程度为18% ~16%，其损害程度平均小于18%。

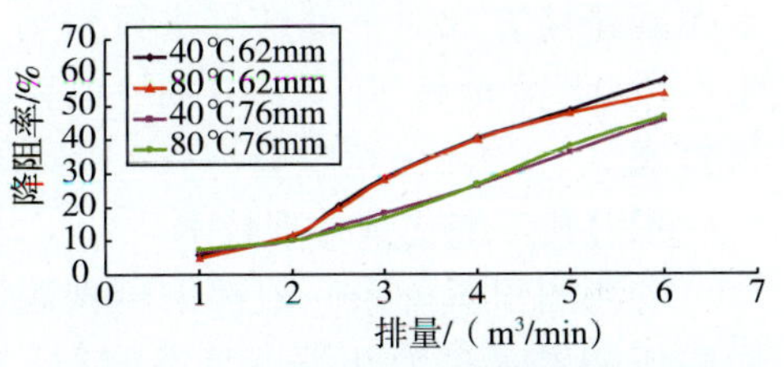

图6－41　超高温压裂液的降阻效果

(2)高效酸液体系评价与优选

塔河储层温度最高达160℃，经大量前置液（超高温压裂液）造缝及降温作用后，140℃的酸液体系可满足改造需要。而前期所用胶凝酸耐温性只能达到120℃，通过对胶凝剂的加量优化和分子结构改进，所形成的高温胶凝酸体系已达到140℃储层酸压改造要求。在前期已开发出的变黏酸、转向酸及冻胶酸体系的基础上，评价与优选出了在140℃、$170s^{-1}$条件的对高温胶凝酸、变黏酸、转向酸及冻胶酸体系。

3. 控缝高延伸技术配套研究

酸压裂缝高度受到地层应力、地层岩石力学参数、酸压液体性能参数和酸压施工工艺等综合影响，其中酸压层段的地层应力差是决定裂缝高度延伸的关键因素。但是塔河油田碳酸盐岩储层在纵向剖面上存在着岩性、地应力的相似性，使得逢高扩展没有明显的阻挡层。例如，TK1075X井和TK1066井酸压层段及其上部30m的地层应力分析结果显示，酸压段与其上部岩层应力接近（酸压段下部未测井）；若不采取控缝高措施，则必然制约裂缝的横向延伸，降低酸压穿透距离，大大降低沟通缝洞体的几率。

(1)控缝高技术

针对缝高受控因素如$h_f \propto \frac{P_{net}}{E}(\mu Q^{\frac{1}{2}} l_f)^{\frac{1}{3}}$所示，塔河油田缝洞型碳酸盐岩储层初步形成了6种控缝高技术：

①酸压工艺参数优化技术。

结合单井地质、钻（完）井、生产等实际情况，优选酸压工作液配方、工艺方式和泵注程序，在量化缝长和缝高的情况下，利用酸压设计软件反复进行工作液用量和施工参数组合的模拟优化，推荐最优方案。经过多口井的模拟优化和实践表明，上返酸压施工层段一般应不超过60m为宜，酸液组合为压裂液（140 ~180m^3）＋酸液（160 ~220m^3），而泵注过程中，通过现场测试认为压裂液排量一般应控制在4.5m^3/min以内，有利于控制裂缝高度，酸液排量应控制在6.0m^3/min以内。

②阶梯提高排量控缝高技术。

阶梯提高排量控缝高技术原理就是裂缝以低排量起裂，随着阶梯式排量的增加，避免因裂缝的非稳态扩展而出现缝高失控的情况。通过研究认为裂缝的形态控制在压开的初期阶段，因此通过初期阶梯提高排量对控缝高度可以在一定程度上进行控制。该项技术将有效促进裂缝长度延伸，而高度变化不大。

③先堵水后上返。

对于前期生产层段为水层或生产后期暴性水淹的油井上返，如果上返目的层段与原生产层段距离较近，而中间没有致密阻挡层的油井，上返酸压时缝高很容易窜至原生产层段。针对以上这类情况，一般推荐采用先堵水后上返的方式；采用化学堵水或直接打水泥塞挤堵方式对下部产层进行封堵。如果前期生产层段为放空漏失严重段或高产液量生产段(产液量超过 $10\times10^4m^3$)的井，考虑到直接打塞或填砂困难，可下丢手封隔器后再打塞。

④射孔、酸化预处理技术。

塔河油田奥陶系一般都采用裸眼完井方式，前期生产层段一般都为发育较好部位，而酸压转层时多为Ⅱ类、Ⅲ类储层，且改造层段较短(30～50m 不等)，储层破裂点较少，地层破裂压力较高。在上返打水泥塞过程中会导致天然裂缝因水泥污染而被堵死，这使得酸压时破裂压力高，地层难以压开，且压开后缝高难以控制。射孔技术适用于近井地带异常致密或存在水泥污染的储层，可降低施工破裂压力 15MPa 左右。酸化预处理降低破裂压力适用于近井地带发育一定程度的裂缝，钻井、完井过程存在漏失等明显污染储层的解堵，可有效降地层破裂压力 10MPa 左右，增加地层被压开的几率和有效控制裂缝高度延伸。

⑤酸液直接造缝改造技术。

对于垂直裂缝发育、底水较为发育，且近井地带油气显示较好的井，若采用常规压裂液 + 酸液改造工艺，易沟通底水。这种井可利用变黏酸的造缝功能，直接采用变黏酸造缝改造沟通近井地带有利储集体，同时避免裂缝在高度方向上过快延伸。

⑥人工隔层控缝高技术。

人工隔层控缝高技术是通过改变缝内流压在垂直方向上的分布，从而将裂缝尖角钝化，增加裂缝末端阻抗值，最终控制裂缝高度过快延伸，遏制裂缝纵向增长，提高液体效率。人工隔层的施工工艺是在注完前置液造出一定规模的裂缝后，用携带液携带隔离剂——空心微粉和粉砂进入裂缝。空心微粉在浮力作用下迅速置于新生裂缝的顶部，粉砂在重力作用下沉淀于裂缝的底部，从而在裂缝的顶部和底部分别形成一个低渗透或不渗透的人工隔层。针对人工隔层控缝高技术要求和隔层材料优选原则，优选了 2 种材料作为人工隔层的材料。

(2)控滤失配套技术

针对深度酸压的研究成果表明，缝洞型碳酸盐岩储层酸压施工过程中的液体(包括压裂液、酸液)的滤失受裂缝和溶洞发育情况、工作液的黏度、酸岩反应速度、酸压工艺技术和酸压工艺等综合影响。

酸蚀蚓孔是缝洞型储层酸压中液体滤失的关键因素，抑制酸蚀蚓孔发育是增加液体效率、提高酸压效果的关键。酸蚀蚓孔发育受酸液类型影响，同样浓度的胶凝酸形成的蚓孔直径比普通盐酸的蚓孔直径小。酸液浓度影响酸岩反应速度，直接影响酸蚀蚓孔的发育。酸液黏度增加酸蚀蚓孔长度降低。结合样品模拟和计算结果，抑制酸蚀蚓孔发育的主要技术措施：采用酸岩反应速度慢的缓速酸、提高酸液的黏度、采取降低酸岩反应速度的工艺措施(如交多级替酸压)。

4. 复合酸压工艺优化与配套

(1)前置液酸压工艺优化

前置液酸压工艺主要是利用压裂造缝，并降低裂缝表面温度，减缓酸岩反应速度，同时形成滤饼，从而阻碍酸液的滤失，增加酸液的有效作用距离，增强酸液非均匀刻蚀裂缝的条件。对于塔河油田储集体分布较远储层，通过加大前置液量，提高裂缝穿透深度，达到深度酸压的目的。

前置液酸压工艺具有较强的适应性，现场应用比较成熟。现场统计表明，塔河油田2003年到2006年的酸液平均用量介于240～325m^3，前置液与酸液的比例1∶1.02～1∶1.23，大部分井的前液与酸液用量接近1∶1。2008年后的前置液用量与酸液用量的变化范围较大，且前置液与酸液比例的变化幅度更大，介于1∶1.89～1∶0.68，这主要是近年酸压储层总体变差、类型更为复杂，依据不同井层条件和施工目的进行了优化。

①优化设计方法。

建立了针对缝洞型碳酸盐岩储层的前置液酸压优化设计理论，主要包括前置压裂液滤失模型、存在酸蚀蚓孔的酸液滤失模型、裂缝三维延伸数学模型、三维酸液流动反应模型、井筒及裂缝温度场模拟模型和井口施工参数预测模型。优化参数主要包括：前置液和酸液配比、施工排量、液体用量。优化的一般步骤为：首先，根据地层应力分析、流体摩阻测试结果和施工限制压力，优化设计施工排量。其次，进行多套假定参数的压裂液滤失模拟和存在酸蚀蚓孔的滤失模拟。给定酸液体积，设定前置液比例上限，模拟不同比例条件下的裂缝延伸及液体界面，以酸液的远界面是否达到设计缝长或目标缝洞体位置为依据确定酸液规模。

②工艺参数推荐。

设定产层深度为5750m，地层破裂压力梯度为0.018MPa/m。考虑施工泵压不超过95MPa，对于摩阻较高的冻胶酸采用Φ88.9mm油管注入的施工排量上限为4m^3/min，Φ88.9mm油管注入排量为5.5～6.0m^3/min，应用Φ101.6mm油管注酸排量可达8.0m^3/min以上。若选用摩阻比冻胶酸更低的表活剂转向酸或胶凝酸，施工排量可以适当提高。

前置液与酸液比例对于酸压效果有极为重要的影响。设酸压层段厚度为60m、胶凝酸液用量为300m^3左右、施工排量5.0m^3/min、地层有效渗透率$0.3\times10^{-3}\mu m^2$。模拟研究表明，增大用酸量有利于提高酸蚀裂缝导流能力，增大前置液用量有利于增加酸蚀缝长。但对于同样用酸量，酸蚀缝长增加则酸蚀导流能力降低。针对不同储层类型，依据数值模拟结果，结合其它碳酸盐岩储层酸压优化设计原则，推荐前置液酸压工艺参数见表6－14。

表6－14　前置液酸压工艺参数优化推荐

储层类型	储层特征	酸压目标	前置液比例	用酸强度/(m^3/m^3)	施工排量/(m^3/min)
Ⅰ	近井裂缝、溶洞发育	高导流能力	1∶2～1∶1.5	3～6	5～7
Ⅱ	近井缝洞欠发育	长酸蚀缝	1∶1.5～1∶0.75	4～7	5～7
Ⅲ	储层致密、缝洞不发育	沟通远井缝洞体	1∶1～1∶0.5	3～5	5～7

（2）酸压与加砂压裂复合技术

①增产机理分析。

加砂压裂施工可造深穿透裂缝，砂或其它的支撑剂置于裂缝中可以防止裂缝闭合后的导流能力大幅度降低，但是施工风险较大。酸压一般不使用支撑剂，它依赖于酸刻蚀裂缝以提供所需的导流能力，但是裂缝在高应力下容易闭合。冻胶酸携砂压裂技术则可以将这两种工艺的优点有机的结合起来，最大限度地实现酸液的深穿透和裂缝的高导流能力。

不同铺砂浓度的支撑裂缝导流能力和过酸后支撑裂缝导流能力测试表明：在低闭合应力下，过酸后的初始导流能力高于没过酸的导流能力；随着闭和应力的增加，酸后裂缝导流能力下降较快，这主要是在高闭合应力下过酸后岩石表面抗压强度下降，支撑剂嵌入程度增大起了主导作用。

②适用井层。

冻胶酸在地层温度条件下黏度能保持在60mPa·s以上，并具备良好的携砂性能，可显著提高动态裂缝长度，且有效酸蚀裂缝长度较单一的酸压工艺要长。推荐复合改造工艺技术的选井选层原则如下：

a. 该酸液体系重点针对裂缝型储层、溶洞裂缝型储层或具有滤失量较高的二次酸压改造井的深度改造工艺，预测有效储集体距离井筒在120m以上需进行深度改造的井层。

b. 针对近井地带储层较致密、油气显示稍差的井，可采用冻胶酸携砂工艺，增加酸蚀裂缝长度、提高近井地带导流能力，使裂缝的导流能力由远到近逐渐增加，提高流动效率。

c. 针对目的层上、下50m范围内预测没有水层及中、轻质油区，可采用冻胶酸携砂工艺，增加酸蚀裂缝长度、提高近井地带导流能力，达到深度改造。

③施工工艺。

a. 压裂液+冻胶酸+胶凝酸酸压。由于冻胶酸具有压裂液造缝的性能，可显著提高深穿透距离，后期采用线性追加破胶剂，快速破胶利于返排；近井筒采用普通胶凝酸闭合酸压工艺，有效提高缝口导流能力。

b. 冻胶酸+胶凝酸多级交替注入。冻胶酸具有良好的高温流变性能，可作为前置液实现酸压施工中的造缝过程，同时溶蚀地层，冻胶酸与胶凝酸交替注入，可以真正实现多级注入酸压，彻底解决了瓜胶压裂液不耐酸的缺点。现场可以根据地层情况，通过改变交联剂的用量，得到不同泵送性能、流变性能和滤失性能的冻胶酸，破胶剂在与交联酸同步加入。

c. 冻胶酸携砂压裂。对于裂缝不发育、孔隙型储层，为提高酸压后，酸蚀裂缝的导流能力，可以采取冻胶酸携砂压裂。支撑剂充填在酸蚀裂缝中，防止其闭合，可以有效地提高酸压效果。

(3) 清洁转向酸与常规酸压工艺复合技术

针对碳酸盐岩非均质性强储层，尤其近井地带裂缝较发育的井，目前的常规酸液体系进行酸压时，酸液率先进入高渗带并大量发生滤失，高渗透层被过渡改造，致使后续酸液更容易进入高渗透层，而希望改造的低渗透层和被污染严重层段得不到改造。

①适用井层：

a. 长裸眼段强非均质井储层的酸化或酸压，实现全井段的高效改造；

b. 跨度小底水发育井层的暂堵控缝高酸压。

②施工工艺。

单级注入：清洁转向酸酸压设计与闭合酸酸压施工设计方法基本相同，待酸蚀裂缝闭合后注入适量的闭合酸，以提高缝口导流能力。

多级注入：可根据需要采用转向酸+胶凝酸/降阻酸等进行交替多级复合注入。

该转向酸为聚合物，其遇有机物降解，但受储层影响，其完全降解可能需要很长时间，为不影响酸压改造效果，一般在后期注入一定量的有机物，如柴油、醇醚酸等，提高降解速度，快速实现储量的动用。

三、侧钻和酸压改造技术的应用效果

针对未建产井、低产低效井，在油藏地质特征再认识及邻井生产动态分析的基础上，塔河4区共实施7口侧钻水平井，新建产能7.39t，累积产油15.2×10^4t，动用储量397.5×10^4t，增加可采储量79.5×10^4t，提高采收率1.25%。

塔河油田奥陶系碳酸盐岩油藏75%以上油井完井后自然产能低或无自然产能，通过对储层改造工艺技术的优化和对酸液体系的研究和优选，4区共对共17口井进行了20井次的酸压改造，新建产能18.5×10^4t，动用储量952×10^4t，增加可采储量190.4×10^4t，提高采收率3.0%。项目投入产出比1∶7.1。

在课题运行期间，通过侧钻和储层改造两项工艺技术累积动用储量1349.5×10^4t，新增可采储量269.9×10^4t，提高采收率4.25%，获得了较好的经济效益。

后　记

国家973重大基础研究项目“碳酸盐岩缝洞型油藏开发基础研究”历时5年，取得了重大进展：

（1）创建了岩溶动力作用组合分析法，阐明了岩溶作用与缝洞系统的成因联系，揭示了碳酸盐岩缝洞储集体形成机制，建立了缝洞系统发育模式。

（2）自主研发了物理模型正演技术，形成了针对超深层缝洞体的小面元、高覆盖三维地震资料采集方法，研制了地震高精度成像算法，建立了超深层缝洞储集体地球物理形体描述技术。

（3）突破了碎屑岩连续性介质的地质建模思路，以岩溶成因和构造控制建立溶洞和多尺度裂缝离散分布模型，提出了表征大型溶洞特征的非渗流属性参数，形成了多尺度非连续缝洞储集体建模方法。

（4）发展了缝洞型介质物理模拟流动实验技术，揭示了缝洞型介质的单相流动、两相流动及介质间流体交换的机理与规律，建立了流体流动的复合流动模型。

（5）建立了缝洞型油藏耦合型和等效多重连续介质数学模型，提出了数值离散和求解方法，形成了耦合型和等效多重连续介质的三维两相油藏数值模拟方法。

（6）发展了缝洞型油藏开发指标评价方法，建立了注水替油方法，形成了高效开发的关键技术。

碳酸盐岩缝洞型油藏开发理论与方法有力地支撑了塔河油田的高效开发。为了满足该类油藏精细化开发的需求，亟待解决以下两个难题：缝洞单元（油田开发基本单元）的成因、内部结构和分布规律，油藏开采机理以及提高采收率机制。目前正在开展第二期的国家973重大基础项目“碳酸盐岩缝洞型油藏开采机理及提高采收率基础研究”，主要研究4个方面内容：一是缝洞单元的形成机制与模式，二是缝洞单元的识别与建模，三是缝洞型油藏的开采机理与数值模拟方法，四是缝洞型油藏优化注水开发和提高采收率方法。

为了总结973研究成果，丰富碳酸盐岩油藏开发理论，便于推广应用，推动该类油藏开发水平的提高，特编写本书。自2010年3月份以来，多次组织专家讨论，九易其稿。本书不仅是973项目所有研究人员的科研成果结晶，也凝聚了众多专家的智慧。

在973研究过程中，中国石化石油勘探开发研究院、中国石化物探技术研究院、中国石化西北分公司、中国地质科学院岩溶地质研究所、中国石油大学（华东）、中国石油勘探开发研究院、中国科学院渗流力学研究所、中国地质大学（武汉）、武汉大学等单位承担了相关工作，参加研究工作的主要人员有：夏日元、邹胜章、钟建华、顾汉明、曲寿利、管路平、王世星、朱生旺、赵群、曹辉兰、李阳、鲁新便、胡向阳、刘学利、孔庆莹、姚军、熊伟、吕爱民、李爱芬、高树生、袁向春、康志江、赵艳艳、李建芳、窦之林、李江龙、张宏方、吴涛、荣元帅。